高校 これでわかる 数学Ⅱ+B

松田親典 著

文英堂

基礎からわかる!

成績が上がるグラフィック参考書。

1 ワイドな紙面で，わかりやすさバツグン

2 わかりやすい図解と斬新レイアウト

3 イラストも満載，面白さ満杯

4 どの教科書にもしっかり対応

- 工夫された導入で，数学への興味がわく。
- 学習内容が細かく分割されているので，どこからでも能率的な学習ができる。
- わかりにくいところは，会話形式でていねいに説明。
- 図が大きくてくわしいから，図を見ただけでもよく理解できる。
- これも知っ得や課題学習で，学習の幅を広げ，楽しく学べる。

5 章末の定期テスト予想問題で試験対策も万全!

もくじ

1章 式と証明・方程式 数学Ⅱ

2章 図形と方程式 数学Ⅱ

3章 三角関数 数学Ⅱ

1節 三角関数

2節 加法定理とその応用

4章 指数関数・対数関数 数学Ⅱ

1節 指数関数

2節 対数関数

5章 微分法・積分法 数学Ⅱ

1節 微分法

2節 導関数の応用

3節 積分法

6章 数列　数学B

1節 等差数列

2節 等比数列

3節 いろいろな数列

4節 数学的帰納法

7章 統計的な推測　数学B

1節 確率分布

2節 統計的な推測

問題について

基本例題　教科書の基本的なレベルの問題。

応用例題　ややレベルの高い問題。または応用力を必要とする問題。

発展例題　教科書の発展内容。(扱っていない教科書もある。)

類題 **類題** **類題**　例題内容を確認するための演習問題。もとになる例題を検索しやすいように，例題と同じ番号になっている。例題に類題がなければ，その番号は欠番で，類題が複数ある場合は，○○−1，○○−2 となる。

定期テスト予想問題　定期テストに出題されそうな問題。大学入学共通テストレベルの問題も含まれているので実力を試してほしい。

1章

式と証明・方程式 数学Ⅱ

1節 式と計算

1 3次式の展開と因数分解

多項式(単項式は項が1つの多項式と考えられるので，多項式には単項式も含む)の乗法については，中学校や数学Iでも学んだけど，ここではさらに進めて，3次式の乗法についても効率よく展開する方法について学び，公式として覚えよう。

公式を導く方法として，分配法則を使ってこつこつ展開する方法と縦書きで乗法計算をする方法の2通りを示しておくので，乗法の計算の方法を復習しよう。

基本例題 1 公式の証明

次の3次の乗法公式が成り立つことを示せ。

(1) $(a+b)^3=a^3+3a^2b+3ab^2+b^3$

(2) $(a+b)(a^2-ab+b^2)=a^3+b^3$

ねらい
多項式×多項式の計算をすること。

解法ルール

● $(a+b)(c+d)=ac+ad+bc+bd$ を基本として各項を順に掛けていく。

● 縦書きにして計算する。

解答例 (1) $(a+b)^3=(a+b)(a+b)^2$

$=(a+b)(a^2+2ab+b^2)$

$=a^3+2a^2b+ab^2+a^2b+2ab^2+b^3$

$=\boldsymbol{a^3+3a^2b+3ab^2+b^3}$ 終

(別解)

$$\begin{array}{rrrr} & a^2 & +2ab & +b^2 \\ \times) & a & +b & \\ \hline a^3 & +2a^2b & +ab^2 & \\ & a^2b & +2ab^2 & +b^3 \\ \hline a^3 & +3a^2b & +3ab^2 & +b^3 \end{array}$$

(2) $(a+b)(a^2-ab+b^2)$

$=a^3-a^2b+ab^2+a^2b-ab^2+b^3$

$=\boldsymbol{a^3+b^3}$ 終

(別解)

$$\begin{array}{rrrr} & a^2 & -ab & +b^2 \\ \times) & a & +b & \\ \hline a^3 & -a^2b & +ab^2 & \\ & a^2b & -ab^2 & +b^3 \\ \hline a^3 & & & +b^3 \end{array}$$

類題 1 次の3次の乗法公式が成り立つことを示せ。

(1) $(a-b)^3=a^3-3a^2b+3ab^2-b^3$　(2) $(a-b)(a^2+ab+b^2)=a^3-b^3$

ポイント [3次式の乗法公式]

Ⅰ　$(a+b)^3=a^3+3a^2b+3ab^2+b^3$

　　$(a-b)^3=a^3-3a^2b+3ab^2-b^3$

Ⅱ　$(a+b)(a^2-ab+b^2)=a^3+b^3$

　　$(a-b)(a^2+ab+b^2)=a^3-b^3$

基本例題 2

公式による展開

次の各式を展開せよ。

(1) $(x+2y)^3$　　(2) $(2x-3y)^3$

(3) $(x-1)(x^2+x+1)$　　(4) $(3x+2y)(9x^2-6xy+4y^2)$

ねらい
乗法公式を使って式の展開をすること。

解法ルール 公式が使えるかどうかを見ぬき，正確に適用する。

公式Ⅰ　$(a\pm b)^3=a^3\pm 3a^2b+3ab^2\pm b^3$（複号同順）

公式Ⅱ　$(a\pm b)(a^2\mp ab+b^2)=a^3\pm b^3$（複号同順）

$a=x$，$b=(2y)$ と，( )をつけて公式を使おう。

解答例

(1)　$(x+2y)^3=x^3+3\cdot x^2\cdot(2y)+3\cdot x\cdot(2y)^2+(2y)^3$

　　$=\boldsymbol{x^3+6x^2y+12xy^2+8y^3}$　…答

← 公式Ⅰを用いる。

(2)　$(2x-3y)^3=(2x)^3-3\cdot(2x)^2\cdot(3y)+3\cdot(2x)\cdot(3y)^2-(3y)^3$

　　$=\boldsymbol{8x^3-36x^2y+54xy^2-27y^3}$　…答

← 負の符号は交互に現れる。

(3)　$(x-1)(x^2+x+1)=x^3-1^3$

　　$=\boldsymbol{x^3-1}$　…答

← 公式Ⅱを用いる。

(4)　$(3x+2y)(9x^2-6xy+4y^2)$

　$=(3x+2y)\{(3x)^2-(3x)\cdot(2y)+(2y)^2\}$

　$=(3x)^3+(2y)^3=\boldsymbol{27x^3+8y^3}$　…答

← 公式Ⅱが使えることを確かめる。

類題 2 次の各式を展開せよ。

(1) $(3x+y)^3$　　(2) $(3x-2y)^3$

(3) $(x+3)(x^2-3x+9)$　　(4) $(2x-3y)(4x^2+6xy+9y^2)$

3次の乗法公式を逆に使って因数分解をしてみよう。

ポイント [3次式の因数分解の公式]

Ⅰ　$a^3+3a^2b+3ab^2+b^3=(a+b)^3$

　　$a^3-3a^2b+3ab^2-b^3=(a-b)^3$

Ⅱ　$a^3+b^3=(a+b)(a^2-ab+b^2)$

　　$a^3-b^3=(a-b)(a^2+ab+b^2)$

基本例題 3

公式を使った因数分解

次の式を因数分解せよ。

(1) x^3+3x^2+3x+1　　(2) $x^3-6x^2y+12xy^2-8y^3$

(3) x^3+8　　(4) x^3-27y^3

ねらい
公式を使って因数分解をすること。

解法ルール 因数分解の公式にあてはまっていることを確認すること。

公式Ⅰ　$\boldsymbol{a^3\pm3a^2b+3ab^2\pm b^3=(a\pm b)^3}$　(複号同順)

公式Ⅱ　$\boldsymbol{a^3\pm b^3=(a\pm b)(a^2\mp ab+b^2)}$　(複号同順)

解答例 (1)　$x^3+3x^2+3x+1=x^3+3\cdot x^2\cdot 1+3\cdot x\cdot 1^2+1^3$

$=\boldsymbol{(x+1)^3}$　…答

← 公式Ⅰを用いる。

(2)　$x^3-6x^2y+12xy^2-8y^3$

$=x^3-3\cdot x^2\cdot(2y)+3\cdot x\cdot(2y)^2-(2y)^3$

$=\boldsymbol{(x-2y)^3}$　…答

← 負の項の位置に注意。

(3)　$x^3+8=x^3+2^3=\boldsymbol{(x+2)(x^2-2x+4)}$　…答

(4)　$x^3-27y^3=x^3-(3y)^3=\boldsymbol{(x-3y)(x^2+3xy+9y^2)}$　…答

← 公式Ⅱを用いる。符号を間違えないよう注意。

類題 3 次の式を因数分解せよ。

(1) x^3-3x^2+3x-1　　(2) $8x^3+12x^2y+6xy^2+y^3$

(3) x^3+27　　(4) x^3-64

基本例題 4

複雑な因数分解

次の式を因数分解せよ。

(1) $2x^3+54y^3$　　(2) x^6-y^6

ねらい
公式を何回か使って因数分解をすること。

解法ルール 1 共通因数があればくくり出す。

2 公式にあてはまるかどうかを調べる。

解答例 (1)　$2x^3+54y^3=2(x^3+27y^3)=\boldsymbol{2(x+3y)(x^2-3xy+9y^2)}$　…答

(2)　$x^6-y^6=(x^3+y^3)(x^3-y^3)$

$=(x+y)(x^2-xy+y^2)(x-y)(x^2+xy+y^2)$

$=\boldsymbol{(x+y)(x-y)(x^2-xy+y^2)(x^2+xy+y^2)}$　…答

類題 4 次の式を因数分解せよ。

(1) x^4y-xy^4　　(2) x^6-64y^6

2 二項定理

$(a+b)^3$ を展開したらどうなる？

$(a+b)^3=a^3+3a^2b+3ab^2+b^3$ となります。

では，a^3，a^2b，ab^2，b^3 の係数とそれぞれの項の b の次数はいくらかな？

係数はそれぞれ 1，3，3，1 で，b の次数は順に 0，1，2，3 です。あれ…，次数はなんだか順番に大きくなっているな…。

次の黒板を見てごらん。

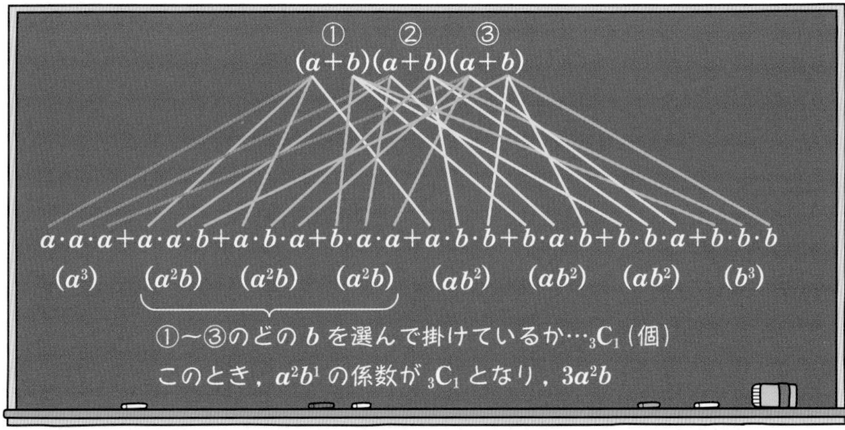

つまり，$(a+b)^3$ の展開とは，①〜③の1つ1つのかっこから a または b をとってきて3つ掛け合わせるということなんだ。この場合

b を0個，つまり a を3個とれば　a^3 の係数 ${}_3C_0=1$

b を1個，a を2個とれば　a^2b の係数 ${}_3C_1=3$

b を2個，a を1個とれば　ab^2 の係数 ${}_3C_2=3$

b を3個，つまり a を0個とれば　b^3 の係数 ${}_3C_3=1$

となるわけだね。

このことをよく理解した上で，次の二項定理のまとめに進もう。

❖ 二項定理

一般に

ポイント [二項定理] 

$$(a+b)^n={}_n\mathrm{C}_0a^n+{}_n\mathrm{C}_1a^{n-1}b+{}_n\mathrm{C}_2a^{n-2}b^2+\cdots+{}_n\mathrm{C}_ra^{n-r}b^r+\cdots+{}_n\mathrm{C}_nb^n$$

が成立する。

これを**二項定理**という。

${}_n\mathrm{C}_ra^{n-r}b^r$ を $(a+b)^n$ の展開式の**一般項**という。

二項定理の各項の係数 ${}_n\mathrm{C}_0$, ${}_n\mathrm{C}_1$, …, ${}_n\mathrm{C}_n$ を**二項係数**という。

この二項係数を下の図のように三角形の形に並べるとき，これを**パスカルの三角形**という。

$(a+b)^0$　　1
$(a+b)^1$　　1　1
$(a+b)^2$　　1　2　1
$(a+b)^3$　　1　3　3　1
$(a+b)^4$　　1　4　6　4　1

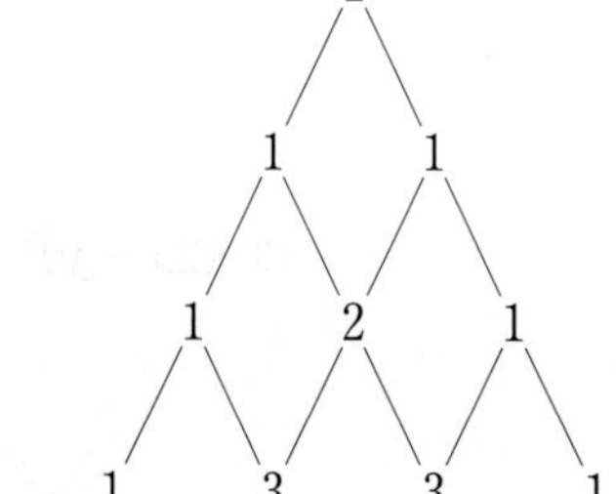

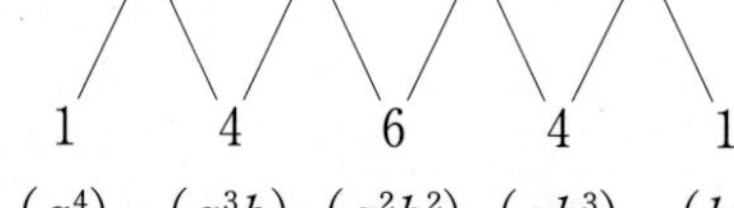

(a^4)　(a^3b)　(a^2b^2)　(ab^3)　(b^4)

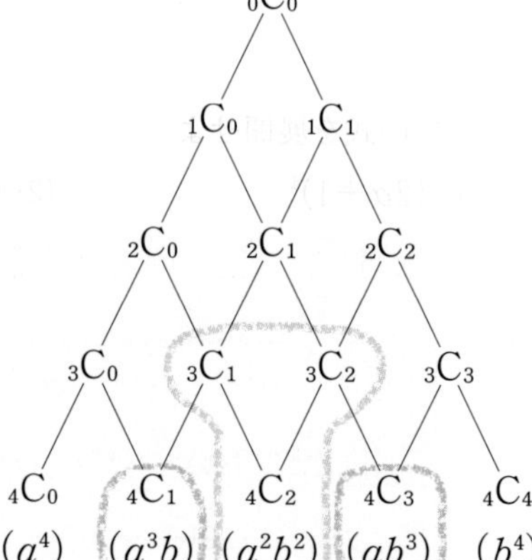

パスカルの三角形の特徴　　　**二項係数の性質**

Ⅰ　どの段も**両端の値は1**である。 ………… ${}_n\mathrm{C}_0={}_n\mathrm{C}_n=1$

Ⅱ　**左右対称**である。 ………… ${}_n\mathrm{C}_r={}_n\mathrm{C}_{n-r}$

Ⅲ　両端以外の数は，**その1つ上の段の斜め上にある2数の和**となっている。 ………… ${}_n\mathrm{C}_r={}_{n-1}\mathrm{C}_{r-1}+{}_{n-1}\mathrm{C}_r$

パスカルの三角形は，$(a+b)^4$，$(a+b)^5$ くらいの展開式を求めるときには便利だけど，$(a+b)^{12}$ の a^2b^{10} の係数のように次数が大きくなると，やはり二項定理を利用して，

$r=10$ のときの項だから　${}_{12}\mathrm{C}_{10}={}_{12}\mathrm{C}_2=\dfrac{12\cdot11}{2\cdot1}=66$

としないと大変だね。

基本例題 5　展開式の項の係数を求める(1)

次の式を展開したとき，[　]の中の項の係数を求めよ。

(1) $(x-1)^8$　$[x^3]$　　　(2) $(3x-2y)^5$　$[x^2y^3]$

テストに出るぞ！

ねらい　二項定理を用いて展開式の項の係数を求めること。

解法ルール　$(\bigcirc+\triangle)^n$ の展開式で，$\bigcirc^{n-r}\triangle^r$ の係数は　${}_nC_r$

(1)　$(x-1)^8=\{x+(-1)\}^8$ で，x^3 の項は

${}_8C_5x^3(-1)^5=(-1)^5{}_8C_3x^3$　←${}_8C_5={}_8C_3$ を利用

したがって　$(-1)^5{}_8C_3=-\dfrac{8\cdot7\cdot6}{3\cdot2\cdot1}=\mathbf{-56}$　…答

(2)　$(3x-2y)^5=\{(3x)+(-2y)\}^5$ で，x^2y^3 の項は

${}_5C_3(3x)^2(-2y)^3=3^2(-2)^3{}_5C_2x^2y^3$　←${}_5C_3={}_5C_2$ を利用

したがって　$3^2(-2)^3{}_5C_2=9(-8)\dfrac{5\cdot4}{2\cdot1}=\mathbf{-720}$　…答

この部分を忘れないこと！

類題 5　次の式を展開せよ。

(1) $(2a+1)^4$　　(2) $(x-1)^6$　　(3) $(2x-y)^5$

応用例題 6　展開式の項の係数を求める(2)

$\left(x^2-\dfrac{2}{x}\right)^6$ の展開式において x^6 の係数を求めよ。

ねらい　二項定理を用いてやや難しい展開式の項の係数を求めること。

解法ルール　まず，$\left\{x^2+\left(-\dfrac{2}{x}\right)\right\}^6$ の展開式で，一般項 ${}_6C_r(x^2)^{6-r}\left(-\dfrac{2}{x}\right)^r$

における x の次数が 6 になるときの r を求める。

${}_6C_r(x^2)^{6-r}\left(-\dfrac{2}{x}\right)^r={}_6C_rx^{12-2r}\dfrac{(-2)^r}{x^r}={}_6C_r(-2)^r\dfrac{x^{12-2r}}{x^r}$　……①

$\dfrac{x^{12-2r}}{x^r}=x^6$ となる r を求める。

$x^{12-2r}=x^6\cdot x^r=x^{6+r}$

$12-2r=6+r$ より　$r=2$

よって，x^6 の項は，$r=2$ を①に代入して　${}_6C_2(-2)^2x^6$

したがって　$(-2)^2{}_6C_2=\mathbf{60}$　…答

類題 6　$\left(2x^2+\dfrac{1}{3x}\right)^6$ を展開したときの定数項を求めよ。

応用例題 7　多項定理

次の問いに答えよ。

(1) $(a+b+c)^7$ の展開式において a^3bc^3 の項の係数を求めよ。

(2) $(a+2b-3c)^6$ の展開式において a^3bc^2 の項の係数を求めよ。

ねらい
多項定理について考えること。

解法ルール $(○+△+□)^7$ の展開式では，$\{(○+△)+□\}^7$ というように，**○+△ を1つのグループにして**二項定理を用いればよい。

解答例 (1)　$(a+b+c)^7=\{(a+b)+c\}^7$ と考える。

このとき c^3 となる場合は ${}_7C_3(a+b)^4c^3$ である。

次に，$(a+b)^4$ で a^3b の係数は ${}_4C_1$ となる。

したがって，a^3bc^3 の係数は

$${}_7C_3\times{}_4C_1=\frac{7\cdot6\cdot5}{3\cdot2\cdot1}\times4=\mathbf{140}\quad\cdots \text{答}$$

(2)　$(a+2b-3c)^6=\{(a+2b)+(-3c)\}^6$ と考える。

このとき，c^2 となる場合は　${}_6C_2(a+2b)^4(-3c)^2$

次に，$(a+2b)^4$ で a^3b となる項は　${}_4C_1a^3(2b)^1$

したがって，a^3bc^2 の項は

$${}_6C_2\{{}_4C_1a^3(2b)\}(-3c)^2$$

となり，係数は

$${}_6C_2\times{}_4C_1\times2\times(-3)^2=\mathbf{1080}\quad\cdots \text{答}$$

● $\{(a+b)+c\}^n$ の展開式で，$a^pb^qc^r$ $(p+q+r=n)$ の項を考えると
${}_nC_r(a+b)^{n-r}c^r$
次に，$(a+b)^{n-r}$ の展開式で a^pb^q の項を考えると
${}_{n-r}C_qa^{n-r-q}b^q$
$={}_{n-r}C_qa^pb^q$
したがって，$a^pb^qc^r$ の係数は
${}_nC_r\times{}_{n-r}C_q$

類題 7-1 次の問いに答えよ。

(1) $(a+b+c)^8$ の展開式における $a^4b^2c^2$ の係数を求めよ。

(2) $(x+3y-2z)^6$ の展開式における x^2y^3z の係数を求めよ。

これも知っ得　多項定理

$(a+b+c)^n$ の展開式における $a^pb^qc^r$ $(p+q+r=n)$ の項の係数の別の求め方を考え，公式化しておこう。

$$\overset{①}{(a+b+c)}\overset{②}{(a+b+c)}\overset{③}{(a+b+c)}\ \overset{\cdots}{\cdots}\ \overset{ⓝ}{(a+b+c)}$$

$(a+b+c)^n$ の展開は①～ⓝの1つ1つのかっこから a または b または c をとってきて n 個掛け合わせることだから，$a^pb^qc^r$ の係数は，①～ⓝの(　)から a を p 個，b を q 個，c を r 個並べた順列の総数と一致するよ。

先生，わかりました。
数学Aで学習した，**同じものを含む順列の総数**と考えられるから

$$\frac{n!}{p!q!r!}\ (p+q+r=n)$$

ですね。

よくわかったね。
では，**p. 12** 応用例題 7 (1) $(a+b+c)^7$ の展開式において a^3bc^3 の項の係数を求めよう。
例題の解答では ${}_7C_3\times{}_4C_1$ となっているね。これを階乗を使って計算してみると

$${}_7C_3\times{}_4C_1=\frac{7!}{3!4!}\times\frac{4!}{1!3!}=\frac{7!}{3!1!3!}=\frac{7\cdot6\cdot5\cdot4\cdot3\cdot2\cdot1}{3\cdot2\cdot1\cdot1\cdot3\cdot2\cdot1}=140$$

同じ結果になるね。

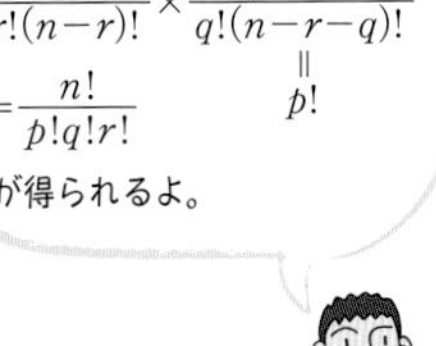

p.12 右欄の
${}_nC_r\times{}_{n-r}C_q$ を計算しても
$\frac{n!}{r!(n-r)!}\times\frac{(n-r)!}{q!(n-r-q)!}$
$=\frac{n!}{p!q!r!}$
$(n-r-q)!=p!$
が得られるよ。

ポイント　[多項定理]
$(a+b+c)^n$ の展開式における $a^pb^qc^r(p+q+r=n)$ の項の係数は

$$\frac{n!}{p!q!r!}\quad(p+q+r=n)$$

類題 7-2　多項定理を使って 類題 7-1 を解け。

● 二項定理の応用としてよく使われる公式 $(1+x)^n={}_nC_0+{}_nC_1x+{}_nC_2x^2+\cdots+{}_nC_nx^n$

また，この式に $x=1$ を代入すると　$2^n={}_nC_0+{}_nC_1+{}_nC_2+\cdots+{}_nC_n$
など様々なところで使える。

3 多項式の除法

数学Ⅰでは，多項式の加法・減法・乗法を学習した。数学Ⅱでは，多項式の除法つまり割り算について学習する。小学校でやった，整数÷整数で，余りを求める計算を思い出そう。多項式÷多項式も，整数÷整数と同じように計算できる。

また，次の関係が成り立つんだ。

テストに出るぞ！

● A を B で割る…商を Q，余りを R とする

	A，B は多項式	A，B は整数
A，B，Q，R の関係は	$A=BQ+R$	$A=BQ+R$
R と B の関係は	R の次数<B の次数	$R<B$
割り切れるのは	$R=0$	$R=0$

←ここだけ違う

基本例題 8

多項式の除法

次の除法を行い，$A=BQ+R$ の形で表せ。

(1) $(2x^3+3x^2-1)\div(x+2)$

(2) $(x^3+5x-4x^2-2)\div(x^2-1+2x)$

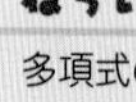

ねらい

多項式の除法を行うこと。商，余りを求め，$A=BQ+R$ の形に書くこと。

解法ルール

1 割る式も割られる式も**降べきの順に整理**しておき，**整数÷整数 の筆算と同じように計算**する。

2 商 Q，余り R を求め，$A=BQ+R$ の形に書く。

↑検算をするときの式

← 多項式を1次式で割る場合，左下の解答例以外に，組立除法（**p. 50**）という方法もある。

解答例

(1) 欠けた次数の項の分をあけておく

$2x^3\div x$　$-x^2\div x$　$2x\div x$

$$
\begin{array}{r}
2x^2-x+2 \quad \leftarrow\text{商}\\
x+2\,\overline{)\,2x^3+3x^2-1}\\
\underline{2x^3+4x^2} \quad (x+2)\times 2x^2\\
-x^2\\
\underline{-x^2-2x} \quad (x+2)\times(-x)\\
2x-1\\
\underline{2x+4} \quad (x+2)\times 2\\
-5 \quad \leftarrow\text{余り}
\end{array}
$$

答 $2x^3+3x^2-1$
$=(x+2)(2x^2-x+2)-5$

(2) 降べきの順に整理してから計算する

$$
\begin{array}{r}
x-6 \quad \leftarrow\text{商}\\
x^2+2x-1\,\overline{)\,x^3-4x^2+5x-2}\\
\underline{x^3+2x^2-x}\\
-6x^2+6x-2\\
\underline{-6x^2-12x+6}\\
18x-8 \quad \leftarrow\text{余り}
\end{array}
$$

2次式で割るから，余りの次数が1以下になれば計算が終わる

答 $x^3+5x-4x^2-2$
$=(x^2+2x-1)(x-6)+18x-8$

類題 8

次の除法を行い，$A=BQ+R$ の形で表せ。

(1) $(3x^3-2x^2+1)\div(x+1)$

(2) $(2-3x+4x^3)\div(2x+3)$

応用例題 9

複雑な多項式の除法

テストに出るぞ！

次の式を x についての多項式とみなし，除法を行い，商と余りを求めよ。

$(x^2+2xy+y^2-3x-3y+2)\div(x+y-2)$

ねらい
2つの文字についての多項式の割り算をすること。

解法ルール

1. 割る式も割られる式も，1つの同じ文字で整理する。
   割られる式…$x^2+(2y-3)x+(y^2-3y+2)$ 〔x の2次式〕
   割る式………$x+(y-2)$ 〔x の1次式〕
2. 2次式÷1次式だから，商は1次式，余りは定数。

y について整理してから割り算しても同じ結果になるよ。各自でやってみよう。

解答例

$$
\begin{array}{r|l}
 & x\ +(y-1) \\
\hline
x+(y-2) & x^2+(2y-3)x+(y^2-3y+2) \\
 & x^2+\ (y-2)x \\
\hline
 & \quad (y-1)x+(y^2-3y+2) \\
 & \quad (y-1)x+(y^2-3y+2) \\
\hline
 & \qquad\qquad 0
\end{array}
$$

$(y-2)(y-1)=y^2-3y+2$

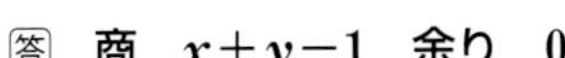

答　**商　$x+y-1$，余り　0**

類題 9　次の式を x についての多項式とみなし，除法を行い，商と余りを求めよ。

(1) $(3x^2-5xy-2y^2-5x-11y-12)\div(x-2y-3)$

(2) $(4x^2-4xy-3y^2+8x-7y+4)\div(2x-3y+1)$

応用例題 10

割り切れる条件

テストに出るぞ！

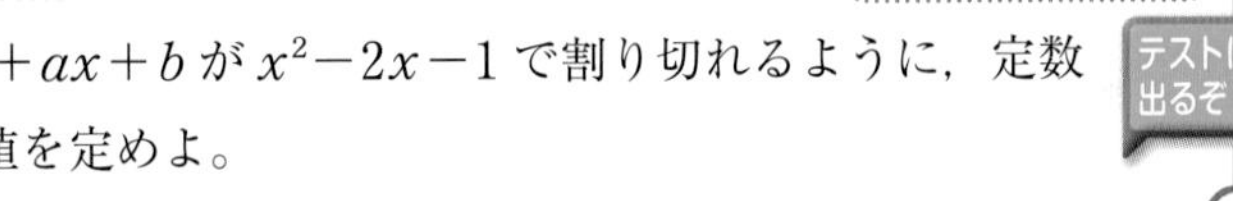

x^3+2x^2+ax+b が x^2-2x-1 で割り切れるように，定数 a，b の値を定めよ。

ねらい
割り切れる条件
$R=0$
を使って，割られる式の係数を定めること。

解法ルール

1. 割り切れる条件は　$R=0$
2. 3次式÷2次式だから，余りは x の1次式。
   余り$=0$ とは，x の係数$=0$，定数項$=0$ となること。

解答例

$$
\begin{array}{r|l}
 & x\ +4 \\
\hline
x^2-2x-1 & x^3+2x^2+\quad ax\quad +b \\
 & x^3-2x^2-\qquad x \\
\hline
 & \quad 4x^2+(a+1)x+b \\
 & \quad 4x^2-\quad 8x\quad -4 \\
\hline
 & \qquad (a+9)x+(b+4)
\end{array}
$$

$R=0$ とは
$(a+9)x+(b+4)=0x+0$

割り切れる条件は $\begin{cases} a+9=0 \\ b+4=0 \end{cases}$　よって $\begin{cases} \boldsymbol{a=-9} \\ \boldsymbol{b=-4} \end{cases}$ …答

類題 10　x^3-3x^2+ax+b が x^2+x-1 で割り切れるように，定数 a，b の値を定めよ。

4 分数式

$\dfrac{2}{x-1}$，$\dfrac{x^2+1}{x}$，$\dfrac{2x^2-3x+1}{x^2+2x+3}$ のように，

$\dfrac{\text{多項式}}{\text{定数でない多項式}}$ の形の式を分数式というんだ。

分数式は分母に文字が入る。

分母と分子に共通因数があるときは，その因数で分母と分子を約分して，既約分数式に直しておくこと。

基本例題 11 分数式の約分

次の分数式を約分せよ。

(1) $\dfrac{x^2-3x+2}{x^2-4}$　　(2) $\dfrac{2x^2-x-3}{x^2+2x+1}$

ねらい
分母と分子の共通因数で約分すること。

解法ルール 1 分母と分子をそれぞれ因数分解する。

2 分母と分子の共通因数をみつけて約分する。

(1) $\dfrac{x^2-3x+2}{x^2-4}=\dfrac{(x-2)(x-1)}{(x+2)(x-2)}=\boldsymbol{\dfrac{x-1}{x+2}}$ …答

$x-2$ が共通因数。

(2) $\dfrac{2x^2-x-3}{x^2+2x+1}=\dfrac{(2x-3)(x+1)}{(x+1)^2}=\boldsymbol{\dfrac{2x-3}{x+1}}$ …答

$x+1$ が共通因数。

(分子の次数)≧(分母の次数) の場合は，分子の次数を分母の次数より低くなるように変形することができるよ。

基本例題 12 (分子の次数)≧(分母の次数)

分数式 $\dfrac{x^2+3x+5}{x+1}$ を，多項式と，分子の次数が分母の次数より低い分数式との和の形に変形せよ。

ねらい
分子の次数を分母の次数より低次に変形すること。

解法ルール 1 分子を分母で割る。

2 A を B で割った商が Q，余りが R のとき

$$\frac{A}{B}=Q+\frac{R}{B}$$

←$A=BQ+R$ の両辺を B で割った式

●小学校で，仮分数を帯分数に直した方法を思い出そう。

$$\begin{array}{r} 2 \\ 3\,\overline{)\,7} \\ 6 \\ \hline 1 \end{array}$$

$\dfrac{7}{3}=2+\dfrac{1}{3}$

$\dfrac{x^2+3x+5}{x+1}$

$=\boldsymbol{x+2+\dfrac{3}{x+1}}$ …答

$$\begin{array}{r} x+2 \\ x+1\,\overline{)\,x^2+3x+5} \\ x^2+\ \ x\quad\ \ \\ \hline 2x+5 \\ 2x+2 \\ \hline 3 \end{array}$$

分数式の乗法と除法

基本例題 13 　分数式の乗法

次の分数式を計算せよ。

(1) $\dfrac{x^2-1}{x+2}\times\dfrac{x+3}{x-1}$　　(2) $\dfrac{x+1}{x-2}\times\dfrac{x^2-3x+2}{x^3+1}$

テストに出るぞ！

ねらい
分数式の掛け算をすること。

解法ルール $\dfrac{A}{B}\times\dfrac{C}{D}=\dfrac{AC}{BD}$

← 分母と分子を約分して答える。

(1) $\dfrac{x^2-1}{x+2}\times\dfrac{x+3}{x-1}$

$=\dfrac{(x+1)(x-1)}{x+2}\times\dfrac{x+3}{x-1}=\boldsymbol{\dfrac{(x+1)(x+3)}{x+2}}$ …答

因数分解した形で答えていいよ。その方が既約分数式であることがわかるから。

(2) $\dfrac{x+1}{x-2}\times\dfrac{x^2-3x+2}{x^3+1}$ ←$a^3+b^3=(a+b)(a^2-ab+b^2)$

$=\dfrac{x+1}{x-2}\times\dfrac{(x-1)(x-2)}{(x+1)(x^2-x+1)}=\boldsymbol{\dfrac{x-1}{x^2-x+1}}$ …答

類題 13 次の分数式を計算せよ。

(1) $\dfrac{x+2}{x-1}\times\dfrac{x^3-1}{x^2-4}$　　(2) $\dfrac{x^2-2x-3}{x^2+3x+2}\times\dfrac{2x^2+5x+2}{x^3-27}$

基本例題 14 　分数式の除法

次の分数式を計算せよ。

(1) $\dfrac{x^2-4}{x^2+2x+1}\div\dfrac{x+2}{x+1}$　　(2) $\dfrac{x^2+4xy+4y^2}{x^2-y^2}\div\dfrac{x^2y+2xy^2}{x^2y-xy^2}$

テストに出るぞ！

ねらい
分数式の割り算をすること。

解法ルール $\dfrac{A}{B}\div\dfrac{C}{D}=\dfrac{A}{B}\times\dfrac{D}{C}=\dfrac{AD}{BC}$

← $\dfrac{C}{D}$ の逆数 $\dfrac{D}{C}$ を掛ける。

解答例

(1) $\dfrac{x^2-4}{x^2+2x+1}\div\dfrac{x+2}{x+1}=\dfrac{(x+2)(x-2)}{(x+1)^2}\times\dfrac{x+1}{x+2}=\boldsymbol{\dfrac{x-2}{x+1}}$ …答

← 分母と分子を約分して答える。

(2) $\dfrac{x^2+4xy+4y^2}{x^2-y^2}\div\dfrac{x^2y+2xy^2}{x^2y-xy^2}$

$=\dfrac{(x+2y)^2}{(x+y)(x-y)}\times\dfrac{xy(x-y)}{xy(x+2y)}=\boldsymbol{\dfrac{x+2y}{x+y}}$ …答

類題 14 次の分数式を計算せよ。

(1) $\dfrac{2x^2+7x-4}{x^3-1}\div\dfrac{2x-1}{x^2+x-2}$　　(2) $\dfrac{x^2-2xy-3y^2}{x^3-y^3}\div\dfrac{x+y}{x^4+x^2y^2+y^4}$

● 分数式の加法と減法

基本例題 15 分数式の加法・減法

次の分数式を計算せよ。

(1) $\dfrac{x+4}{x^2+3x+2}+\dfrac{x-4}{x^2+x-2}$　(2) $\dfrac{5}{x^2+x-6}-\dfrac{1}{x^2+5x+6}$

テストに出るぞ！

ねらい
分数式の足し算・引き算をすること。

解法ルール

1 分母の 2 式の最小公倍数で通分する。 ←分母を因数分解すると通分しやすい

2 分母がそろえば $\dfrac{A}{C}+\dfrac{B}{C}=\dfrac{A+B}{C}$, $\dfrac{A}{C}-\dfrac{B}{C}=\dfrac{A-B}{C}$

3 計算した結果は既約分数式で答える。

解答例

(1) $\dfrac{x+4}{x^2+3x+2}+\dfrac{x-4}{x^2+x-2}$

$=\dfrac{x+4}{(x+2)(x+1)}+\dfrac{x-4}{(x+2)(x-1)}$

$=\dfrac{(x+4)(x-1)}{(x+2)(x+1)(x-1)}+\dfrac{(x-4)(x+1)}{(x+2)(x-1)(x+1)}$

$=\dfrac{(x^2+3x-4)+(x^2-3x-4)}{(x+2)(x+1)(x-1)}$

$=\dfrac{2x^2-8}{(x+2)(x+1)(x-1)}$

$=\dfrac{2(x+2)(x-2)}{(x+2)(x+1)(x-1)}$

$=\dfrac{\mathbf{2(x-2)}}{\mathbf{(x+1)(x-1)}}$ …答

← $x+2\,\overline{)\,(x+2)(x+1)}$ $\overline{(x+2)(x-1)}$ の共通因数は $x+2$、残りは $x+1$, $x-1$
だから，2 式の最小公倍数 $(x+2)(x+1)(x-1)$ で通分する。

分母と分子に $x-1$ を掛ける。

分母と分子に $x+1$ を掛ける。

分母と分子を約分して既約分数式で答える。

(2) $\dfrac{5}{x^2+x-6}-\dfrac{1}{x^2+5x+6}$

$=\dfrac{5}{(x+3)(x-2)}-\dfrac{1}{(x+3)(x+2)}$

$=\dfrac{5(x+2)}{(x+3)(x-2)(x+2)}-\dfrac{x-2}{(x+3)(x+2)(x-2)}$

$=\dfrac{5x+10-(x-2)}{(x+3)(x+2)(x-2)}=\dfrac{4x+12}{(x+3)(x+2)(x-2)}$

$=\dfrac{4(x+3)}{(x+3)(x+2)(x-2)}$

$=\dfrac{\mathbf{4}}{\mathbf{(x+2)(x-2)}}$ …答

分母と分子に $x+2$ を掛ける。

分母と分子に $x-2$ を掛ける。

これ以上約分できないことがわかるように，因数分解した形で答にしよう。

類題 15 次の分数式を計算せよ。

(1) $\dfrac{x+1}{x^2-4x+3}+\dfrac{3x+1}{x^2+2x-3}$　(2) $\dfrac{2x-1}{x^2-3x+2}-\dfrac{x+4}{x^2-2x}$

● 複雑な計算

応用例題 16 　複雑な分数式

次の分数式を計算せよ。

(1) $\dfrac{x+1}{x}-\dfrac{x+2}{x+1}-\dfrac{x+3}{x+2}+\dfrac{x+4}{x+3}$ 　　(2) $\dfrac{\dfrac{1}{x}-\dfrac{1}{x+1}}{\dfrac{1}{x+2}-\dfrac{1}{x+3}}$

ねらい
工夫して計算すること。

解法ルール (1) 1 (分子の次数)≧(分母の次数) の場合は割り算実行。

2 2つずつ組み合わせを考えて計算する。

(2) 1 分子と分母を別々に計算する。

2 $\dfrac{\dfrac{A}{B}}{\dfrac{C}{D}}=\dfrac{A}{B}\div\dfrac{C}{D}=\dfrac{AD}{BC}$

●割り算をして(分子の次数)<(分母の次数)に直す。(*p.16* 基本例題 12 参照)

$$\begin{array}{r} 1 \\ x+3\,\overline{)\,x+4} \\ x+3 \\ \hline 1 \end{array}$$

だから

$\dfrac{x+4}{x+3}=1+\dfrac{1}{x+3}$

解答例 (1) $\dfrac{x+1}{x}=1+\dfrac{1}{x}$ 　$\dfrac{x+2}{x+1}=1+\dfrac{1}{x+1}$

$\dfrac{x+3}{x+2}=1+\dfrac{1}{x+2}$ 　$\dfrac{x+4}{x+3}=1+\dfrac{1}{x+3}$

与式$=\left(1+\dfrac{1}{x}\right)-\left(1+\dfrac{1}{x+1}\right)-\left(1+\dfrac{1}{x+2}\right)+\left(1+\dfrac{1}{x+3}\right)$

$=\dfrac{1}{x}-\dfrac{1}{x+1}-\dfrac{1}{x+2}+\dfrac{1}{x+3}$

$=\dfrac{(x+1)-x}{x(x+1)}-\dfrac{(x+3)-(x+2)}{(x+2)(x+3)}=\dfrac{1}{x(x+1)}-\dfrac{1}{(x+2)(x+3)}$

$=\dfrac{(x^2+5x+6)-(x^2+x)}{x(x+1)(x+2)(x+3)}$

$=\boldsymbol{\dfrac{2(2x+3)}{x(x+1)(x+2)(x+3)}}$ …答

$\dfrac{1}{x}$ と $\dfrac{1}{x+1}$, $\dfrac{1}{x+2}$ と $\dfrac{1}{x+3}$ を組み合わせると計算が簡単になる。

(2) 分子$=\dfrac{1}{x}-\dfrac{1}{x+1}=\dfrac{(x+1)-x}{x(x+1)}=\dfrac{1}{x(x+1)}$

分母$=\dfrac{1}{x+2}-\dfrac{1}{x+3}=\dfrac{(x+3)-(x+2)}{(x+2)(x+3)}=\dfrac{1}{(x+2)(x+3)}$

与式$=\dfrac{1}{x(x+1)}\div\dfrac{1}{(x+2)(x+3)}=\boldsymbol{\dfrac{(x+2)(x+3)}{x(x+1)}}$ …答

類題 16 次の分数式を計算せよ。

(1) $\dfrac{x-1}{x-2}-\dfrac{2x-1}{x-1}-\dfrac{2x+3}{x+1}+\dfrac{3x+7}{x+2}$ 　　(2) $1-\dfrac{1}{1-\dfrac{1}{x}}$

5 恒等式

等号“＝”で結ばれた式を等式というんだ。等式は，方程式と恒等式に分類されるんだけど，その違いは次の通り。

等式 $\begin{cases} \text{方程式…文字が特定の値のとき等号が成立する。} \\ \text{恒等式…文字がどんな値のときでも等号が成立する。} \end{cases}$

たとえば，$2x+1=3-2(1-x)$ の両辺に，$x=0$，1，2，…と代入してごらん。x がどんな値のときでも左辺＝右辺になることがわかるね。当然だ。もともと左辺と右辺は同じ式なんだから。これが恒等式なんだよ。

逆に言うと，恒等式では両辺が同じ式なんだから，文字がどんな値をとっても，等号は当然成立することがわかるね。

ポイント ［恒等式の性質］

$\boldsymbol{ax^2+bx+c=a'x^2+b'x+c'}$ が x についての恒等式 $\iff$ $a=a'$，$b=b'$，$c=c'$

$\boldsymbol{ax^2+bx+c=0}$ が x についての恒等式 $\iff$ $a=0$，$b=0$，$c=0$

基本例題 17 恒等式を選ぶ

次の等式のうち，恒等式はどれか。

(1) $(x-2)(x+3)=x^2-x-6$

(2) $x^2-5x+6=(x-2)(x-3)$

(3) $(a+b)^2=a^2+b^2$

(4) $\dfrac{1}{x(x+1)}=\dfrac{1}{x}-\dfrac{1}{x+1}$

ねらい
恒等式の意味を理解し，等式の中から恒等式をみつけること。

解法ルール 左辺か右辺のどちらかの式を変形して，等式が常に成り立つかどうかを調べる。

解答例 (1) 左辺$=(x-2)(x+3)=x^2+x-6$

左辺＝右辺が成り立つのは $x=0$ のときだけだから方程式

(2) 右辺$=(x-2)(x-3)=x^2-5x+6=$左辺

(3) 左辺$=(a+b)^2=a^2+2ab+b^2$

左辺＝右辺が成り立つのは $ab=0$ のときだけだから方程式

(4) 右辺$=\dfrac{1}{x}-\dfrac{1}{x+1}=\dfrac{x+1-x}{x(x+1)}=\dfrac{1}{x(x+1)}=$左辺

答 (2)，(4)

基本例題 18　恒等式の係数決定(1)

次の等式が，(1)は x についての，(2)は x，y についての恒等式となるように，定数 a，b，c，d の値を定めよ。

(1) $a(x+1)^2+b(x+1)+c=2x^2+5$

(2) $(2x+3y+a)(x+by-2)=2x^2+xy+cy^2+2x-dy-12$

ねらい
等式が恒等式となるように，係数を定めること。

解法ルール 多項式の恒等式は，両辺を降べきの順に整理する。

1 $ax^2+bx+c=a'x^2+b'x+c'$ が x についての恒等式
$\iff$ $a=a'$，$b=b'$，$c=c'$

2 $ax^2+bxy+cy^2+dx+ey+f$
$=a'x^2+b'xy+c'y^2+d'x+e'y+f'$
が x，y についての恒等式
$\iff$ $a=a'$，$b=b'$，$c=c'$，$d=d'$，$e=e'$，$f=f'$

⬅ このようにして，恒等式の係数を決定する方法を係数比較法という。

(1)については x 以外の文字についての恒等式とは考えられないので，「x についての」が省略されることがあるよ。

解答例 (1) x についての恒等式であるように a，b，c を定めるのだから，左辺を展開し，x について整理する。

左辺$=a(x^2+2x+1)+b(x+1)+c$
$=ax^2+(2a+b)x+(a+b+c)$

$ax^2+(2a+b)x+(a+b+c)=2x^2+5$ （$2x^2+0x+5$ と考える。）
が x についての恒等式となるための条件は

$a=2$，$2a+b=0$，$a+b+c=5$

これを解いて　$\boldsymbol{a=2}$，$\boldsymbol{b=-4}$，$\boldsymbol{c=7}$　…答

⬅ すべての項を左辺に集め，x について降べきの順に整理すると
$(a-2)x^2+(2a+b)x+(a+b+c-5)=0$
これが恒等式となるための条件は，各項の係数が0と考えてもよい。

(2) 左辺を展開して式を整理すると

左辺$=2x^2+2bxy-4x+3xy+3by^2-6y+ax+aby-2a$
$=2x^2+(2b+3)xy+3by^2+(a-4)x+(ab-6)y-2a$

右辺と係数を比較して

$2b+3=1$，$3b=c$，$a-4=2$，
$ab-6=-d$，$-2a=-12$

これを解いて　$\boldsymbol{a=6}$，$\boldsymbol{b=-1}$，$\boldsymbol{c=-3}$，$\boldsymbol{d=12}$　…答

類題 18 次の等式が(1)，(2)は x についての，(3)は x，y についての恒等式となるように，定数 a，b，c，d の値を定めよ。

(1) $ax(x-1)+b(x-1)(x-2)+cx(x-2)=2x^2-2x-2$

(2) $x^3=a(x-1)^3+b(x-1)^2+c(x-1)+d$

(3) $x^2+2xy+3y^2+x+y=(x+y)(x+y+a)+by^2+cy$

基本例題 19　恒等式の係数決定(2)

次の等式が恒等式となるように，定数 a，b，c の値を定めよ。

$$x^2+5x+6=ax(x+1)+b(x+1)(x-1)+cx(x-1)$$

ねらい
等式が恒等式となるように，係数を定めること。

解法ルール
1. 恒等式では，文字がどんな値をとっても等号が成立するから，**適当な数値を代入**して等式をつくる。
2. 等式を 3 つつくれば，a，b，c が求められる。
3. **恒等式であることを必ず確かめる。**

解答例
x に 0，1，-1 を代入すると計算が簡単である。

$x=0$　を代入すると　$6=-b$　よって　$b=-6$

$x=1$　を代入すると　$12=2a$　よって　$a=6$

$x=-1$ を代入すると　$2=2c$　よって　$c=1$

このとき　右辺 $=6x(x+1)-6(x+1)(x-1)+x(x-1)$

$=x^2+5x+6=$ 左辺

$\boldsymbol{a=6,\ b=-6,\ c=1}$　…答

← このようにして，恒等式の係数を決定する方法を**数値代入法**という。数値代入法では，すべての数について等式が成り立つことまでいえないので，**必ず恒等式になっていることを確かめておく。**

類題 19　次の等式が恒等式となるように，定数 a，b，c，d の値を定めよ。

$$x^3=ax(x-1)(x-2)+b(x-1)(x-2)+c(x-2)+d$$

基本例題 20　恒等式の係数決定(3)

次の等式が恒等式となるように，定数 a，b の値を定めよ。

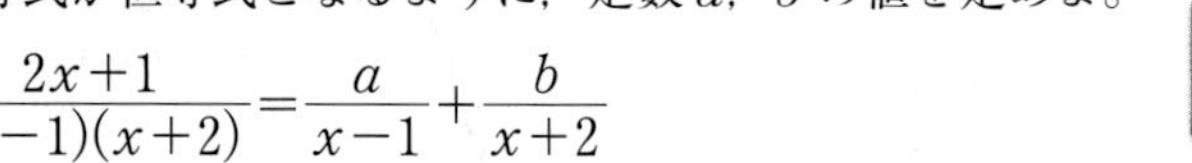

$$\frac{2x+1}{(x-1)(x+2)}=\frac{a}{x-1}+\frac{b}{x+2}$$

テストに出るぞ！

ねらい
分数式が恒等式となるように，係数を定めること。

解法ルール
1. 分数式の場合は**通分**をする。
2. 恒等式となるよう，**係数比較**をする。
3. a，b に関する方程式を解いて，a，b を決定する。

解答例
右辺 $=\dfrac{a}{x-1}+\dfrac{b}{x+2}$　←右辺を通分

$=\dfrac{a(x+2)+b(x-1)}{(x-1)(x+2)}=\dfrac{(a+b)x+2a-b}{(x-1)(x+2)}$

両辺の係数を比較して

$a+b=2$　……①　　$2a-b=1$　……②

①，②を解いて　$\boldsymbol{a=1,\ b=1}$　…答

両辺に $(x-1)(x+2)$ を掛けて恒等式をつくると $2x+1=a(x+2)+b(x-1)$ 数値代入法と係数比較法のどちらで解いてもいいよ。

類題 20　次の等式が恒等式となるように，定数 a，b の値を定めよ。

$$\frac{3x+4}{(x+1)(x+2)}=\frac{a}{x+1}+\frac{b}{x+2}$$

発展例題 21

恒等式の係数決定(4)

次の等式が恒等式となるように，定数a，b，cの値を定めよ。

$$\frac{1}{(x+1)(x+2)^2}=\frac{a}{x+1}+\frac{b}{x+2}+\frac{c}{(x+2)^2}$$

ねらい
恒等式となるように係数を定めること。

解法ルール
1 通分をし，両辺の分子の係数を比較する。
2 a，b，cに関する方程式を解いて，a，b，cを決定する。

解答例

$$右辺=\frac{a}{x+1}+\frac{b}{x+2}+\frac{c}{(x+2)^2} \quad \leftarrow 右辺を通分$$

$$=\frac{a(x+2)^2+b(x+1)(x+2)+c(x+1)}{(x+1)(x+2)^2}$$

$$=\frac{(a+b)x^2+(4a+3b+c)x+4a+2b+c}{(x+1)(x+2)^2}$$

両辺の係数を比較して

$a+b=0$……① $4a+3b+c=0$……② $4a+2b+c=1$……③

②－③より $b=-1$

①より $a=1$ ②に代入して $c=-1$

ゆえに $\boldsymbol{a=1,\ b=-1,\ c=-1}$ …答

分数式を右辺のように変形することを，**部分分数に分ける**というよ。

類題 21 次の等式が恒等式となるように，定数a，b，cの値を定めよ。

$$\frac{1}{x^3-1}=\frac{a}{x-1}+\frac{bx+c}{x^2+x+1}$$

基本例題 22

kの値に関係なく成立する等式

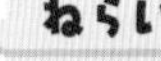

x，yについての次の等式が，kの値に関係なく成り立つようなx，yの値を求めよ。

テストに出るぞ！

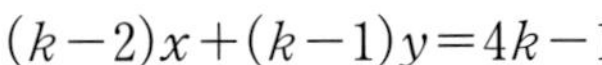
$(k-2)x+(k-1)y=4k-1$

ねらい
kの値に関係なく等式が成立するようなx，yの値を求めること。

解法ルール

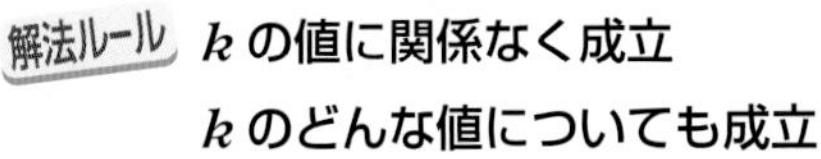
kの値に関係なく成立
kのどんな値についても成立 $\Longrightarrow$ **kについての恒等式**

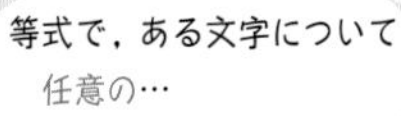
等式で，ある文字について
任意の…
すべての…
値に関係なく…
とあれば，
ある文字についての恒等式の問題ではないかと考えてみよう。

解答例

等式がkの値に関係なく成り立つから，この等式はkについての恒等式である。

kについて整理すると $(x+y-4)k-(2x+y-1)=0$

kについての恒等式である条件は $x+y-4=0$，$2x+y-1=0$

これを解くと $\boldsymbol{x=-3,\ y=7}$ …答

類題 22 どのような実数aに対しても$(1+2a)x+(2-a)y-5=0$が成立するとき，x，yの値を求めよ。

6 等式の証明

等式の左辺か右辺を変形して両辺が同じ式になるのが恒等式だったよね。

等式 $A=B$ の証明というのも，“2 つの式 A と B は等しいか？”ということがテーマであって，等しくなることをもっともらしく説明するだけの話なんだ！

次に，証明をするのによく使う手法をあげておこう。

ポイント ［等式 $A=B$ の証明］ 覚え得

① 一方から他方を導く。

左辺$=A=$……(変形する)……$=B=$右辺　よって　$A=B$

② 両方を変形し，等しいことを示す。

左辺$=A=$……(変形する)……$=P$

右辺$=B=$……(変形する)……$=P$　よって　$A=B$

③ 差が 0 となることを示す。

左辺$-$右辺$=A-B=$……(変形する)……$=0$　よって　$A=B$

基本例題 23　等式の証明

次の等式を証明せよ。

$$(a^2+b^2)(c^2+d^2)=(ac+bd)^2+(ad-bc)^2$$

テストに出るぞ！

ねらい

等式を証明すること。上の「ポイント」の①～③のどれで行えばよいか。

解法ルール 上の①～③のいずれの方法で証明するか，方針を決める。

一般に，式を因数分解するよりも展開する方が簡単だから，両辺を展開して等しくなることを示すとよい。

②の方法

解答例 左辺$=(a^2+b^2)(c^2+d^2)=a^2c^2+a^2d^2+b^2c^2+b^2d^2$

右辺$=(ac+bd)^2+(ad-bc)^2$

$=a^2c^2+2abcd+b^2d^2+a^2d^2-2abcd+b^2c^2$

$=a^2c^2+a^2d^2+b^2c^2+b^2d^2$

よって　$\boldsymbol{(a^2+b^2)(c^2+d^2)=(ac+bd)^2+(ad-bc)^2}$　終

(別解) ポイント ③の，差が 0 となることを示す方法では

左辺$-$右辺$=(a^2+b^2)(c^2+d^2)-\{(ac+bd)^2+(ad-bc)^2\}$

$=a^2c^2+a^2d^2+b^2c^2+b^2d^2-a^2c^2-2abcd-b^2d^2$

$-a^2d^2+2abcd-b^2c^2=0$

よって　$\boldsymbol{(a^2+b^2)(c^2+d^2)=(ac+bd)^2+(ad-bc)^2}$

［誤答例］

$(x-1)^2$

$=x(x-2)+1$

を証明せよ。

(証明)

「両辺を展開して

x^2-2x+1

$=x^2-2x+1$」

どこが誤りかわからない？

それは等式が成立すること，つまり＝で結ばれることを示したいのに，その条件をすでに使っているからなんだ！

類題 23 次の等式を証明せよ。

$$(x+y)^3+(x-y)^3=2x\{(x+y)^2+(x-y)^2-(x^2-y^2)\}$$

基本例題 24

条件つきの等式の証明

$a+b+c=0$ のとき，等式 $a^2-bc=b^2-ac$ が成り立つことを証明せよ。

テストに出るぞ！

ねらい

条件つきの等式の証明をすること。

解法ルール 1 条件式を利用して，文字を減らす。

2 次数の低い文字を代入法で消去するとよい。

解答例 条件式 $a+b+c=0$ から　$c=-a-b$　これを代入する。

左辺 $=a^2-bc=a^2-b(-a-b)=a^2+ab+b^2$

右辺 $=b^2-ac=b^2-a(-a-b)=a^2+ab+b^2$

よって　$\boldsymbol{a^2-bc=b^2-ac}$ 終

(別解) 左辺－右辺に $a+b+c=0$ を代入する。

左辺－右辺 $=a^2-bc-(b^2-ac)=c(a-b)+(a+b)(a-b)$

$=(a-b)(a+b+c)=0$　（$a+b+c$→$=0$）

よって　**左辺＝右辺**

文字の数は
少なければ
少ないほど楽！

類題 24 $a+b+c=0$ のとき，

$$a^2(b+c)+b^2(c+a)+c^2(a+b)+3abc=0$$

が成り立つことを証明せよ。

基本例題 25

条件式が比例式の等式の証明

$\dfrac{a}{b}=\dfrac{c}{d}$ のとき，$\dfrac{a-3b}{b}=\dfrac{c-3d}{d}$ であることを証明せよ。

ねらい

条件式が比例式の等式を証明すること。

解法ルール 1 条件式が比例式のときは，比例式$=k$ とおく。

2 $\dfrac{a}{b}=\dfrac{c}{d}=k$ とおくと　$a=bk$，$c=dk$

比例式 $\dfrac{a}{b}=\dfrac{c}{d}$ は $a:b=c:d$ とも書く。

解答例 条件式を $\dfrac{a}{b}=\dfrac{c}{d}=k$ とおくと　$a=bk$，$c=dk$

これを等式に代入すると

左辺$=\dfrac{a-3b}{b}=\dfrac{bk-3b}{b}=\dfrac{b(k-3)}{b}=k-3$

右辺$=\dfrac{c-3d}{d}=\dfrac{dk-3d}{d}=\dfrac{d(k-3)}{d}=k-3$

よって　$\boldsymbol{\dfrac{a-3b}{b}=\dfrac{c-3d}{d}}$ 終

比例式＝k
とおくんですね。

類題 25 $a:b=c:d$ のとき，$\dfrac{a+c}{b+d}=\dfrac{a+2c}{b+2d}$ であることを証明せよ。

7 不等式の証明

等式の証明のあとは，不等式の証明といこう。

不等式 $A>B$ の証明も，“**A は B より大きいか？**”ということが問題であるので，A と B との差をとって，$A-B>0$ を示せばよい。

ただ，差をとっても簡単に正・負を判断できない場合もあるので，次に不等式の証明によく使われるテクニックをあげておく。

ポイント ［不等式 $A>B$ の証明］　覚え得

① 左辺－右辺$=A-B=\cdots\cdots$（変形する）$\cdots\cdots>0$　　よって　$A>B$

② $A\geqq 0$，$B\geqq 0$ のとき $A>B \Longleftrightarrow A^2>B^2$ の利用（*p. 28* 応用例題 29）

$A-B$ の符号が簡単に判定できないとき，$A\geqq 0$，$B\geqq 0$ なら

$(\text{左辺})^2-(\text{右辺})^2=A^2-B^2>0$　　ゆえに　$A^2>B^2$　　よって　$A>B$

［不等式の証明に使われるその他のテクニック］

③ 平方完成して $(\text{実数})^2\geqq 0$ の利用

④ 相加平均≧相乗平均の利用（*p. 29* 応用例題 31）

$a>0$，$b>0$ のとき　$\dfrac{a+b}{2}\geqq\sqrt{ab}$（等号は $a=b$ のとき成り立つ）

$\dfrac{a+b}{2}$ を相加平均
$\sqrt{ab}$ を相乗平均
というよ！

基本例題 26　基本となる不等式の証明

$a\geqq 0$，$b\geqq 0$ のとき，次の(1)，(2)が成り立つことを証明せよ。

(1) $a>b$ ならば $a^2>b^2$

(2) $a^2>b^2$ ならば $a>b$

ねらい
基本となる不等式を証明すること。

解法ルール (1)　結論の不等式の**左辺－右辺>0** をいう。

(2)　**不等式の性質**を用いて仮定から結論を導く。

解答例 (1)　左辺－右辺 $=a^2-b^2=(a+b)(a-b)$　$\cdots\cdots$①

ここで，仮定の $a>b$ から　$a-b>0$

また，$a\geqq 0$，$b\geqq 0$ から　$a+b>0$

よって　$(a+b)(a-b)>0$　←正×正＝正だ！

したがって，①より　$a^2-b^2>0$　　よって　$\boldsymbol{a^2>b^2}$　終

(2)　仮定の $a^2>b^2$ から　$a^2-b^2>0$

ゆえに　$(a+b)(a-b)>0$　$\cdots\cdots$②

ここで，$a^2>b^2$ だから　$a\neq b$

（$a\neq b$ だから，$a=b=0$ の場合は除かれる。）

よって，$a\geqq 0$，$b\geqq 0$ より　$a+b>0$　$\cdots\cdots$③

したがって，②，③より　$a-b>0$　　よって　$\boldsymbol{a>b}$　終

基本例題 27

不等式の証明(1)

$a>1$，$b>1$ のとき，$ab+1>a+b$ を証明せよ。

テストに出るぞ！

ねらい
不等式 $A>B$ を証明すること。
$A-B>0$ を示す。

解法ルール
1. 2 数の大小は差の符号を調べる。
2. $a>1 \Longrightarrow a-1>0$，$b>1 \Longrightarrow b-1>0$

解答例

$$
\begin{aligned}
\text{左辺}-\text{右辺} &= ab+1-(a+b) \\
&= a(b-1)-(b-1) \\
&= (a-1)(b-1)
\end{aligned}
$$

仮定より，$a>1$ だから　$a-1>0$

$b>1$ だから　$b-1>0$

よって，$(a-1)(b-1)>0$ より　$ab+1-(a+b)>0$

よって　$\boldsymbol{ab+1>a+b}$　終

条件式
$a>1$，$b>1$
の使い方を
マスターしよう。

類題 27　$|x|<1$，$|y|<1$ のとき，$xy+1>x+y$ を証明せよ。

基本例題 28

不等式の証明(2)

次の不等式を証明せよ。また，等号が成り立つときを調べよ。

$(a^2+b^2)(x^2+y^2) \geqq (ax+by)^2$

テストに出るぞ！

ねらい
不等式 $A \geqq B$ の証明をすること。
$(\text{実数})^2 \geqq 0$ の利用。

解法ルール
1. **左辺－右辺 $\geqq 0$ を示せばよい。**
2. **2 次式 $\geqq 0$ を示すには，平方完成して　$(\text{実数})^2 \geqq 0$**

解答例

$$
\begin{aligned}
\text{左辺}-\text{右辺} &= (a^2+b^2)(x^2+y^2)-(ax+by)^2 \\
&= a^2x^2+a^2y^2+b^2x^2+b^2y^2-(a^2x^2+2abxy+b^2y^2) \\
&= b^2x^2-2abxy+a^2y^2 \\
&= (bx-ay)^2 \geqq 0
\end{aligned}
$$

よって　$\boldsymbol{(a^2+b^2)(x^2+y^2) \geqq (ax+by)^2}$

等号が成り立つのは $bx=ay$ のとき　終

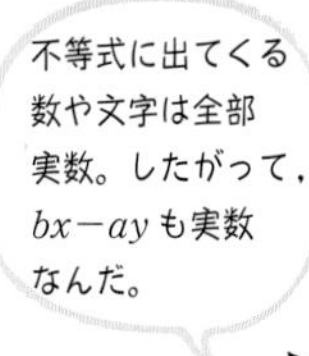

不等式に出てくる
数や文字は全部
実数。したがって，
$bx-ay$ も実数
なんだ。

類題 28　次の不等式を証明せよ。また，等号が成り立つときを調べよ。

(1) $x^2+4x+4 \geqq 0$　　(2) $a^2+ab+b^2 \geqq 0$

(3) $x^2+y^2 \geqq xy$　　(4) $x^2+y^2+z^2 \geqq xy+yz+zx$

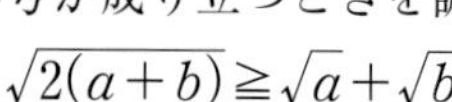

応用例題 29

不等式の証明 (3)

$a \geqq 0$, $b \geqq 0$ とするとき，次の不等式を証明せよ。また，等号が成り立つときを調べよ。

$\sqrt{2(a+b)} \geqq \sqrt{a}+\sqrt{b}$

ねらい
不等式 $A \geqq B$ を証明すること。
$A \geqq B$ を証明するのに $A^2-B^2 \geqq 0$ をいう。

解法ルール 1 負でない 2 数の大小は，2 乗して比較する。

$A \geqq 0$, $B \geqq 0$ のとき，$A > B \Longleftrightarrow A^2 > B^2$ を利用。

2 $\sqrt{2(a+b)} \geqq 0$, $\sqrt{a}+\sqrt{b} \geqq 0$ を確認すること。

解答例 (左辺)$^2-$(右辺)$^2=\{\sqrt{2(a+b)}\}^2-(\sqrt{a}+\sqrt{b})^2$

$=2(a+b)-(a+2\sqrt{a}\sqrt{b}+b)$

$=a-2\sqrt{a}\sqrt{b}+b$

$=(\sqrt{a})^2-2\sqrt{a}\sqrt{b}+(\sqrt{b})^2$

$=(\sqrt{a}-\sqrt{b})^2 \geqq 0$ ←(実数)$^2 \geqq 0$

よって　$\{\sqrt{2(a+b)}\}^2 \geqq (\sqrt{a}+\sqrt{b})^2$

ここで，$\sqrt{2(a+b)} \geqq 0$, $\sqrt{a}+\sqrt{b} \geqq 0$ だから

$\boldsymbol{\sqrt{2(a+b)} \geqq \sqrt{a}+\sqrt{b}}$ ←$A^2 \geqq B^2$ で，$A \geqq 0$, $B \geqq 0$ なら $A \geqq B$

等号は，$\sqrt{a}-\sqrt{b}=0$，すなわち　**$a=b$ のとき成り立つ。** 終

類題 29 $a \geqq b \geqq 0$ のとき，$\sqrt{a}-\sqrt{b} \leqq \sqrt{a-b}$ を証明せよ。また，等号が成り立つときを調べよ。

基本例題 30

相加平均≧相乗平均の証明

$a>0$, $b>0$ のとき，次の不等式が成り立つことを証明せよ。また，等号が成り立つときを調べよ。

$\dfrac{a+b}{2} \geqq \sqrt{ab}$

ねらい
相加平均≧相乗平均の不等式を証明すること。(実数)$^2 \geqq 0$ の利用。

$a>0$, $b>0$ のとき
相加平均≧相乗平均
$\dfrac{a+b}{2} \geqq \sqrt{ab}$
(等号成立は
$a=b$ のとき)

解法ルール 1 左辺－右辺≧0 を示せばよい。

2 (実数)$^2 \geqq 0$ の利用。

解答例 左辺－右辺$=\dfrac{a+b}{2}-\sqrt{ab}=\dfrac{1}{2}(a-2\sqrt{a}\sqrt{b}+b)$

$=\dfrac{1}{2}\{(\sqrt{a})^2-2\sqrt{a}\sqrt{b}+(\sqrt{b})^2\}$

$=\dfrac{1}{2}(\sqrt{a}-\sqrt{b})^2 \geqq 0$

よって　$\boldsymbol{\dfrac{a+b}{2} \geqq \sqrt{ab}}$

等号は，$\sqrt{a}-\sqrt{b}=0$，すなわち　**$a=b$ のとき成り立つ。** 終

公式として
しっかり
覚えよう。

(左辺)$^2-$(右辺)^2
を計算しても証明で
きますね。

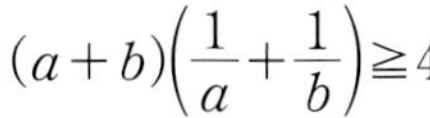

応用例題 31

相加平均≧相乗平均の利用

$a>0$，$b>0$ のとき，次の不等式を証明せよ。また，等号が成り立つときを調べよ。

テストに出るぞ！

$$(a+b)\left(\frac{1}{a}+\frac{1}{b}\right)\geqq 4$$

ねらい
相加平均≧相乗平均を用いて，不等式を証明すること。
式の特徴をつかむ。

解法ルール
1. **正の数の $○+\dfrac{1}{○}$ の形の式は，相加平均≧相乗平均**
2. $\dfrac{a+b}{2}\geqq\sqrt{ab}$ より　$a+b\geqq 2\sqrt{ab}$

$○+\dfrac{1}{○}$ の形なら相加平均≧相乗平均。○は正であることを確認すること。

解答例　$(a+b)\left(\dfrac{1}{a}+\dfrac{1}{b}\right)-4=\dfrac{a}{a}+\dfrac{a}{b}+\dfrac{b}{a}+\dfrac{b}{b}-4=\dfrac{a}{b}+\dfrac{b}{a}-2$

$\dfrac{a}{b}>0$，$\dfrac{b}{a}>0$ なので　$\dfrac{\dfrac{a}{b}+\dfrac{b}{a}}{2}\geqq\sqrt{\dfrac{a}{b}\times\dfrac{b}{a}}=1$　（相加平均，相乗平均）　よって　$\dfrac{a}{b}+\dfrac{b}{a}\geqq 2$

ゆえに，$(a+b)\left(\dfrac{1}{a}+\dfrac{1}{b}\right)-4\geqq 0$ より　$\boldsymbol{(a+b)\left(\dfrac{1}{a}+\dfrac{1}{b}\right)\geqq 4}$

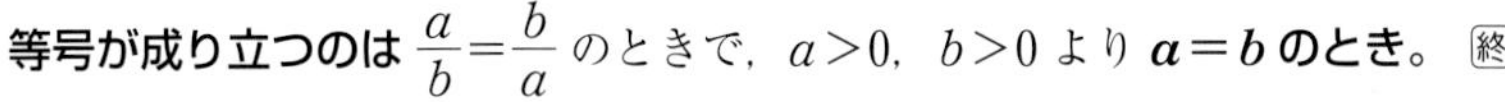

等号が成り立つのは $\dfrac{a}{b}=\dfrac{b}{a}$ のときで，$a>0$，$b>0$ より **$a=b$ のとき**。 終

類題 31　次の不等式を証明せよ。また，等号が成り立つときを調べよ。ただし，文字はすべて正の数を表すものとする。

(1) $a+\dfrac{1}{a}\geqq 2$　(2) $ab+\dfrac{4}{ab}\geqq 4$　(3) $\left(\dfrac{b}{a}+\dfrac{d}{c}\right)\left(\dfrac{a}{b}+\dfrac{c}{d}\right)\geqq 4$

(4) $(a+b)(b+c)(c+a)\geqq 8abc$

課題学習　相乗平均と調和平均

●10000 円の品物が，1 回目は 27000 円に，2 回目は 32400 円に値上げされた。この値上げの倍率の平均は？
1 回目は　10000 円→27000 円で，2.7 倍
2 回目は　27000 円→32400 円で，1.2 倍
倍率の相加平均は　$\dfrac{2.7+1.2}{2}=1.95$(倍)

これでよいかな？　2 回とも 1.95 倍で計算すると，10000 円→19500 円→38025 円。
実際とは 5625 円も違いが出てしまう。
倍率の**相乗平均**は　$\sqrt{2.7\times1.2}=1.8$(倍)
2 回とも 1.8 倍で計算してみると，
10000 円→18000 円→32400 円で，みごと一致する。相乗平均はこんな場合に使われる。

●12 km の道を往復するのに，行きの速さは 4 km/時，帰りの速さは 6 km/時であった。平均の速さは？
行きに 12÷4＝3(時間)，帰りに 12÷6＝2(時間)かかるから，平均の速さは $\dfrac{24}{5}$ km/時。

ここで，4 と 6 の**逆数の相加平均の逆数**は

$$\frac{1}{\dfrac{\dfrac{1}{4}+\dfrac{1}{6}}{2}}=\frac{1}{\dfrac{\dfrac{5}{12}}{2}}=\frac{1}{\dfrac{5}{24}}=\frac{24}{5}\text{(km/時)}$$

これを**調和平均**という。

応用例題 32　絶対値を含む不等式の証明

次の不等式を証明せよ。また，等号が成り立つときを調べよ。

(1) $|a|+|b| \geqq |a+b|$

(2) $|a+b| \geqq |a|-|b|$

ねらい
絶対値を含む不等式を証明すること。
絶対値記号は，2乗するとはずれる。

解法ルール **1** 絶対値の意味から，次の基本性質が成り立つ。

① $|\boldsymbol{a}|^2=\boldsymbol{a}^2$　② $|\boldsymbol{a}||\boldsymbol{b}|=|\boldsymbol{ab}|$

③ $\dfrac{|\boldsymbol{a}|}{|\boldsymbol{b}|}=\left|\dfrac{\boldsymbol{a}}{\boldsymbol{b}}\right|$ $(\boldsymbol{b} \neq 0)$　④ $|\boldsymbol{a}| \geqq 0$

⑤ $-|\boldsymbol{a}| \leqq \boldsymbol{a} \leqq |\boldsymbol{a}|$

2 **絶対値記号は，2乗するとはずれる。**

負でない2数の大小は，2乗して比較する。

解答例 (1) $(左辺)^2-(右辺)^2=(|a|+|b|)^2-|a+b|^2$

$=|a|^2+2|a||b|+|b|^2-(a+b)^2$　←基本性質①

$=a^2+2|ab|+b^2-a^2-2ab-b^2$　←基本性質①，②

$=2(|ab|-ab) \geqq 0$　←$|ab| \geqq ab$（基本性質⑤）より

よって　$(|a|+|b|)^2 \geqq |a+b|^2$

$|a| \geqq 0$，$|b| \geqq 0$ より　$|a|+|b| \geqq 0$，$|a+b| \geqq 0$ だから

$|\boldsymbol{a}|+|\boldsymbol{b}| \geqq |\boldsymbol{a}+\boldsymbol{b}|$

等号が成り立つのは，$|ab|-ab=0$ より　$ab=|ab| \geqq 0$

よって，$\boldsymbol{ab} \geqq 0$ **のとき。** 終

(2) (i) $|a|-|b|<0$ のとき $|a+b| \geqq 0$ だから，明らかに

$|a+b|>|a|-|b|$

(ii) $|a|-|b| \geqq 0$ のとき　$|a+b| \geqq 0$，$|a|-|b| \geqq 0$

$(左辺)^2-(右辺)^2=|a+b|^2-(|a|-|b|)^2$

$=(a+b)^2-(|a|^2-2|a||b|+|b|^2)$

$=a^2+2ab+b^2-a^2+2|ab|-b^2$

$=2(ab+|ab|) \geqq 0$

よって　$|a+b|^2 \geqq (|a|-|b|)^2$

$|a+b| \geqq 0$，$|a|-|b| \geqq 0$ だから　$|a+b| \geqq |a|-|b|$

(i)，(ii)より　$|\boldsymbol{a}+\boldsymbol{b}| \geqq |\boldsymbol{a}|-|\boldsymbol{b}|$

等号が成り立つのは，$|a|-|b| \geqq 0$ より　$|a| \geqq |b|$

$ab+|ab|=0$ より　$ab=-|ab| \leqq 0$

よって，$|\boldsymbol{a}| \geqq |\boldsymbol{b}|$ **かつ** $\boldsymbol{ab} \leqq 0$ **のとき。** 終

類題 32 次の問いに答えよ。

(1) $|a+b| \leqq |a|+|b|$ であることを利用して，$|a|-|b| \leqq |a-b|$ であることを証明せよ。また，等号が成り立つときを調べよ。

(2) $|x|<1$，$|y|<1$ のとき，$|x+y|<|1+xy|$ が成り立つことを証明せよ。

2節 2次方程式

8 複素数

2次方程式の解き方は数学Ⅰで学習したね。習ったものをそっくり復習するだけではおもしろくない。というわけで，ここでは，どんな2次方程式でも解くことができるように，新しい数を紹介しよう。

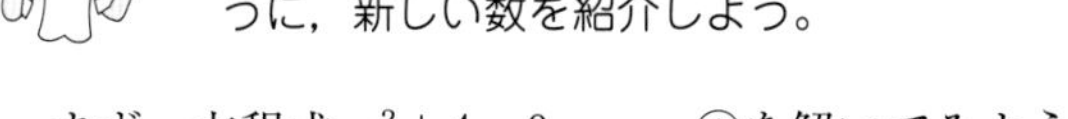

まず，方程式 $x^2+4=0$ ……①を解いてみよう。

変形すると　$x^2=-4$　**2乗して負になる実数はない**ので，このままでは解けない。そこで，新たに2乗して負になる数を考える。

❖ 虚数単位

2乗すれば -1 になる新しい数を考え，それを i で表す。

$i^2=-1$　この i を虚数単位（きょすうたんい）という。

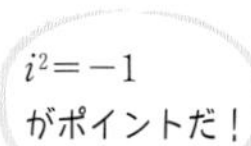

❖ 負の数の平方根

虚数単位 i を用いると　$(2i)^2=2^2i^2=4\times(-1)=-4$

$(-2i)^2=(-2)^2i^2=4\times(-1)=-4$

であるから，**①の方程式の解は $2i$ と $-2i$** である。

[負の数の平方根]　$a>0$ のとき

負の数 $-a$ の平方根は $\pm\sqrt{-a}$ である。

$\sqrt{-a}=\sqrt{a}i$　　　$-\sqrt{-a}=-\sqrt{a}i$

← $\sqrt{-1}=\sqrt{1}i=i$
虚数単位 i は $\sqrt{-1}$ を表している。

❖ 複素数

$a+bi$（ただし，a，b は実数，i は虚数単位）の形で表される数を**複素数**といい，a を**実部**，b を**虚部**という。

$b=0$ のとき，すなわち $a+0i=a$ で実数 a を表す。

$b\neq0$ のとき，すなわち実数でない複素数を**虚数**という。

さらに，$a=0$ のとき，すなわち bi を**純虚数**という。

← 複素数 { 実数 / 虚数 }

複素数は，これまで学習してきたあらゆる数を含む，最も範囲の広い数である。

❖ 共役な複素数

複素数 $a+bi$ と $a-bi$ を互いに**共役（きょうやく）な複素数**という。

（符号がちがう）

1つの複素数を z とすると共役な複素数は $\overline{z}$ と表す。

複素数の計算

複素数どうしの加法・減法・乗法・除法も，実数の計算と同じように行う。

- 計算の途中で i^2 が出てくれば -1 におき換える。
- 計算の結果は $a+bi$ の形(1つの複素数の形)で表す。

基本例題 33 複素数の四則計算

次の計算をし，結果を $a+bi$ の形で表せ。

(1) $(2+3i)+(4-5i)$ (2) $(3-i)-(-5+3i)$

(3) $(1+2i)(3-2i)$ (4) $\dfrac{1+2i}{3+2i}$

テストに出るぞ！

ねらい
複素数の四則計算をすること。

解法ルール
1 i を文字と考えて，普通の式の計算を行い，$i^2=-1$ とする。

2 除法では，共役な複素数の積を用いて分母を実数化。

$(a+bi)(a-bi)=a^2-b^2i^2=a^2+b^2$ ←これは実数

解答例

(1) $(2+3i)+(4-5i)=2+3i+4-5i$
$=(2+4)+(3-5)i=\mathbf{6-2i}$ …答

(2) $(3-i)-(-5+3i)=3-i+5-3i$
$=(3+5)-(1+3)i=\mathbf{8-4i}$ …答

(3) $(1+2i)(3-2i)=3-2i+6i-4i^2$
$=3+4i-4\times(-1)=\mathbf{7+4i}$ …答

(4) 分母 $3+2i$ と共役な複素数は $3-2i$

分母と分子に $3-2i$ を掛けて，分母を実数にする。

$$\frac{1+2i}{3+2i}=\frac{(1+2i)(3-2i)}{(3+2i)(3-2i)}=\frac{3+4i-4i^2}{9-4i^2}=\frac{3+4i-4\times(-1)}{9-4\times(-1)}$$
$$=\frac{7+4i}{13}=\mathbf{\frac{7}{13}+\frac{4}{13}i} \quad \text{…答}$$

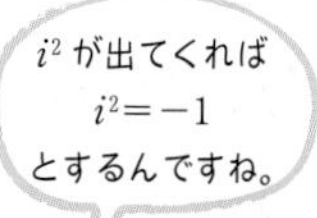

i^2 が出てくれば
$i^2=-1$
とするんですね。

← $(a+bi)(a-bi)$
$=a^2+b^2$
複素数とその共役な複素数の積は実数になる。

類題 33-1 次の計算をせよ。

(1) $(-5+3i)+(4-3i)$ (2) $(2-7i)-(2+5i)$

(3) $(7+5i)(7-5i)$ (4) $\dfrac{-1+3i}{4-3i}$

類題 33-2 次の計算をせよ。

(1) $(2-\sqrt{3}i)^2+(2+\sqrt{3}i)^2$ (2) $(3+2i)^3$

(3) $i^4+i^3+i^2+i+1+\dfrac{1}{i}$ (4) $\dfrac{1+i}{3-2i}+\dfrac{1-i}{3+2i}$

基本例題 34

負の数の平方根の計算

次の計算をせよ。

(1) $\sqrt{5}\times\sqrt{-2}$　　(2) $\sqrt{-5}\times\sqrt{-2}$

(3) $\sqrt{3}\div\sqrt{-5}$　　(4) $(1+\sqrt{-2})^2$

ねらい

負の数の平方根の計算をすること。$\sqrt{-a}=\sqrt{a}i$ により，複素数の計算をする。

1 $a>0$ のとき　$\sqrt{-a}=\sqrt{a}i$

2 i を使って表せば，あとは複素数の計算。

まず，i を使って数を表してから計算を始めること。

解答例

(1) $\sqrt{5}\times\sqrt{-2}=\sqrt{5}\times\sqrt{2}i=\boldsymbol{\sqrt{10}i}$　…答

(2) $\sqrt{-5}\times\sqrt{-2}=\sqrt{5}i\times\sqrt{2}i=\sqrt{10}i^2=\boldsymbol{-\sqrt{10}}$　…答

(3) $\sqrt{3}\div\sqrt{-5}=\dfrac{\sqrt{3}}{\sqrt{5}i}=\dfrac{\sqrt{3}\times\sqrt{5}i}{\sqrt{5}i\times\sqrt{5}i}$

$=\dfrac{\sqrt{15}i}{5i^2}=\boldsymbol{-\dfrac{\sqrt{15}}{5}i}$　…答

(4) $(1+\sqrt{-2})^2=(1+\sqrt{2}i)^2$

$=1+2\sqrt{2}i+(\sqrt{2}i)^2$

$=1+2\sqrt{2}i-2=\boldsymbol{-1+2\sqrt{2}i}$　…答

i を分母と分子に掛けると，分母は実数になる。次に，有理化するには $\sqrt{5}$ を掛ける。実数化と有理化を同時にするために，$\sqrt{5}i$ を掛けるんだ。

公式の好きなキミに！

平方根の計算公式　$\sqrt{a}\sqrt{b}=\sqrt{ab}$，$\dfrac{\sqrt{a}}{\sqrt{b}}=\sqrt{\dfrac{a}{b}}$ をしっかり覚えた人は，なぜこの公式を使わないのかと思うでしょう。ものはためし，やってみよう。

(1) $\sqrt{5}\times\sqrt{-2}=\sqrt{5\times(-2)}=\sqrt{-10}=\sqrt{10}i$　できるじゃない。では，(2)はどうかな？

(2) $\sqrt{-5}\times\sqrt{-2}=\sqrt{(-5)\times(-2)}=\sqrt{10}$　アレ！　符号がちがう。

$\sqrt{a}\sqrt{b}=\sqrt{ab}$ が成り立つのは，$a>0$，$b>0$ という条件つきだったよね。いくら公式を覚えていても，条件を無視して使ってはケガをするよ！

つまり，(1)の結果も単なる偶然。

a，b の一方が負のときは $\sqrt{a}\sqrt{b}=\sqrt{-ab}i$，$a$，$b$ ともに負のときは $\sqrt{a}\sqrt{b}=-\sqrt{ab}$ などと，いろいろと場合分けをするより，“負の数の平方根 $\sqrt{-a}=\sqrt{a}i$ $(a>0)$” により，初めに i を使って表してしまえばいいんだよ！

類題 34-1 次の計算をせよ。

(1) $\sqrt{3}\times\sqrt{-4}$　　(2) $\sqrt{-7}\div\sqrt{3}$

(3) $\sqrt{-18}\div\sqrt{-2}$　　(4) $\dfrac{1-\sqrt{-2}}{1+\sqrt{-2}}$

類題 34-2 次の等式は成り立つか。

(1) $\sqrt{2}\times\sqrt{-3}=\sqrt{2\times(-3)}$　　(2) $\sqrt{-2}\times\sqrt{-3}=\sqrt{(-2)\times(-3)}$

(3) $\dfrac{\sqrt{2}}{\sqrt{-3}}=\sqrt{\dfrac{2}{-3}}$　　(4) $\dfrac{\sqrt{-2}}{\sqrt{3}}=\sqrt{\dfrac{-2}{3}}$　　(5) $\dfrac{\sqrt{-2}}{\sqrt{-3}}=\sqrt{\dfrac{-2}{-3}}$

● 複素数の相等

2つの複素数 $a+bi$，$c+di$（a，b，c，d は実数）が等しいとは？

ポイント ［複素数の相等］ a，b，c，d は実数，i は虚数単位のとき

- **$a+bi=c+di \Longleftrightarrow a=c$ かつ $b=d$**
- **$a+bi=0$ であるのは，$a=0$，$b=0$ のときに限る。**

（注意）虚数を扱う場合，大小関係は考えない。

基本例題 35 複素数の相等

次の等式を満たす実数 x，y の値を求めよ。

(1) $x+3i=2-yi$

(2) $(x+y)+(x-y)i=4$

(3) $(1+i)x+(2-i)y=5-i$

テストに出るぞ！

ねらい
複素数の相等条件を用いて，未知の実数値を求めること。

a，b，c，d が実数，i が虚数単位のとき

$$a+bi=c+di \Longleftrightarrow a=c \quad \text{かつ} \quad b=d$$

を用いる。

解答例 (1) $x+3i=2+(-y)i$ 　x，y が実数だから

（x と 2 が等しい，3 と $-y$ が等しい）

$x=2$，$3=-y$ 　すなわち　$\boldsymbol{x=2}$，$\boldsymbol{y=-3}$ …答

(2) $(x+y)+(x-y)i=4+0i$ 　$x+y$，$x-y$ が実数だから

$x+y=4$，$x-y=0$

これを解いて　$\boldsymbol{x=2}$，$\boldsymbol{y=2}$ …答

(3) まず，左辺を $a+bi$ の形に変形する。

$(1+i)x+(2-i)y=x+xi+2y-yi=(x+2y)+(x-y)i$

したがって　$(x+2y)+(x-y)i=5+(-1)i$

$x+2y$，$x-y$ が実数だから　$x+2y=5$，$x-y=-1$

これを解いて　$\boldsymbol{x=1}$，$\boldsymbol{y=2}$ …答

← $x+3i=2-yi$ は，移項して整理すると $(x-2)+(3+y)i=0$
$a+bi=0 \Longleftrightarrow a=0$，$b=0$ であるから
$x-2=0$，$3+y=0$
よって $x=2$，$y=-3$ とすることもできる。

類題 35 次の等式を満たす実数 x，y の値を求めよ。

(1) $(x+y-1)+(x+2y-1)i=0$

(2) $x(1+i)^2+y(1-i)=2i$

(3) $(1-2i)(x+yi)=1+2i$

9 2次方程式

すべての項を移項して整理したとき，$ax^2+bx+c=0$（a，b，c は実数，$a \neq 0$）となる方程式が 2 次方程式だったね。

また，方程式を成り立たせる x の値がその方程式の解，解をすべて求めることを方程式を解くというんだったね。

ここでは，解が虚数になる場合も含めて 2 次方程式を解くことや，どんな場合に解が実数，虚数となるのかなどについて学習していこう。

● 2 次方程式の解法

❶ 平方根を求める方法

$x^2=3$ のような方程式では，3 の平方根を求めて　$x=\pm\sqrt{3}$

$x^2=-3$ の場合でも，$\sqrt{-3}=\sqrt{3}i$ であるから　$x=\pm\sqrt{-3}=\pm\sqrt{3}i$

一般に，$ax^2+c=0$ の形の方程式では，$x^2=p$ の形にして，p の平方根を考えるとよい。

❷ 解の公式の利用

$ax^2+bx+c=0$ の解の公式

$$x=\frac{-b\pm\sqrt{b^2-4ac}}{2a}$$

を利用する。

根号内が負の数になるときは，負の数の平方根と考えて i を用いて表す(虚数の解になる)。

特に，x の係数が偶数のときは

$ax^2+2b'x+c=0$ の解の公式

$$x=\frac{-b'\pm\sqrt{b'^2-ac}}{a}$$

を用いると簡単である。

⬅ 解の公式の作り方

$x^2+px+\left(\frac{p}{2}\right)^2=\left(x+\frac{p}{2}\right)^2$ を利用する。

$ax^2+bx+c=0$ の両辺を a で割り

$$x^2+\frac{b}{a}x+\frac{c}{a}=0$$

$x^2+\frac{b}{a}x=-\frac{c}{a}$ の両辺に $\left(\frac{b}{2a}\right)^2$ を加え

$$x^2+\frac{b}{a}x+\left(\frac{b}{2a}\right)^2=\left(\frac{b}{2a}\right)^2-\frac{c}{a}$$

$$\left(x+\frac{b}{2a}\right)^2=\frac{b^2-4ac}{4a^2}$$

平方根を求める方法で

$$x+\frac{b}{2a}=\pm\sqrt{\frac{b^2-4ac}{4a^2}}$$

$$x=\frac{-b}{2a}\pm\frac{\sqrt{b^2-4ac}}{2a}$$

$$=\frac{-b\pm\sqrt{b^2-4ac}}{2a}$$

❸ 因数分解による方法

α，β が複素数のときも

$\alpha\beta=0$　ならば　$\alpha=0$ または $\beta=0$

が成り立つので，解が虚数になる場合にも因数分解による方法で解を求めることができる。

（例） $x^2+3=0$　　$x^2-(-3)=0$

$x^2-(\sqrt{3}i)^2=0$　　$(x+\sqrt{3}i)(x-\sqrt{3}i)=0$

ゆえに　$x+\sqrt{3}i=0$　または　$x-\sqrt{3}i=0$

よって　$x=-\sqrt{3}i$，$x=\sqrt{3}i$　まとめると　$x=\pm\sqrt{3}i$

基本例題 36

2 次方程式の解法

次の 2 次方程式を解け。

(1) $2x^2-5x-18=0$　(2) $2x^2-7x-1=0$

(3) $3x^2+2x+2=0$　(4) $2x^2-12x+18=0$

(5) $x^2+9=0$　(6) $(x-1)^2+5=0$

テストに出るぞ！

ねらい

2 次方程式を解くこと。方程式の形から
1 平方根を求める方法
2 解の公式の利用
3 因数分解による方法
のどれが適切か判断して解くこと。

解法ルール 前頁の　1 平方根を求める方法　←$x^2=p$ のとき
2 解の公式の利用　←必ず解ける
3 因数分解による方法　←因数分解できれば早く解ける
のどれで解くかを考える。

解答例 (1) 因数分解できる。

$(2x-9)(x+2)=0$　$2x-9=0$ または $x+2=0$ より

$\boldsymbol{x=\dfrac{9}{2},\ -2}$ …答

(2) 解の公式を利用。

$a=2,\ b=-7,\ c=-1$ だから

$x=\dfrac{-(-7)\pm\sqrt{(-7)^2-4\times2\times(-1)}}{2\times2}=\boldsymbol{\dfrac{7\pm\sqrt{57}}{4}}$ …答

← 解の公式
$ax^2+bx+c=0$
$x=\dfrac{-b\pm\sqrt{b^2-4ac}}{2a}$
$ax^2+2b'x+c=0$
$x=\dfrac{-b'\pm\sqrt{b'^2-ac}}{a}$

(3) 解の公式を利用。

$a=3,\ b=2b'=2$ より $b'=1,\ c=2$ だから

$x=\dfrac{-1\pm\sqrt{1^2-3\times2}}{3}$　$\sqrt{-5}=\sqrt{5}i$

$=\dfrac{-1\pm\sqrt{-5}}{3}=\boldsymbol{\dfrac{-1\pm\sqrt{5}i}{3}}$ …答

(4) 各項の共通因数 2 で両辺を割り簡単にする。

$x^2-6x+9=0$　$(x-3)^2=0$

$x-3=0$　$\boldsymbol{x=3}$ …答

(5) $x^2=-9$ だから，-9 の平方根を考えて

$x=\pm\sqrt{-9}=\pm\sqrt{9}i=\boldsymbol{\pm3i}$ …答

(6) $(x-1)^2=-5$ だから，-5 の平方根を考えて

$x-1=\pm\sqrt{-5}$

$x=\boldsymbol{1\pm\sqrt{5}i}$ …答

← 等式の性質
$A=B$ ならば
$AC=BC$
$\dfrac{A}{C}=\dfrac{B}{C}$ $(C\neq0)$
により，等式を簡単にする。小数係数や分数係数の方程式は，この性質により**整数係数にしてから**解く。

類題 36 次の 2 次方程式を解け。

(1) $2x^2-x-1=0$　(2) $4x^2-3x=0$　(3) $0.1x^2+0.2x-0.4=0$

(4) $x^2-\dfrac{8}{3}x+\dfrac{5}{3}=0$　(5) $\dfrac{x^2+1}{2}=\dfrac{x-1}{3}$　(6) $x^2+8=0$

(7) $x(2x-3)=-2$　(8) $(x+1)(x+2)+(x+3)(x+4)=0$

2次方程式の解の判別―解かないで解の種類がわかるかな？

みんな，どんな2次方程式も解けるようになったね。
さて，係数が実数の2次方程式を解くと，解がどんな種類の数になるのか，解の個数は何個かを調べることにしよう。
次の方程式を解の公式を使って解いてごらん。

(1) $x^2+3x+1=0$　　(2) $4x^2-12x+9=0$　　(3) $x^2-x+1=0$

はい！　(1)は $x=\dfrac{-3\pm\sqrt{9-4}}{2}=\dfrac{-3\pm\sqrt{5}}{2}$

(2)は $x=\dfrac{6\pm\sqrt{36-36}}{4}=\dfrac{6\pm\sqrt{0}}{4}=\dfrac{3}{2}$

(3)は $x=\dfrac{1\pm\sqrt{1-4}}{2}=\dfrac{1\pm\sqrt{-3}}{2}=\dfrac{1\pm\sqrt{3}i}{2}$ です。

よろしい。じゃ，解の種類，解の個数はわかるかな？

はい！　(1)の解は，$\sqrt{5}$ が無理数なので，種類は**無理数**。
個数は2個です。

解は実数

(2)の解は，$\dfrac{3}{2}$ が有理数なので，種類は**有理数**。
個数は1個です。

(3)の解は，i を含んでいるので，種類は**虚数**。
個数は2個です。

そうだね。
(2)の解の個数についてちょっと考えてみよう。
(2)の解は，$\dfrac{6+\sqrt{0}}{4}$ と $\dfrac{6-\sqrt{0}}{4}$ なんだよ。どちらも $\dfrac{3}{2}$ と $\dfrac{3}{2}$ で同じになるけど，これは**2個が重なっている**んだ。このような解を**重解**，または**重複解**という。**実数係数の2次方程式には解が2個あるよ。**
また，**解の公式の根号内にある b^2-4ac の値に着目すると，解の虚実（きょじつ）が判別できる**んだ。そこで，b^2-4ac を2次方程式の**判別式**といい，ふつう D で表す。

判別を意味する Discriminant の頭文字

ポイント　［2次方程式の解の判別］ $ax^2+bx+c=0$ （a，b，c は実数，$a\neq0$）の解は，判別式を D とすると　**覚え得**

$$\left.\begin{array}{l} D=b^2-4ac>0 \Longleftrightarrow \text{異なる2つの実数解}\\ D=b^2-4ac=0 \Longleftrightarrow \text{重解（実数解）}\end{array}\right\}\text{実数解}$$

$$D=b^2-4ac<0 \Longleftrightarrow \text{異なる2つの虚数解}$$

基本例題 37　2次方程式の解の判別

次の2次方程式の解を，判別式 D を用いて判別せよ。

テストに出るぞ！

(1) $2x^2-3x-1=0$　　(2) $5x^2-\sqrt{2}x+1=0$

(3) $8x^2+4x+\dfrac{1}{2}=0$　　(4) $x^2-3ax-a^2=0$（a は実数）

ねらい　判別式を用いて，2次方程式の解を判別すること。

解法ルール

$D=b^2-4ac>0 \iff$ 異なる2つの実数解

$D=b^2-4ac=0 \iff$ 重解(実数解)

$D=b^2-4ac<0 \iff$ 異なる2つの虚数解

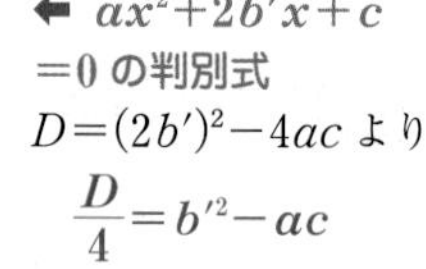

← $ax^2+2b'x+c=0$ の判別式 $D=(2b')^2-4ac$ より $\dfrac{D}{4}=b'^2-ac$

解答例

(1) $D=(-3)^2-4\times2\times(-1)=9+8=17>0$

答 **異なる2つの実数解をもつ**

(2) $D=(-\sqrt{2})^2-4\times5\times1=2-20=-18<0$

答 **異なる2つの虚数解をもつ**

(3) $\dfrac{D}{4}=b'^2-ac=2^2-8\times\dfrac{1}{2}=0$

答 **重解(実数解) をもつ**

(4) $D=(-3a)^2-4\times1\times(-a^2)=9a^2+4a^2=13a^2$

a が実数のとき，$a^2\geqq0$ より

答 $\begin{cases} a\neq0 \text{ のとき}\quad D>0\quad \text{異なる2つの実数解をもつ} \\ a=0 \text{ のとき}\quad D=0\quad \text{重解(実数解)をもつ} \end{cases}$

a が実数のとき
$a^2\geqq0$
となるのは，
実数の性質ですね。

類題 37　次の2次方程式の解を判別せよ。

(1) $3x^2-4x+1=0$　　(2) $x^2+2\sqrt{5}x+5=0$　　(3) $x^2-6x+10=0$

基本例題 38　重解をもつ条件

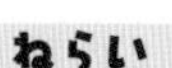

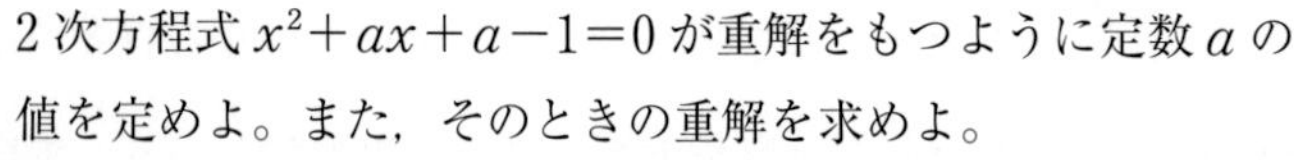

2次方程式 $x^2+ax+a-1=0$ が重解をもつように定数 a の値を定めよ。また，そのときの重解を求めよ。

テストに出るぞ！

ねらい　文字係数の2次方程式が重解をもつように係数を定めること。

解法ルール　$D=b^2-4ac=0 \iff$ 重解をもつ

重解は　$x=-\dfrac{b}{2a} \Longleftarrow x=\dfrac{-b\pm\sqrt{0}}{2a}$

← $ax^2+bx+c=0$ の解を，$D=b^2-4ac$ を用いて表すと $x=\dfrac{-b\pm\sqrt{D}}{2a}$

解答例　2次方程式の判別式を D とすると，重解をもつのは $D=0$ のとき。

$D=a^2-4(a-1)=a^2-4a+4=(a-2)^2=0$　　よって　$a=2$

$a=2$ のとき　$x^2+2x+1=0$　　$(x+1)^2=0$

よって　$x=-1$　　答 **$a=2$，このとき $x=-1$**

← 重解を $x=-\dfrac{2}{2\times1}=-1$ として求めてもよい。

類題 38　2次方程式 $x^2-2(a-1)x+3a-5=0$ が重解をもつように定数 a の値を定めよ。また，そのときの重解を求めよ。

10 解と係数の関係

2 次方程式 $ax^2+bx+c=0$ の解は $x=\dfrac{-b\pm\sqrt{b^2-4ac}}{2a}$ で，係数 a，b，c だけで表されるけど，ここでは 2 つの解の和や積を係数だけで表すことを考えよう。

また，この関係を用いて，方程式と解について少し理論的な学習をしよう。

解と係数の関係とは

2 次方程式 $ax^2+bx+c=0$ の 2 つの解を α，β，判別式を D とするとき

$$\alpha+\beta=\frac{-b+\sqrt{D}}{2a}+\frac{-b-\sqrt{D}}{2a}=\frac{-2b}{2a}=-\frac{b}{a}$$

$$\alpha\beta=\frac{-b+\sqrt{D}}{2a}\times\frac{-b-\sqrt{D}}{2a}=\frac{b^2-D}{4a^2}=\frac{b^2-(b^2-4ac)}{4a^2}=\frac{4ac}{4a^2}=\frac{c}{a}$$

これを，2 次方程式の**解と係数の関係**という。

［解と係数の関係］　2 次方程式 $\boldsymbol{ax^2+bx+c=0}$ の解を α，β とすると

$$\alpha+\beta=-\frac{b}{a}\qquad \alpha\beta=\frac{c}{a}$$

基本例題 39　解と係数の関係

次の各 2 次方程式の 2 つの解を α，β とするとき，2 つの解の和 $(\alpha+\beta)$ と積 $(\alpha\beta)$ を求めよ。

(1) $2x^2+3x+4=0$　　(2) $x^2-3x-5=0$

(3) $-3x^2-2=0$

ねらい
解と係数の関係を用いて，2 つの解の和と積を求めること。

解法ルール　2 次方程式 $ax^2+bx+c=0$ の 2 つの解を α，β とするとき

和　$\alpha+\beta=-\dfrac{b}{a}$　　積　$\alpha\beta=\dfrac{c}{a}$

(1) $\alpha+\beta=-\dfrac{3}{2}$，$\alpha\beta=\dfrac{4}{2}=2$　　答 **和 $-\dfrac{3}{2}$，積 2**

(2) $\alpha+\beta=-(-3)=3$，$\alpha\beta=-5$　　答 **和 3，積 -5**

(3) $\alpha+\beta=-\dfrac{0}{-3}=0$，$\alpha\beta=\dfrac{-2}{-3}=\dfrac{2}{3}$　　答 **和 0，積 $\dfrac{2}{3}$**

類題 39　次の 2 次方程式の 2 つの解の和と積を求めよ。

(1) $5x^2-10x+3=0$　　(2) $x^2+5x=0$　　(3) $\dfrac{1}{3}x^2+2x-5=0$

基本例題 40　2次方程式の解で表される式の値

テストに出るぞ！

2次方程式 $2x^2-6x+1=0$ の解を α, β とするとき，次の式の値を求めよ。

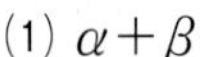

(1) $\alpha+\beta$　(2) $\alpha\beta$　(3) $\alpha^2+\beta^2$

(4) $\alpha^3+\beta^3$　(5) $\alpha^4+\beta^4$　(6) $\alpha-\beta$

ねらい
2次方程式の解 α, β で表された式の値を求めること。

解法ルール

1 $\alpha+\beta$, $\alpha\beta$ **(基本対称式)の値は解と係数の関係より求める。**

2 対称式は基本対称式で表す。

$\alpha^2+\beta^2=(\alpha+\beta)^2-2\alpha\beta$

$\alpha^3+\beta^3=(\alpha+\beta)^3-3\alpha\beta(\alpha+\beta)$

$\alpha^4+\beta^4=(\alpha^2+\beta^2)^2-2\alpha^2\beta^2$

3 $\alpha-\beta$ は $(\alpha-\beta)^2=(\alpha+\beta)^2-4\alpha\beta$ の平方根。

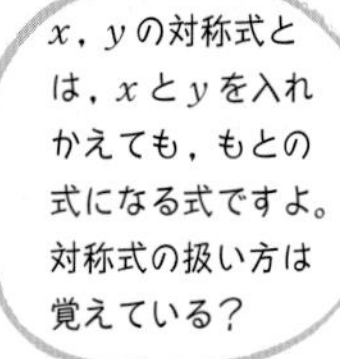

x, y の対称式とは，x と y を入れかえても，もとの式になる式ですよ。対称式の扱い方は覚えている？

解答例　解と係数の関係より

(1)　$\alpha+\beta=-\dfrac{-6}{2}=\mathbf{3}$　…答

(2)　$\alpha\beta=\mathbf{\dfrac{1}{2}}$　…答

(3)　$\alpha^2+\beta^2=(\alpha+\beta)^2-2\alpha\beta=3^2-2\times\dfrac{1}{2}=9-1=\mathbf{8}$　…答

(4)　$\alpha^3+\beta^3=(\alpha+\beta)^3-3\alpha\beta(\alpha+\beta)$

$=3^3-3\times\dfrac{1}{2}\times3=27-\dfrac{9}{2}=\mathbf{\dfrac{45}{2}}$　…答

(5)　$\alpha^4+\beta^4=(\alpha^2+\beta^2)^2-2(\alpha\beta)^2$

$=8^2-2\times\left(\dfrac{1}{2}\right)^2=64-\dfrac{1}{2}=\mathbf{\dfrac{127}{2}}$　…答

└(3)を利用

覚えてます！
対称式は
$x+y$（和）と
xy（積）を使って
表せますね！

(6)　$(\alpha-\beta)^2=(\alpha+\beta)^2-4\alpha\beta=3^2-4\times\dfrac{1}{2}=9-2=7$

$(\alpha-\beta)^2=7$ より　$\alpha-\beta=\pm\sqrt{\mathbf{7}}$　…答

類題 40　2次方程式 $3x^2+6x-1=0$ の2つの解を α, β とするとき，次の式の値を求めよ。

(1) $\alpha+\beta$　(2) $\alpha\beta$

(3) $\alpha-\beta$　(4) $\alpha^2\beta+\alpha\beta^2$

(5) $\alpha^3+\beta^3$　(6) $\alpha^3-\beta^3$

(7) $\dfrac{\beta^2}{\alpha}+\dfrac{\alpha^2}{\beta}$　(8) $\dfrac{\beta}{\alpha-2}+\dfrac{\alpha}{\beta-2}$

2次式の因数分解

2次方程式 $ax^2+bx+c=0$ の解を α，β とするとき，解と係数の関係より

$$\alpha+\beta=-\frac{b}{a},\quad \alpha\beta=\frac{c}{a} \qquad \text{つまり} \quad \frac{b}{a}=-(\alpha+\beta),\ \frac{c}{a}=\alpha\beta$$

であるから，2次式 ax^2+bx+c は，次のように因数分解できる。

$$ax^2+bx+c=a\left(x^2+\frac{b}{a}x+\frac{c}{a}\right) \qquad \leftarrow \frac{b}{a}=-(\alpha+\beta),\ \frac{c}{a}=\alpha\beta$$

$$=a\{x^2-(\alpha+\beta)x+\alpha\beta\}=a(x-\alpha)(x-\beta)$$

特に，$\alpha=\beta$，つまり**重解のとき**は　$ax^2+bx+c=a(x-\alpha)^2$

このような式を**完全平方式**という。　（$D=b^2-4ac=0$ のとき）

[2次式の因数分解]　2次方程式 $\boldsymbol{ax^2+bx+c=0}$ の解を α，β とすると

$$\boldsymbol{ax^2+bx+c=a(x-\alpha)(x-\beta)}$$

特に，完全平方式 $\boldsymbol{a(x-\alpha)^2}$ になるのは，$\boldsymbol{D=b^2-4ac=0}$ のとき。

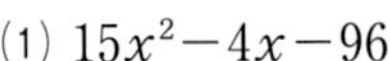

2次式の因数分解

次の2次式を，複素数の範囲で因数分解せよ。

(1) $15x^2-4x-96$　　(2) $2x^2-x+1$

ねらい
方程式の解を利用して，2次式を因数分解すること。

解法ルール
1. 2次式 $=0$ の解 α，β を解の公式から求める。
2. $\boldsymbol{ax^2+bx+c=a(x-\alpha)(x-\beta)}$ 　（この a を忘れないように！）

(1) $15x^2-4x-96=0$ の解を求めると　（$1444=2^2\times19^2$）

$$x=\frac{2\pm\sqrt{4+1440}}{15}=\frac{2\pm\sqrt{1444}}{15}=\frac{2\pm38}{15} \qquad \text{すなわち} \quad x=\frac{8}{3},\ -\frac{12}{5}$$

ゆえに　$15x^2-4x-96=15\left(x-\dfrac{8}{3}\right)\left\{x-\left(-\dfrac{12}{5}\right)\right\}$　（$3\left(x-\dfrac{8}{3}\right)\cdot5\left(x+\dfrac{12}{5}\right)$）

$$=\boldsymbol{(3x-8)(5x+12)} \quad \cdots答$$

(2) $2x^2-x+1=0$ の解を求めると

$$x=\frac{1\pm\sqrt{1-8}}{4}=\frac{1\pm\sqrt{7}i}{4}$$

ゆえに　$2x^2-x+1=\boldsymbol{2\left(x-\dfrac{1+\sqrt{7}i}{4}\right)\left(x-\dfrac{1-\sqrt{7}i}{4}\right)}$ $\cdots$答　（2を忘れないように！）

類題 41　次の2次式を，複素数の範囲で因数分解せよ。

(1) $3x^2+4x-1$　　(2) $2x^2-2x+3$

● 2数を解とする方程式

2次方程式 $(x-\alpha)(x-\beta)=0$ を解くと，解は $x=\alpha$, $x=\beta$ である。 ←因数分解による方法
逆に，α, β を解とする方程式を考えてみよう。**その1つ**は $(x-\alpha)(x-\beta)=0$ だ！

一般に，a を定数として $a(x-\alpha)(x-\beta)=0$ の解も $x=\alpha$, $x=\beta$ だから，**その1つ**ということわりが必要である。

ポイント ［2数を解とする2次方程式］ 2数 α, β を解とする2次方程式の**1つは**

$(x-\alpha)(x-\beta)=0$ すなわち $x^2-(\alpha+\beta)x+\alpha\beta=0$

基本例題 42 2数を解とする2次方程式

次の問いに答えよ。

(1) 次の2数を解とする2次方程式を1つ求めよ。

① $2+\sqrt{3}$, $2-\sqrt{3}$ ② $1+\sqrt{2}i$, $1-\sqrt{2}i$

(2) 和も積も $-\dfrac{1}{2}$ となる2数を求めよ。

ねらい
与えられた2数を解とする2次方程式を求めること。
和と積を知って2数を求めること。

解法ルール
1 2数の和$(\alpha+\beta)$，2数の積$(\alpha\beta)$を求める。
2 x^2-(和)$x+$(積)$=0$ を用いて求める。
3 各項の係数を整数にして最も簡単なものを答える。

答えとしては，最も簡単なものを1つだけ書けばよい。

解答例 (1) ① $(2+\sqrt{3})+(2-\sqrt{3})=4$ $(2+\sqrt{3})(2-\sqrt{3})=4-3=1$

求める2次方程式は $\boldsymbol{x^2-4x+1=0}$ …答

② $(1+\sqrt{2}i)+(1-\sqrt{2}i)=2$ $(1+\sqrt{2}i)(1-\sqrt{2}i)=1+2=3$

求める2次方程式は $\boldsymbol{x^2-2x+3=0}$ …答

(2) 和 $-\dfrac{1}{2}$, 積 $-\dfrac{1}{2}$ であるから，2数を解とする方程式は

$$x^2-\left(-\frac{1}{2}\right)x-\frac{1}{2}=0 \quad すなわち \quad 2x^2+x-1=0$$

$$(2x-1)(x+1)=0 \qquad x=\frac{1}{2},\ -1$$

答 $\boldsymbol{\dfrac{1}{2}}$ **と** $\boldsymbol{-1}$

方程式を求めよというときは，これが答えになるね。

類題 42-1 次の問いに答えよ。

(1) 2数 $-2+3i$ と $-2-3i$ を解とする2次方程式を求めよ。

(2) 和が5，積が3である2数を求めよ。

類題 42-2 2次方程式 $x^2+x+2=0$ の解を α, β とするとき，$\alpha+\beta$ と $\alpha\beta$ を解にもつ2次方程式を求めよ。

解の存在範囲

2次方程式が実数解 α, β をもつとき，解と係数の関係を利用して，解の正，負など解の存在条件について調べることができる。

応用例題 43　2次方程式の解の存在範囲

2次方程式 $x^2-2ax+a+2=0$ が相異なる2つの正の解をもつように，定数 a の値の範囲を定めよ。

ねらい
解と係数の関係を使って解の存在条件を調べること。

解法ルール

1 相異なる実数解をもつ条件は　$D>0$

2 $\left.\begin{matrix}\alpha>0\\ \beta>0\end{matrix}\right\} \iff \begin{cases}\alpha+\beta>0\\ \alpha\beta>0\end{cases}$

解答例　$x^2-2ax+a+2=0$ の判別式を D とすると，これが相異なる実数解をもつから，

$\dfrac{D}{4}=a^2-(a+2)>0$ より　$a^2-a-2>0$　　$(a-2)(a+1)>0$

これを解いて　$a<-1$, $a>2$　……①

$\alpha+\beta=2a>0$ より　$a>0$　……②

$\alpha\beta=a+2>0$ を解いて　$a>-2$　……③

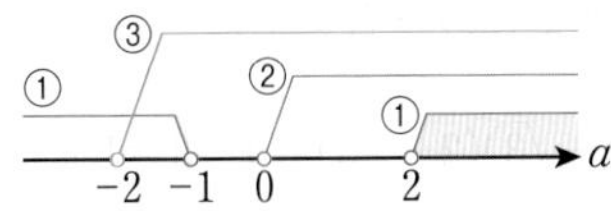

③
①
②
①
a
−2
−1
0
2

①，②，③を同時に満たす a の値の範囲は　$\boldsymbol{a>2}$　…答

α, β が実数のとき
● $\alpha+\beta>0$ は α, β の少なくとも一方は正である。
● $\alpha\beta>0$ は，α, β は同符号
このことから
$\left.\begin{matrix}\alpha+\beta>0\\ \alpha\beta>0\end{matrix}\right\} \Rightarrow \begin{cases}\alpha>0\\ \beta>0\end{cases}$

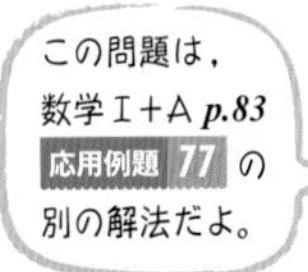

この問題は，
数学Ⅰ+A p.83
応用例題 77 の
別の解法だよ。

ポイント　[2次方程式の解の存在範囲]

2次方程式 $ax^2+bx+c=0$ の解 α, β の正，負を調べる。

2次方程式の判別式を D とすると

① $\alpha>0$ かつ $\beta>0$　$\iff$　$D\geqq0$ かつ $\alpha+\beta>0$ かつ $\alpha\beta>0$

② $\alpha<0$ かつ $\beta<0$　$\iff$　$D\geqq0$ かつ $\alpha+\beta<0$ かつ $\alpha\beta>0$

③ α, β が異符号　$\iff$　$\alpha\beta<0$

類題 43　2次方程式 $x^2-2ax+a+2=0$ が次のような解をもつように，定数 a の値の範囲を定めよ。

(1) 相異なる2つの負の解をもつ

(2) 異符号の2つの解をもつ

3節 高次方程式

11 因数定理

$x^3-1=0$　これは立派な3次方程式だけど，公式で因数分解すると $(x-1)(x^2+x+1)=0$　よって，$x-1=0$，$x^2+x+1=0$ を解けば解が求められる。

では，$x^3-4x^2+x+6=0$ ではどうだろう？

公式は使えなくても，1つの因数がわかれば，その因数で割り算という手も考えられるだろう。ここでは，その1つの因数をみつける秘訣(ひけつ)を伝授する。みんなよく聞くんだよ！

多項式・式の値の表し方

x の多項式を $P(x)$，$Q(x)$ などで表し，その x に α を代入したときの値を $P(\alpha)$，$Q(\alpha)$ と表す。

たとえば，$P(x)=x^3-1$ のとき

$P(1)=1^3-1=0$，$P(2)=2^3-1=7$，$P(-1)=(-1)^3-1=-2$

$x=1$ のときの式の値が $P(1)$
$x=2$ のときの式の値が $P(2)$
ですね。
?

剰余の定理

多項式 $P(x)=x^3+2x^2+3x+4$ を $x-1$ で割ると，商は x^2+3x+6，余りは10であるから，$P(x)=(x-1)(x^2+3x+6)+10$ と表される。

この式で $P(1)$ を求めると　$P(1)=(1-1)(1+3+6)+10=10$

つまり，余りは $P(1)$ と等しいことがわかる。　0になる。

整式の除法のときに
$A=BQ+R$
としたのと同じだよ。

一般に，x の多項式 $P(x)$ を1次式 $x-\alpha$ で割ると，余りは定数 R となる。そのときの商を $Q(x)$ とすると　$P(x)=(x-\alpha)Q(x)+R$

この式で，$x=\alpha$ とおくと　$P(\alpha)=R$

つまり，**$P(x)$ を $x-\alpha$ で割ったときの余りは $R=P(\alpha)$** である。

これを**剰余(じょうよ)の定理(余りの定理)**という。

因数定理

剰余の定理で，特に $R=P(\alpha)=0$ のとき

$$P(x)=(x-\alpha)Q(x)$$

となる。つまり，**$P(\alpha)=0$ ならば，$P(x)$ は $x-\alpha$ を因数にもつ。**

これを**因数定理**という。

$x-\alpha$ を因数にもつとは，$P(x)$ が $x-\alpha$ で割り切れるということ。

ポイント

［剰余の定理］　多項式 $\boldsymbol{P(x)}$ を1次式 $x-\alpha$ で割ったときの余り R は
$R=P(\alpha)$

［因数定理］　多項式 $\boldsymbol{P(x)}$ において，$P(\alpha)=0$ ならば，$P(x)$ は $x-\alpha$ を因数にもつ。

覚え得

基本例題 44　式の値

多項式 $P(x)=x^3-x^2-2x$ とするとき，次の値を求めよ。

(1) $P(3)$　　(2) $P(-3)$　　(3) $P\left(\frac{1}{2}\right)$

ねらい
多項式を $P(x)$ で表すとき，$P(\alpha)$ の意味を理解し，値を求めること。

解法ルール x の多項式を $P(x)$ で表すとき，$P(\alpha)$ は，$P(x)$ の x に α を代入した値を表す。

解答例
(1) $P(3)=3^3-3^2-2\times3=\mathbf{12}$ …答
(2) $P(-3)=(-3)^3-(-3)^2-2\times(-3)=\mathbf{-30}$ …答
(3) $P\left(\frac{1}{2}\right)=\left(\frac{1}{2}\right)^3-\left(\frac{1}{2}\right)^2-2\times\frac{1}{2}=\mathbf{-\frac{9}{8}}$ …答

基本例題 45　剰余の定理

多項式 $P(x)=x^3-3x+2$ を，次の1次式で割ったときの余りを求めよ。

(1) $x-2$　　(2) $x+2$　　(3) $2x-1$

ねらい
剰余の定理を使って，1次式で割ったときの余りを求めること。

解法ルール
1. $P(x)$ を $x-\alpha$ で割ったときの余りは　$R=P(\alpha)$
2. $2x-1$ で割るとき，$P(x)=(2x-1)Q(x)+R$ だから
$R=P\left(\frac{1}{2}\right)$ である。

（0とする値は $x=\frac{1}{2}$）

解答例
(1) $x-2$ で割るから，余り R は
$R=P(2)=2^3-3\times2+2=\mathbf{4}$ …答
(2) $x+2=x-(-2)$ で割るから，余り R は
$R=P(-2)=(-2)^3-3\times(-2)+2=\mathbf{0}$ …答
(3) $2x-1$ で割るとき，$P(x)=(2x-1)Q(x)+R$ だから
余り $R=P\left(\frac{1}{2}\right)=\left(\frac{1}{2}\right)^3-3\times\frac{1}{2}+2=\mathbf{\frac{5}{8}}$ …答

結局，
$2x-1=0$ より
$x=\frac{1}{2}$
を代入だね！

類題 45 多項式 $P(x)=x^2-4x+3$ を，次の1次式で割ったときの余りを求めよ。

(1) $x-3$　　(2) $x+3$　　(3) $x-1$　　(4) $2x+3$

基本例題 46

因数定理・剰余の定理の利用

多項式 $P(x)=x^3+ax+1$（a は定数）がある。

(1) $P(x)$ が $x-1$ で割り切れるような，a の値を求めよ。

(2) $P(x)$ を $x+2$ で割ると 3 余るような，a の値を求めよ。

テストに
出るぞ！

ねらい

割り切れる場合，余りが出る場合について，多項式の係数を定めること。

解法ルール

1 $\boldsymbol{P(x)}$ **が** $\boldsymbol{x-\alpha}$ **で割り切れる** $\Longrightarrow \boldsymbol{P(\alpha)=0}$

2 $\boldsymbol{P(x)}$ **を** $\boldsymbol{x-\alpha}$ **で割ると余りが** $\boldsymbol{R} \Longrightarrow \boldsymbol{P(\alpha)=R}$

$P(x)$が $x-\alpha$ で
割り切れる
⇩
余り＝0
⇩
$P(\alpha)=0$
ということですね！

解答例

(1)　$P(x)$ が $x-1$ で割り切れるから　$P(1)=0$

すなわち　$P(1)=1^3+a\times1+1=0$

$a+2=0$　　よって　$\boldsymbol{a=-2}$　…答

(2)　$P(x)$ を $x+2$ で割ると 3 余るから　$P(-2)=3$

すなわち　$P(-2)=(-2)^3+a\times(-2)+1=3$

$-2a-7=3$　　よって　$\boldsymbol{a=-5}$　…答

類題 46　多項式 $3x^3+ax^2+bx-2$ を $x+1$ で割ると -5 余り，$3x-2$ で割ると割り切れる。定数 a，b の値を求めよ。

応用例題 47

2 次式で割った余りの決定

多項式 $P(x)$ を，$x-1$ で割ったときの余りが 3，$x-2$ で割ったときの余りが 4 であるとき，$P(x)$ を $(x-1)(x-2)$ で割ったときの余りを求めよ。

テストに出るぞ！

ねらい

剰余の定理を用いて，2 次式で割った余りを求めること。

解法ルール

1 $\boldsymbol{P(x)}$ **を** $\boldsymbol{x-\alpha}$ **で割ると余りが** $\boldsymbol{R} \Longrightarrow \boldsymbol{P(\alpha)=R}$

2 $P(x)$ を 2 次式で割ったときの余りは 1 次以下の多項式だから，

$\boldsymbol{P(x)=(x-1)(x-2)Q(x)+(ax+b)}$ とおける。

解答例

$P(x)$ を $x-1$ で割ると 3 余るから　$P(1)=3$

$P(x)$ を $x-2$ で割ると 4 余るから　$P(2)=4$

$P(x)$ を $(x-1)(x-2)$ で割ったときの商を $Q(x)$

余りを　$ax+b$，とすると

$P(x)=(x-1)(x-2)Q(x)+(ax+b)$

ここで　$P(1)=a+b=3$，$P(2)=2a+b=4$

これを解いて　$a=1$，$b=2$　　よって，余りは　$\boldsymbol{x+2}$　…答

2 次式で割ったときの余りは
1 次以下の多項式。

類題 47　多項式 $P(x)$ を $x-1$，$x+2$ で割ったときの余りがそれぞれ 5，-1 のとき，$P(x)$ を x^2+x-2 で割ったときの余りを求めよ。

基本例題 48　因数定理

$P(x)=2x^3+x^2-5x+2$ は，次の１次式を因数にもつか。

(1) $x-1$　　(2) $x+1$　　(3) $2x-1$

ねらい
因数定理を使って，１次式が因数かどうかを調べること。

解法ルール
1. $P(\alpha)=0$ ならば，$P(x)$ は $x-\alpha$ を因数にもつ。
2. $P\left(\frac{1}{2}\right)=0$ ならば，$P(x)$ は $2x-1$ を因数にもつ。

解答例
(1) $P(1)=2+1-5+2=0$　　**$x-1$ は因数である**　…答

(2) $P(-1)=2\times(-1)+1-5\times(-1)+2=6$

$x+1$ は因数でない　…答

(3) $2x-1=0$ より　$x=\frac{1}{2}$

$P\left(\frac{1}{2}\right)=2\times\frac{1}{8}+\frac{1}{4}-5\times\frac{1}{2}+2=0$

$x-\frac{1}{2}$ で割り切れるから，**$2x-1$ は因数である**　…答

↑ $x-\frac{1}{2}=\frac{1}{2}(2x-1)$ だから

$x-\alpha$ が因数
⇩
$P(x)$ が $x-\alpha$ で割り切れる
⇩
$P(\alpha)=0$
だよ！

類題 48　$3x^3+x^2-3x-1$ は，次の１次式を因数にもつか。

(1) $x+1$　　(2) $x-1$　　(3) $x-2$　　(4) $3x+1$

基本例題 49　３次式の因数分解

多項式 $P(x)=x^3-x^2+x-6$ を因数分解せよ。　テストに出るぞ！

ねらい
因数定理を使って３次式を因数分解すること。

解法ルール
1. **$P(\alpha)=0$ となる α を探し，因数 $x-\alpha$ をみつける。**
2. **$P(x)$ を因数 $x-\alpha$ で割り算して商 $Q(x)$ を求めると**
   $P(x)=(x-\alpha)Q(x)$

解答例
$P(1)=1-1+1-6=-5\neq0$

$P(-1)=-1-1-1-6=-9\neq0$

$P(2)=8-4+2-6=0$

　$x-2$ は因数である。

$P(x)$ を $x-2$ で割り算して

商を求めると，商は

　x^2+x+3　←これ以上因数分解できない

したがって

　x^3-x^2+x-6

$=\boldsymbol{(x-2)(x^2+x+3)}$　…答

$$
\begin{array}{r}
x^2+\ x+3 \\
x-2\ \overline{)\,x^3-\ x^2+\ x-6} \\
\underline{x^3-2x^2\qquad\qquad} \\
x^2+\ x\qquad \\
\underline{x^2-2x\qquad} \\
3x-6 \\
\underline{3x-6} \\
0
\end{array}
$$

⬅ **因数のみつけ方**
$(x-\alpha)(x-\beta)(x-\gamma)$ を展開すると，定数項は $-\alpha\beta\gamma$ である。このことから，α，β，γ は定数項の約数である。
-6 の約数は
±1，±2，±3，±6
である。

12 高次方程式

3 次式や 4 次式の因数分解の方法を学習したね。ここでは，3 次方程式や 4 次方程式の解法について学習しよう。

一般に，3 次以上の方程式を高次方程式という。高次方程式の解法では

$\alpha\beta\gamma=0$　ならば　$\alpha=0$ または $\beta=0$ または $\gamma=0$

を用いて，1 次方程式や 2 次方程式を導くことがポイントだよ！

基本例題 50　　高次方程式の解法(1)

次の方程式を解け。

(1) $x^3=8$　　(2) $x^4-2x^2-3=0$

(3) $x^4+4=0$　　(4) $x^4+x^3-x-1=0$

テストに出るぞ！

ねらい
因数分解の公式を利用して，高次方程式を解くこと。

1 各項を左辺に移項し，左辺の因数分解を考える。

2 $a^3\pm b^3=(a\pm b)(a^2\mp ab+b^2)$（複号同順）や**式の特徴**を活かして因数分解の公式にもちこむ。

3 次方程式の解は 3 個，4 次方程式の解は 4 個。重解をもつこともあるよ。

解答例

(1)　$x^3=8$ より　$x^3-2^3=0$

因数分解して　$(x-2)(x^2+2x+4)=0$

よって　$x-2=0$ または $x^2+2x+4=0$

求める解は　$\boldsymbol{x=2,\ -1\pm\sqrt{3}i}$　…答

(2)　$x^2=t$ とおくと　$t^2-2t-3=0$　　← 複 2 次式のおき換えタイプ

因数分解して　$(t-3)(t+1)=0$　　よって　$t=3,\ t=-1$

t を x^2 にもどして　$x^2=3,\ x^2=-1$

求める解は　$\boldsymbol{x=\pm\sqrt{3},\ \pm i}$　…答

(3)　左辺 $=x^4+4=x^4+4x^2+4-4x^2=(x^2+2)^2-(2x)^2$　　← 複 2 次式の A^2-B^2 をつくるタイプ

$=(x^2+2x+2)(x^2-2x+2)$

よって　$x^2+2x+2=0$　または　$x^2-2x+2=0$

求める解は　$\boldsymbol{x=-1\pm i,\ 1\pm i}$　…答

(4)　左辺 $=x^3(x+1)-(x+1)=(x+1)(x^3-1)$　　← 項の組み合わせを工夫

$=(x+1)(x-1)(x^2+x+1)$

よって　$x+1=0$ または $x-1=0$ または $x^2+x+1=0$

求める解は　$\boldsymbol{x=\pm1,\ \dfrac{-1\pm\sqrt{3}i}{2}}$　…答

類題 50　次の方程式を解け。

(1) $x^3=1$　　(2) $x^4=1$　　(3) $x^4-5x^2-6=0$

(4) $x^4+x^2+1=0$　　(5) $x^3+x^2-x-1=0$

基本例題 51

高次方程式の解法(2)

次の方程式を解け。

(1) $x^3-x^2-4=0$ (2) $x^4+3x^3+x^2-3x-2=0$

テストに出るぞ!

ねらい

因数定理を利用して，高次方程式を解くこと。

解法ルール

1 左辺の多項式を $P(x)$ とおく。

2 **$P(\alpha)=0$ となる因数 $x-\alpha$ を求める。**

3 $x-\alpha$ で $P(x)$ を割り算して商を求め，因数分解する。

解答例 (1) $P(x)=x^3-x^2-4$ とおくと

$P(2)=8-4-4=0$

$P(x)$ は $x-2$ を因数にもつので，$P(x)$ を $x-2$ で割ると，

商は　x^2+x+2

ゆえに　$P(x)=(x-2)(x^2+x+2)$

よって，$P(x)=0$ を解くと　$x-2=0$ または $x^2+x+2=0$

求める解は　$\boldsymbol{x=2,\ \dfrac{-1\pm\sqrt{7}i}{2}}$ …答

$$\begin{array}{r|l} & x^2+x+2 \\ \hline x-2 & x^3-x^2\qquad -4 \\ & x^3-2x^2 \\ \hline & x^2 \\ & x^2-2x \\ \hline & 2x-4 \\ & 2x-4 \\ \hline & 0 \end{array}$$

(2) $P(x)=x^4+3x^3+x^2-3x-2$ とおくと

$P(1)=1+3+1-3-2=0$

$P(x)$ は $x-1$ を因数にもつので，$P(x)$ を $x-1$ で割ると，

商は　x^3+4x^2+5x+2

よって　$P(x)=(x-1)(x^3+4x^2+5x+2)$

ここで，$Q(x)=x^3+4x^2+5x+2$ とおくと

$Q(-1)=-1+4-5+2=0$

$Q(x)$ は $x+1$ を因数にもつので，$Q(x)$ を $x+1$ で割ると，

商は　x^2+3x+2

よって　$Q(x)=(x+1)(x^2+3x+2)=(x+1)^2(x+2)$

ゆえに，$P(x)=(x-1)(x+1)^2(x+2)$ と因数分解できる。

（-1 は重解という）

よって，$P(x)=0$ を解くと

$\boldsymbol{x=1,\ -1}$**(重解)，$\boldsymbol{-2}$** …答

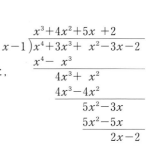

$$\begin{array}{r|l} & x^3+4x^2+5x+2 \\ \hline x-1 & x^4+3x^3+x^2-3x-2 \\ & x^4-x^3 \\ \hline & 4x^3+x^2 \\ & 4x^3-4x^2 \\ \hline & 5x^2-3x \\ & 5x^2-5x \\ \hline & 2x-2 \\ & 2x-2 \\ \hline & 0 \end{array}$$

$$\begin{array}{r|l} & x^2+3x+2 \\ \hline x+1 & x^3+4x^2+5x+2 \\ & x^3+x^2 \\ \hline & 3x^2+5x \\ & 3x^2+3x \\ \hline & 2x+2 \\ & 2x+2 \\ \hline & 0 \end{array}$$

(2)では，$P(1)=0$，$P(-1)=0$ だから，$P(x)$ は $(x-1)(x+1)$ を因数にもつ。$P(x)$ を x^2-1 で割って商を求めても，$P(x)$ は因数分解できるよ。やってみよう。

また，多項式 $P(x)$ が $(x-a)^3$ を因数にもつとき，方程式 $P(x)=0$ の解 $x=a$ を3重解というよ。

類題 51 次の方程式を解け。

(1) $2x^3+5x^2+2x-1=0$

(2) $x^4-x^3-5x^2-x-6=0$

これも知っ得　組立除法―1次式での割り算に威力！

たとえば，$(x^3-3x+4)\div(x-2)$ を実行して，商と余りを求めると，商は x^2+2x+1，余りは 6 である。これを，次のようにして求めるのが組立除法である。

$$\begin{array}{r} x^2+2x+1 \\ x-2\,\overline{)\,x^3 \qquad -3x+4} \\ x^3-2x^2 \qquad\quad \\ \hline 2x^2-3x \quad \\ 2x^2-4x \quad \\ \hline x+4 \\ x-2 \\ \hline 6 \end{array}$$

[計算のしかた]

①割られる式の係数を取り出す。

②割る式を 0 にする値 2 を書く。

③先頭の係数 1 を 3 行目に移す。

④$2\times1=2$ を 2 行目に書き，1 行目との和を 3 行目に書く。

⑤これを順次行う。

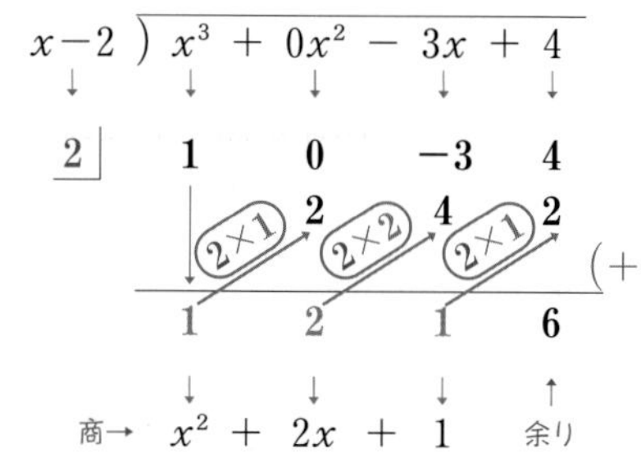

基本例題 52　高次方程式と 1 つの解

方程式 $x^3-ax-4=0$ の 1 つの解が 2 であるとき，定数 a の値と他の解を求めよ。

テストに出るぞ！

ねらい
1つの解を知って，高次方程式の係数，他の解を求めること。

解法ルール
1. 方程式 $P(x)=0$ の解が $\alpha \Longleftrightarrow P(\alpha)=0$
2. 方程式 $P(x)=0$ の解が $\alpha \Longleftrightarrow P(x)$ は $x-\alpha$ を因数にもつ

（x に α を代入すると等号が成立する。）

解答例 方程式 $x^3-ax-4=0$ の解が 2 であるので，x に 2 を代入すると等号が成立する。

ゆえに　$2^3-2a-4=0$　　よって　$a=2$

また，$a=2$ のとき　$x^3-2x-4=0$

$P(x)=x^3-2x-4$ とおくと，方程式の解が 2 であるので，$P(x)$ は $x-2$ を因数にもつ。

$P(x)$ を $x-2$ で割った商を組立除法で求めると

$$\begin{array}{r|rrrr} 2 & 1 & 0 & -2 & -4 \\ & & 2 & 4 & 4 \\ \hline & 1 & 2 & 2 & 0 \end{array}$$

商は　x^2+2x+2

$$\begin{array}{r} x^2+2x+2 \\ x-2\,\overline{)\,x^3 \qquad -2x-4} \\ x^3-2x^2 \qquad\quad \\ \hline 2x^2-2x \quad \\ 2x^2-4x \quad \\ \hline 2x-4 \\ 2x-4 \\ \hline 0 \end{array}$$

したがって　$P(x)=(x-2)(x^2+2x+2)=0$

$x=2,\ -1\pm i$

答　$a=2$，他の解は　$x=-1\pm i$

類題 52 方程式 $x^3-x^2+ax+b=0$ の 1 つの解が $1+i$ のとき，実数の定数 a，b の値と他の解を求めよ。

● $x^3=1$ の解

3 次方程式 $x^3=1$ の解について考えてみよう。

$x^3-1=0$ より　$(x-1)(x^2+x+1)=0$

よって　$x=1$　　$x=\dfrac{-1\pm\sqrt{3}i}{2}$

ここで　$\dfrac{-1+\sqrt{3}i}{2}$ と $\dfrac{-1-\sqrt{3}i}{2}$ の関係を調べてみると

$$\left(\frac{-1+\sqrt{3}i}{2}\right)^2=\frac{1-2\sqrt{3}i+3i^2}{4}=\frac{-2-2\sqrt{3}i}{4}=\frac{-1-\sqrt{3}i}{2}$$

一方

$$\left(\frac{-1-\sqrt{3}i}{2}\right)^2=\frac{1+2\sqrt{3}i+3i^2}{4}=\frac{-2+2\sqrt{3}i}{4}=\frac{-1+\sqrt{3}i}{2}$$

p.31 で学んだように，複素数 $z=a+bi$ に対して，共役な複素数は $\overline{z}=a-bi$ だったね。

このことから，$\dfrac{-1\pm\sqrt{3}i}{2}$ の一方を ω（オメガ）とすると，$\omega^2=\overline{\omega}$ であることがわかる。

したがって，**$x^3=1$ の解は　1，ω，ω^2**

よって，$\omega^3=1$ であり，ω は $x^2+x+1=0$ の解だから $\omega^2+\omega+1=0$ も成り立つ。

ポイント [1 の 3 乗根(立方根)]

$x^3=1$ の解を 1，ω，ω^2 とすると

① $\omega^3=1$　　　② $\omega^2+\omega+1=0$

応用例題 53　ω の計算

$x^3=1$ の虚数解の 1 つを ω とするとき，次の式を簡単にせよ。

(1) $\omega^5+\omega^4+\omega^3$　　　(2) $\dfrac{1}{\omega}+\dfrac{1}{\omega^2}$

ねらい
ω で表された式を計算すること。

解法ルール
1 $\omega^3=1$
2 $\omega^2+\omega+1=0$
を活用する。

解答例 (1)　$\omega^5+\omega^4+\omega^3=\omega^3(\omega^2+\omega+1)$

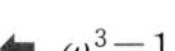

← $\omega^3=1$

$=\omega^2+\omega+1=\mathbf{0}$　…答　　← $\omega^2+\omega+1=0$

$\omega^2+\omega+1=0$ より　$\omega+1=-\omega^2$

(2)　$\dfrac{1}{\omega}+\dfrac{1}{\omega^2}=\dfrac{\omega+1}{\omega^2}=\dfrac{-\omega^2}{\omega^2}=\mathbf{-1}$　…答

類題 53 $x^3=1$ の虚数解の 1 つを ω とするとき，次の式を簡単にせよ。

(1) $\omega^6+\omega^7+\omega^8$　　　(2) $\dfrac{1}{\omega}-\dfrac{1}{\omega+1}$

14 2 次方程式 $x^2-2px+3p+1=0$ の 2 つの解の比が $1:4$ であるとき，定数 p の値を求めよ。

> **14** 解の比が $m:n$ $\Longleftrightarrow$ 解は $m\alpha$ と $n\alpha$

15 x についての 2 次方程式 $x^2-ax+b=0$ の 2 つの解を α，β としたとき，2 次方程式 $x^2+bx+a=0$ の 2 つの解は $\alpha-1$，$\beta-1$ であるという。このとき，a，b，α^3，β^3 の値を求めよ。

> **15** 解と係数の関係を用いて，α，β，a，b の関係式を求める。

16 a，b，c を定数(ただし $a\neq 0$)とする x の 4 次式 $P(x)=ax^4+bx^3+2c(x^2+x+1)$ がある。

$P(x)$ を $x+2$ で割ると 38 余り，$P(x)$ を $(x+1)^2$ で割ると $-8x-5$ 余る。このとき，定数 a，b，c の値を求めよ。

> **16** 剰余の定理より $P(-2)=38$
> $P(x)$ を $(x+1)^2=x^2+2x+1$ で割り算し，係数を比較する。

17 x についての 2 次方程式 $x^2+2sx+2s+6=0$ が実数解をもたないような実数 s の値の範囲を求めよ。

> **17** 虚数解をもつ条件である。

18 2 次式 $x^2+kx+k-1$ が完全平方式となるように，定数 k の値を定めよ。また，そのときどんな完全平方式となるか。完全平方式とは $ax^2+bx+c=a(x-\alpha)^2$ となる式のことである。

> **18** **完全平方式**
> **$\Longleftrightarrow$ 方程式の解は重解**
> **$\Longleftrightarrow$ 判別式 $D=0$**

19 x^4-3x^2-10 を係数の範囲が次の各場合について因数分解せよ。

(1) 有理数　　(2) 実数　　(3) 複素数

> **19**
> $x^2-5=x^2-(\sqrt{5})^2$
> $x^2+2=x^2-(\sqrt{2}i)^2$

20 多項式 $P(x)$ を $(x-1)(x-2)$ で割ると，余りは $2x+1$ である。また，$(x+1)(x-3)$ で割ると，余りは $x-3$ である。
このとき，$P(x)$ を $(x+1)(x-2)$ で割った余りを求めよ。

> **20** **剰余の定理**を活用する。

21 次の 3 次方程式を解け。

(1) $x^3-2x^2+2x-1=0$

(2) $x^3+4x^2+3x-2=0$

> **21** 因数定理を使って因数分解をして解を求める。

22 a，b は実数とする。3 次方程式 $x^3-3x^2+ax+b=0$ の 1 つの解が $2+i$ であるとき，実数 a，b の値と他の解を求めよ。

> **22** 解を代入して a，b を求める。

2章 図形と方程式 数学Ⅱ

1節 点と直線

1 直線上の点

❖ 直線上の座標

数直線上の点の位置は，それに対応している実数で表す。

O A
-1 0 1 2 a 3

点 A に対応している実数が a であるとき，a を点 A の**座標**といい，点 A を $\mathrm{A}(a)$ と表す。

❖ 2 点間の距離

まとめると
$\mathrm{AB}=|b-a|$

2 点 $\mathrm{A}(a)$，$\mathrm{B}(b)$ 間の距離 AB は

$\boldsymbol{a<b}$ のとき　$\mathbf{AB}=\boldsymbol{b-a}$
$\boldsymbol{a>b}$ のとき　$\mathbf{AB}=\boldsymbol{a-b}$

(大きい座標)－(小さい座標)
右　　　左

A　$b-a$　B
a　　b
B　$a-b$　A
b　　a

❖ 分点の座標

線分 AB 上に点 P があって，$\mathbf{AP}:\mathbf{PB}=\boldsymbol{m}:\boldsymbol{n}$ であるとき，点 P は線分 AB を $\boldsymbol{m}:\boldsymbol{n}$ **に内分する**という。点 P が線分 AB の延長上にあるときは，$\boldsymbol{m}:\boldsymbol{n}$ **に外分する**という。内分点と外分点を合わせて，**分点**という。

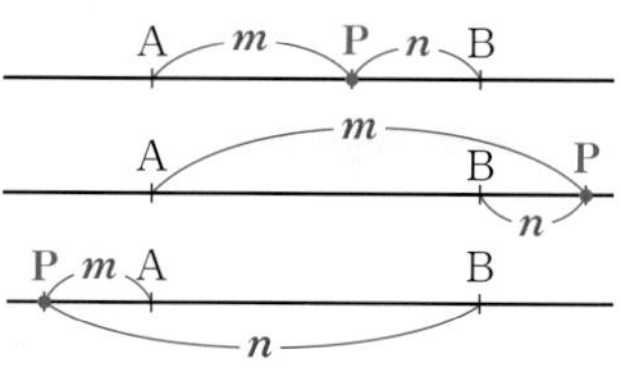

［内分点の座標］

$a<b$ のとき $\mathrm{AP}=x-a$，$\mathrm{PB}=b-x$ だから，
これを $\mathrm{AP}:\mathrm{PB}=m:n$ に代入すると

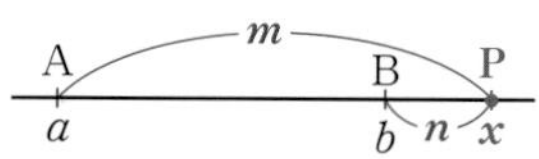

$(x-a):(b-x)=m:n$　　よって　$x=\dfrac{na+mb}{m+n}$ （$a>b$ のときも同様）

［外分点の座標］

A m B P
a b n x

$m>n$ のとき $\mathrm{AP}=x-a$，$\mathrm{PB}=x-b$ だから

$(x-a):(x-b)=m:n$　　よって　$x=\dfrac{-na+mb}{m-n}$ （$m<n$ のときも同様）

内分点の座標の n を $-n$ におき換えた式

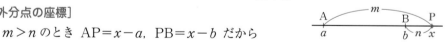

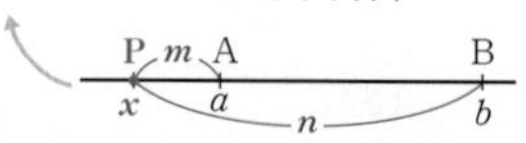

ポイント　［分点の座標］ $\mathrm{A}(a)$，$\mathrm{B}(b)$ のとき，線分 AB を

覚え得

$\boldsymbol{m}:\boldsymbol{n}$ に内分する点 P の座標 x は　$\boldsymbol{x=\dfrac{na+mb}{m+n}}$

$\boldsymbol{m}:\boldsymbol{n}$ に外分する点 P の座標 x は　$\boldsymbol{x=\dfrac{-na+mb}{m-n}}$

n を $-n$ におき換えた式

特に，線分 AB の**中点**の座標 x は　$\boldsymbol{x=\dfrac{a+b}{2}}$

基本例題 54　直線上の2点間の距離

2点 A(-3)，B(2) について，次の問いに答えよ。

(1) 2点 A，B 間の距離を求めよ。

(2) 点 A からの距離が 5 である点の座標を求めよ。

ねらい　直線上の2点間の距離を求めること。1点からある距離の点の座標を求めること。

解法ルール　2点 A(a)，B(b) 間の距離は　AB$=|b-a|$

　AB＝(**直線の右側の点**の座標)－(**直線の左側の点**の座標)

で求めてもよい。

解答例　(1)　AB$=2-(-3)=$**5**　…答

(2)　求める点の座標を x とすると　$|x-(-3)|=5$

$|x+3|=5$ より　$x+3=\pm 5$

よって　$x=2$，$x=-8$

答　**2，−8**

1つは点B，
もう1つは
点C(−8)
だね！

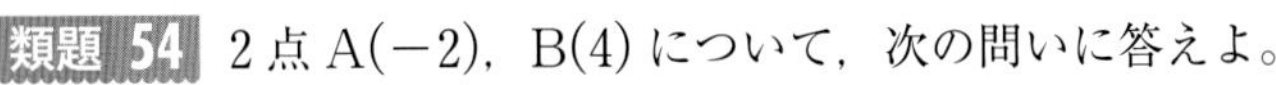

類題 54　2点 A(-2)，B(4) について，次の問いに答えよ。

(1) 2点 A，B 間の距離を求めよ。

(2) 2点 A，B から等距離にある点 C の座標を求めよ。

基本例題 55　直線上の線分の分点

2点 A(-2)，B(3) について，次の点の座標を求めよ。

(1) 線分 AB を 3：2 に内分する点

(2) 線分 AB を 3：2 に外分する点

(3) 線分 AB を 2：3 に外分する点

ねらい　直線上の線分の内分点や外分点の座標を求めること。

内分，外分は
A(a)　B(b)
内分→m ：　n
外分→m ：$(-n)$
たすきがけ。

解法ルール　内分点　$\dfrac{\boldsymbol{na+mb}}{\boldsymbol{m+n}}$

外分点　$\dfrac{\boldsymbol{-na+mb}}{\boldsymbol{m-n}}$

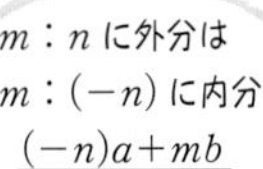

$m：n$ に外分は
$m：(-n)$ に内分
$\dfrac{(-n)a+mb}{m+(-n)}$
と考えるといいよ。

解答例　(1)　$\dfrac{2\times(-2)+3\times3}{3+2}=\dfrac{5}{5}=$**1**　…答　←A$(-2)$ B(3) 3：2

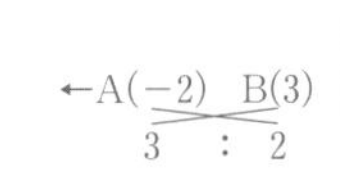

(2)　$\dfrac{-2\times(-2)+3\times3}{3-2}=\dfrac{13}{1}=$**13**　…答　←A$(-2)$ B(3) 3：(-2)

(3)　$\dfrac{-3\times(-2)+2\times3}{2-3}=\dfrac{12}{-1}=$**−12**　…答　←A$(-2)$ B(3) 2：(-3)

類題 55　2点 A(-3)，B(5) を結ぶ線分 AB を 1：2 に内分する点 P，1：2 に外分する点 Q の座標を求めよ。

2 平面上の点

ここでは，平面上の 2 点間の距離，分点の座標について学習する。いまさら，平面上の点の位置の表し方の説明はいらないだろう。しかし，平面上の点について考えるときは，その点から座標軸に下ろした垂線と x 軸との交点の座標，y 軸との交点の座標が基本であるということだけは，しっかり理解しておかなくてはならないよ。

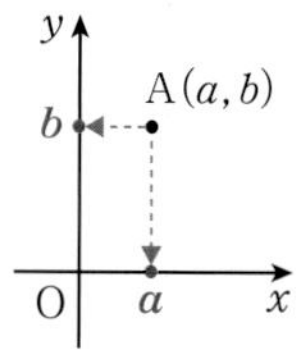

❖ 2 点間の距離

2 点 $A(x_1,\ y_1)$，$B(x_2,\ y_2)$ 間の距離は，右の図のように直角三角形 ABC の斜辺の長さとして求められる。

三平方の定理から

$AB^2=AC^2+BC^2=(x_2-x_1)^2+(y_2-y_1)^2$

よって　$\mathbf{AB=\sqrt{(x_2-x_1)^2+(y_2-y_1)^2}}$

とくに，原点 $O(0,\ 0)$ と点 $P(x,\ y)$ 間の距離は

$\mathbf{OP=\sqrt{x^2+y^2}}$

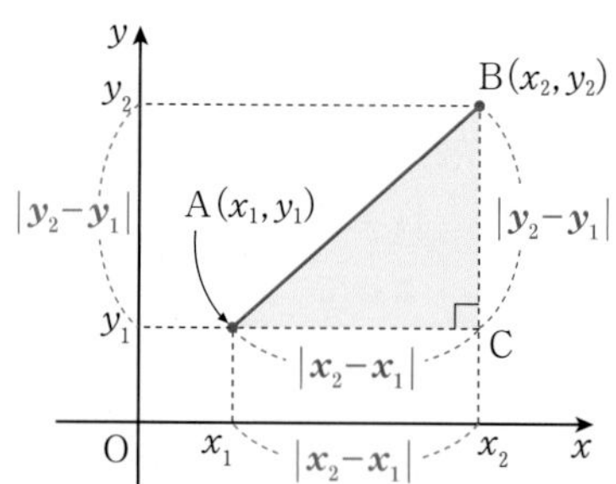

ポイント [2 点間の距離] 2 点 $\mathbf{A(x_1,\ y_1)}$，$\mathbf{B(x_2,\ y_2)}$ 間の距離 AB は

$\mathbf{AB=\sqrt{(x_2-x_1)^2+(y_2-y_1)^2}}$

❖ 分点の座標

2 点 $A(x_1,\ y_1)$，$B(x_2,\ y_2)$ を結ぶ線分 AB を $m:n$ に内分する点 $P(x,\ y)$ の座標を求めてみよう。

右の図のように，A，P，B から x 軸に下ろした垂線が x 軸と交わる点をそれぞれ A′，P′，B′ とすると，点 P′ は線分 A′B′ を $m:n$ に内分するから　$x=\dfrac{nx_1+mx_2}{m+n}$

点 P の y 座標についても同様であるから，

点 P の座標は　$\left(\dfrac{nx_1+mx_2}{m+n},\ \dfrac{ny_1+my_2}{m+n}\right)$

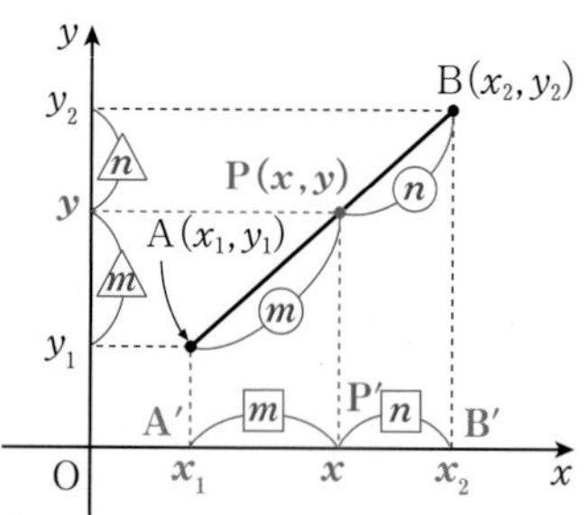

線分 AB を $m:n$ に外分する場合も同様に考えられるから，次のようにまとめられる。

ポイント [分点の座標] $A(x_1,\ y_1)$，$B(x_2,\ y_2)$ のとき，線分 AB を　覚え得

$\boldsymbol{m:n}$ **に内分する点 P の座標は** $\mathrm{P}\left(\dfrac{\boldsymbol{nx_1+mx_2}}{\boldsymbol{m+n}},\ \dfrac{\boldsymbol{ny_1+my_2}}{\boldsymbol{m+n}}\right)$

$\boldsymbol{m:n}$ **に外分する点 P の座標は** $\mathrm{P}\left(\dfrac{\boldsymbol{-nx_1+mx_2}}{\boldsymbol{m-n}},\ \dfrac{\boldsymbol{-ny_1+my_2}}{\boldsymbol{m-n}}\right)$

とくに
中点の座標は
$\left(\dfrac{x_1+x_2}{2},\ \dfrac{y_1+y_2}{2}\right)$

基本例題 56

2点間の距離

2点 A$(-3,\ 1)$，B$(5,\ 9)$ について，次の問いに答えよ。

(1) 線分 AB の長さを求めよ。

(2) 2点 A，B から等距離にある x 軸上の点 P の座標を求めよ。

(3) 点 A からの距離が線分 AB の長さの半分で，y 軸上にある点の座標を求めよ。

ねらい

2点間の距離を求めること。

2点から等距離にある点や，1点からある距離にある点の座標を求めること。

1 2点 A$(x_1,\ y_1)$，B$(x_2,\ y_2)$ 間の距離は

$$\mathrm{AB}=\sqrt{(x_2-x_1)^2+(y_2-y_1)^2}$$

2 **A，B から等距離の点 P** $\Longleftrightarrow$ $\mathrm{AP}=\mathrm{BP}$

$\Longleftrightarrow$ $\mathrm{AP}^2=\mathrm{BP}^2$

解答例

(1) $\mathrm{AB}=\sqrt{(5+3)^2+(9-1)^2}=\sqrt{8^2+8^2}=\boldsymbol{8\sqrt{2}}$ …答

(2) x 軸上の点 P の座標は P$(x,\ 0)$ とおける。

P は A，B から等距離であるから　$\mathrm{AP}=\mathrm{BP}$

したがって　$\mathrm{AP}^2=\mathrm{BP}^2$

よって　$(x+3)^2+(0-1)^2=(x-5)^2+(0-9)^2$

展開して整理すると　$16x=96$　　$x=6$　　答　**P(6, 0)**

(3) y 軸上の点を Q$(0,\ y)$ とおくと，AQ の長さは $\mathrm{AB}=8\sqrt{2}$ の半分だから　$4\sqrt{2}$

よって　$\mathrm{AQ}=\sqrt{(0+3)^2+(y-1)^2}=4\sqrt{2}$

両辺を2乗して　$(0+3)^2+(y-1)^2=(4\sqrt{2})^2$

展開して整理すると　$y^2-2y-22=0$　　よって　$y=1\pm\sqrt{23}$

したがって，条件を満たす点は y 軸上に2つあり，

その座標は　$\boldsymbol{(0,\ 1+\sqrt{23}),\ (0,\ 1-\sqrt{23})}$ …答

← 点の座標を求めるとき，その点の座標を $(x,\ y)$ とおいて，x，y を求めることが多い。求める点が x 軸上の点のときは $(x,\ 0)$，y 軸上の点のときは $(0,\ y)$ とおけばよい。

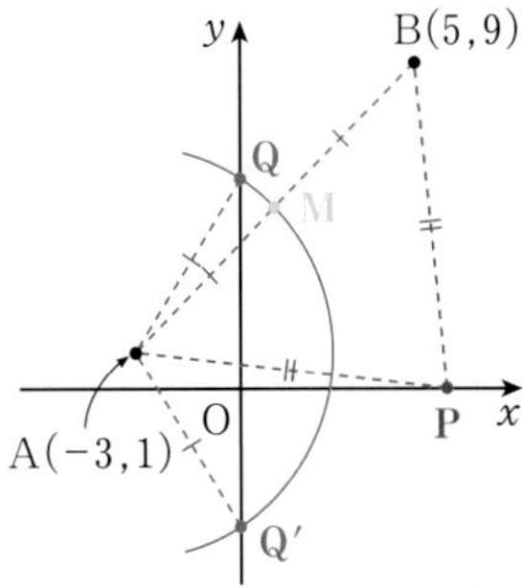

図もかいて，問題の意味を確かめよう！

(2)の場合，AP＝BP とするのだから，AB を底辺とする二等辺三角形をつくることと同じだよ。

(3)の場合，AB の中点を M とすると，A を中心とする点 M を通る円が y 軸と交わる点を求めていることになるので，交点は Q と Q′ の2つあるよ。

類題 56-1 点 P は直線 $y=2x+3$ 上の点で，2点 A$(1,\ -2)$，B$(-1,\ 2)$ から等距離にあるとき，点 P の座標を求めよ。

類題 56-2 次の問いに答えよ。

(1) 3点 $(1,\ -1)$，$(3,\ 2)$，$(6,\ 0)$ を頂点とする三角形は，直角二等辺三角形であることを示せ。

(2) 3点 $(-1,\ 0)$，$(1,\ 2)$，$(-1,\ 4)$ を頂点とする三角形はどんな三角形か調べよ。

基本例題 57　平面上の線分の分点

3 点 A(3, 4), B(−3, 2), C(5, −2) を頂点とする △ABC について，次の各点の座標を求めよ。

(1) 辺 BC の中点 M

(2) 線分 AM を 2：1 に内分する点 G

(3) 線分 BG を 3：1 に外分する点 N

ねらい
線分の中点や分点の座標を求めること。

中点は $m=n=1$ のときで $\left(\dfrac{x_1+x_2}{2},\ \dfrac{y_1+y_2}{2}\right)$ だ！

解法ルール

1. $\mathrm{P}(x_1,\ y_1)$，$\mathrm{Q}(x_2,\ y_2)$ のとき，線分 PQ を $m:n$ に内分する点は $\left(\dfrac{nx_1+mx_2}{m+n},\ \dfrac{ny_1+my_2}{m+n}\right)$
2. $m:n$ に外分する点は，**内分点の n を $-n$ におき換える**。

解答例

(1) 辺 BC の中点の座標は $\left(\dfrac{-3+5}{2},\ \dfrac{2+(-2)}{2}\right)$

よって　**M(1, 0)**　…答

(2) 線分 AM を 2：1 に内分する点 G の座標は

$\left(\dfrac{1\times3+2\times1}{2+1},\ \dfrac{1\times4+2\times0}{2+1}\right)$　← A(3, 4)　M(1, 0)　2 : 1

よって　$\mathbf{G}\left(\dfrac{5}{3},\ \dfrac{4}{3}\right)$　…答

(3) 線分 BG を 3：1 に外分する点 N の座標は

$\left(\dfrac{-1\times(-3)+3\times\dfrac{5}{3}}{3-1},\ \dfrac{-1\times2+3\times\dfrac{4}{3}}{3-1}\right)$　← B(−3, 2)　$\mathrm{G}\left(\dfrac{5}{3},\ \dfrac{4}{3}\right)$　3 : (−1)

よって　**N(4, 1)**　…答

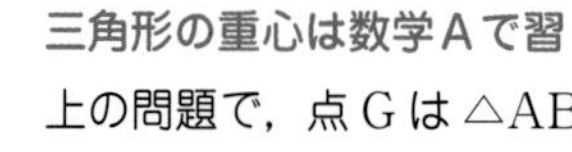

三角形の重心は数学Aで習ったよね！

上の問題で，点 G は △ABC の重心であることに気がついたかな。**M は辺 BC の中点**だから **AM は中線**。G はその**中線を 2：1 に内分する点**だから重心なんだよ。

3 点 $\mathrm{A}(x_1,\ y_1)$，$\mathrm{B}(x_2,\ y_2)$，$\mathrm{C}(x_3,\ y_3)$ を頂点とする △ABC の重心 G の座標 $\mathrm{G}\left(\dfrac{x_1+x_2+x_3}{3},\ \dfrac{y_1+y_2+y_3}{3}\right)$ も上の(1)，(2)の手順で求められるよ。

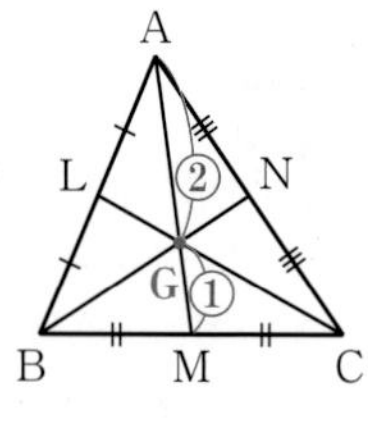

類題 57-1　4 点 A(0, 0), B(8, 6), C(α, β), P(1, 2) がある。点 P が △ABC の重心であるとき，点 C の座標を求めよ。

類題 57-2　3 点 A(0, 0), $\mathrm{B}\left(-\dfrac{1}{2},\ -5\right)$, C(9, 4) を頂点とし，AC を対角線とする平行四辺形 ABCD について，頂点 D の座標と対角線の交点 E の座標を求めよ。

← 平行四辺形の対角線はおのおのの中点で交わる。

図形の性質を座標を使って考えよう

図形の性質を調べる方法を，数学Ⅰの図形と計量，数学 A の図形の性質の章で学んだが，ここでは，図形を座標平面上に乗せて調べる方法について考えてみよう。このような手法を**解析幾何学**または**座標幾何学**というんだ。

応用例題 58　中線定理

△ABC の辺 BC の中点を M とするとき，次の等式を証明せよ。

$$AB^2+AC^2=2(AM^2+BM^2)$$

ねらい　座標を使って，図形の性質を証明すること。

解法ルール
1. △ABC の辺 BC を x 軸上に，辺 BC の垂直二等分線を y 軸にとる。
2. 3 点 A，B，C の座標を定める。
3. 左辺，右辺を別々に計算し，等式を証明する。

解答例　右の図のように，座標平面上に △ABC の 3 点を

$A(a,\ b)$
$B(-c,\ 0)$
$C(c,\ 0)$

ととる。

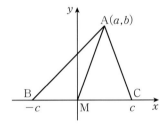

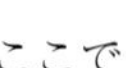

ここで

左辺 $=AB^2+AC^2$
$=\{(a+c)^2+b^2\}+\{(a-c)^2+b^2\}$
$=a^2+2ac+c^2+b^2+a^2-2ac+c^2+b^2$
$=2(a^2+b^2+c^2)$

右辺 $=2(AM^2+BM^2)$
$=2\{(a^2+b^2)+c^2\}$
$=2(a^2+b^2+c^2)$

よって　$\mathbf{AB^2+AC^2=2(AM^2+BM^2)}$　終

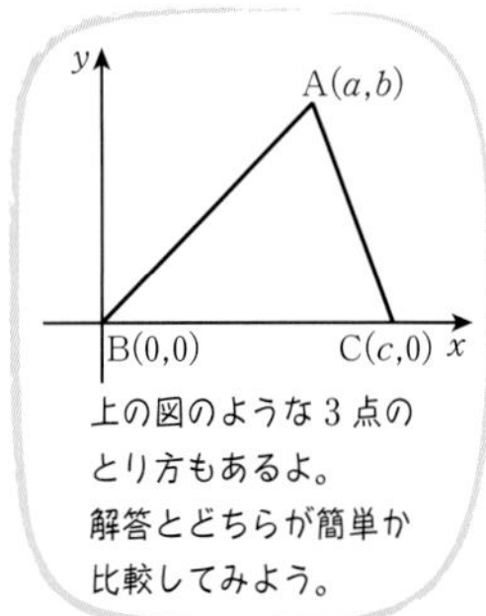

y
A(a,b)
B(0,0)
C(c,0)
x
上の図のような3点のとり方もあるよ。解答とどちらが簡単か比較してみよう。

類題 58　△ABC において，辺 BC を 1 : 2 に内分する点を D とするとき，次の等式を証明せよ。

$$2AB^2+AC^2=3(AD^2+2BD^2)$$

3 直線の方程式

ここでは，直線の方程式について学習するよ。

直線の方程式は中学ですでに学習しましたよ。

- **傾きが a，切片が b の直線の方程式は　$y=ax+b$**
- 2元1次方程式 $ax+by+c=0$ の表すグラフはみんな直線で，とくに，**$a=0$ のとき x 軸に，$b=0$ のとき y 軸に平行な直線になる。**

いまさら，何を学習するんですか。

中学では，“1次関数のグラフは直線になる”ということを学習した。

ここでは，平面上(座標平面上)に，1つの直線がある。

これを表す式を考えてみようというわけだ。

早速だが，右の図のように，平面上の点 $A(x_1,\ y_1)$ を通る傾き m の直線がある。この直線の式を求めてもらおう。

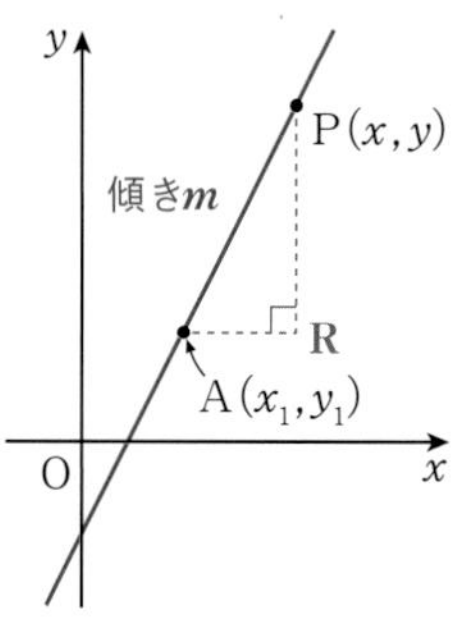

傾き＝変化の割合 ですから，これを使えばいいと思います。

いいところに気がついたね。それを使うために，直線上の任意(にんい)の点Pの座標を $(x,\ y)$ として，図のような直角三角形を考える。傾きは m だから

$$\frac{PR}{AR}=\frac{y-y_1}{x-x_1}=m \qquad \text{すなわち} \quad \boldsymbol{y-y_1=m(x-x_1)}$$

これが，**点 $A(x_1,\ y_1)$ を通る**傾き m **の直線の方程式**というわけだ。2点を通る直線の方程式も，傾きを求めるときと同じように考えられる。まとめておこう。

ポイント [直線の方程式]

① 1点 $(x_1,\ y_1)$ を通る傾き m の直線の方程式

$$\boldsymbol{y-y_1=m(x-x_1)}$$

② 2点 $(x_1,\ y_1)$，$(x_2,\ y_2)$ を通る直線の方程式

$x_1 \neq x_2$ のとき　$\boldsymbol{y-y_1=\dfrac{y_2-y_1}{x_2-x_1}(x-x_1)}$

$x_1=x_2$ のとき　$\boldsymbol{x=x_1}$　←y 軸に平行な直線

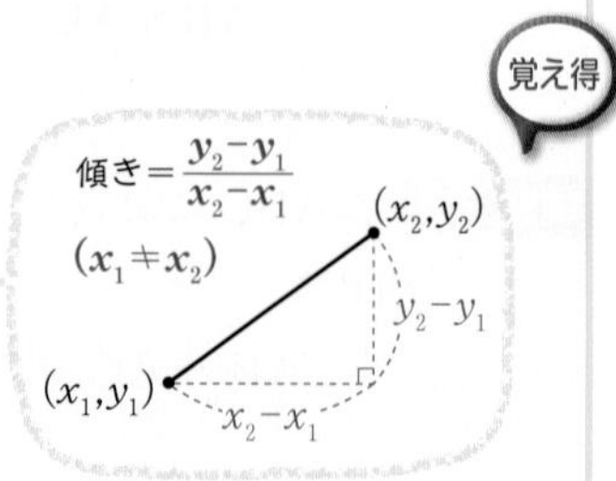

基本例題 59

直線の方程式(1)

次の直線の方程式を求めよ。

(1) 点 $(-1,\ 3)$ を通り，傾きが -2 の直線

(2) 2 点 $(1,\ 2)$，$(-1,\ 1)$ を通る直線

(3) 2 点 $(-2,\ 3)$，$(3,\ 3)$ を通る直線

(4) 2 点 $(1,\ 2)$，$(1,\ -2)$ を通る直線

ねらい

直線の方程式を求めること。

$y-y_1=m(x-x_1)$ へのあてはめ。ふつう，直線の方程式は $y=mx+b$ の形で答える。

1 **点 $(x_1,\ y_1)$ を通る傾き m の直線**の方程式は

$$\boldsymbol{y-y_1=m(x-x_1)}$$

傾き $=\dfrac{y_2-y_1}{x_2-x_1}$ $(x_1 \neq x_2)$

2 2 点を通る直線は，まず傾きを求める。

x 軸に平行な直線 $\Longleftrightarrow$ 傾き 0 なので　$\boldsymbol{y=y_1}$

y 軸に平行な直線 $\Longleftrightarrow$ $\boldsymbol{x=x_1}$

解答例

(1)　$y-3=-2\{x-(-1)\}$　　整理すると　$\boldsymbol{y=-2x+1}$　…答

(2)　傾き $=\dfrac{1-2}{-1-1}=\dfrac{1}{2}$　　よって　$y-2=\dfrac{1}{2}(x-1)$

整理すると　$\boldsymbol{y=\dfrac{1}{2}x+\dfrac{3}{2}}$　…答

(3)　傾き $=\dfrac{3-3}{3-(-2)}=0$　　ゆえに　$y-3=0$　　答 $\boldsymbol{y=3}$

(4)　x 座標が 2 点とも 1 だから，この 2 点を通る直線は y 軸に平行。したがって，方程式は　$\boldsymbol{x=1}$　…答

傾きの求め方さえ覚えておけば，2点を通る直線の式は覚えなくてもすみそうだね。

類題 59　次の直線の方程式を求めよ。

(1) 点 $(2,\ -3)$ を通り，傾きが 2　　(2) 2 点 $(-2,\ 2)$，$(-2,\ -3)$ を通る

基本例題 60

直線の方程式(2)

x 軸との交点が $(a,\ 0)$，y 軸との交点が $(0,\ b)$ である直線の方程式は，$\dfrac{x}{a}+\dfrac{y}{b}=1$ で表されることを示せ。$(ab \neq 0)$

ねらい

直線の方程式を求めること。

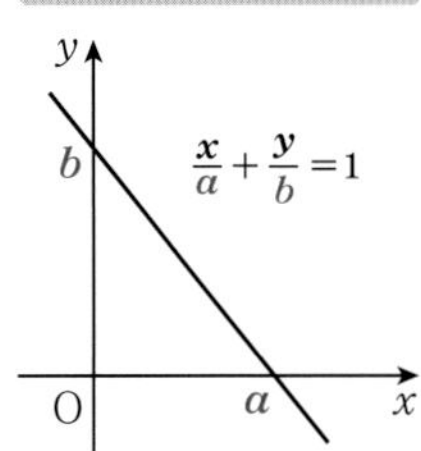

解法ルール　**2 点 $(x_1,\ y_1)$，$(x_2,\ y_2)$ を通る直線**の方程式は

$$\boldsymbol{y-y_1=\frac{y_2-y_1}{x_2-x_1}(x-x_1)}\ \ (x_1 \neq x_2)$$

2 点 $(a,\ 0)$，$(0,\ b)$ を通る直線の方程式は

$y-0=\dfrac{b-0}{0-a}(x-a)$　　よって　$\dfrac{b}{a}x+y=b$

整理すると　$\boldsymbol{\dfrac{x}{a}+\dfrac{y}{b}=1}$　終

類題 60　2 点 $(2,\ 0)$，$(0,\ 3)$ を通る直線の方程式を求めよ。

4 2直線の関係

方程式 $ax+by+c=0$ の表す直線のことを，直線 $ax+by+c=0$ という。2つの直線の交点の座標は，2つの直線の方程式を連立方程式とみて，解を求めることによって求められる。2直線の位置関係では，平行・垂直の関係が大切で，応用範囲も広い。

ポイント

［2直線の平行条件］2直線 $y=mx+b$，$y=m'x+b'$ が
平行であるための条件は　$m=m'$

［2直線の垂直条件］2直線 $y=mx+b$，$y=m'x+b'$ が
垂直であるための条件は　$mm'=-1$

2直線が平行ならば傾きが等しい。傾きが等しいならば2直線は平行である。

平行条件については，この説明で十分である。

次に，2直線 $y=mx+b$，$y=m'x+b'$ の垂直条件を考えるため，これらと平行な直線 $l:y=mx$ と $l':y=m'x$ について考える。$m>0$ の場合，2直線 l，l' は右の図のようになり，直線 l を原点Oのまわりに時計の針と反対方向に90°回転すると，直線 l' とちょうど重なる。そして，図の中の直角三角形AOCは直角三角形A′OC′に重なる。だから直線 l' の傾きについて，

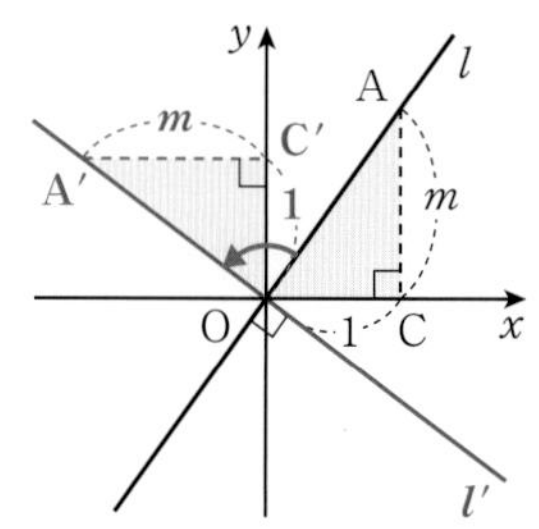

$m'=-\dfrac{1}{m}$ となるから，$mm'=-1$ を得る。逆に，

$mm'=-1$ のとき，この過程を逆にたどると，$l\perp l'$ となる。

$m<0$ の場合も同様のことがいえる。

基本例題 61　平行な直線・垂直な直線

点 $(3,\ -1)$ を通り，直線 $3x+2y-4=0$ に平行な直線と，垂直な直線の方程式を求めよ。

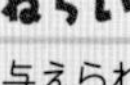

ねらい
与えられた直線と平行な直線，垂直な直線の方程式を求めること。

解法ルール
1 直線の傾きは，$y=mx+n$ の形に変形したときの $\boldsymbol{m}$。
2 $\boldsymbol{y=mx+n}$ **と　平行な直線の傾き**は　m
　垂直な直線の傾きは　$-\dfrac{1}{m}$

解答例　$3x+2y-4=0$ より　$y=-\dfrac{3}{2}x+2$　傾きは　$-\dfrac{3}{2}$

平行な直線　$y+1=-\dfrac{3}{2}(x-3)$　よって　$\boldsymbol{y=-\dfrac{3}{2}x+\dfrac{7}{2}}$　…答

垂直な直線　$y+1=\dfrac{2}{3}(x-3)$　よって　$\boldsymbol{y=\dfrac{2}{3}x-3}$　…答

⬅ $3x+2y-7=0$，$2x-3y-9=0$ と答えてもよい。

類題 61　2直線 $mx-4y-2=0$，$(m+3)x+y+1=0$ が，平行になるときの m の値と垂直になるときの m の値を求めよ。

基本例題 62　垂直二等分線・外心の座標

平面上の 3 点 O(0, 0), A(6, 0), B(2, 4) を頂点とする △OAB について，次の問いに答えよ。

(1) 3 辺の垂直二等分線の方程式を求めよ。

(2) 三角形の 3 辺の垂直二等分線の交点を，その三角形の外心という。△OAB の外心の座標を求めよ。

ねらい
線分の垂直二等分線の方程式を求めること。
三角形の外心の座標を求めること。

解法ルール

1 線分 AB の垂直二等分線
$\Longleftrightarrow$ 線分 AB の中点を通り，AB に垂直な直線

2 図もかいて，直感力も働かそう。

解答例 (1) 辺 OA の中点は (3, 0) だから，

辺 OA の垂直二等分線の方程式は　$\boldsymbol{x=3}$ …答

辺 OB の中点は (1, 2)，直線 OB の傾きは 2 だから，

辺 OB の垂直二等分線の方程式は

$$y-2=-\frac{1}{2}(x-1)$$

よって　$\boldsymbol{y=-\frac{1}{2}x+\frac{5}{2}}$ …答

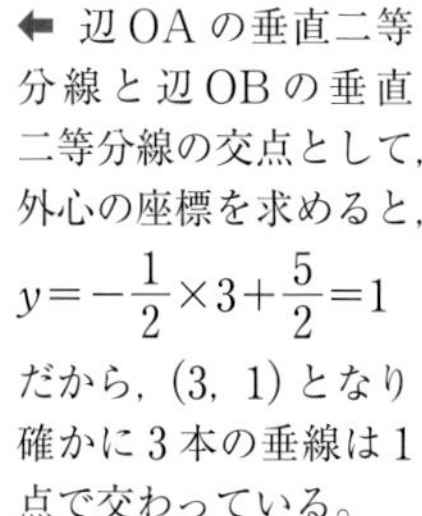

辺 AB の中点は (4, 2)，直線 AB の傾きは $\frac{4-0}{2-6}=-1$ だから，

辺 AB の垂直二等分線の方程式は　$y-2=1\cdot(x-4)$

よって　$\boldsymbol{y=x-2}$ …答

(2) 辺 OA の垂直二等分線と辺 AB の垂直二等分線の交点が外心である。辺 OA の垂直二等分線の方程式が $x=3$ だから，交点の x 座標も 3 とわかる。

辺 AB の垂直二等分線 $y=x-2$ 上の点で，x 座標が 3 のとき，y 座標は　$y=3-2=1$

よって，外心の座標は　**(3, 1)** …答

← 辺 OA の垂直二等分線と辺 OB の垂直二等分線の交点として，外心の座標を求めると，$y=-\frac{1}{2}\times3+\frac{5}{2}=1$ だから，(3, 1) となり確かに 3 本の垂線は 1 点で交わっている。

三角形の**外心**というのは，**3 つの頂点を通る円**，つまり**外接円の中心**だ。したがって，外心は各頂点から等距離にある。求める外心の座標を (x, y) とおき，距離の 2 乗が等しいことから，$x^2+y^2=(x-6)^2+y^2=(x-2)^2+(y-4)^2$ という連立方程式ができる。

これを解くと $x=3$, $y=1$　つまり，**外心の座標は (3, 1)**

図形の性質の使い方によって，こんな解き方もできるんだ。

類題 62 平面上に 3 点 A(5, −3), B(1, 5), C(−3, 3) がある。

(1) 線分 AB の垂直二等分線の方程式を求めよ。

(2) △ABC の外心の座標を求めよ。

基本例題 63

図形の性質の証明(垂心)

△ABC の 3 つの頂点から対辺へ下ろした垂線 AP，BQ，CR は，1 つの点で交わることを証明せよ。

テストに出るぞ！

ねらい
図形の性質を座標を用いて証明すること。

解法ルール
1 座標が出てこない！　さてどうするか。
こんなとき，**適当な座標軸を定める**。
2 座標軸を定めるときは，一般性を保ちながら，できるだけ簡単になるものを選ぶ。

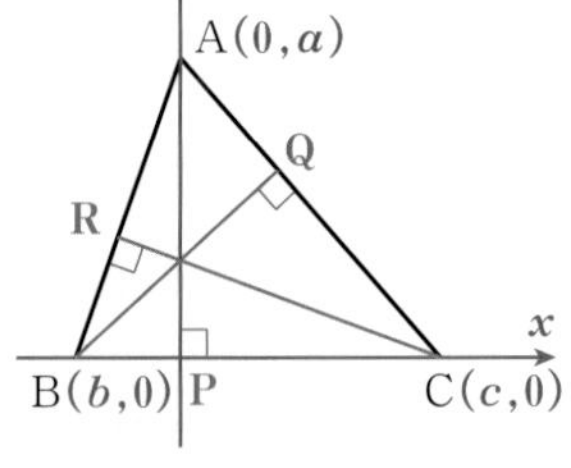

解答例 AP⊥BC であるから，直線 BC を x 軸上に，直線 AP を y 軸上にとり，頂点の座標をそれぞれ

A(0, a)($a \neq 0$)，B(b, 0)，C(c, 0)

とする。

∠B($b=0$)または ∠C($c=0$)が直角のときは明らかであるから，$b \neq 0$，$c \neq 0$ の場合を考えればよい。

直線 BQ は点 B を通って直線 AC に垂直な直線。

直線 AC の傾きが $-\dfrac{a}{c}$ であるから，BQ の傾きは $\dfrac{c}{a}$

よって，直線 BQ の方程式は

$$y=\frac{c}{a}(x-b) \qquad よって \quad y=\frac{c}{a}x-\frac{bc}{a}$$

同様にして，直線 CR の方程式は

$$y=\frac{b}{a}(x-c) \qquad よって \quad y=\frac{b}{a}x-\frac{bc}{a}$$

直線 BQ と CR の y 切片がともに $-\dfrac{bc}{a}$ であるから，

BQ と CR は y 軸上の点 $\left(0,\ -\dfrac{bc}{a}\right)$ で交わる。

したがって，**3 つの垂線 AP，BQ，CR は 1 点で交わる**。 終

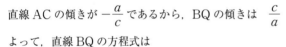

ちょっと一言

三角形の 3 つの頂点から対辺へ下ろした **3 本の垂線の交点**を**垂心**(すいしん)というね。

ここでは，図形の性質を，図形的にではなく，座標軸を設定して数や式の計算によって証明しました。座標を用いて図形を研究する学問を，**解析幾何学**または**座標幾何学**というよ。

類題 63 正三角形の垂心，外心，重心は同じ点であることを，適当な座標軸を設定し，座標を用いて証明せよ。

応用例題 64　　対称点の座標

点 P(2, 7) と直線 l : $2x-3y+4=0$ がある。

(1) 点 P から直線 l に下ろした垂線と l の交点を H とするとき，直線 PH の方程式と点 H の座標を求めよ。

(2) 直線 l について，点 P と対称な点を Q とするとき，点 Q の座標を求めよ。

ねらい
直線外の点から下ろした垂線と直線の交点や，直線についての対称点の座標を求めること。垂直な直線の利用。

解法ルール 2 点 P，Q が直線 l について対称
$\Longleftrightarrow$ l は線分 PQ を垂直に 2 等分する。

解答例 (1)　$2x-3y+4=0$ より　$y=\dfrac{2}{3}x+\dfrac{4}{3}$　……①

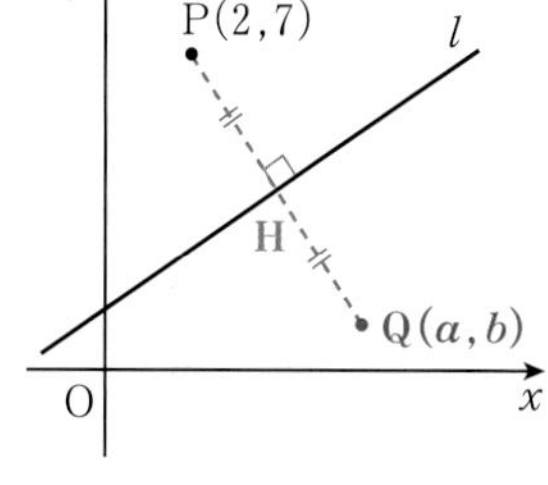

PH⊥l だから，直線 PH の傾きは　$-\dfrac{3}{2}$

直線 PH の方程式は　$y-7=-\dfrac{3}{2}(x-2)$

答　$\boldsymbol{y=-\dfrac{3}{2}x+10}$　……②

点 H は，直線①，②の交点だから

$\dfrac{2}{3}x+\dfrac{4}{3}=-\dfrac{3}{2}x+10$　　よって　$x=4$

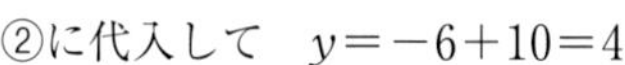

②に代入して　$y=-6+10=4$

答　**H(4, 4)**

(2)　l は線分 PQ を垂直に 2 等分するから，点 Q は直線 PH 上にあり，線分 PQ の中点は点 H である。

Q(a, b) とおくと

$\dfrac{2+a}{2}=4$，$\dfrac{7+b}{2}=4$

よって　$a=6$，$b=1$

答　**Q(6, 1)**

← (2)が独立の問題のとき，H の座標はわからない。その場合は，PQ⊥l だから
$\dfrac{b-7}{a-2}\times\dfrac{2}{3}=-1$…①
線分 PQ の中点は l 上にあるから
$2\left(\dfrac{a+2}{2}\right)-3\left(\dfrac{b+7}{2}\right)+4=0$…②
①，②の連立方程式を解いて求める。

類題 64 次の問いに答えよ。

(1) 直線 $y=3x+1$ に関する点 (5, 1) の対称点の座標を求めよ。

(2) 直線 $y=x$ に関して点 A(a, b) と対称な点を P，直線 $y=-x$ に関して点 A と対称な点を Q とするとき，2 点 P，Q の座標をそれぞれ求めよ。

応用例題 65　点と直線の距離

次の問いに答えよ。

(1) 直線 $l: ax+by+c=0$ と，この直線外の点 $\mathrm{P}(x_1,\ y_1)$ がある。

Pから l に下ろした垂線と l の交点をHとするとき，

$\mathrm{PH}=\dfrac{|ax_1+by_1+c|}{\sqrt{a^2+b^2}}$ であることを示せ。

(2) 原点から直線 $y=2x-1$ までの距離を求めよ。

ねらい
点と直線の距離の公式を証明すること。公式にあてはめ，点と直線の距離を求めること。

点Hの座標を求めて距離の公式…では計算が大変。

解法ルール 1 $\mathrm{H}(x_2,\ y_2)$ とおいて，求めるもの，わかることを表す。

2 求めるものの式の形に着目して，式の変形を工夫。

解答例 (1) $\mathrm{H}(x_2,\ y_2)$ とおくと

$\mathrm{PH}=\sqrt{(x_2-x_1)^2+(y_2-y_1)^2}$ ……①

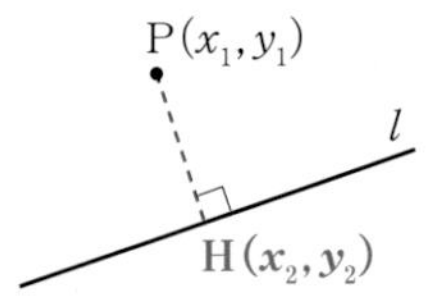

Hは l 上の点だから　$ax_2+by_2+c=0$ ……②

(i) $ab\neq0$ のとき　←a や b で割る必要がある

l の傾きは $-\dfrac{a}{b}$ であるから，直線PHの傾きは $\dfrac{b}{a}$

よって　$\dfrac{y_2-y_1}{x_2-x_1}=\dfrac{b}{a}$　　よって　$\dfrac{y_2-y_1}{b}=\dfrac{x_2-x_1}{a}$

比の値は t とおこう。

この値を t とおくと　$x_2-x_1=at,\ y_2-y_1=bt$ ……③

②に代入して　$a(at+x_1)+b(bt+y_1)+c=0$

よって　$t=\dfrac{-(ax_1+by_1+c)}{a^2+b^2}$ ……④

③，④を①に代入すると

$\mathrm{PH}=\sqrt{a^2t^2+b^2t^2}=\sqrt{(a^2+b^2)t^2}$

$=\sqrt{\dfrac{(ax_1+by_1+c)^2}{a^2+b^2}}=\dfrac{|ax_1+by_1+c|}{\sqrt{a^2+b^2}}$ ……⑤

$\sqrt{(-3)^2}\neq-3$
$\sqrt{(-3)^2}=|-3|=3$

(ii) $a=0,\ b\neq0$ のとき　$y=-\dfrac{c}{b}$　$\mathrm{PH}=\left|y_1+\dfrac{c}{b}\right|=\dfrac{|by_1+c|}{|b|}$

⑤の式からも同じ式が得られる。

また，$a\neq0,\ b=0$ の場合も同様のことがいえる。

したがって，a か b のいずれか一方が 0 のときも，PHは⑤の式で表される。　←a も b も 0 では l は直線にならない

(i)，(ii)より　$\boldsymbol{\mathrm{PH}=\dfrac{|ax_1+by_1+c|}{\sqrt{a^2+b^2}}}$ 終

(2) $y=2x-1$ は $2x-y-1=0$　原点 $(0,\ 0)$ からの距離は

$\dfrac{|2\times0-0-1|}{\sqrt{2^2+(-1)^2}}=\dfrac{1}{\sqrt{5}}=\boldsymbol{\dfrac{\sqrt{5}}{5}}$ …答

類題 65 点 $(1,\ 2)$ から直線 $3x+4y=5$ までの距離を求めよ。

応用例題 66　三角形の面積

次の問いに答えよ。

(1) O(0, 0), A(x_1, y_1), B(x_2, y_2) のとき，$\triangle OAB=\frac{1}{2}|x_1y_2-x_2y_1|$ となることを示せ。

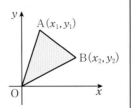

(2) A(3, 4), B(−4, 1), C(2, −5) を頂点とする三角形 ABC の面積を求めよ。

ねらい
点と直線の距離の公式を用いて，三角形の面積の公式を証明すること。
面積の公式へのあてはめ。

解法ルール (1) 直線 AB と原点 O の距離 $d \Longrightarrow \triangle \mathbf{OAB}=\frac{1}{2}\mathbf{AB}\cdot d$

直線 AB の方程式を作り，d を求めよう。

(2) **公式が使えるのは 1 頂点が原点のとき。**頂点 C を原点に移す平行移動で A → A′, B → B′ として公式を利用。

解答例 (1) 直線 AB と原点 O との距離を d とする。

直線 AB の方程式は　$y-y_1=\frac{y_2-y_1}{x_2-x_1}(x-x_1)$

よって　$(y_2-y_1)(x-x_1)-(x_2-x_1)(y-y_1)=0$

$(y_2-y_1)x-(x_2-x_1)y-(x_1y_2-x_2y_1)=0$

よって　$d=\frac{|x_1y_2-x_2y_1|}{\sqrt{(y_2-y_1)^2+(x_2-x_1)^2}}=\frac{|x_1y_2-x_2y_1|}{AB}$

よって　$\triangle \mathbf{OAB}=\frac{1}{2}\mathbf{AB}\cdot \boldsymbol{d}=\frac{1}{2}|\boldsymbol{x_1y_2-x_2y_1}|$ 終

点と直線の距離の公式にあてはめる。

(2) 点 C(2, −5) を原点 O に移すには，x 軸方向に −2，y 軸方向に 5 平行移動すればよい。この平行移動で，A(3, 4) → A′(1, 9), B(−4, 1) → B′(−6, 6) に移る。

△ABC＝△OA′B′

$=\frac{1}{2}|1\times6-(-6)\times9|=\frac{1}{2}|60|=\mathbf{30}$ …答

← この公式は，覚えやすい公式であるが，1 頂点が原点に限られる。(2)では，△ABC を平行移動して 1 頂点を原点に移し，公式を使えるようにする。

類題 66 次の 3 点を頂点とする三角形の面積 S を求めよ。

(1) (0, 0), (8, 0), (1, 1)　　(2) (1, 2), (2, 6), (5, 3)

ポイント　覚え得

[点と直線の距離] 点 (x_1, y_1) から直線 $ax+by+c=0$ までの距離は

$$\frac{|ax_1+by_1+c|}{\sqrt{a^2+b^2}}$$

[三角形の面積] **O(0, 0), A(x_1, y_1), B(x_2, y_2)** のとき

$$\triangle OAB=\frac{1}{2}|x_1y_2-x_2y_1|$$

応用例題 67　2直線の交点を通る直線

次の問いに答えよ。

(1) 2直線 $x-2y+3=0$, $2x-y-3=0$ の交点を通り，直線 $x-2y=0$ に垂直な直線の方程式を求めよ。

(2) 直線 $(1+2k)x-(2+k)y+3(1-k)=0$ は k の値によらず定点を通る。この定点の座標を求めよ。

(3) 2直線 $x-2y+3=0$, $2x-y-3=0$ の交点と原点を通る直線の方程式を求めよ。

テストに出るぞ！

ねらい
2直線の交点を通る直線の方程式を求めること。

解法ルール (1) **2直線の交点**の座標 $\Longleftrightarrow$ **直線の方程式を連立**させた解

(2) k について整理し　$x-2y+3+k(2x-y-3)=0$

k の値によらず成立 $\Longleftrightarrow$ k についての恒等式

(3) **直線 $x-2y+3+k(2x-y-3)=0$ は**，2直線 **$x-2y+3=0$, $2x-y-3=0$ の交点を通る直線**を表す。

⬅ 解答例(3)の方法だと，交点を求めなくても，交点を通る直線の式が求められる。

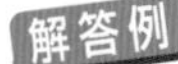

(1) $x-2y+3=0$, $2x-y-3=0$ を連立方程式とみて解くと，解は $x=3$, $y=3$　交点は $(3,\ 3)$

直線 $y=\dfrac{1}{2}x$ ($x-2y=0$ より)に垂直な直線の傾きは -2

求める直線の方程式は　$y-3=-2(x-3)$

よって　$\boldsymbol{y=-2x+9}$　…答

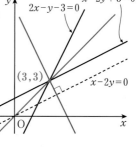

(2) k について整理すると　$x-2y+3+k(2x-y-3)=0$

k の値によらず成り立つとは，k についての恒等式だから

$x-2y+3=0$　かつ　$2x-y-3=0$

これを満たす x, y は　$x=3$, $y=3$

2直線 $x-2y+3=0$, $2x-y-3=0$ の交点 $(3,\ 3)$ が，この直線が k の値によらず通る定点である。　答 **(3, 3)**

(3) 直線 $x-2y+3+k(2x-y-3)=0$ は，2直線 $x-2y+3=0$, $2x-y-3=0$ の交点を通る直線である。

この形で表される直線で原点 $(0,\ 0)$ を通るのは，$x=0$, $y=0$ を代入し　$3-3k=0$　$k=1$

よって，$x-2y+3+1\cdot(2x-y-3)=0$ より　$\boldsymbol{y=x}$　…答

⬅ 交点の座標が $(3,\ 3)$ とわかっているから，交点と原点を通る直線の方程式は $y=x$ としてもよい。

類題 67 次の問いに答えよ。

(1) 2直線 $(2k-3)x+(k+4)y+6k+2=0$, $(2k+1)x+(k-2)y-10k=0$ は，それぞれ k の値によらず定点を通る。それぞれの定点の座標を求めよ。

(2) 2直線 $x+2y-1=0$, $2x-3y+4=0$ の交点と，点 $(2,\ 3)$ を通る直線の方程式を求めよ。

2節 円

5 円の方程式

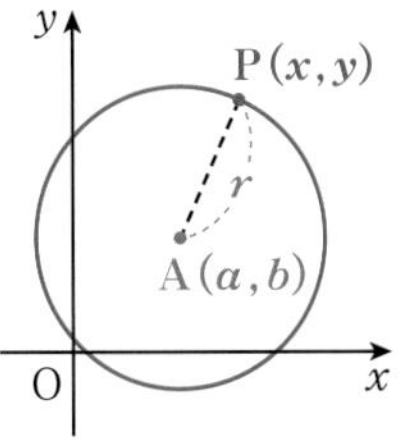

点 A$(a,\ b)$ を中心とする半径 r の円の方程式を求めてみよう。

円周上の任意の点を P$(x,\ y)$ とすると，AP$=r$ であるから

$$\sqrt{(x-a)^2+(y-b)^2}=r \quad \cdots\cdots ①$$

と表される。この両辺を 2 乗すると

$$(x-a)^2+(y-b)^2=r^2 \quad \cdots\cdots ②$$

②の式は，円周上のどの点の座標 $(x,\ y)$ についても成り立つから，これが，A$(a,\ b)$ を中心とする半径 r の円の方程式である。

特に，中心が原点であるときは $x^2+y^2=r^2$ となる。

次に②の式を展開してみよう。

$$x^2+y^2-2ax-2by+a^2+b^2-r^2=0$$

一般に，$x^2+y^2+lx+my+n=0$ $(l^2+m^2-4n>0)$ の形の式を，円の方程式の一般形という。

→ これも知っ得 参照

x，y の 2 次式だけど，
xy の項がないね。
x^2 と y^2 の係数も一致しているね。

ポイント

[円の方程式] **中心が $(a,\ b)$，半径が r の円** $(x-a)^2+(y-b)^2=r^2$

特に，**中心が原点，半径が r の円** $x^2+y^2=r^2$

[円の方程式の一般形] $x^2+y^2+lx+my+n=0$ $(l^2+m^2-4n>0)$

これも知っ得 一般形の変形

$(x-a)^2+(y-b)^2=r^2$ の形を円の方程式の標準形という。

$x^2+y^2+lx+my+n=0$ を標準形に直そう。

$$x^2+lx+y^2+my=-n$$

$$x^2+lx+\left(\frac{l}{2}\right)^2+y^2+my+\left(\frac{m}{2}\right)^2$$
$$=\left(\frac{l}{2}\right)^2+\left(\frac{m}{2}\right)^2-n$$

よって $\left(x+\frac{l}{2}\right)^2+\left(y+\frac{m}{2}\right)^2=\frac{l^2+m^2-4n}{4}$

これが円を表すとき，右辺は半径の 2 乗だから，正になる。つまり，

$l^2+m^2-4n>0$ が円になるための条件。

ところで，$l^2+m^2-4n=0$ のとき

$$x=-\frac{l}{2},\ y=-\frac{m}{2}$$

つまり，点 $\left(-\frac{l}{2},\ -\frac{m}{2}\right)$ を表す。

これを点円と呼ぶことがある。

$l^2+m^2-4n<0$ のとき，図形を表さないが，これを虚円（きょえん）と呼ぶことがある。

基本例題 68

円の方程式

2点 A(0, 1), B(2, 3) を直径の両端とする円がある。この円の方程式を求めよ。

テストに出るぞ！

ねらい
中心の座標，半径をもとに，円の方程式を求めること。

解法ルール 1 中心の座標，半径を求める。中心は線分 AB の中点。

2 **中心 $(a,\ b)$，半径 r** の円の方程式は

$$(x-a)^2+(y-b)^2=r^2$$

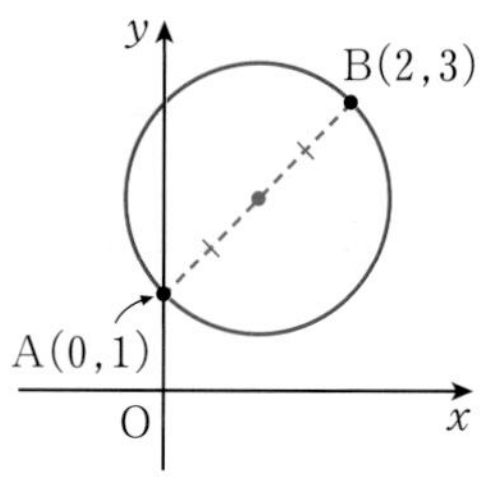

解答例 中心は線分 AB の中点だから，中心の座標は　(1, 2)

半径 $=\dfrac{1}{2}\text{AB}=\dfrac{1}{2}\sqrt{2^2+(3-1)^2}=\sqrt{2}$

よって，円の方程式は　$(x-1)^2+(y-2)^2=2$　…答

類題 68 次の円の方程式を求めよ。

(1) 中心が (1, 2)，半径3の円　(2) 2点 (1, 2)，(3, −2) を直径の両端とする円

(3) 中心が (1, 2) で点 (2, −1) を通る円

(4) 中心が $(-2,\ -\sqrt{3})$ で y 軸に接する円　(5)中心が $(\sqrt{3},\ 2)$ で x 軸に接する円

基本例題 69

円の方程式の一般形(1)

円 $x^2+y^2-2x-6y+5=0$　……①について，

(1) この円の中心の座標と半径を求めよ。

(2) 円①を原点に関して対称移動した円の方程式を求めよ。

(3) 円①を x 軸方向に5，y 軸方向に3平行移動した円の方程式を求めよ。

テストに出るぞ！

ねらい
一般形から，中心の座標，半径を求めること。
移動した円の方程式を求めること。

解法ルール 1 ①を $(x-a)^2+(y-b)^2=r^2$ の形に変形する。

2 対称移動・平行移動しても**中心の位置が変わるだけ**。

x，y それぞれについて平方完成。
両辺に同じものを加えても等式は成り立つよ。

(1)　$x^2-2x+y^2-6y=-5$　$x^2-2x+1+y^2-6y+9=1+9-5$

よって　$(x-1)^2+(y-3)^2=5$　答 **中心 (1, 3)，半径 $\sqrt{5}$**

(2)　点 (1, 3) の原点に関する対称点は　(−1, −3)

半径は変わらないから　$(x+1)^2+(y+3)^2=5$　…答

(3)　点 (1, 3) を x 軸方向に5，y 軸方向に3平行移動すると　(6, 6)

半径は変わらないから　$(x-6)^2+(y-6)^2=5$　…答

類題 69 c が定数のとき，方程式 $x^2+y^2-2x-4y+8+c=0$ は円を表し，中心は (□, □) である。この円が点 (2, 1) を通るとき，$c=$□ であり，半径は□である。

基本例題 70　円の方程式の一般形(2)

円 $x^2+y^2+lx+my+n=0$ が，原点と点 A(8, 6), B(−3, 4) を通るとき，次の問いに答えよ。

(1) l, m, n の値を求めよ。

(2) 円の中心の座標と半径を求めよ。

ねらい
3点を通ることより，円の方程式を求める。また，円の中心の座標，半径を求めること。

解法ルール
1 **円周上の点 $\Longleftrightarrow$ 円の方程式を満たす**
3点の座標をそれぞれ代入して，連立方程式を解く。
2 中心の座標，半径は，$(x-a)^2+(y-b)^2=r^2$ から求める。

解答例
(1) 円は原点 O(0, 0), A(8, 6), B(−3, 4) を通るから，
(0, 0) を代入して　$n=0$　……①
(8, 6) を代入して　$64+36+8l+6m+n=0$　……②
(−3, 4) を代入して　$9+16-3l+4m+n=0$　……③
①を②，③に代入して整理すると

$$\begin{cases} 4l+3m=-50 \\ 3l-4m=25 \end{cases}$$

これを解くと　$\begin{cases} l=-5 \\ m=-10 \end{cases}$

答　$l=-5$, $m=-10$, $n=0$

← 3点を通る円の方程式を求める場合，$(x-a)^2+(y-b)^2=r^2$ に3点の座標を代入すると複雑になる。標準形を使うか，一般形を使うかの使い分けが大切である。

(2) 円の方程式は　$x^2+y^2-5x-10y=0$

$$x^2-5x+\left(\frac{5}{2}\right)^2+y^2-10y+5^2=\left(\frac{5}{2}\right)^2+5^2$$

よって　$\left(x-\frac{5}{2}\right)^2+(y-5)^2=\left(\frac{5\sqrt{5}}{2}\right)^2$

答　中心 $\left(\frac{5}{2}, 5\right)$, 半径 $\frac{5\sqrt{5}}{2}$

半径 $\frac{125}{4}$ ではない。右辺は(半径)^2

求めた円は △OAB の外接円で，中心 $\left(\frac{5}{2}, 5\right)$ は外心。

標準形か？一般形か？
条件が与えられて円の方程式を求めるとき，方程式として**標準形を用いるか，一般形を用いるか**が問題になる。本問は一般形を用いる代表的なタイプである。
中心の座標や半径，座標軸に接するなどの条件があるときは標準形を用いる。

類題 70-1 平面上の3点 A(1, 2), B(2, 3), C(5, 3) を3頂点とする △ABC の外接円の方程式を求めよ。

類題 70-2 方程式 $x^2+y^2-ax+4y+3+a^2=0$ が y 軸に接する円を表すとき，
(1) a の値を求めよ。
(2) 円の中心の座標と半径を求めよ。

6 円と直線

● 円と直線の共有点

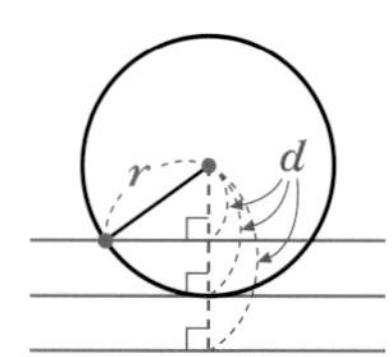

円と直線の位置関係は，**異なる2点で交わる**，**接する**，**共有点をもたないの3つの場合があり**，円の中心から直線までの距離 d と半径 r との大小関係と対応させられる。

また，円と直線の方程式から y を消去すると，x についての2次方程式が得られるが，この方程式の解の条件，つまり**判別式**と対応させられる。

異なる2点で交わる（共有点2個）$\Longleftrightarrow d<r \Longleftrightarrow D>0$

接する　　　　　（共有点1個）$\Longleftrightarrow d=r \Longleftrightarrow D=0$

共有点をもたない　　　　　$\Longleftrightarrow d>r \Longleftrightarrow D<0$

⬅ 2次方程式 $ax^2+bx+c=0$（a，b，c は実数）で，b^2-4ac をこの2次方程式の判別式といい，D で表す。

基本例題 71　　円と直線の位置関係

円 $x^2+y^2=16$ と直線 $y=-\dfrac{3}{4}x+n$ との共有点の個数は，n が変化するときどのように変わるか。

ねらい
円と直線の共有点の個数を調べること。円の中心から直線までの距離と半径を比較する。

1 直線 $y=-\dfrac{3}{4}x+n$ は，n が変化すると平行移動する。

2 円の中心から直線までの距離を求め，半径と比較する。

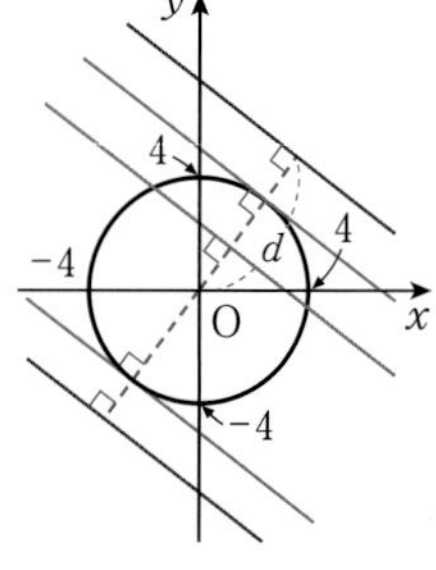

$y=-\dfrac{3}{4}x+n$ より　$3x+4y-4n=0$

円 $x^2+y^2=4^2$ の中心は原点 $(0,\ 0)$ だから，円の中心から直線までの距離 d は　$d=\dfrac{|-4n|}{\sqrt{3^2+4^2}}=\dfrac{4|n|}{5}$

円の半径は4だから

$\dfrac{4|n|}{5}<4 \Longleftrightarrow |n|<5$ より，**$-5<n<5$ のとき共有点は2個**

$\dfrac{4|n|}{5}=4 \Longleftrightarrow |n|=5$ より，**$n=-5$，5 のとき共有点は1個**

$\dfrac{4|n|}{5}>4 \Longleftrightarrow |n|>5$ より，**$n<-5$，$5<n$ のとき共有点はない**

…答

類題 71　直線 $y=3x+k$ と円 $x^2+y^2=25$ が異なる2点で交わるような k の値の範囲を求めよ。

基本例題 72 円と直線の交点・接点

円 $x^2+y^2=25$ と直線 $y=x+n$ がある。

(1) $n=1$ であるとき，円と直線は交わることを確かめ，交点の座標を求めよ。

(2) 円と直線が接するのは，n がどんな値をとるときか。また，接点の座標を求めよ。

ねらい
円と直線の交点の座標を求めること。
円と直線が接するための条件と接点の座標を求めること。

解法ルール 1 y を消去して得られる x についての2次方程式の実数解は，交点・接点の x 座標を表す。

2 **円と直線が接するための条件 $\Longleftrightarrow$ $D=0$**

← 位置関係だけのときは，円の中心から直線までの距離と半径の大小を比較するのが楽である。
交点や接点の座標を求めるときは，円と直線の方程式を連立方程式とみて解く必要がある。

解答例 (1) $y=x+n$ を $x^2+y^2=25$ に代入すると

$x^2+(x+n)^2-25=0$

よって　$2x^2+2nx+n^2-25=0$　……①

判別式を D とすると　$\dfrac{D}{4}=n^2-2(n^2-25)=-n^2+50$ ……②

$n=1$ のとき　$\dfrac{D}{4}=-1^2+50=49>0$ だから交わる。

このとき，①は　$2x^2+2x-24=0$　　$x^2+x-12=0$

よって　$x=3,\ -4$

$y=x+1$ に代入して，$x=3$ のとき　$y=4$

$x=-4$ のとき　$y=-3$

よって，交点の座標は　**$(3,\ 4),\ (-4,\ -3)$**　…答

(2) 円と直線が接するための条件は　判別式 $D=0$

ゆえに，②より　$-n^2+50=0$

よって　**$n=\pm5\sqrt{2}$**　…答

$n=\pm5\sqrt{2}$ のとき，①の重解は

$x=-\dfrac{2n}{2\cdot2}=-\dfrac{n}{2}=\mp\dfrac{5\sqrt{2}}{2}$

$y=x\pm5\sqrt{2}=\mp\dfrac{5\sqrt{2}}{2}\pm5\sqrt{2}=\pm\dfrac{5\sqrt{2}}{2}$

よって，接点の座標は

$\left(-\dfrac{5\sqrt{2}}{2},\ \dfrac{5\sqrt{2}}{2}\right),\ \left(\dfrac{5\sqrt{2}}{2},\ -\dfrac{5\sqrt{2}}{2}\right)$　…答

複号の計算は1つずつしよう。

2つの接点は原点について点対称である。

← $ax^2+bx+c=0$ $(a\neq0)$ の重解は **$x=-\dfrac{b}{2a}$**

← $y=x+n$ に $n=\pm5\sqrt{2}$，$x=\mp\dfrac{5\sqrt{2}}{2}$ を代入した。

類題 72 円 $x^2+y^2=5$ について次の問いに答えよ。

(1) 直線 $y=x+1$ との交点の座標を求めよ。

(2) 直線 $2x-y=k$ と異なる2点で交わるための k の値の範囲を求めよ。

(3) 直線 $2x-y=k$ と接する場合の k の値と接点の座標を求めよ。

● 円の接線の方程式

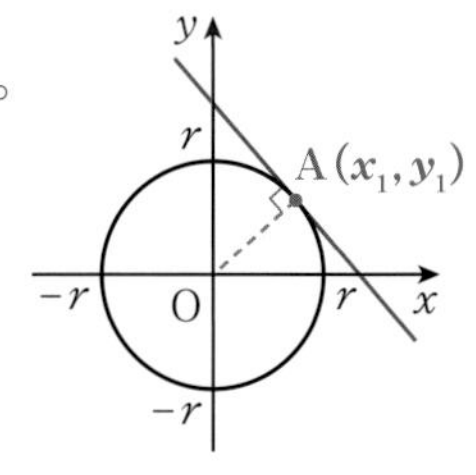

円 $x^2+y^2=r^2$ 上の点 A$(x_1,\ y_1)$ における接線の方程式を求めよう。
接線は半径 OA に垂直であるから，A が座標軸上にないとき，

直線 OA の傾き　$\dfrac{y_1}{x_1}$

したがって，接線の傾き　$-\dfrac{x_1}{y_1}$

よって，接線の方程式は　$y-y_1=-\dfrac{x_1}{y_1}(x-x_1)$

これを変形すると　$x_1x+y_1y=x_1{}^2+y_1{}^2$

A$(x_1,\ y_1)$ は円上の点だから　$x_1{}^2+y_1{}^2=r^2$

したがって，**接線の方程式は**　$\boldsymbol{x_1x+y_1y=r^2}$

A が座標軸上にあるときも，接線はこの形で表される。

A が座標軸上にある場合は
$x_1=0$ のとき $y_1=\pm r$　接線は $y=\pm r$
$y_1=0$ のとき $x_1=\pm r$　接線は $x=\pm r$

ポイント　[円の接線の方程式]

円 $x^2+y^2=r^2$ 上の点 $(x_1,\ y_1)$ における接線の方程式は

$\boldsymbol{x_1x+y_1y=r^2}$

覚え得

基本例題 73　接線の方程式(1)

円 $x^2+y^2=25$ がある。

(1) 円周上の点 $(2,\ \sqrt{21})$ における接線の方程式を求めよ。

(2) 円周上の点 $(5,\ 0)$ における接線の方程式を求めよ。

テストに出るぞ！

ねらい
円周上の点における接線の方程式を求めること。

円 $x^2+y^2=r^2$ 上の点 $(x_1,\ y_1)$ における接線の方程式は

$\boldsymbol{x_1x+y_1y=r^2}$

解答例　(1)　点 $(2,\ \sqrt{21})$ における接線だから，公式を使って

$\boldsymbol{2x+\sqrt{21}y=25}$　…答

(2)　点 $(5,\ 0)$ における接線だから，公式を使って

$5x+0\cdot y=25$　　よって　$\boldsymbol{x=5}$　…答

接点が座標軸上にあるときでも公式を使えるから，安心だよ。

類題 73　円 $x^2+y^2=1$ がある。

(1) 円周上の点 $\left(\dfrac{1}{2},\ -\dfrac{\sqrt{3}}{2}\right)$ における接線の方程式を求めよ。

(2) 円周上の点 $(0,\ 1)$ における接線の方程式を求めよ。

基本例題 74　接線の方程式(2)

点 (4, 2) から円 $x^2+y^2=4$ に引いた接線の方程式を求めよ。

ねらい
円外の点からの，接線の方程式を求めること。

解法ルール [解法 1] 公式 $x_1x+y_1y=r^2$ を利用する。

[解法 2] 円の中心から点 (4, 2) を通る直線までの距離が，半径に等しいことを利用する。

[解法 3] 円の方程式と点 (4, 2) を通る直線の方程式の連立方程式が重解をもつことを利用する。

接線を求めるだけなら[解法 1]か[解法 2]が便利。接点も求めるなら，[解法 1]。

解答例 [解法 1]

接点を $(x_1,\ y_1)$ とおくと，この点は円周上にあるから

$x_1{}^2+y_1{}^2=4$ ……①

接線の方程式は $x_1x+y_1y=4$ で，これが点 (4, 2) を通るから

$4x_1+2y_1=4$ ……②

①，②より　$(x_1,\ y_1)=(0,\ 2),\ \left(\dfrac{8}{5},\ -\dfrac{6}{5}\right)$

← ②より
$y_1=-2x_1+2$
①に代入して
$x_1{}^2+(-2x_1+2)^2=4$
$5x_1{}^2-8x_1=0$
$x_1(5x_1-8)=0$
$x_1=0,\ \dfrac{8}{5}$

よって，

接点が (0, 2) のとき

$0\cdot x+2y=4$ より　$\boldsymbol{y=2}$ …答

接点が $\left(\dfrac{8}{5},\ -\dfrac{6}{5}\right)$ のとき

$\dfrac{8}{5}x-\dfrac{6}{5}y=4$ より　$\boldsymbol{4x-3y=10}$ …答

[解法 2]

点 (4, 2) を通る，傾きが m の直線の方程式は　$y-2=m(x-4)$

よって　$mx-y-(4m-2)=0$ ……③

中心 (0, 0) から③までの距離は半径に等しいから

$\dfrac{|-(4m-2)|}{\sqrt{m^2+1}}=2$　　これより　$m=0,\ \dfrac{4}{3}$

← $|-(4m-2)|=2\sqrt{m^2+1}$
$\cancel{2}|-2m+1|=\cancel{2}\sqrt{m^2+1}$
両辺を 2 乗して
$4m^2-4m+1=m^2+1$
$3m^2-4m=0$
$m(3m-4)=0$
$m=0,\ \dfrac{4}{3}$

よって，$y-2=0$ より　$\boldsymbol{y=2}$　← $m=0$ のとき

$y-2=\dfrac{4}{3}(x-4)$ より　$\boldsymbol{y=\dfrac{4}{3}x-\dfrac{10}{3}}$　← $m=\dfrac{4}{3}$ のとき

[解法 3]

$\begin{cases} x^2+y^2=4 & \text{←円の方程式} \\ y=mx-(4m-2) & \text{←求める接線の方程式（解法 2 の③より）} \end{cases}$

これより　$x^2+\{mx-(4m-2)\}^2=4$

整理して　$(m^2+1)x^2-2m(4m-2)x+(4m-2)^2-4=0$

これが重解をもつから　$m^2(4m-2)^2-(m^2+1)\{(4m-2)^2-4\}=0$

$(4m-2)^2\{m^2-(m^2+1)\}+4(m^2+1)=0$　　$(2m-1)^2-(m^2+1)=0$

$m(3m-4)=0$　　　$m=0,\ \dfrac{4}{3}$　（以下［解法 2］と同じ）

類題 74 点 (1, 2) から円 $x^2+y^2=1$ に引いた接線の方程式と接点の座標を求めよ。

応用例題 75

弦の長さ

円 $x^2+y^2=4$ がある。

(1) 直線 $y=2x+k$ がこの円と交わって，切り取られる弦の長さが 2 であるという。k の値を求めよ。

(2) 円外の点 A(2, 3) を通るこの円の接線を引き，接点を P，Q とする。P，Q の座標と弦 PQ の長さを求めよ。

ねらい
弦の長さなどを求めること。図形の方程式だけにたよらず，図形の性質なども上手に使おう。

1 円の中心から弦に引いた垂線は弦を 2 等分する。

2 **接点の座標を $(x_1,\ y_1)$** とすると，**接線の方程式**は

$$x_1x+y_1y=4$$

解答例 (1) 右の図のように，交点を A，B とすると　AB=2

O から直線に下ろした垂線と直線の交点を H とすると，H は線分 AB を 2 等分するから　AH=1

三平方の定理により　$OH=\sqrt{2^2-1^2}=\sqrt{3}$

一方，$y=2x+k$ は $2x-y+k=0$ だから

$$OH=\frac{|k|}{\sqrt{2^2+(-1)^2}}=\frac{|k|}{\sqrt{5}}$$

ゆえに　$\dfrac{|k|}{\sqrt{5}}=\sqrt{3}$

よって　$|k|=\sqrt{15}$

すなわち　$\boldsymbol{k=\pm\sqrt{15}}$　…答

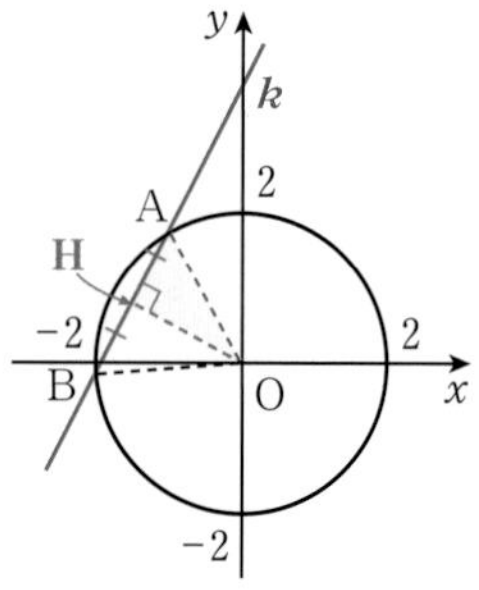

(2) 接点の座標を $(x_1,\ y_1)$ とすると

接線の方程式は　$x_1x+y_1y=4$　……①

接線は A(2, 3) を通るから　$2x_1+3y_1=4$　……②

接点 $(x_1,\ y_1)$ は円周上の点だから　$x_1{}^2+y_1{}^2=4$　……③

②，③を解くと

$$x_1=2,\ y_1=0\ ;\ x_1=-\frac{10}{13},\ y_1=\frac{24}{13}$$

よって，**接点 P，Q の座標は** $\boldsymbol{\left(-\frac{10}{13},\ \frac{24}{13}\right)}$，**(2, 0)**　…答

弦 PQ$=\sqrt{\left(2+\frac{10}{13}\right)^2+\left(-\frac{24}{13}\right)^2}=\boldsymbol{\frac{12\sqrt{13}}{13}}$　…答

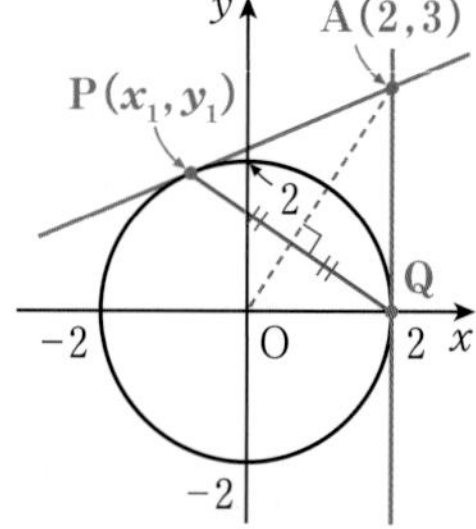

⬅ (2)は，図をかくと上のようになり，1つの接線は y 軸に平行。PQ の長さだけなら，Q(2, 0) から直線 OA に引いた垂線の長さの 2 倍として求められる。

類題 75 直線 $y=mx-m$ と円 $x^2+y^2=1$ が 2 点 P，Q で交わり，線分 PQ の長さが $\sqrt{2}$ であるとき，m の値を求めよ。

応用例題 76

2円の位置関係・接線

2円 $x^2+y^2=9$ ……① $x^2+y^2-10x+k=0$ ……② について，

(1) 2円が共有点をもつような k の値の範囲を求めよ。

(2) 2円が交わって，かつその交点での接線が互いに直交するのは，k の値がいくらのときか。

ねらい

2円が共有点をもつ条件や接線が直交する条件を求めること。

解法ルール (1) **2円の半径を r_1，r_2，中心間の距離を d とすると**

2円が共有点をもつ $\Longleftrightarrow |r_1-r_2| \leqq d \leqq r_1+r_2$

特に，$d=r_1+r_2$ のとき，**2円は外接**する。

$d=|r_1-r_2|$ のとき，**2円は内接**する。

(2) 円の接線と接点を通る半径は直交する。

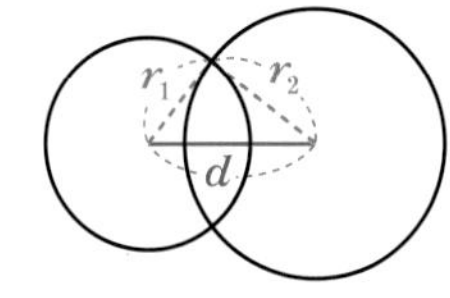

解答例 (1) 円①の中心は原点，

半径は 3

円②は

$(x-5)^2+y^2=25-k$

中心は (5, 0)，

半径は $\sqrt{25-k}$ ($k<25$)

よって，中心間の距離は 5

内接するとき，円②の半径は円①の半径より大だから，

2円が共有点をもつ条件は

$\sqrt{25-k}-3 \leqq 5 \leqq \sqrt{25-k}+3$

したがって $2 \leqq \sqrt{25-k} \leqq 8$

各辺は正だから，平方すると $4 \leqq 25-k \leqq 64$

よって **$-39 \leqq k \leqq 21$** …答

$|\sqrt{25-k}-3|$
$=\sqrt{25-k}-3$

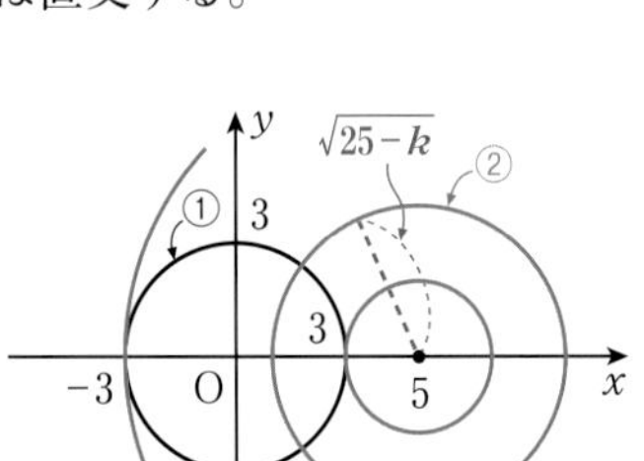

[2円の位置関係]

(i) **2円が互いに外に**あって**共有点をもたない**

$\Longleftrightarrow d>r_1+r_2$

(ii) **2円が外接**する

$\Longleftrightarrow d=r_1+r_2$

(iii) **2円が交わる** $\Longleftrightarrow$

$|r_1-r_2|<d<r_1+r_2$

(iv) **2円が内接**する

$\Longleftrightarrow d=|r_1-r_2|$

(v) **一方が他方に含まれ，共有点をもたない**

$\Longleftrightarrow d<|r_1-r_2|$

(2) 円の接線と接点を通る半径は直交するから，交点での接線が直交するのは，交点を通る半径が直交するとき。

よって，三平方の定理により

$(\sqrt{25-k})^2+3^2=5^2$ ゆえに $25-k+9=25$

よって **$k=9$** …答

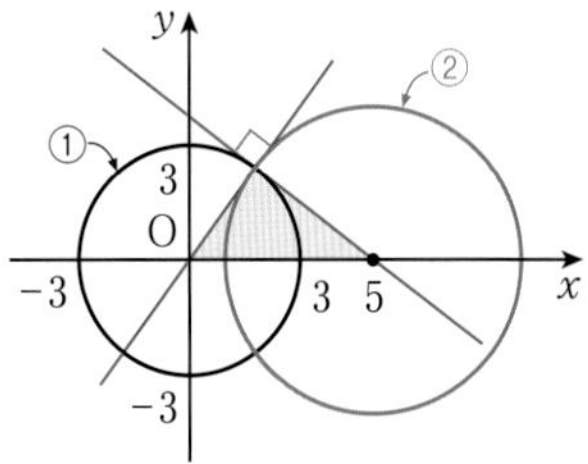

類題 76 円O：$x^2+y^2=9$ と，円O′：$x^2+y^2-2ax+4ay=0$ がある。ただし，$a>0$ とする。

(1) 円O′が円Oに含まれるとき，a の値の範囲を求めよ。

(2) 2円が内接するときの a の値と，接点の座標を求めよ。

応用例題 77　2円の交点，交点を通る直線・円

円 $x^2+y^2=25$ ……①　$x^2+y^2-4x-4y+3=0$ ……②について，

(1) 2円の交点の座標を求めよ。

(2) 2円の交点を通る直線（共通弦）の方程式を求めよ。

(3) 2円の交点と点 $(-1,\ 0)$ を通る円の方程式を求めよ。

ねらい
2円の交点を求めること。2円の交点を通る直線や円の方程式を求めること。

解法ルール (1) **2円の交点の座標 $\Longleftrightarrow$ 2円の方程式を連立させた解**

(2) 2つの交点を通る直線を求めればよい。なお，

$$\boldsymbol{x^2+y^2-25+k(x^2+y^2-4x-4y+3)=0} \quad \cdots\cdots Ⓐ$$

で，$\boldsymbol{k=-1}$ のとき，**交点を通る直線**を表す。
└─ Ⓐが x，y の1次方程式となるから。

(3) Ⓐで $\boldsymbol{k \neq -1}$ のとき，**交点を通る円**を表す。

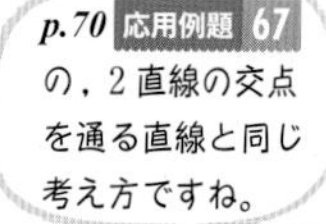

p.70 応用例題 67
の，2直線の交点
を通る直線と同じ
考え方ですね。

解答例 (1) ①−②より　$4x+4y=28$

よって　$y=-x+7$ ……③

③を①に代入すると　$x^2+(-x+7)^2=25$

ゆえに　$x^2-7x+12=0$　　よって　$x=3,\ 4$

③に代入して　$x=3$ のとき　$y=4$，$x=4$ のとき　$y=3$

よって，交点の座標は　**(3, 4)，(4, 3)**　…答

$$\begin{array}{rl} & x^2+y^2 \qquad\qquad\quad = 25 \cdots\cdots ① \\ -) & x^2+y^2-4x-4y=-3 \cdots\cdots ②' \\ \hline & \qquad\quad 4x+4y=\ 28 \end{array}$$

①−②で x，y の1次式が得られる。

(2) 交点の座標が (3, 4)，(4, 3) だから

交点を通る直線の方程式は　$y-4=\dfrac{3-4}{4-3}(x-3)$

よって　$\boldsymbol{y=-x+7}$　…答

（別解）

これは，上の③と一致し，2式①，②から x^2，y^2 を消去して得られる。つまり，$x^2+y^2-25+k(x^2+y^2-4x-4y+3)=0$ で $k=-1$ とすればよい。

(3) $x^2+y^2-25+k(x^2+y^2-4x-4y+3)=0$ で，$k \neq -1$ のとき，この方程式は円①と②の交点を通る円を表す。

点 $(-1,\ 0)$ を通るから，$x=-1$，$y=0$ を代入して

$1-25+k(1+4+3)=0$　　よって　$k=3$

$k=3$ のとき　$x^2+y^2-25+3(x^2+y^2-4x-4y+3)=0$

よって　$\boldsymbol{x^2+y^2-3x-3y-4=0}$　…答

← 円の方程式を $x^2+y^2+lx+my+n=0$ とおき，3点の座標を代入して，l，m，n を求めてもよい。

類題 77　2つの円 $x^2+y^2-4x+2=0$ と $x^2+y^2+2y-12=0$ について

(1) 2円の交点の座標を求めよ。

(2) 2円の交点を通る直線の方程式を求めよ。

(3) 2円の交点と原点を通る円の中心の座標と半径を求めよ。

3節 軌跡と領域

7 軌　跡

ある条件を満たす点全体の集合を，その条件を満たす点の**軌跡**（きせき）という。
ここでは，座標を用いて軌跡を求める方法を学習しよう。

2 点 A(2,2)，B(5,1) から等距離にある点 P の軌跡は求められるかな？
A(2,2)
B(5,1)
y
O
x
そんなの簡単！はい，点の集合はごらんのとおり。
点をたくさんとると軌跡は直線になるみたい・・・
軌跡が直線になることを示すには，その方程式を求めて直線になることを示せばいいんだよ !!
方程式？ x も y もないのにどうして方程式がつくれるんですか？
?
これが座標を用いて軌跡を求める方法だよ！！
y
P(x,y)
A(2,2)
B(5,1)
O
x
軌跡の求め方
① 点 P の座標を (x,y) とおき，条件を x，y の式で表す。
② x,y の満たす方程式が，どんな図形を表すかを調べる。

基本例題 78 距離の比が一定な点の軌跡

2 点 A(0, 0), B(6, 0) からの距離の比が $m:n$ である点 P の軌跡を，次の各場合について求めよ。

テストに出るぞ！

(1) $m:n=1:1$　　(2) $m:n=2:1$

ねらい
2 定点からの距離の比が一定な点の軌跡を求めること。

解法ルール **1 点 P の座標を (x, y) とおき，条件を x，y の式で表す。**
2 x，y の満たす方程式がどんな図形を表すかを調べる。

解答例 (1) AP : BP = 1 : 1 であるから　AP = BP

P(x, y) とおくと

AP$=\sqrt{x^2+y^2}$

BP$=\sqrt{(x-6)^2+y^2}$

よって　$\sqrt{x^2+y^2}=\sqrt{(x-6)^2+y^2}$

両辺を 2 乗すると　$x^2+y^2=(x-6)^2+y^2$

よって　$x=3$

これは x 軸に垂直な直線を表す。

よって，**軌跡は線分 AB の垂直二等分線 $x=3$** …答

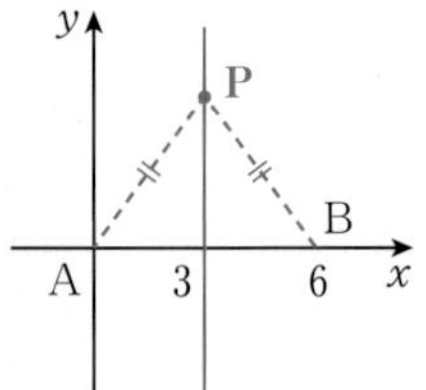

(2) AP : BP = 2 : 1 であるから

AP = 2BP

よって　$\sqrt{x^2+y^2}=2\sqrt{(x-6)^2+y^2}$

両辺を 2 乗すると　$x^2+y^2=4\{(x-6)^2+y^2\}$

$3x^2+3y^2-48x+144=0$

$x^2+y^2-16x+48=0$

よって　$(x-8)^2+y^2=4^2$

よって，**軌跡は中心 (8, 0)，半径 4 の円。** …答

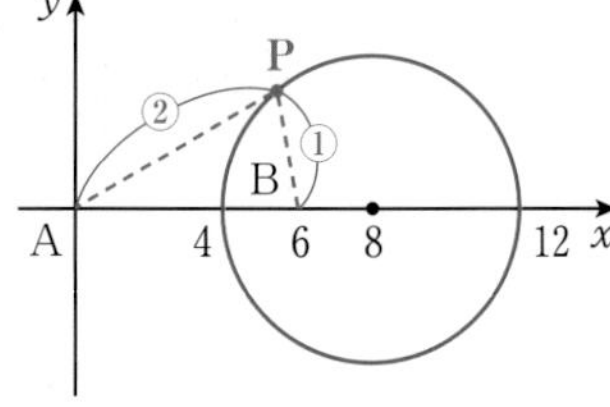

アポロニウスの円

一般に，**2 定点 A，B からの距離の比が $m:n$ である点の軌跡は**

$m \neq n$ ならば円　　$m=n$ ならば直線

になる。この円をアポロニウスの円というよ。上の図からわかるように，この円は線分 AB を $m:n$ に内分する点と，$m:n$ に外分する点を直径の両端とする円なんだ。

類題 78-1 2 点 A$(-1, -1)$，B(5, 2) からの距離の比が 1 : 2 である点 P の軌跡を求めよ。

類題 78-2 2 点 A$(-3, 2)$，B$(1, -3)$ がある。$\text{AP}^2-\text{BP}^2=7$ を満たす点 P の軌跡を求めよ。

基本例題 79　動点につれて動く点の軌跡

2点 A(2, 0), B(2, −2) と円 $x^2+y^2=1$ が与えられている。点 P がこの円周上を動くとき，△ABP の重心 G の軌跡を求めよ。

ねらい
動点につれて動く点の軌跡を求めること。動点が動く図形の方程式を利用する。軌跡を求める点を $(x,\ y)$ で表す。

1 点 P が円 $x^2+y^2=1$ 上を動く
　　$\Longleftrightarrow$ **P$(s,\ t)$ は $s^2+t^2=1$ を満たす**

2 点 G の軌跡の方程式：**G$(x,\ y)$** とおく。x, y の方程式が求める**軌跡の方程式**である。

解答例　点 P$(s,\ t)$ が円 $x^2+y^2=1$ 上を動くから，
$s^2+t^2=1$　……①を満たす。
△ABP の重心 G の座標を $(x,\ y)$ とすると，
A(2, 0), B(2, −2), P$(s,\ t)$ だから

$$x=\frac{2+2+s}{3}=\frac{s+4}{3},\quad y=\frac{0-2+t}{3}=\frac{t-2}{3}$$

よって　$s=3x-4$, $t=3y+2$
これらを①に代入して

$$(3x-4)^2+(3y+2)^2=1$$

$$9\left(x-\frac{4}{3}\right)^2+9\left(y+\frac{2}{3}\right)^2=1$$

$$\left(x-\frac{4}{3}\right)^2+\left(y+\frac{2}{3}\right)^2=\left(\frac{1}{3}\right)^2$$

よって，**中心 $\left(\frac{4}{3},\ -\frac{2}{3}\right)$，半径 $\frac{1}{3}$ の円。**　…答

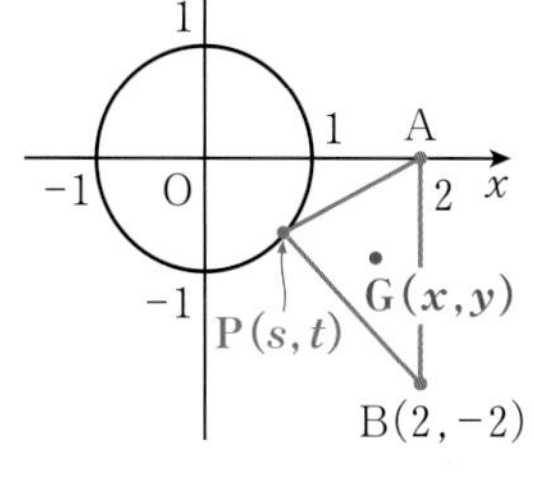

s, t は $s^2+t^2=1$ を満たすことを使うための変形。

軌跡の問題では，図形の式が求められてもそこで終わらずに，図形の形状が特定できる形にして答えるんだよ。

三角形の重心は中線を 2：1 に内分する点であるから，線分 AB の中点を C(定点)とすると，重心 G の軌跡は，PC を 2：1 に内分する点の軌跡になる。

一般に，中心を O とする円周上の点を P，定点を C とするとき，**線分 PC を $m:n$ に内分する点の軌跡は，線分 OC を $m:n$ に内分する点を中心とする円になる。**

類題 79-1　円 $x^2+y^2=4$ と点 P(3, 0) があって，点 Q がこの円周上を動くとき，線分 PQ の中点 R の軌跡を求めよ。

類題 79-2　点 P(−1, −3) と曲線 $y=x^2-4x+3$ 上を動く点 Q とを結ぶ線分 PQ を 2：1 に内分する点 R の軌跡の方程式を求めよ。

応用例題 80　係数の変化につれて動く点の軌跡

実数 m が次の(1)，(2)の範囲で変化するとき，放物線 $y=x^2-2mx+4m$ の頂点の軌跡を求めよ。

(1) すべての実数値　　(2) $0 \leqq m \leqq 3$

ねらい
実数の係数が変化するとき，放物線の頂点の軌跡の方程式を求めること。

解法ルール

1 放物線 $y=x^2-2mx+4m$ の頂点は　$(m,\ -m^2+4m)$
ここで，m が 0，1，2，…と変化すると，
頂点は $(0,\ 0)$，$(1,\ 3)$，$(2,\ 4)$，…と変化する。
これらの点の軌跡を求めるのが問題。

2 頂点の座標を $(x,\ y)$ とすると　$x=m$，$y=-m^2+4m$
ここから **m を消去**する。

3 m が $0 \leqq m \leqq 3$ のように限定された範囲のときは，
その範囲を x や y の範囲でとらえる。

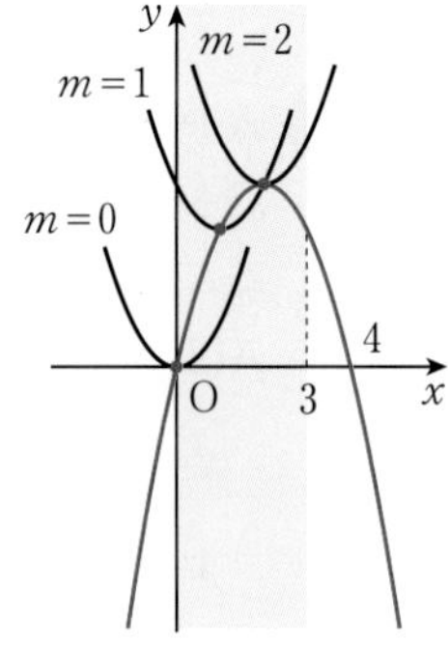

解答例

(1) $y=x^2-2mx+4m=(x-m)^2-m^2+4m$
よって，この放物線の頂点は　$(m,\ -m^2+4m)$
頂点の座標を $(x,\ y)$ とすると

$$x=m,\ y=-m^2+4m$$

m はすべての実数値をとるから，
$m=x$ を $y=-m^2+4m$ に代入して，m を消去すると

$$y=-x^2+4x$$

よって，頂点の軌跡は　**放物線 $y=-x^2+4x$**　…答

(2) $0 \leqq m \leqq 3$ のとき $x=m$ であるから

$$0 \leqq x \leqq 3$$

つまり，この場合，(1)で求めた放物線の x の変域が $0 \leqq x \leqq 3$ である。

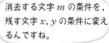

答　**放物線 $y=-x^2+4x$ $(0 \leqq x \leqq 3)$**

上では，$x=m$，$y=-m^2+4m$ のように，変数 x，y が別の変数 m で表されている。この **m のような変数をパラメータ**という。また，m で表された x，y の式は，図形を表す x，y の方程式と同じであるから，これを**方程式のパラメータ表示**という。

類題 80-1 実数 a が $0 \leqq a \leqq 1$ の範囲で変化するとき，放物線 $y=x^2-2ax+2a^2-2a$ の頂点の軌跡の方程式を求め，図示せよ。

類題 80-2 2直線 $y=tx$，$y=(t+1)x-t$ がある。t がすべての実数値をとって変化するとき，2直線の交点Pの軌跡を求めよ。

8 不等式と領域

不等式の表す領域

方程式 $y=mx+b$ を満たす点 $\mathrm{P}(x,\ y)$ の集合は，直線 $y=mx+b$ である。つまり，直線上の x 座標が x である点の y 座標は $mx+b$ になっている。

不等式 $y>mx+b$ を満たす点 $\mathrm{Q}(x,\ y)$ の集合とは，x 座標が x である点の y 座標が $mx+b$ より大，つまり直線 $y=mx+b$ 上の点Pの上方に不等式 $y>mx+b$ を満たすQがあるということを表している。x のどの値に対してもこの関係があるから，点 $\mathrm{Q}(x,\ y)$ の集合を図示すると，直線 $y=mx+b$ の上側になる。このように，**平面上のある広がりをもった範囲**を**領域**という。

同様に，不等式 $y<mx+b$ を満たす点 $\mathrm{R}(x,\ y)$ の集合を図示すると，直線 $y=mx+b$ の下側の領域になる。

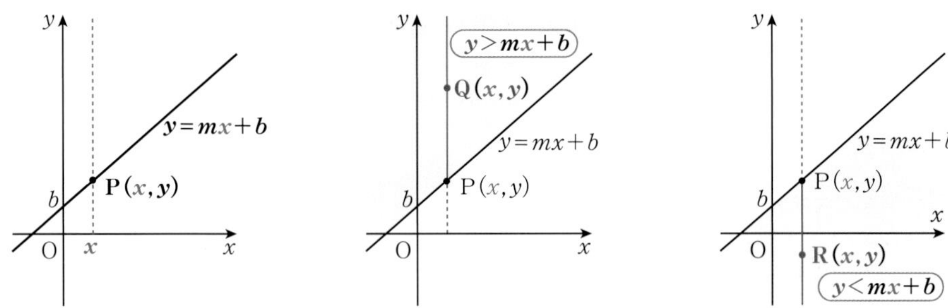

一般に，不等式 $y>f(x)$ の表す領域は，曲線 $y=f(x)$ の上側である。
また，不等式 $y<f(x)$ の表す領域は，曲線 $y=f(x)$ の下側である。

円の内部と外部

方程式 $x^2+y^2=r^2$ を満たす点 $\mathrm{P}(x,\ y)$ の集合は，$\mathrm{OP}=r$ だから原点Oを中心とする半径 r の円(円周)である。

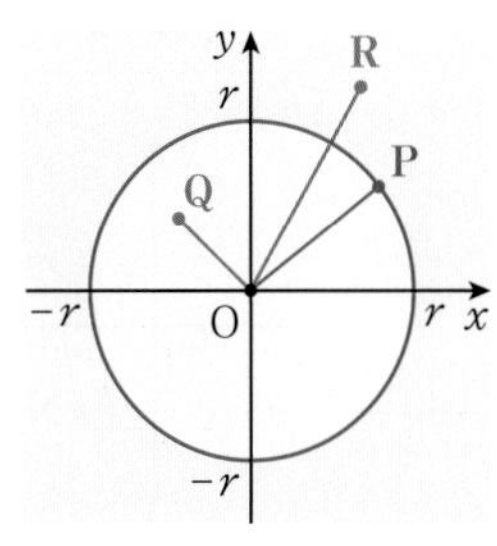

不等式 $x^2+y^2<r^2$ を満たす点 $\mathrm{Q}(x,\ y)$ の集合は，Oからの距離が円の半径 r より小さいということだから，円の内部にある。つまり，不等式 $x^2+y^2<r^2$ の表す領域は円 $x^2+y^2=r^2$ の内部である。同様に，不等式 $x^2+y^2>r^2$ の表す領域は円 $x^2+y^2=r^2$ の外部である。中心が $\mathrm{A}(a,\ b)$ の場合も同様に考えることができる。

ポイント
$y>f(x)$ の表す領域は，**曲線 $y=f(x)$ の上側**
$y<f(x)$ の表す領域は，**曲線 $y=f(x)$ の下側**
$(x-a)^2+(y-b)^2<r^2$ の表す領域は，**円 $(x-a)^2+(y-b)^2=r^2$ の内部**
$(x-a)^2+(y-b)^2>r^2$ の表す領域は，**円 $(x-a)^2+(y-b)^2=r^2$ の外部**

基本例題 81 直線を境界とする領域

次の各不等式の表す領域を図示せよ。

テストに出るぞ！

(1) $y>x-1$　(2) $y\leqq-\frac{1}{2}x+1$

(3) $2x-3y-6>0$　(4) $3x+5y-10\geqq0$　(5) $x>2$

ねらい

x, yの1次不等式の表す領域を図示すること。

解法ルール

1 不等式 $y>f(x)$ の表す領域は，**曲線 $y=f(x)$ の上側**
不等式 $y<f(x)$ の表す領域は，**曲線 $y=f(x)$ の下側**

2 1で判断するために，まず
$y>f(x)$ または $y<f(x)$ の形に変形する。

3 ≧ や ≦ のときは，境界線も含む。

4 $x>a$ の表す領域は，直線 $x=a$ の上側，下側では判断できない。**不等号 $x>a$ を満たす点 $(x,\ y)$ の集合が，直線 $x=a$ のどちら側であるか**を調べよう。((5)の場合)

$x>a$：$x=a$ の右側，$x<a$：$x=a$ の左側

← 境界線は不等号を等号におき換えた直線になる。一般に，境界の直線の上側，下側で判断できる。

← 境界線を含む，含まないの図示のしかたは決まったものでない。答案では，含むか含まないかを文章で明確にしておくこと。

解答例

(1) $y>x-1$ の表す領域は，直線 $y=x-1$ の上側。
境界の直線 $y=x-1$ は含まない。

(2) $y\leqq-\frac{1}{2}x+1$ の表す領域は，直線 $y=-\frac{1}{2}x+1$ の下側。
境界の直線 $y=-\frac{1}{2}x+1$ も含まれる。

← わかりにくい場合は原点 $(0,\ 0)$ を代入して調べてもよい。

(3) $2x-3y-6>0$　$-3y>-2x+6$　よって　$y<\frac{2}{3}x-2$

(4) $3x+5y-10\geqq0$　$5y\geqq-3x+10$　よって　$y\geqq-\frac{3}{5}x+2$

(5) x座標が2より大きい点はすべて $x>2$ を満たす。
$x>2$ の表す領域は直線 $x=2$ の右側。境界線は含まない。

たとえば，点 $(3,\ 3)$ は $3>2$ で不等式 $x>2$ を満たす。だから点 $(3,\ 3)$ のある側という考え方もできる。

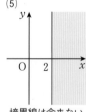

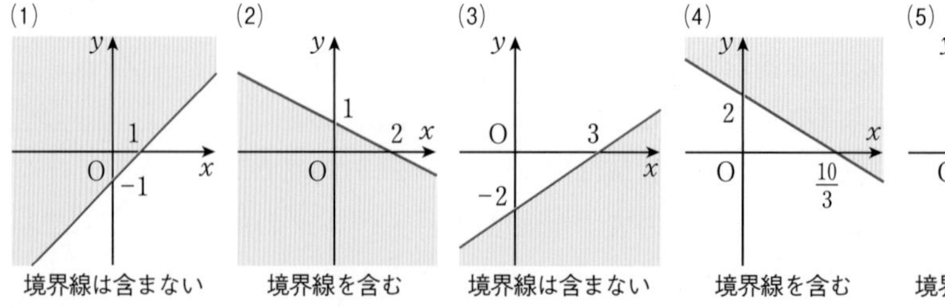

類題 81 次の各不等式の表す領域を図示せよ。

(1) $y\geqq2x-3$　(2) $y<-\frac{1}{4}x+3$　(3) $y\geqq1$

(4) $x-2y+4>0$　(5) $3x+2y-6\leqq0$　(6) $x\leqq-1$

基本例題 82　x, y の2次不等式の表す曲線を境界とする領域

次の各不等式の表す領域を図示せよ。

(1) $x^2+y^2<25$　　(2) $(x-1)^2+(y+1)^2\geqq 2$

(3) $x^2+y^2-8x-6y+16\leqq 0$　　(4) $xy>4$

テストに出るぞ！

ねらい
x, y の2次不等式の表す領域を図示すること。
円の内部か外部かは不等号の向きで判断できる。

解法ルール

1 円で分けられる領域

$(x-a)^2+(y-b)^2<r^2$ の表す領域は，**円の内部**

$(x-a)^2+(y-b)^2>r^2$ の表す領域は，**円の外部**

2 不等式 $xy>4$ の表す領域。境界は反比例のグラフ　$y=\dfrac{4}{x}$

$x>0$，$x<0$ のときに分けて考える。

解答例

(1)　$x^2+y^2<25$ の表す領域は，円 $x^2+y^2=25$ の内部。境界線は含まない。

(2)　$(x-1)^2+(y+1)^2\geqq 2$ の表す領域は，
円 $(x-1)^2+(y+1)^2=2$ の外部。境界線は含まれる。

(3)　$x^2+y^2-8x-6y+16\leqq 0$ より　$(x-4)^2+(y-3)^2\leqq 9$
$(x-4)^2+(y-3)^2\leqq 9$ の表す領域は
円 $(x-4)^2+(y-3)^2=9$ の内部。境界線は含まれる。

(4)　$xy>4$ の表す領域は

$x>0$ のとき　$y>\dfrac{4}{x}$ で，反比例のグラフ $y=\dfrac{4}{x}$ の上側

$x<0$ のとき　$y<\dfrac{4}{x}$ で，反比例のグラフ $y=\dfrac{4}{x}$ の下側

境界線は含まない。

x の正負で不等号の向きが変わる。

← 原点 $(0,\ 0)$ を代入すると，$0<25$ で不等式が成り立つ。だから，原点のある部分が求める領域である。

●(3)のような形の式を $f(x,\ y)\leqq 0$ と表す。

← $(0,\ 0)$ を代入すると $0>4$ で，不等式が成り立たない。求める領域は原点のない側である。
$y>f(x)$ や $y<f(x)$ は曲線の上か下かで判断すればよい。

(1)

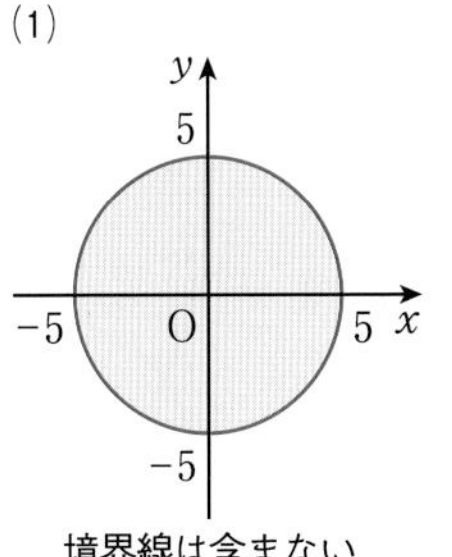

境界線は含まない

(2)

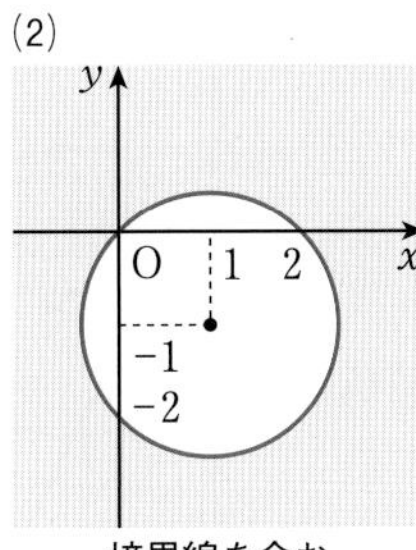

境界線を含む

(3)

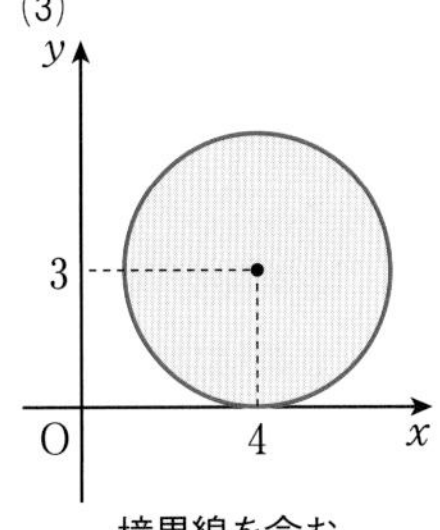

境界線を含む

(4)

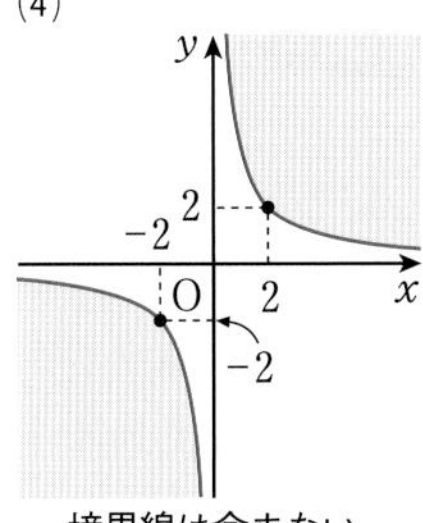

境界線は含まない

境界線を含むか含まないかをはっきり示しておくこと

類題 82　次の各不等式の表す領域を図示せよ。

(1) $(x-2)^2+(y-1)^2<5$　　(2) $x^2+y^2+2x>0$

(3) $x^2+y^2-2x-4y+1\leqq 0$　　(4) $y<\dfrac{9}{x}$

基本例題 83　放物線を境界とする領域

次の各不等式の表す領域を図示せよ。

(1) $y>x^2-1$　　(2) $y\leqq -(x-1)^2+2$

ねらい
放物線を境界線とする不等式の表す領域を図示すること。

解法ルール 放物線で分けられる領域

$\boldsymbol{y>ax^2+bx+c}$ の表す領域は，**放物線の上側。**

$\boldsymbol{y<ax^2+bx+c}$ の表す領域は，**放物線の下側。**

⬅ 境界線が放物線の場合も上側・下側と考える。

解答例 (1) $y>x^2-1$ の表す領域は放物線 $y=x^2-1$ の上側。境界線は含まない。

(2) $y\leqq -(x-1)^2+2$ の表す領域は放物線 $y=-(x-1)^2+2$ の下側。境界線を含む。

(1)
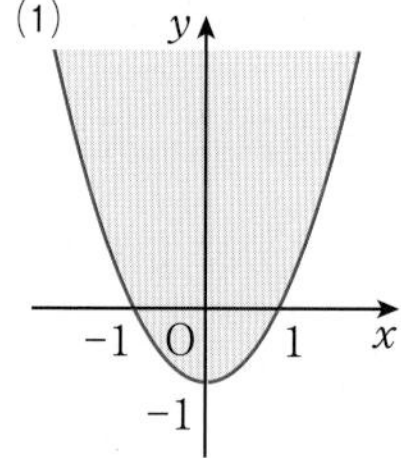

境界線は含まない

(2)
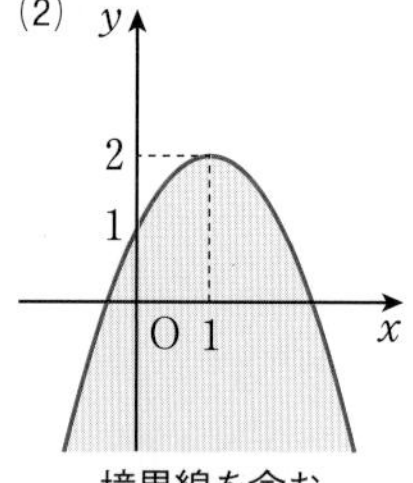

境界線を含む

類題 83 次の各不等式の表す領域を図示せよ。

(1) $y>(x-1)^2-2$　　(2) $y\leqq x^2+4x+3$

基本例題 84　連立不等式の表す領域

次の連立不等式の表す領域を図示せよ。

$$\begin{cases} 2x+y-1\leqq 0 & \cdots\cdots ① \\ x^2-2x+y^2\leqq 0 & \cdots\cdots ② \end{cases}$$

テストに出るぞ！

ねらい
連立不等式の表す領域を図示すること。

解法ルール 1 連立不等式が成り立つ $\Longleftrightarrow$ 各不等式が同時に成り立つ

2 **連立不等式の表す領域**は，**各不等式の表す領域の共通部分である。**

解答例 ①は $y\leqq -2x+1$ で，不等式の表す領域は直線の下側。境界線を含む。

②は $(x-1)^2+y^2\leqq 1$ で，不等式の表す領域は円の内部。境界線を含む。

連立不等式の表す領域はこれらの領域の共通部分で，右の図のようになる。境界線も含まれる。

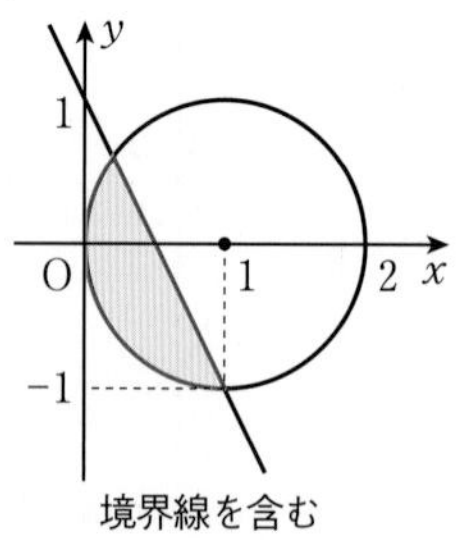

境界線を含む

⬅ ①，②の不等式の表す領域を重ねると，下の図のようになる。

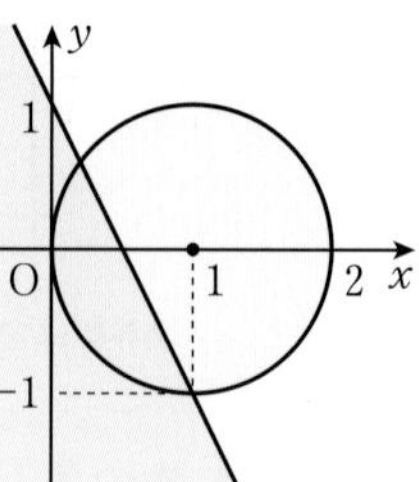

類題 84-1 連立不等式 $\begin{cases} x^2+y^2\leqq 4 \\ x+y\geqq 0 \end{cases}$ の表す領域を図示せよ。

類題 84-2 次の4つの不等式を同時に満たす領域を図示せよ。

$x+2y-6<0$，$5x+4y-20\leqq 0$，$x\geqq 0$，$y\geqq 0$

応用例題 85

不等式 $AB>0$ の表す領域

不等式 $(x+y)(2x-y-3)>0$ の表す領域を図示せよ。

ねらい
不等式 $AB>0$ の表す領域を図示すること。

解法ルール $AB>0 \iff A>0$ かつ $B>0$ または $A<0$ かつ $B<0$

領域の和集合

解答例 与えられた不等式から

$$\begin{cases} x+y>0 \\ 2x-y-3>0 \end{cases} \quad \cdots\cdots ①$$

または

$$\begin{cases} x+y<0 \\ 2x-y-3<0 \end{cases} \quad \cdots\cdots ②$$

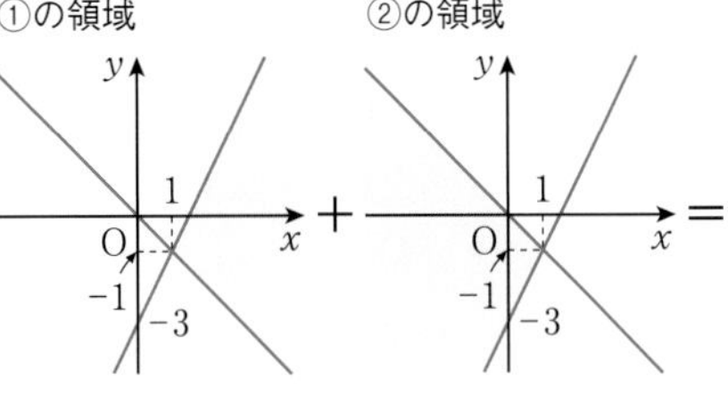

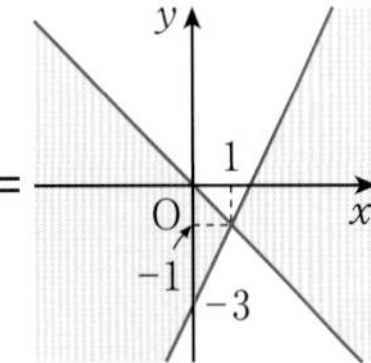

求める領域は，①，②の連立不等式の表す領域の和集合になる。

答 **右端の図**

類題 85 次の不等式の表す領域を図示せよ。

(1) $(x-y)(x^2+y^2-16)<0$　　(2) $|x-y|\leqq 2$

応用例題 86

命題の真偽の判定

$x^2+y^2\leqq 1$ ならば $x+y<2$ であることを示せ。

ねらい
不等式の表す領域を用いて，命題が真であることを示すこと。

解法ルール

1 命題 $p \Longrightarrow q$ が真であることを示すには，

　p から q が導かれる

ことを示す。または，

　$P\subset Q$ (P，Q は条件 p，q を満たす集合)

を示す。

2 **不等式 $x^2+y^2\leqq 1$ の表す領域 $=\{(x,\ y)|x^2+y^2\leqq 1\}$**

　$\{(x,\ y)|x^2+y^2\leqq 1\}\subset\{(x,\ y)|x+y<2\}$ を示す。

← 領域は座標平面上の点の集合。数の集合を $\{x|x$ の条件$\}$ と書くのと同じように，座標平面上の点の集合を $\{(x,\ y)|x,\ y$ の条件$\}$ で表す。

解答例 不等式 $x^2+y^2\leqq 1$ の表す領域を A，
不等式 $x+y<2$ の表す領域を B
として A，B を図示すると，右の図のようになって，$A\subset B$ が成り立つ。
よって
$x^2+y^2\leqq 1$ ならば $x+y<2$ である。 終

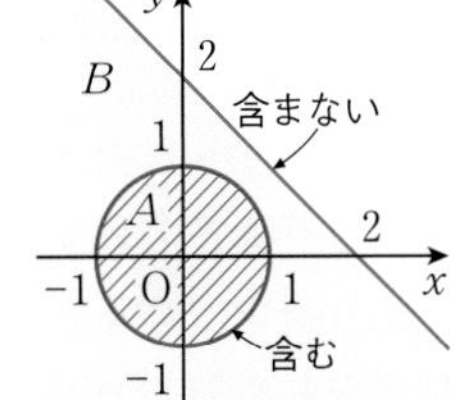

類題 86 $x^2+(y-1)^2<1$ ならば $x^2+y^2<4$ であることを示せ。

● 領域における最大・最小

ここでは，条件式が不等式で与えられたとき，x，y の式 $f(x,\ y)$ の最大値・最小値を，領域を使って求める方法を学ぼう。

❶　まず「x，y が $y=2x-1$，$0 \leqq x \leqq 3$ の関係を満たすとき，$x+y$ の最大・最小を調べる」ことからはじめよう。

条件式の 1 つは等式 $y=2x-1$ だから，これを代入して **1 変数の関数**にできる。

$$x+y=x+(2x-1)=3x-1$$

1 次関数で x の係数が正だから，$0 \leqq x \leqq 3$ の，$x=0$ で最小，$x=3$ で最大となる。

つまり，$x=0$，$y=-1$ のとき最小値 -1，$x=3$，$y=5$ のとき最大値 8 となる。

❷　これを点 $(x,\ y)$ の満たす条件とみて，**座標平面上で考えてみよう。**$y=2x-1$，$0 \leqq x \leqq 3$ は座標平面上の線分を表している。$x+y$ のままでは座標平面上に表しようがない。**$x+y$ の値が k になるとして，**$x+y=k$ とおくと，**直線 $y=-x+k$** となる。

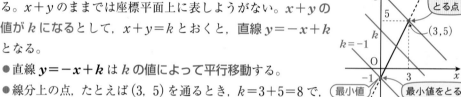

- **直線 $y=-x+k$** は **k の値によって平行移動**する。
- 線分上の点，たとえば $(3,\ 5)$ を通るとき，$k=3+5=8$ で，**直線 $y=-x+k$ の y 切片が** 8 となる。

このことから，**線分と共有点をもたせながら直線 $y=-x+k$ を移動**させ，y 切片の位置を見ると，**$x+y$ の最大値，最小値**が求められる。

❸　次に，「x，y が不等式 $y \leqq 2x-1$，$y \geqq x-1$，$y \leqq 5$ を満たすとき，$x+y$ の最大・最小を調べる」ことを考えよう。

3 つの不等式を同時に満たす領域は，右の図の D のようになる。

❷と同じように $x+y=k$ とおくと，**直線 $y=-x+k$** が考えられ，領域 D 内の点 $(x,\ y)$ を通るとき，$k=x+y$ より k の値は**直線 $y=-x+k$ の y 切片 k** として表される。

したがって，**$x+y$ の最大値，最小値**は，**直線 $y=-x+k$ を領域 D と共有点をもたせながら移動**させ，**y 切片 k の値に着目すること**によって調べられる。

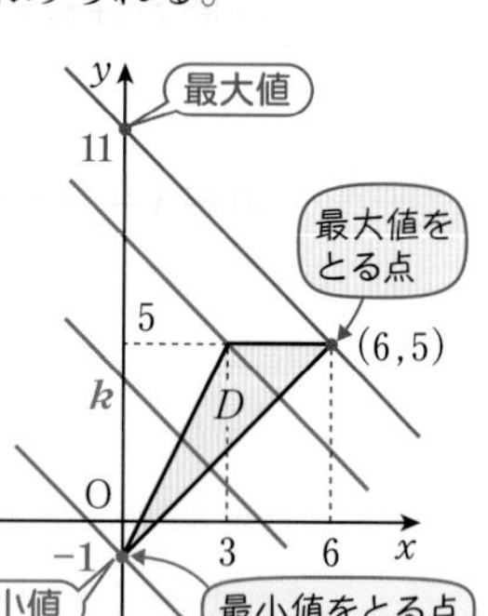

点 $(6,\ 5)$ を通るとき，$x+y$ は最大となり，最大値は 11

点 $(0,\ -1)$ を通るとき，$x+y$ は最小となり，最小値は -1 である。

ポイント　**[領域における最大・最小の調べ方]**

① まず，**条件の不等式の表す領域 D を図示**する。

② **最大値・最小値を求める式$=k$** とおく。

③ **D と共有点をもたせながら②の直線を移動**させ，**k の値の範囲を調べる。**

基本例題 87　領域における最大・最小

連立不等式 $x \geqq 0$, $y \geqq 0$, $3x+2y \leqq 12$, $x+2y \leqq 8$ の表す領域を D とする。次の問いに答えよ。

(1) 領域 D を図示せよ。

(2) $(x,\ y) \in D$ のとき，$x+y$ の最大値を求めよ。

(3) $(x,\ y) \in D$ のとき，$2x-5y$ の最大値を求めよ。

ねらい
領域における最大値・最小値を求めること。領域が多角形の場合，最大・最小は多角形の頂点でとる。

解法ルール

1 領域 D を図示する⇦連立不等式の表す領域

2 **最大値，最小値を求める式＝k** とおく。
(2)では　$x+y=k$，(3)では　$2x-5y=k$

3 2の式を直線とみて，D と共有点をもたせながら移動させ，y 切片に着目して，k の値の範囲を求める。

(1)　$x \geqq 0$，$y \geqq 0$ より，第1象限および座標軸上。

$3x+2y \leqq 12$ より　　$y \leqq -\dfrac{3}{2}x+6$

$x+2y \leqq 8$ より　　$y \leqq -\dfrac{1}{2}x+4$

よって，2直線 $y=-\dfrac{3}{2}x+6$，$y=-\dfrac{1}{2}x+4$ の下側で，

領域 D は右の図のようになる。境界線を含む。　…答

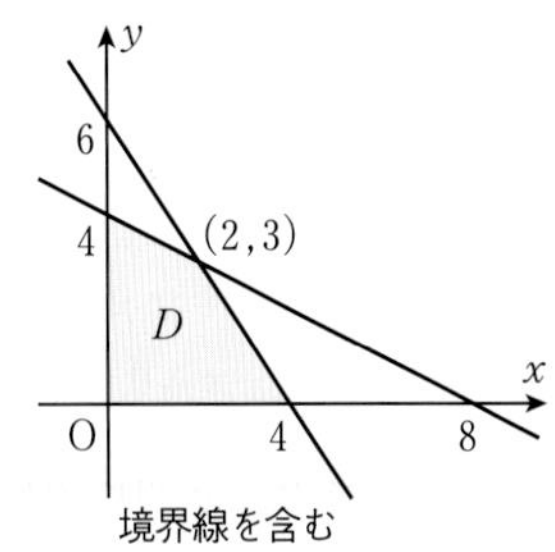

(2)　$x+y=k$ とおくと　$y=-x+k$
直線 $y=-x+k$ は，k が増加すると上方へ平行移動し，D との共有点 $(2,\ 3)$ を通るとき k は最大となる。
　$k=2+3=5$
より，$x+y$ の最大値は　**5**　…答

(3)　$2x-5y=k$ とおくと　$y=\dfrac{2}{5}x-\dfrac{k}{5}$

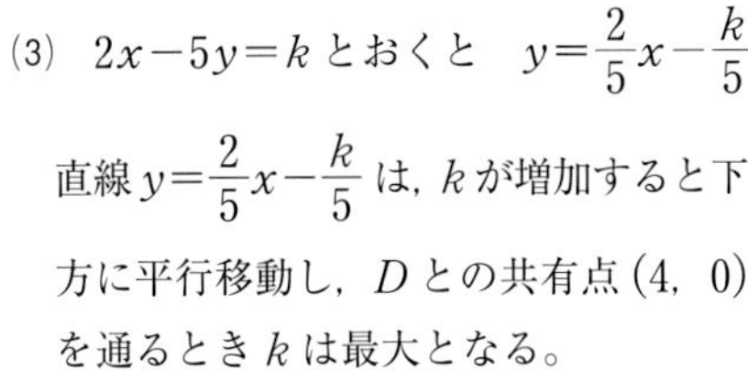

直線 $y=\dfrac{2}{5}x-\dfrac{k}{5}$ は，k が増加すると下方に平行移動し，D との共有点 $(4,\ 0)$ を通るとき k は最大となる。
　$k=2\times4-5\times0=8$
より，$2x-5y$ の最大値は　**8**　…答

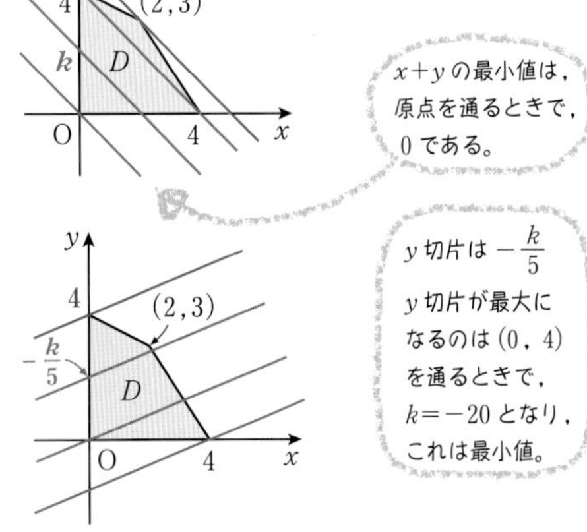

類題 87　x，y が不等式 $x \geqq 0$，$y \geqq 0$，$2x+y \leqq 12$，$x+2y \leqq 12$ を満たすとき，$3x+4y$ の最大値，最小値を求めよ。また，そのときの x，y の値を求めよ。

応用例題 88　領域における最大・最小の利用

2種類の薬品P，Qがある。これら1g当たりのA成分の含有量，B成分の含有量，価格は右の表の通りである。

	A成分(mg)	B成分(mg)	価格(円)
P	2	1	5
Q	1	3	6

いま，A成分を10mg以上，B成分を15mg以上とる必要があるとき，その費用を最小にするためには，P，Qをそれぞれ何gとればよいか。

ねらい
具体的な応用問題を解くこと。
領域における最大・最小の考えは日常生活でも使われている。

解法ルール 1 P薬品だけでA成分を10mgとるには5gとればよいが，これではB成分は5mgしかとれない。Q薬品も合わせて使用するとどうなるか。

2 P薬品をxg，Q薬品をyg使用するとして，A成分，B成分の必要量を不等式に表し，このときの費用を最小とするx，yを求める。

問題の意味をどうとらえるかがポイントだよ！

解答例 P薬品をxg，Q薬品をygとるとする。

$x \geqq 0$，$y \geqq 0$　……①

このとき，A成分は$(2x+y)$mg，B成分は$(x+3y)$mgとなる。必要量から

$2x+y \geqq 10$　……②　　$x+3y \geqq 15$　……③

また，このときの費用は$(5x+6y)$円となる。

したがって，不等式①～③の表す領域Dにおいて，$k=5x+6y$を最小とするx，yを求めることになる。領域Dは右の図のようになる。境界線を含む。

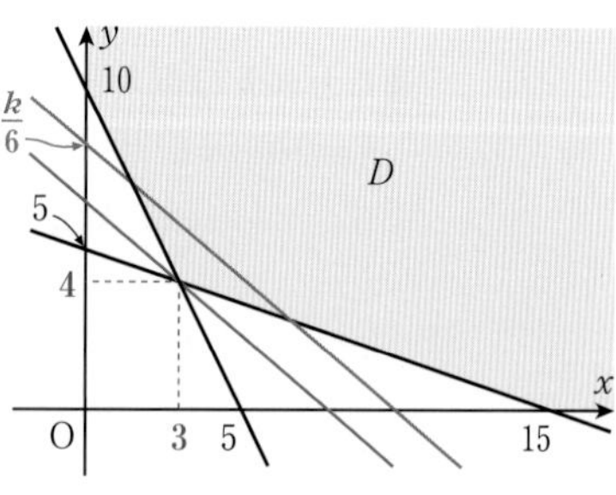

$k=5x+6y$ より　$y=-\dfrac{5}{6}x+\dfrac{k}{6}$

この直線は，kが減少すると下方に平行移動し，図の点$(3,\ 4)$を通るとき，kは最小になる。

よって，求めるx，yは　$x=3$，$y=4$

答　**P薬品3g，Q薬品4g**

類題 88 薬品Aは1g中に成分α，βをそれぞれ5mg，2mg含んでいる。薬品Bは1g中に成分α，βをどちらも3mgずつ含んでいる。少なくともαを45mg，βを36mg服用(ふくよう)するには，A，Bをそれぞれ何g服用すると費用が最小となるか。ただし，Aは1gにつき20円，Bは1gにつき15円とする。

定期テスト予想問題 解答→p. 24~26

1 2点$(-1,\ 2)$, $(3,\ 4)$から等距離にあるx軸上の点の座標を求めよ。

2 2点A$(3,\ -4)$, B$(-2,\ 5)$を結ぶ線分ABを$2:1$に内分する点をP, $2:1$に外分する点をQとするとき, P, Qの座標を求めよ。

3 O$(0,\ 0)$, A$(1,\ 2)$を頂点とする△OABの重心の座標が$(2,\ 0)$のとき, 頂点Bの座標と△OABの面積を求めよ。

4 3点O$(0,\ 0)$, A$(3,\ 7)$, B$(1,\ 1)$を頂点とする三角形の面積を2等分し, かつ原点Oを通る直線の方程式を求めよ。

5 直線$5x+3y=10$をx軸方向に-2, y軸方向に3平行移動してできる直線の方程式は□である。

6 平面上に3点O$(0,\ 0)$, A$(1,\ 3)$, B$(-2,\ 2)$がある。

(1) 線分ABの垂直二等分線の方程式を求めよ。

(2) 3点O, A, Bを通る円の中心の座標と半径を求めよ。

7 座標平面上に2点A$(1,\ 1)$, B$(-3,\ k)$がある。線分ABを直径とする円がx軸に接するとき, この円の方程式を求めよ。

8 円$x^2-2x+y^2+6y=0$に接し, 点$(3,\ 1)$を通る直線の方程式を求めよ。

9 直線$y=x+2$が円$x^2+y^2=10$によって切りとられる線分の中点の座標は□, 線分の長さは□である。

10 2円$x^2+y^2-2x-4y-4=0$, $x^2+y^2-2y+1-a=0$が接するようなaの値を求めよ。$(a>0)$

HINT

1 求める点を$(a,\ 0)$として, 距離の公式を利用。

2 分点の公式の適用だけ。

3 重心の座標(*p. 60*)
三角形の面積(*p. 69*)

4 Oの対辺ABの中点を通るとき。

5 直線は傾きと通る1点で決まる。

6 (1) 直線ABに垂直な直線の傾きは?
(2) 外接円の中心は各辺の垂直二等分線の交点。

7 中心は線分ABの中点。x軸に接するから, 半径$=|$中心のy座標$|$

8 円の中心から接線までの距離は半径に等しいことを利用。

9 円の中心から弦に下ろした垂線は, 弦を垂直に2等分する。

10 2円が接する場合の条件は?

11 円 $x^2+y^2+2x+4y-20=0$ と直線 $x+y+4=0$ の交点および原点を通る円の方程式を求めよ。

12 座標平面において，x 軸と直線 $y=x$ に接する円の中心の軌跡を求めよ。

13 点Pと円 $x^2+(y-2)^2=1$ 上の点Qを結ぶ線分PQの最短距離が，点Pと x 軸との距離に等しくなるような点Pの軌跡は
$y=$ □ x^2+ □ である。

14 点 $(x,\ y)$ が2点A(1, 2)，B(3, 4) を両端とする線分AB上を動くとき，$y-3x$ のとりうる値の範囲を求めよ。

15 点 $(x,\ y)$ が不等式 $y \leqq 2x$，$2y \geqq x$，$x+y \leqq 3$ で表される領域 D 内を動く。

(1) 領域 D を図示せよ。

(2) $2x+y=k$ とするとき，k のとりうる値の範囲を求めよ。

16 点 $(x,\ y)$ が3つの不等式 $(x-4)^2+(y-4)^2 \leqq 16$，$2x+y \leqq 8$，$2x+3y \leqq 12$ で表される領域 D 内を動くとき，$x+y$ のとる値の最大値，最小値を求めよ。

17 座標平面上で不等式 $x^2+y^2-2x-4y+1<0$ の表す領域を図示せよ。また，この領域が不等式 $x^2+y^2<a$ の表す領域に含まれるような a の値の範囲を求めよ。

18 ある実験動物を飼育するのに人工飼料X，Yを使用するものとする。この動物は毎日3つの栄養素A，B，Cをそれぞれ最低4単位，6単位，9単位摂取（せっしゅ）する必要があるという。人工飼料X，Yそれぞれ1g中に含まれる栄養素A，B，Cの単位数とX，Yの単価（1g当たり）は表の通りである。

	X	Y
A	1	1
B	1	3
C	6	1
単価	3円	2円

このとき，A，BおよびCの必要量を最低の費用で摂取するには，X，Yを1日当たり何g与えるとよいか。

---

11 円と直線の交点を通る円は
$x^2+y^2+2x+4y-20+k(x+y+4)=0$
で，これが原点を通るように k を定める。

12 円の中心から2直線まで等距離。

13 点と円との最短距離は，点と中心を結ぶ直線上で考える。

14 直線 $y-3x=k$ が線分ABと共有点をもつ k の値の範囲。

15 領域における最大・最小の利用。

16 $x+y=k$ とおく。境界が円弧の部分に注意。

17 $x^2+y^2<a$ の表す領域は，原点を中心とする半径 $\sqrt{a}$ の円の内部。

18 領域における最大・最小の利用。

3章

三角関数　数学Ⅱ

1節 三角関数

1 一般角

$\sin 30^\circ$ の値はいくらだったかな。$\cos 120^\circ$ や $\tan 45^\circ$ の値は？　忘れたとはいわせないよ。2年生では，なんと $\sin 210^\circ$ や $\cos(-60^\circ)$，$\tan 390^\circ$ などの値を考えるんだ。ボヤボヤしてちゃいけないよ。まず，無数の角を1つの式で表すことを考えよう。

● 一般角ってどんな角？

まず，最初に半直線 OX に線分 OP を重ねてっと。さて，線分 OP を回転させて，図1のようになったとき，∠XOP は何度かな。

$\dfrac{1}{3}$ 回転だから $360^\circ\times\dfrac{1}{3}$ で 120° です。

私にまかせて。左まわり（正の向き）に $\dfrac{4}{3}$ 回転したと考えたら

$360^\circ\times\dfrac{4}{3}=480^\circ$ （⇨図2）

右まわり（負の向き）に $\dfrac{2}{3}$ 回転したと考えたら

$360^\circ\times\left(-\dfrac{2}{3}\right)=-240^\circ$ （⇨図3）

きりがないから，整数 n を使って

$120^\circ+360^\circ\times n$

といえばいいんじゃない。

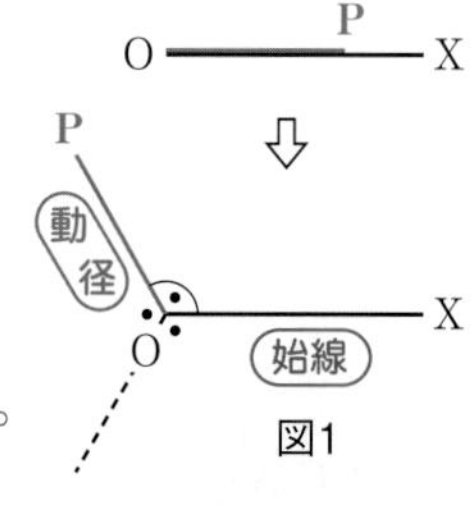

図1

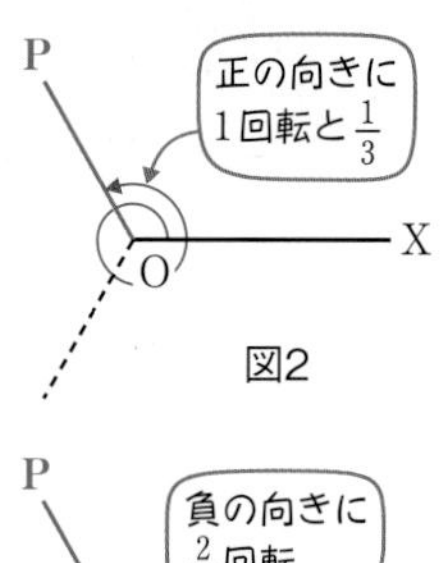

図2

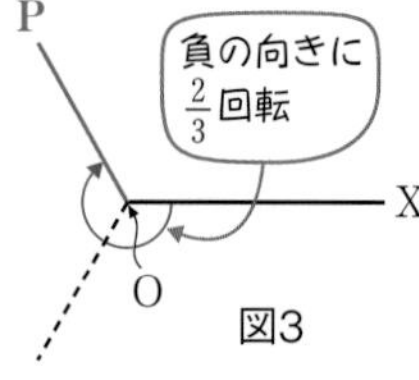

図3

⬅ 左の図において，OP を**動径**，OX（動径 OP の最初の位置）を**始線**という。また，次の用語も覚えておこう。
正の向き…左まわり（反時計まわり）
負の向き…右まわり（時計まわり）
正の角…正の向きに測った角
負の角…負の向きに測った角

⬅ ∠XOP の大きさは，無数に考えられる。動径 OP の位置がきまっても，∠XOP の大きさは1通りにはきまらない。

よくできたね。要するに，動径 OP の位置がわかっても，∠XOP の大きさは1つに定まらないんだ。このとき，それらの角を動径 OP の表す**一般角**というよ。

ポイント ［一般角と動径の位置］

$\alpha^\circ+360^\circ\times n$（$n$ **は整数**）は同じ位置の動径 OP を表す角。
（n 回転するともとの位置）

基本例題 89　　一般角を図にかく

次の大きさの角を表す動径 OP の位置を図示せよ。

(1) $1160°$　　(2) $-480°$　　(3) $150°+360°\times n$ (n は整数)

> **ねらい**
> 回転数と回転の向きに注意して作図できるかどうかを確かめること。∠XOP の大きさがわかると，動径 OP の位置は定まる。

解法ルール $\boldsymbol{\alpha°+360°\times n}$ **($\boldsymbol{n}$ は整数)**の形になおす。

(1) $1160°=80°+360°\times3$ より，3 回転と $80°$

(2) $-480°=-120°+360°\times(-1)$ より，
　負の向きに 1 回転，さらに負の向きに $120°$

(3) $150°+360°\times n$ より，n 回転とさらに $150°$

> 1160 を 360 で割り，商 3 と余り 80 を出す。

> ⬅ (2)は，$-480°=240°+360°\times(-2)$ と考えると，次のようになる。

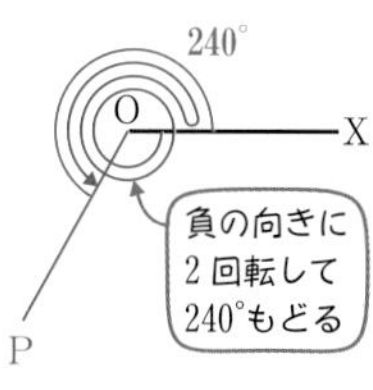

解答例 下の図の赤線

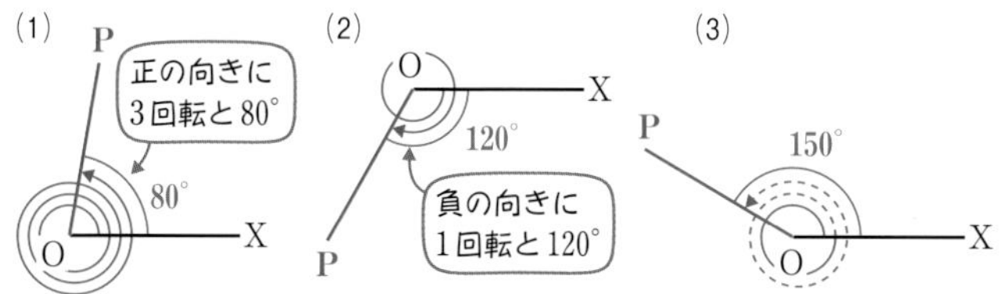

類題 89 次の大きさの角を表す動径 OP の位置を図示せよ。

(1) $-640°$　　(2) $200°+360°\times n$ (n は整数)

基本例題 90　　一般角を読みとる

次の動径 OP の表す一般角を $\alpha°+360°\times n$ (n は整数)の形で表せ。

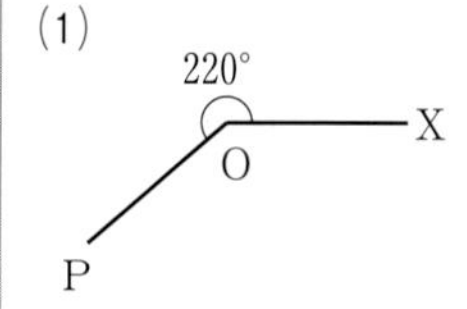

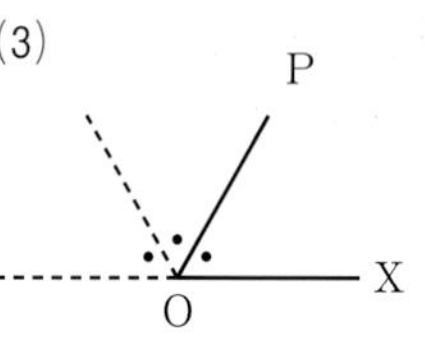

(3)

テストに出るぞ！

> **ねらい**
> 与えられた図から ∠XOP の一般角を読みとること。すなわち
> $\alpha°+360°\times n$
> └整数
> の形を導くこと。

解法ルール まず，始線 OX の位置から正・負いずれの向きにでも n 回転させると，もとの OX の位置にもどる。
それから，さらに何度まわしたものかを考える。そのためには，まず動径 OP の表す**最小の正の角**を求める。

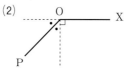

> ⬅ (1) $220°+360°\times n$
> $=(220°-360°)+360°\times(n+1)$
> $=-140°+360°\times(n+1)$
> $=-140°+360°\times n'$

解答例 (1) $\boldsymbol{220°+360°\times n}$ (または$-140°+360°\times n$)　…答

(2) $\boldsymbol{270°+360°\times n}$ (または $-90°+360°\times n$)　…答

(3) $\boldsymbol{60°+360°\times n}$　…答

類題 90 次の動径 OP の表す一般角を $\alpha°+360°\times n$ ($\alpha>0$，n は整数)の形で表せ。

(1)　(2)　(3)

2 弧度法

度(°)を単位とし，1周を360°とする角の表し方を，**度数法**といったね。ここでは新しい角の表し方を考えよう。
右の図のように，半径5 cmと10 cmの円をかき，それぞれの円周上に長さが5 cmと10 cmの糸をのせてみる。すると，5 cmと10 cmの弧に対する中心角は，同じになるかな，それとも異なるかな。

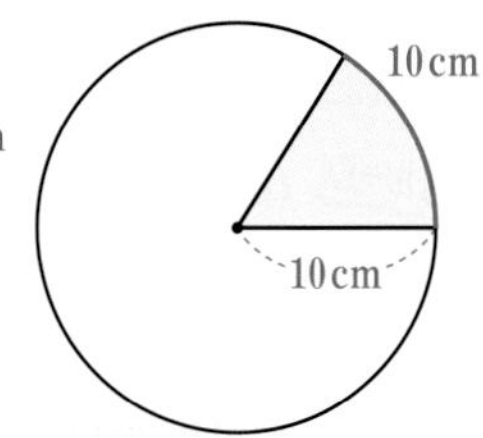

ボクに答えさせてください。
中心角は弧の長さに比例するのだから，それぞれの中心角は，$360^\circ\times\dfrac{5}{2\pi\times5}=\dfrac{180^\circ}{\pi}$，$360^\circ\times\dfrac{10}{2\pi\times10}=\dfrac{180^\circ}{\pi}$
となって同じです。

中心角 $=360^\circ\times\dfrac{\text{弧の長さ}}{\text{円周}}$

そんな計算をしなくても，2つの扇形は相似なんだから，中心角が同じになることはわかるよ。

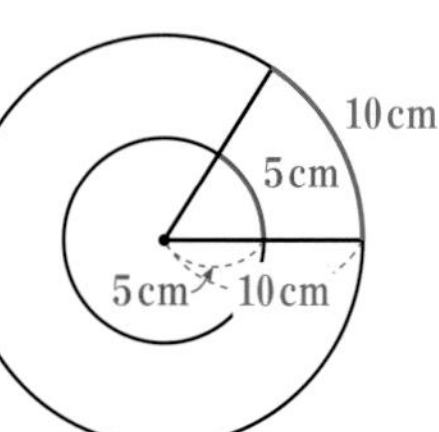

そうだね。新しい方法とは，**弧の長さと半径との比**で角の大きさを表すことなんだ。こうすると，角は半径に関係なく，しかも実数で表せる。こういう角の表し方を**弧度法**(こどほう)といっている。単位は**ラジアン**または**弧度**で，さっき求めた $\dfrac{180^\circ}{\pi}$ が**1ラジアン**にあたる。

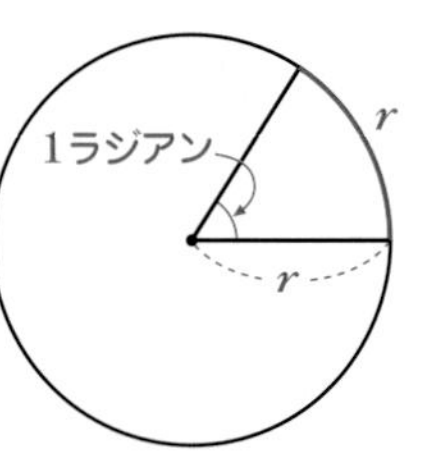

じゃあ，半径が r の円で弧の長さが r のとき1ラジアンだから，ぐるっと1周した $2\pi r$ のときの角 x は，比例式 $r:1=2\pi r:x$ より $x=\dfrac{2\pi r}{r}=2\pi$（ラジアン）なんですね。

← 中心角(ラジアン) $=\dfrac{\text{弧の長さ}}{\text{半径}}$

[弧度の定義] 覚え得

半径 r の円弧の長さが l のときの中心角を θ とすると

$$\frac{l}{r}=\theta\text{(ラジアン)}$$

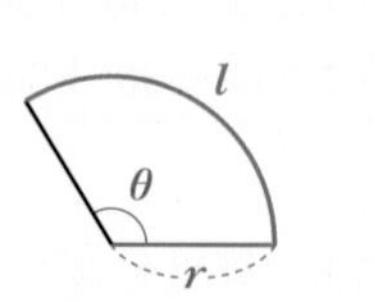

基本例題 91 弧度法と度数法

次の角を，弧度は度数に，度数は弧度になおせ。

(1) $\dfrac{\pi}{3}$　(2) $\dfrac{5}{4}\pi$　(3) 150°　(4) 70°

ねらい
弧度法と度数法の変換をすること。

弧度法では，普通，
単位名のラジアンは
省略するよ。

解法ルール **弧度を度数**になおすには，$\dfrac{180^\circ}{\pi}$ **を掛ける。** ←1 ラジアン$=\dfrac{180^\circ}{\pi}$

度数を弧度になおすには，$\dfrac{\pi}{180^\circ}$ **を掛ける。** ←$1^\circ=\dfrac{\pi}{180^\circ}$ ラジアン

解答例 (1) $\dfrac{\pi}{3}=\dfrac{\pi}{3}\times\dfrac{180^\circ}{\pi}=\mathbf{60^\circ}$ …答　(2) $\dfrac{5}{4}\pi=\dfrac{5}{4}\pi\times\dfrac{180^\circ}{\pi}=\mathbf{225^\circ}$ …答

(3) $150^\circ=150^\circ\times\dfrac{\pi}{180^\circ}=\boldsymbol{\dfrac{5}{6}\pi}$ …答　(4) $70^\circ=70^\circ\times\dfrac{\pi}{180^\circ}=\boldsymbol{\dfrac{7}{18}\pi}$ …答

類題 91 次の角を，弧度は度数に，度数は弧度になおせ。

(1) $\dfrac{1}{2}\pi$　(2) $\dfrac{11}{6}\pi$　(3) 30°　(4) 135°

課題学習　弧度法なんていらない？

角の大きさを表すには，度数法と弧度法の2通りあるが，度数法だけで十分だと思っている人もいるだろう。確かに，実用的には度数法だけで十分である。

しかし，度数法は1度が60分，1分が60秒というように60進法になっている。そのうえ単位がついている。われわれが使っているふつうの数は10進法だから，度数法で角の大きさを表すと，三角関数を考えるうえでたいへん困ったことが起こる。

たとえば，$f(x)=x+\sin x$ において，$x=30^\circ$ とすると $f(30^\circ)=30^\circ+0.5$ となり，**60進法で表した数と10進法で表した数とを足すことになる。**また，$g(x)=\sin(\cos x)$ というような合成関数においては，$x=60^\circ$ とすると $g(60^\circ)=\sin 0.5$ となり，**意味をもたなくなる。**

そこで，この $f(x)$ や $g(x)$ が意味をもつような角の大きさの表し方として，**弧度法**が考えられた。弧度法は，**角の大きさを長さの比 $\dfrac{\text{弧の長さ}}{\text{半径の長さ}}$ で表したもの**だから，単位はない。したがって，さきほどの $f(x)$ や $g(x)$ も扱うことができる。ただ，たとえば3だけでは角を表しているのかどうかわからないので，角を表しているということをはっきりさせたいときには，3ラジアンというように単位をつけておく。

弧度法で角を表すと，三角関数の微分・積分も考えることができるので，**数学的には弧度法のほうがずっと便利**である。

扇形の弧の長さと面積

半径 r，中心角 θ(ラジアン)の扇形の弧の長さ l と面積 S を求めてみよう。

弧の長さは

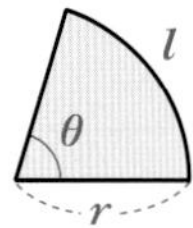

定義 $\dfrac{l}{r}=\theta$ より

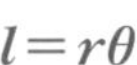

$l=r\theta$

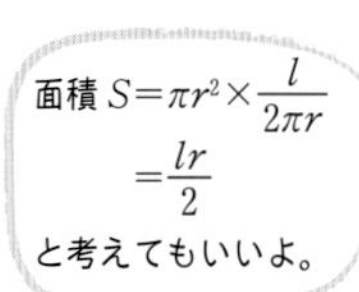

面積は

$S=\dfrac{lr}{2}$

$=\dfrac{r^2\theta}{2}$

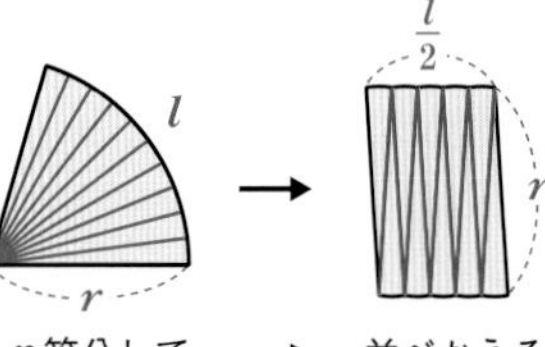

ポイント [扇形の弧の長さと面積] 覚え得

半径 r，中心角 θ の扇形において

弧の長さ　$l=r\theta$

面　　積　$S=\dfrac{r^2\theta}{2}=\dfrac{lr}{2}$

基本例題 92　扇形の弧と面積

次の扇形の弧の長さ l と面積 S を求めよ。

(1) 半径 2，中心角 $\dfrac{\pi}{3}$　　(2) 半径 r，中心角 135°

ねらい
扇形の弧の長さと面積を求めること。

解法ルール 1 中心角を弧度(ラジアン)で表す。

2 弧の長さは　$l=r\theta$，面積は　$S=\dfrac{r^2\theta}{2}$

解答例 (1)　$l=2\cdot\dfrac{\pi}{3}=\boldsymbol{\dfrac{2}{3}\pi}$　…答　　$S=\dfrac{2^2}{2}\cdot\dfrac{\pi}{3}=\boldsymbol{\dfrac{2}{3}\pi}$　…答

(2)　$135°=\dfrac{3}{4}\pi$ ラジアン

$l=r\cdot\dfrac{3}{4}\pi=\boldsymbol{\dfrac{3\pi r}{4}}$　…答　　$S=\dfrac{r^2}{2}\cdot\dfrac{3}{4}\pi=\boldsymbol{\dfrac{3\pi r^2}{8}}$　…答

← (別解)
$S=\dfrac{lr}{2}$ を使う。

(1) $S=\dfrac{1}{2}\cdot\dfrac{2}{3}\pi\cdot2$
$=\boldsymbol{\dfrac{2}{3}\pi}$

(2) $S=\dfrac{1}{2}\cdot\dfrac{3\pi r}{4}\cdot r$
$=\boldsymbol{\dfrac{3\pi r^2}{8}}$

類題 92 次の扇形の弧の長さ l と面積 S を求めよ。

(1) 半径 r，中心角 $\dfrac{2}{3}\pi$　　(2) 半径 3，中心角 $\dfrac{\pi}{2}$

3 三角関数

座標平面において，x 軸の正の部分を始線，動径 OP の表す一般角を θ，OP の長さを r，点 P の座標を $(x,\ y)$ とすると，r，x，y の

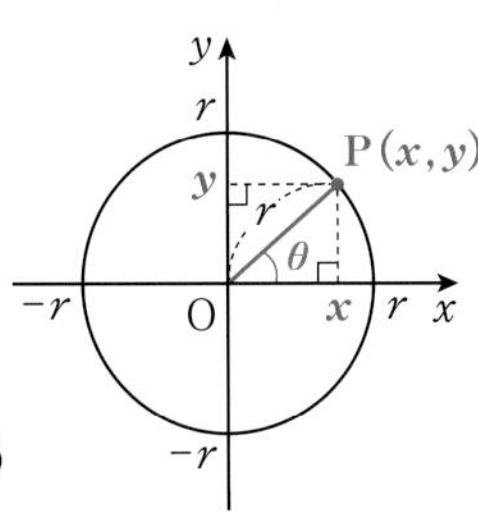

比の値 $\dfrac{y}{r}$，$\dfrac{x}{r}$，$\dfrac{y}{x}$ $(x \neq 0)$

は r の長さに関係なく，角 θ だけで定まるので，次のようにきめる。

$$\sin\theta=\frac{y}{r},\quad \cos\theta=\frac{x}{r},\quad \tan\theta=\frac{y}{x}$$

次に，原点を中心とする単位円 $x^2+y^2=1$ 上に点 $\mathrm{P}(x,\ y)$ をとり，$\mathrm{A}(1,\ 0)$ で x 軸に立てた垂線と OP との交点を $\mathrm{T}(1,\ m)$ とすると

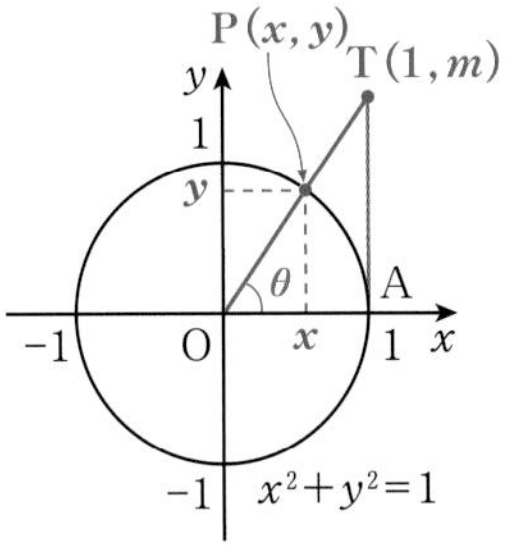

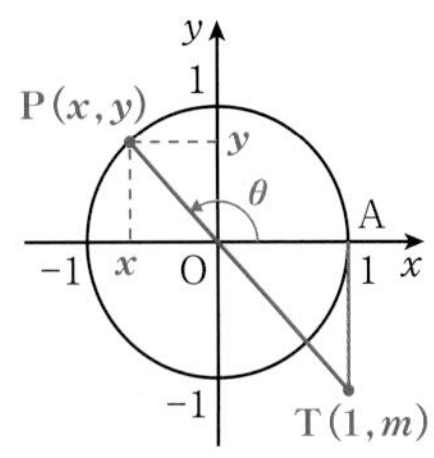

⬅ 半径 1 の円を**単位円**という。また，θ が第 2 象限の角のときは，次のようになる。

$$\sin\theta=\frac{y}{1}=y,\quad \cos\theta=\frac{x}{1}=x$$

$$\tan\theta=\frac{y}{x}=\frac{m}{1}=m \text{（OT の傾き）}$$

つまり，$\sin\theta=y$，$\cos\theta=x$，$\tan\theta=m$ となる。

これから，次のことがわかる。

ポイント ［三角関数の定義］ 覚え得

単位円において，点 P の座標を $(x,\ y)$ とすると

$\sin\theta=y$　　$\cos\theta=x$　　$\tan\theta=m$（傾き）

これも知っ得 三角関数の値の符号

三角関数の値の符号は，次のようになる。

$\sin\theta$ は y 座標の符号

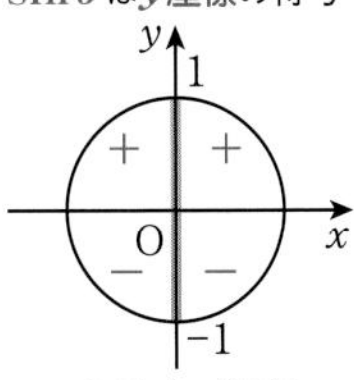

$-1 \leqq \sin\theta \leqq 1$

$\cos\theta$ は x 座標の符号

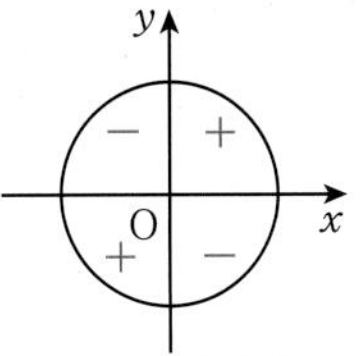

$-1 \leqq \cos\theta \leqq 1$

$\tan\theta$ は傾きの符号

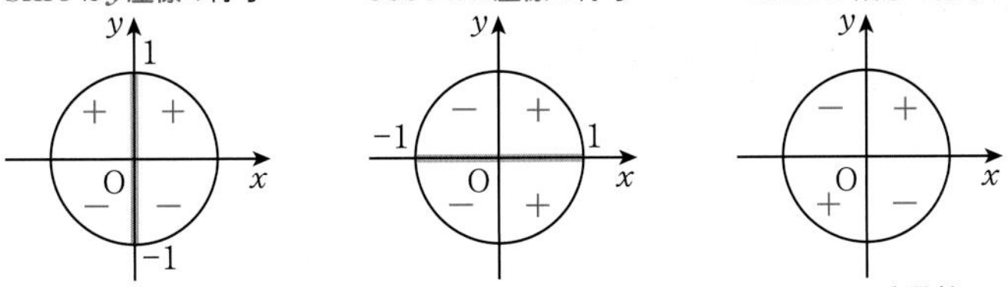

すべての実数値

特別な角の三角関数

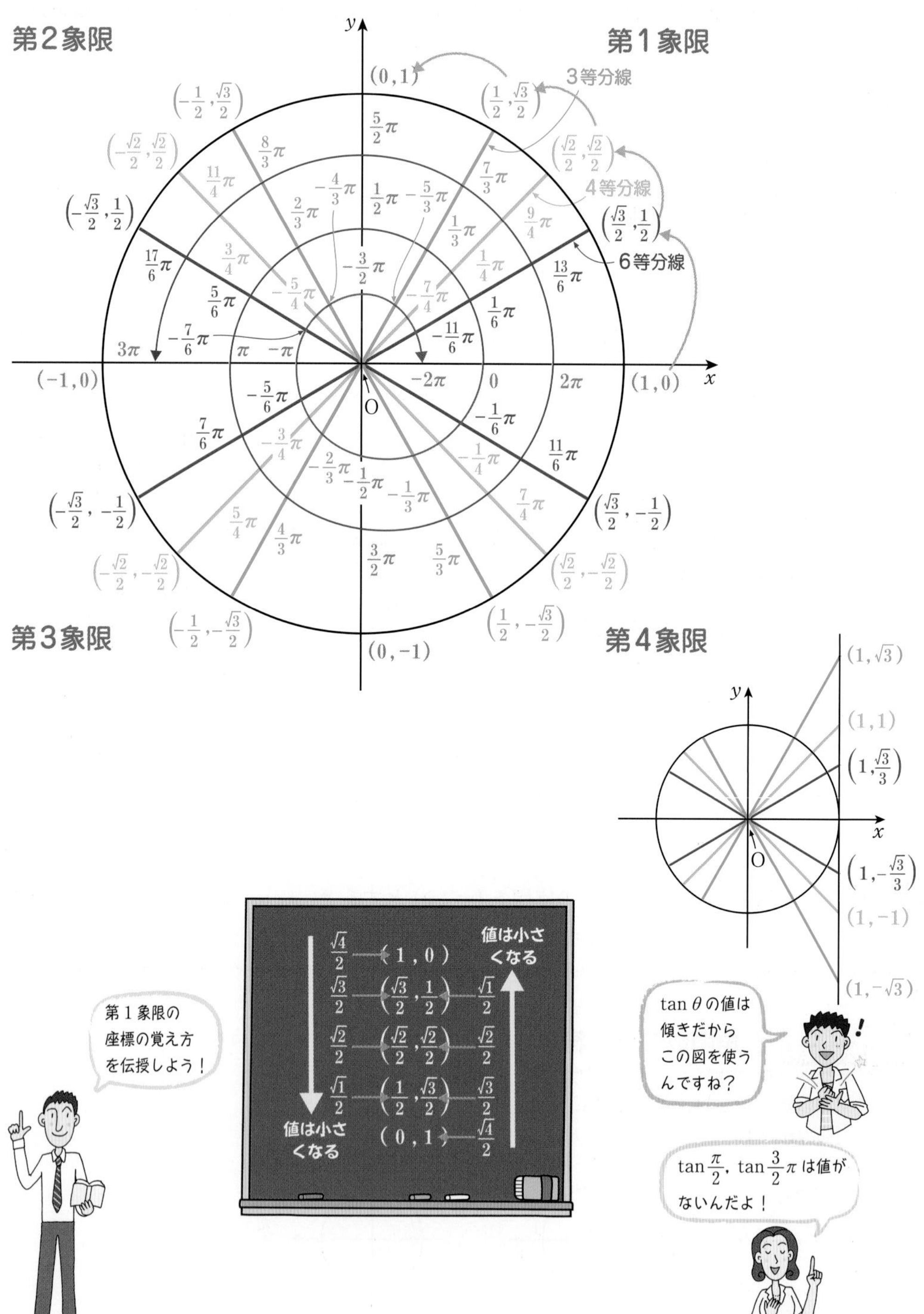

第2象限
第1象限
第3象限
第4象限
3等分線
4等分線
6等分線
$(0,1)$
$(0,-1)$
$(1,0)$
$(-1,0)$
$\left(\frac{1}{2},\frac{\sqrt{3}}{2}\right)$
$\left(\frac{\sqrt{2}}{2},\frac{\sqrt{2}}{2}\right)$
$\left(\frac{\sqrt{3}}{2},\frac{1}{2}\right)$
$\left(-\frac{1}{2},\frac{\sqrt{3}}{2}\right)$
$\left(-\frac{\sqrt{2}}{2},\frac{\sqrt{2}}{2}\right)$
$\left(-\frac{\sqrt{3}}{2},\frac{1}{2}\right)$
$\left(-\frac{\sqrt{3}}{2},-\frac{1}{2}\right)$
$\left(-\frac{\sqrt{2}}{2},-\frac{\sqrt{2}}{2}\right)$
$\left(-\frac{1}{2},-\frac{\sqrt{3}}{2}\right)$
$\left(\frac{1}{2},-\frac{\sqrt{3}}{2}\right)$
$\left(\frac{\sqrt{2}}{2},-\frac{\sqrt{2}}{2}\right)$
$\left(\frac{\sqrt{3}}{2},-\frac{1}{2}\right)$
$\frac{5}{2}\pi$ $\frac{8}{3}\pi$ $\frac{11}{4}\pi$ $\frac{17}{6}\pi$ 3π $\frac{7}{3}\pi$ $\frac{9}{4}\pi$ $\frac{13}{6}\pi$ 2π
$\frac{1}{2}\pi$ $\frac{2}{3}\pi$ $\frac{3}{4}\pi$ $\frac{5}{6}\pi$ π $\frac{1}{3}\pi$ $\frac{1}{4}\pi$ $\frac{1}{6}\pi$ 0
$-\frac{4}{3}\pi$ $-\frac{5}{3}\pi$ $-\frac{3}{2}\pi$ $-\frac{5}{4}\pi$ $-\frac{7}{4}\pi$ $-\frac{7}{6}\pi$ $-\frac{11}{6}\pi$ $-\pi$ -2π
$-\frac{5}{6}\pi$ $-\frac{3}{4}\pi$ $-\frac{2}{3}\pi$ $-\frac{1}{2}\pi$ $-\frac{1}{3}\pi$ $-\frac{1}{4}\pi$ $-\frac{1}{6}\pi$
$\frac{7}{6}\pi$ $\frac{5}{4}\pi$ $\frac{4}{3}\pi$ $\frac{3}{2}\pi$ $\frac{5}{3}\pi$ $\frac{7}{4}\pi$ $\frac{11}{6}\pi$
x y O
$(1,\sqrt{3})$
$(1,1)$
$\left(1,\frac{\sqrt{3}}{3}\right)$
$\left(1,-\frac{\sqrt{3}}{3}\right)$
$(1,-1)$
$(1,-\sqrt{3})$
第1象限の座標の覚え方を伝授しよう！
$\frac{\sqrt{4}}{2}$ $(1,0)$
$\frac{\sqrt{3}}{2}$ $\left(\frac{\sqrt{3}}{2},\frac{1}{2}\right)$ $\frac{\sqrt{1}}{2}$
$\frac{\sqrt{2}}{2}$ $\left(\frac{\sqrt{2}}{2},\frac{\sqrt{2}}{2}\right)$ $\frac{\sqrt{2}}{2}$
$\frac{\sqrt{1}}{2}$ $\left(\frac{1}{2},\frac{\sqrt{3}}{2}\right)$ $\frac{\sqrt{3}}{2}$
$(0,1)$ $\frac{\sqrt{4}}{2}$
値は小さくなる
値は小さくなる
$\tan\theta$の値は傾きだからこの図を使うんですね？
$\tan\frac{\pi}{2}$，$\tan\frac{3}{2}\pi$は値がないんだよ！

基本例題 93

三角関数の値(1)

次の角 θ に対応する $\sin\theta$, $\cos\theta$, $\tan\theta$ の値を求めよ。

(1) $\dfrac{2}{3}\pi$　　(2) $-\dfrac{5}{6}\pi$　　(3) $\dfrac{9}{4}\pi$

ねらい
三角関数の値を，図から読みとること。

解法ルール 1 動径は，第何象限にある何等分線か。
2 座標を読む。

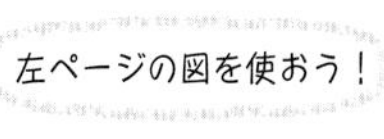

左ページの図を使おう！

解答例 (1) $\dfrac{2}{3}\pi$ は，第 2 象限の 3 等分線。

答 $\sin\dfrac{2}{3}\pi=\dfrac{\sqrt{3}}{2}$，$\cos\dfrac{2}{3}\pi=-\dfrac{1}{2}$，$\tan\dfrac{2}{3}\pi=-\sqrt{3}$

(2) $-\dfrac{5}{6}\pi$ は，第 3 象限の 6 等分線。

答 $\sin\left(-\dfrac{5}{6}\pi\right)=-\dfrac{1}{2}$，$\cos\left(-\dfrac{5}{6}\pi\right)=-\dfrac{\sqrt{3}}{2}$，$\tan\left(-\dfrac{5}{6}\pi\right)=\dfrac{\sqrt{3}}{3}$

(3) $\dfrac{9}{4}\pi$ は，第 1 象限の 4 等分線。

答 $\sin\dfrac{9}{4}\pi=\dfrac{\sqrt{2}}{2}$，$\cos\dfrac{9}{4}\pi=\dfrac{\sqrt{2}}{2}$，$\tan\dfrac{9}{4}\pi=1$

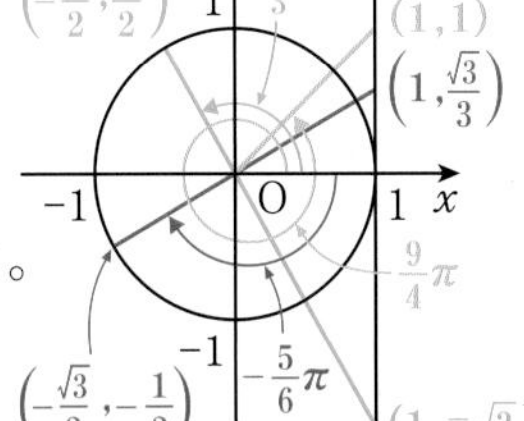

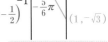

類題 93 次の角 θ に対応する $\sin\theta$, $\cos\theta$, $\tan\theta$ の値を求めよ。

(1) $\dfrac{5}{4}\pi$　　(2) $\dfrac{5}{6}\pi$　　(3) $-\dfrac{1}{3}\pi$

基本例題 94

等式を満たす角

$0\leqq\theta<2\pi$ のとき，次の式を満たす θ を求めよ。

(1) $\sin\theta=\dfrac{\sqrt{3}}{2}$　　(2) $\cos\theta=\dfrac{\sqrt{2}}{2}$　　(3) $\tan\theta=\dfrac{\sqrt{3}}{3}$

ねらい
三角関数の値から，角を読みとること。

解法ルール 1 座標を使って動径の位置をさがす。
2 動径の位置を角で読みとる。

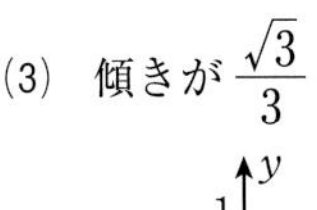

左ページの図を使おう！

解答例 (1) y 座標が $\dfrac{\sqrt{3}}{2}$　　(2) x 座標が $\dfrac{\sqrt{2}}{2}$　　(3) 傾きが $\dfrac{\sqrt{3}}{3}$

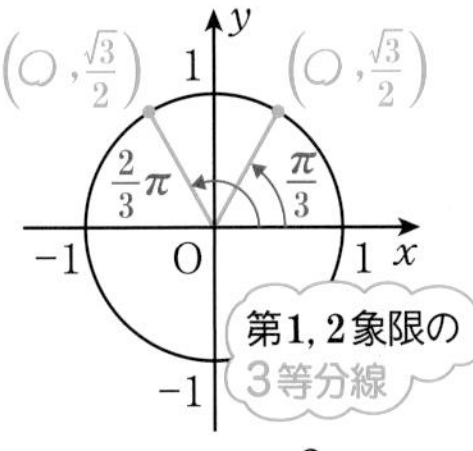

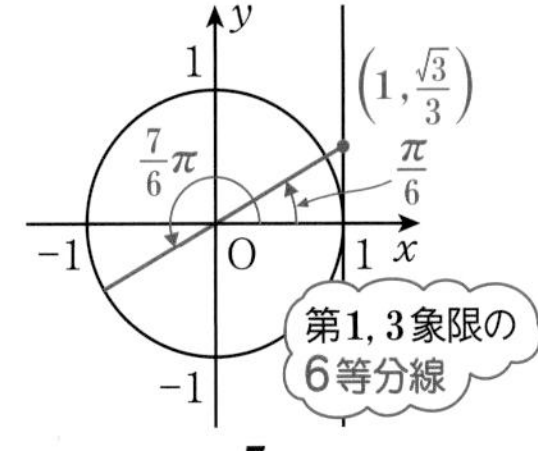

答 $\theta=\dfrac{\pi}{3}$，$\dfrac{2}{3}\pi$　　答 $\theta=\dfrac{\pi}{4}$，$\dfrac{7}{4}\pi$　　答 $\theta=\dfrac{\pi}{6}$，$\dfrac{7}{6}\pi$

類題 94 $0\leqq\theta<2\pi$ のとき，次の式を満たす θ を求めよ。

(1) $\sin\theta=-\dfrac{\sqrt{2}}{2}$　　(2) $\cos\theta=\dfrac{\sqrt{3}}{2}$　　(3) $\tan\theta=-\sqrt{3}$

三角関数の相互関係

右の図のように，単位円において，△OPH で三平方の定理より次の式が成り立つ。

$\cos^2\theta+\sin^2\theta=1$ ……①

また，OP の傾きが $\tan\theta$ だから

$\tan\theta=\dfrac{\sin\theta}{\cos\theta}$ ……②

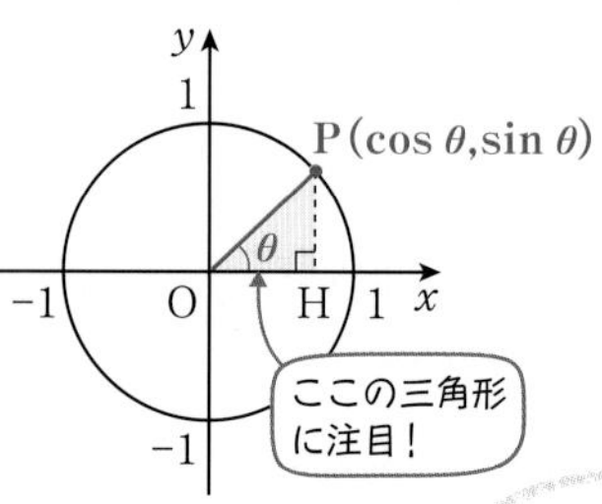

さらに，①の両辺を $\cos^2\theta$ で割ると

$1+\dfrac{\sin^2\theta}{\cos^2\theta}=\dfrac{1}{\cos^2\theta}$ より，$1+\tan^2\theta=\dfrac{1}{\cos^2\theta}$ ……③が成り立つ。

この①，②，③は $\sin\theta$，$\cos\theta$，$\tan\theta$ の関係を表す大切な公式である。

三角関数の値は，$\sin\theta$，$\cos\theta$，$\tan\theta$ のうち1つがわかればのこりの2つは計算で求められる。

ポイント ［三角関数の相互関係］ 覚え得

$\sin^2\theta+\cos^2\theta=1$　　$\tan\theta=\dfrac{\sin\theta}{\cos\theta}$　　$1+\tan^2\theta=\dfrac{1}{\cos^2\theta}$

基本例題 95　三角関数の値(2)

θ は第3象限の角で，$\sin\theta=-\dfrac{4}{5}$ である。

このとき，$\cos\theta$，$\tan\theta$ の値を求めよ。

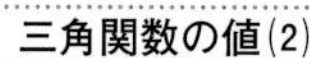

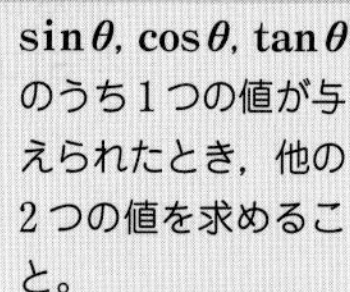

ねらい

$\sin\theta$, $\cos\theta$, $\tan\theta$ のうち1つの値が与えられたとき，他の2つの値を求めること。

解法ルール $\sin\theta$ の値がわかっているので，$\sin^2\theta+\cos^2\theta=1$ より $\cos\theta$ を求める。θ は第3象限の角だから $\cos\theta<0$ に注意。

$\tan\theta=\dfrac{\sin\theta}{\cos\theta}$ より $\tan\theta$ を求める。または，図をかいて求めてもよい。（⇨別解参照）

解答例 $\sin^2\theta+\cos^2\theta=1$ より　$\cos^2\theta=1-\sin^2\theta=1-\left(-\dfrac{4}{5}\right)^2=\dfrac{9}{25}$

θ は第3象限の角だから　$\cos\theta<0$　よって　$\boldsymbol{\cos\theta=-\dfrac{3}{5}}$ …答

また，$\tan\theta=\dfrac{\sin\theta}{\cos\theta}$ より　$\boldsymbol{\tan\theta}=\left(-\dfrac{4}{5}\right)\div\left(-\dfrac{3}{5}\right)=\boldsymbol{\dfrac{4}{3}}$ …答

（別解）$\sin\theta=\dfrac{-4}{5}$ で，θ は第3象限の角だから，θ を表す動径 OP は，右の図のようになる。この図より

$\cos\theta=\dfrac{-3}{5}=-\dfrac{3}{5}$，$\tan\theta=\dfrac{-4}{-3}=\dfrac{4}{3}$

← $\tan\theta$ は $1+\tan^2\theta=\dfrac{1}{\cos^2\theta}$ から求めることもできるが，これはあまりうまい方法ではない。

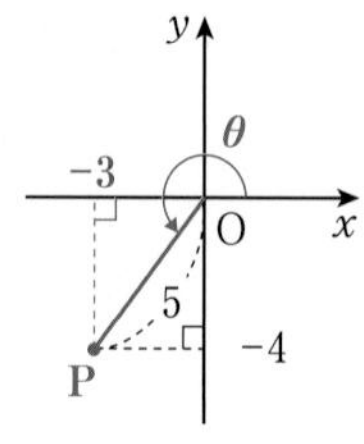

類題 95 θ が第2象限の角で，$\tan\theta=-2$ であるとき，$\sin\theta$，$\cos\theta$ の値を求めよ。

基本例題 96

三角関数の式の変形(1)

$\left(1+\tan\theta-\dfrac{1}{\cos\theta}\right)\left(1+\dfrac{1}{\tan\theta}+\dfrac{1}{\sin\theta}\right)$ を簡単にせよ。

テストに出るぞ！

ねらい
三角関数の相互関係をフルに活用して，式を変形すること。

解法ルール まず，$\tan\theta$ を $\sin\theta$，$\cos\theta$ で表して，与式を $\sin\theta$ と $\cos\theta$ のみの式にする。計算の途中で $\sin^2\theta+\cos^2\theta$ が出てきたら，$\sin^2\theta+\cos^2\theta=1$ を使って，そのつど1におき換える。

解答例

$$与式=\left(1+\frac{\sin\theta}{\cos\theta}-\frac{1}{\cos\theta}\right)\left(1+\frac{\cos\theta}{\sin\theta}+\frac{1}{\sin\theta}\right)$$

$$=\frac{\cos\theta+\sin\theta-1}{\cos\theta}\times\frac{\sin\theta+\cos\theta+1}{\sin\theta}$$

$$=\frac{(\sin\theta+\cos\theta)^2-1}{\sin\theta\cos\theta}$$

$$=\frac{\sin^2\theta+2\sin\theta\cos\theta+\cos^2\theta-1}{\sin\theta\cos\theta}$$

$$=\frac{1+2\sin\theta\cos\theta-1}{\sin\theta\cos\theta}=\frac{2\sin\theta\cos\theta}{\sin\theta\cos\theta}=\mathbf{2}$$ …答

和と差の積の公式
$(a+b)(a-b)$
$=a^2-b^2$
を思い出せ！

類題 96 $\dfrac{\cos\theta}{1-\sin\theta}-\tan\theta$ を簡単にせよ。

基本例題 97

三角関数の等式の証明(1)

次の等式が成り立つことを証明せよ。

$\tan^2\theta-\sin^2\theta=\tan^2\theta\sin^2\theta$

ねらい
三角関数の相互関係の活用だけでなく，解法ルールを使って等式を証明すること。

解法ルール 等式 $P=Q$ を証明するには，次の3通りの方法がある。

1 $\boldsymbol{P=\cdots=Q}$ を導く。
　つまり，P を変形して Q になることを示す。
2 $\boldsymbol{P-Q=0}$ を示す。$(P-Q=0 \Longleftrightarrow P=Q)$
3 $\boldsymbol{P=\cdots=R}$，$\boldsymbol{Q=\cdots=R}$ を導く。

ここでは，2の方法で証明する。

解答例 $(\tan^2\theta-\sin^2\theta)-\tan^2\theta\sin^2\theta=\tan^2\theta-\tan^2\theta\sin^2\theta-\sin^2\theta$

$=\tan^2\theta(1-\sin^2\theta)-\sin^2\theta=\dfrac{\sin^2\theta}{\cos^2\theta}\times\cos^2\theta-\sin^2\theta$

$=\sin^2\theta-\sin^2\theta=0$

よって　$\boldsymbol{\tan^2\theta-\sin^2\theta=\tan^2\theta\sin^2\theta}$ 終

← $\sin^2\theta+\cos^2\theta=1$ は，姿を変えて現れることもある。
$1-\sin^2\theta=\cos^2\theta$
$1-\cos^2\theta=\sin^2\theta$
も使いこなせるように。

類題 97 $\dfrac{1+\cos\theta}{1-\sin\theta}-\dfrac{1-\cos\theta}{1+\sin\theta}=\dfrac{2(1+\tan\theta)}{\cos\theta}$ を証明せよ。

基本例題 98

三角関数を含む式

$\sin\theta+\cos\theta=t$ のとき $\sin\theta\cos\theta$ を t を用いて表せ。

ねらい
$\sin\theta+\cos\theta$ と $\sin\theta\cos\theta$ の関係をみつけること。

解法ルール $\sin\theta+\cos\theta=t$ の**両辺を 2 乗**すると
$\sin^2\theta+\cos^2\theta=1$ が使える。

$\sin\theta+\cos\theta=t$ の両辺を 2 乗する。

$\sin^2\theta+2\sin\theta\cos\theta+\cos^2\theta=t^2$

$1+2\sin\theta\cos\theta=t^2$

よって　$\boldsymbol{\sin\theta\cos\theta=\dfrac{t^2-1}{2}}$　…答

この形はよく
出てくるから
ここでマスター
しておこう。

類題 98 次の問いに答えよ。

(1) $\sin\theta+\cos\theta=t$ のとき，$\sin^3\theta+\cos^3\theta$ を t を用いて表せ。

(2) $\sin\theta\cos\theta=s$ のとき，$\sin\theta+\cos\theta$ を s を用いて表せ。

応用例題 99

三角関数と 2 次方程式

x の 2 次方程式 $3x^2-kx-1=0$ の 2 つの解が，$\sin\theta$, $\cos\theta$ であるとき，定数 k の値を求めよ。

ねらい
2 次方程式の解と係数の関係を正確に使うことと，かくれた条件
$\sin^2\theta+\cos^2\theta=1$
を使うこと。

解法ルール 2 次方程式 $ax^2+bx+c=0$ の 2 つの解 α, β が与えられたときには，次の**解と係数の関係**を使うとよい。

$$\alpha+\beta=-\frac{b}{a},\quad \alpha\beta=\frac{c}{a}$$

$3x^2-kx-1=0$ の解が $\sin\theta$, $\cos\theta$ だから，解と係数の関係より

$\sin\theta+\cos\theta=\dfrac{k}{3}$　……①　　$\sin\theta\cos\theta=-\dfrac{1}{3}$　……②

①の両辺を 2 乗して　$\sin^2\theta+2\sin\theta\cos\theta+\cos^2\theta=\dfrac{k^2}{9}$

$1+2\sin\theta\cos\theta=\dfrac{k^2}{9}$

②を代入して　$1+2\times\left(-\dfrac{1}{3}\right)=\dfrac{k^2}{9}$

$k^2=3$

よって　$\boldsymbol{k=\pm\sqrt{3}}$　…答

2 乗すると
$\sin^2\theta+\cos^2\theta=1$
が使える。

類題 99 x の 2 次方程式 $4x^2+3x-k=0$ の 2 つの解が $\sin\theta$, $\cos\theta$ であるとき，定数 k の値，および $\sin^3\theta+\cos^3\theta$ の値を求めよ。

これも知っ得 弧度法の一般角

p. 96 で度数法による一般角を学習したが，ここでは弧度法による一般角の表し方について学習しよう。

半円周…π ラジアン

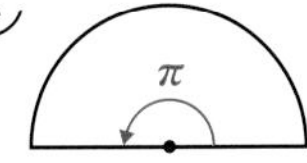

円周…2π ラジアン

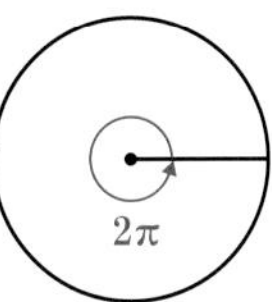

したがって，右の図のように，始線とのなす角が α のときの一般角 θ は，

$\theta=\alpha+2n\pi$（n：整数）

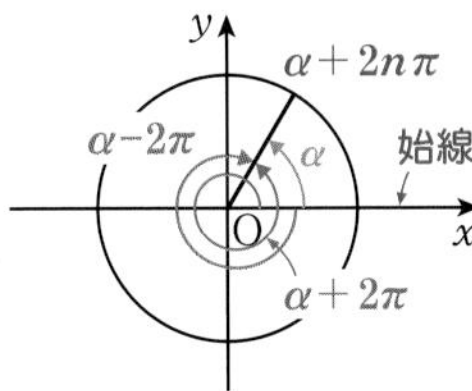

❖ 特別な角の一般角

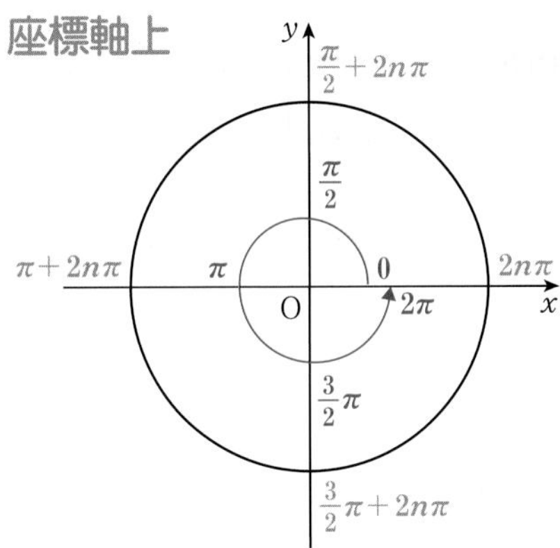

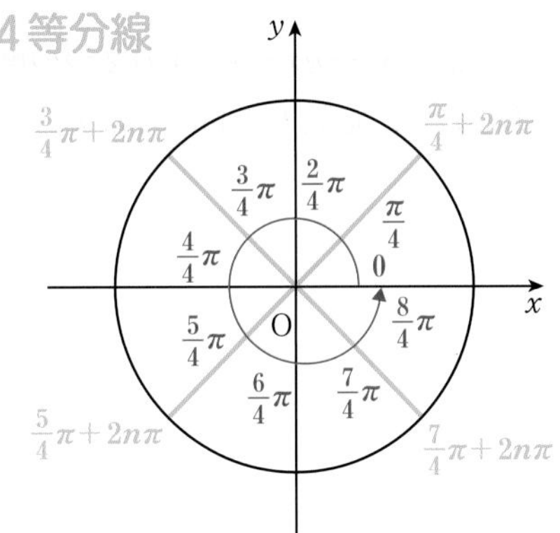

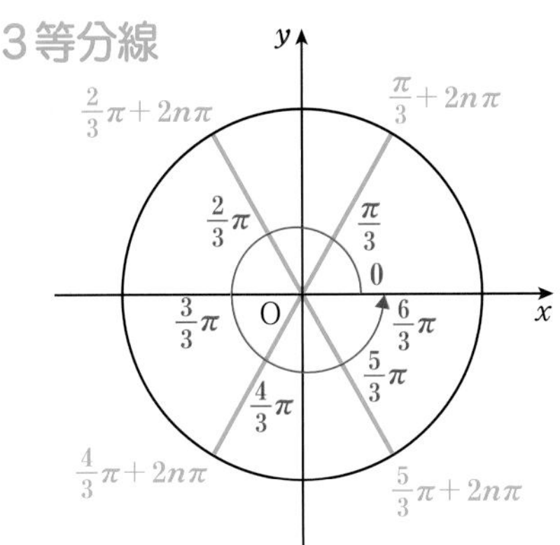

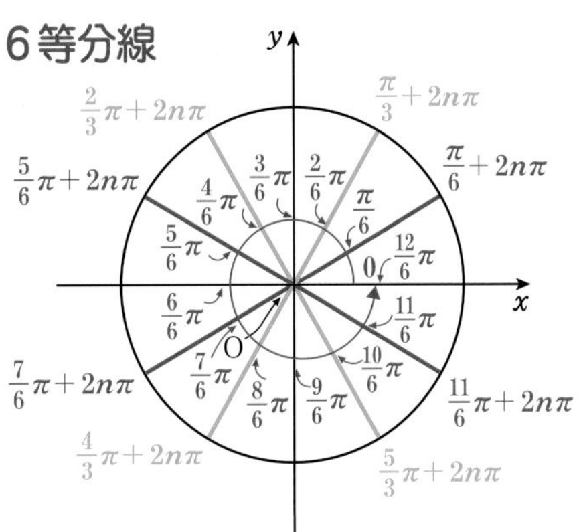

4 三角関数の性質

n が整数のとき，角 $\theta+2n\pi$ を表す動径は，角 θ を表す動径と一致するから，次の式が成り立つよ。ここでは，このような性質について調べてみよう。

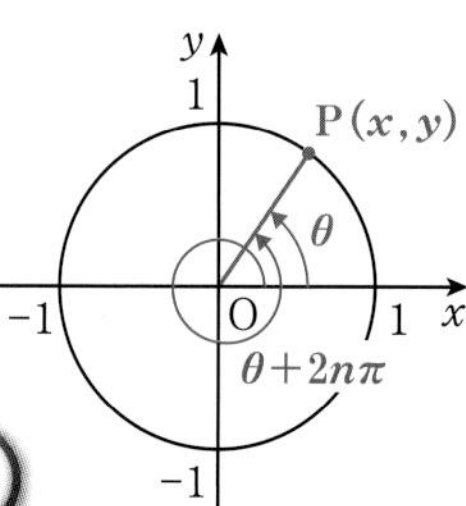

ポイント [$\theta+2n\pi$(n は整数)の三角関数]　覚え得

$\sin(\theta+2n\pi)=\sin\theta$

$\cos(\theta+2n\pi)=\cos\theta$

$\tan(\theta+2n\pi)=\tan\theta$

$-\theta$ の三角関数については，下の図のように，θ を第 1 象限の角にとり，単位円周上の点の座標を $\mathrm{P}(x,\ y)$ とすると

$$\sin\theta=y,\ \cos\theta=x,\ \tan\theta=\frac{y}{x}\ (x\neq 0)$$

これをドンドンあてはめていきます。

← θ を第 1 象限にとったが，これから導く公式は，実は **θ が第何象限の角であっても成り立つ**。

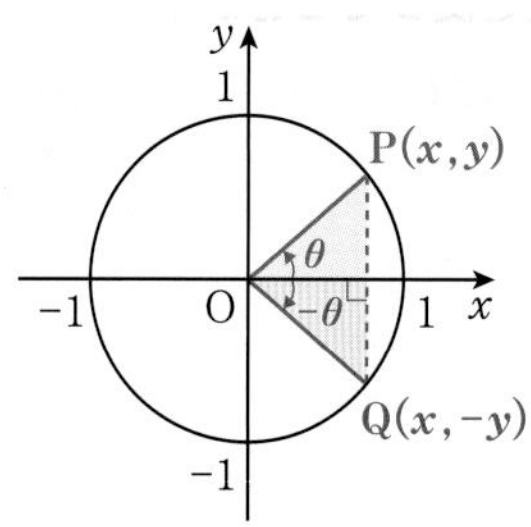

角 $-\theta$ は第 4 象限の角で，その座標は $\mathrm{Q}(x,\ -y)$ だから，

$$\sin(-\theta)=-y=-\sin\theta$$

$$\cos(-\theta)=x=\cos\theta$$

$$\tan(-\theta)=-\frac{y}{x}=-\tan\theta$$

となります。

← たとえば

$\sin\left(-\frac{\pi}{3}\right)=-\sin\frac{\pi}{3}$

$=-\frac{\sqrt{3}}{2}$

となる。

ポイント [$-\theta$ の三角関数]　覚え得

$\sin(-\theta)=-\sin\theta$　　$\cos(-\theta)=\cos\theta$　　$\tan(-\theta)=-\tan\theta$

$\pi-\theta$ の三角関数については，下の図のように，θ を第 1 象限にとり，単位円周上の点の座標を $\mathrm{P}(x,\ y)$ とすると，角 $\pi-\theta$ は第 2 象限の角で，その座標は $\mathrm{R}(-x,\ y)$ だから，

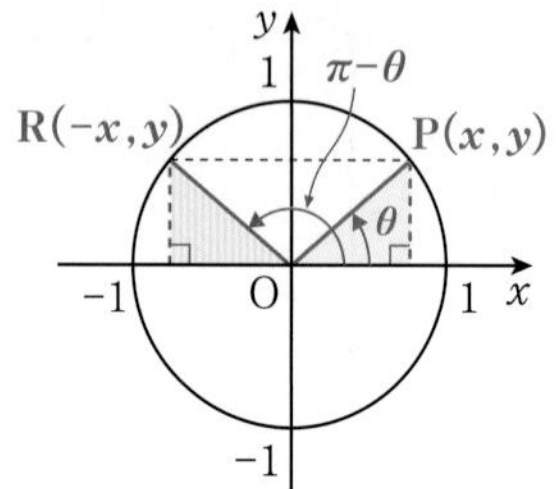

$$\sin(\pi-\theta)=y=\sin\theta$$

$$\cos(\pi-\theta)=-x=-\cos\theta$$

$$\tan(\pi-\theta)=-\frac{y}{x}=-\tan\theta$$

となります。

← 度数法では

$\sin(180°-\theta)=\sin\theta$

$\cos(180°-\theta)$
$=-\cos\theta$

$\tan(180°-\theta)$
$=-\tan\theta$

となる。

続いて，私が $\pi+\theta$ のときを調べるね。
下の図のように角 θ をとり，単位円周上の点を $\mathrm{P}(x,\ y)$ とすると，
角 $\pi+\theta$ の単位円周上の点は $\mathrm{S}(-x,\ -y)$ となるので，

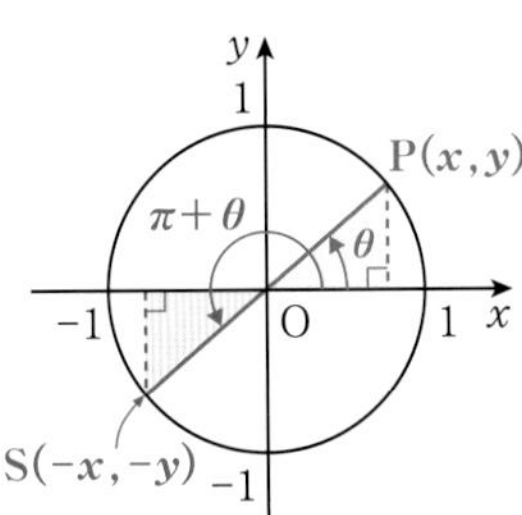

$$\sin(\pi+\theta)=-y=-\sin\theta$$
$$\cos(\pi+\theta)=-x=-\cos\theta$$
$$\tan(\pi+\theta)=\frac{-y}{-x}=\frac{y}{x}$$
$$=\tan\theta$$

となります。

⬅ 度数法では
$\sin(180^\circ+\theta)$
$=-\sin\theta$
$\cos(180^\circ+\theta)$
$=-\cos\theta$
$\tan(180^\circ+\theta)$
$=\tan\theta$
となる。

[$\pi-\theta$，$\pi+\theta$ の三角関数]

$\sin(\pi-\theta)=\sin\theta$	$\sin(\pi+\theta)=-\sin\theta$
$\cos(\pi-\theta)=-\cos\theta$	$\cos(\pi+\theta)=-\cos\theta$
$\tan(\pi-\theta)=-\tan\theta$	$\tan(\pi+\theta)=\tan\theta$

$\pi+\theta$ の三角関数は，$\pi-\theta$ と $-\theta$ の三角関数を使っても導けるよ。

$$\sin(\pi+\theta)=\sin\{\pi-(-\theta)\}=\sin(-\theta)=-\sin\theta$$

（$\pi-\theta$ の三角関数）（$-\theta$ の三角関数）

公式を組み合わせて，別の公式を導くことが重要。

$$\cos(\pi+\theta)=\cos\{\pi-(-\theta)\}=-\cos(-\theta)=-\cos\theta$$
$$\tan(\pi+\theta)=\tan\{\pi-(-\theta)\}=-\tan(-\theta)=-(-\tan\theta)=\tan\theta$$

というわけだよ。

では，私が $\dfrac{\pi}{2}+\theta$ のときを調べます。

下の図のように角 θ をとり，単位円周上の点を $\mathrm{P}(x,\ y)$ とすると，

角 $\dfrac{\pi}{2}+\theta$ の単位円周上の点は $\mathrm{T}(-y,\ x)$ となるので，

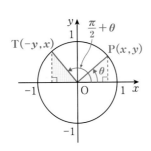

$$\sin\left(\frac{\pi}{2}+\theta\right)=x=\cos\theta$$
$$\cos\left(\frac{\pi}{2}+\theta\right)=-y=-\sin\theta$$
$$\tan\left(\frac{\pi}{2}+\theta\right)=\frac{x}{-y}=-\frac{1}{\frac{y}{x}}$$
$$=-\frac{1}{\tan\theta}$$

です。

⬅ 度数法では
$\sin(90^\circ+\theta)=\cos\theta$
$\cos(90^\circ+\theta)$
$=-\sin\theta$
$\tan(90^\circ+\theta)$
$=-\dfrac{1}{\tan\theta}$

角が $\frac{\pi}{2}-\theta$ のとき，角 θ のときの単位円周上の点を $P(x,\ y)$ とすると，角 $\frac{\pi}{2}-\theta$ のときの単位円周上の点は $U(y,\ x)$ となるので，

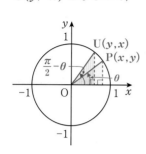

$$\sin\left(\frac{\pi}{2}-\theta\right)=x=\cos\theta$$

$$\cos\left(\frac{\pi}{2}-\theta\right)=y=\sin\theta$$

$$\tan\left(\frac{\pi}{2}-\theta\right)=\frac{x}{y}=\frac{1}{\frac{y}{x}}=\frac{1}{\tan\theta}$$

ですね。

← $\frac{\pi}{2}-\theta$ のときは，x 軸も y 軸もかかないで，下の三角形を見て考えるほうがはやい。

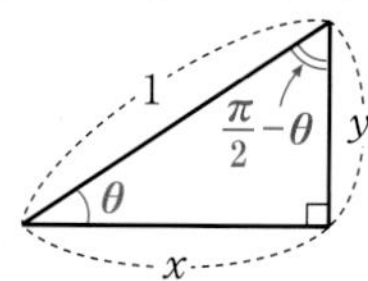

← 度数法では
$\sin(90°-\theta)=\cos\theta$
$\cos(90°-\theta)=\sin\theta$
$\tan(90°-\theta)=\frac{1}{\tan\theta}$

ポイント $\left[\frac{\pi}{2}+\theta,\ \frac{\pi}{2}-\theta\right.$ の三角関数$\left.\right]$ 覚え得

$\sin\left(\frac{\pi}{2}+\theta\right)=\cos\theta$　　$\sin\left(\frac{\pi}{2}-\theta\right)=\cos\theta$

$\cos\left(\frac{\pi}{2}+\theta\right)=-\sin\theta$　　$\cos\left(\frac{\pi}{2}-\theta\right)=\sin\theta$

$\tan\left(\frac{\pi}{2}+\theta\right)=-\frac{1}{\tan\theta}$　　$\tan\left(\frac{\pi}{2}-\theta\right)=\frac{1}{\tan\theta}$

以上で18個の公式を導いたね。これらの公式を全部覚えておくのはたいへんだ。そこで，そのつど図をかいて導けるようにしておくこと。しかし，$-\theta$(負角)，$\frac{\pi}{2}-\theta$(余角)，$\pi-\theta$(補角)の公式は必ず覚えておこう。それらを何度か使えば他の公式を導けるので。

← これらの公式は，加法定理(*p.124* 参照)を使って導くこともできる。

これも知っ得 $\frac{\pi}{2}\pm\theta$，$-\theta$，$\theta+2n\pi$，$\pi\pm\theta$ **の公式**

❶ $\frac{\pi}{2}\pm\theta$ のときは，次のように変える。 $\sin \longrightarrow \cos$　$\cos \longrightarrow \sin$　$\tan \longrightarrow \frac{1}{\tan}$

❷ それ以外の $-\theta$，$\theta+2n\pi$，$\pi\pm\theta$ のときは，そのままにしておく。
$\sin \longrightarrow \sin$　$\cos \longrightarrow \cos$　$\tan \longrightarrow \tan$

❸ 符号は，θ を第1象限の角にとったとき，$\frac{\pi}{2}\pm\theta$，$-\theta$，$\theta+2n\pi$，$\pi\pm\theta$ がそれぞれ第何象限の角になるかで判断する。←*p. 101* これも知っ得「三角関数の値の符号」参照

基本例題 100

三角関数の式の変形(2)

次の式を簡単にせよ。

テストに
出るぞ!

$$\cos\left(\theta+\frac{\pi}{2}\right)+\cos(\theta+\pi)+\cos\left(\theta+\frac{3}{2}\pi\right)+\cos(\theta+2\pi)$$

ねらい
三角関数の性質のうち，$\frac{\pi}{2}\pm\theta$ や $\pi\pm\theta$ の公式を使って，角 θ の三角関数になおすこと。

解法ルール $-\theta$，$\frac{\pi}{2}\pm\theta$，$\pi\pm\theta$ の公式を使って，角を θ に統一する。

解答例 $\cos\left(\theta+\frac{3}{2}\pi\right)=\cos\left\{\pi+\left(\frac{\pi}{2}+\theta\right)\right\}$

$$=-\cos\left(\frac{\pi}{2}+\theta\right)=\sin\theta$$

よって　与式 $=(-\sin\theta)+(-\cos\theta)+\sin\theta+\cos\theta=\mathbf{0}$ …答

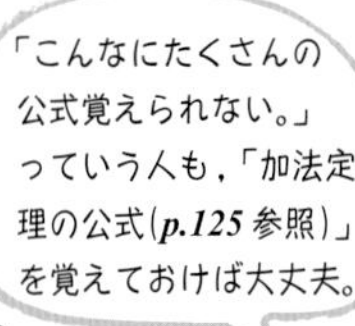
「こんなにたくさんの
公式覚えられない。」
っていう人も，「加法定
理の公式(p.125 参照)」
を覚えておけば大丈夫。

類題 100 次の式を簡単にせよ。

$$\sin\left(\frac{\pi}{2}-\theta\right)+\sin(\pi-\theta)+\sin\left(\frac{3}{2}\pi-\theta\right)$$

基本例題 101

三角関数の値(3)

次の値を求めよ。

(1) $\sin\frac{7}{3}\pi$　　(2) $\cos\frac{19}{4}\pi$　　(3) $\tan\left(-\frac{8}{3}\pi\right)$

ねらい
$0\leqq\theta\leqq\frac{\pi}{2}$ の範囲で三角関数を表して，値を求めること。

解法ルール まず，$2n\pi$ を加えるか引くかして，$0\leqq\theta<2\pi$ で表す。公式を使って与えられた三角関数を，$0\leqq\theta\leqq\frac{\pi}{2}$ の範囲で表せば，値は求められる。

解答例

(1) $\sin\frac{7}{3}\pi=\sin\left(2\pi+\frac{\pi}{3}\right)=\sin\frac{\pi}{3}=\boldsymbol{\frac{\sqrt{3}}{2}}$ …答

(2) $\cos\frac{19}{4}\pi=\cos\left(4\pi+\frac{3}{4}\pi\right)=\cos\frac{3}{4}\pi=\cos\left(\pi-\frac{\pi}{4}\right)$

$$=-\cos\frac{\pi}{4}=\boldsymbol{-\frac{1}{\sqrt{2}}}$$ …答

(3) $\tan\left(-\frac{8}{3}\pi\right)=\tan\left(-4\pi+\frac{4}{3}\pi\right)=\tan\frac{4}{3}\pi$

$$=\tan\left(\pi+\frac{\pi}{3}\right)=\tan\frac{\pi}{3}=\boldsymbol{\sqrt{3}}$$ …答

(別解)
(1)第 1 象限にある 3 等分線
(2)第 2 象限にある 4 等分線
(3)第 3 象限にある 3 等分線
として座標を読む。

類題 101 次の値を求めよ。

(1) $\sin\left(-\frac{13}{6}\pi\right)$　　(2) $\cos\frac{13}{6}\pi$　　(3) $\tan\frac{7}{2}\pi$

5 三角関数のグラフ

● 周期関数と周期とは？

三角関数のグラフをかくには，周期性や対称性(偶関数・奇関数)の性質を利用するといいんだ。そこで，まず周期について考える。関数 $f(x)$ において，

$f(x+p)=f(x)$ （p は 0 でない定数）

がすべての x について成り立つとき，$f(x)$ を **p を周期とする周期関数**という。

⬅ $f(x)=\sin x$ では $\sin x=\sin(x+2\pi)$ $=\sin(x+2\times2\pi)$ $=\cdots$ だから，2π，4π，6π，…や，-2π，-4π，…も周期になるが，正の最小のものをとって，2π を $\sin x$ の周期という。

$f(x)$ の周期が p のとき，n を正の整数とすると

$$f(x+np)=f(x+(n-1)p+p)=f(x+(n-1)p)$$
$$=\cdots=f(x+p)=f(x)$$

これから np も周期になりますが，周期は無数にあるのですか。

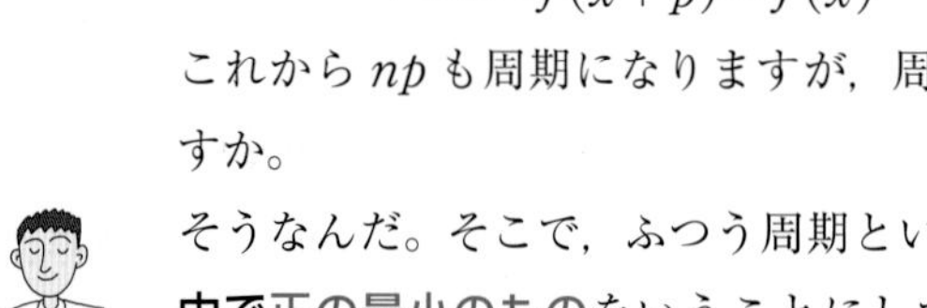

そうなんだ。そこで，ふつう周期というときには，**周期の中で正の最小のもの**をいうことにしている。したがって，三角関数の周期は，次のようになる。

ポイント [三角関数の周期]

$\sin x$，$\cos x$ の周期は 2π　　$\tan x$ の周期は π

これも知っ得 $f(mx)$ の周期

$f(x)$ の周期が p のとき，$f(mx)$ の周期はどうなるだろうか。

$f\left(m\left(x+\dfrac{p}{m}\right)\right)=f(mx+p)=f(mx)$ が成り立つ。

周期は mp ではない！

また，周期は正の最小なものをとるので，$f(mx)$ の周期は $\dfrac{p}{|m|}$ となる。

- $y=f(x+a)$，$y=af(x)$ の周期は $f(x)$ と同じ p
- $y=f(mx)$ のグラフは，$y=f(x)$ のグラフを x 軸方向に $\dfrac{1}{|m|}$ 倍に拡大または縮小したもの。

⬅ $y=f(x+a)$ のグラフは，$y=f(x)$ のグラフを x 軸方向に $+a$ ではなく，$-a$ だけ平行移動したものである。

(例) $\sin 2x$ の周期→$\dfrac{2\pi}{2}=\pi$，$\cos(-3x)$ の周期→$\dfrac{2\pi}{|-3|}=\dfrac{2}{3}\pi$，

$\tan 4x$ の周期→$\dfrac{\pi}{4}$，$\sin\dfrac{x}{5}$ の周期→$\dfrac{2\pi}{\frac{1}{5}}=10\pi$

偶関数・奇関数とは？

偶関数・奇関数の定義およびグラフの性質をまとめてみよう。また，偶関数・奇関数の例は，どのようなものがあるかな。

定義は次のようになります。

関数 $f(x)$ において

　$f(-x)=f(x)$ **のとき，$f(x)$ を偶関数**

　$f(-x)=-f(x)$ **のとき，$f(x)$ を奇関数**

また，グラフについては，

　偶関数のグラフは y 軸に関して対称，

　奇関数のグラフは原点に関して対称，

となります。

⬅ 偶関数または奇関数であることがわかっている場合 $x \geqq 0$ の範囲でグラフをかけば全体の様子がわかる。

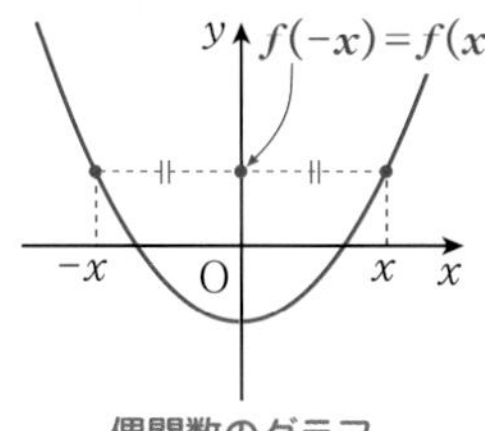

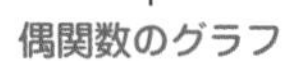

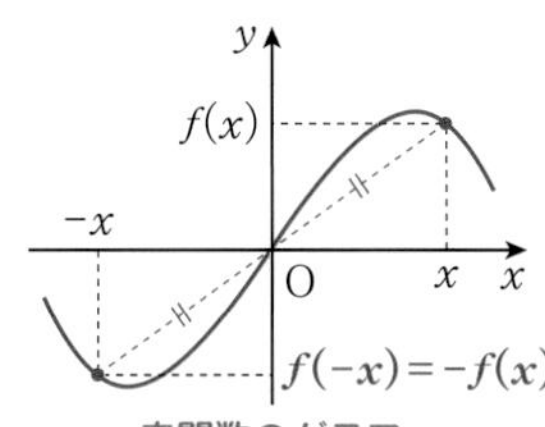

奇関数のグラフ

偶関数の例としては

$y=\cos x$，$y=x^2$，$y=|x|$

奇関数の例としては

$y=\sin x$，$y=\tan x$，$y=x$，$\underline{y=x^3}$，$y=\dfrac{1}{x}$，$\underline{y=x^3-3x}$

のような関数があります。　　5章　微分法・積分法参照

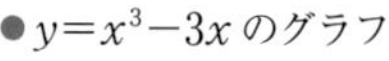

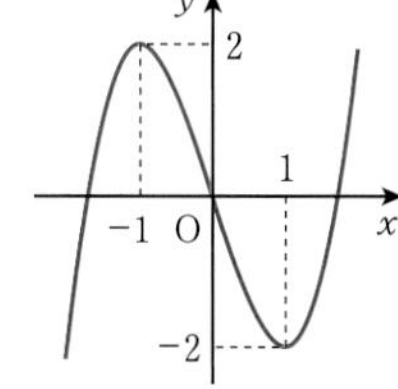

$y=\sin x$ のグラフは？

では，いよいよ $y=\sin x$ のグラフをかくことにしよう。

右の図の単位円では，$\sin x$ はどの長さで表されたかな。

右の図のように点 A，P，Q をとり，

$\angle \mathrm{AOP}=x$ とすると，

$\mathrm{PQ}=\sin x$ です。

また，$\mathrm{OQ}=\cos x$ となります。

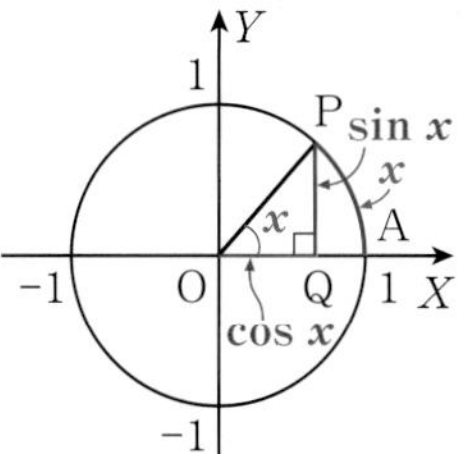

⬅ 点 P の座標は $\mathrm{P}(\cos x,\ \sin x)$

そこで，下の図のように，左側に単位円，右側に x，y 座標軸を用意しよう。$x=$弧 AP なので，右側の x 軸上の弧 AP の長さと等しいところに x をとり，そこに PQ を平行移動する。すると，座標が $(x,\ \sin x)$ の点 P′ が得られる。このことを繰り返して点をとっていくと，$y=\sin x$ のグラフがかけるよ。

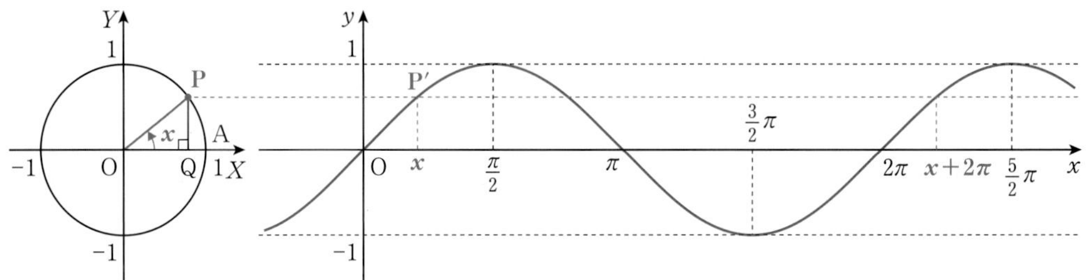

基本例題 102

sin のグラフをかく

次の関数のグラフをかけ。

(1) $y=\sin\left(x-\dfrac{\pi}{3}\right)$　　(2) $y=2\sin 3x$

ねらい
$y=\sin x$ のグラフをもとにして，$y=a\sin(bx+c)$ のグラフをかくこと。

$y=\sin x$ のグラフをもとにする。

(1) **x 軸方向に $\dfrac{\pi}{3}$ だけ平行移動したもの。**

(2) **x 軸方向に $\dfrac{1}{3}$ 倍$\left(\text{周期 } \dfrac{2\pi}{3}\right)$し，$y$ 軸方向に 2 倍したもの。**

解答例 (1)

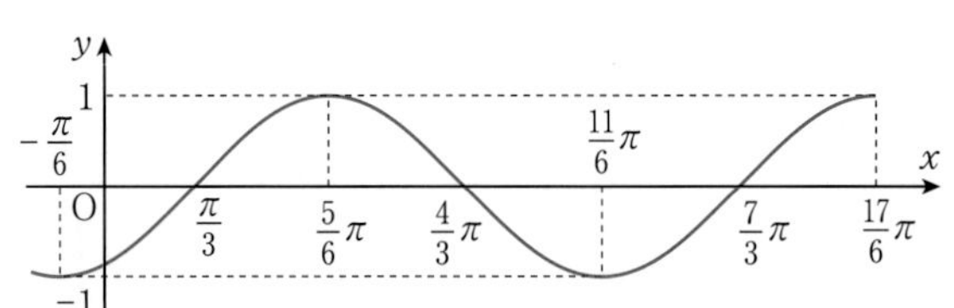

(2)

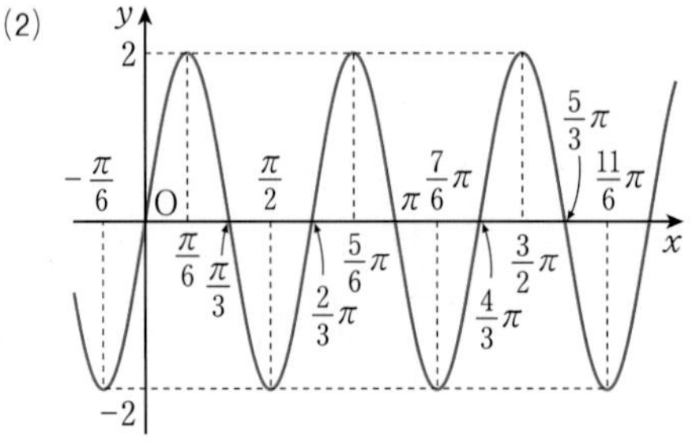

← 三角方程式（*p. 118*）の範囲になるが，それぞれ
(1) $y=0,\ \pm 1,\ x=0$
(2) $y=0,\ \pm 2,\ x=0$
などになるときの点をいくつか求め，それらの点を曲線で結んでもよい。

類題 102

次の関数のグラフをかけ。

(1) $y=2\sin\left(x+\dfrac{\pi}{6}\right)$　　(2) $y=\sin\dfrac{x}{2}-1$

● $y=\cos x$ のグラフは？

次に，$y=\cos x$ のグラフをかこう。

p. 113 の単位円の図では，$\cos x$ は横軸上の OQ の長さで表される。ところが，横軸上の線分を右側の y 軸に平行な位置に平行移動させることはできない。そこで単位円を **90° 回転**させる。こうすれば，$y=\sin x$ のときと同じようにしてグラフはかけるね。

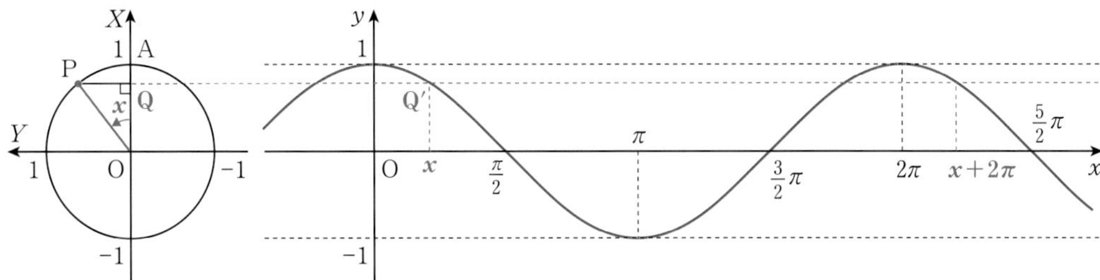

基本例題 103　cos のグラフをかく

次の関数のグラフをかけ。

(1) $y=3\cos\left(x+\dfrac{\pi}{3}\right)$　　(2) $y=\cos\left(2x-\dfrac{\pi}{3}\right)$

テストに出るぞ！

ねらい
$y=\cos x$ のグラフをもとにして，$y=a\cos(bx+c)$ のグラフをかくこと。

解法ルール $y=\cos x$ のグラフをもとにする。

(1) **y 軸方向に 3 倍に拡大し，x 軸方向に $-\dfrac{\pi}{3}$ だけ平行移動。**

(2) **$y=\cos 2\left(x-\dfrac{\pi}{6}\right)$ と変形して考える。**（周期 π）

解答例

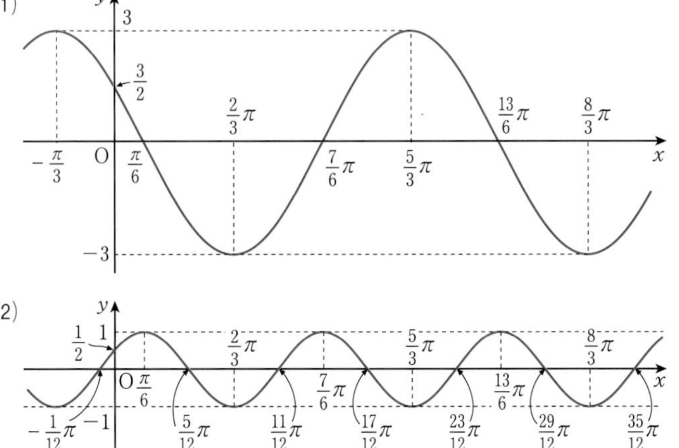

⬅ (2)は，次の手順で考えていけばよい。

$y=\cos x$
↓ x 軸方向に $\dfrac{1}{2}$ 倍
$y=\cos 2x$
↓ x 軸方向に $\dfrac{\pi}{6}$ 移動
$y=\cos 2\left(x-\dfrac{\pi}{6}\right)$

類題 103 次の関数のグラフをかけ。

(1) $y=2\cos\left(x-\dfrac{\pi}{4}\right)$　　(2) $y=\cos\left(3x+\dfrac{\pi}{3}\right)$

● $y=\tan x$ のグラフは？

最後に，右の図をもとにして $y=\tan x$ のグラフをかいてみよう。
右の図で，$\angle\mathrm{AOP}=x$ のとき $\mathrm{TA}=\tan x$ となるので，$y=\sin x$ や $y=\cos x$ のグラフのときと同様に，TA を平行移動させる。

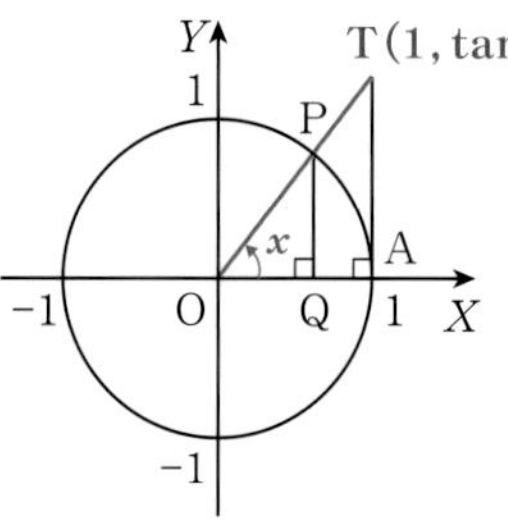

⬅ x が第2象限の角のときは，下の図のようになる。

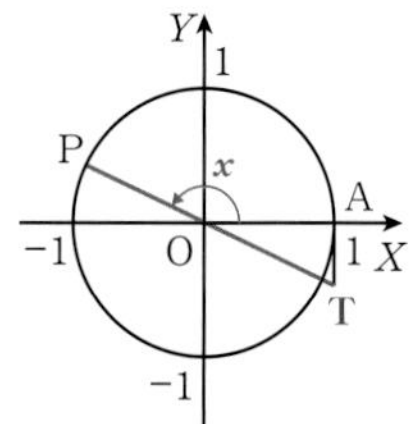

なお，$x=\dfrac{\pi}{2}+n\pi$（n は整数）では，$\tan x$ の値は存在しないことから，
直線 $x=\dfrac{\pi}{2}+n\pi$ は漸近線となっていることがわかる。

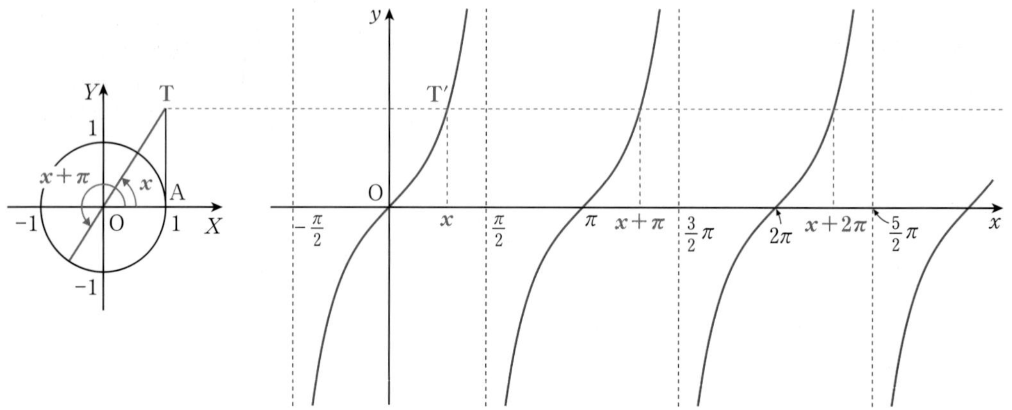

基本例題 104　　tan のグラフをかく

次の関数のグラフをかけ。

(1) $y=\tan\left(x-\dfrac{\pi}{4}\right)$　　(2) $y=3\tan 2x$

ねらい
$y=\tan x$ のグラフをもとにして，$y=a\tan(bx+c)$ のグラフをかくこと。

解法ルール $y=\tan x$ のグラフをもとにする。

1 x 軸方向に $\dfrac{\pi}{4}$ だけ平行移動したものである。

2 x 軸方向に $\dfrac{1}{2}$ 倍に縮小$\left(\text{周期 } \dfrac{\pi}{2}\right)$し，$y$ 軸方向に3倍に拡大する。

解答例

(1)

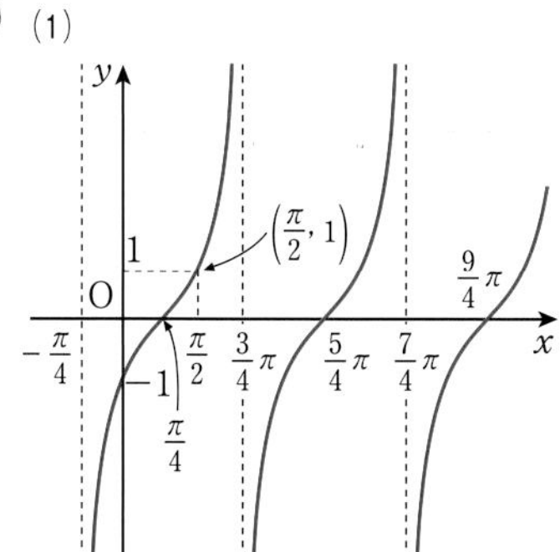

(2)

y
$\left(\frac{\pi}{8}, 3\right)$
3
O
$\frac{\pi}{4}$
$\frac{3}{4}\pi$
$-\frac{\pi}{4}$
$\frac{\pi}{8}$
$\frac{\pi}{2}$
π
x

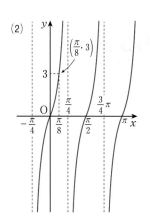

← $y=\tan x$ のグラフは，y 軸方向の拡大・縮小をグラフに表現しにくい。

(1)で点 $\left(\frac{\pi}{2},\ 1\right)$ を記入していなければ，$y=2\tan\left(x-\frac{\pi}{4}\right)$ のグラフと区別がつかない。

(2)で点 $\left(\frac{\pi}{8},\ 3\right)$ を記入していなければ $y=5\tan 2x$ のグラフと区別がつかない。

この点に注意すること。

類題 104 次の関数のグラフをかけ。

(1) $y=2\tan\left(x+\frac{\pi}{3}\right)$　　(2) $y=\tan(3x+\pi)$

これも知っ得　グラフのかき方

グラフを動かさずに，座標軸を動かしたり，目盛りを変えるだけでグラフをかく方法を伝授しよう。

Ⓐ　y 軸を $-\frac{\pi}{6}$ だけ平行移動する　⟶ $y=\sin\left(x-\frac{\pi}{6}\right)$

Ⓑ　x 軸を -2 だけ平行移動する　⟶ $y=\sin x+2$

Ⓒ　y 軸の目もりの数値を 3 倍にする　⟶ $y=3\sin x$

Ⓓ　x 軸の目もりの数値を 4 倍にする　⟶ $y=\sin\frac{x}{4}$

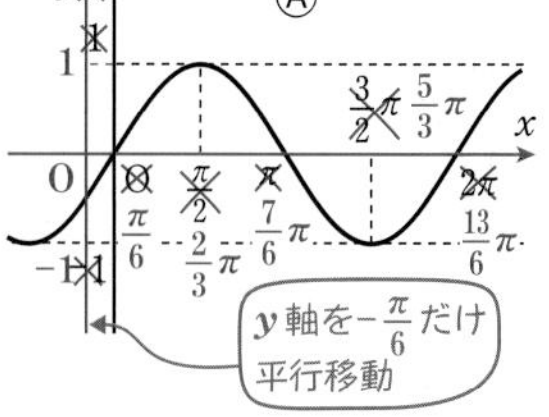

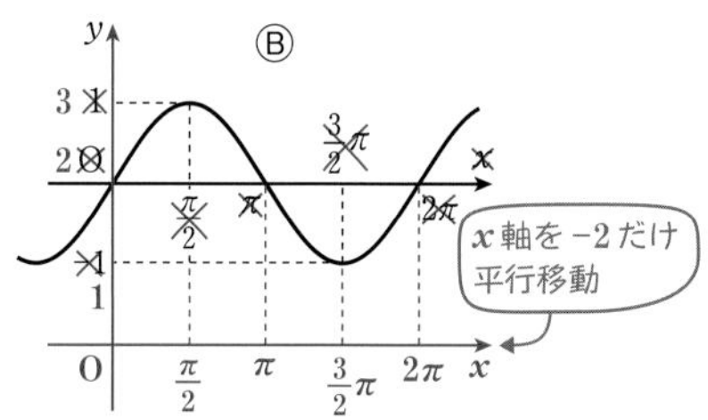

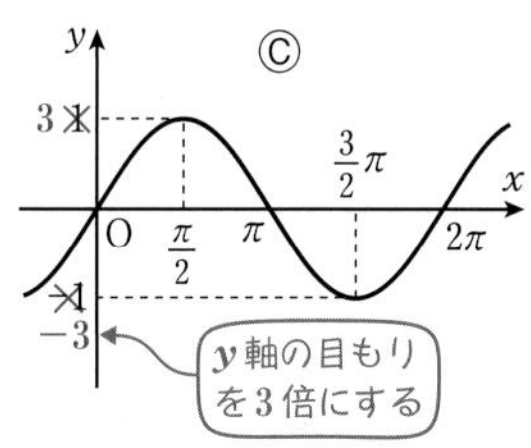

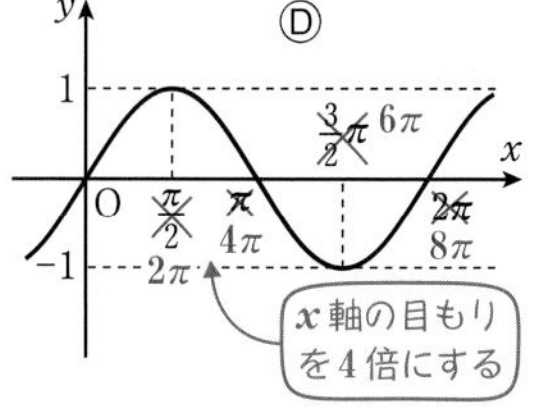

	$y=\sin x$	$y=\cos x$	$y=\tan x$
定義域	すべての実数	すべての実数	$x\neq\frac{\pi}{2}+n\pi$（n は整数）
値　域	$-1\leqq y\leqq 1$	$-1\leqq y\leqq 1$	すべての実数
周　期	2π	2π	π
偶・奇	奇関数	偶関数	奇関数
グラフ	原点に関して対称	y 軸に対して対称 （$y=\sin x$ のグラフを x 軸方向に $-\frac{\pi}{2}$ だけ平行移動したもの）	原点に関して対称 漸近線は $x=\frac{\pi}{2}+n\pi$

6 三角方程式・不等式

ここでは，$\sin x=a$ のような三角方程式や $\cos x<a$ のような三角不等式を，どのようにして解くかについて学ぼう。

三角方程式はどう解く？

まず，三角方程式 $\boldsymbol{\sin x=\frac{\sqrt{3}}{2}}$ $(0\leqq x<2\pi)$ を，単位円を利用する方法と，グラフを利用する方法で解いてもらおうか。

⬅ sin は第 1，2 象限で正だから，$\sin x=\frac{\sqrt{3}}{2}$ を満たす x は第 1，2 象限の角である。

単位円をかきます。

y 座標が $\frac{\sqrt{3}}{2}$ の動径は π を 3 等分するから　$\boldsymbol{x=\frac{\pi}{3},\ \frac{2}{3}\pi}$

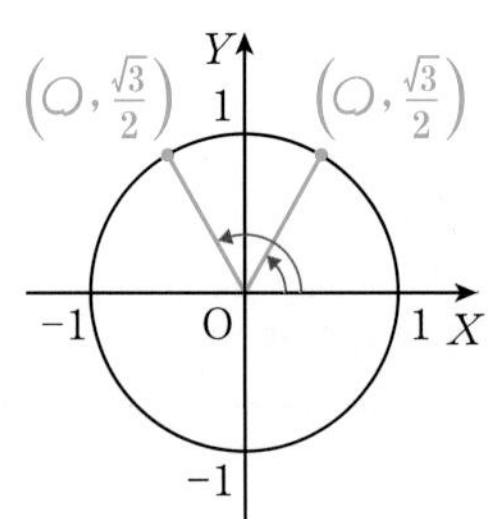

$0\leqq x<2\pi$ で，$y=\sin x$，$y=\frac{\sqrt{3}}{2}$ のグラフをかくと，右の図のようになります。よって，グラフの交点の x 座標より　$\boldsymbol{x=\frac{\pi}{3},\ \frac{2}{3}\pi}$

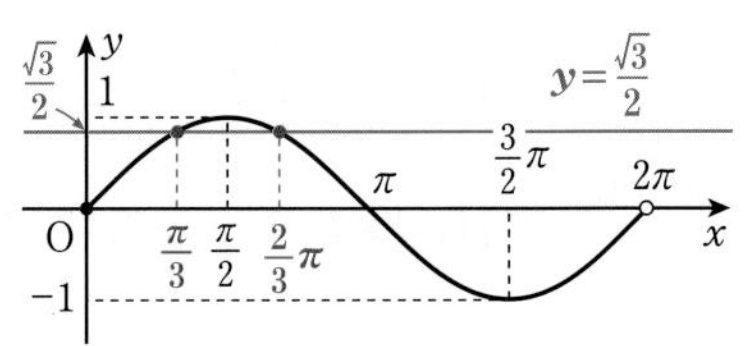

ところで，この問題で x の範囲の制限 $0\leqq x<2\pi$ をとり除いたときの解(**一般解**という)は，下の図からわかるように

$$\boldsymbol{x=\frac{\pi}{3}+2n\pi,\ \frac{2}{3}\pi+2n\pi}$$

まとめて $x=(-1)^n\frac{\pi}{3}+n\pi$ (n は整数) と表すこともある。

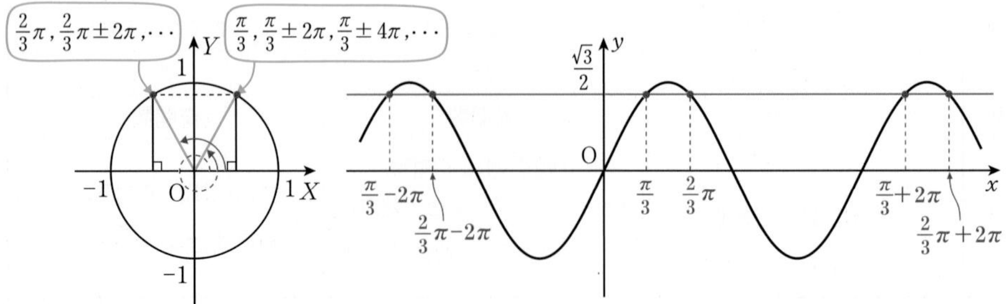

［三角方程式の一般解］ α を正の最小の解，n を整数とする。

● $\sin x = p$ （$|p| \leqq 1$）の解は　$x = \alpha + 2n\pi$，$(\pi - \alpha) + 2n\pi$

● $\cos x = p$ （$|p| \leqq 1$）の解は　$x = \pm\alpha + 2n\pi$

● $\tan x = p$ （p は実数）の解は　$x = \alpha + n\pi$

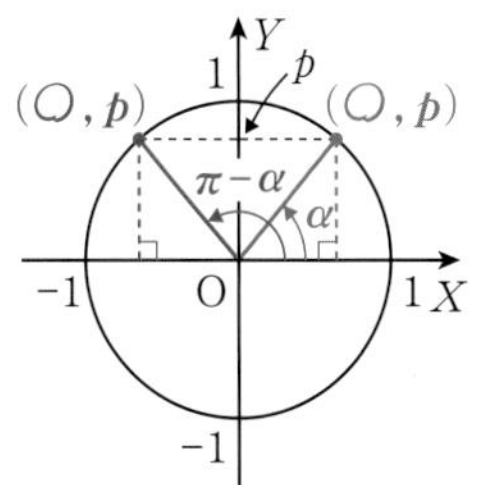

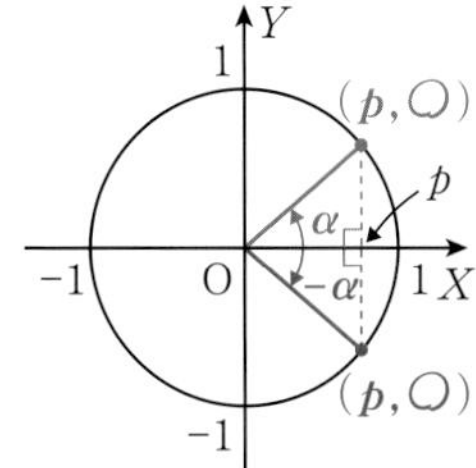

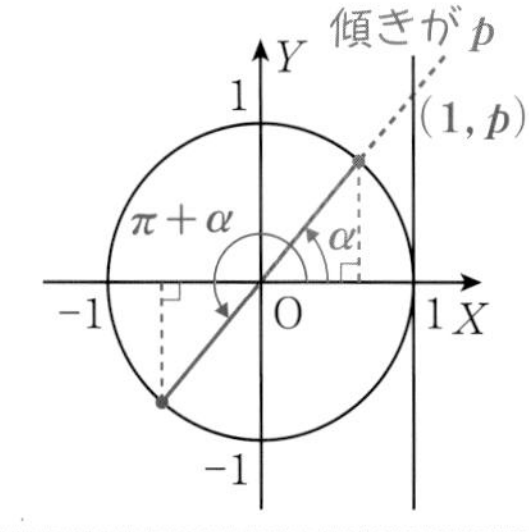

三角不等式はどう解く？

では，次に三角不等式 $\sin x > \dfrac{\sqrt{3}}{2}$ $(0 \leqq x < 2\pi)$ を解いてみましょう。

$\sin x = \dfrac{\sqrt{3}}{2}$ の解は，さっき解いたように　$x = \dfrac{\pi}{3}$，$\dfrac{2}{3}\pi$

右の図で，(y 座標)$> \dfrac{\sqrt{3}}{2}$ となる範囲は水色の部分だから，

この不等式の解は $\dfrac{\pi}{3} < x < \dfrac{2}{3}\pi$ です。

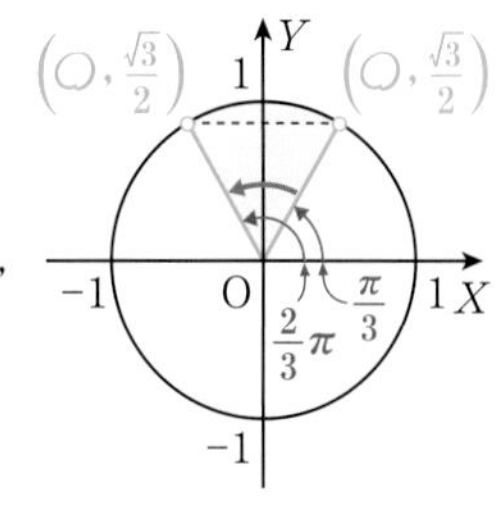

もう一度，$0 \leqq x < 2\pi$ の範囲で

$y = \sin x$ ……①　　$y = \dfrac{\sqrt{3}}{2}$ ……②

のグラフをかきます。①のグラフが②のグラフより上方にあるのは，右の図の赤い線の部分です。①＝② の解は $x = \dfrac{\pi}{3}$，$\dfrac{2}{3}\pi$ だから，$\dfrac{\pi}{3} < x < \dfrac{2}{3}\pi$ がこの不等式の解です。

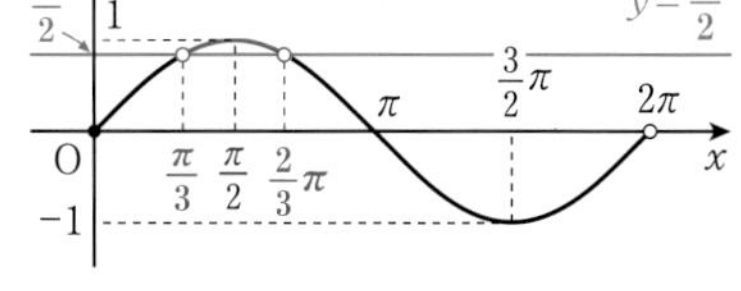

この問題でも，x の範囲の制限をとり除くと，一般解は

$\dfrac{\pi}{3} + 2n\pi < x < \dfrac{2}{3}\pi + 2n\pi$ （n は整数）となります。

三角方程式・不等式の解法には，以上のように**単位円を利用する方法**と**グラフを利用する方法**の2通りあります。

← n のみで表すこと。
$\dfrac{\pi}{3} + 2n\pi < x < \dfrac{2}{3}\pi + 2m\pi$ （m，n は整数）は誤り。

基本例題 105　三角方程式を解く(1)

次の三角方程式を解け。ただし，$0\leqq x<2\pi$ とする。

テストに出るぞ！

(1) $\cos x=-\dfrac{1}{2}$

(2) $\tan x=\dfrac{\sqrt{3}}{3}$

ねらい
三角方程式を，単位円を利用して解くこと。

解法ルール 単位円をかいて考える。

1. $\cos x=-\dfrac{1}{2}$ だから，(X 座標)$=-\dfrac{1}{2}$ とする。
2. $\tan x=\dfrac{\sqrt{3}}{3}$ だから，(傾き)$=\dfrac{\sqrt{3}}{3}$ とする。

← グラフを利用すると，次のようになる。

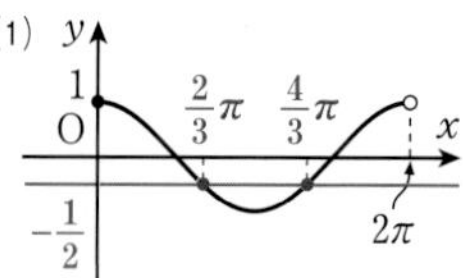

解答例 (1)

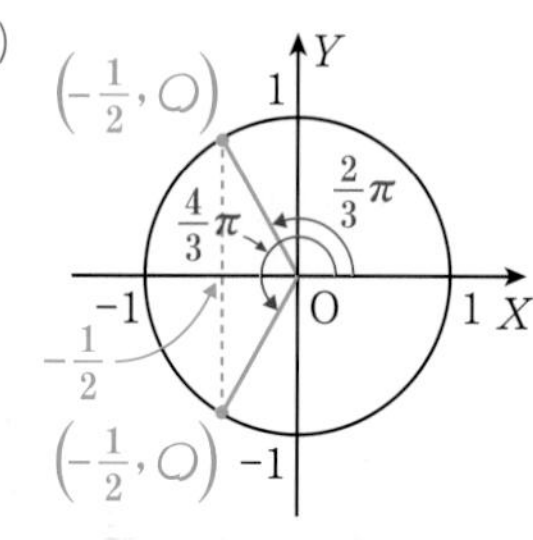

答 $x=\dfrac{2}{3}\pi,\ \dfrac{4}{3}\pi$

(2)

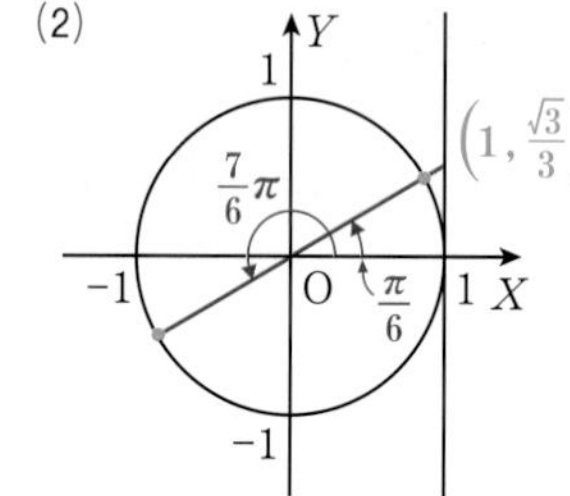

答 $x=\dfrac{\pi}{6},\ \dfrac{7}{6}\pi$

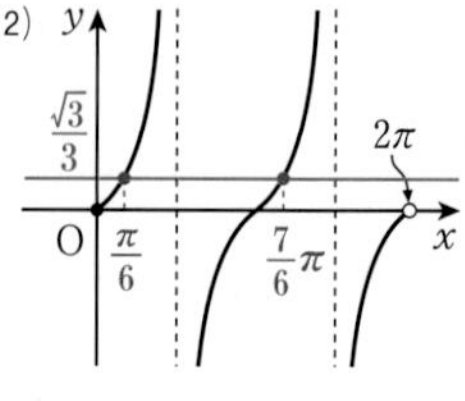

← x の範囲の制限をとると，一般解は

(1) $x=\pm\dfrac{2}{3}\pi+2n\pi$

(2) $x=\dfrac{\pi}{6}+n\pi$

類題 105 次の三角方程式を解け。ただし，$0\leqq x<2\pi$ とする。

(1) $\sin x=-\dfrac{\sqrt{2}}{2}$　　(2) $\tan x=-1$

応用例題 106　三角方程式を解く(2)

$0\leqq x<2\pi$ のとき，$2\sin\left(2x-\dfrac{\pi}{3}\right)=-1$ を解け。

ねらい
複雑な三角方程式を，おき換えを利用して簡単な方程式にしてから解くこと。

解法ルール $2x-\dfrac{\pi}{3}=\theta$ とおき換えると　$\sin\theta=-\dfrac{1}{2}$

これはすぐ解ける。しかし，**θ の変域に注意**すること。

あとは，$2x-\dfrac{\pi}{3}=\theta$ に θ の値をあてはめて，x の値を求めればよい。

← $\begin{cases} y=\sin\left(2x-\dfrac{\pi}{3}\right) \\ y=-\dfrac{1}{2} \end{cases}$ とおいて，グラフをかいて解くのはたいへんめんどうである。

解答例 $2x-\dfrac{\pi}{3}=\theta$ ……① とおくと $\sin\theta=-\dfrac{1}{2}$ ……②

$0\leqq x<2\pi$ だから $-\dfrac{\pi}{3}\leqq\theta<4\pi-\dfrac{\pi}{3}$ ……③

$0\leqq x<2\pi$
$0\leqq 2x<4\pi$
$-\dfrac{\pi}{3}\leqq 2x-\dfrac{\pi}{3}<4\pi-\dfrac{\pi}{3}$

②を③の範囲で解くと $\theta=-\dfrac{\pi}{6},\ \dfrac{7}{6}\pi,\ \dfrac{11}{6}\pi,\ \dfrac{19}{6}\pi$

①を x について解くと $x=\dfrac{1}{2}\left(\theta+\dfrac{\pi}{3}\right)$

これに θ の値を代入して

$\boldsymbol{x=\dfrac{\pi}{12},\ \dfrac{3}{4}\pi,\ \dfrac{13}{12}\pi,\ \dfrac{7}{4}\pi}$ …答

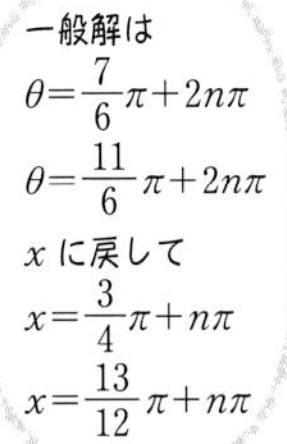

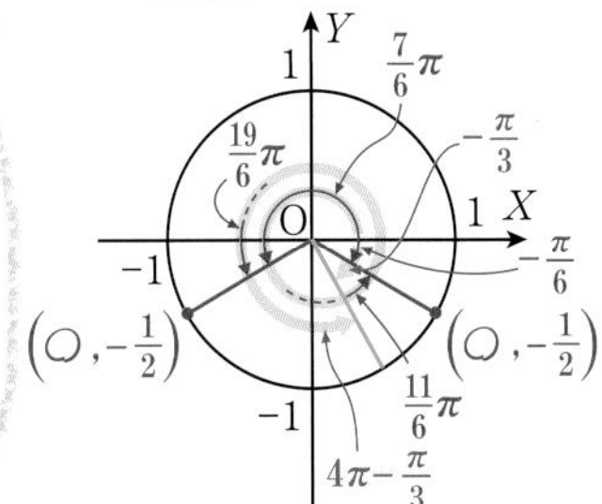

類題 106 $0\leqq x<2\pi$ のとき，次の三角方程式を解け。

(1) $\cos\left(2x+\dfrac{\pi}{3}\right)=\dfrac{1}{\sqrt{2}}$　　(2) $\tan\left(\dfrac{x}{2}-\pi\right)=-\sqrt{3}$

基本例題 107　三角不等式を解く (1)

次の三角不等式を解け。

$\tan x\leqq\sqrt{3}\ (0\leqq x<2\pi)$

ねらい
三角不等式の解法についても，単位円を利用できることを学ぶこと。

解法ルール まず，不等号を等号におき換えた三角方程式を解く。
不等式についても，方程式のときと同様に，**単位円を利用する方法**と**グラフを利用する方法**の 2 通りがある。

解答例 $0\leqq x<2\pi$ で $\tan x=\sqrt{3}$ を解くと

$x=\dfrac{\pi}{3},\ \dfrac{4}{3}\pi$

よって，求める解は図より

$\left.\begin{array}{l}\boldsymbol{0\leqq x\leqq\dfrac{\pi}{3},\ \dfrac{\pi}{2}<x\leqq\dfrac{4}{3}\pi,}\\ \boldsymbol{\dfrac{3}{2}\pi<x<2\pi}\end{array}\right\}$ …答

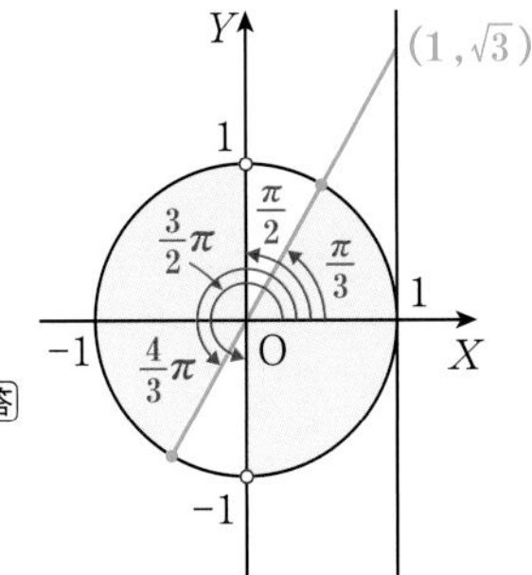

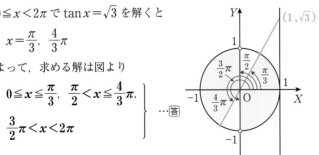

⬅ グラフを利用すると，次のようになる。

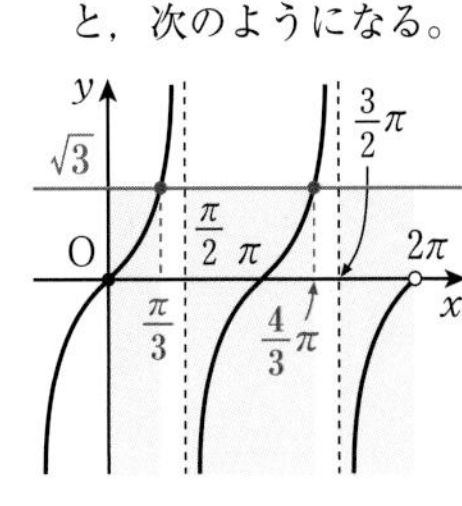

類題 107 $0\leqq x<2\pi$ のとき，次の三角不等式を解け。

(1) $\sin x<\dfrac{1}{2}$　　(2) $\cos x<\dfrac{1}{2}$

応用例題 108

三角不等式を解く(2)

次の三角不等式を解け。ただし，$0 \leqq x < 2\pi$ とする。

(1) $2\cos\left(\dfrac{x}{2}+\dfrac{\pi}{12}\right)<\sqrt{3}$　　(2) $2\cos^2 x-1 \leqq \sin x$

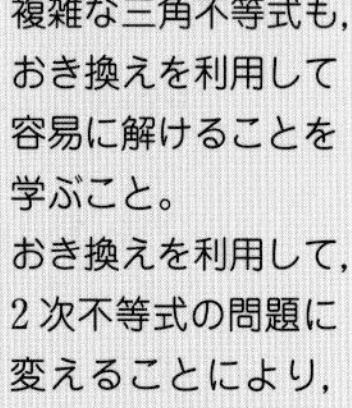
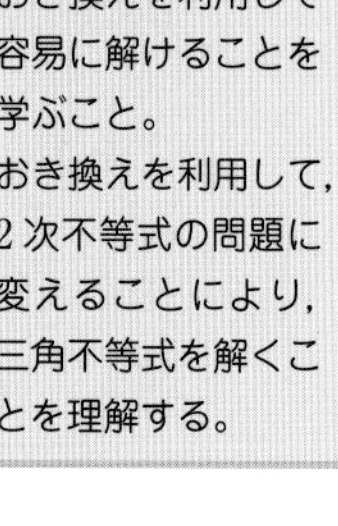

ねらい

複雑な三角不等式も，おき換えを利用して容易に解けることを学ぶこと。

おき換えを利用して，2次不等式の問題に変えることにより，三角不等式を解くことを理解する。

解法ルール (1) $\dfrac{x}{2}+\dfrac{\pi}{12}=\theta$ とおくと，$\cos\theta<\dfrac{\sqrt{3}}{2}$ となる。

これを θ の変域に注意して解く。

(2) $\sin^2 x+\cos^2 x=1$ を使って，**$\sin x$ だけの不等式**にする。

次に，$\sin x=t$ とおくと，**t についての2次不等式**となる。

あとは，**$-1 \leqq t \leqq 1$ に注意して**解を求めればよい。

解答例 (1) $\dfrac{x}{2}+\dfrac{\pi}{12}=\theta$ ……① とおくと $\cos\theta<\dfrac{\sqrt{3}}{2}$ ……②

$0 \leqq x < 2\pi$ だから $\dfrac{\pi}{12} \leqq \theta < \pi+\dfrac{\pi}{12}$ ……③

②を③の範囲で解くと $\dfrac{\pi}{6}<\theta<\dfrac{13}{12}\pi$

①から，$\dfrac{\pi}{6}<\dfrac{x}{2}+\dfrac{\pi}{12}<\dfrac{13}{12}\pi$ より $\dfrac{\pi}{12}<\dfrac{x}{2}<\pi$

よって **$\dfrac{\pi}{6}<x<2\pi$** …答

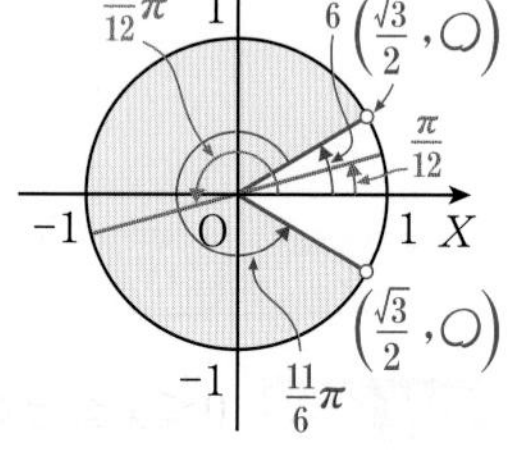

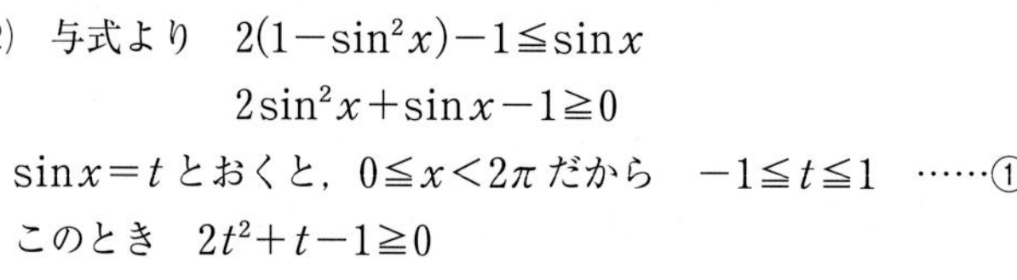

(2) 与式より $2(1-\sin^2 x)-1 \leqq \sin x$

$2\sin^2 x+\sin x-1 \geqq 0$

$\sin x=t$ とおくと，$0 \leqq x < 2\pi$ だから $-1 \leqq t \leqq 1$ ……①

このとき $2t^2+t-1 \geqq 0$

$(2t-1)(t+1) \geqq 0$

$t \leqq -1,\ \dfrac{1}{2} \leqq t$ ……②

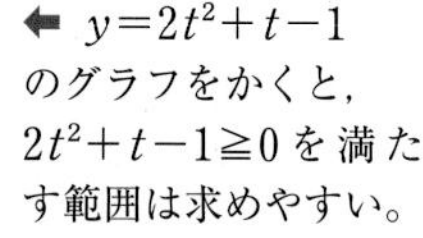

⬅ $y=2t^2+t-1$ のグラフをかくと，$2t^2+t-1 \geqq 0$ を満たす範囲は求めやすい。

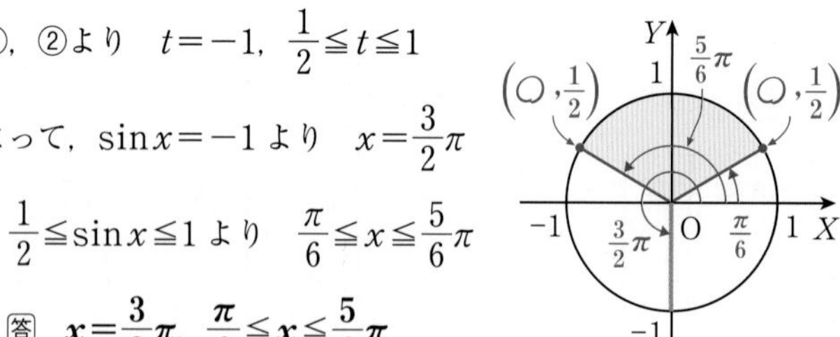

①，②より $t=-1,\ \dfrac{1}{2} \leqq t \leqq 1$

よって，$\sin x=-1$ より $x=\dfrac{3}{2}\pi$

$\dfrac{1}{2} \leqq \sin x \leqq 1$ より $\dfrac{\pi}{6} \leqq x \leqq \dfrac{5}{6}\pi$

答 **$x=\dfrac{3}{2}\pi,\ \dfrac{\pi}{6} \leqq x \leqq \dfrac{5}{6}\pi$**

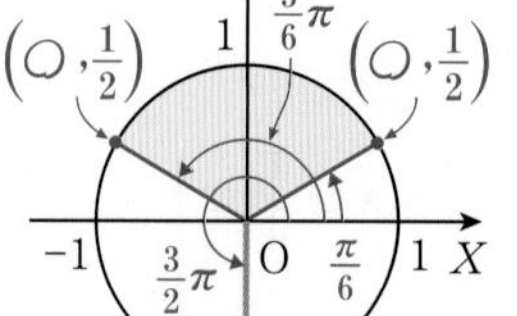

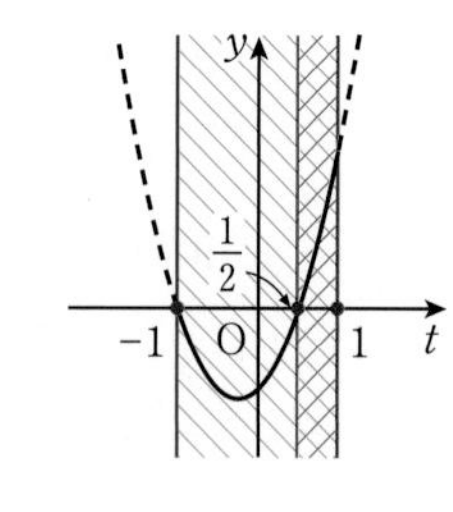

類題 108 次の三角不等式を解け。ただし，(1)は $0 \leqq x < \pi$，(2)は $0 \leqq x < 2\pi$ とする。

(1) $\tan\left(2x+\dfrac{\pi}{6}\right) \geqq 1$　　(2) $\sin^2 x \geqq 1+\cos x$

応用例題 109　三角関数の最大・最小(1)

次の関数の最大値，最小値およびそのときの x の値を求めよ。

$$y=2\cos\left(3x-\frac{\pi}{6}\right)\ \left(-\frac{\pi}{6}\leqq x\leqq\frac{\pi}{3}\right)$$

ねらい
変数の変域に制限があるときの三角関数のとりうる値の範囲を求めること。

解法ルール $3x-\dfrac{\pi}{6}=\theta$ とおくと，$y=2\cos\theta$ となる。この関数で，θ の変域に注意して最大値，最小値を求める。

解答例 $3x-\dfrac{\pi}{6}=\theta$ とおくと　$y=2\cos\theta$

$-\dfrac{\pi}{6}\leqq x\leqq\dfrac{\pi}{3}$ だから　$-\dfrac{2}{3}\pi\leqq\theta\leqq\dfrac{5}{6}\pi$

よって　$-\dfrac{\sqrt{3}}{2}\leqq\cos\theta\leqq1$

よって，$\theta=0\ \left(x=\dfrac{\pi}{18}\right)$ のとき，最大値は $y=2\times1=2$

$\theta=\dfrac{5}{6}\pi\ \left(x=\dfrac{\pi}{3}\right)$ のとき，最小値は $y=2\times\left(-\dfrac{\sqrt{3}}{2}\right)=-\sqrt{3}$

答　**$x=\dfrac{\pi}{18}$ のとき 最大値**　2，**$x=\dfrac{\pi}{3}$ のとき 最小値**　$-\sqrt{3}$

← $-\dfrac{2}{3}\pi\leqq\theta\leqq\dfrac{5}{6}\pi$ で $\cos\theta$ のとる値の範囲は，下のようになる。

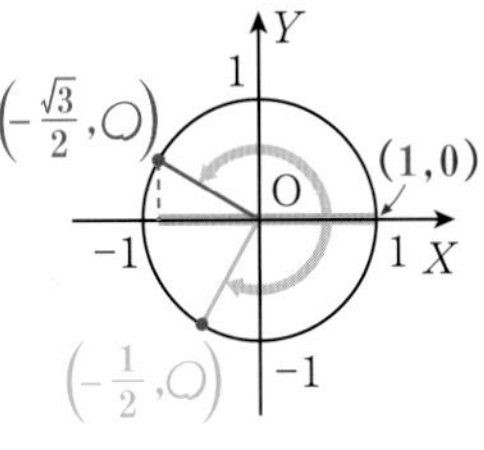

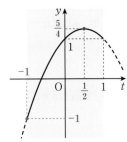

類題 109 $0\leqq x\leqq\pi$ のとき，$y=2\sin\left(x-\dfrac{\pi}{4}\right)+1$ の最大値，最小値を求めよ。

応用例題 110　三角関数の最大・最小(2)

$0\leqq x<2\pi$ のとき，$y=\sin^2x+\cos x$ の最大値，最小値およびそのときの x の値を求めよ。

ねらい
おき換えによって，三角関数を2次関数に変えること。2次関数の最大値，最小値を求めることは，数学Ⅰで学んだはずだ。

解法ルール $\sin^2x=1-\cos^2x$ だから，**y は $\cos x$ の2次式**になる。よって，$\cos x=t$ とおくと，t の2次関数の最大値，最小値を求める問題になる。ただし，t の変域には注意すること。

解答例 $y=(1-\cos^2x)+\cos x=-\cos^2x+\cos x+1$

$\cos x=t$ とおくと，$0\leqq x<2\pi$ だから　$-1\leqq t\leqq1$

このとき　$y=-t^2+t+1=-\left(t-\dfrac{1}{2}\right)^2+\dfrac{5}{4}$　　グラフより，

$t=\dfrac{1}{2}$　つまり，**$x=\dfrac{\pi}{3}$，$\dfrac{5}{3}\pi$ のとき 最大値**　$\dfrac{5}{4}$

$t=-1$　つまり，**$x=\pi$ のとき 最小値　-1**　…答

類題 110 $0\leqq x<2\pi$ のとき，$y=2\cos^2x-2\sin x+3$ の最大値，最小値を求めよ。

2節 加法定理とその応用

7 加法定理

加法定理は，前節に出てきた公式や関係式のように，図をかくことによって直観的に明らかというわけにはいかない。しかし，$\sin(\alpha+\beta)$，$\cos(\alpha+\beta)$ の加法定理から導かれる公式は非常に多い。それだけにこの公式はいっそう重要だ。

● 加法定理はどうやって導く？

図の単位円で，動径 OP，OQ の表す角を α，β とすると，

$P(\cos\alpha,\ \sin\alpha)$，$Q(\cos\beta,\ \sin\beta)$ より

$$PQ^2=(\cos\alpha-\cos\beta)^2+(\sin\alpha-\sin\beta)^2$$
$$=2-2(\cos\alpha\cos\beta+\sin\alpha\sin\beta)\quad\cdots\cdots①$$

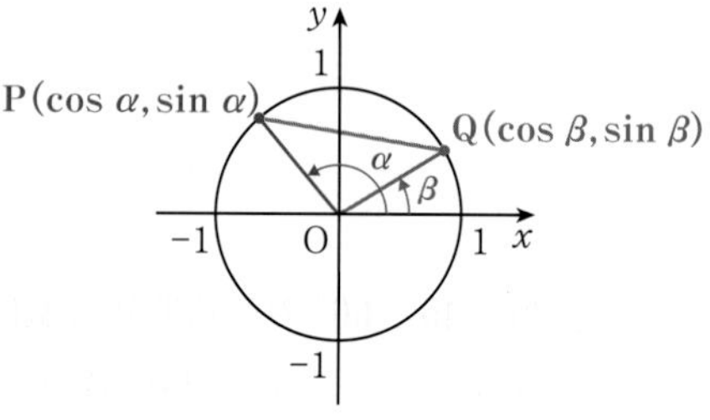

また，$\angle QOP=\alpha-\beta$ だから $\triangle OPQ$ に余弦定理を用いると

$$PQ^2=1^2+1^2-2\times1\times1\times\cos(\alpha-\beta)$$
$$=2-2\cos(\alpha-\beta)\quad\cdots\cdots②$$

①，②より　$\boldsymbol{\cos(\alpha-\beta)=\cos\alpha\cos\beta+\sin\alpha\sin\beta}$　……Ⓐ

Ⓐより　$\boldsymbol{\cos(\alpha+\beta)}=\cos\{\alpha-(-\beta)\}$
$=\cos\alpha\cos(-\beta)+\sin\alpha\sin(-\beta)$
$=\boldsymbol{\cos\alpha\cos\beta-\sin\alpha\sin\beta}$

← 下の図で，$PQ^2=P'Q'^2$ より導くこともできる。

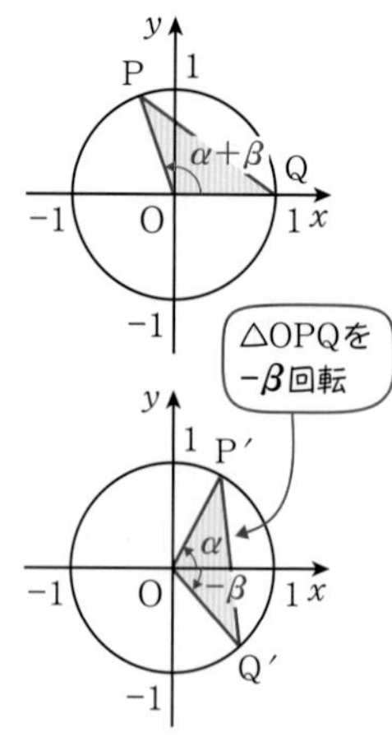

また，$\boldsymbol{\sin(\alpha+\beta)}=\cos\{90°-(\alpha+\beta)\}=\cos\{(90°-\alpha)-\beta\}$
$=\cos(90°-\alpha)\cos\beta+\sin(90°-\alpha)\sin\beta$
$=\boldsymbol{\sin\alpha\cos\beta+\cos\alpha\sin\beta}$　……Ⓑ

Ⓑより　$\boldsymbol{\sin(\alpha-\beta)}=\sin\{\alpha+(-\beta)\}$
$=\sin\alpha\cos(-\beta)+\cos\alpha\sin(-\beta)$
$=\boldsymbol{\sin\alpha\cos\beta-\cos\alpha\sin\beta}$

また　$\boldsymbol{\tan(\alpha+\beta)}=\dfrac{\sin(\alpha+\beta)}{\cos(\alpha+\beta)}$
$=\dfrac{\boldsymbol{\sin\alpha\cos\beta+\cos\alpha\sin\beta}}{\boldsymbol{\cos\alpha\cos\beta-\sin\alpha\sin\beta}}$

この分母と分子を $\cos\alpha\cos\beta\,(\neq0)$ で割ると

$$\tan(\alpha+\beta)=\frac{\dfrac{\sin\alpha}{\cos\alpha}+\dfrac{\sin\beta}{\cos\beta}}{1-\dfrac{\sin\alpha}{\cos\alpha}\times\dfrac{\sin\beta}{\cos\beta}}=\frac{\tan\alpha+\tan\beta}{1-\tan\alpha\tan\beta}$$

イチひくタンタン分のタンたすタンと覚える。

さらに，$\tan(\alpha-\beta)$ は $\tan\{\alpha+(-\beta)\}$ とすればよい。

［加法定理］ ＊は必ず覚えること。あとは β を $-\beta$ とおいて導いてもよい。

＊$\sin(\alpha+\beta)=\sin\alpha\cos\beta+\cos\alpha\sin\beta$

$\sin(\alpha-\beta)=\sin\alpha\cos\beta-\cos\alpha\sin\beta$

＊$\cos(\alpha+\beta)=\cos\alpha\cos\beta-\sin\alpha\sin\beta$

$\cos(\alpha-\beta)=\cos\alpha\cos\beta+\sin\alpha\sin\beta$

＊$\tan(\alpha+\beta)=\dfrac{\tan\alpha+\tan\beta}{1-\tan\alpha\tan\beta}$

$\tan(\alpha-\beta)=\dfrac{\tan\alpha-\tan\beta}{1+\tan\alpha\tan\beta}$

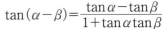

p. 108〜110 のたくさんの公式も，この加法定理を使えばだいじょうぶ。
たとえば　$\sin(\pi+\theta)=\sin\pi\cos\theta+\cos\pi\sin\theta=-\sin\theta$

基本例題 111　　三角関数の値(4)

次の値を求めよ。

(1) $\sin 75°$　　(2) $\cos 15°$　　(3) $\tan 105°$

ねらい
加法定理を使って三角関数の値を求められるようにすること。

解法ルール　30°，45°，60° の三角関数の値はわかっているので，それぞれの角を，**30°，45°，60° の和・差で表して**，加法定理を使う。

(1) 75°＝45°＋30°（または 75°＝120°−45°）

(2) 15°＝45°−30°（または 15°＝60°−45°）

(3) 105°＝60°＋45°（または 105°＝135°−30°）

(1)　$\sin 75°=\sin(45°+30°)=\sin 45°\cos 30°+\cos 45°\sin 30°$

$=\dfrac{1}{\sqrt{2}}\times\dfrac{\sqrt{3}}{2}+\dfrac{1}{\sqrt{2}}\times\dfrac{1}{2}=\dfrac{\sqrt{6}+\sqrt{2}}{4}$　…答

(2)　$\cos 15°=\cos(45°-30°)=\cos 45°\cos 30°+\sin 45°\sin 30°$

$=\dfrac{1}{\sqrt{2}}\times\dfrac{\sqrt{3}}{2}+\dfrac{1}{\sqrt{2}}\times\dfrac{1}{2}=\dfrac{\sqrt{6}+\sqrt{2}}{4}$　…答

(3)　$\tan 105°=\tan(60°+45°)=\dfrac{\tan 60°+\tan 45°}{1-\tan 60°\tan 45°}$

$=\dfrac{\sqrt{3}+1}{1-\sqrt{3}}=-\dfrac{\sqrt{3}+1}{\sqrt{3}-1}\times\dfrac{\sqrt{3}+1}{\sqrt{3}+1}$

$=-\dfrac{4+2\sqrt{3}}{2}=\mathbf{-2-\sqrt{3}}$　…答

← 次のようにしてもよい。
(1) $\sin(120°-45°)$
$=\sin 120°\cos 45°$
$\quad-\cos 120°\sin 45°$
$=\dfrac{\sqrt{3}}{2}\times\dfrac{1}{\sqrt{2}}$
$\quad-\left(-\dfrac{1}{2}\right)\times\dfrac{1}{\sqrt{2}}$
(2) $\cos(60°-45°)$
$=\cos 60°\cos 45°$
$\quad+\sin 60°\sin 45°$
$\cos 15°$
$\quad=\sin(90°-15°)$
$\quad=\sin 75°$
(1)と同じ

類題 111　次の値を求めよ。

(1) $\sin 15°$　　(2) $\cos 165°$　　(3) $\tan 75°$

基本例題 112　加法定理

α は鋭角，β は鈍角で，$\cos\alpha=\dfrac{4}{5}$，$\sin\beta=\dfrac{2}{3}$ であるとき，$\sin(\alpha+\beta)$ の値を求めよ。

テストに出るぞ！

ねらい
三角関数の相互関係の復習と加法定理を適用して三角関数の値を求めること。

解法ルール $\sin(\alpha+\beta)=\sin\alpha\cos\beta+\cos\alpha\sin\beta$ だから，$\sin\alpha$，$\cos\beta$ の値を求めればよい。このとき，$\sin\alpha>0$，$\cos\beta<0$ であることに注意する。

← $\sin\alpha$，$\cos\beta$ の値は，下のような図をかいて求めてもよい。

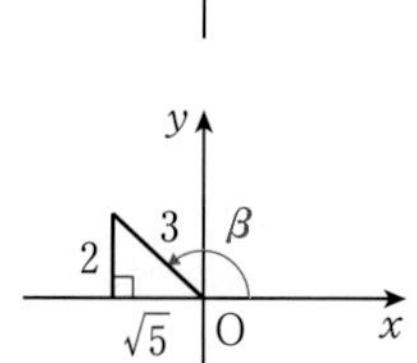

解答例 $\sin^2\alpha=1-\cos^2\alpha=1-\left(\dfrac{4}{5}\right)^2=\dfrac{9}{25}$

α は鋭角だから　$\sin\alpha>0$　　ゆえに　$\sin\alpha=\dfrac{3}{5}$

また　$\cos^2\beta=1-\sin^2\beta=1-\left(\dfrac{2}{3}\right)^2=\dfrac{5}{9}$

β は鈍角だから　$\cos\beta<0$　　ゆえに　$\cos\beta=-\dfrac{\sqrt{5}}{3}$

よって　$\sin(\alpha+\beta)=\sin\alpha\cos\beta+\cos\alpha\sin\beta$

$$=\frac{3}{5}\times\left(-\frac{\sqrt{5}}{3}\right)+\frac{4}{5}\times\frac{2}{3}=\boldsymbol{\frac{8-3\sqrt{5}}{15}}$$ …答

類題 112 $\sin\alpha=\dfrac{1}{4}$，$\cos\beta=\dfrac{1}{3}$ のとき，$\cos(\alpha+\beta)$，$\tan(\alpha+\beta)$ の値を求めよ。ただし，α は鈍角，β は鋭角とする。

基本例題 113　三角関数の等式の証明(2)

等式 $\sin(\alpha+\beta)\sin(\alpha-\beta)=\sin^2\alpha-\sin^2\beta$ を証明せよ。

ねらい
加法定理がしっかりと身についているかどうか，および等式の証明方法を理解しているかどうかを確かめること。

解法ルール 等式の証明では，**複雑な式を変形して簡単な式を導く**。この問題では，左辺の方が複雑なので，左辺を変形して右辺を導くとよい。

解答例 **左辺**$=(\sin\alpha\cos\beta+\cos\alpha\sin\beta)(\sin\alpha\cos\beta-\cos\alpha\sin\beta)$

$=\sin^2\alpha\cos^2\beta-\cos^2\alpha\sin^2\beta$

$=\sin^2\alpha(1-\sin^2\beta)-(1-\sin^2\alpha)\sin^2\beta$

$=\sin^2\alpha-\sin^2\alpha\sin^2\beta-\sin^2\beta+\sin^2\alpha\sin^2\beta$

$=\sin^2\alpha-\sin^2\beta=$**右辺**　終

類題 113 次の等式を証明せよ。

$\cos(\alpha+\beta)\cos(\alpha-\beta)=\cos^2\alpha-\sin^2\beta=\cos^2\beta-\sin^2\alpha$

応用例題 114　2直線のなす角

2直線 $3x-5y+20=0$, $4x-y-6=0$ のなす角 θ を求めよ。ただし，$0^\circ \leqq \theta \leqq 90^\circ$ とする。

ねらい
$y=(\tan\theta_1)x+a_1$
$y=(\tan\theta_2)x+a_2$
のなす角を，加法定理を用いて求めること。

解法ルール　直線 $y=m_1x+a_1$, $y=m_2x+a_2$ が，x 軸の正の向きとなす角をそれぞれ θ_1, θ_2 $(0^\circ \leqq \theta_1 < \theta_2 < 180^\circ)$ とすると，2直線のなす角 θ は

$$\tan\theta=\tan(\theta_2-\theta_1)=\frac{m_2-m_1}{1+m_2m_1}$$

$m_1m_2=-1$ のときは直交する。

傾きの問題は tan におまかせ。

解答例　2直線が x 軸の正の向きとなす角を図のようにそれぞれ θ_1, θ_2 とすると

$$\tan\theta_1=\frac{3}{5},\ \tan\theta_2=4$$

これより　$\theta_1<\theta_2<90^\circ$

ゆえに　$\tan\theta=\tan(\theta_2-\theta_1)$

$$=\frac{\tan\theta_2-\tan\theta_1}{1+\tan\theta_2\tan\theta_1}=1$$

よって　$\boldsymbol{\theta=45^\circ}$　…答

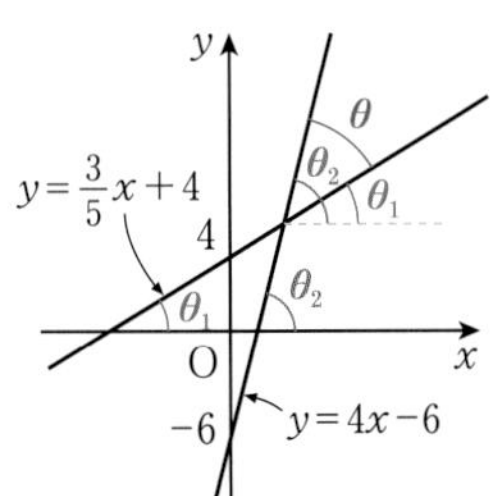

⬅ 2直線のなす角を求めよという場合には，鋭角で求める。したがって，下の図のような場合は，180° から引いておく。

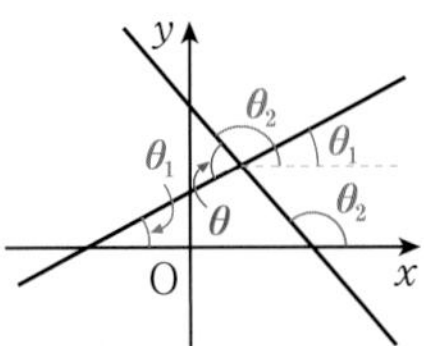

類題 114　2直線 $y=3x-4$, $y=-2x+3$ のなす角を求めよ。

応用例題 115　加法定理の応用

$\sin x+\cos y=a$, $\cos x+\sin y=b$ のとき，$\sin(x+y)$ を a, b で表せ。

ねらい
$\sin^2\theta+\cos^2\theta=1$ および加法定理が逆向きに使えるように練習すること。

解法ルール　2式の両辺を2乗して加えると，$\sin^2x+\cos^2x$ および $\sin^2y+\cos^2y$ の2つの2乗の和が登場する。同時に，$\sin(x+y)$ を展開した形も現れることに注意する。

解答例　$(\sin x+\cos y)^2+(\cos x+\sin y)^2=a^2+b^2$ より

$(\sin^2x+2\sin x\cos y+\cos^2y)+(\cos^2x+2\cos x\sin y+\sin^2y)=a^2+b^2$

$(\sin^2x+\cos^2x)+(\sin^2y+\cos^2y)+2(\sin x\cos y+\cos x\sin y)=a^2+b^2$

$2+2\sin(x+y)=a^2+b^2$

よって　$\boldsymbol{\sin(x+y)=\frac{a^2+b^2-2}{2}}$　…答

この形から $\sin(x+y)$ が思いうかぶように！

類題 115　$\sin x+\sin y=1$, $\cos x+\cos y=\frac{1}{2}$ のとき，$\cos(x-y)$ の値を求めよ。

8 いろいろな公式

三角関数の加法定理を使うと三角関数の重要公式がドンドン出てくる。ここでは，これらの公式を導くとともに，それを使って解く問題について学習しよう。

2倍角・半角の公式

$\sin(\alpha+\beta)$，$\cos(\alpha+\beta)$，$\tan(\alpha+\beta)$ の式で，$\alpha=\beta$ とおくと，どんな公式が得られるかな。

$$\sin 2\alpha=\sin(\alpha+\alpha)=\sin\alpha\cos\alpha+\cos\alpha\sin\alpha$$
$$=2\sin\alpha\cos\alpha$$
$$\cos 2\alpha=\cos(\alpha+\alpha)=\cos\alpha\cos\alpha-\sin\alpha\sin\alpha$$
$$=\cos^2\alpha-\sin^2\alpha$$
$$=\begin{cases}\cos^2\alpha-(1-\cos^2\alpha)=2\cos^2\alpha-1\\(1-\sin^2\alpha)-\sin^2\alpha=1-2\sin^2\alpha\end{cases}$$
$$\tan 2\alpha=\tan(\alpha+\alpha)=\frac{\tan\alpha+\tan\alpha}{1-\tan\alpha\tan\alpha}=\frac{2\tan\alpha}{1-\tan^2\alpha}$$ です。

⬅ これらの公式は，無理して覚えるのではなく，使っているうちに自然に覚えるようにすること。また，忘れたときは，加法定理
$\sin(\alpha+\beta)=\cdots$
$\cos(\alpha+\beta)=\cdots$
から導けばよい。

そうだね。これを，**2倍角の公式**というんだよ。

ポイント [2倍角の公式]

$$\sin 2\alpha=2\sin\alpha\cos\alpha$$
$$\cos 2\alpha=\cos^2\alpha-\sin^2\alpha=2\cos^2\alpha-1=1-2\sin^2\alpha$$
$$\tan 2\alpha=\frac{2\tan\alpha}{1-\tan^2\alpha}$$

次に，上の $\cos 2\alpha$ の公式で，α のかわりに $\frac{\alpha}{2}$ とおいて，**半角の公式**を導いてごらん。

$\cos 2\alpha=2\cos^2\alpha-1=1-2\sin^2\alpha$ より

$$2\cos^2\frac{\alpha}{2}-1=\cos\left(2\times\frac{\alpha}{2}\right)\quad よって\quad \cos^2\frac{\alpha}{2}=\frac{1+\cos\alpha}{2}$$

$$1-2\sin^2\frac{\alpha}{2}=\cos\left(2\times\frac{\alpha}{2}\right)\quad よって\quad \sin^2\frac{\alpha}{2}=\frac{1-\cos\alpha}{2}$$

また，$\tan^2\frac{\alpha}{2}=\dfrac{\sin^2\frac{\alpha}{2}}{\cos^2\frac{\alpha}{2}}=\dfrac{\frac{1-\cos\alpha}{2}}{\frac{1+\cos\alpha}{2}}=\dfrac{1-\cos\alpha}{1+\cos\alpha}$ です。

⬅ 半角の公式を使うと $7.5^\circ\left(=\frac{15^\circ}{2}\right)$ 間隔の値を求めることができる。また，繰り返して使えば，より細かい間隔 $\left(\frac{15^\circ}{2^n}\right)$ の値を求めることもできる。

［半角の公式］

$\sin^2\dfrac{\alpha}{2}=\dfrac{1-\cos\alpha}{2}$　　$\cos^2\dfrac{\alpha}{2}=\dfrac{1+\cos\alpha}{2}$　　$\tan^2\dfrac{\alpha}{2}=\dfrac{1-\cos\alpha}{1+\cos\alpha}$

さらに，$3\alpha=2\alpha+\alpha$ であることを使うと，$\sin 3\alpha$，$\cos 3\alpha$ はどんな式で表されるかな。ちなみに，これを**3倍角の公式**といっている。

$$\begin{aligned}\sin 3\alpha&=\sin(2\alpha+\alpha)=\sin 2\alpha\cos\alpha+\cos 2\alpha\sin\alpha\\&=(2\sin\alpha\cos\alpha)\cos\alpha+(1-2\sin^2\alpha)\sin\alpha\\&=2\sin\alpha(1-\sin^2\alpha)+(1-2\sin^2\alpha)\sin\alpha\\&=3\sin\alpha-4\sin^3\alpha\end{aligned}$$

$$\begin{aligned}\cos 3\alpha&=\cos(2\alpha+\alpha)=\cos 2\alpha\cos\alpha-\sin 2\alpha\sin\alpha\\&=(2\cos^2\alpha-1)\cos\alpha-(2\sin\alpha\cos\alpha)\sin\alpha\\&=(2\cos^2\alpha-1)\cos\alpha-2(1-\cos^2\alpha)\cos\alpha\\&=4\cos^3\alpha-3\cos\alpha\end{aligned}$$

となります…。

そうだね！これが3倍角の公式だ。

← 3倍角の公式を使うと，$\sin 18°$ の値を求めることができる。
$\theta=18°$ とおくと，
$5\theta=90°$ より
$3\theta=90°-2\theta$
よって
$\sin 3\theta=\cos 2\theta$
$3\sin\theta-4\sin^3\theta$
$=1-2\sin^2\theta$
$4\sin^3\theta-2\sin^2\theta$
$-3\sin\theta+1=0$
$(\sin\theta-1)(4\sin^2\theta$
$+2\sin\theta-1)=0$
$0<\sin\theta<1$ より
$\sin\theta=\dfrac{-1+\sqrt{5}}{4}$

基本例題 116　　2倍角の公式の利用

$\sin\alpha=\dfrac{1}{3}$ のとき，$\sin 2\alpha$，$\cos 2\alpha$ の値を求めよ。ただし，α は第2象限の角とする。

ねらい
2倍角の公式を使って三角関数の値を求められるようにすること。

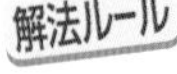

$\sin\alpha$ の値がわかっているので，$\cos\alpha$ の値もわかる。
そこで，$\sin 2\alpha$，$\cos 2\alpha$ を $\sin\alpha$，$\cos\alpha$ で表す**2倍角の公式**を用いればよい。

$\cos^2\alpha=1-\sin^2\alpha=1-\left(\dfrac{1}{3}\right)^2=\dfrac{8}{9}$

α は第2象限の角だから　$\cos\alpha<0$

ゆえに　$\cos\alpha=-\dfrac{2\sqrt{2}}{3}$　　以上より

$$\left.\begin{aligned}\sin 2\alpha&=2\sin\alpha\cos\alpha=2\times\frac{1}{3}\times\left(-\frac{2\sqrt{2}}{3}\right)=-\frac{4\sqrt{2}}{9}\\\cos 2\alpha&=1-2\sin^2\alpha=1-2\times\left(\frac{1}{3}\right)^2=\frac{7}{9}\end{aligned}\right\}\cdots\text{答}$$

← 下の図から，$\cos\alpha$ の値を求めてもよい。

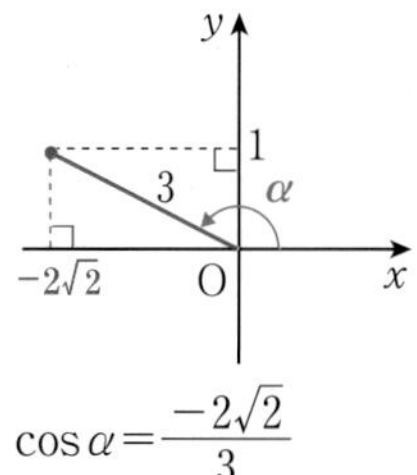

$\cos\alpha=\dfrac{-2\sqrt{2}}{3}$

類題 116　θ が第3象限の角で，$\tan\theta=3$ のとき，$\tan 2\theta$，$\cos 2\theta$，$\sin 2\theta$ の値を求めよ。

基本例題 117　半角の公式の利用

$\pi \leqq \alpha < 2\pi$ で $\cos\alpha = \dfrac{1}{4}$ のとき，$\sin\dfrac{\alpha}{2}$，$\cos\dfrac{\alpha}{2}$ の値を求めよ。

ねらい
半角の公式の適用と，正負の符号のきめ方をマスターすること。

解法ルール $\sin^2\dfrac{\alpha}{2}$，$\cos^2\dfrac{\alpha}{2}$ を $\cos\alpha$ で表して求める。そのうえで $\dfrac{\alpha}{2}$ の範囲に注意して値を求める。

解答例 $\sin^2\dfrac{\alpha}{2} = \dfrac{1-\cos\alpha}{2} = \dfrac{1-\frac{1}{4}}{2} = \dfrac{3}{8}$

$\cos^2\dfrac{\alpha}{2} = \dfrac{1+\cos\alpha}{2} = \dfrac{1+\frac{1}{4}}{2} = \dfrac{5}{8}$

ここで，$\dfrac{\pi}{2} \leqq \dfrac{\alpha}{2} < \pi$ だから　$\sin\dfrac{\alpha}{2} > 0$，$\cos\dfrac{\alpha}{2} < 0$

よって　$\boldsymbol{\sin\dfrac{\alpha}{2}} = \sqrt{\dfrac{3}{8}} \boldsymbol{= \dfrac{\sqrt{6}}{4}}$　…答

$\boldsymbol{\cos\dfrac{\alpha}{2}} = -\sqrt{\dfrac{5}{8}} \boldsymbol{= -\dfrac{\sqrt{10}}{4}}$　…答

← $\dfrac{\alpha}{2}$ の範囲はもう少し細かくできる。
$\pi \leqq \alpha < 2\pi$ で
$\cos\alpha > 0$
だから　$\dfrac{3}{2}\pi < \alpha < 2\pi$
よって　$\dfrac{3}{4}\pi < \dfrac{\alpha}{2} < \pi$

類題 117 $0 \leqq \alpha < \pi$ で $\sin\alpha = \dfrac{1}{5}$ のとき，$\sin\dfrac{\alpha}{2}$，$\tan\dfrac{\alpha}{2}$ の値を求めよ。

基本例題 118　三角関数の値(5)

$\sin 22.5^\circ$ および $\tan 67.5^\circ$ の値を求めよ。

テストに出るぞ！

ねらい
半角の公式を用いて，三角関数の値を正確に求めること。

解法ルール $22.5^\circ = \dfrac{45^\circ}{2}$，$67.5^\circ = \dfrac{135^\circ}{2}$ だから，**半角の公式**が使える。

解答例 $\sin^2 22.5^\circ = \sin^2\dfrac{45^\circ}{2} = \dfrac{1-\cos 45^\circ}{2} = \dfrac{1-\frac{\sqrt{2}}{2}}{2} = \dfrac{2-\sqrt{2}}{4}$

$\sin 22.5^\circ > 0$ だから　$\sin 22.5^\circ = \boldsymbol{\dfrac{\sqrt{2-\sqrt{2}}}{2}}$　…答

$\tan^2 67.5^\circ = \tan^2\dfrac{135^\circ}{2} = \dfrac{1-\cos 135^\circ}{1+\cos 135^\circ} = \dfrac{1-\left(-\frac{1}{\sqrt{2}}\right)}{1+\left(-\frac{1}{\sqrt{2}}\right)}$

$= \dfrac{\sqrt{2}+1}{\sqrt{2}-1} = (\sqrt{2}+1)^2$

$\tan 67.5^\circ > 0$ だから　$\tan 67.5^\circ = \boldsymbol{\sqrt{2}+1}$　…答

← $\sin 22.5^\circ$ は次のような図から求められる。

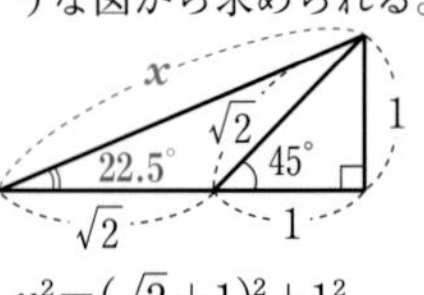

$x^2 = (\sqrt{2}+1)^2 + 1^2$
$= 4 + 2\sqrt{2}$
$\sin 22.5^\circ = \dfrac{1}{x}$
$= \dfrac{1}{\sqrt{4+2\sqrt{2}}}$
$= \dfrac{1}{\sqrt{2}\sqrt{2+\sqrt{2}}} \times \dfrac{\sqrt{2-\sqrt{2}}}{\sqrt{2-\sqrt{2}}}$
$= \dfrac{\sqrt{2-\sqrt{2}}}{2}$

類題 118 $\cos 22.5^\circ$ の値を求めよ。

基本例題 119

三角関数の等式の証明(3)

等式 $\dfrac{\sin\theta+\sin 2\theta}{1+\cos\theta+\cos 2\theta}=\tan\theta$ を証明せよ。

テストに出るぞ！

ねらい
等式の証明を通して，公式の活用方法を理解すること。

解法ルール 複雑な式を変形して，簡単な式を導く。
両辺を比較すると，角は θ に統一すべきだし，左辺の分母の1はジャマ。そこで，$\cos 2\theta=2\cos^2\theta-1$ を用いる。

解答例 左辺 $=\dfrac{\sin\theta+2\sin\theta\cos\theta}{1+\cos\theta+(2\cos^2\theta-1)}=\dfrac{\sin\theta(1+2\cos\theta)}{\cos\theta(1+2\cos\theta)}$

$=\dfrac{\sin\theta}{\cos\theta}=\tan\theta=$ 右辺 終

類題 119 等式 $\dfrac{1+\sin\theta-\cos\theta}{1+\sin\theta+\cos\theta}=\tan\dfrac{\theta}{2}$ を証明せよ。

基本例題 120

三角方程式・不等式を解く(1)

次の方程式，不等式を解け。ただし，$0\leqq x<\pi$ とする。

(1) $\sin 2x+\sin x=0$　　(2) $\cos 2x+3\cos x>1$

ねらい
$\sin x$ または $\cos x$ についての方程式，不等式になおすことにより，三角方程式，不等式を解くこと。

解法ルール まず，角を x に統一する。そのために2倍角の公式を用いる。
あとは，ふつうの方程式，不等式の場合と同様に，(積)$=0$，(積)>0 の形に変形すればよい。

解答例 (1) $2\sin x\cos x+\sin x=0$

$\sin x(2\cos x+1)=0$

よって　$\sin x=0$，$\cos x=-\dfrac{1}{2}$

$0\leqq x<\pi$ より　$\boldsymbol{x=0,\ \dfrac{2}{3}\pi}$ …答

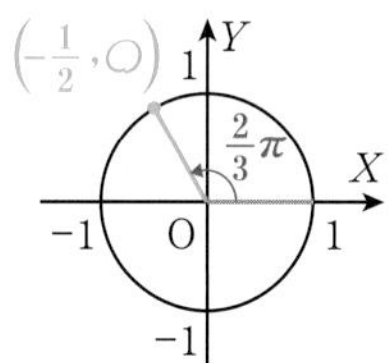

(2) $2\cos^2 x-1+3\cos x>1$

$2\cos^2 x+3\cos x-2>0$

$(2\cos x-1)(\cos x+2)>0$

$\cos x+2>0$ だから　$\cos x>\dfrac{1}{2}$

$0\leqq x<\pi$ より　$\boldsymbol{0\leqq x<\dfrac{\pi}{3}}$ …答

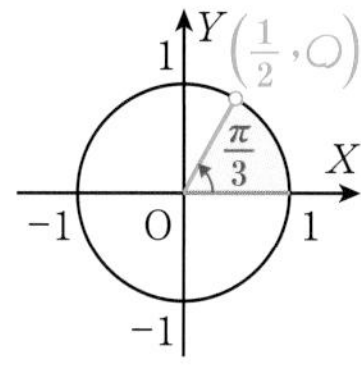

類題 120 次の方程式，不等式を解け。ただし，$0\leqq x<\pi$ とする。

(1) $2\sin^2 x-\cos 2x=1$　　(2) $\cos 2x\leqq 2-3\sin x$

9 三角関数の合成

$y=\sin x$ と $y=\cos x$ のグラフをもとにして，$y=\sin x+\cos x$ のグラフをかいてみよう。

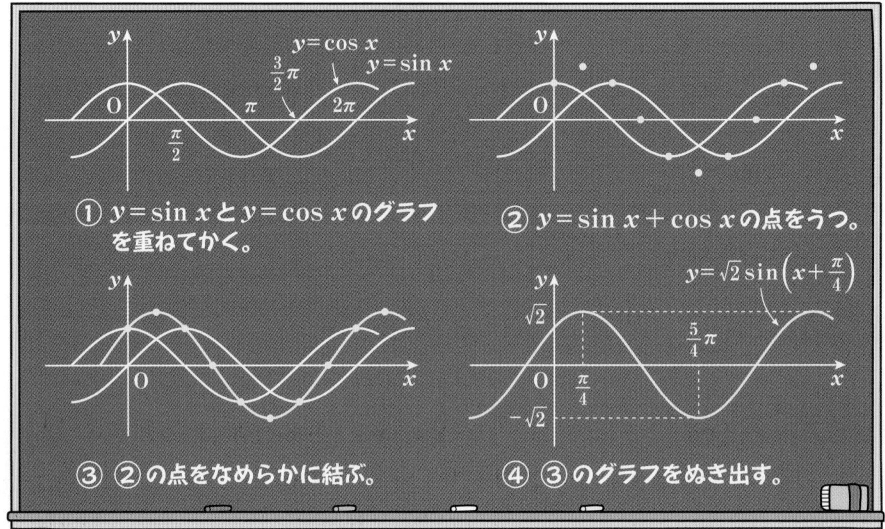

④のグラフは，$y=\sqrt{2}\sin\left(x+\dfrac{\pi}{4}\right)$ となって，実はサインカーブを表している。

これは次のことからわかるね。

$$
\begin{aligned}
y&=\sin x+\cos x\\
&=\sqrt{2}\left(\frac{1}{\sqrt{2}}\times\sin x+\frac{1}{\sqrt{2}}\times\cos x\right)\\
&=\sqrt{2}\left(\sin x\times\cos\frac{\pi}{4}+\cos x\times\sin\frac{\pi}{4}\right)\\
&=\sqrt{2}\sin\left(x+\frac{\pi}{4}\right)
\end{aligned}
$$

（$\dfrac{1}{\sqrt{2}}$ は $\cos\dfrac{\pi}{4}$，$\dfrac{1}{\sqrt{2}}$ は $\sin\dfrac{\pi}{4}$）

このような変形を，**2つの三角関数を1つの三角関数に合成する**という。

ポイント

[三角関数の合成]

$$a\sin\theta+b\cos\theta=\sqrt{a^2+b^2}\sin(\theta+\alpha)$$

ただし，$\cos\alpha=\dfrac{a}{\sqrt{a^2+b^2}}$，$\sin\alpha=\dfrac{b}{\sqrt{a^2+b^2}}$

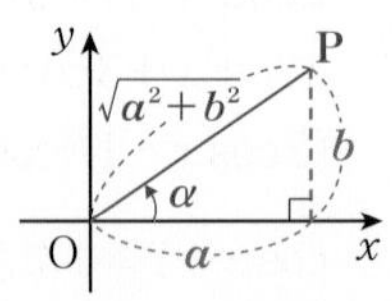

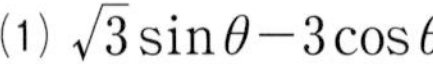

三角関数を合成する

次の式を $r\sin(\theta+\alpha)$ $(r>0,\ -\pi<\alpha\leqq\pi)$ の形にせよ。

(1) $\sqrt{3}\sin\theta-3\cos\theta$　　(2) $-3\sin\theta+4\cos\theta$

ねらい

三角関数の合成 $a\sin\theta+b\cos\theta=\sqrt{a^2+b^2}\sin(\theta+\alpha)$ をマスターすること。

解法ルール $\sin\theta$ の係数を x 座標，$\cos\theta$ の係数を y 座標とする点 $\mathrm{P}(x,\ y)$ をとり，与式を $\mathrm{OP}=\sqrt{x^2+y^2}$ でくくると，すぐに変形できる。ただし，α は x 軸の正の部分と OP のなす角である。

← 図を参考にすると変形しやすい。

解答例 (1) 与式$=2\sqrt{3}\left\{\sin\theta\times\dfrac{1}{2}+\cos\theta\times\left(-\dfrac{\sqrt{3}}{2}\right)\right\}$

$=2\sqrt{3}\left\{\sin\theta\cos\left(-\dfrac{\pi}{3}\right)+\cos\theta\sin\left(-\dfrac{\pi}{3}\right)\right\}$

$=\boldsymbol{2\sqrt{3}\sin\left(\theta-\dfrac{\pi}{3}\right)}$ …答

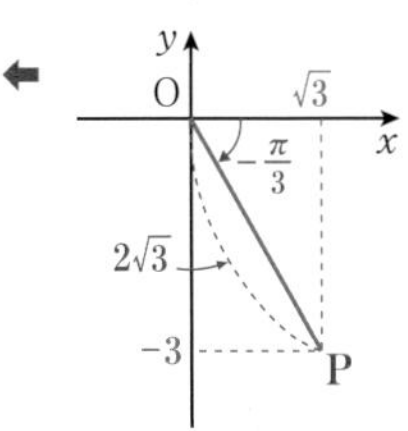

(2) 与式$=5\left\{\sin\theta\times\left(-\dfrac{3}{5}\right)+\cos\theta\times\dfrac{4}{5}\right\}$

$=5(\sin\theta\cos\alpha+\cos\theta\sin\alpha)$

$=\boldsymbol{5\sin(\theta+\alpha)}$ …答

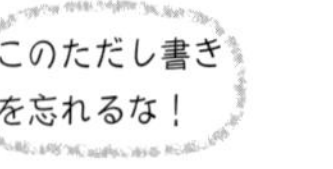

ただし，α は $\cos\alpha=-\dfrac{3}{5}$，$\sin\alpha=\dfrac{4}{5}$ を満たす角

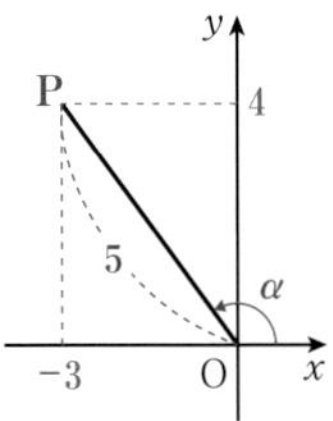

類題 121 次の式を $r\sin(x+\alpha)$ $(r>0,\ -\pi<\alpha\leqq\pi)$ の形にせよ。

(1) $-\sin x-\cos x$　　(2) $\sin\left(x+\dfrac{\pi}{6}\right)-\cos x$

基本例題 122　三角方程式・不等式を解く (2)

$0\leqq x\leqq\pi$ のとき，次の方程式，不等式を解け。

(1) $\sin x-\cos x=\sqrt{2}$　　(2) $\sin x+\sqrt{3}\cos x>1$

ねらい
三角関数の合成を用いて，三角方程式，不等式を解くこと。

解法ルール それぞれ**左辺の三角関数を合成**して，$r\sin(x+\alpha)$ の形にしてから解く。このとき，$x+\alpha$ の範囲に注意すること。

解答例 (1) 与式より　$\sqrt{2}\sin\left(x-\dfrac{\pi}{4}\right)=\sqrt{2}$　　$\sin\left(x-\dfrac{\pi}{4}\right)=1$

$x-\dfrac{\pi}{4}=\theta\ \left(-\dfrac{\pi}{4}\leqq\theta\leqq\dfrac{3}{4}\pi\right)$ とおくと　$\sin\theta=1$

$\theta=\dfrac{\pi}{2}$　　よって　$\boldsymbol{x=\dfrac{3}{4}\pi}$ …答

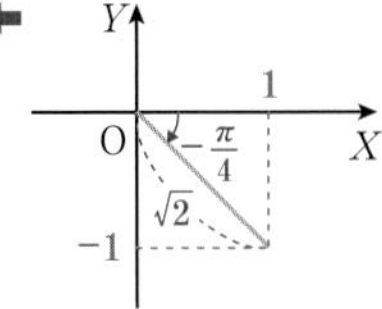

(2) 与式より　$2\sin\left(x+\dfrac{\pi}{3}\right)>1$　　$\sin\left(x+\dfrac{\pi}{3}\right)>\dfrac{1}{2}$

$x+\dfrac{\pi}{3}=\theta\ \left(\dfrac{\pi}{3}\leqq\theta\leqq\dfrac{4}{3}\pi\right)$ とおくと　$\sin\theta>\dfrac{1}{2}$

$\dfrac{\pi}{3}\leqq\theta<\dfrac{5}{6}\pi$　　よって　$\boldsymbol{0\leqq x<\dfrac{\pi}{2}}$ …答

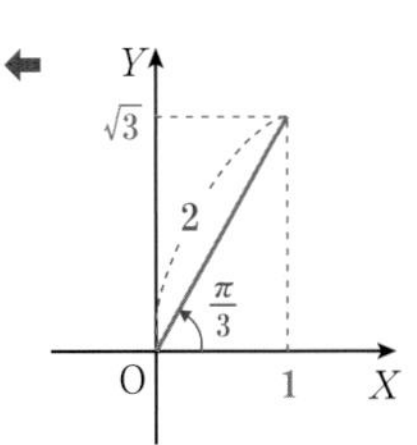

類題 122 $0\leqq x<2\pi$ のとき，次の方程式，不等式を解け。

(1) $-\sqrt{3}\sin x+\cos x=1$　　(2) $\cos x\geqq\sqrt{3}\sin x$

応用例題 123 三角関数の最大・最小(3)

$0\leqq x\leqq\frac{\pi}{2}$ のとき，$f(x)=\sin^2 x+3\sin x\cos x+4\cos^2 x$ の最大値と最小値を求めよ。

テストに出るぞ！

ねらい
$\sin^2 x$，$\sin x\cos x$，$\cos^2 x$ の式は，$\sin 2x$，$\cos 2x$ で表せること，したがって合成によって1つにまとめられることを理解すること。

解法ルール **$\sin^2 x$, $\cos^2 x$ は $\cos 2x$ で, $\sin x\cos x$ は $\sin 2x$ で表せる。**
そこで，$f(x)$ を $\boldsymbol{r\sin(2x+\alpha)+a}$ の形に変形する。

解答例 $f(x)=\frac{1-\cos 2x}{2}+\frac{3}{2}\sin 2x+4\times\frac{1+\cos 2x}{2}$

$=\frac{3}{2}(\sin 2x+\cos 2x)+\frac{5}{2}=\frac{3}{2}\sqrt{2}\sin\left(2x+\frac{\pi}{4}\right)+\frac{5}{2}$

$\frac{\pi}{4}\leqq 2x+\frac{\pi}{4}\leqq\frac{5}{4}\pi$ より，$-\frac{1}{\sqrt{2}}\leqq\sin\left(2x+\frac{\pi}{4}\right)\leqq 1$ だから

$2x+\frac{\pi}{4}=\frac{\pi}{2}$ のとき最大値 $\frac{3}{2}\sqrt{2}+\frac{5}{2}=\frac{3\sqrt{2}+5}{2}$

$2x+\frac{\pi}{4}=\frac{5}{4}\pi$ のとき最小値 $\frac{3}{2}\sqrt{2}\times\left(-\frac{1}{\sqrt{2}}\right)+\frac{5}{2}=1$

最大値・最小値を与える x の値が求められるときは求めておく方がよい。

答 **$x=\frac{\pi}{8}$ のとき 最大値 $\frac{3\sqrt{2}+5}{2}$，$x=\frac{\pi}{2}$ のとき 最小値 1**

類題 123 $0\leqq\theta\leqq\frac{\pi}{2}$ のとき，$f(\theta)=3\sin^2\theta-2\sqrt{3}\sin\theta\cos\theta+\cos^2\theta$ の最大値と最小値を求めよ。

これも知っ得 積を和・差に，和・差を積に変える公式

加法定理 $\sin(\alpha+\beta)=\sin\alpha\cos\beta+\cos\alpha\sin\beta$ …①　$\sin(\alpha-\beta)=\sin\alpha\cos\beta-\cos\alpha\sin\beta$ …②
$\cos(\alpha+\beta)=\cos\alpha\cos\beta-\sin\alpha\sin\beta$ …③　$\cos(\alpha-\beta)=\cos\alpha\cos\beta+\sin\alpha\sin\beta$ …④

積→和・差の公式

(①＋②)÷2 より　$\sin\alpha\cos\beta=\frac{1}{2}\{\sin(\alpha+\beta)+\sin(\alpha-\beta)\}$ …⑤

(①－②)÷2 より　$\cos\alpha\sin\beta=\frac{1}{2}\{\sin(\alpha+\beta)-\sin(\alpha-\beta)\}$ …⑥

(③＋④)÷2 より　$\cos\alpha\cos\beta=\frac{1}{2}\{\cos(\alpha+\beta)+\cos(\alpha-\beta)\}$ …⑦

(③－④)÷2 より　$\sin\alpha\sin\beta=-\frac{1}{2}\{\cos(\alpha+\beta)-\cos(\alpha-\beta)\}$ …⑧

⑤～⑧の式において，$\alpha+\beta=A$，$\alpha-\beta=B$ とおくと，$\alpha=\frac{A+B}{2}$，$\beta=\frac{A-B}{2}$ となるので，

和・差→積の公式

⑤より $\sin A+\sin B=2\sin\frac{A+B}{2}\cos\frac{A-B}{2}$　⑥より $\sin A-\sin B=2\cos\frac{A+B}{2}\sin\frac{A-B}{2}$

⑦より $\cos A+\cos B=2\cos\frac{A+B}{2}\cos\frac{A-B}{2}$　⑧より $\cos A-\cos B=-2\sin\frac{A+B}{2}\sin\frac{A-B}{2}$

定期テスト予想問題

解答→p. 33~35

1 α は第1象限の角で $\sin\alpha=\dfrac{3}{5}$，β は第3象限の角で $\cos\beta=-\dfrac{5}{13}$ とする。このとき，$\sin(\alpha-\beta)$，$\cos(\alpha-\beta)$ の値を求めよ。

1 まず，$\cos\alpha$，$\sin\beta$ の値を求める。

2 次の式を簡単にせよ。

(1) $\dfrac{\cos^2\theta-\sin^2\theta}{1+2\sin\theta\cos\theta}-\dfrac{1-\tan\theta}{1+\tan\theta}$

(2) $\tan^2\theta+(1-\tan^4\theta)\cos^2\theta$

2 それぞれ
(1) $1=\sin^2\theta+\cos^2\theta$
(2) $1-x^4=(1-x^2)(1+x^2)$
を利用する。

3 $\dfrac{\sin\theta+\cos\theta}{\sin\theta-\cos\theta}=4+\sqrt{15}$ のとき，$\cos\theta$ の値を求めよ。

3 まず $\tan\theta$ の値を求める。

4 右の図は三角関数 $y=3\sin(ax+b)$ のグラフの一部である。a，b および図の中の目もり A，B，C の値を求めよ。ただし，$a>0$，$0<b<2\pi$ とする。

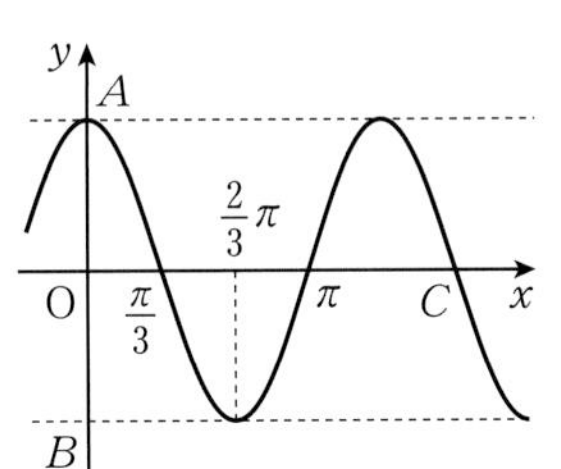

4 a は周期からわかる。b はたとえば $\left(\dfrac{\pi}{3},\ 0\right)$ を通ることから求める。

5 $-\pi\leqq\theta<\pi$ であるとき，x の2次方程式

$$x^2+2(\sin\theta)x+\cos\theta+\cos^2\theta=0$$

が虚数解をもつような θ の値の範囲を求めよ。

5 虚数解をもつ $\Longleftrightarrow$ 判別式<0

6 θ についての方程式

$$\sin^2\theta+\sin\theta-2\cos^2\theta+a=0$$

が解をもつように実数 a の値の範囲を定めよ。

6 $\sin\theta=t$ とおき，左辺を $f(t)$ とおく。
$\begin{cases} y=a \\ y=f(t) \end{cases}(-1\leqq t\leqq 1)$
が共有点をもてばよい。

7 関数 $y=(\sin x-1)(\cos x-1)$ がある。

(1) $\sin x+\cos x=t$ とおくとき，y を t の式で表せ。

(2) y の最大値，最小値およびそのときの x の値を求めよ。ただし，$0\leqq x<2\pi$ とする。

7 (1) まず $\sin x\cos x$ を t で表す。
(2) t の値の範囲に注意する。

8 $0\leqq x<2\pi$ のとき，$y=\sin^6 x+\cos^6 x$ の最大値，最小値およびそのときの x の値を求めよ。

8 $a^3+b^3=(a+b)^3-3ab(a+b)$ となることを利用する。

9 次の関数のグラフをかけ。

(1) $y=2\sin^2 x+\sin 2x-1$

(2) $y=\cos x+|\cos x|$

9 (1) 角を $2x$ に統一して合成する。
(2) 場合分けする。

10 次の方程式を解け。ただし，$0\leqq x\leqq\pi$ とする。

(1) $\cos x-\cos 2x=1$

(2) $3\sin^2 x-2\sin x\cos x+\cos^2 x=3$

10 (1) 2 倍角の公式を用いて，$\cos x$ の 2 次方程式になおす。
(2) 角を $2x$ に統一。

11 2 次方程式 $2x^2-3x+1=0$ の 2 つの解を $\tan\alpha$，$\tan\beta$ とするとき，

$$3\sin^2(\alpha+\beta)-5\sin(\alpha+\beta)\cos(\alpha+\beta)-2\cos^2(\alpha+\beta)$$

の値を求めよ。

11 まず $\tan(\alpha+\beta)$ の値を求める。

12 関数 $y=2\sin^2 x+2\sqrt{3}\sin x\cos x$ について，次の問いに答えよ。

(1) $y=r\sin(2x+\alpha)+c$ の形に変形せよ。
ただし，$r>0$，$-\pi\leqq\alpha<\pi$ とする。

(2) $0\leqq x<2\pi$ のとき，y の最大値，最小値およびそのときの x の値を求めよ。

12 (1) 半角の公式，2 倍角の公式を使って，$\sin 2x$，$\cos 2x$ で表し合成する。
(2) $2x+\alpha=\theta$ とおき，最大値，最小値を求める。

4章

指数関数・対数関数 数学Ⅱ

1節 指数関数

1 累乗根

n 乗して a になる数，すなわち $x^n=a$ を満たす x を a の n 乗根というよ。実数の範囲で考えることにすれば，$x^2=3$ の解は $x=\pm\sqrt{3}$ だから，3 の 2 乗根は $\sqrt{3}$ と $-\sqrt{3}$ の 2 つあるね。

← 2 乗根を平方根，3 乗根を立方根ともいう。2 乗根，3 乗根，4 乗根，…を総称して累乗根という。

$x^3=8$ の場合，移項した $x^3-8=0$ の左辺を因数分解して

$(x-2)(x^2+2x+4)=0$

$x=2$ または $x^2+2x+4=0$

後の 2 次方程式に実数解はないから，8 の 3 乗根は，2 がただ 1 つということになるね。

では，-3 の 2 乗根，-8 の 3 乗根，16 と -16 の 4 乗根を調べてみよう。

← $x^3=8$，$x^3=-8$，$x^4=16$ のグラフによる解は，下のようになる。（グラフでは実数解だけが現れる。）

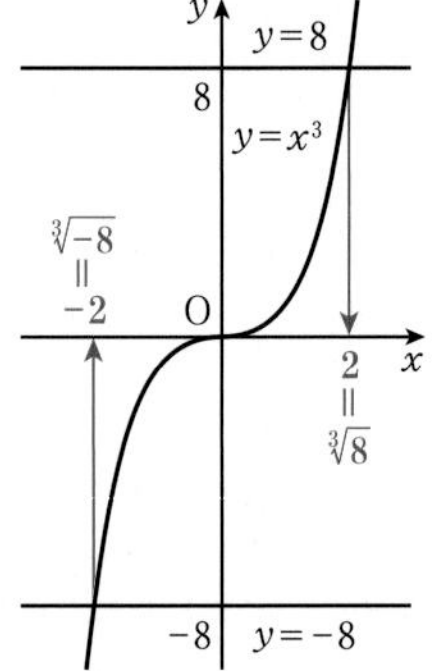

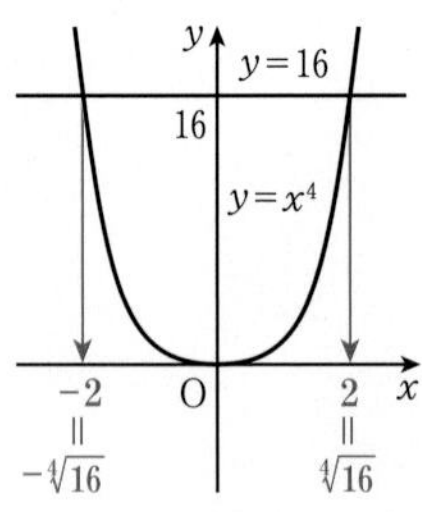

$x^2=-3$ は左辺は負にならないから，これには実数解はありませんが。

だから「-3 の 2 乗根で実数のものはない」というのが答え。

だったら，$x^4=-16$ も左辺は負にならないから実数解はないので，-16 の 4 乗根で実数のものはありません。

$x^3=-8$ は $x^3+8=0$ より $(x+2)(x^2-2x+4)=0$ だから -8 の 3 乗根は -2 ですね。

$x^4=16$ は $x^4-16=0$ より $(x-2)(x+2)(x^2+4)=0$ だから 16 の 4 乗根は 2 と -2 の 2 つがあります。

そうだね。これらの例から，a の n 乗根については，a が正か負か，n が奇数か偶数かによって事情が違うことが分かるね。

したがって，a の n 乗根のうち実数のものを，次の約束のもとに記号 $\sqrt[n]{\ }$ を使って表すよ。

← 特に $n=2$ のときは，$\sqrt[2]{\ }$ の 2 を省略して $\sqrt{\ }$ と書く。

［記号 $\sqrt[n]{\ }$ の約束］

n が奇数のとき　$x^n=a$ の実数解は 1 つある。それを $\sqrt[n]{a}$ で表す。

n が偶数のとき　❶ $a>0$ ならば $x^n=a$ の実数解は正負 2 つあり，正の方を $\sqrt[n]{a}$，負の方を $-\sqrt[n]{a}$ で表す。

❷ $a<0$ ならば $x^n=a$ に実数解はないので，$\sqrt[n]{\ }$ の記号は使わない。

← n が奇数のときは $a>0$ とすると $\begin{cases}\sqrt[n]{a}>0\\ \sqrt[n]{-a}=-\sqrt[n]{a}<0\end{cases}$

さらに，n 乗根の定義から $(\sqrt[n]{a})^n=\sqrt[n]{a^n}=a$ は明らか。また，累乗根の計算では，次のことが重要なので必ず覚えておくこと。

ポイント　［累乗根の計算規則］　$a>0$，$b>0$ で，m，n が 2 以上の整数のとき

① $\sqrt[n]{a}\sqrt[n]{b}=\sqrt[n]{ab}$　　② $\dfrac{\sqrt[n]{a}}{\sqrt[n]{b}}=\sqrt[n]{\dfrac{a}{b}}$

③ $(\sqrt[n]{a})^m=\sqrt[n]{a^m}$　　④ $\sqrt[m]{\sqrt[n]{a}}=\sqrt[mn]{a}$

基本例題 124　累乗根を計算する

次の式を簡単にせよ。

(1) $\sqrt[4]{144}$　(2) $\sqrt[3]{-81}\sqrt[3]{9}$　(3) $\sqrt[3]{\sqrt{729}}$

ねらい
累乗根とは何かを確認することと，累乗根の計算規則の適用の方法を学ぶこと。

$\sqrt[n]{a}\,(a>0)$ は n 乗すると a になる数を表す。

(1) 144 を素因数分解してみるとわかりやすい。

(2) n が奇数のとき，$\sqrt[n]{-a}=-\sqrt[n]{a}\,(a>0)$ で負の実数となる。

(3) 累乗根の計算規則を適用する。

← 144，729 を素因数分解しておくとよい。

2) 144　3) 729
2) 72　3) 243
2) 36　3) 81
2) 18　3) 27
3) 9　3) 9
3　3

よって　$144=2^4\times3^2$
$729=3^6$

解答例

(1) $\sqrt[4]{144}=\sqrt{\sqrt{12^2}}=\sqrt{12}=\sqrt{2^2\times3}=\mathbf{2\sqrt{3}}$ …答

(2) $\sqrt[3]{-81}\sqrt[3]{9}=-\sqrt[3]{81}\sqrt[3]{9}=-\sqrt[3]{3^4}\sqrt[3]{3^2}$
$=-\sqrt[3]{3^6}=-\sqrt[3]{(3^2)^3}=-3^2=\mathbf{-9}$ …答

(3) $\sqrt[3]{\sqrt{729}}=\sqrt[3]{\sqrt{3^6}}=\sqrt[3\times2]{3^6}=\sqrt[6]{3^6}=\mathbf{3}$ …答

類題 124　次の計算をせよ。

(1) $\sqrt[3]{216}$　(2) $\sqrt[4]{0.0625}$　(3) $\sqrt[5]{-1024}$

(4) $\dfrac{\sqrt[3]{375}}{\sqrt[3]{3}}$　(5) $(\sqrt[8]{100})^4$　(6) $\sqrt[3]{\sqrt[3]{-512}}$

2 指数の拡張

整式の乗法のところででてきた，**指数法則**を覚えているかな。右に書いておくよ。
さて，今回は，指数が負の整数や有理数であっても指数法則が矛盾なく成立するように，指数の定義を拡張しよう。
毎年物価が前年の2倍になるというすごいインフレを考える。初めの年の物価が1であるとすると，次のようになる。

（指数法則）
m，nが正の整数のとき
① $a^m \times a^n = a^{m+n}$
② $(a^m)^n = a^{mn}$
③ $(ab)^n = a^n b^n$

$$\begin{array}{ccccccccc} 1 & 2 & 4 & 8 & 16 & 32 & 64 & \cdots & \\ & \| & \| & \| & \| & \| & \| & & \\ & 2^1 & 2^2 & 2^3 & 2^4 & 2^5 & 2^6 & \cdots & * \end{array}$$

物価が1であった年の前年の物価，2年前，3年前，…の物価も書き上げると，次のようになるだろう。

$$\begin{array}{ccccccccccc} \cdots & \frac{1}{16} & \frac{1}{8} & \frac{1}{4} & \frac{1}{2} & 1 & 2 & 4 & 8 & 16 & \cdots \\ & \| & \| & \| & \| & \| & \| & \| & \| & \| & \\ \cdots & 2^{\square} & 2^{\square} & 2^{\square} & 2^{\square} & 2^{\square} & 2^1 & 2^2 & 2^3 & 2^4 & \cdots \end{array}$$

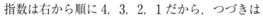

上の□の中はどんな数が適当だと思う？

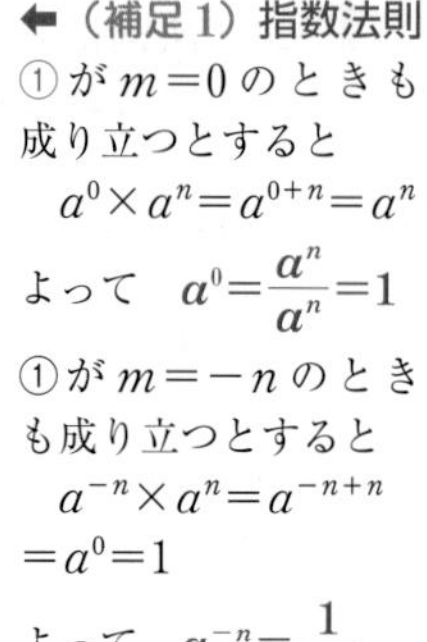
⬅（補足1）指数法則
①が $m=0$ のときも成り立つとすると
$a^0 \times a^n = a^{0+n} = a^n$
よって　$a^0 = \frac{a^n}{a^n} = 1$
①が $m=-n$ のときも成り立つとすると
$a^{-n} \times a^n = a^{-n+n}$
$= a^0 = 1$
よって　$a^{-n} = \frac{1}{a^n}$

指数は右から順に4，3，2，1だから，つづきは

$$1=2^0,\ \frac{1}{2}=2^{-1},\ \frac{1}{4}=2^{-2},\ \frac{1}{8}=2^{-3},\ \frac{1}{16}=2^{-4},\ \cdots$$

としか考えようがありませんね。

その通りなんだ。そこで，**0や負の整数の指数を，次のように定める。**

[0や負の整数の指数]　$a \neq 0$，n を正の整数として

$$a^0 = 1 \qquad a^{-n} = \frac{1}{a^n}$$

じゃあ物価が前年の $\sqrt{2}$ 倍になるという上の場合よりましなインフレでは

$$\begin{array}{cccccccc} 1 & \sqrt{2} & 2 & 2\sqrt{2} & 4 & 4\sqrt{2} & 8 & \cdots \\ \| & \| & \| & \| & \| & \| & \| & \\ 2^0 & 2^{\square} & 2^1 & 2^{\square} & 2^2 & 2^{\square} & 2^3 & \cdots \end{array}$$

このときは，上の□の中はどんな数にするとよいと思う？

⬅（補足2）指数法則
②が $m=\frac{1}{n}$ のときも成り立つとすると

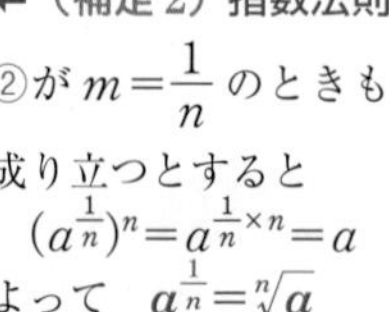
$(a^{\frac{1}{n}})^n = a^{\frac{1}{n} \times n} = a$
よって　$a^{\frac{1}{n}} = \sqrt[n]{a}$
両辺を m 乗すると
$a^{\frac{m}{n}} = (\sqrt[n]{a})^m$
$= \sqrt[n]{a^m}$

＊では指数は１ずつ増えていますね。このことは，**ある数に定数を順に掛けていくと指数は等間隔で増える**ことを示し，それで 0，□，1，□，2，□，3，…と等間隔に増えるのなら

$\sqrt{2}=2^{\frac{1}{2}}$，$2\sqrt{2}=2^{\frac{3}{2}}$，$4\sqrt{2}=2^{\frac{5}{2}}$

でしょうか。

← 分数の指数を考えるとき，たとえば $(-2)^{\frac{1}{2}}=\sqrt{-2}$ は実数にはならない。また，0^0 もきまらない。そこで a^x で x に分数を考えるときは，$a>0$ とする。

その通り。以上のことから，有理数の指数を次のように定義するんだ。指数関数のところでは，このことを覚えておかないといろんな計算がまったくできない。

[有理数の指数]　$a>0$，m を整数，n を正の整数として

$a^{\frac{1}{n}}=\sqrt[n]{a}$　　$a^{\frac{m}{n}}=(\sqrt[n]{a})^m=\sqrt[n]{a^m}$

（補足１）や**（補足２）**でみるように，負の整数や分数の指数を上のように定めれば，これらの指数に対しても指数法則はちゃんと成り立つことが確かめられるだろう。

それでは黒板を書き直すよ。

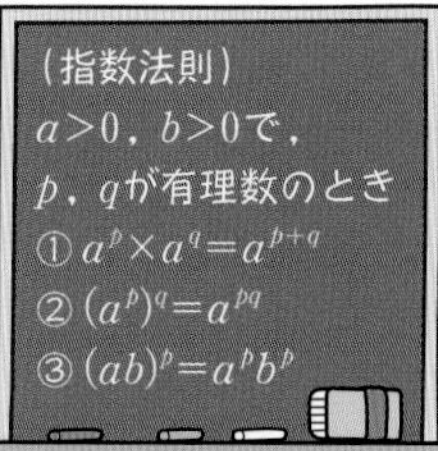

（指数法則）
a>0，b>0で，
p，qが有理数のとき
① $a^p\times a^q=a^{p+q}$
② $(a^p)^q=a^{pq}$
③ $(ab)^p=a^pb^p$

基本例題 125　負の指数の計算

次の計算をせよ。ただし，$a\neq 0$，$b\neq 0$ とする。

(1) $a^5\times a^{-3}\div a^2$　　(2) $(a^{-3}b)^{-2}$

(3) $2^{-3}\div(2^{-2})^3$　　(4) $6^{-8}\times 24^3$

ねらい

負の整数の指数にも自由に指数法則が適用できること。

解法ルール　割り算は，$\dfrac{a^m}{a^n}=a^{m-n}$ を用いるか，$\dfrac{1}{a^n}=a^{-n}$ として指数法則を適用する。

(1)　$a^5\times a^{-3}\div a^2=a^{5+(-3)-2}=a^0=\mathbf{1}$　…答

(2)　$(a^{-3}b)^{-2}=(a^{-3})^{-2}b^{-2}=a^6b^{-2}=\boldsymbol{\dfrac{a^6}{b^2}}$　…答

(3)　$2^{-3}\div(2^{-2})^3=2^{-3}\div 2^{-6}=2^{-3-(-6)}=2^3=\mathbf{8}$　…答

(4)　$6^{-8}\times 24^3=(2\cdot 3)^{-8}\times(2^3\cdot 3)^3=2^{-8}\cdot 3^{-8}\times 2^9\cdot 3^3$

$=2^{-8+9}\cdot 3^{-8+3}=2\cdot 3^{-5}=\dfrac{2}{3^5}=\boldsymbol{\dfrac{2}{243}}$　…答

特に指示がなければ，結果は分数で表し，負の指数を用いないことが多い。a^6b^{-2} を答えとしても，もちろん正解。

類題 125　次の計算をせよ。ただし，$a\neq 0$，$b\neq 0$ とする。

(1) $a^{-3}\times a^{-5}$　　(2) $(a^{-1}b)^3\times(a^{-2}b)^{-2}$　　(3) $(a^5b^{-2})^3\div(a^{-2}b)^{-5}$

(4) $3^{-5}\div(3^{-2})^4$　　(5) $6^3\div 2^{-5}\times 3^{-3}$　　(6) $2\times 10^{10}\div(5\times 10^4)$

基本例題 126　有理数の指数にする

$a>0$ のとき，次の式を a^x の形で表せ。

(1) $\sqrt[3]{a^5}$　　(2) $\sqrt[3]{\dfrac{1}{a^4}}$　　(3) $\dfrac{1}{(\sqrt[5]{a})^2}$

ねらい
$\sqrt[n]{\quad}$ を使った式を有理数の指数を使った式に書きかえること。

解法ルール $a>0$ のとき，$\sqrt[n]{a^m}=a^{\frac{m}{n}}$ である。
$\sqrt[n]{\quad}$ の n を分母にもってくることに注意しておく。
また，$a^{\frac{m}{n}}$ を $\sqrt[n]{a^m}$ となおせるようにしておく。

解答例 (1) $\sqrt[3]{a^5}=\boldsymbol{a^{\frac{5}{3}}}$ …答

(2) $\sqrt[3]{\dfrac{1}{a^4}}=\sqrt[3]{a^{-4}}=\boldsymbol{a^{-\frac{4}{3}}}$ …答

(3) $\dfrac{1}{(\sqrt[5]{a})^2}=\dfrac{1}{(a^{\frac{1}{5}})^2}=\dfrac{1}{a^{\frac{2}{5}}}=\boldsymbol{a^{-\frac{2}{5}}}$ …答

類題 126 $a>0$ のとき，次の式を根号を用いて表せ。

(1) $a^{\frac{8}{3}}$　　(2) $a^{0.75}$　　(3) $a^{-\frac{7}{2}}$

← 類題 126 は，基本例題 126 とは反対の方向への変形。どちらもできるようにすること。

基本例題 127　指数法則の適用(1)

次の計算をせよ。

テストに出るぞ！

(1) $(81^{\frac{3}{4}})^{-\frac{1}{3}}$　　(2) $9^{1.5}\times32^{-0.4}$　　(3) $9^{\frac{1}{4}}\times9^{\frac{1}{3}}\div9^{\frac{1}{12}}$

ねらい
指数が有理数の場合に，指数法則を使って式を変形すること。

解法ルール 指数法則は，指数が有理数のときも成り立つ。
すなわち，
$a>0$，$b>0$ で，r，s が有理数のとき
$\boldsymbol{a^r\times a^s=a^{r+s}}$，$\boldsymbol{(a^r)^s=a^{rs}}$，$\boldsymbol{(ab)^r=a^rb^r}$
が成り立つ。

$\square\div a^r$ について
a^r で割るということは a^r の逆数をかけることだから

$$\square\div a^r=\square\times\frac{1}{a^r}=\square\times a^{-r}$$

解答例 (1) $(81^{\frac{3}{4}})^{-\frac{1}{3}}=\{(3^4)^{\frac{3}{4}}\}^{-\frac{1}{3}}=3^{4\times\frac{3}{4}\times\left(-\frac{1}{3}\right)}=3^{-1}=\boldsymbol{\dfrac{1}{3}}$ …答

(2) $9^{1.5}\times32^{-0.4}=(3^2)^{\frac{3}{2}}\times(2^5)^{-\frac{2}{5}}=3^3\times2^{-2}=\dfrac{3^3}{2^2}=\boldsymbol{\dfrac{27}{4}}$ …答

← 小数の指数は分数になおしたほうが，計算しやすい。

(3) $9^{\frac{1}{4}}\times9^{\frac{1}{3}}\div9^{\frac{1}{12}}=9^{\frac{1}{4}+\frac{1}{3}-\frac{1}{12}}=9^{\frac{1}{2}}=(3^2)^{\frac{1}{2}}=\boldsymbol{3}$ …答

類題 127 次の計算をせよ。

(1) $(64^{\frac{2}{3}})^{\frac{1}{2}}$　　(2) $4^{\frac{2}{3}}\div18^{\frac{1}{3}}\times72^{\frac{1}{3}}$

基本例題 128

指数法則の適用(2)

次の式を簡単にせよ。ただし，文字は正の数とする。

(1) $\sqrt[3]{18}\times\sqrt{54}\div\sqrt[6]{96}$　　(2) $\dfrac{\sqrt[3]{a^2}}{a\sqrt[3]{a}}$　　(3) $\sqrt{a\sqrt{a\sqrt{a}}}$

ねらい
累乗根の計算を $\sqrt[n]{\ }$ の定義にしたがって計算するよりは，有理数の指数の式にして，指数法則を使う方が簡単であることを理解すること。

解法ルール 基本例題 124 では，累乗根の計算規則にしたがって累乗根の計算を行ったが，ここでは次のようにする。

$\sqrt[n]{a^m}=a^{\frac{m}{n}}$ として指数法則を利用する。

解答例 (1) $\sqrt[3]{18}\times\sqrt{54}\div\sqrt[6]{96}=(2\cdot3^2)^{\frac{1}{3}}\times(2\cdot3^3)^{\frac{1}{2}}\div(2^5\cdot3)^{\frac{1}{6}}$

$=2^{\frac{1}{3}}\times3^{\frac{2}{3}}\times2^{\frac{1}{2}}\times3^{\frac{3}{2}}\div(2^{\frac{5}{6}}\times3^{\frac{1}{6}})$

$=2^{\frac{1}{3}+\frac{1}{2}-\frac{5}{6}}\times3^{\frac{2}{3}+\frac{3}{2}-\frac{1}{6}}$

$=2^{\frac{2}{6}+\frac{3}{6}-\frac{5}{6}}\times3^{\frac{4}{6}+\frac{9}{6}-\frac{1}{6}}$

$=2^0\times3^2=\mathbf{9}$ …答

(2) $\dfrac{\sqrt[3]{a^2}}{a\sqrt[3]{a}}=\dfrac{a^{\frac{2}{3}}}{a\times a^{\frac{1}{3}}}=a^{\frac{2}{3}-1-\frac{1}{3}}=a^{-\frac{2}{3}}=\dfrac{\mathbf{1}}{\sqrt[3]{\boldsymbol{a}^2}}$ …答

(3) $\sqrt{a\sqrt{a\sqrt{a}}}=\{a(a\times a^{\frac{1}{2}})^{\frac{1}{2}}\}^{\frac{1}{2}}=a^{\frac{1}{2}}\times a^{\frac{1}{4}}\times a^{\frac{1}{8}}$

$=a^{\frac{1}{2}+\frac{1}{4}+\frac{1}{8}}=a^{\frac{7}{8}}=\sqrt[8]{\boldsymbol{a}^7}$ …答

← (3)は，( )の中から順に計算して
$\{a(a\times a^{\frac{1}{2}})^{\frac{1}{2}}\}^{\frac{1}{2}}$
$=\{a\times(a^{\frac{3}{2}})^{\frac{1}{2}}\}^{\frac{1}{2}}$
$=(a\times a^{\frac{3}{4}})^{\frac{1}{2}}=(a^{\frac{7}{4}})^{\frac{1}{2}}$
$=a^{\frac{7}{8}}$
としてもよい。

類題 128 次の式を簡単にせよ。ただし，文字は正の数とする。

(1) $\sqrt[3]{7^4}\times\sqrt{7}\times\sqrt[6]{7}$　　(2) $\sqrt{a\sqrt{a\sqrt{a}}}\times\sqrt{\sqrt{\sqrt{a}}}$

応用例題 129

式の値を求める

$a^{\frac{1}{2}}+a^{-\frac{1}{2}}=3$ のとき，次の値を求めよ。ただし，$a>0$ とする。

テストに出るぞ！

(1) $a+a^{-1}$　　(2) $a^{\frac{3}{2}}+a^{-\frac{3}{2}}$

ねらい
和と積で表して，式の値を求める方法をマスターすること。式の値を求めるときには，対称式がとりあげられることが多い。

解法ルール **分数指数のままで式の変形がしにくい**ときは，**他の文字でおき換える**とよい。このとき $a^{\frac{1}{2}}\times a^{-\frac{1}{2}}=a^0=1$ となることに注目する。

$a^{\frac{1}{2}}=x$，$a^{-\frac{1}{2}}=y$ とおくと $x+y=3$，$xy=1$ となる。

(1) $a+a^{-1}=x^2+y^2=(x+y)^2-2xy=9-2=\mathbf{7}$ …答

(2) $a^{\frac{3}{2}}+a^{-\frac{3}{2}}=x^3+y^3=(x+y)^3-3xy(x+y)=27-9=\mathbf{18}$ …答

← (別解)
(1) $(a^{\frac{1}{2}}+a^{-\frac{1}{2}})^2=3^2$
$a+2+a^{-1}=9$
よって
$a+a^{-1}=\mathbf{7}$

類題 129 $a>0$，$a^{\frac{1}{2}}-a^{-\frac{1}{2}}=2$ のとき，次の値を求めよ。

(1) $a+a^{-1}$　　(2) a^2+a^{-2}　　(3) $a^{\frac{1}{2}}+a^{-\frac{1}{2}}$

3 指数関数とそのグラフ

指数関数を次のように定める。

ポイント [指数関数の定義]

a を 1 でない正の定数とするとき

$$y=a^x$$

を，a を底とする**指数関数**という。

p. 140 の，すごいインフレを表す関数 $y=2^x$ のグラフを考えよう。

まず，$x=-3,\ -2,\ -\frac{3}{2},\ -1,\ -\frac{1}{2},\ 0,\ \frac{1}{2},\ 1,\ \cdots$

に対する y の値を求めてごらん。

$2^{\frac{1}{2}}=\sqrt{2}\fallingdotseq 1.414,\ 2^{\frac{3}{2}}=2\sqrt{2}\fallingdotseq 2\times 1.414=2.828,$

$2^{-\frac{1}{2}}=\frac{1}{\sqrt{2}}=\frac{\sqrt{2}}{2}\fallingdotseq 0.707,\ 2^{-\frac{3}{2}}=\frac{1}{2\sqrt{2}}=\frac{\sqrt{2}}{4}\fallingdotseq 0.354$

として，下の表ができます。

x	-3	-2	$-\frac{3}{2}$	-1	$-\frac{1}{2}$	0	$\frac{1}{2}$	1	$\frac{3}{2}$	2	3
y	0.125	0.25	0.354	0.5	0.707	1	1.414	2	2.828	4	8

これらの点を座標平面にプロットして，なめらかな曲線でつなぐと右のようになるよ。

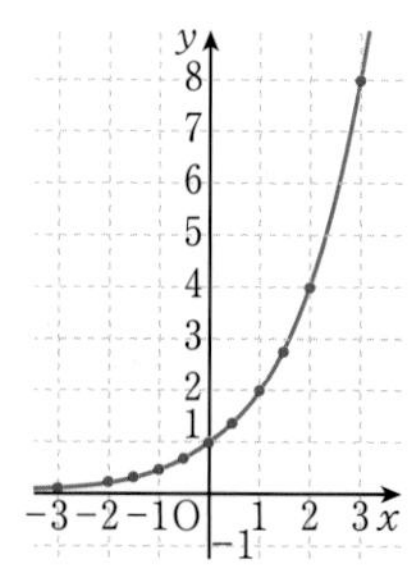

次に，$y=\left(\frac{1}{2}\right)^x$ のグラフを考えてみよう。

$\left(\frac{1}{2}\right)^{-2}=(2^{-1})^{-2}=2^2=4,\ \left(\frac{1}{2}\right)^{-1}=(2^{-1})^{-1}=2,$

$\left(\frac{1}{2}\right)^{-\frac{3}{2}}=(2^{-1})^{-\frac{3}{2}}=2^{\frac{3}{2}}=2\sqrt{2}\fallingdotseq 2.828,\ \cdots$

そうか。上の **$y=2^x$ の表で，y の値を左右入れかえればいい**んだ。

x	-3	-2	$-\frac{3}{2}$	-1	$-\frac{1}{2}$	0	$\frac{1}{2}$	1	$\frac{3}{2}$	2	3
y	8	4	2.828	2	1.414	1	0.707	0.5	0.354	0.25	0.125

そうだね。$y=\left(\frac{1}{2}\right)^x=(2^{-1})^x$ $=2^{-x}$ だから，y の値は2つの表では左右反対になっている。

したがって，$y=\left(\frac{1}{2}\right)^x$ のグラフは右の図のようになるよ。

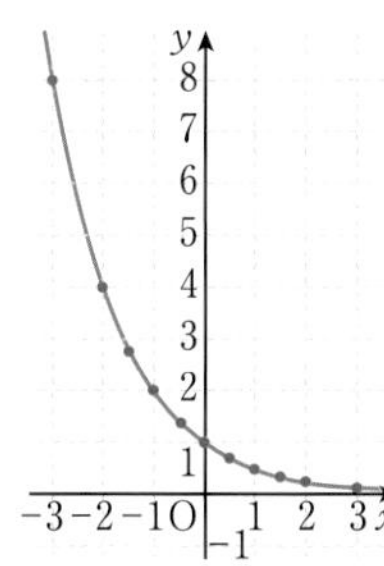

⬅ $y=f(x)$ のグラフと $y=f(-x)$ のグラフは y 軸に関して対称である。よって，$y=2x+1$ と $y=-2x+1$，$y=x^3$ と $y=(-x)^3$ なども，グラフは y 軸に関して対称になる。

基本例題 130　指数関数のグラフをかく(1)

次の関数について，下の表の x の値に対する y の値を求め，グラフをかけ。

(1) $y=2^{x-2}$　　(2) $y=4\cdot2^{-x}$　　(3) $y=2^{x-2}+1$

x	-2	-1	0	1	2	3	4
y							

ねらい

対応表を作ることによって，指数関数でも，2次関数と同じ平行移動や対称移動の公式が成立すると確認すること。

解法ルール 前ページの対応表の数値を利用できる部分が多い。そのことから，与えられた関数と $y=2^x$ や $y=2^{-x}$ のグラフの位置関係を考える。(2)は $y=4\cdot2^{-x}=2^2\cdot2^{-x}=2^{-(x-2)}$ と変形する。

解答例 y の値は次の通り。

	x	-2	-1	0	1	2	3	4
(1)	y	$\frac{1}{16}$	$\frac{1}{8}$	$\frac{1}{4}$	$\frac{1}{2}$	1	2	4
(2)	y	16	8	4	2	1	$\frac{1}{2}$	$\frac{1}{4}$
(3)	y	$\frac{17}{16}$	$\frac{9}{8}$	$\frac{5}{4}$	$\frac{3}{2}$	2	3	5

(1)　$y=2^x$ のグラフ上の点 $(0,\ 1)$，$(1,\ 2)$ が $y=2^{x-2}$ のグラフ上では点 $(2,\ 1)$，$(3,\ 2)$ に対応する。すなわち $y=2^{x-2}$ のグラフは $y=2^x$ のグラフを右に2だけ平行移動したものになる。

右の図の赤線　…答

(2)　$y=2^{-x}$ のグラフを右に2だけ平行移動したもの。

右の図の青線　…答

(3)　(1)のグラフを上に1だけ平行移動したもの。

右の図の緑線　…答

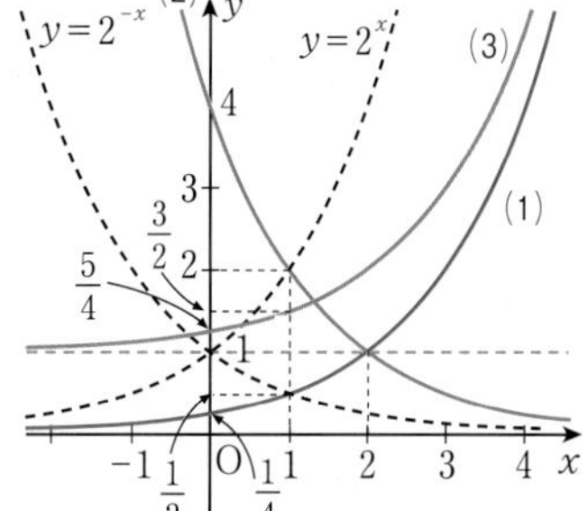

類題 130　対応表を作って，次の関数のグラフをかけ。

(1) $y=2^{x+2}$　　(2) $y=\frac{2^{-x}}{4}$　　(3) $y=2^{x+2}-2$

これも知っ得 平行移動と対称移動

数学Ⅰの２次関数のグラフで学んだ平行移動，対称移動を使おう。

● **放物線 $y=ax^2$ において**

　x を $x-p$ で，y を $y-q$ でおき換えて得られる $y=a(x-p)^2+q$ のグラフは $y=ax^2$ のグラフを x 軸方向に p，y 軸方向に q だけ平行移動したものである。

$\Longleftrightarrow$

● **指数関数 $y=a^x$ において**

　x を $x-p$ で，y を $y-q$ でおき換えて得られる $y=a^{x-p}+q$ のグラフは $y=a^x$ のグラフを x 軸方向に p，y 軸方向に q だけ平行移動したものである。

ポイント ［平行移動と対称移動］　関数 $y=f(x)$ について　（覚え得）

おき換える		得られる関数	もとのグラフとの関係
x	y		
$x-p$	$y-q$	$y-q=f(x-p)$ $\rightarrow y=f(x-p)+q$	x 軸方向に p，y 軸方向に q だけ平行移動
$-x$		$y=f(-x)$	y 軸に関して対称移動
	$-y$	$-y=f(x)\rightarrow y=-f(x)$	x 軸に関して対称移動
$-x$	$-y$	$-y=f(-x)\rightarrow y=-f(-x)$	原点に関して対称移動

応用例題 131　指数関数のグラフをかく(2)

関数 $y=2^x$ のグラフをもとにして，次の関数のグラフをかけ。

(1) $y=-\dfrac{1}{2^x}$　　(2) $y=2^{1-x}$　　(3) $y=\dfrac{2^x}{4}-1$

ねらい
基本となるグラフをもとにして，平行移動や対称移動を使ってグラフをかくこと。

解法ルール (1) $y=-2^{-x}$ だから，原点に関して対称移動する。

(2) $y=2^{-(x-1)}$ だから，y 軸に関して対称移動してから x 軸方向に 1 だけ平行移動する。

(3) $y=2^{x-2}-1$ だから，x 軸方向に 2，y 軸方向に -1 だけ平行移動する。

⬅ (1) $\dfrac{1}{a^x}=a^{-x}$

(2) $y=2^{1-x}$ を $y=2^{-(x-1)}$ と変形するのがポイント。すると $y=2^{-x}$ を右に 1 だけの平行移動とわかる。

(3) 指数法則を適用する。

$\dfrac{2^x}{4}=\dfrac{2^x}{2^2}=2^{x-2}$

解答例

(1)

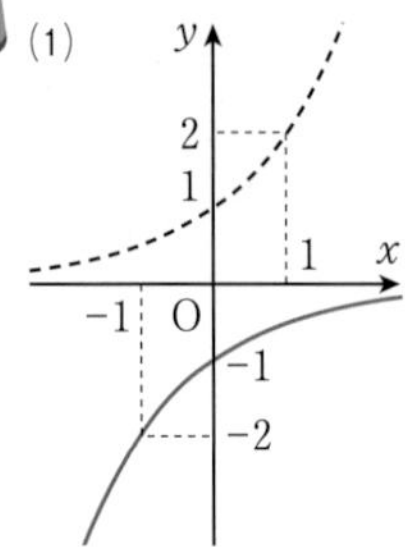

(2)

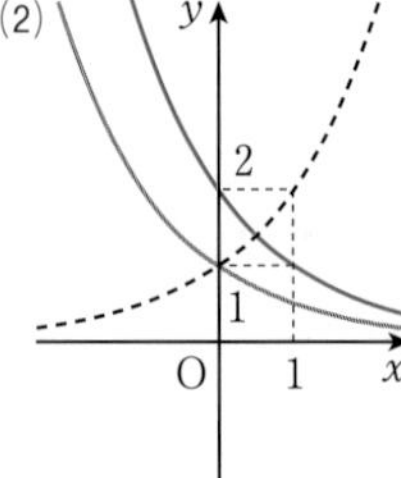

(3)

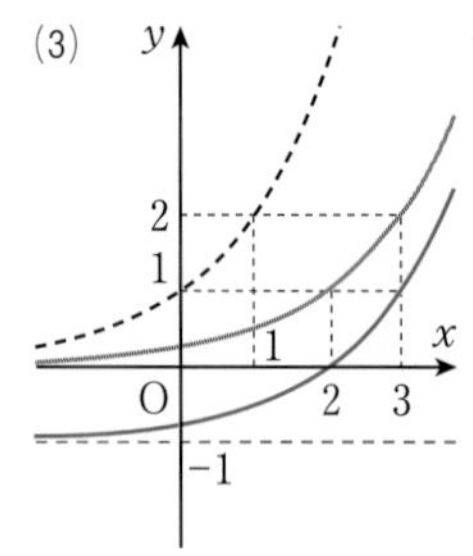

類題 131 関数 $y=2^x$ のグラフをもとにして，次の関数のグラフをかけ。

(1) $y=2^{-x}-2$　　(2) $y=-2^{2-x}+1$

基本例題 132　数の大小を比較する

次の各組の数を小さい方から順に並べよ。

(1) $\sqrt[3]{9}$, $\sqrt[4]{27}$, $\sqrt[5]{81}$　　(2) $\sqrt{2}$, $\sqrt[3]{3}$, $\sqrt[6]{6}$

ねらい
指数関数のグラフの特徴をつかんだうえで，指数表示の数の大小を調べること。

解法ルール 指数タイプの2つの数の大小比較は

1 **底をそろえて指数を比較**する。

$a>1$ のとき　$p<q \Longleftrightarrow a^p<a^q$

$0<a<1$ のとき　$p<q \Longleftrightarrow a^p>a^q$

2 **指数をそろえて底を比較**する。

$a>0$, $b>0$, $x>0$ のとき　$a<b \Longleftrightarrow a^x<b^x$

この問題では，(1)は1の方法を，(2)は2の方法を使う。

← 大小比較の考え方
たとえば $\frac{2}{3}$ と $\frac{3}{4}$ の大小を比較するとき
❶ **通分して比較**する。
❷ $\frac{2}{3}=\frac{6}{9}$, $\frac{3}{4}=\frac{6}{8}$ のように**分子をそろえて比較**する。
の2通りの方法がある。
一般に，$\frac{a}{b}$ や a^b のような数の大小は，a をそろえるか b をそろえるかして比較するとよい。

解答例 (1) $\sqrt[3]{9}=(3^2)^{\frac{1}{3}}=3^{\frac{2}{3}}$　$\sqrt[4]{27}=(3^3)^{\frac{1}{4}}=3^{\frac{3}{4}}$

$\sqrt[5]{81}=(3^4)^{\frac{1}{5}}=3^{\frac{4}{5}}$

$\frac{2}{3}<\frac{3}{4}<\frac{4}{5}$ だから　$\sqrt[3]{9}<\sqrt[4]{27}<\sqrt[5]{81}$　…答

(2) $\sqrt{2}=2^{\frac{1}{2}}=(2^3)^{\frac{1}{6}}=8^{\frac{1}{6}}$　$\sqrt[3]{3}=3^{\frac{1}{3}}=(3^2)^{\frac{1}{6}}=9^{\frac{1}{6}}$

$\sqrt[6]{6}=6^{\frac{1}{6}}$

$6<8<9$ だから　$\sqrt[6]{6}<\sqrt{2}<\sqrt[3]{3}$　…答

類題 132 次の各組の数を小さい方から順に並べよ。

(1) $4^{-\frac{3}{2}}$, $0.5^{\frac{1}{3}}$, $8^{-\frac{1}{6}}$, $2^{0.3}$　　(2) $\sqrt{6}$, $\sqrt[3]{15}$, $\sqrt[4]{35}$

これも知っ得　関数 $y=a^x$ の性質

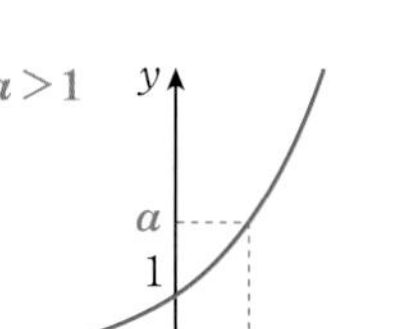

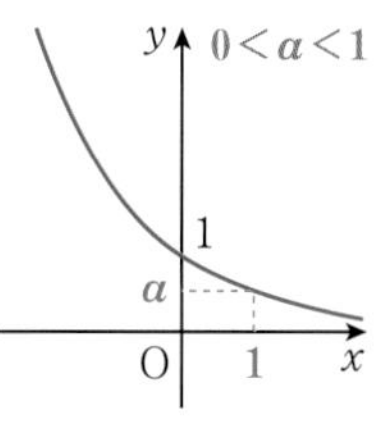

❶ x の変域は実数全体，y の変域は正の数($y>0$)全体。

❷ グラフは点$(0,\ 1)$，$(1,\ a)$ を通る。

❸ グラフは x 軸($y=0$)を漸近線とする。
　└→曲線がある直線に限りなく近づくときの直線

❹ $a>1$ のとき　$x_1<x_2 \Longleftrightarrow a^{x_1}<a^{x_2}$（単調増加）
　$0<a<1$ のとき　$x_1<x_2 \Longleftrightarrow a^{x_1}>a^{x_2}$（単調減少）

❺ 関数 $y=\left(\frac{1}{a}\right)^x$ のグラフと y 軸に関して対称である。

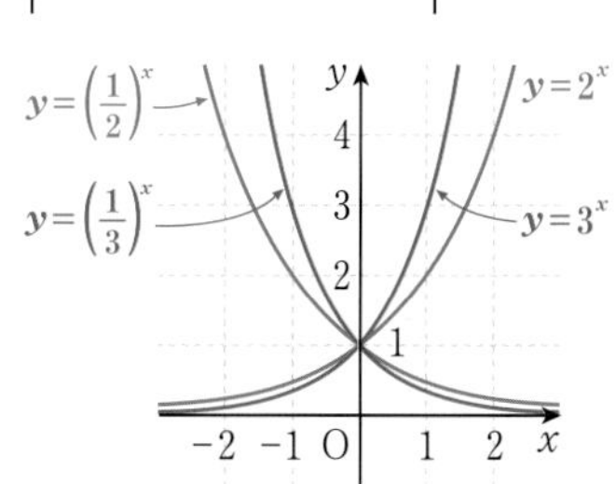

基本例題 133　指数関数の最大・最小(1)

次の関数の最大値，最小値を求めよ。

(1) $y=3^{x+2}$ $(-1\leqq x\leqq 1)$

(2) $y=2^{-4-2x}-3$ $(-3\leqq x\leqq 3)$

ねらい
指数関数の最大値，最小値を求めること。おき換えを利用して簡単な問題にするか，指数関数のグラフを利用して視覚化する。

解法ルール 指数関数の最大値，最小値を求めるときは，

1 おき換えて問題を簡単にする。

2 グラフを活用して視覚化する。

解答例 (1) $x+2=s$ とおく。$-1\leqq x\leqq 1$ より　$1\leqq s\leqq 3$

関数は $y=3^s$ $(1\leqq s\leqq 3)$ となる。よって

$\begin{cases} s=3\text{ のとき，最大値 } 3^3=27\text{，このとき } x=1 \\ s=1\text{ のとき，最小値 } 3^1=3\text{，このとき } x=-1 \end{cases}$

答 **最大値 27 ($x=1$ のとき)**
最小値 3 ($x=-1$ のとき)

(2) $-4-2x=t$ とおく。$-3\leqq x\leqq 3$ より　$-10\leqq t\leqq 2$

関数は $y=2^t-3$ $(-10\leqq t\leqq 2)$ となる。よって

$\begin{cases} t=2\text{ のとき，最大値 } 2^2-3=1\text{，このとき } x=-3 \\ t=-10\text{ のとき，最小値 } 2^{-10}-3=-\dfrac{3071}{1024}\text{，このとき } x=3 \end{cases}$

答 **最大値 1 ($x=-3$ のとき)**
最小値 $-\dfrac{3071}{1024}$ ($x=3$ のとき)

(別解)

$y=2^{-2(x+2)}-3=4^{-(x+2)}-3$

したがって，グラフは $y=4^{-x}$ のグラフを

x 軸方向に -2，y 軸方向に -3 だけ平行移動

したもので，右の図のようになる。

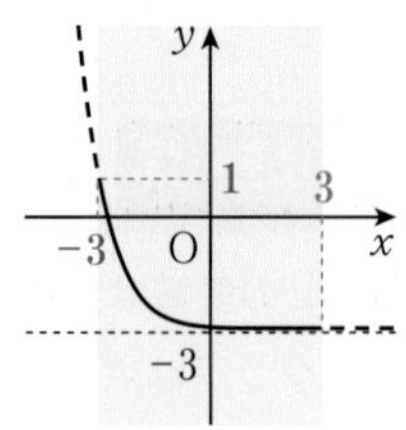

ただし，x の変域は $-3\leqq x\leqq 3$ である。このグラフより，

$x=-3$ のとき，最大値　$2^2-3=1$

$x=3$ のとき，最小値　$2^{-10}-3=\dfrac{1}{1024}-3=-\dfrac{3071}{1024}$

類題 133 関数 $y=1-3^{2-x}$ $(-2\leqq x\leqq 2)$ の最大値，最小値を求めよ。

応用例題 134　　指数関数の最大・最小(2)

次の関数の最大値，最小値を求めよ。

(1) $y=2^{2x}+2^x-1$ $(x\geqq 0)$

(2) $y=3+2\cdot 3^{x+1}-9^x$

テストに出るぞ！

ねらい
指数関数の最大値，最小値を，おき換えを利用して2次関数の最大値，最小値として求めること。

解法ルール (1)　$2^{2x}=(2^x)^2$ だから，$\boldsymbol{2^x=s}$ とおく。$x\geqq 0$ だから　$s\geqq 1$

(2)　$9^x=(3^2)^x=(3^x)^2$，$3^{x+1}=3\cdot 3^x$ だから，$\boldsymbol{3^x=t}$ とおく。

いずれも，2次関数の最大・最小の問題となる。

解答例 (1)　$y=2^{2x}+2^x-1=(2^x)^2+2^x-1$

ここで，$2^x=s$ とおくと，$x\geqq 0$ より　$s\geqq 1$

$y=s^2+s-1$ $(s\geqq 1)$

$=\left(s+\dfrac{1}{2}\right)^2-\dfrac{5}{4}$

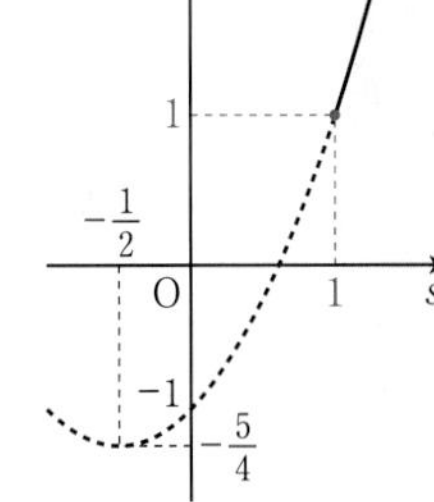

$s\geqq 1$ でグラフをかくと右の図のようになる。

これより，$s=1$ のとき最小値1をとる。

このとき，$2^x=1$より　$x=0$

答 **最大値はない**
最小値　1（$x=0$ のとき）

(2)　$y=-(3^2)^x+2\cdot 3\cdot 3^x+3$

$=-(3^x)^2+6\cdot 3^x+3$

おき換えたときは変域に注意！

ここで，$3^x=t$ とおくと，$t>0$ で

$y=-t^2+6t+3$

$=-(t-3)^2+12$

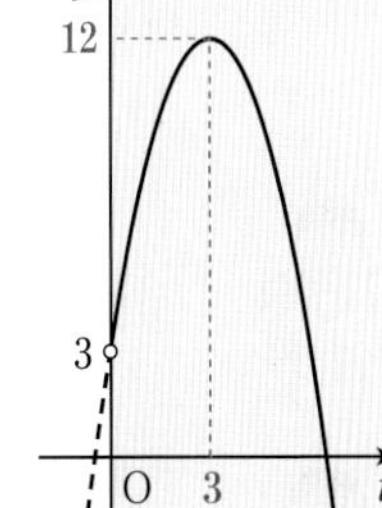

$t>0$ でこのグラフをかくと右の図のようになる。

これより，$t=3$ のとき最大で，最大値は　12

このとき，$3^x=3$ より　$x=1$

答 **最大値 12（$x=1$ のとき）**
最小値はない

類題 134 関数 $y=4^x-2^{x+1}-2$ の最大値，最小値を求めよ。

4 指数方程式・不等式

まず，次の**指数方程式**を満たす x の値はどうなるかな？

$2^x=4\sqrt{2}$ ……①

$4\sqrt{2}=2^2\cdot 2^{\frac{1}{2}}=2^{\frac{5}{2}}$ だから，$2^x=2^{\frac{5}{2}}$ より $x=\dfrac{5}{2}$ となります。

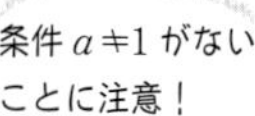

条件 $a\neq 1$ がないことに注意！

よろしい。では $a^x=a^2\sqrt{a}$（$a>0$） ……②はどうかな？

$a^2\sqrt{a}=a^2\cdot a^{\frac{1}{2}}=a^{\frac{5}{2}}$ となるから　$a^x=a^{\frac{5}{2}}$

したがって，$x=\dfrac{5}{2}$ となって①と同じになります。

ちょっと違うな。**$a>0$，$a\neq 1$ なら $x=\dfrac{5}{2}$ で正しいけれど，**

$a=1$ のとき②は $1^x=1$ となるから，x はどんな実数でもいいんだ。指数方程式では，次のことが基本になる。

［指数方程式のための定理］
$a>0$，$a\neq 1$ のとき　$a^x=a^p \iff x=p$

← 特に $a=1$ のとき
$a^x=a^p$
$\iff x$ は任意の実数

続いて，次の不等式を解いてごらん。

$\dfrac{1}{4}<2^x<4\sqrt{2}$ ……③　$\dfrac{1}{a^2}<a^x$（$a>0$，$a\neq 1$） ……④

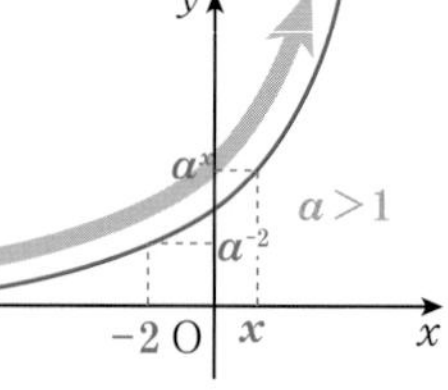

③を変形して $2^{-2}<2^x<2^{\frac{5}{2}}$ より　$-2<x<\dfrac{5}{2}$

④を変形すると　$a^{-2}<a^x$　　関数 $y=a^x$ は，

$a>1$ のときグラフは右上りだから　$-2<x$

$0<a<1$ のときグラフは右下りだから　$x<-2$

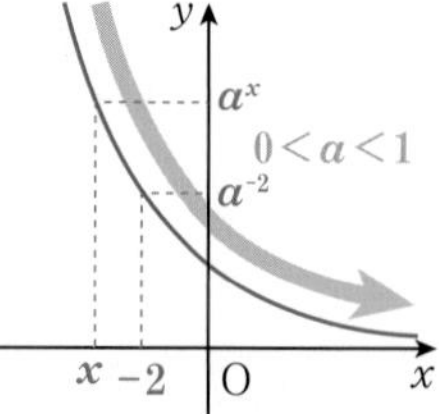

計算だけに頼らず，グラフを考えたのはよいことだね。

指数不等式では，次のことを覚えておくこと。

ポイント　［指数不等式のための定理］

$a>1$ のとき　　$a^x<a^p \iff x<p$（不等号は同じ向き）

$0<a<1$ のとき　$a^x<a^p \iff x>p$（不等号は反対向き）

覚え得

基本例題 135　指数方程式を解く (1)

テストに出るぞ！

次の方程式を解け。

(1) $2^x=2\sqrt{2}$　　(2) $16\cdot 8^x=1$

ねらい
底のそろう指数方程式の解き方を学ぶこと。

解法ルール 指数方程式を解くには，次のことが基本となる。

$a>0$，$a\neq 1$ のとき　$a^x=a^p \Longleftrightarrow x=p$

(1)，(2)とも底をそろえることを目標にする。

← 下の関係を用いて $a^{\square}$ の形の式に変え，左の定理を適用すればよい。
$1=a^0$
$a=a^1$
$\dfrac{1}{a^n}=a^{-n}$
$\sqrt[n]{a^m}=a^{\frac{m}{n}}$

解答例 (1) $2\sqrt{2}=2\cdot 2^{\frac{1}{2}}=2^{\frac{3}{2}}$ だから　$2^x=2^{\frac{3}{2}}$

よって　$x=\dfrac{3}{2}$　…答

(2) $16\cdot 8^x=2^4\cdot(2^3)^x=2^{4+3x}$ だから　$2^{4+3x}=2^0$　　$4+3x=0$

よって　$x=-\dfrac{4}{3}$　…答

類題 135 次の方程式を解け。

(1) $\left(\dfrac{1}{3}\right)^x=\dfrac{1}{81}$　　(2) $8^{1-3x}=4^{x+4}$

基本例題 136　指数方程式を解く (2)

方程式 $4^{x+1}+7\cdot 2^x-2=0$ を解け。

ねらい
$a^x=t$ とおき換えることによって，指数方程式を 2 次方程式になおして解くこと。

解法ルール $pa^{2x}+qa^x+r=0$ $(a\neq 1)$ の形の指数方程式は，$a^x=t$ とおくと

2 次方程式　$pt^2+qt+r=0$

となる。したがって，この 2 次方程式を $a^x=t>0$ に注意して解けばよい。

解答例 与式より　$4\cdot(2^2)^x+7\cdot 2^x-2=0$

$4\cdot(2^x)^2+7\cdot 2^x-2=0$

$2^x=t$ とおくと　$4t^2+7t-2=0$　　$(4t-1)(t+2)=0$

ここで，$t=2^x>0$ より　$t+2\neq 0$

よって，$4t-1=0$ より　$t=\dfrac{1}{4}=2^{-2}$　　すなわち　$2^x=2^{-2}$

よって　$x=-2$　…答

← **借金＝貸金？**
$1=1^{\frac{3}{2}}=\{(-1)^2\}^{\frac{3}{2}}$
$=(-1)^3=-1$
よって　$1=-1$
オヤ？どこでまちがえたかな。
これは，指数法則を底が負の数の場合に使ったからである。
$\{(-1)^2\}^{\frac{3}{2}}=(-1)^{2\times\frac{3}{2}}$
とはできない。
$(a^r)^s=a^{rs}$ は $a>0$ の場合のみ成り立つ。

類題 136 次の方程式を解け。

(1) $4^x-3\cdot 2^{x+1}+8=0$　　(2) $3^{2x+1}+5\cdot 3^x-2=0$

基本例題 137　指数不等式を解く (1)

次の不等式を解け。

(1) $3^{2x-1}<27$　　　(2) $0.5^{x+6}>0.125^x$

ねらい
指数不等式の基本的な問題を通して底が1より大きい場合と小さい場合について，指数不等式の解き方をマスターすること。

解法ルール 指数不等式を解くときには，次のことが基本となる。

$a>1$ のとき　$a^x<a^p \iff x<p$

$0<a<1$ のとき　$a^x<a^p \iff x>p$

解答例 (1)　与えられた不等式より　$3^{2x-1}<3^3$

底は3で，1より大きいので　$2x-1<3$

これより　$2x<4$　$\boldsymbol{x<2}$　…答

(2)　$0.125=0.5^3$ だから，与えられた不等式は　$0.5^{x+6}>0.5^{3x}$

底は0.5で，1より小さいので　$x+6<3x$

これより　$-2x<-6$　$\boldsymbol{x>3}$　…答

⬅ 底が1より大きいときは，不等号の向きは変わらない。

⬅ 底が0と1の間のときは，不等号の向きが変わる。

類題 137 次の不等式を解け。

(1) $3^{1-3x}>\sqrt{3}$　　　(2) $\left(\dfrac{1}{3}\right)^{x+2}<3\sqrt{3}<\left(\dfrac{1}{9}\right)^x$

応用例題 138　指数不等式を解く (2)

不等式 $3^{2x+1}-26\cdot3^x-9\leqq0$ を解け。

ねらい
$a^x=t$ とおき換えると，指数不等式が2次不等式になるタイプをマスターすること。数学Ⅰの2次不等式の解法をもう一度復習しておくこと。

解法ルール 指数方程式の場合と同様に，$3^x=t$ とおくと t の2次不等式となる。この2次不等式を因数分解して解く。

$$\alpha<\beta \text{ のとき} \begin{cases} (x-\alpha)(x-\beta)>0 \iff x<\alpha,\ \beta<x \\ (x-\alpha)(x-\beta)<0 \iff \alpha<x<\beta \end{cases}$$

解答例 与えられた不等式より　$3\cdot3^{2x}-26\cdot3^x-9\leqq0$

$3\cdot(3^x)^2-26\cdot3^x-9\leqq0$

$3^x=t$ とおくと　$3t^2-26t-9\leqq0$

$(3t+1)(t-9)\leqq0$

$t=3^x>0$ より　$3t+1>0$

ゆえに　$t-9\leqq0$

$3^x-9\leqq0$ より　$3^x\leqq9$

すなわち　$3^x\leqq3^2$

底は3で，$3>1$ だから　$\boldsymbol{x\leqq2}$　…答

指数計算反則例
次のような計算をする人がいるが，これらは全部まちがい。
$3\times2^x=6^x$
$(a^4)^3=a^7$
$a^4\times a^3=a^{12}$
$a^8\div a^2=a^4$
$a^4+a^3=a^7$
$a^8-a^2=a^6$

類題 138 不等式 $2^{2x+1}+3\cdot2^x-2>0$ を解け。

2節 対数関数

5 対数とその性質

ネイピアが対数についての基本的な考えに到達したのは 17 世紀のことだ。対数の発見によって天文学などの計算のわずらわしさは克服された。今ではコンピュータを使うからもっと簡単だが，対数の考え方は重要である。指数をクリアした君にとって対数は軽い相手だ。外見を恐れずに挑戦しよう。

● 対数はどう定義される？

ゆうべ，地震があったでしょう。恐かったですよね。テレビでは震源地は伊豆大島近海でマグニチュード 4 といってたけれど，マグニチュードって何ですか？

マグニチュードは，地震の規模を表す基準だよ。現在，気象庁では地震の規模を正確に表すために複雑な計算をしているけど，当初の定義では，震央から 100 km の地点にある地震計の最大振幅 A μm(マイクロメートル)を求め，$A=10^4$ のときマグニチュード 4，$A=10^5$ のときマグニチュード 5 などとしていたんだ。では，この考え方では，最大振幅が 2 cm のときのマグニチュードはどうなるかな？

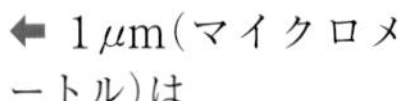

← 1 μm(マイクロメートル)は $\frac{1}{1000000}\ \mathrm{m}=10^{-6}\ \mathrm{m}$ のことである。よって，1 mm は 10^3 μm　1 cm は 10^4 μm　1 m は 10^6 μm となる。

2 cm＝20000 μm だから，$10^k=20000$ を満たす k を考えればいいんですね。しかし，こんなのどうやって求めるんですか。$10^4<20000<10^5$ だから，k は 4 と 5 の間の数であることはわかるけど…。

そう。簡単には求められないけど，k はただ 1 つに定まることは確かだね。そこで $10^k=20000$ を満たす k を表す記号を考えて，$k=\log_{10}20000$ と書くよ。一般に，$\log_a N$ を **a を底とする N の対数** というんだ。対数の性質や常用対数を学習すれば，$\log_{10}20000=4.301$ であることがわかるよ。

← $\log_a N$ の N を 真数という。真数は常に正の数である。

[対数の定義]

$a>0$，$a\neq 1$，$N>0$ として　$N=a^k \Longleftrightarrow k=\log_a N$

● 対数の性質にはどんなものがある？

対数には次のような性質があるよ。それぞれ指数の定義の式にもどって考えればいいんだけど，証明できるかな？

ポイント ［対数の性質］ $a>0$，$b>0$，$a\neq1$，$b\neq1$，$M>0$，$N>0$ とする。 覚え得

① $\log_a a=1$，$\log_a 1=0$

② $\log_a MN=\log_a M+\log_a N$

③ $\log_a \dfrac{M}{N}=\log_a M-\log_a N$

④ $\log_a M^r=r\log_a M$

⑤ $\log_a M=\dfrac{\log_b M}{\log_b a}$ （底の変換公式）

［略証］

① $a^1=a$ より $\boldsymbol{\log_a a=1}$　$a^0=1$ より $\boldsymbol{\log_a 1=0}$

$\log_a M=x$，$\log_a N=y$ とおくと　$M=a^x$，$N=a^y$

② $MN=a^{x+y}$　定義より　$\log_a MN=x+y=\log_a M+\log_a N$

③ $\dfrac{M}{N}=a^{x-y}$　定義より　$\log_a \dfrac{M}{N}=x-y=\log_a M-\log_a N$

④ $M^r=a^{xr}$　定義より　$\log_a M^r=xr=r\log_a M$

⑤ $a^x=M$ で，b を底とする対数をとると　$\log_b a^x=\log_b M$

④より　$x\log_b a=\log_b M$　よって　$\log_a M=x=\dfrac{\log_b M}{\log_b a}$

基本例題 139　指数から対数へ変える

次の等式を対数を使った式に書きなおせ。

(1) $5^0=1$　(2) $3^{-4}=\dfrac{1}{81}$　(3) $16^{\frac{1}{4}}=2$

ねらい
指数から対数へ，対数から指数への書きかえが自由自在にできるようになること。

解法ルール 対数の定義にしたがって書きなおせばよい。

$N=a^k \Longleftrightarrow k=\log_a N$

指数のときの底と対数にしたときの底は同じものである。

解答例 (1) $0=\log_5 1$ …答　(2) $-4=\log_3 \dfrac{1}{81}$ …答　(3) $\dfrac{1}{4}=\log_{16} 2$ …答

類題 139 次の等式を，指数は対数を使って，対数は指数を使って表せ。

(1) $3^4=81$　(2) $\log_3\sqrt{27}=\dfrac{3}{2}$

基本例題 140

対数の計算をする

次の式を簡単にせよ。

テストに出るぞ！

(1) $2\log_6 2-\log_6 144$　　(2) $\log_2\sqrt{3}+2\log_2\sqrt[4]{10}-\log_2\sqrt{15}$

ねらい

対数の計算には，真数をまとめる方向と真数をばらす方向との2つの計算がある。ここでは前者の練習をすること。

真数を1つにまとめる方向に計算する。

$r\log_a M=\log_a M^r$　　$\log_a M+\log_a N=\log_a MN$

$\log_a M-\log_a N=\log_a \dfrac{M}{N}$

を使えば，$\log_a R$ の形にまとめられる。

解答例

(1)　与式$=\log_6 2^2-\log_6 144=\log_6\dfrac{4}{144}=\log_6\dfrac{1}{36}$

$=\log_6 6^{-2}=-2\log_6 6=\mathbf{-2}$　…答

(2)　与式$=\log_2\sqrt{3}+\log_2\sqrt[4]{10^2}-\log_2\sqrt{15}$

$=\log_2\dfrac{\sqrt{3}\sqrt{10}}{\sqrt{15}}=\log_2\sqrt{2}=\log_2 2^{\frac{1}{2}}=\dfrac{1}{2}\log_2 2=\mathbf{\dfrac{1}{2}}$　…答

⬅ 対数の式を簡単にする問題では，最後に
$\log_a a=1$，
$\log_a 1=0$
を使うことが多い。

類題 140　次の式を簡単にせよ。

(1) $\dfrac{1}{3}\log_{10}\dfrac{27}{8}-\log_{10}\dfrac{6}{5}+\dfrac{1}{2}\log_{10}\dfrac{16}{25}$　　(2) $\log_2\sqrt{\dfrac{7}{48}}+\log_2 12-\dfrac{1}{2}\log_2 42$

基本例題 141

対数を別の対数で表す

$\log_{10}2=a$，$\log_{10}3=b$ とするとき，次の値を a，b で表せ。

(1) $\log_{10}120$　　(2) $\log_{10}0.15$

ねらい

ここでは前の例題とは逆に，真数をばらす方向で対数計算の練習をすること。

$\log_{10}2$ と $\log_{10}3$ で表すのだから，それぞれの真数を2，3または10の積・商の形にする。

(1) $120=12\times10=2^2\times3\times10$

(2) $0.15=\dfrac{15}{100}=\dfrac{3\times5}{10^2}$

解答例

(1)　与式$=\log_{10}(2^2\times3\times10)=\log_{10}2^2+\log_{10}3+\log_{10}10$

$=2\log_{10}2+\log_{10}3+1=\mathbf{2a+b+1}$　…答

(2)　与式$=\log_{10}\dfrac{3\times5}{10^2}=\log_{10}3+\log_{10}5-\log_{10}10^2$

$=\log_{10}3+\log_{10}\dfrac{10}{2}-2\log_{10}10$

$=\log_{10}3+\log_{10}10-\log_{10}2-2=\mathbf{-a+b-1}$　…答

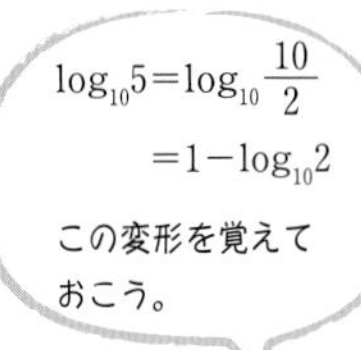

$\log_{10}5=\log_{10}\dfrac{10}{2}$
$=1-\log_{10}2$
この変形を覚えておこう。

類題 141　$\log_{10}2=a$，$\log_{10}3=b$ とするとき，次の値を a，b で表せ。

(1) $\log_{10}1080$　　(2) $\log_{10}0.18$　　(3) $\log_{10}25$

応用例題 142

底が異なる対数の計算

次の問いに答えよ。

(1) $(\log_2 3+\log_4 27)\log_9 8$ を簡単にせよ。

(2) $\log_{10}2=a$, $\log_{10}6=b$ として, $\log_{12}27$ を a, b で表せ。

ねらい

底が異なる場合の対数計算で, 底の変換公式が自由に使えるようにすること。

解法ルール 底が異なっている場合は, 底の変換公式を使ってまず底をそろえる。

底の変換公式 $\boldsymbol{\log_a M=\dfrac{\log_b M}{\log_b a}}$

(1) 底を 2 にそろえる。

(2) $\log_{12}27$ の**底を 10 に変換**するとよい。

解答例 (1) $(\log_2 3+\log_4 27)\log_9 8$

$$=\left(\log_2 3+\frac{\log_2 27}{\log_2 4}\right)\times\frac{\log_2 8}{\log_2 9}$$

$$=\left(\log_2 3+\frac{3\log_2 3}{2}\right)\times\frac{3}{2\log_2 3}$$

$$=\frac{5\log_2 3}{2}\times\frac{3}{2\log_2 3}$$

$$=\boldsymbol{\frac{15}{4}}\ \cdots \text{答}$$

← 異なる底をそろえる場合, いくつかの底のうち最小のものにそろえると, あとの計算が楽になることが多い。

(2) $\log_{12}27=\dfrac{\log_{10}27}{\log_{10}12}$

$$=\frac{\log_{10}3^3}{\log_{10}(2^2\cdot 3)}$$

$$=\frac{3\log_{10}3}{2\log_{10}2+\log_{10}3}$$

ここで　$b=\log_{10}6=\log_{10}(2\cdot 3)$

$=\log_{10}2+\log_{10}3$

$=a+\log_{10}3$

したがって　$\log_{10}3=b-a$

よって　$\log_{12}27=\dfrac{3(b-a)}{2a+(b-a)}$

$$=\boldsymbol{\frac{3b-3a}{a+b}}\ \cdots \text{答}$$

対数計算反則例

次のような計算をしては絶対にダメ。

$(\log_a x)^2=2\log_a x$

$\log_a(x+y)=\log_a x+\log_a y$

$\log_a x-\log_a y=\dfrac{\log_a x}{\log_a y}$

$\log_a\dfrac{x}{y}=\dfrac{\log_a x}{\log_a y}$

類題 142

次の問いに答えよ。

(1) $\log_4 3\cdot\log_9 25\cdot\log_5 16$ を簡単にせよ。

(2) $\log_{10}2=a$, $\log_{10}3=b$ として, $\log_9\sqrt[3]{240}$ を a, b で表せ。

6 対数関数とそのグラフ

対数関数を次のように定める。

ポイント ［対数関数の定義］

$a>0$，$a \neq 1$ のとき，$y=\log_a x$ を，a を底とする**対数関数**という。

$y=\log_a x$ $(a>0,\ a\neq1) \iff x=a^y$ ということは，対数関数 $y=\log_a x$ のグラフをかくには，指数関数 $x=a^y$ のグラフをかけばよいということでしょうか。

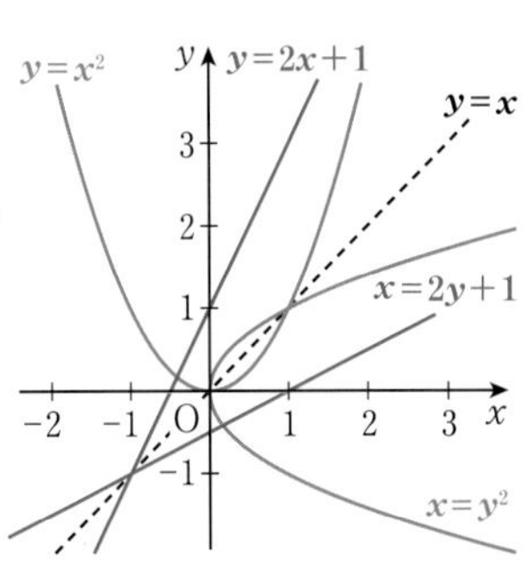

そう。一般に $y=f(x)$ のグラフと $x=f(y)$ のグラフはどんな位置関係にあるかな。たとえば，直線 $y=2x+1$ と $x=2y+1$ や，放物線 $y=x^2$ と $x=y^2$ の位置関係を調べて，このことから $y=\log_a x$ のグラフを考えてごらん。

$x=f(y)$ のグラフはもとの関数 $y=f(x)$ のグラフと直線 $y=x$ に関して対称になるんですね。それなら，$y=\log_a x$ のグラフは $y=a^x$ のグラフを図のように右上端と左下端をもって裏返せばいいんだ。

⬅ このように裏返すと x 軸がたて軸に，y 軸が横軸になるので，x，y も入れかえておく。

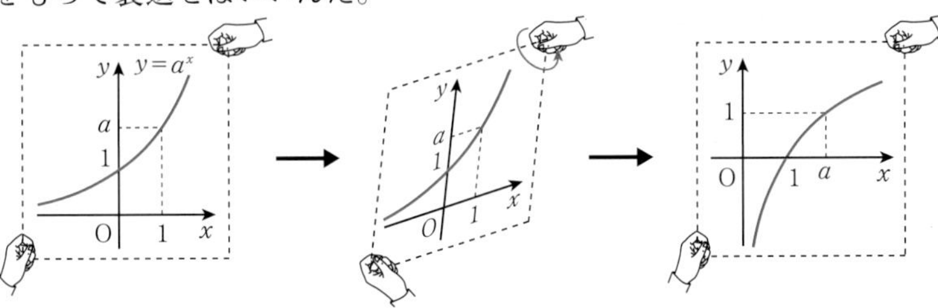

これも知っ得 **関数 $y=\log_a x$ の性質**

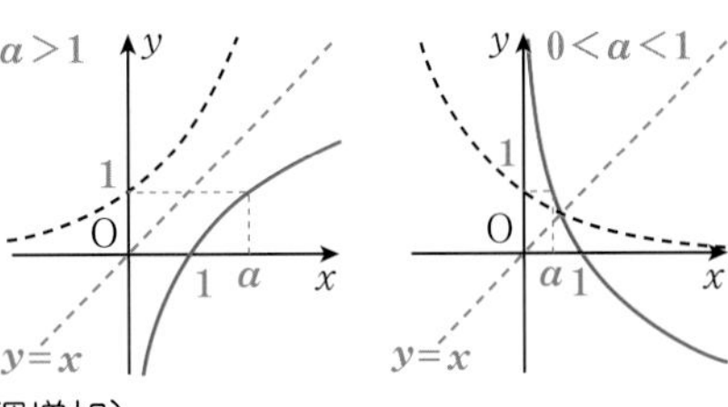

❶ x の変域は正の数全体($x>0$)，y の変域は実数全体。

❷ グラフは点 $(1,\ 0)$，$(a,\ 1)$ を通る。

❸ グラフは y 軸($x=0$)を漸近線とする。

❹ **$a>1$ のとき**　$x_1<x_2 \iff \log_a x_1<\log_a x_2$（単調増加）

$0<a<1$ のとき　$x_1<x_2 \iff \log_a x_1>\log_a x_2$（単調減少）

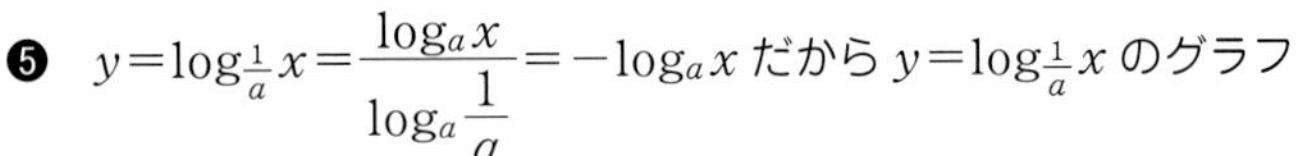

❺ $y=\log_{\frac{1}{a}} x=\dfrac{\log_a x}{\log_a \frac{1}{a}}=-\log_a x$ だから $y=\log_{\frac{1}{a}} x$ のグラフと x 軸に関して対称である。

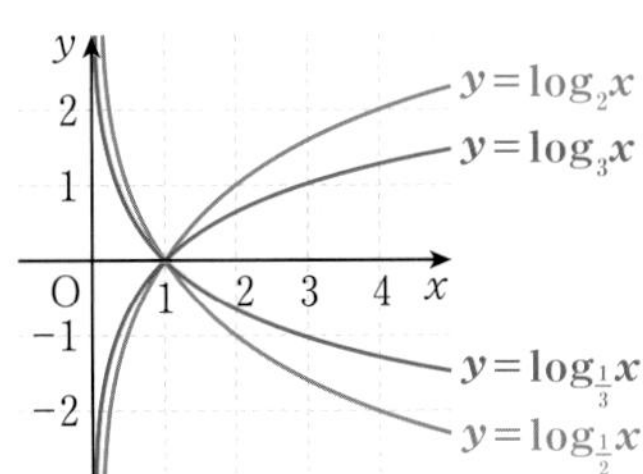

これも知っ得 対数関数のグラフの平行移動と対称移動

関数 $y=\log_2 x$ のグラフをもとにして，次の関数のグラフをかいてみよう。

(1) $y=\log_2(-x)$　(2) $y=\log_2 4x$　(3) $y=\log_2\dfrac{1}{x}$　(4) $y=\log_2\dfrac{x}{4}$　(5) $y=\log_{\frac{1}{2}}(x-1)$

❶ $y=f(x-a)+b$ → x 軸方向に a，y 軸方向に b だけ平行移動

❷ $y=f(-x)$ → y 軸に関して対称移動

❸ $y=-f(x)$ → x 軸に関して対称移動

❹ $y=-f(-x)$ → 原点に関して対称移動

$f(x)=\log_2 x$ とおくと

(1) $y=\log_2(-x)=f(-x)$ だから，

$y=\log_2 x$ のグラフを y 軸に関して対称移動する。←❷

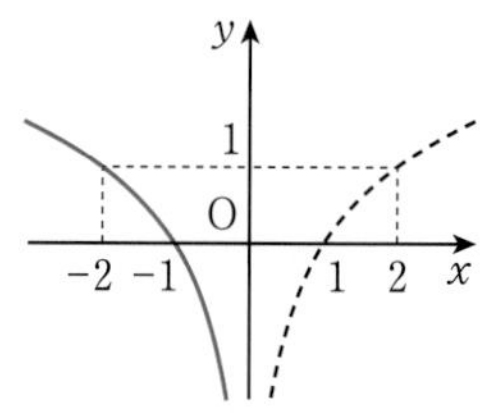

(2) $y=\log_2 4+\log_2 x=\log_2 x+2=f(x)+2$ だから，

└$\log_2 2^2=2$

$y=\log_2 x$ のグラフを y 軸方向に 2 だけ平行移動する。←❶

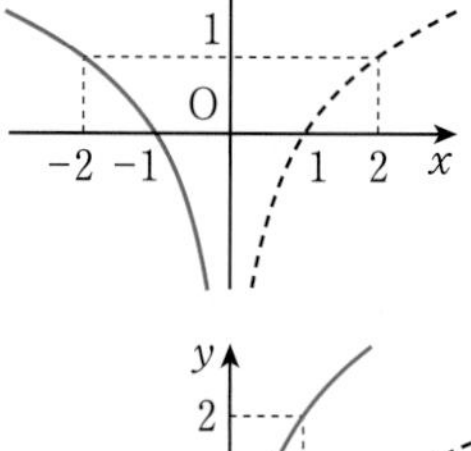

(3) $y=\log_2 x^{-1}=-\log_2 x=-f(x)$ だから，

$y=\log_2 x$ のグラフを x 軸に関して対称移動する。←❸

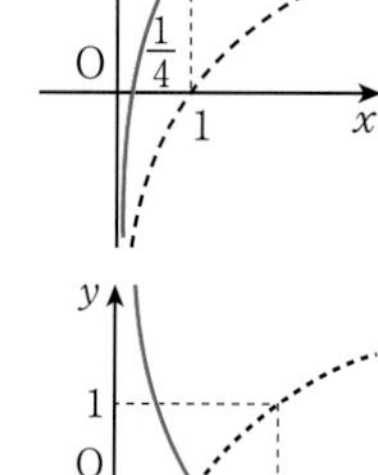

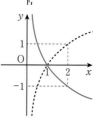

(4) $y=\log_2 x-\log_2 4=\log_2 x-2=f(x)-2$ だから，

$y=\log_2 x$ のグラフを y 軸方向に -2 だけ平行移動する。←❶

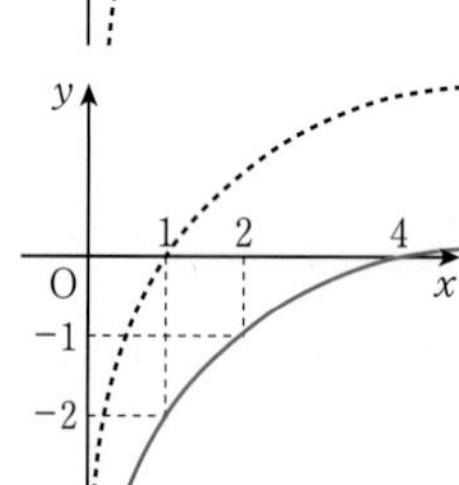

(5) $y=\log_{\frac{1}{2}}(x-1)=\dfrac{\log_2(x-1)}{\log_2\dfrac{1}{2}}=-\log_2(x-1)=-f(x-1)$

←$\log_2\dfrac{1}{2}=-\log_2 2$

よって，$y=\log_2 x$ を x 軸に関して対称移動し，

x 軸方向に 1 だけ平行移動する。←❸と❶

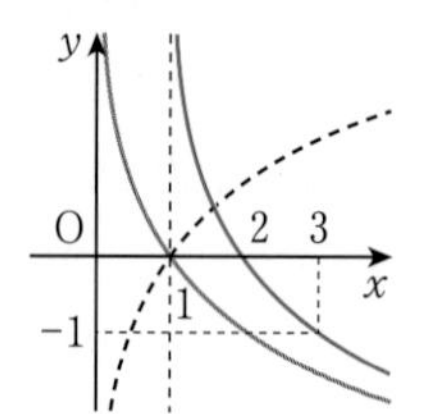

基本例題 143　対数の大小を比較する

次の 3 つの数 $\log_3 7$，$6\log_9 2$，2 について，大小関係を調べよ。

ねらい
対数の大小を比較するときには，まず底が1より大きいかどうかを確認すること。さらにそのうえで，ふつうの数を対数で表現することもマスターすること。

解法ルール 底をそろえてから真数の大小を比較する。

$a>1$ のとき $x_1<x_2 \iff \log_a x_1<\log_a x_2$

解答例 $6\log_9 2=\dfrac{6\log_3 2}{\log_3 9}=\dfrac{6\log_3 2}{2\log_3 3}=\dfrac{6\log_3 2}{2}=3\log_3 2$

$=\log_3 2^3=\log_3 8$

また　$2=\log_3 3^2=\log_3 9$

$\log_3 7<\log_3 8<\log_3 9$ だから　$\boldsymbol{\log_3 7<6\log_9 2<2}$　…答

← 底を変換することが第1段階である。異なる底はまずそろえる。

類題 143 次の3つの数 $\log_2 5$，$\log_4 17$，$\log_{\frac{1}{2}}\dfrac{1}{7}$ について，大小関係を調べよ。

応用例題 144　対数関数の最大・最小

次の問いに答えよ。

(1) $f(x)=\log_3(x+1)+\log_3(5-x)$ の最大値を求めよ。

(2) $1\leqq x\leqq 16$ のとき，$y=\log_2 x^4-(\log_2 x)^2$ の最大値，最小値を求めよ。

ねらい
対数関数の最大値，最小値を求める問題でも，真数をまとめる方法と，おき換えの利用の 2 通りのパターンがあることを理解すること。

解法ルール 底が 1 より大きい対数関数は，真数が最大のとき最大値を，真数が最小のとき最小値をとる。(1)はこのことを使う。

また，(2)は $\log_2 x=t$ とおくと，t の 2 次関数になる。

解答例 (1)　真数は正だから　$x+1>0$ かつ $5-x>0$　　よって　$-1<x<5$

$f(x)=\log_3(x+1)(5-x)=\log_3(-x^2+4x+5)$

$=\log_3\{9-(x-2)^2\}$

よって，**$x=2$ のとき，最大値**　$\log_3 9=\boldsymbol{2}$　…答

(2)　$y=4\log_2 x-(\log_2 x)^2$ だから，$\log_2 x=t$ とおくと

$y=4t-t^2=-(t-2)^2+4$　……①

また，$1\leqq x\leqq 16$ だから，2 を底とする対数をとると

$\log_2 1\leqq\log_2 x\leqq\log_2 16$　　よって　$0\leqq t\leqq 4$　……②

グラフをかくと右の図のようになるので，

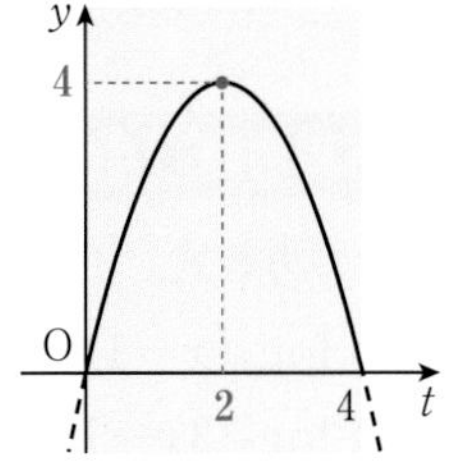

$t=2$ すなわち **$x=4$ のとき，最大値　4**

$t=0$，4 すなわち **$x=1$，16 のとき，最小値　0**　…答

類題 144 $2\leqq x\leqq 4$ のとき，$f(x)=(\log_2 x)^2-\log_2 x^2+5$ の最大値，最小値を求めよ。

7 対数方程式・不等式

対数方程式は，次の性質を用いて解きます。

- $\log_a x=\log_a b \Longleftrightarrow x=b$ （$x>0$）

また，対数不等式を解くときは，次の性質を用います。

- $a>1$ のとき　$\log_a x>\log_a b \Longleftrightarrow x>b$　（不等号は同じ向き）
- $0<a<1$ のとき　$\log_a x>\log_a b \Longleftrightarrow 0<x<b$（不等号は反対向き）

基本例題 145　対数方程式・不等式(1)

次の方程式，不等式を解け。

(1) $\log_2(x-1)=-2$　　(2) $\log_{\frac{1}{2}}(x+4)<\log_{\frac{1}{2}}3x$

ねらい
基本的な対数方程式，不等式の解き方を学ぶこと。すなわち，真数および底の条件を確認してから，log をはずすことをつかむこと。

解法ルール　対数の方程式，不等式を解くには，まず**底をそろえる**。次に，真数の方程式，不等式を導く。このとき，**不等式では，底と1との大小関係に注意すること**。

解答例

(1)　真数は正だから　$x-1>0$　　ゆえに　$x>1$　……①

この条件のもとで　$\log_2(x-1)=-2\log_2 2=\log_2 2^{-2}$

よって　$x-1=2^{-2}$　　$x=\frac{1}{4}+1=\frac{5}{4}$

これは①を満たすから解である。　$\boldsymbol{x=\frac{5}{4}}$　…答

← $\log_a x=b \Longleftrightarrow x=a^b$ を利用して $x-1=2^{-2}$ と直接的に変形してもよい。

(2)　真数は正だから　$x+4>0$ かつ $3x>0$

よって　$x>0$　……①

底は1より小さいので　$x+4>3x$

これを解くと　$x<2$　　①より　$\boldsymbol{0<x<2}$　…答

類題 145　次の方程式，不等式を解け。

(1) $\log_{\frac{1}{2}}(x+2)=-2$　　(2) $\log_3(2x-1)<\log_3(5-4x)$

応用例題 146　対数方程式・不等式(2)　テストに出るぞ！

次の方程式，不等式を解け。

(1) $\log_2(x-1)=1-\log_2(x-2)$

(2) $\log_2(3x-7)<2-\log_2(x-1)$

ねらい
$\log_a A=\log_a B$, $\log_a A<\log_a B$ の形にし，次に log をはずす形の方程式，不等式の解き方をマスターすること。

解法ルール　真数に文字を含んでいる対数が2つある場合は，**真数をまとめる方向にもっていく**。

このとき，公式 $\log_a M - \log_a N = \log_a \frac{M}{N}$ **を使うと，真数が分数式**になるので，最初に移項しておいて，公式 $\log_a M + \log_a N = \log_a MN$ **を使う方がよい。**

解答例 (1) 真数は正だから，$x-1>0$，$x-2>0$ より　$x>2$　……①

移項して　$\log_2(x-1)+\log_2(x-2)=1$

真数をまとめると　$\log_2(x-1)(x-2)=\log_2 2$

これより　$(x-1)(x-2)=2$

展開して整理すると　$x^2-3x=0$　　$x(x-3)=0$

よって　$x=0,\ 3$　　①より　$\boldsymbol{x=3}$　…答

(2) 真数は正だから　$3x-7>0$，$x-1>0$ より　$x>\frac{7}{3}$　……①

移項して　$\log_2(3x-7)+\log_2(x-1)<2$

$\log_2(3x-7)(x-1)<\log_2 4$

底は 1 より大きいから　$(3x-7)(x-1)<4$

変形して　$(3x-1)(x-3)<0$　　よって　$\frac{1}{3}<x<3$　……②

①，②より　$\boldsymbol{\frac{7}{3}<x<3}$　…答

このままでは答えじゃない！

類題 146 次の方程式，不等式を解け。

(1) $\log_4(x-5)+\log_4(x-2)=1$　　(2) $\log_{\frac{1}{2}} x \geqq -3-\log_{\frac{1}{2}}(6-x)$

応用例題 147　対数方程式を解く

方程式 $(\log_2 x)^2+\log_2 x-6=0$ を解け。

ねらい
$\log_a x=t$ とおくと，t の 2 次方程式になるタイプの対数方程式の解き方を学ぶこと。

解法ルール この方程式の形をよく見ると，$\log_2 x$ についての 2 次方程式になっている。そこで $\boldsymbol{\log_2 x=t}$ とおき換えてしまうと，t の 2 次方程式になるので，t の値が簡単に求められる。

解答例 $\log_2 x=t$ とおくと　$t^2+t-6=0$

因数分解して　$(t+3)(t-2)=0$　　よって　$t=-3,\ 2$

$t=-3$ のとき，$\log_2 x=-3$ より　$x=2^{-3}=\frac{1}{8}$

← 対数の定義にもとづいて x の値を求めている。

$t=2$ のとき，$\log_2 x=2$ より　$x=2^2=4$

答　$\boldsymbol{x=\frac{1}{8},\ 4}$

類題 147 方程式 $(\log_3 x)^2-4\log_3 x+3=0$ を解け。

8 常用対数

このUSBメモリには8GBと書いてあるけど，GBってどういう意味？

あのね，コンピュータのメモリは，情報を2進法の数に変換して記憶しているんだ。たとえば，アルファベット1文字は8桁の2進数，漢字1字は16桁の2進数で記録されている。そこで，8桁の2進数1つ分の情報量を単位にとって1B(バイト)と呼んでいるんだ。そして，2^{10} Bを1KB(キロバイト)，2^{10} KBを1MB(メガバイト)，2^{10} MBを1GB(ギガバイト)とすることが多いんだよ。

← OA機器は，すべて2の累乗の世界である。そして，$2^{10}=1024$ でだいたい1000に近いので，メートル法のキロ，メガ，ギガを借用している。

すると $8\,\text{GB}=8\times2^{10}\times2^{10}\times2^{10}\,\text{B}=8\times2^{30}\,\text{B}$ ね。漢字1字が2Bで書かれるとすると，8GBのUSBメモリ1個には 4×2^{30} 字分入るね。360ページの文庫本なら，16000冊ぐらい入るということか。

非常に大きい数の桁数を求めるのに対数を使うと便利なんだよ。$1\,\text{GB}=2^{30}\,\text{B}$ となるけど，2^{30} が何桁の数になるかを調べてみよう。それには $10^n\leqq2^{30}<10^{n+1}$ を満たす n を見つければいいんだ。

とりあえず，$x=2^{30}$ とおいて10を底とする対数をとると…

$$\log_{10}x=\log_{10}2^{30}=30\log_{10}2=30\times0.3010=9.03$$

したがって　$x=10^{9.03}$

すなわち　$2^{30}=10^{9.03}$

これから，2^{30} は $10^9<2^{30}<10^{10}$ となるから，9桁，いや10桁です。

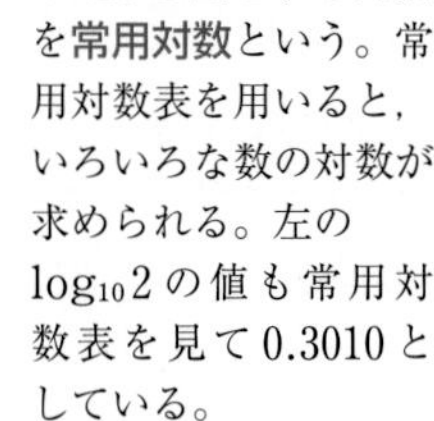

← 10を底とする対数を常用対数という。常用対数表を用いると，いろいろな数の対数が求められる。左の $\log_{10}2$ の値も常用対数表を見て0.3010としている。

そうだね。$10^n\leqq x<10^{n+1}$ を満たす数 x の整数部分は $(n+1)$ 桁あるんだ。ついでに，$0.1=10^{-1}$，$0.01=10^{-2}$，$0.001=10^{-3}$，…などを考えると次のようになる。

ポイント　[常用対数と桁数]

① x の整数部分が $(n+1)$ 桁

$$\iff 10^n\leqq x<10^{n+1}\iff n\leqq\log_{10}x<n+1$$

② x $(0<x<1)$ の小数第 n 位に初めて0でない数が現れる

$$\iff 10^{-n}\leqq x<10^{-n+1}\iff -n\leqq\log_{10}x<-n+1$$

基本例題 148

桁数と小数の位

5^{30} は何桁の数か。また，$\left(\dfrac{1}{5}\right)^{30}$ を小数で表したとき，小数第何位に初めて 0 でない数が現れるか。ただし，$\log_{10}2=0.3010$ とする。

ねらい
与えられた数を 10^n の形に表して，桁数や初めて 0 でない数が現れる小数の位を求める問題を解くこと。

解法ルール $10^n \leqq x < 10^{n+1}$ のとき，x の整数部分は $(n+1)$ 桁。
$10^{-n} \leqq x < 10^{-n+1}$ のとき，x の小数第 n 位に初めて 0 でない数が現れる。
また $\log_{10}5=1-\log_{10}2$ の変形は覚えておくこと。

解答例 $x=5^{30}$ とおいて，両辺の常用対数をとると
$\log_{10}x=30\log_{10}5=30(1-\log_{10}2)=30(1-0.3010)=20.97$
ゆえに　$x=10^{20.97}$　　$10^{20}<5^{30}<10^{21}$
よって，**5^{30} は 21 桁の数。** …答

$y=\left(\dfrac{1}{5}\right)^{30}$ とおくと　$\log_{10}y=-30\log_{10}5=-20.97$

ゆえに　$y=10^{-20.97}$　　$10^{-21}<\left(\dfrac{1}{5}\right)^{30}<10^{-20}$

よって，**$\left(\dfrac{1}{5}\right)^{30}$ は小数第 21 位に初めて 0 でない数が現れる。** …答

← $\log_{10}5=\log_{10}\dfrac{10}{2}$
$=\log_{10}10-\log_{10}2$
$=1-\log_{10}2$
この変形はよく使う。

類題 148 3^{20} は何桁の数か。また，$\left(\dfrac{1}{3}\right)^{20}$ を小数で表したとき，小数第何位に初めて 0 でない数が現れるか。ただし，$\log_{10}3=0.4771$ とする。

応用例題 149

常用対数と指数不等式

不等式 $0.8^n<0.001$ を満たす最小の整数 n を求めよ。
ただし，$\log_{10}2=0.3010$ とする。

ねらい
$a^x>b$ の形の不等式を，両辺の常用対数をとって
$\log_{10}a^x>\log_{10}b$
として解く方法をマスターすること。

解法ルール n を求めるのだから，与えられた不等式の両辺の常用対数をとる。

$$a>1 \text{ のとき}\quad M<N \Longleftrightarrow \log_a M<\log_a N$$

解答例 $0.8^n<10^{-3}$ より　$\log_{10}0.8^n<\log_{10}10^{-3}$
ゆえに　$n\log_{10}0.8<-3$
ここで　$\log_{10}0.8=\log_{10}\dfrac{2^3}{10}=3\log_{10}2-1=-0.097$
ゆえに　$n>\dfrac{3}{0.097}=30.9\cdots$　　よって　**$n=31$**　…答

類題 149 不等式 $2^n<5^{20}<2^{n+1}$ を満たす整数 n を求めよ。ただし，$\log_{10}2=0.3010$ とする。

9 $f(x)=4^x-2^{x+1}+3$ について，次の問いに答えよ。

(1) $2^x=t$ とおいて，$f(x)$ を t の式で表せ。

(2) $f(x)$ の最小値およびそのときの x の値を求めよ。

9 (1) $4^x=(2^2)^x$
(2) t の変域に注意して求める。

10 $3x+y=2$ のとき，$\log_3 x+\log_3 y$ の最大値を求めよ。

10 $x>0$，$y>0$ を考慮すること。

11 次の各問いに答えよ。

(1) $2^{\log_{10}x}=x^{\log_{10}2}$ を証明せよ。

(2) $f(x)=2^{\log_{10}x}\cdot x^{\log_{10}2}-4(2^{\log_{10}x}+x^{\log_{10}2})$ の最小値，およびそのときの x の値を求めよ。

11 (1) $2^{\log_{10}x}=t$ とおいて，10 を底とする両辺の対数をとる。
(2) $2^{\log_{10}x}=t$ とおくと，t の 2 次関数になる。

12 次のそれぞれの式を満たす x の値を求めよ。

(1) $2^{\log_4 7}=7^x$

(2) $2^{\log_4 x}=x$

12 それぞれ 4 を底とする対数をとって考える。

13 $2^x=5^y=10^z$ について，次の問いに答えよ。

(1) x，y をそれぞれ $\log_{10}2$ と z で表せ。

(2) $xy-yz-zx$ の値を求めよ。

13 (1) 各辺の常用対数をとる。
(2) z の式に変形する。

14 容器にアルコールが 10 kg 入れてある。これから 2 kg をくみ出し，2 kg の水を補う。よく混ぜてからまた 2 kg くみ出し，2 kg の水を補う。

これについて，次の問いに答えよ。

(1) この操作を 3 回繰り返すと，アルコールの濃度(アルコールの質量の全体の質量に対する割合)はいくらになるか。a^m の形に表せ。

(2) この操作を n 回繰り返すと，アルコールの濃度はいくらになるか。

(3) アルコールの濃度が，はじめの濃度の $\frac{1}{20}$ 以下になるのは，この操作を何回繰り返したあとか。

$\log_{10}2=0.3010$ として計算せよ。

14 (1) 1 回で残るアルコールの量は，もとの $\frac{8}{10}$ である。これが 1 回後の濃度になる。
(2) 各回とも前回の $\frac{8}{10}$ の濃度になる。
(3) (n 回後の濃度) $\leqq\frac{1}{20}$ を解く。

5章

微分法・積分法 数学Ⅱ

1節 微分法

1 瞬間の速さと極限値

落下する物の速さはどうなる？

いよいよ，微分・積分の始まりだよ。さて，高い所から石を落とすとき，落下し始めてから t 秒間に落ちる距離 s m は

$s=5t^2$

であることがわかっている。1秒後から3秒後までの平均の速さはいくらかな？

← 物理では $s=4.9t^2$ を使うが，四捨五入して簡単にした。

平均の速さ＝$\dfrac{\textbf{動いた距離}}{\textbf{かかった時間}}$ より　$\dfrac{5\cdot3^2-5\cdot1^2}{3-1}=\dfrac{40}{2}=20$

20 m/秒ですよ，先生！

その通り！　石は止まることなく落ちているから，1秒後のその瞬間にも速さは考えられるね。それでは，まず1秒後から $(1+h)$ 秒後までの平均の速さを求めてごらん。

$\dfrac{5(1+h)^2-5\cdot1^2}{1+h-1}=\dfrac{10h+5h^2}{h}=10+5h$

$(10+5h)$ m/秒です。

OK！　$h=2$ のときは最初の答えと一致しているね。

さあ，ここで h を**どんどん** 0 に近づけていくと，1秒後における**「瞬間の速さ」**が求められるんだよ。

つまり，1秒後の瞬間の速さは 10 m/秒というわけ。

このイメージをつかむことが微分の始まりだ。

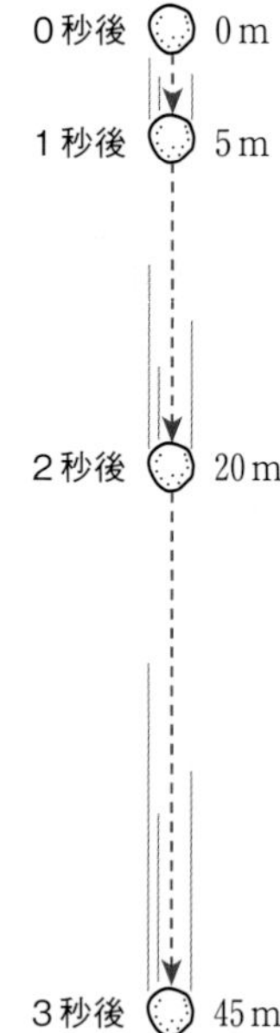

一般に，関数 $f(x)$ において，x が a と異なる値をとりながら限りなく a に近づくとき，$f(x)$ が限りなく一定の値 α に近づくならば

$$x\to a \text{ のとき } f(x)\to\alpha \quad \text{または} \quad \lim_{x\to a} f(x)=\alpha$$

と表すんだ。また α を x が a に近づいたときの $f(x)$ の**極限値**(きょくげんち)という。上の例を，この記号を用いて表すと，

$\lim_{h\to0}(10+5h)=10+5\times0=10$ (m/秒)　となるよ。

← 記号 lim は極限を意味する limit を略したもの。

基本例題 150

極限値を求める

次の極限値を求めよ。

(1) $\lim_{x\to1}(x^2+2x-1)$　　(2) $\lim_{x\to2}\frac{x^3+1}{x+1}$

ねらい

$\lim_{x\to a}f(x)=f(a)$ となる場合の極限値の計算を練習すること。

解法ルール (1)　x の多項式で表される関数。

(2)　分数関数だが，$x\to2$ のとき分母$\to0$ にならない。

$\lim_{x\to a}f(x)=f(a)$

← **極限値と関数の値が一致**する。

解答例 (1)　$\lim_{x\to1}(x^2+2x-1)=1+2\cdot1-1=\mathbf{2}$　…答

(2)　$\lim_{x\to2}\frac{x^3+1}{x+1}=\frac{8+1}{2+1}=\mathbf{3}$　…答

類題 150 次の極限値を求めよ。

(1) $\lim_{x\to-2}(x^2+7x)$　　(2) $\lim_{x\to1}\frac{x^2-1}{x+2}$

基本例題 151

不定形の極限値を求める

次の極限値を求めよ。

(1) $\lim_{x\to2}\frac{x^2-5x+6}{x-2}$　　(2) $\lim_{h\to0}\frac{(1+h)^3-1}{h}$

テストに出るぞ！

ねらい

不定形の極限値を求めること。

解法ルール この場合は分母が 0 に近づくので，**分母・分子の約分**などの工夫が必要。

$\lim_{x\to a}\frac{f(x)}{g(x)}$ の形で，$x\to a$ のとき $f(x)\to0$，$g(x)\to0$ となるものを**不定形**という。

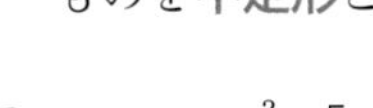
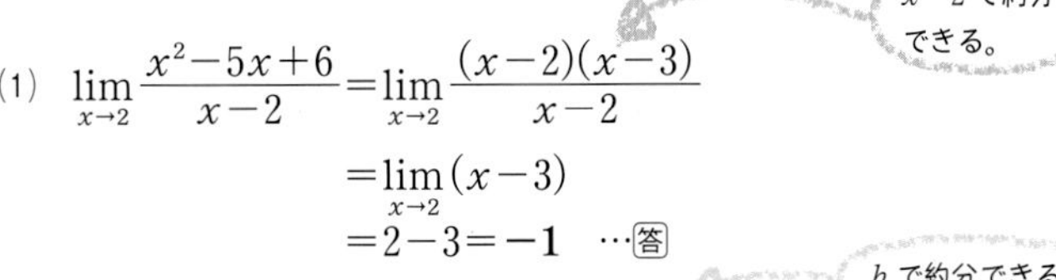

解答例 (1)　$\lim_{x\to2}\frac{x^2-5x+6}{x-2}=\lim_{x\to2}\frac{(x-2)(x-3)}{x-2}$

$=\lim_{x\to2}(x-3)$

$=2-3=\mathbf{-1}$　…答

h で約分できる。

(2)　$\lim_{h\to0}\frac{(1+h)^3-1}{h}=\lim_{h\to0}\frac{3h+3h^2+h^3}{h}$

$=\lim_{h\to0}(3+3h+h^2)=\mathbf{3}$　…答

●$\lim_{x\to0}\frac{1}{x}$，$\lim_{x\to1}\frac{1}{x-1}$ などはともに分母$\to0$，分子$\to1$ となる。$\frac{1}{0}$ という分数は存在しないから極限値はない。

類題 151 次の極限値を求めよ。

(1) $\lim_{x\to3}\frac{x^2-2x-3}{x-3}$　　(2) $\lim_{h\to0}\frac{(2+h)^3-8}{h}$

応用例題 152 　極限と定数の決定

次の等式が成り立つように，定数 a，b の値を定めよ。

$$\lim_{x\to 2}\frac{x^2+ax+b}{x-2}=5$$

ねらい
この例題を通して，どんな状態のときに極限値をもつのかを理解すること。

解法ルール $x\to 2$ のとき分母$\to 0$ なので，有限な極限値 5 となるためには，**$x\to 2$ のとき分子$\to 0$ となることが必要**である。　← 不定形であること。

このことから，a，b についての関係式が求められる。

解答例 $x\to 2$ のとき　分母$\to 0$

極限値をもつためには，分子$\to 0$ でなければならない。

したがって　$\lim_{x\to 2}(x^2+ax+b)=4+2a+b=0$

$b=-2a-4$

このとき　$x^2+ax+b=x^2+ax-2a-4$

$=x^2-4+a(x-2)$

$=(x+2)(x-2)+a(x-2)$

$=(x-2)(x+a+2)$

ゆえに　$\lim_{x\to 2}\frac{x^2+ax+b}{x-2}=\lim_{x\to 2}\frac{(x-2)(x+a+2)}{x-2}$

$=\lim_{x\to 2}(x+a+2)=a+4$

極限値が 5 となることから　$a+4=5$

よって　$a=1$

$a=1$ のとき　$b=-2a-4=-6$

逆に，$a=1$，$b=-6$ のとき，確かに極限値は 5 となる。

答　$\boldsymbol{a=1,\ b=-6}$

分母が 0 なら
分子も 0

類題 152 $\lim_{x\to 3}\frac{x^2+ax+b}{x^2-2x-3}=\frac{1}{2}$ が成り立つように，定数 a，b の値を定めよ。

分母・分子が
約分できるように
なるんだね。

2 平均変化率と微分係数

平均変化率とは？

前項で学んだ平均の速さを，関数 $y=f(x)$ について一般化すると

「x の変化量に対する y の変化量の割合」

とでもいえるかな。これを**平均変化率**と呼んでいるんだ。

平均の速さ＝$\dfrac{\text{動いた距離}}{\text{かかった時間}}$　　平均変化率＝$\dfrac{y\text{の変化量}}{x\text{の変化量}}$

どうだい，同じだろう。

ポイント [平均変化率]　覚え得

関数 $y=f(x)$ で，x の値が a から b まで変化するとき，y の値は $f(a)$ から $f(b)$ まで変化する。このとき，$\dfrac{f(b)-f(a)}{b-a}$ ……①を，$f(x)$ の x が a から b まで変化するときの**平均変化率**という。したがって，x が a から $a+h$ まで変わるときの平均変化率は　$\dfrac{f(a+h)-f(a)}{h}$ ……②

先生！この平均変化率の図形的な意味なんですが，右の図を参考にすると，直線 AB の傾きを表しているといえませんか。

すごい！　それは平均変化率の大切な性質だよ。数式を学べば，常にその図形的な意味を考えてみるというのは，どんな場合にも大切な心掛けだからね。

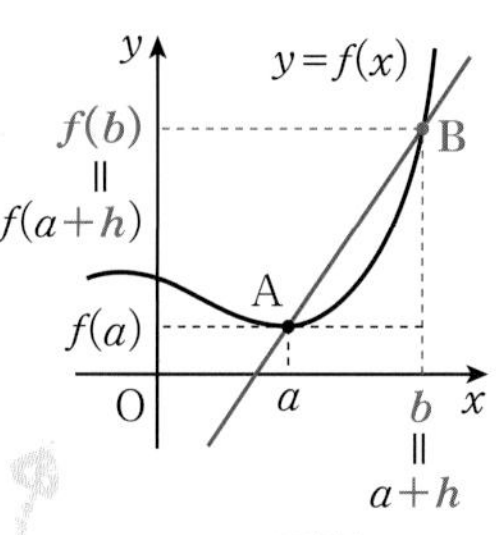

平均変化率は直線 AB の傾き

微分係数とは？

さて，平均変化率の式①で，b をどんどん a に近づけたとき，①がある一定の値に限りなく近づくならば，その値を $f(x)$ の $x=a$ における**微分係数**といい，$f'(a)$ で表すよ。すなわち，

ポイント [微分係数]　覚え得

① $f'(a)=\displaystyle\lim_{b\to a}\frac{f(b)-f(a)}{b-a}$

この式で $b-a=h$ とおくと $b=a+h$ だから，次のように書ける。

② $f'(a)=\displaystyle\lim_{h\to 0}\frac{f(a+h)-f(a)}{h}$

基本例題 153

平均変化率と微分係数

関数 $f(x)=x^3+2x$ について

(1) x が 2 から $2+h$ まで変化するときの平均変化率を求めよ。

(2) $x=2$ における微分係数を求めよ。

ねらい
平均変化率と微分係数のちがいをマスターすること。

解法ルール **平均変化率は** $\dfrac{f(a+h)-f(a)}{h}$

微分係数は $f'(a)=\lim\limits_{h\to 0}\dfrac{f(a+h)-f(a)}{h}$

自然に落下する物体の t 秒後の落下する距離 s m が $s=4.9t^2$ と表せる。平均変化率は平均の速さ，微分係数は瞬間の速さを表すよ。

解答例 (1) $f(2+h)-f(2)=(2+h)^3+2(2+h)-(8+4)$

$=8+12h+6h^2+h^3+4+2h-8-4$

$=h(14+6h+h^2)$

よって $\dfrac{f(2+h)-f(2)}{h}=\dfrac{h(14+6h+h^2)}{h}=\mathbf{14+6h+h^2}$ …答

(2) $f'(2)=\lim\limits_{h\to 0}\dfrac{f(2+h)-f(2)}{h}=\lim\limits_{h\to 0}(14+6h+h^2)=\mathbf{14}$ …答

類題 153 定義にしたがって，次の関数の(　)内の値における微分係数を求めよ。

(1) $f(x)=x^2-3x$ $(x=2)$　　(2) $f(x)=2x^3-x^2-1$ $(x=-3)$

基本例題 154

微分係数の計算

次の関数について，微分係数 $f'(a)$ を求めよ。

(1) $f(x)=2x+3$　　(2) $f(x)=x^3-3x^2$

ねらい
3 次関数までの微分係数は，確実に求められるようになること。

解法ルール $f'(a)=\lim\limits_{h\to 0}\dfrac{f(a+h)-f(a)}{h}$

不定形の極限計算。必ず h で約分できる。

解答例 (1) $f(a+h)-f(a)=2(a+h)+3-(2a+3)$

$=2a+2h+3-2a-3=2h$

よって $f'(a)=\lim\limits_{h\to 0}\dfrac{f(a+h)-f(a)}{h}=\lim\limits_{h\to 0}\dfrac{2h}{h}=\lim\limits_{h\to 0}2=\mathbf{2}$ …答

(2) $f(a+h)-f(a)=(a+h)^3-3(a+h)^2-(a^3-3a^2)$

$=a^3+3a^2h+3ah^2+h^3-3a^2-6ah-3h^2-a^3+3a^2$

$=h(3a^2+3ah+h^2-6a-3h)$

よって $f'(a)=\lim\limits_{h\to 0}\dfrac{f(a+h)-f(a)}{h}=\lim\limits_{h\to 0}\dfrac{h(3a^2+3ah+h^2-6a-3h)}{h}$

$=\lim\limits_{h\to 0}(3a^2+3ah+h^2-6a-3h)=\mathbf{3a^2-6a}$ …答

類題 154 次の関数について，微分係数 $f'(a)$ を求めよ。

(1) $f(x)=2x^3$　　(2) $f(x)=(x+2)^2$

微分係数と接線の傾きの関係は？

右の図のように，$y=f(x)$ のグラフ上に x 座標が a，$a+h$ である2点 A，B をとる。このとき，直線 AB の傾きは a から $a+h$ までの平均変化率を表していることは前に学習した通りだ(図1)。
いま，h を0に近づけていくと，点Bはグラフ上を動きながら，点Aに近づいていく(図2)。
そして，直線 AB の傾きは $x=a$ での微分係数 $f'(a)$ に近づくから，直線 AB は傾きが $f'(a)$ である直線 AT に限りなく近づいていく。
この直線 AT を，点 A における曲線 $y=f(x)$ の接線といい，点 A を接点というんだ。
曲線 $y=f(x)$ 上の点 $(a,\ f(a))$ における接線の傾きは $f'(a)$ だよ。

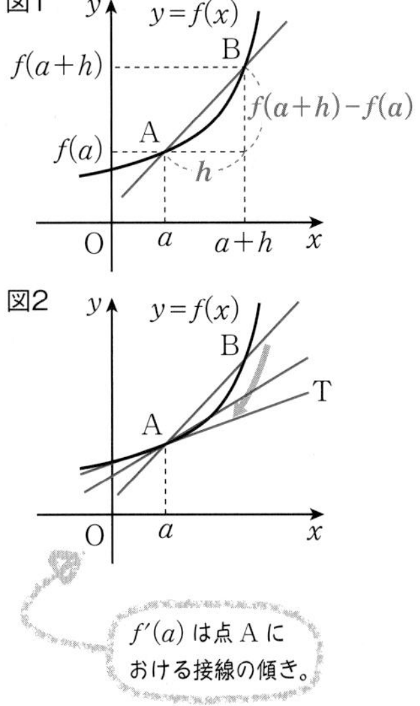

基本例題 155 微分係数と接線の傾き

放物線 $y=x^2-2x$ 上の点 $(-1,\ 3)$ における，この放物線の接線の傾きを求めよ。

ねらい
微分係数＝接線の傾きを理解すること。

解法ルール **微分係数 $f'(a)$ は，関数 $y=f(x)$ のグラフ上の点 $(a,\ f(a))$ における接線の傾き**を表す。
したがって，**接線の傾きは** $f'(a)$

解答例 $f(x)=x^2-2x$ とすると

$$f(-1+h)-f(-1)=\{(-1+h)^2-2(-1+h)\}-(1+2)$$
$$=h(h-4)$$
$$f'(-1)=\lim_{h\to 0}\frac{f(-1+h)-f(-1)}{h}$$
$$=\lim_{h\to 0}\frac{h(h-4)}{h}=\lim_{h\to 0}(h-4)=-4$$

これが接線の傾きだ。

ゆえに，接線の傾きは　**−4**　…答

類題 155 次の曲線の示された点 P における接線の傾きを求めよ。

(1) 曲線 $y=x^3$ 上の点 P(1，1)
(2) 曲線 $y=x^3-x$ 上の点 P(1，0)

3 導関数

関数 $y=f(x)$ の $x=a$ における微分係数 $f'(a)$ において，**a がいろいろな値をとると，それに応じて $f'(a)$ の値が定まる**。つまり，**$f'(a)$ は a の関数**だ。

だから，a を x に書きなおすと関数らしくなるね。a を x でおき換えた $f'(x)$ を **$f(x)$ の導関数**という。

$f(x)$ から $f'(x)$ を求めることを **$f(x)$ を微分する**という。

ポイント [導関数の定義]

$$f'(x)=\lim_{h\to 0}\frac{f(x+h)-f(x)}{h}$$

上の式で，h は x の変化量，$f(x+h)-f(x)$ は y の変化量を表している。これらをそれぞれ **x の増分**，**y の増分**といい，**$\varDelta x$，$\varDelta y$** で表す。

$\varDelta x=h$

$\varDelta y=f(x+h)-f(x)$

$\varDelta x$，$\varDelta y$ を用いると，導関数 $f'(x)$ は次のように表せる。

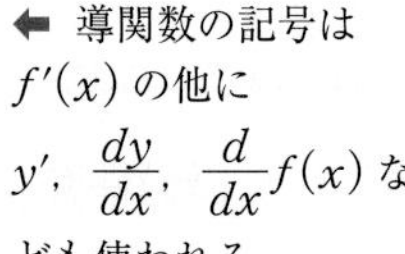

← 導関数の記号は $f'(x)$ の他に y'，$\dfrac{dy}{dx}$，$\dfrac{d}{dx}f(x)$ なども使われる。

$$f'(x)=\lim_{\varDelta x\to 0}\frac{\varDelta y}{\varDelta x}$$

$$=\lim_{\varDelta x\to 0}\frac{f(x+\varDelta x)-f(x)}{\varDelta x}$$

関数 $y=x$，$y=x^2$，$y=x^3$ を微分すると，それぞれ $y'=1$，$y'=2x$，$y'=3x^2$ となるから，

$y=x^n$ のとき $y'=nx^{n-1}$

が成り立つんでしょう。

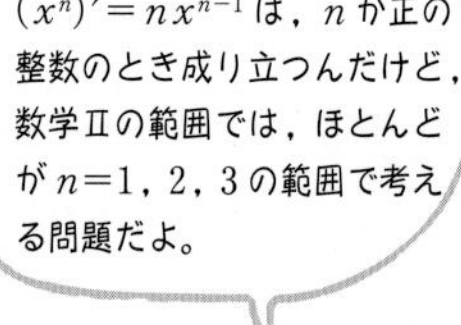

$(x^n)'=nx^{n-1}$ は，n が正の整数のとき成り立つんだけど，数学Ⅱの範囲では，ほとんどが $n=1$，2，3 の範囲で考える問題だよ。

その通りだ！

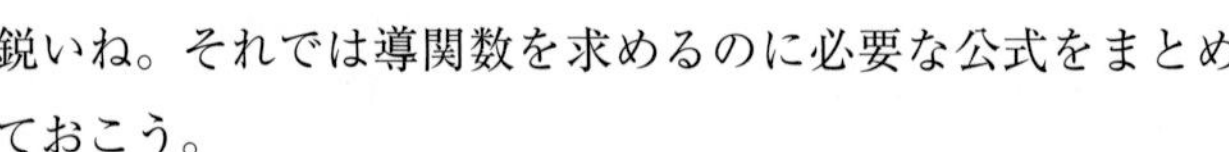

鋭いね。それでは導関数を求めるのに必要な公式をまとめておこう。

ポイント [微分の計算公式]

覚え得

① **$y=x^n$ のとき $y'=nx^{n-1}$** （n は正の整数）

② **$y=c$ のとき $y'=0$** （c は定数）

③ **$y=kf(x)$ のとき $y'=kf'(x)$** （k は定数）

④ **$y=f(x)\pm g(x)$ のとき $y'=f'(x)\pm g'(x)$** （複号同順）

【①の証明】

二項定理より

$(x+h)^n={}_n\mathrm{C}_0x^n+{}_n\mathrm{C}_1x^{n-1}h+{}_n\mathrm{C}_2x^{n-2}h^2+\cdots$
$\qquad+{}_n\mathrm{C}_rx^{n-r}h^r+\cdots+{}_n\mathrm{C}_nh^n$ だから

$$\boldsymbol{(x^n)'}=\lim_{h\to 0}\frac{(x+h)^n-x^n}{h}$$
$$=\lim_{h\to 0}\frac{({}_n\mathrm{C}_0x^n+{}_n\mathrm{C}_1x^{n-1}h+{}_n\mathrm{C}_2x^{n-2}h^2+\cdots+{}_n\mathrm{C}_rx^{n-r}h^r+\cdots+{}_n\mathrm{C}_nh^n)-x^n}{h}$$
$$=\lim_{h\to 0}\frac{{}_n\mathrm{C}_1x^{n-1}h+{}_n\mathrm{C}_2x^{n-2}h^2+\cdots+{}_n\mathrm{C}_rx^{n-r}h^r+\cdots+{}_n\mathrm{C}_nh^n}{h}$$
$$=\lim_{h\to 0}({}_n\mathrm{C}_1x^{n-1}+{}_n\mathrm{C}_2x^{n-2}h+\cdots+{}_n\mathrm{C}_rx^{n-r}h^{r-1}+\cdots+{}_n\mathrm{C}_nh^{n-1})$$
$$\boldsymbol{=nx^{n-1}}$$

【②の証明】

y が定数 c のとき，y の増分は 0 である。

$$\boldsymbol{(c)'}=\lim_{h\to 0}\frac{c-c}{h}=\lim_{h\to 0}\frac{0}{h}\boldsymbol{=0}$$

⬅ ②は図形的には，x 軸に平行な直線 $y=c$ 上の任意の点で引いた接線は，もとの直線 $y=c$（傾きが 0）に一致することを表す。

【③の証明】

$$\boldsymbol{\{kf(x)\}'}=\lim_{h\to 0}\frac{kf(x+h)-kf(x)}{h}=k\lim_{h\to 0}\frac{f(x+h)-f(x)}{h}$$
$$\boldsymbol{=kf'(x)}$$

⬅ $\lim_{x\to a}f(x)=\alpha$，$\lim_{x\to a}g(x)=\beta$ であるとき

$\lim_{x\to a}kf(x)=k\alpha$

$\lim_{x\to a}\{f(x)\pm g(x)\}$
$\quad=\alpha\pm\beta$

すなわち

$\lim_{x\to a}kf(x)=k\lim_{x\to a}f(x)$

$\lim_{x\to a}\{f(x)\pm g(x)\}$
$=\lim_{x\to a}f(x)\pm\lim_{x\to a}g(x)$

が成り立つ（複号同順）。

【④の証明】

$$\boldsymbol{\{f(x)+g(x)\}'}$$
$$=\lim_{h\to 0}\frac{\{f(x+h)+g(x+h)\}-\{f(x)+g(x)\}}{h}$$
$$=\lim_{h\to 0}\frac{\{f(x+h)-f(x)\}+\{g(x+h)-g(x)\}}{h}$$
$$=\lim_{h\to 0}\frac{f(x+h)-f(x)}{h}+\lim_{h\to 0}\frac{g(x+h)-g(x)}{h}$$

$\boldsymbol{=f'(x)+g'(x)}$ （$y=f(x)-g(x)$ の場合も同様にすればよい。）

基本例題 156

微分の計算(1)

次の関数を微分せよ。

テストに出るぞ！

(1) $y=2x^3$　(2) $y=x^3-4x^2+x+2$

(3) $y=(x^2+1)(x-1)$　(4) $y=(x+2)^3$

ねらい
微分の計算は機械的にやれば比較的簡単であるが，油断しないこと。

解法ルール 微分の計算公式 $(x^n)'=nx^{n-1}$，$(c)'=0$ を利用する。
(3)，(4)は式を展開し，**降べきの順に整理してから微分する**とミスが少なくなる。

解答例

(1) $y'=(2x^3)'=2(x^3)'=2\cdot 3x^{3-1}$
$=\boldsymbol{6x^2}$ …答

(2) $y'=(x^3)'-(4x^2)'+(x)'+(2)'$
$=\boldsymbol{3x^2-8x+1}$ …答

(3) $y=x^3-x^2+x-1$ だから
$y'=(x^3)'-(x^2)'+(x)'-(1)'$
$=\boldsymbol{3x^2-2x+1}$ …答

(4) $y=x^3+6x^2+12x+8$ だから
$y'=(x^3)'+(6x^2)'+(12x)'+(8)'$
$=\boldsymbol{3x^2+12x+12}$ …答

類題 156 次の関数を微分せよ。

(1) $y=5x^3$　(2) $y=3x^2+4$

(3) $y=x^3-3x^2+3x$　(4) $y=-3x^3+5x-7$

(5) $y=x^2(x+2)$　(6) $y=(x+1)(x-2)$

(7) $y=x(x+1)(x+2)$　(8) $y=x(x-2)^2$

基本例題 157

微分の計算(2)

次の関数を〔　〕内に示された文字について微分せよ。

(1) $S=\pi r^2$〔r〕　(2) $z=\dfrac{1}{3}a^2b$（b は定数）〔a〕

ねらい
関数 S を r で微分するときは $\dfrac{dS}{dr}$，関数 z を a で微分するときは $\dfrac{dz}{da}$ のように表す。どの変数で微分するかを正しく判断すること。

解法ルール x とちがった文字を変数とする関数の微分である。x と同じように扱えばよい。

解答例 (1) $\dfrac{dS}{dr}=(\pi r^2)'=\pi\cdot 2r=\boldsymbol{2\pi r}$ …答

(2) $\dfrac{dz}{da}=\left(\dfrac{1}{3}a^2b\right)'=\dfrac{1}{3}b(a^2)'=\dfrac{1}{3}b\cdot 2a=\boldsymbol{\dfrac{2}{3}ab}$ …答

類題 157 次の関数を〔 〕内に示された文字について微分せよ。ただし，h，v_0，g は定数とする。

(1) $V=\pi r^2h$〔r〕　　(2) $s=v_0t-\dfrac{1}{2}gt^2$〔t〕

応用例題 158

関数を決定する

4つの条件 $f(1)=0$，$f(-1)=4$，$f'(1)=-4$，$f'(-1)=4$ を満たす3次関数 $f(x)$ を求めよ。

テストに出るぞ！

ねらい
$f(x)=ax^3+bx^2+cx+d$ $(a\neq 0)$ とおき，a，b，c，d についての連立方程式を導くこと。

解法ルール 3次関数だから

$$\boldsymbol{f(x)=ax^3+bx^2+cx+d\ (a\neq 0)}$$

とおく。

与えられた4つの条件から a，b，c，d の値を求める。

解答例 $f(x)=ax^3+bx^2+cx+d$ $(a\neq 0)$ とおく。

$f(1)=0$ だから　$a+b+c+d=0$ ……①

$f(-1)=4$ だから　$-a+b-c+d=4$ ……②

また　$f'(x)=3ax^2+2bx+c$

$f'(1)=-4$ だから　$3a+2b+c=-4$ ……③

$f'(-1)=4$ だから　$3a-2b+c=4$ ……④

③－④より　$b=-2$

よって　$3a+c=0$ ……⑤

①－②より　$a+c=-2$ ……⑥

⑤－⑥より　$a=1$，$c=-3$

①より　$d=-1+2+3=4$

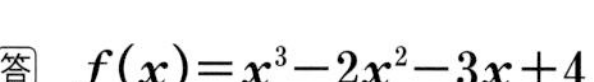

答 $\boldsymbol{f(x)=x^3-2x^2-3x+4}$

類題 158 3つの条件 $f(1)=-1$，$f(2)=2$，$f'(1)=0$ を満たす2次関数 $f(x)$ を求めよ。

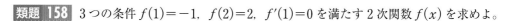

2節 導関数の応用

4 接線の方程式

曲線 $y=f(x)$ 上の点 $(a,\ f(a))$ における接線の傾きが $f'(a)$ であることは，**p. 173** で学んだ。このことから次のことがいえる。

ポイント [曲線上の接線・法線]

曲線 $y=f(x)$ 上の点 $(a,\ f(a))$ における，接線の方程式

$\boldsymbol{y-f(a)=f'(a)(x-a)}$

基本例題 159 接線の方程式(1)

曲線 $y=x^3-3x^2$ 上の点 $(3,\ 0)$ における接線の方程式を求めよ。

ねらい
曲線上の点における接線の方程式を求めること。

解法ルール 曲線 $y=f(x)$ 上の点 $(a,\ f(a))$ を通り傾き m の直線の方程式は

$\boldsymbol{y-f(a)=m(x-a)}$

接線の傾き　$\boldsymbol{m=f'(a)}$

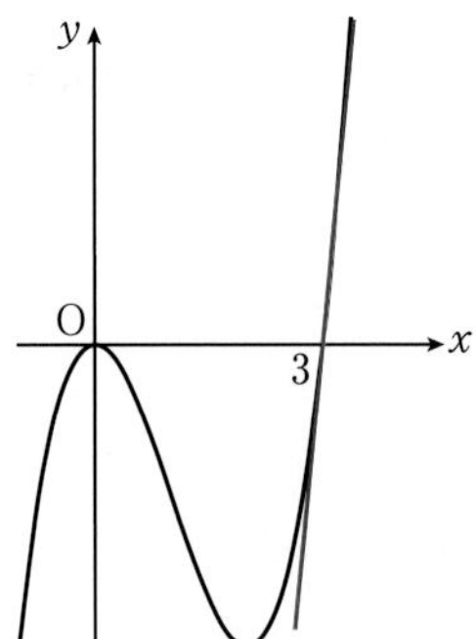

解答例 $f(x)=x^3-3x^2$ とおく。

$f'(x)=3x^2-6x$

$f'(3)=27-18=9$

接線の傾きが 9 だから，**接線の方程式**は

$y-0=9(x-3)$

よって　$\boldsymbol{y=9x-27}$　…答

類題 159 曲線 $y=2x^3-5x^2$ 上の点 $(2,\ -4)$ における接線の方程式を求めよ。

基本例題 160

接線の方程式(2)

曲線 $y=x^3-2x$ の接線のうち，傾きが10である接線の方程式と接点の座標を求めよ。

ねらい
傾きがわかっている場合の接線の方程式を求めること。

解法ルール
1 $f'(a)=10$ を満たす a を求める。
2 1より接点 $(a,\ f(a))$ を求める。

解答例 $f(x)=x^3-2x$ とおくと　$f'(x)=3x^2-2$

接点の座標を $(a,\ a^3-2a)$ とすると，接線の傾きは

$f'(a)=3a^2-2$

よって　$3a^2-2=10$　　$3a^2-12=0$

$(a+2)(a-2)=0$　　$a=\pm2$

$a=2$ のとき，**接点の座標**は　$\boldsymbol{(2,\ 4)}$

接線の方程式は　$y-4=10(x-2)$　　$\boldsymbol{y=10x-16}$　…答

$a=-2$ のとき，**接点の座標**は　$\boldsymbol{(-2,\ -4)}$

接線の方程式は　$y+4=10(x+2)$　　$\boldsymbol{y=10x+16}$　…答

類題 160 曲線 $y=-x^3+3x$ の接線のうち，傾きが -9 である接線の方程式と接点の座標を求めよ。

これも知っ得　法　線

曲線上の点Pを通り，Pにおける**接線に垂直な直線**を，点Pにおけるこの曲線の法線といいます。

曲線 $y=f(x)$ 上の**点 $\boldsymbol{P(p,\ f(p))}$ における接線の傾きは $\boldsymbol{f'(p)}$** だから，法線の傾きは

$-\dfrac{1}{f'(p)}$ $(f'(p)\neq0)$ です。

したがって，法線の方程式は

$$\boldsymbol{y-f(p)=-\frac{1}{f'(p)}(x-p)}$$

で表されます。

では，基本例題 159 において，法線の方程式を求めてみよう。

接線の傾きは　9　　よって，法線の傾きは　$-\dfrac{1}{9}$

したがって，$y-0=-\dfrac{1}{9}(x-3)$ より，法線の方程式は　$\boldsymbol{y=-\frac{1}{9}x+\frac{1}{3}}$

基本例題 161　　接線の方程式(3)

曲線 $y=x^3-3x$ の接線のうち点 $(2,\ 2)$ を通る接線の方程式と接点の座標を求めよ。

ねらい
曲線外の点を通る接線を求めること。

解法ルール
1 接点の座標を $(a,\ a^3-3a)$ とおくと，接線の方程式は
$y-(a^3-3a)=f'(a)(x-a)$

2 この接線が点 $(2,\ 2)$ を通るように a の値を定める。

解答例 接点の座標を $(a,\ a^3-3a)$ とする。

$y'=3x^2-3=3(x^2-1)$ より，$x=a$ における接線の傾きは
$3(a^2-1)$

よって，接線の方程式は，a を用いて
$y-(a^3-3a)=3(a^2-1)(x-a)$

これが点 $(2,\ 2)$ を通るから
$2-(a^3-3a)=3(a^2-1)(2-a)$
$2-a^3+3a=3(2a^2-a^3-2+a)$
$2a^3-6a^2+8=0$
$a^3-3a^2+4=0$
$(a+1)(a^2-4a+4)=0$
$(a+1)(a-2)^2=0$ より
$a=-1,\quad a=2$

−1	1	−3	0	4
		−1	4	−4
	1	−4	4	0

$a=-1$ のとき，**接点の座標**は　$(-1,\ 2)$
このとき，傾きは　$3\{(-1)^2-1\}=0$
よって，**接線の方程式**は　$y=2$　…答
$a=2$ のとき，**接点の座標**は　$(2,\ 2)$
傾きは　$3(2^2-1)=9$
よって，**接線の方程式**は，$y-2=9(x-2)$ より
$y=9x-16$　…答

微分を使って曲線
$y=f(x)$ の
接線の方程式を
求めるには，
まず接点から
始めるよ。
接点の座標が
わからない場合は
「接点の座標を
$(a,\ f(a))$ とおく」
がスタート。

類題 161 曲線外の点 $(1,\ -2)$ から曲線 $y=x^2-2x$ に引いた接線の方程式と接点の座標を求めよ。

点 $(1,\ -2)$ は
曲線上にないから
接点ではないよね。

そうだね。
だから，接点は
$(a,\ a^2-2a)$
としないとだめだね。

5 関数の増減と極大・極小

2次関数 $f(x)=x^2-2x$ は，$f(x)=(x-1)^2-1$ と変形できるから，グラフは頂点 $(1,\ -1)$ の放物線だね。
「微分係数 $f'(a)$ はグラフ上の点 $(a,\ f(a))$ における接線の傾き」を表しているのだから，導関数 $f'(x)$ を計算することで，グラフの概形がつかめるんだ。

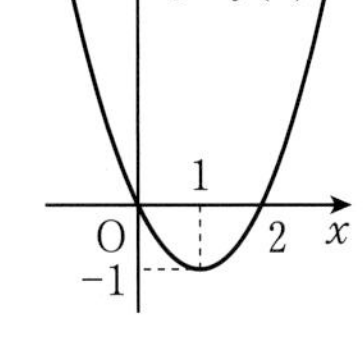

$f'(x)=2x-2=2(x-1)$
$x=1$ のときは $f'(1)=0$ だから，頂点 $(1,\ -1)$ で引いた接線は，傾き0の x 軸に平行な直線ということでしょう。

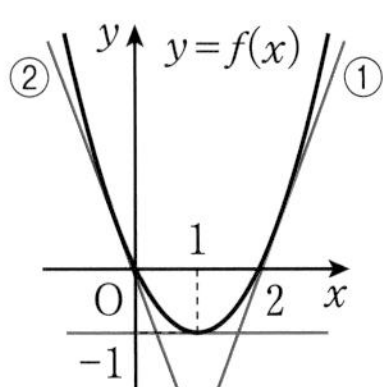

$x>1$ では $f'(x)>0$ だから，接線は右上がり。したがってグラフも右上がりです。……①
また $x<1$ では $f'(x)<0$ だから，接線は右下がり。したがってグラフも右下がりになっています。……②

⬅ 変数 x の値の範囲が $x>a$，$a \leqq x \leqq b$，$a<x<b$ などのとき，これらの範囲を区間という。

そうだね。
グラフが①の状態のとき，$f(x)$ は区間 $x>1$ で**増加する**。
グラフが②の状態のとき，$f(x)$ は区間 $x<1$ で**減少する**。
といいます。これを表にすると，右のようになるね。こんな表を**増減表**というんだよ。

x	…	1	…
$f'(x)$	−	0	+
$f(x)$	↘	−1	↗

↗は増加，↘は減少を表している。

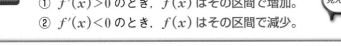

ポイント

[導関数の符号と関数の増加・減少]

① $f'(x)>0$ のとき，$f(x)$ はその区間で増加。
② $f'(x)<0$ のとき，$f(x)$ はその区間で減少。

こんどは3次関数 $f(x)=2x^3-6x+5$ について，増減を調べてごらん。

$f'(x)=6x^2-6=6(x^2-1)=6(x+1)(x-1)$　　$f'(x)=0$ より　$x=\pm 1$
$f'(x)>0$ を解くと　$x<-1$，$1<x$
$f'(x)<0$ を解くと　$-1<x<1$
だから，増減表は右のようになります。

x	…	−1	…	1	…
$f'(x)$	+	0	−	0	+
$f(x)$	↗	9	↘	1	↗

よろしい！　増減表作成はグラフをかくために欠かせないことだから，その作成のコツをまとめておこう。

ポイント [関数 $y=f(x)$ の増減表] 覚え得

① $y'=0$ となる x の値を見つけ，1 行目に間をあけて左から小さい順に書く。

② 2 行目の y' の右端の符号は，$f(x)$ の x の最高次の項の符号と同じ。このことを利用して，交互に正負の符号を入れていく。(**重解の場合は例外**で，同符号が続く場合もある。)

増減表をもとに，$f(x)=2x^3-6x+5$ のとき $y=f(x)$ のグラフをかくと，右の図のようになるよ。一般に，関数 $f(x)$ の値が $x=a$ を境目として増加から減少に変わるとき，$f(x)$ は $x=a$ で**極大**になるといい，そのときの値 $f(a)$ を**極大値**というんだ。$x=b$ を境目として減少から増加に変わるとき，$f(x)$ は $x=b$ で**極小**になるといい，$f(b)$ を**極小値**というよ。

関数 $f(x)$ が$\boldsymbol{x=a}$ **で極値をとるときは，**$\boldsymbol{x=a}$ **で** $\boldsymbol{f(x)}$ **の値の増減が入れかわるよ。**

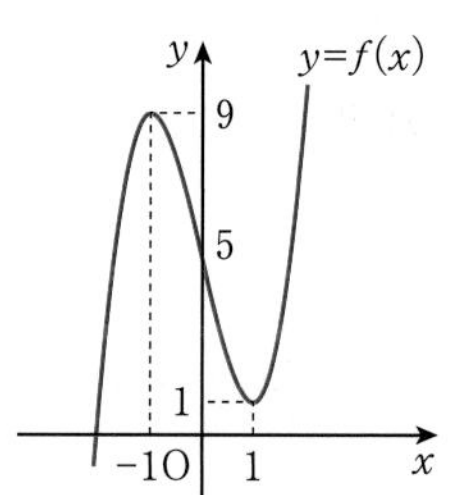

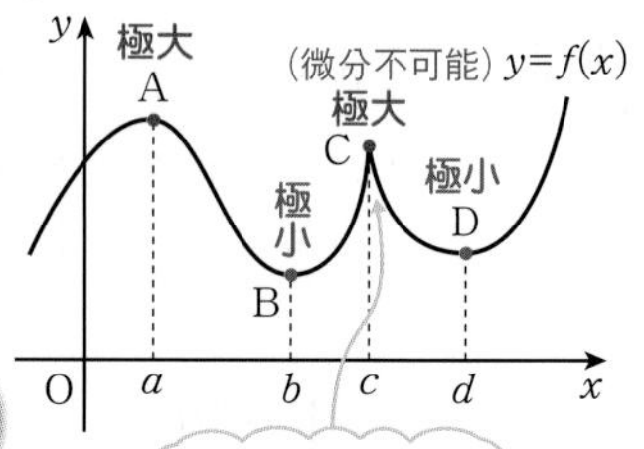

ポイント [極値の判定] $f'(x)=0$ となる x の値を求め，その前後の $f'(x)$ の符号を調べる。 覚え得

① $\boldsymbol{f'(x)}$ **の符号が正から負に変わるとき，極大。**

② $\boldsymbol{f'(x)}$ **の符号が負から正に変わるとき，極小。**

基本例題 162 増加関数・減少関数であることの証明

次の関数は常に増加，または常に減少することを示せ。

(1) $y=-x+2$　　(2) $y=x^3-3x^2+4x$

(3) $y=-x^3+x^2-2x+4$

ねらい
増加関数であることを示すために $y'>0$，減少関数であることを示すために $y'<0$，をいうこと。

解法ルール **常に** $\boldsymbol{y'>0}$ か，または**常に** $\boldsymbol{y'<0}$ であることを示す。

$y'>0$ ならば**増加**　　$y'<0$ ならば**減少**

1 次関数 $y=ax+b$ は $a>0$ ならば増加，$a<0$ ならば減少する。2 次関数 $y=x^2$ は区間 $x<0$ で減少し，区間 $x>0$ で増加する。

解答例

(1) $y'=-1<0$ より，**常に減少**。 終

(2) $y'=3x^2-6x+4=3(x-1)^2+1>0$ より，**常に増加**。 終

(3) $y'=-3x^2+2x-2=-3\left(x-\dfrac{1}{3}\right)^2-\dfrac{5}{3}<0$ より，**常に減少**。 終

類題 162 次の関数は常に増加，または常に減少することを示せ。

(1) $y=x^3+3x+2$　　(2) $y=x^3-3x^2+5x-5$

(3) $y=-x^3-x+2$　　(4) $y=-x^3+6x^2-12x$

基本例題 163

3 次関数の極値

次の関数の増減を調べ，極値を求めよ。

(1) $f(x)=x^3-3x+2$　　(2) $f(x)=6x^2-x^3$

ねらい
微分できる関数の極値を調べるために，$f'(x)$ の符号を調べて増減表をつくること。

解法ルール $f'(x)=0$ となる x の値を求め，その値の前後で $f'(x)$ の符号が変わるかどうかを調べる。

解答例 (1) $f'(x)=3x^2-3=3(x^2-1)=3(x+1)(x-1)$

$f'(x)=0$ とすると　$x=\pm1$

$f(x)$ の増減を表にすると，次のようになる。

x	$\cdots$	-1	$\cdots$	1	$\cdots$
$f'(x)$	$+$	0	$-$	0	$+$
$f(x)$	↗	極大	↘	極小	↗

x^3 の係数と同符号。

$x=-1$ のとき，極大値は　$f(-1)=-1+3+2=\mathbf{4}$　…答

$x=1$ のとき，極小値は　$f(1)=1-3+2=\mathbf{0}$　…答

(2) $f'(x)=12x-3x^2=-3x(x-4)$

$f'(x)=0$ とすると　$x=0,\ 4$

$f(x)$ の増減を表にすると，次のようになる。

x	$\cdots$	0	$\cdots$	4	$\cdots$
$f'(x)$	$-$	0	$+$	0	$-$
$f(x)$	↘	極小	↗	極大	↘

x^3 の係数と同符号。

$x=4$ のとき，極大値は　$f(4)=6\cdot4^2-4^3=\mathbf{32}$　…答

$x=0$ のとき，極小値は　$f(0)=0-0=\mathbf{0}$　…答

⬅ 数値を代入して $f'(x)$ の符号をきめる方法もある。たとえば $x<-1$ のとき，これを満たす適当な値，たとえば $x=-2$ を代入して

$f'(-2)=3(-2)^2-3$
$=9>0$

ゆえに，$x<-1$ のとき $f'(x)>0$

⬅ $f'(x)$ の右端の符号は $f(x)$ の x の最高次の項の符号と同じである。

類題 163 次の関数の増減を調べ，極値を求めよ。

(1) $f(x)=x^3-3x^2-9x+5$　　(2) $f(x)=-2x^3+3x^2+12x$

グラフのかき方は？

グラフの基本形 $y=x$，$y=x^2$，$y=x^3$ のグラフを同じ座標平面にかいてみると，右のようになる。

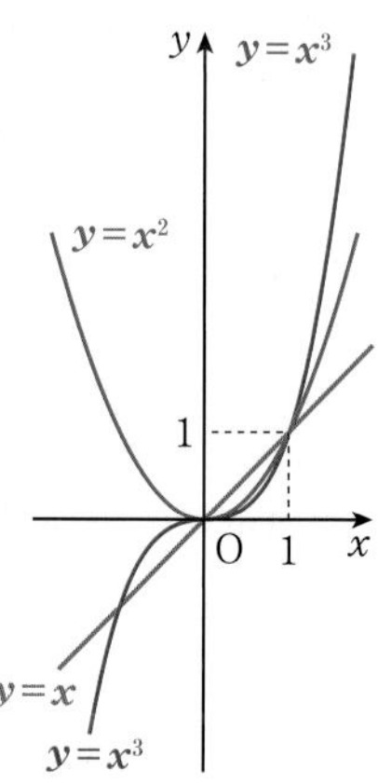

1 変域 $0<x<1$，$x>1$ では y の大小関係がまったく逆転している。

2 x が非常に大きいとき，$\boldsymbol{x}$，$\boldsymbol{x^2}$，$\boldsymbol{x^3}$ **はそれぞれ比較にならないほど大きさが違う**。

2 より，たとえば $y=x^3-2x+1$ では，x が非常に大きいとき x^3 は $2x$ とは比較にならないほど大きい。つまり，$\boldsymbol{y=x^3-2x+1}$ **のグラフの両端は** $\boldsymbol{y=x^3}$ **のグラフと同じ形をしている**といえる。

[$\boldsymbol{y=ax^3+bx^2+cx+d}$ **のグラフ**]

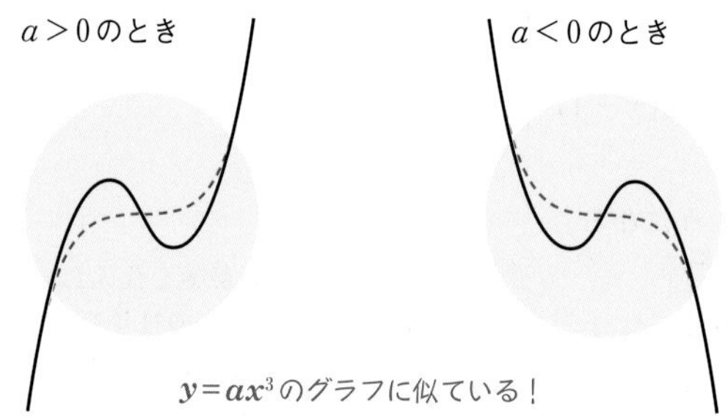

⬅ グラフをかくときは対称性も利用する。たとえば，
$y=ax^3+bx$（奇関数）のグラフは原点に関して対称。
$y=ax^2+b$（偶関数）のグラフは y 軸に関して対称。

ポイント [関数 $y=f(x)$ のグラフのかき方]

① グラフの両端のようすを**最高次の項やその係数からつかむ**。
② $f'(x)$ を計算し，$\boldsymbol{f(x)}$ **の増減**を調べる（増減表をつくる）。
③ 必要に応じて，**座標軸との共有点**を調べる。
④ **対称性などを利用**してグラフをかく。

なめらかな関数

微分できない点とはどのような点でしょうか？ある関数のグラフをかいた場合，角になる点で微分をすることはできません。つまり，どの点でも微分ができる関数は，なめらかなグラフになります。

走っている車が急に角を曲がったとします。しかし，どんなに急に曲がっても，それは（半径の小さい）カーブを描いているのであって，定規で引いたような，キュッとした曲がり方を

3 次関数のグラフの秘密

$f(x)=ax^3+bx^2+cx+d$ $(a>0)$ のとき，関数 $y=f(x)$ のグラフは，次の 3 つの形のどれかになる。

(i) $f'(x)=0$ が異なる実数解 α，β $(\alpha<\beta)$ をもつとき

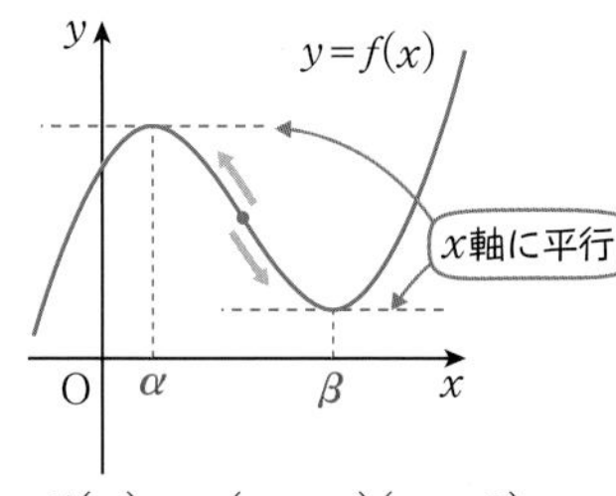

$f'(x)=a(x-\alpha)(x-\beta)$

(ii) $f'(x)=0$ が重解 α をもつとき

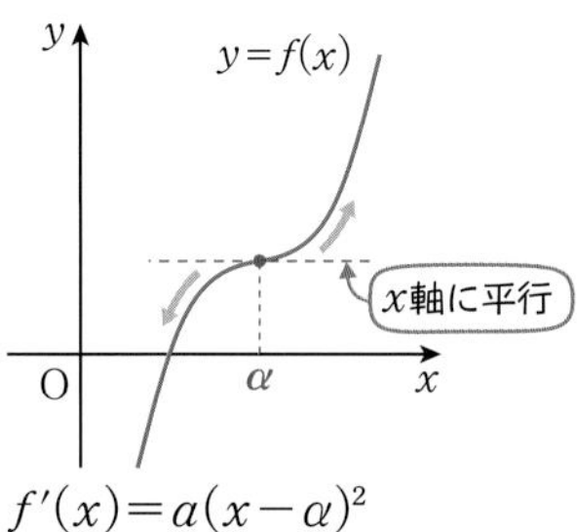

$f'(x)=a(x-\alpha)^2$

(iii) $f'(x)=0$ が実数解をもたないとき

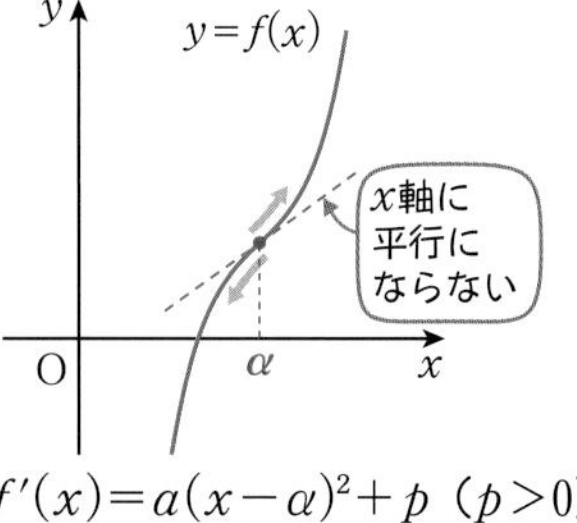

$f'(x)=a(x-\alpha)^2+p$ $(p>0)$

❶ **極値は，$f'(x)=0$ の判別式 $D>0$ のときだけ存在**する。

❷ **3 次関数のグラフは，点対称**になっている。

(i)の場合 2 点 $(\alpha,\ f(\alpha))$，$(\beta,\ f(\beta))$ を結ぶ線分の中点(図の青色の点)に関して対称。グラフの凹凸もこの点で変わる。したがって，この点からかき始めるときれいなグラフがかける。

(ii)の場合 点 $(\alpha,\ f(\alpha))$ に関して対称。この点からかき始めるとよい。

(iii)の場合 点 $(\alpha,\ f(\alpha))$ に関して対称。(ii)とのちがいは，点 $(\alpha,\ f(\alpha))$ で x 軸に平行な接線が引けないことである。

放物線は軸に関して対称だったから，グラフは比較的かきやすかった。3 次関数のグラフでも，点対称であることを利用すると，比較的きれいにかくことができる。

するわけではありません。ボールを壁に当てればこのような曲がり方をして戻ってきますが，これは劇的な変化であって，自然に変化するものの中ではこのようなことはありません。

私たちが扱う問題でも，このような劇的な変化を考慮しないといけないところは，特別な点，すなわち「特異点」と考えて，これを考察範囲の端とするようにします。

むしろ，最近の数学では，無限回微分可能な関数がクローズアップされています。微分できるかできないかの問題は，ここではあまり深入りしない方がよいでしょう。

基本例題 164　3 次関数のグラフ

次の関数のグラフをかけ。

(1) $f(x)=x^3-3x$　　(2) $f(x)=-x^2(x+3)$

(3) $f(x)=x^3-3x^2+3x-1$

テストに出るぞ！

ねらい
3 次関数のグラフに，対称性などを利用すること。

(1)は原点，
(2)は点$(-1,\ -2)$，
(3)は点$(1,\ 0)$
に関して対称。

解法ルール　$f'(x)$ を計算し，$f'(x)$ の符号から $f(x)$ の増減を調べる。
(増減表をつくり極値を求める。)
必要に応じて，座標軸との交点の座標も求めるとよい。

解答例　(1)　$f'(x)=3x^2-3=3(x+1)(x-1)$

$f'(x)=0$ とすると　$x=-1,\ 1$　　$f(-1)=2,\ f(1)=-2$

x 軸との交点の x 座標は，$x^3-3x=0$ より　$x=0,\ \pm\sqrt{3}$

x	$\cdots$	-1	$\cdots$	1	$\cdots$
$f'(x)$	$+$	0	$-$	0	$+$
$f(x)$	↗	極大 2	↘	極小 -2	↗

答　**右の図**

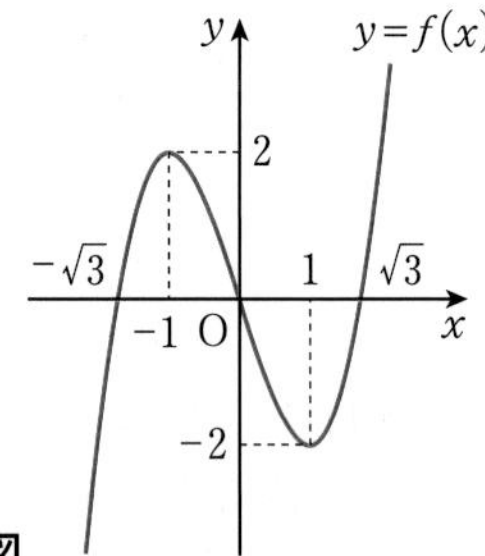

(2)　$f(x)=-x^3-3x^2$ より　$f'(x)=-3x^2-6x=-3x(x+2)$

$f'(x)=0$ とすると　$x=0,\ -2$　　$f(0)=0,\ f(-2)=-4$

x 軸との交点の x 座標は，$-x^2(x+3)=0$ より　$x=0,\ -3$

x	$\cdots$	-2	$\cdots$	0	$\cdots$
$f'(x)$	$-$	0	$+$	0	$-$
$f(x)$	↘	極小 -4	↗	極大 0	↘

答　**右の図**

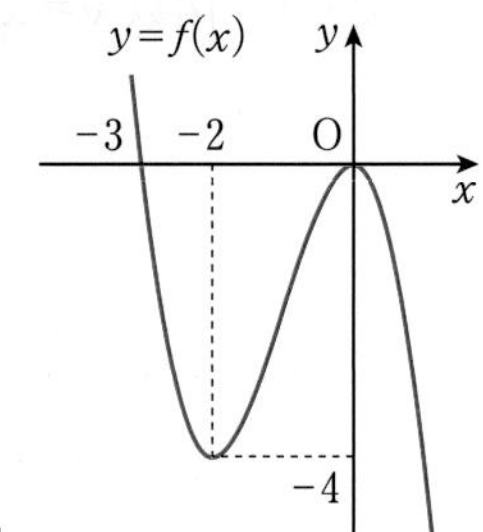

(3)　$f'(x)=3x^2-6x+3=3(x-1)^2$

$f'(x)=0$ とすると　$x=1$　　$f(1)=0$

x	$\cdots$	1	$\cdots$
$f'(x)$	$+$	0	$+$
$f(x)$	↗	0	↗

y 軸との交点の y 座標は　-1

答　**右の図**

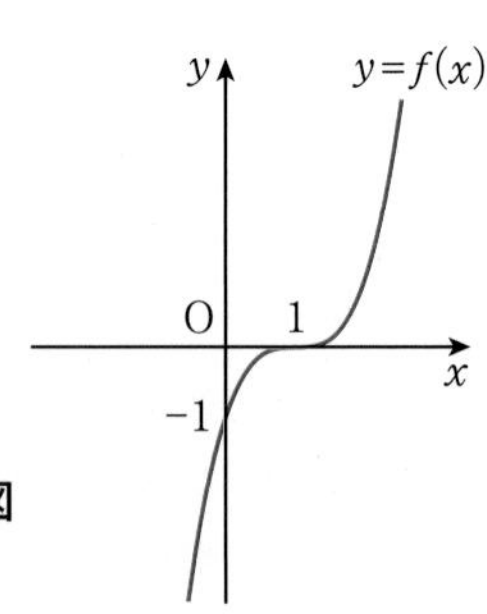

類題 164　次の関数のグラフをかけ。

(1) $y=(x-2)^2(x+4)$　　(2) $y=-2x^3-3x^2+12x$

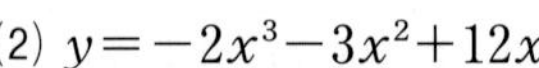

(3) $y=x^3-x^2-x+1$　　(4) $y=x^3-x^2+x+1$

(5) $y=-x^3+6x^2-12x+10$

基本例題 165 極大値から関数を決定する

関数 $y=-x^3+2x^2+4x+k$ の極大値が5となるような定数 k の値を求めよ。

ねらい
与えられた関数の増減を調べて極大値を求め，それが5であることから k の値を出す。基本例題だから確実にマスターすること。

解法ルール $y'=0$ となる x の値を求め，関数 y の増減表をつくり，極大値を求める。

解答例 $y'=-3x^2+4x+4=-(3x+2)(x-2)$

$y'=0$ とすると　$x=-\dfrac{2}{3},\ 2$

x	$\cdots$	$-\dfrac{2}{3}$	$\cdots$	2	$\cdots$
y'	$-$	0	$+$	0	$-$
y	↘	極小	↗	極大	↘

●3次関数では **極大値＞極小値** であることを覚えておく。

増減表から，$x=2$ のとき極大値をもつことがわかる。

$-8+8+8+k=5$

よって　$\boldsymbol{k=-3}$　…答

類題 165 関数 $y=x^3-x^2-x+k$ の極大値が0となるような定数 k の値を求めよ。

これも知っ得 4次関数のグラフをかいてみよう

3次関数のときと同様に，$f'(x)$ を求め，増減表をかけば，グラフをかくことができる。

$f(x)=x^2(x-2)^2$

のグラフをかいてみよう。

$f(x)=x^4-4x^3+4x^2$ だから

$f'(x)=4x^3-12x^2+8x=4x(x-1)(x-2)$

$f'(x)=0$ とすると　$x=0,\ 1,\ 2$

$f(0)=0,\ f(1)=1,\ f(2)=0$

x	$\cdots$	0	$\cdots$	1	$\cdots$	2	$\cdots$
$f'(x)$	$-$	0	$+$	0	$-$	0	$+$
$f(x)$	↘	極小 0	↗	極大 1	↘	極小 0	↗

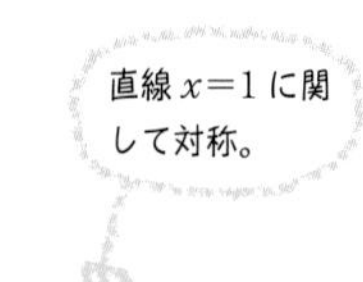

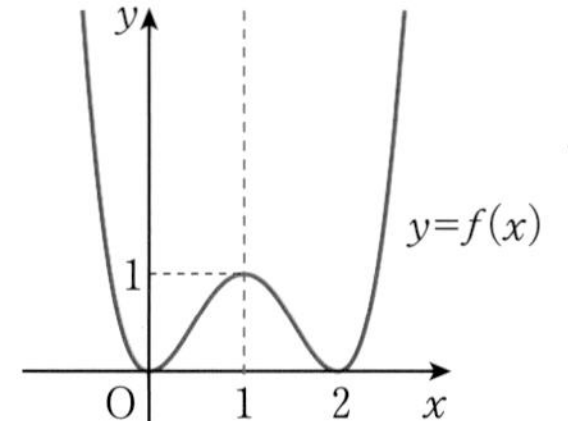

⬅ $x^2(x-2)^2=0$ は2重解を2つもつので，x 軸に2点で接することがわかる。

$x^2(x-2)^2=0$ より　$x=0,\ 2$

x 軸に2点で接する。

したがって，右の図のようになる。

応用例題 166　極値から関数を決定する

3 次関数 $f(x)$ は，$x=1$ で極小値 -8，$x=3$ で極大値 8 をとる。$f(x)$ を求めよ。

ねらい
与えられた値における関数値，微分係数を調べ，関数を決定すること。

解法ルール **関数 $f(x)$ が $x=a$ で極値 b をもつ**とき

$f'(a)=0$，$f(a)=b$

$f(x)$ が求められたら，増減表で条件を満たすことを確認する。

解答例 $f(x)=ax^3+bx^2+cx+d$ $(a\neq 0)$ とおくと

$f'(x)=3ax^2+2bx+c$

$x=1$ で極小値 -8 をとるから　$f'(1)=3a+2b+c=0$ ……①

$f(1)=a+b+c+d=-8$ ……②

$x=3$ で極大値 8 をとるから　$f'(3)=27a+6b+c=0$ ……③

$f(3)=27a+9b+3c+d=8$ ……④

①～④より　$a=-4$，$b=24$，$c=-36$，$d=8$

よって　$f(x)=-4x^3+24x^2-36x+8$

このとき，$f'(x)=-12x^2+48x-36=-12(x-1)(x-3)$

この $f(x)$ は，右の増減表より，題意を満たしている。

答　$\boldsymbol{f(x)=-4x^3+24x^2-36x+8}$

$x=1$ で極小値，$x=3$ で極大値をとる保証はない。増減表で確かめる。

x	$\cdots$	1	$\cdots$	3	$\cdots$
$f'(x)$	$-$	0	$+$	0	$-$
$f(x)$	↘	極小 -8	↗	極大 8	↘

類題 166 3 次関数 $f(x)=x^3+ax^2+bx+c$ は，$x=4$ のとき極小値 -32 をとり，$x=-2$ のとき極大値をとる。定数 a，b，c，および極大値を求めよ。

応用例題 167　増加関数であるための条件

関数 $f(x)=x^3+ax^2+3x+5$ が常に増加するように，定数 a の値の範囲を定めよ。

ねらい
関数が常に増加するための導関数の条件を調べ，関数を決定すること。

解法ルール $f'(x)\geqq 0 \iff f(x)$ **は常に増加**

$f'(x)\leqq 0 \iff f(x)$ **は常に減少**

2 次不等式
$ax^2+bx+c\geqq 0$ が常に成立
$\iff a>0$，$D\leqq 0$
$ax^2+bx+c\leqq 0$ が常に成立
$\iff a<0$，$D\leqq 0$

解答例 $f'(x)=3x^2+2ax+3$

常に，$3x^2+2ax+3\geqq 0$ が成り立てばよい。

x^2 の係数　$3>0$

したがって，$f'(x)=0$ の判別式を D とすると　$\dfrac{D}{4}=a^2-9\leqq 0$

よって　$\boldsymbol{-3\leqq a\leqq 3}$ …答

類題 167 関数 $f(x)=ax^3+3x^2+3ax$ が常に減少するように，定数 a の値の範囲を定めよ。

最大・最小はどうなる？

閉区間 $a \leqq x \leqq b$ での最大・最小

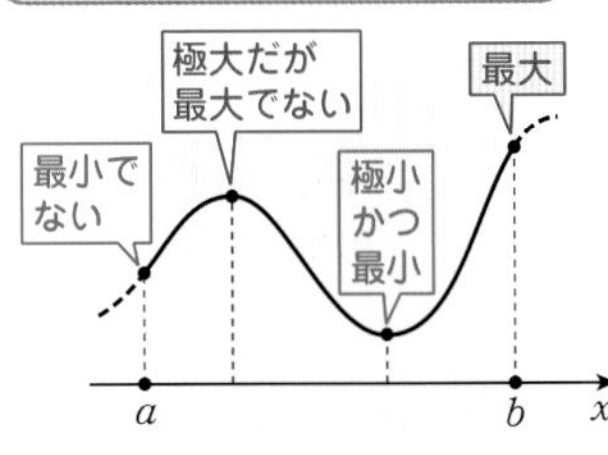

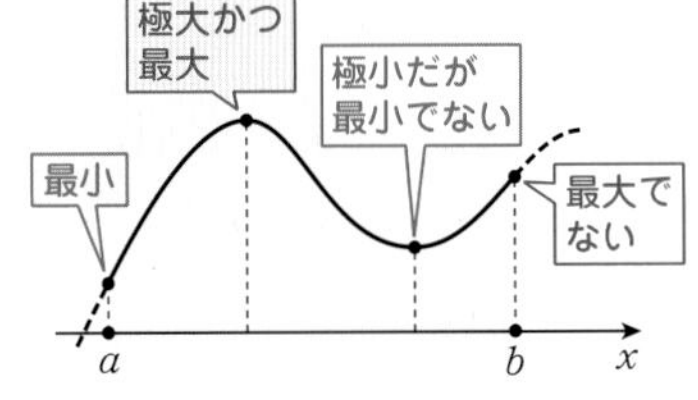

閉区間でない変域での最大・最小

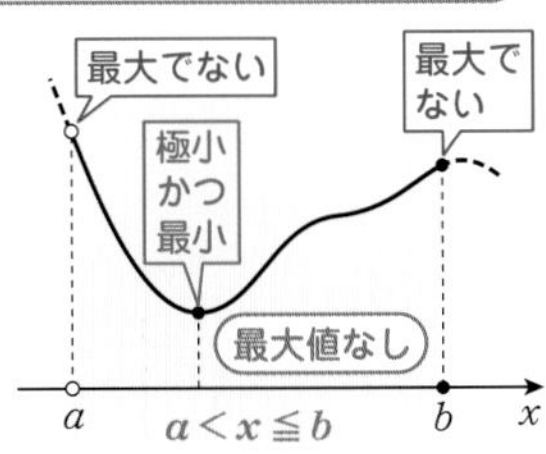

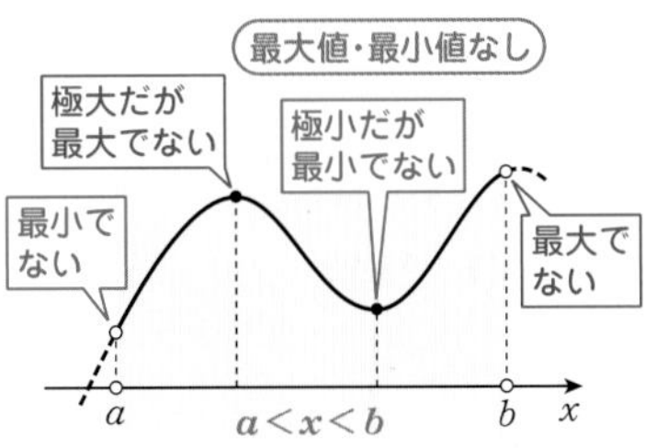

⬅ 区間 $a \leqq x \leqq b$ を閉区間といい，
$[a,\ b]$
区間 $a < x < b$ を開区間といい，
$(a,\ b)$
と表すことがある。また，区間 $a < x \leqq b$ は，
$(a,\ b]$
と表す。
くわしくは，数学Ⅲで学習する。

基本例題 168 区間における最大・最小

関数 $f(x)=x^3-3x^2-9x\ (-3 \leqq x \leqq 4)$ の最大値と最小値を求めよ。

ねらい
与えられた区間における最大値・最小値を求めるには，増減表をつくり，極大値・極小値と端点での値を比較する。

解法ルール 与えられた区間における増減表をつくる。
極大値と端点での値のうち，最も大きい値が最大値。
極小値と端点での値のうち，最も小さい値が最小値。

解答例 $f'(x)=3x^2-6x-9=3(x+1)(x-3)$

x	-3	$\cdots$	-1	$\cdots$	3	$\cdots$	4
$f'(x)$		$+$	0	$-$	0	$+$	
$f(x)$	-27	↗	極大 5	↘	極小 -27	↗	-20

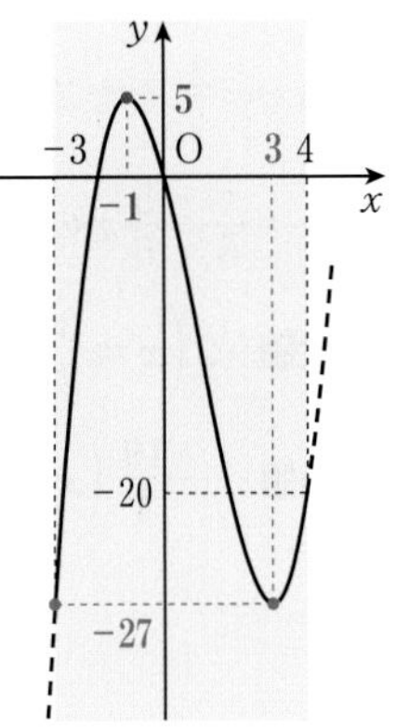

答 **最大値　5（$x=-1$ のとき）**
最小値　-27（$x=-3,\ 3$ のとき）

類題 168 関数 $f(x)=x^3-6x^2+9x\ (-1 \leqq x \leqq 4)$ の最大値と最小値を求めよ。

発展例題 169

変数のおき換えと最大・最小

次の関数の最大値，最小値と，そのときの x の値を求めよ。

$y=4\sin^3 x-6\sin x-3\cos^2 x\ (0\leqq x<2\pi)$

ねらい
三角関数を含む関数を，変数のおき換えにより3次関数にして最大・最小を考えること。
新しい変数の変域に注意しよう。

解法ルール $\sin^2 x+\cos^2 x=1$ を利用して $\cos x$ を $\sin x$ になおし，$\sin x=t$ とおくと t についての3次関数になる。
$-1\leqq t\leqq 1$ に気をつけよう。

解答例 与式より $y=4\sin^3 x-6\sin x-3(1-\sin^2 x)$
$=4\sin^3 x+3\sin^2 x-6\sin x-3$

$\sin x=t$ とおくと $-1\leqq t\leqq 1$

$y=f(t)=4t^3+3t^2-6t-3$ とおく。

$f'(t)=12t^2+6t-6=6(t+1)(2t-1)$

$f'(t)=0$ とすると $t=-1,\ \dfrac{1}{2}$

t	-1	$\cdots$	$\frac{1}{2}$	$\cdots$	1
$f'(t)$	0	$-$	0	$+$	
$f(t)$	2	↘	極小 $-\frac{19}{4}$	↗	-2

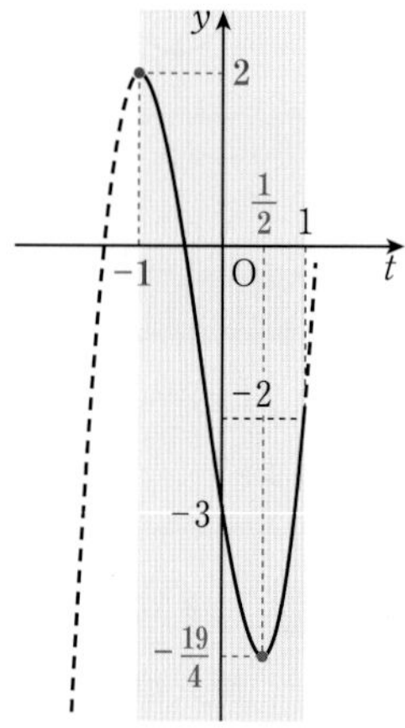

よって，

$t=-1$ のとき，最大値 $f(-1)=2$

$\sin x=-1$ となるのは

$x=\dfrac{3}{2}\pi$ のとき

$t=\dfrac{1}{2}$ のとき，最小値 $f\left(\dfrac{1}{2}\right)=-\dfrac{19}{4}$

$\sin x=\dfrac{1}{2}$ となるのは

$x=\dfrac{\pi}{6},\ \dfrac{5}{6}\pi$ のとき

最大・最小は，グラフをかいて，目で見て最上点と最下点をさがすとわかりやすいですよ！

答 $\begin{cases}\textbf{最大値}\ 2\left(x=\dfrac{3}{2}\pi\ \textbf{のとき}\right)\\ \textbf{最小値}\ -\dfrac{19}{4}\left(x=\dfrac{\pi}{6},\ \dfrac{5}{6}\pi\ \textbf{のとき}\right)\end{cases}$

類題 169 $2x+y=2$，かつ $x\geqq 0$，$y\geqq 0$ のとき，$2x^3+y^3$ の最大値と最小値，およびそのときの x，y の値を求めよ。

発展例題 170 変域が変わる関数の最大・最小

a は正の実数とする。関数 $f(x)=x^3-3x^2+4$ の $0\leqq x\leqq a$ における最大値を a の値によって分類し答えよ。

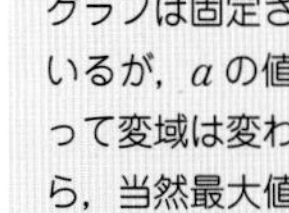

ねらい
グラフは固定されているが，a の値によって変域は変わるから，当然最大値も変わってくると理解すること。
a の値での場合分けがこの問題のポイント。

解法ルール 増減表をつくり，グラフをかく。a の値を変化させていくと，最大値はどのように変わっていくかを調べる。

解答例 $f'(x)=3x^2-6x=3x(x-2)$

$f'(x)=0$ とすると　$x=0,\ 2$　　$f(0)=4,\ f(2)=0$ より

x	$\cdots$	0	$\cdots$	2	$\cdots$
$f'(x)$	$+$	0	$-$	0	$+$
$f(x)$	↗	4	↘	0	↗

下の表のように，a の値の範囲によってグラフをかくとわかりやすいよ!!

また，$f(x)=4$ のとき，つまり $x^3-3x^2+4=4$ のとき

$x^3-3x^2=0$　　$x^2(x-3)=0$ より　$x=0,\ 3$

よって，$y=f(x)$ のグラフは下の図のようになる。

a の値の範囲	$0<a<3$	$a=3$	$3<a$
グラフ	(y, 4, O, 2, a, 3, x)	(y, 4, O, 2, 3, a, x)	(y, 4, O, 2, 3, a, x)
最大値	4	4	$f(a)$
最大値をとるときの x の値	$x=0$	$x=0,\ 3$	$x=a$

最大値をとるときの x の値が変わるごとにグラフをかいて，その場合の a の値の範囲を求める。

答
$0<a<3$ のとき　最大値は　4（$x=0$ のとき）
$a=3$ のとき　最大値は　4（$x=0,\ 3$ のとき）
$3<a$ のとき　最大値は　a^3-3a^2+4（$x=a$ のとき）

類題 170 $f(x)=ax^3-3ax+b\ (a>0)$ の $-3\leqq x\leqq 2$ における最小値は -16，最大値は 4 である。$a,\ b$ の値を求めよ。

応用例題 171　　最大・最小の応用問題

半径 a の球に内接する直円錐のうち，体積の最大値を求めよ。また，このときの底面の半径と高さを求めよ。

ねらい
式が立てやすいように変数を定めること。変数が与えられていないから，自分で定める必要がある。

解法ルール　直円錐の底面の半径を r，高さを h とすると

体積　$\boldsymbol{V=\frac{1}{3}\pi r^2 h}$

r を h で表せれば r が消去できる。

解答例　右のように，球の中心を O，直円錐の頂点を A，底面の中心を H，底面の円周上の１点を B とする。

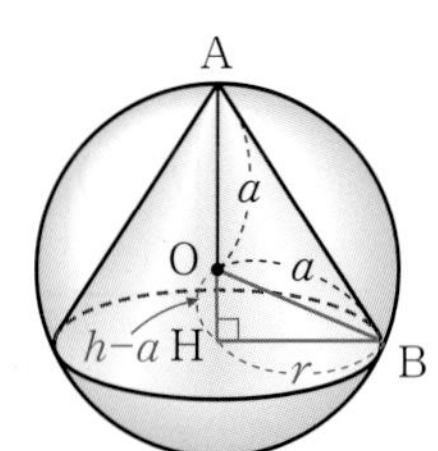

底面の半径 HB$=r$，高さ AH$=h$ とおくと

$$0<r\leqq a,\ 0<h<2a$$

△OHB において　$(h-a)^2+r^2=a^2$

よって　$r^2=2ah-h^2$　……①

よって，体積　$V=\frac{\pi}{3}r^2h=\frac{\pi}{3}(2ah-h^2)h=-\frac{\pi}{3}h^3+\frac{2\pi a}{3}h^2$

V を h で微分すると

$$V'=-\pi h^2+\frac{4\pi a}{3}h=-\pi h\left(h-\frac{4}{3}a\right)$$

h	0	…	$\frac{4}{3}a$	…	$2a$
V'		+	0	−	
V		↗	極大	↘	

増減表より，$h=\frac{4}{3}a$ のとき V は最大。

このとき，**高さは**　$\boldsymbol{\frac{4}{3}a}$　…答

また，①より　$r=\sqrt{2ah-h^2}$

$r=\sqrt{2a\cdot\frac{4}{3}a-\frac{16}{9}a^2}=\sqrt{\frac{8}{9}a^2}=\boldsymbol{\frac{2\sqrt{2}}{3}a}$ **（半径）**　…答

$V=\frac{\pi}{3}\cdot\left(\frac{2\sqrt{2}}{3}a\right)^2\cdot\frac{4}{3}a=\boldsymbol{\frac{32}{81}\pi a^3}$ **（体積）**　…答

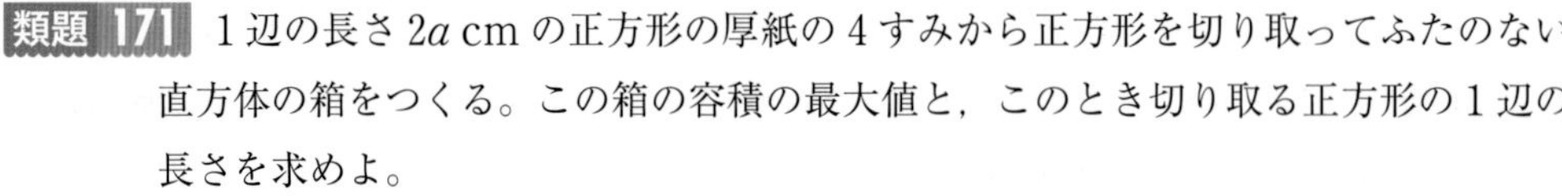

類題 171　１辺の長さ $2a$ cm の正方形の厚紙の４すみから正方形を切り取ってふたのない直方体の箱をつくる。この箱の容積の最大値と，このとき切り取る正方形の１辺の長さを求めよ。

6 方程式・不等式への応用

「方程式$f(x)=0$の実数解」は，座標平面上では「$y=f(x)$のグラフとx軸との共有点のx座標」，方程式「$f(x)=g(x)$の実数解」は，座標平面上では「$y=f(x)$と$y=g(x)$のグラフの共有点のx座標」だから，方程式の実数解の個数を調べるには，きちんとしたグラフがかければいいんだ。

また，「不等式$f(x)>g(x)$を証明」するには「$p(x)=f(x)-g(x)$とおき，$p(x)>0$を示す。」といいのだから，関数$y=p(x)$のグラフを調べて，「$p(x)$の最小値>0を示す。」と，$p(x)>0$すなわち$f(x)>g(x)$を証明したことになる。

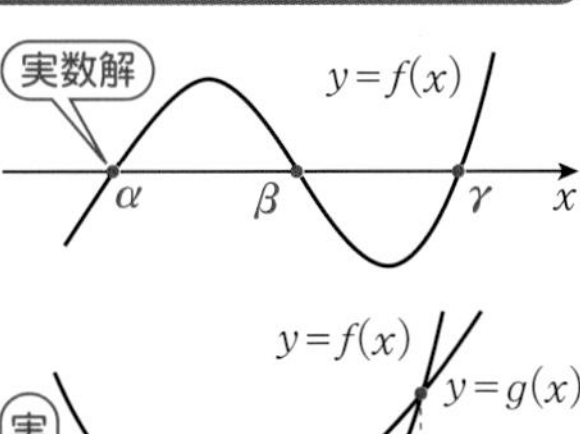

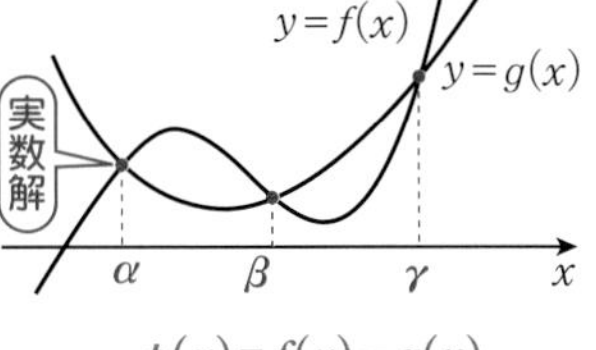

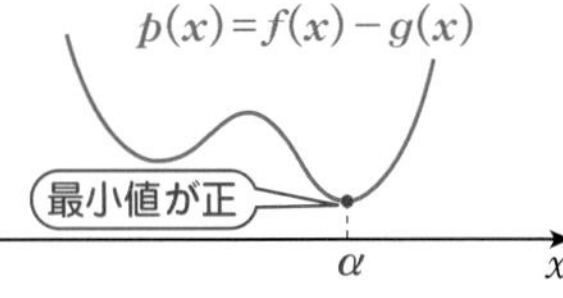

基本例題 172 方程式の実数解の個数 (1)

テストに出るぞ！

次の方程式の実数解の個数を求めよ。

(1) $2x^3-6x^2+3=0$　　(2) $x^3+3x+1=0$

ねらい

グラフがかければ必然的に実数解の個数が求められる。
実数解の個数
$=x$軸との共有点の個数

たとえば，(1)は関数$y=2x^3-6x^2+3$のグラフをかき，x軸との共有点の個数を調べる。

解答例 (1) $f(x)=2x^3-6x^2+3$とおくと
$f'(x)=6x^2-12x=6x(x-2)$
$f'(x)=0$とすると　$x=0,\ 2$

x	$\cdots$	0	$\cdots$	2	$\cdots$
$f'(x)$	$+$	0	$-$	0	$+$
$f(x)$	↗	極大 3	↘	極小 -5	↗

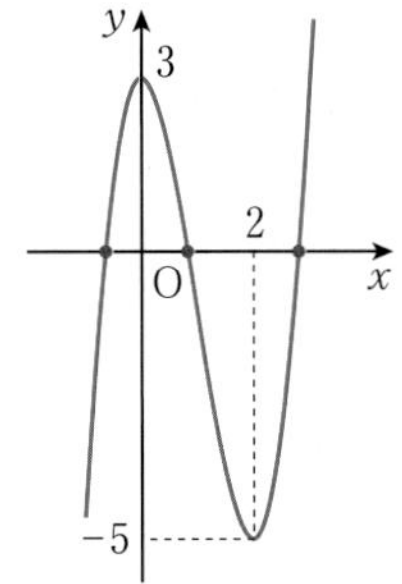

グラフより，$2x^3-6x^2+3=0$の実数解は，**3個**　…答

(2) $f(x)=x^3+3x+1$とおくと
$f'(x)=3x^2+3=3(x^2+1)>0$
ゆえに，$f(x)$は増加関数で
$f(-1)=-3<0,\ f(0)=1>0$
グラフより，$-1<x<0$の区間内に1つの実数解をもつ。

答　**1個**

$f(\alpha)<0,\ f(\beta)>0$となるような2数，$\alpha,\ \beta$を探す。

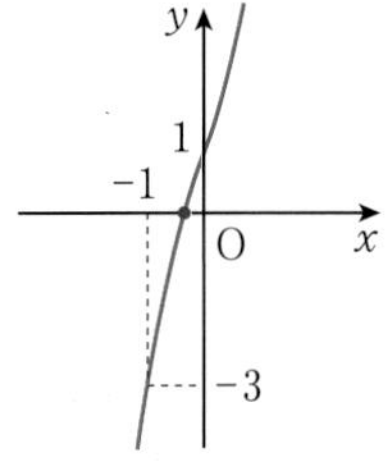

類題 172 次の方程式の実数解の個数を調べよ。

$x^3-6x^2+9x-1=0$

応用例題 173　方程式の実数解の個数(2)

方程式 $x^3-3ax^2+4=0\,(a>0)$ の相異なる実数解の個数を，定数 a の値によって分類せよ。

ねらい
極大値，極小値に着目して，3次方程式の実数解の個数を求めること。

解法ルール 右の図のように，極大値，極小値から判断すると，次のようになる。

1. **極大値が負，または極小値が正のとき，1個。**
2. **極大値が正，かつ極小値が負のとき，3個。**
3. **極大値，極小値のいずれかが0のとき，2個。**

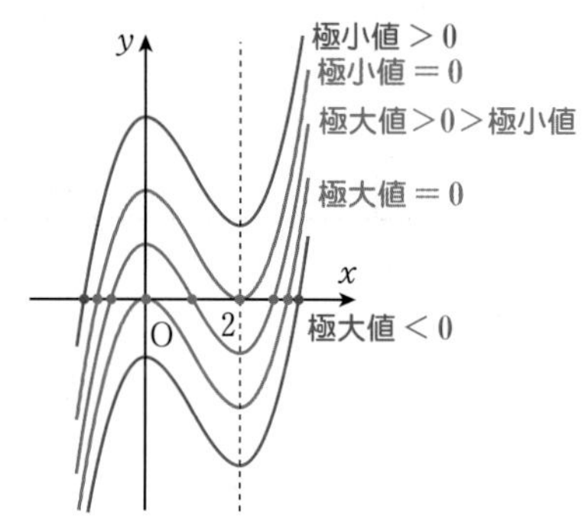

解答例 $f(x)=x^3-3ax^2+4$ とおくと

$f'(x)=3x^2-6ax=3x(x-2a)$ より，$f'(x)=0$ とすると

$x=0,\ 2a$　　$a>0$ より，増減表は次のようになる。

x	…	0	…	$2a$	…
$f'(x)$	+	0	−	0	+
$f(x)$	↗	極大	↘	極小	↗

極大値　$f(0)=4$，極小値　$f(2a)=-4a^3+4$

$-4a^3+4>0$ を解くと，$a^3-1<0$ より　$a<1$

> $a^3-1<0$ より
> $(a-1)(a^2+a+1)<0$
> $a^2+a+1=\left(a+\frac{1}{2}\right)^2+\frac{3}{4}>0$
> だから　$a-1<0$

よって　**$0<a<1$ のとき　解は1個**
　　　　$a=1$ のとき　解は2個
　　　　$a>1$ のとき　解は3個　…答

類題 173　方程式 $2x^3-3ax^2+27=0\ (a>0)$ が相異なる3つの実数解をもつような定数 a の値の範囲を求めよ。

応用例題 174　方程式の実数解の個数(3)

方程式 $2x^3-3x^2-12x+5-a=0$ が異なる2個の正の解と，負の解を1個もつような a の値の範囲を求めよ。

ねらい
方程式 $f(x)-a=0$ の実数解は，曲線 $y=f(x)$ と直線 $y=a$ の共有点の x 座標であると理解すること。

解法ルール $2x^3-3x^2-12x+5=a$ と変形する。

$y=2x^3-3x^2-12x+5$ のグラフをかき，**直線 $y=a$ との共有点**を調べる。共有点が3個で，うち2個の x 座標が正になるように a の値の範囲を定める。

解答例 $f(x)=2x^3-3x^2-12x+5$ とおく。

$f'(x)=6x^2-6x-12=6(x+1)(x-2)$ より，

$f'(x)=0$ とすると　$x=-1,\ 2$

$f(-1)=12,\ f(2)=-15$ より

x	$\cdots$	-1	$\cdots$	2	$\cdots$
$f'(x)$	$+$	0	$-$	0	$+$
$f(x)$	↗	極大 12	↘	極小 -15	↗

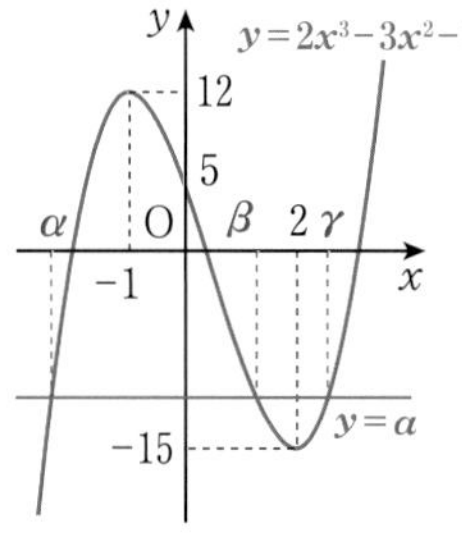

⬅ 直線 $y=a$ は x 軸に平行だから，点 $(0,\ 5)$ と $(2,\ -15)$ が $y=a$ の両側に分かれるとき，題意を満たす。

$y=f(x)$ のグラフは右のようになる。

直線 $y=a$ との共有点が 3 個で，そのうち，2 個の x 座標が正となる定数 a の値の範囲は　$\boldsymbol{-15<a<5}$　…答

類題 174 方程式 $2x^3-3x^2-12x+5-a=0$ について，次の各問いに答えよ。

(1) 正の重解と負の解をもつ a の値を求めよ。

(2) 正の解 1 個と，異なる 2 個の虚数解をもつ a の値の範囲を求めよ。

応用例題 175

2 曲線の共有点

曲線 $y=x^3-ax^2$ と直線 $y=a^2x-a$ $(a\neq 0)$ が異なる 3 点で交わるような実数 a の値の範囲を求めよ。

ねらい

2 曲線 $y=f(x)$，$y=g(x)$ の共有点の x 座標は，方程式 $f(x)=g(x)$ の実数解であると理解すること。

解法ルール 曲線 $y=x^3-ax^2$ と直線 $y=a^2x-a$ の共有点の x 座標は $x^3-ax^2=a^2x-a$ の解である。$y=x^3-ax^2-(a^2x-a)$ のグラフと x 軸との共有点が 3 個であると考える。

解答例 $x^3-ax^2=a^2x-a$ が異なる 3 つの実数解をもてばよい。

$f(x)=x^3-ax^2-a^2x+a$ とおくと

$f'(x)=3x^2-2ax-a^2=(x-a)(3x+a)$

$a\neq 0$ より，$f(x)$ は $x=a,\ -\dfrac{a}{3}$ で極値をもつ。

$f(x)=0$ が 3 つの実数解をもつとき　$f(a)\cdot f\left(-\dfrac{a}{3}\right)<0$

よって　$(a^3-a^3-a^3+a)\left(-\dfrac{a^3}{27}-\dfrac{a^3}{9}+\dfrac{a^3}{3}+a\right)<0$

（$\to -a(a^2-1)$，$\to a\left(\dfrac{5}{27}a^2+1\right)$）

$a^2(a^2-1)\left(\dfrac{5}{27}a^2+1\right)>0$ より　$\boldsymbol{a<-1,\ 1<a}$　…答

（a^2 → 常に正，$\left(\dfrac{5}{27}a^2+1\right)$ → 常に正）

⬅ 3 次方程式が異なる 3 つの実数解をもつ
$\iff$ 極大値と極小値の積が負

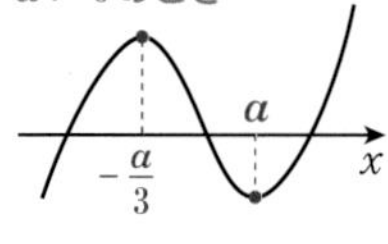

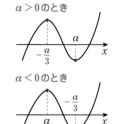

類題 175 2 曲線 $y=2x^3+x^2-12x$，$y=4x^2-k$ が，3 個の共有点をもつような実数 k の値の範囲を求めよ。

基本例題 176 微分法による不等式の証明

次の不等式を証明せよ。また，等号が成り立つときの x の値を求めよ。

テストに
出るぞ！

(1) $x \geqq 0$ のとき $x^3+4 \geqq 3x^2$

(2) $x \geqq 1$ のとき $x^3 \geqq 3x-2$

ねらい
不等式の証明方法はいろいろあるが，ここでは微分を用いた証明方法を学習すること。

解法ルール **左辺≧右辺の証明**は

$f(x)=$左辺$-$右辺

とおき，与えられた変域での $f(x)$ の増減を調べ，**最小値が0以上**となることを示す。

解答例 (1) $f(x)=x^3-3x^2+4$ とおく。

$f'(x)=3x^2-6x=3x(x-2)$

$f'(x)=0$ とすると　$x=0,\ 2$

$f(0)=4,\ f(2)=0$ より

x	0	$\cdots$	2	$\cdots$
$f'(x)$	0	$-$	0	$+$
$f(x)$	4	↘	極小 0	↗

$x \geqq 0$ では，$f(x)$ は $x=2$ で極小かつ最小。

$f(2)=0$ より　$f(x) \geqq 0$

よって，**$x \geqq 0$ のとき　$x^3+4 \geqq 3x^2$**

等号成立は $x=2$ のとき 終

← $f(x)=(x+1)(x-2)^2$ より $x \geqq 0$ のとき $f(x) \geqq 0$ として証明することもある。

最小値≧0なら当然
$f(x) \geqq 0$ だね。

(2) $f(x)=x^3-3x+2$ とおく。

$f'(x)=3x^2-3=3(x-1)(x+1)$

$f'(x)=0$ とすると　$x=-1,\ 1$

$x \geqq 1$ より　$f'(x) \geqq 0$

よって，$f(x)$ は $x \geqq 1$ で増加。

x	1	$\cdots$
$f'(x)$	0	$+$
$f(x)$	0	↗

$f(1)=0$

$f(x)$ は $x=1$ で最小値0をとるから，

$x \geqq 1$ で $f(x) \geqq 0$ がいえる。

よって，**$x \geqq 1$ のとき　$x^3 \geqq 3x-2$**

等号成立は $x=1$ のとき 終

← 一般に，$x \geqq a$ で $f'(x) \geqq 0$ なら，左端 $(x=a)$ で最小値 $f(a)$ をとる。

類題 176 次の不等式を証明せよ。また，(2)では等号が成り立つときの x の値を求めよ。

(1) $x>-1$ のとき $x^3+9>2x^2+4x$

(2) $x \geqq 1$ のとき $2x^3 \geqq 3x^2-1$

応用例題 177　不等式の成立条件

$x \geqq 0$ のとき，$2x^3+8 \geqq 3kx^2$ が常に成り立つような定数 k の値の範囲を求めよ。

ねらい
文字を含む不等式の取り扱いに慣れること。

解法ルール $\boldsymbol{f(x)=2x^3+8-3kx^2}$ とおき，

　$\boldsymbol{x \geqq 0}$ のとき，$\boldsymbol{f(x)}$ の最小値 $\boldsymbol{\geqq 0}$

となるような定数 k の値の範囲を求めればよい。

解答例 $f(x)=2x^3-3kx^2+8$ とおく。

$f'(x)=6x^2-6kx=6x(x-k)$　　$f'(x)=0$ から　$x=0,\ k$

(i)　$k=0$ のとき　$x \geqq 0$ だから，$2x^3+8>0$ で成立。

(ii)　$k<0$ のとき

$f(k)=-k^3+8$，$f(0)=8$ より

← 0と k の大小によって増減表が異なることに注意。

x	$\cdots$	k	$\cdots$	0	$\cdots$
$f'(x)$	$+$	0	$-$	0	$+$
$f(x)$	↗	極大 $-k^3+8$	↘	極小 8	↗

$x \geqq 0$ において，$f(x)$ は $x=0$ で極小かつ最小。

$f(0)=8>0$ から　$f(x)>0$

よって，$x \geqq 0$ において　$2x^3+8>3kx^2$

(iii)　$k>0$ のとき

x	$\cdots$	0	$\cdots$	k	$\cdots$
$f'(x)$	$+$	0	$-$	0	$+$
$f(x)$	↗	極大 8	↘	極小 $-k^3+8$	↗

$x \geqq 0$ において，$f(x)$ は $x=k$ で極小かつ最小。

よって，$-k^3+8 \geqq 0$ のとき　$f(x) \geqq 0$

$-k^3+8 \geqq 0$ より　$(k-2)(k^2+2k+4) \leqq 0$

← $a^3-b^3=(a-b)\times(a^2+ab+b^2)$

$k^2+2k+4=(k+1)^2+3>0$ だから　$k-2 \leqq 0$

よって　$0<k \leqq 2$

(i)～(iii)より　$\boldsymbol{k \leqq 2}$　…答

類題 177 次の問いに答えよ。

(1) $x>0$ のとき，不等式 $x^3-9x^2+15x+k>0$ が常に成り立つような定数 k の値の範囲を求めよ。

(2) $x>0$ のとき，不等式 $x^3+3kx^2-9k^2x-11k^3+16>0$ が常に成り立つような定数 k の値の範囲を求めよ。

3節 積分法

7 不定積分

直線上を運動している点を考えよう。その点の速度（瞬間の速さ）vが，時刻tの関数として$v=t$と与えられているとき，点の位置xはどんな式になるでしょう。微分係数が瞬間の速さを表したことを思い出して考えてみよう。

← この点の加速度αは$\alpha=\dfrac{dv}{dt}=1$となるので，この点の運動は**等加速度運動**である。

$x=F(t)$とすると，速度vはxをtで微分したものだから，$F'(t)=t$でしょう。$F'(t)$が1次式だから，もとの$F(t)$はtの2次式になるので，$F(t)=t^2$としてみると$F'(t)=2t$，ウーン，係数の2が余分になるなあ…。

それなら，はじめに$\dfrac{1}{2}$を掛けておいて，$F(t)=\dfrac{1}{2}t^2$としておけば，$F'(t)=\dfrac{1}{2}\times 2t=t$となってうまくいくよ。

そうだね。このように速度から位置を求めるような問題では，**微分すると$f(x)$になるような関数$F(x)$を求める**という**微分法の逆の演算**が必要になるよ。

← 微分すると$f(x)$になる関数$F(x)$を，$f(x)$の**不定積分**という。**原始関数**ということもある。

ただ，上の例では，もちろん$\dfrac{1}{2}t^2$でもいいけど，$\dfrac{1}{2}t^2+2$や$\dfrac{1}{2}t^2-5$でも微分するとtとなるから，正確には

$F(t)=\dfrac{1}{2}t^2+C$（Cは定数）とするべきだね。

← このCを**積分定数**という。以後，この章では，Cは積分定数を表すものとする。

一般に，$f(x)$ の不定積分の１つを $F(x)$ とすると，$f(x)$ の任意の不定積分は，C を任意の定数として $F(x)+C$ と表すことができる。$f(x)$ の**不定積分**は記号で $\int f(x)\,dx$ と表す。すなわち

$$F'(x)=f(x) \iff \int f(x)\,dx=F(x)+C$$

また，n が 0 または正の整数のとき，

$$\left(\frac{1}{n+1}x^{n+1}\right)'=x^n$$

だから，次の公式が得られるんだ。

$F(x)+C \underset{\text{積分}}{\overset{\text{微分}}{\rightleftarrows}} F'(x)$

⬅ $f(x)$ の不定積分 $\int f(x)\,dx$ は，「インテグラル $f(x)\,dx$」と読む。また，$f(x)$ が 1 のとき，$\int 1\,dx$ を $\int dx$ と書いてもよい。

ポイント **[x^n の不定積分]**

$$\int x^n\,dx=\frac{1}{n+1}x^{n+1}+C \quad (C\text{ は積分定数})$$

x とか x^2 などは上の公式からすぐに不定積分が求められますが，x^2-4x+2 のような x^n の和や差で表された式の不定積分はどうやって計算すればいいんですか？

⬅ 不定積分を求めることを**積分する**という。

微分法のところで学んだように，k，l を定数とすれば

$\{kF(x)+lG(x)\}'=kF'(x)+lG'(x)$

が成り立つから，不定積分の計算でも次の性質が成り立つんですよ。

$$\int kf(x)\,dx=k\int f(x)\,dx \quad (k\text{ は定数})$$

$$\int\{f(x)\pm g(x)\}\,dx=\int f(x)\,dx\pm\int g(x)\,dx$$

(複号同順)

±は同じ順にとるものとする。

⬅ この性質を，**不定積分の線形性**という。これは，*p. 202* の定積分においてもそのまま成り立つ。

[不定積分の性質]

$$\int kf(x)\,dx=k\int f(x)\,dx \quad (k\text{ は定数})$$

$$\int\{f(x)\pm g(x)\}\,dx=\int f(x)\,dx\pm\int g(x)\,dx \quad (\text{複号同順})$$

基本例題 178　　多項式の不定積分

次の不定積分を求めよ。

(1) $\int(4-3x+5x^2)\,dx$

(2) $\int(x-2)(x-1)\,dx$

ねらい
項別に積分することによって，確実に多項式の積分ができるようにすること。

解法ルール　**多項式の不定積分では，各項の不定積分**を求めればよい。

これは，k，l を定数とすると，次の性質があるからである。

$$\int\{kf(x)+lg(x)\}\,dx=k\int f(x)\,dx+l\int g(x)\,dx$$

⬅ 左の式で，k，l は x に無関係であれば，どんな数でもよい。

(1)は，この性質がそのまま使える。

(2)は，積分される関数(**被積分関数**という)が積の形になっているので，展開して多項式の形にする。

解答例　(1)　与式 $=4\int dx-3\int x\,dx+5\int x^2\,dx$

$=4\cdot x-3\cdot\frac{1}{1+1}x^{1+1}+5\cdot\frac{1}{2+1}x^{2+1}+C$

$=\boldsymbol{\frac{5}{3}x^3-\frac{3}{2}x^2+4x+C}$ …答

⬅ 左のように各項ごとに積分しても，積分定数は最後にまとめて C としておけばよい。

(2)　与式 $=\int(x^2-3x+2)\,dx$

$=\int x^2\,dx-3\int x\,dx+2\int dx$

$=\frac{1}{3}x^3-3\cdot\frac{1}{2}x^2+2\cdot x+C$

$=\boldsymbol{\frac{1}{3}x^3-\frac{3}{2}x^2+2x+C}$ …答

⬅ $(x-2)(x-1)$ を展開して整理すると x^2-3x+2 となる。

類題 178　次の不定積分を求めよ。

(1) $\int(2-3x+x^2)\,dx$　　(2) $\int(2x+1)(3x-1)\,dx$

(3) $\int(x+3)^2\,dx$　　(4) $\int(1-4x)^2\,dx$

応用例題 179　　曲線の式を決定する

曲線 $y=f(x)$ 上の点 $(x,\ y)$ における接線の傾きが，$2x-3$ で表される曲線のうちで，点 $(1,\ 2)$ を通るものを求めよ。

ねらい
接線の傾きとある点を通ることから，曲線の式を決定する問題をマスターすること。

解法ルール **曲線 $y=f(x)$ 上の点 $(x,\ y)$ における接線の傾きは $f'(x)$**

$f(x)=\int f'(x)\,dx$ である。

解答例 曲線 $y=f(x)$ 上の点 $(x,\ y)$ における接線の傾きは $f'(x)$ だから，

題意より　$f'(x)=2x-3$

よって　$f(x)=\int(2x-3)\,dx$

$=x^2-3x+C$

曲線 $y=f(x)$ が点 $(1,\ 2)$ を通ることから

$f(1)=1-3+C=2$

よって　$C=4$

したがって，求める曲線は

$\boldsymbol{y=x^2-3x+4}$　…答

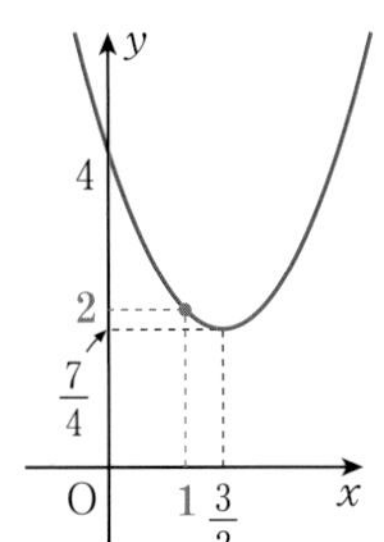

⬅ 接線の傾きが1次式であるから，求める曲線の式は2次式になる。

⬅ 点 $(1,\ 2)$ を通るということから，積分定数 C の値がきまる。

類題 179 次の問いに答えよ。

(1) $f'(x)=5-6x^2$ で，$f(2)=0$ を満たす関数 $f(x)$ を求めよ。

(2) 曲線 $y=f(x)$ 上の点 $(x,\ y)$ における接線の傾きが x^2-2x で表される曲線のうちで，点 $(3,\ 2)$ を通るものを求めよ。

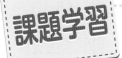

課題学習　ニュートンとライプニッツ

ニュートン（1642～1727）は英国の農家の息子として生まれました。父は彼が生まれる少し前になくなっていたので，14歳で中学を卒業すると農夫として働いていましたが，暇があれば数学書を読んでいる彼を見た母は，叔父の援助を得て，彼をケンブリッジ大学に入れました。

彼の異常なまでの独創性は，すでに大学在学中から発揮され，二項定理の発見，方程式論への貢献，微積分学と万有引力の法則の基礎概念への到達があったといいます。そして，26歳のときケンブリッジ大学の教授となり，長くその職にありました。

ニュートンが運動の問題から微積分学に到達したのに対して，ライプニッツ（1646～1716）は，幾何学の問題から出発しました。彼は，「曲線に接線を引く問題」と「与えられた直線を接線とする曲線を見つける問題」との関係を調べ，後者が前者の逆であることに注目して，1684年「接線法」（微分），1686年「逆接線法」（積分）の論文を相次いで発表しています。これらの論文の中で，記号 $\dfrac{dy}{dx}$ や $\int f(x)\,dx$ が初めて用いられました。

8 定積分

右の2つの図において，色の部分の面積 $S(x)$ をそれぞれ求めてごらん。

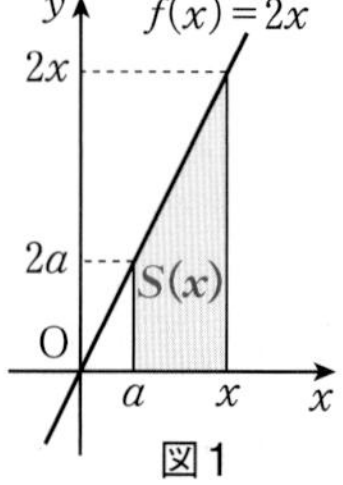

図1

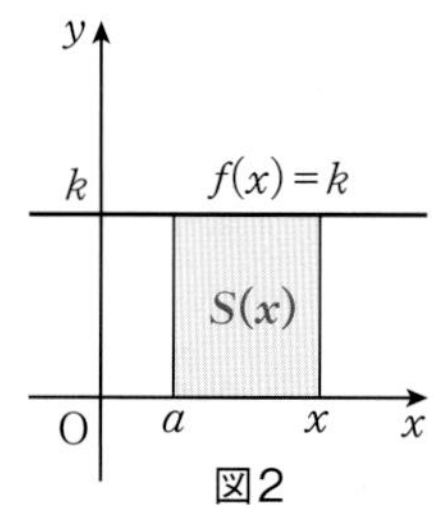

図2

図1の色の部分は台形だから，面積は

$$S(x)=\frac{(2x+2a)(x-a)}{2}=x^2-a^2$$

となります。

図2の色の部分は長方形だから，面積は

$$S(x)=k(x-a)=kx-ka$$

となります。

そこで，$S(x)$ と関数 $f(x)$ との関係を考えてみると，

$$(x^2-a^2)'=2x,\ (kx-ka)'=k$$

だから，$S(x)$ を微分すると $f(x)$ になることがわかる。

つまり，$S(x)$ は $f(x)$ の不定積分の1つだ。

たとえば図1の場合，$\int 2x\,dx=x^2+C$ だから，$S(x)=x^2+C$ とおける。ここで $x=a$ のとき台形の面積は0になるから，$S(a)=a^2+C=0$ より $C=-a^2$ となって，$S(x)=x^2-a^2$ となる。

したがって，右の図3の色の部分の面積 S は，$a=1$，$x=4$ の場合だから，$S=4^2-1^2=15$ となる。

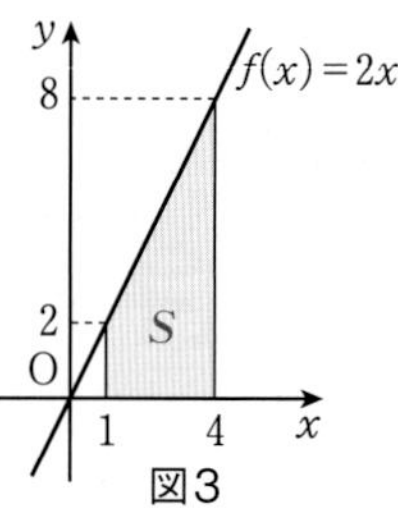

図3

一般に，$\int f(x)\,dx=F(x)+C$ のとき，$F(b)-F(a)$ の値を必要とすることが多い。この $F(b)-F(a)$ の値を $\int_a^b f(x)\,dx$ と書き，$\Big[F(x)\Big]_a^b$ と表して，$f(x)$ の a から b までの**定積分**という。

← a をこの定積分の**下端**，b を**上端**という。

ポイント [定積分の定義]

$F'(x)=f(x)$ すなわち $\int f(x)\,dx=F(x)+C$ のとき

$$\int_a^b f(x)\,dx=\Big[F(x)\Big]_a^b=F(b)-F(a)$$

右の図４のように，$f(x)=-2x$ として x 軸の下側に色の部分をつくると，その面積はどうなるかな。まず，機械的に定積分してごらん。

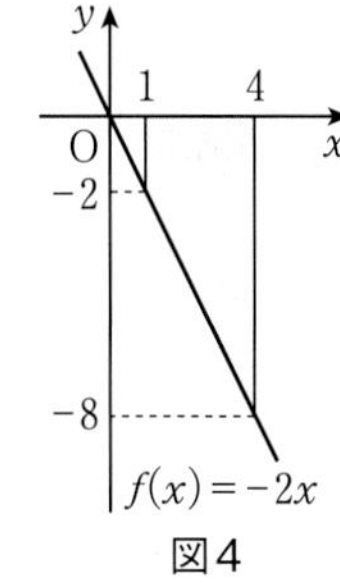

図4

$\int_a^b f(x)\,dx$ において，$f(x)=-2x$，$a=1$，$b=4$ とすると

$$\int_1^4(-2x)\,dx=\Big[-x^2\Big]_1^4=-4^2+1^2=-15$$

あれっ，負になりますよ。

そうなんだ。定積分というのは面積と関係が深いんだけど，面積そのものではなく，**符号つきの面積**を表しているんだ。それでは $f(x)=2x-4$ の，１から４までの定積分はどうなるかな。

⬅ すなわち，$f(x)=-2x$ のグラフが x 軸より下にある場合は，色の部分の実際の面積に，マイナスをつけた値になる。

$$\int_1^4(2x-4)\,dx=\Big[x^2-4x\Big]_1^4=(4^2-4\cdot4)-(1^2-4\cdot1)$$
$$=0-(-3)=3$$

となりますが，この３は何を表しているのですか。

$f(x)=2x-4$ の $1\leqq x\leqq 4$ の部分は，図５のように x 軸の上下にまたがってくる。図５で，

$S_1=\int_1^2(2x-4)\,dx=\Big[x^2-4x\Big]_1^2=-1$

$S_2=\int_2^4(2x-4)\,dx=\Big[x^2-4x\Big]_2^4=4$

となるから，$\int_1^4(2x-4)\,dx$ は符号つき面積 S_1，S_2 の和 S_1+S_2 が３に等しいことを表しているんだ。

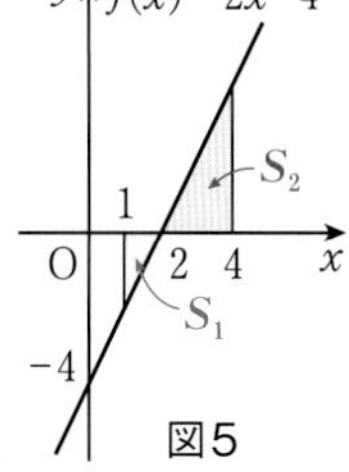

図5

また，不定積分の計算からわかるように，定積分においても次の性質がある。さらに，定積分は上端と下端の値によってきまるので，積分変数は何であってもかまわないよ。

ポイント

[定積分の性質]

$$\int_a^b kf(x)\,dx=k\int_a^b f(x)\,dx$$ （k は定数）

$$\int_a^b f(x)\,dx=\int_a^b f(t)\,dt$$

$$\int_a^b\{f(x)\pm g(x)\}\,dx=\int_a^b f(x)\,dx\pm\int_a^b g(x)\,dx$$ （複号同順）

基本例題 180　定積分を求める

次の定積分を求めよ。

(1) $\int_2^4 t^3\,dt$　　(2) $\int_1^2 (x^2-x-2)\,dx$

(3) $\int_{-1}^1 (3x-1)^2\,dx$

ねらい
不定積分を求め，それに上端と下端の値を代入して，定積分の値を求めること。また，上端の値と下端の値の差の計算方法もいろいろ工夫すること。

解法ルール $\int_a^b f(x)\,dx$ を求めるときは，$\int f(x)\,dx=F(x)+C$ となる $F(x)$ を求めて，$F(b)-F(a)$ を計算すればよい。

$$\int_a^b f(x)\,dx=\Big[F(x)\Big]_a^b=F(b)-F(a)$$

解答例 (1) $\int_2^4 t^3\,dt=\left[\frac{t^4}{4}\right]_2^4=\frac{4^4}{4}-\frac{2^4}{4}=64-4=\mathbf{60}$ …答

(2) $\int_1^2 (x^2-x-2)\,dx=\int_1^2 x^2\,dx-\int_1^2 x\,dx-2\int_1^2 dx$

$=\left[\frac{x^3}{3}\right]_1^2-\left[\frac{x^2}{2}\right]_1^2-2\Big[x\Big]_1^2$

$=\frac{1}{3}(2^3-1)-\frac{1}{2}(2^2-1)-2(2-1)=\mathbf{-\frac{7}{6}}$ …答

(3) $\int_{-1}^1 (3x-1)^2\,dx=\int_{-1}^1 (9x^2-6x+1)\,dx$

$=\Big[3x^3-3x^2+x\Big]_{-1}^1$

$=(3-3+1)-(-3-3-1)=\mathbf{8}$ …答

⬅ 定積分では，積分変数は何であってもよいから
$\int_2^4 t^3\,dt=\int_2^4 x^3\,dx$

⬅ まとめて
$\left[\frac{x^3}{3}-\frac{x^2}{2}-2x\right]_1^2$
と求めてもよい。

⬅ $9\int_{-1}^1 x^2\,dx$
$-6\int_{-1}^1 x\,dx+\int_{-1}^1 dx$
として求めてもよい。

類題 180 次の定積分を求めよ。

(1) $\int_{-2}^1 x^2\,dx$　　(2) $\int_{-1}^2 (t^3+3t-6)\,dt$　　(3) $\int_0^1 (1-2t)^2\,dt$

基本例題 181　両端が同じ定積分の差

次の定積分を求めよ。

$$\int_{-1}^3 (2x^2-x)\,dx-2\int_{-1}^3 (x^2+3x)\,dx$$

ねらい
両端が同じ定積分の和や差は１つにまとめられることを使って，被積分関数を簡単にしてから定積分を求める方法を学ぶこと。

解法ルール 2つの定積分を別々に求めて，差を計算してもよいが，上端，下端が等しいことに目をつけて

$$k\int_a^b f(x)\,dx+l\int_a^b g(x)\,dx=\int_a^b \{kf(x)+lg(x)\}\,dx$$

の公式を使うとよい。

解答例 $\int_{-1}^{3}(2x^2-x)\,dx-2\int_{-1}^{3}(x^2+3x)\,dx$

$$=\int_{-1}^{3}\{(2x^2-x)-2(x^2+3x)\}\,dx$$

$$=\int_{-1}^{3}(2x^2-x-2x^2-6x)\,dx$$

$$=\int_{-1}^{3}(-7x)\,dx=-7\int_{-1}^{3}x\,dx=-7\left[\frac{x^2}{2}\right]_{-1}^{3}$$

$$=-\frac{7}{2}(3^2-1)=\mathbf{-28}\quad\cdots\text{答}$$

← 被積分関数を1つにまとめたほうがよいのは，同類項がある場合である。もし，同類項がなければ，1つにまとめる必要はない。

類題 181 次の定積分を求めよ。

$$\int_{-2}^{2}(3x+2)^2\,dx-\int_{-2}^{2}(3x-2)^2\,dx$$

応用例題 182 　1次関数を決定する

関数 $f(x)=ax+b$ について

$$\int_{-1}^{1}f(x)\,dx=-2\qquad\int_{-1}^{1}xf(x)\,dx=2$$

を満たすように，定数 a，b の値を定めよ。

テストに出るぞ！

ねらい
定積分の値から，関数を決定する問題の解き方をマスターすること。

解法ルール $\int_{-1}^{1}f(x)\,dx$，$\int_{-1}^{1}xf(x)\,dx$ は x についての定積分だから，これから

a，b についての方程式

が得られる。

解答例 $\int_{-1}^{1}f(x)\,dx=\int_{-1}^{1}(ax+b)\,dx=\left[\frac{a}{2}x^2+bx\right]_{-1}^{1}$

$$=\left(\frac{a}{2}+b\right)-\left(\frac{a}{2}-b\right)=2b$$

$$\int_{-1}^{1}xf(x)\,dx=\int_{-1}^{1}(ax^2+bx)\,dx=\left[\frac{a}{3}x^3+\frac{b}{2}x^2\right]_{-1}^{1}$$

$$=\left(\frac{a}{3}+\frac{b}{2}\right)-\left(-\frac{a}{3}+\frac{b}{2}\right)=\frac{2}{3}a$$

$2b=-2$，$\frac{2}{3}a=2$ より　$\boldsymbol{a=3}$，$\boldsymbol{b=-1}$　…答

← a，b の値をきめればよいので，a，b についての連立方程式をつくればよい。条件が2つあるので，a，b の式が2つできることを見ぬく。

類題 182 関数 $f(x)=3x^2+ax+b$ について

$$\int_{-1}^{1}f(x)\,dx=4\qquad\int_{-1}^{1}xf(x)\,dx=5$$

を満たすように，定数 a，b の値を定めよ。

9 定積分の計算

$\int_1^2 x^2 dx$ と $\int_2^1 x^2 dx$ の値をそれぞれ求めて，比較してごらん。上端と下端が入れかわるとどうなるかな。

$\int_1^2 x^2 dx = \left[\frac{x^3}{3}\right]_1^2 = \frac{2^3-1}{3} = \frac{7}{3}$，$\int_2^1 x^2 dx = \left[\frac{x^3}{3}\right]_2^1 = \frac{1-2^3}{3} = -\frac{7}{3}$

上端の値から下端の値を引く。

となって，符号だけ変化します。

そうだね。一般に $a \leqq x \leqq b$ で $f(x) \geqq 0$ のとき，$\int_a^b f(x)\,dx$ は負でなく，そのまま面積を表すけど，$\int_b^a f(x)\,dx$ は正でない面積になるんだよ。

ポイント ［定積分の性質］

① $\int_b^a f(x)\,dx = -\int_a^b f(x)\,dx$　　② $\int_a^a f(x)\,dx = 0$

③ $\int_a^c f(x)\,dx + \int_c^b f(x)\,dx = \int_a^b f(x)\,dx$

$f(x)$ の不定積分の1つを $F(x)$ として，①を計算で証明してみると，

左辺 $= \Big[F(x)\Big]_b^a = F(a) - F(b) = -\{F(b) - F(a)\} = -\Big[F(x)\Big]_a^b =$ 右辺

②は $F(a) - F(a) = 0$ となることから当然です。

③は $\Big[F(x)\Big]_a^c + \Big[F(x)\Big]_c^b = \{F(c) - F(a)\} + \{F(b) - F(c)\}$

$$= F(b) - F(a) = \Big[F(x)\Big]_a^b$$

次に $\int_{-a}^a x^2 dx$ と $\int_{-a}^a x^3 dx$ のように，積分区間が $-a \leqq x \leqq a$ のものを考えてみよう。

$$\int_{-a}^a x^2 dx = \left[\frac{x^3}{3}\right]_{-a}^a = \frac{a^3-(-a)^3}{3} = \frac{a^3+a^3}{3}$$

$$= \frac{2}{3}a^3$$

$$\int_{-a}^a x^3 dx = \left[\frac{x^4}{4}\right]_{-a}^a = \frac{a^4-(-a)^4}{4} = \frac{a^4-a^4}{4}$$

$$= 0$$

あれ！　x^3 の方は0になった。

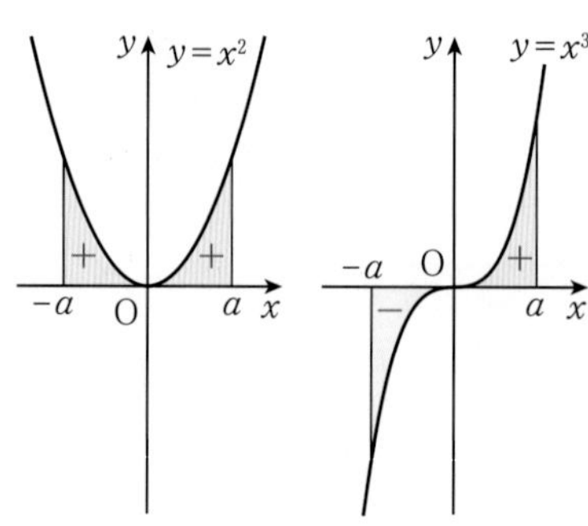

図形的意味を考えると，

$y=x^2$ は y 軸に関して対称だから $\displaystyle\int_{-a}^{a}x^2\,dx=2\int_0^a x^2\,dx$

$y=x^3$ は原点に関して対称だから

$$\int_{-a}^{a}x^3\,dx=\int_{-a}^{0}x^3\,dx+\int_0^a x^3\,dx=0$$

2つの定積分は，絶対値は等しいが異符号。

ポイント ［$-a\leqq x\leqq a$ での定積分］

n が偶数のとき $\displaystyle\int_{-a}^{a}x^n\,dx=2\int_0^a x^n\,dx$

n が奇数のとき $\displaystyle\int_{-a}^{a}x^n\,dx=0$

基本例題 183　区間がつながる定積分

次の定積分を求めよ。

(1) $\displaystyle\int_1^2(3x-1)^3\,dx+\int_2^1(3x-1)^3\,dx$

(2) $\displaystyle\int_{-1}^{3}(3x^2-4)\,dx-\int_{-1}^{-2}(3x^2-4)\,dx$

ねらい

被積分関数が同じ定積分では，上端と下端の数値に着目すれば，計算が簡単になるようにまとめられることがある。ここでは，そのための公式適用のしかたを学ぶこと。

解法ルール $\displaystyle\int_b^a f(x)\,dx=-\int_a^b f(x)\,dx,$

$$\int_a^c f(x)\,dx+\int_c^b f(x)\,dx=\int_a^b f(x)\,dx$$

(1)は上側の公式が，(2)は下側の公式が適用できる。

解答例 (1) 与式$\displaystyle=\int_1^2(3x-1)^3\,dx-\int_1^2(3x-1)^3\,dx=\mathbf{0}$ …答

⬅ $\displaystyle\int_1^2+\int_2^1=\int_1^1=0$ としてもよい。

(2) 与式$\displaystyle=\int_{-1}^{3}(3x^2-4)\,dx+\int_{-2}^{-1}(3x^2-4)\,dx$

$\displaystyle=\int_{-2}^{-1}(3x^2-4)\,dx+\int_{-1}^{3}(3x^2-4)\,dx$

$\displaystyle=\int_{-2}^{3}(3x^2-4)\,dx$ $\displaystyle\leftarrow\int_a^c f(x)\,dx+\int_c^b f(x)\,dx=\int_a^b f(x)\,dx$

$=\Big[x^3-4x\Big]_{-2}^{3}=(27-12)-(-8+8)=\mathbf{15}$ …答

類題 183 次の定積分を求めよ。

$$\int_0^1(4x^3-2x)\,dx+\int_1^2(4x^3-2x)\,dx-\int_0^{-2}(4x^3-2x)\,dx$$

基本例題 184

$-a \leqq x \leqq a$ での定積分

定積分 $\int_{-2}^{2}(3x-1)(x-2)\,dx$ を求めよ。

ねらい

偶関数・奇関数の定積分の計算をマスターすること。

積分区間が $-a \leqq x \leqq a$ のときは，x^{2n+1} の項の定積分はすべて0になるので，計算は x^{2n} の項についてのみ行えばよい。

解法ルール 積分区間が $-2 \leqq x \leqq 2$ だから，次の関係を使うと計算が簡単になる。（n は0または正の整数）

$$\int_{-a}^{a} x^{2n}\,dx = 2\int_{0}^{a} x^{2n}\,dx \qquad \int_{-a}^{a} x^{2n+1}\,dx = 0$$

解答例 $\int_{-2}^{2}(3x-1)(x-2)\,dx = \int_{-2}^{2}(3x^2-7x+2)\,dx$

$= 2\int_{0}^{2}(3x^2+2)\,dx$

$= 2\Big[x^3+2x\Big]_0^2$

$= 2(8+4) = \mathbf{24}$ …答

$$\begin{cases} \int_{-2}^{2} 3x^2\,dx = 2\int_{0}^{2} 3x^2\,dx \\ \int_{-2}^{2}(-7x)\,dx = 0 \\ \int_{-2}^{2} 2\,dx = 2\int_{0}^{2} 2\,dx \end{cases}$$

類題 184 次の定積分を求めよ。

(1) $\int_{-2}^{2}(-6x^2+5x-3)\,dx$　　(2) $\int_{-1}^{1}(t^2-4t+3)\,dt$

これも知っ得　便利な公式

$y=(x-\alpha)(x-\beta)$ を $x=\alpha$ から $x=\beta$ まで積分することがよくある。このときには，次の公式が使える。

$$\int_{\alpha}^{\beta}(x-\alpha)(x-\beta)\,dx = -\frac{(\beta-\alpha)^3}{6}$$

この公式は，右の図のように，$y=(x-\alpha)(x-\beta)$ と x 軸とで囲まれた部分の面積を求めるときに役立つ。以下に，この公式の証明をしておく。

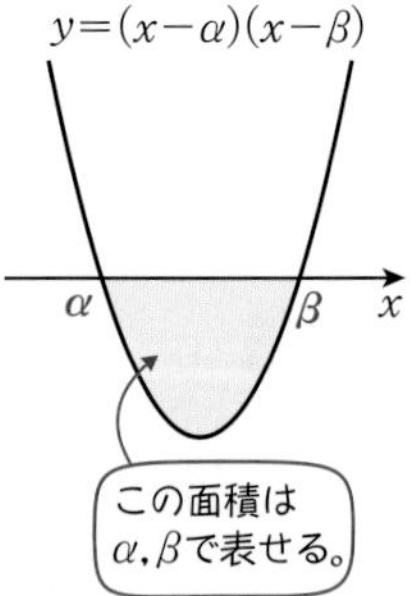

〔証明〕 $\int_{\alpha}^{\beta}(x-\alpha)(x-\beta)\,dx = \int_{\alpha}^{\beta}\{x^2-(\alpha+\beta)x+\alpha\beta\}\,dx$

$= \int_{\alpha}^{\beta} x^2\,dx - (\alpha+\beta)\int_{\alpha}^{\beta} x\,dx + \alpha\beta\int_{\alpha}^{\beta} dx$

$= \left[\frac{x^3}{3}\right]_{\alpha}^{\beta} - (\alpha+\beta)\left[\frac{x^2}{2}\right]_{\alpha}^{\beta} + \alpha\beta\Big[x\Big]_{\alpha}^{\beta}$

$= \frac{\beta^3-\alpha^3}{3} - (\alpha+\beta)\times\frac{\beta^2-\alpha^2}{2} + \alpha\beta(\beta-\alpha)$

$= \frac{\beta-\alpha}{6}\{2(\beta^2+\alpha\beta+\alpha^2)-3(\alpha+\beta)^2+6\alpha\beta\}$

$= -\frac{\beta-\alpha}{6}(\alpha^2-2\alpha\beta+\beta^2) = -\frac{\beta-\alpha}{6}(\alpha-\beta)^2$

$= -\frac{(\beta-\alpha)^3}{6}$

応用例題 185　2つの解の間の定積分

次の定積分を求めよ。

(1) $\int_{-1}^{2}(x+1)(x-2)\,dx$　　(2) $\int_{2-\sqrt{5}}^{2+\sqrt{5}}(x^2-4x-1)\,dx$

ねらい
被積分関数を0にする値が積分の上端，下端にきているときは，特別な計算方法があると学ぶこと。

解法ルール (1) $(x+1)(x-2)$ を展開して積分すればよい。

(2) $2+\sqrt{5}$，$2-\sqrt{5}$ は $x^2-4x-1=0$ の解になっている。

そのまま計算するとたいへんなので，$2-\sqrt{5}=\alpha$，$2+\sqrt{5}=\beta$ とおいて計算し，**最後に数値におき換える。**

● $\int_{\alpha}^{\beta}(x-\alpha)(x-\beta)\,dx=-\dfrac{(\beta-\alpha)^3}{6}$ を使ってもよい。

p. 208 これも知っ得 参照

できればこの公式は覚えておく。

← この計算テクニックは覚えておくとよい。複雑な数値をそのまま計算していくのはまちがいのもと。文字でおき換えてしまって，最後に数値計算をするとよい。

解答例 (1) $\int_{-1}^{2}(x+1)(x-2)\,dx=\int_{-1}^{2}(x^2-x-2)\,dx$

$=\int_{-1}^{2}x^2\,dx-\int_{-1}^{2}x\,dx-2\int_{-1}^{2}dx$

$=\left[\dfrac{x^3}{3}\right]_{-1}^{2}-\left[\dfrac{x^2}{2}\right]_{-1}^{2}-2\Big[x\Big]_{-1}^{2}$

$=\dfrac{8+1}{3}-\dfrac{4-1}{2}-2(2+1)=-\boldsymbol{\dfrac{9}{2}}$ …答

(別解) 公式を使うと　$\alpha=-1$，$\beta=2$

よって　$-\dfrac{\{2-(-1)\}^3}{6}=-\boldsymbol{\dfrac{9}{2}}$

(2) $2-\sqrt{5}=\alpha$，$2+\sqrt{5}=\beta$ とおくと，$\alpha+\beta=4$，$\alpha\beta=-1$ だから

与式$=\int_{\alpha}^{\beta}\{x^2-(\alpha+\beta)x+\alpha\beta\}\,dx$

$=\int_{\alpha}^{\beta}x^2\,dx-(\alpha+\beta)\int_{\alpha}^{\beta}x\,dx+\alpha\beta\int_{\alpha}^{\beta}dx$

$=\left[\dfrac{x^3}{3}\right]_{\alpha}^{\beta}-(\alpha+\beta)\left[\dfrac{x^2}{2}\right]_{\alpha}^{\beta}+\alpha\beta\Big[x\Big]_{\alpha}^{\beta}$

$=\dfrac{\beta^3-\alpha^3}{3}-\dfrac{(\alpha+\beta)(\beta^2-\alpha^2)}{2}+\alpha\beta(\beta-\alpha)=-\dfrac{(\beta-\alpha)^3}{6}$

$\beta-\alpha=2\sqrt{5}$ だから　与式$=-\dfrac{(2\sqrt{5})^3}{6}=-\boldsymbol{\dfrac{20\sqrt{5}}{3}}$ …答

(別解) 与式$=\int_{2-\sqrt{5}}^{2+\sqrt{5}}\{x-(2-\sqrt{5})\}\{x-(2+\sqrt{5})\}\,dx$

よって　$-\dfrac{\{(2+\sqrt{5})-(2-\sqrt{5})\}^3}{6}=-\dfrac{(2\sqrt{5})^3}{6}=-\boldsymbol{\dfrac{20\sqrt{5}}{3}}$

類題 185 次の定積分を求めよ。

(1) $\int_{-2}^{\frac{1}{2}}(x+2)(2x-1)\,dx$　　(2) $\int_{1-\sqrt{2}}^{1+\sqrt{2}}(x^2-2x-1)\,dx$

基本例題 186　絶対値記号を含む定積分(1)

テストに出るぞ！

関数 $f(x)=|x-1|-x$ のグラフをかけ。

また，定積分 $\int_{-1}^{2} f(x)\,dx$ を求めよ。

ねらい
絶対値記号を含む関数のグラフをかいて，その定積分を求めること。

解法ルール 絶対値記号がある場合は，その中の正負で場合分けする。

$$|a|=\begin{cases} a & (a\geqq 0\text{ のとき}) \\ -a & (a<0\text{ のとき}) \end{cases}$$

ここでは，$x-1\geqq 0$ と $x-1<0$ に分けて絶対値記号をはずす。そのうえで，それぞれのグラフをかけばよい。

← $x\geqq 0$ と $x<0$ に分けるまちがいが多い。

また，積分は絶対値記号をつけたままではできないので，**絶対値記号の中を 0 にする値で積分区間を分けて，別々に積分する。**

解答例 $x-1\geqq 0$　つまり $x\geqq 1$ のとき

$|x-1|=x-1$

$x-1<0$　つまり $x<1$ のとき

$|x-1|=-(x-1)=-x+1$

よって　$f(x)=\begin{cases} -1 & (x\geqq 1\text{ のとき}) \\ -2x+1 & (x<1\text{ のとき}) \end{cases}$

グラフは**右の図のようになる。** …答

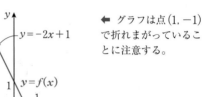

← グラフは点 $(1,-1)$ で折れまがっていることに注意する。

次に，$-1\leqq x\leqq 2$ における定積分は，区間を $-1\leqq x\leqq 1$ と $1\leqq x\leqq 2$ に分けると，

$-1\leqq x\leqq 1$ で $f(x)=-2x+1$，$1\leqq x\leqq 2$ で $f(x)=-1$ だから

← 下の図の色の部分を見ながら，積分計算をすすめるとよい。

$$\int_{-1}^{2} f(x)\,dx=\int_{-1}^{1}(-2x+1)\,dx+\int_{1}^{2}(-1)\,dx$$

$$=-2\int_{-1}^{1}x\,dx+\int_{-1}^{1}dx-\int_{1}^{2}dx$$

（$-2\int_{-1}^{1}x\,dx$ → 0）

$$=2\int_{0}^{1}dx-\int_{1}^{2}dx$$

$$=2\Big[x\Big]_{0}^{1}-\Big[x\Big]_{1}^{2}$$

$$=2-1=\mathbf{1}$$ …答

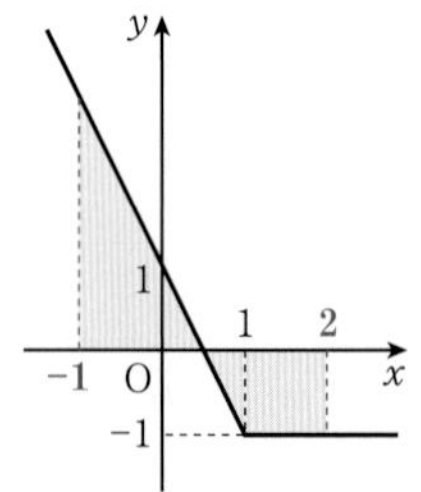

類題 186 次の定積分を求めよ。

(1) $\int_{0}^{2}|2x-1|\,dx$　　(2) $\int_{-2}^{1}(x+2|x+1|)\,dx$

応用例題 187 絶対値記号を含む定積分(2)

関数 $f(x)=|x^2+x-2|$ のグラフをかけ。

また，定積分 $\int_0^2 f(x)\,dx$ を求めよ。

ねらい
絶対値記号の中が2次式の場合について，そのグラフをかいて定積分を求めること。

解法ルール x^2+x-2 の正負で場合分けをする。そのために x^2+x-2 を因数分解する。

$\alpha<\beta$ のとき

$$|(x-\alpha)(x-\beta)| = \begin{cases} (x-\alpha)(x-\beta) & (x\leqq\alpha,\ \beta\leqq x \text{ のとき}) \\ -(x-\alpha)(x-\beta) & (\alpha<x<\beta \text{ のとき}) \end{cases}$$

また，$y=f(x)$ のグラフをかくときには，絶対値記号の中を0にする点で別の曲線に接続することに注意する。

$f(x)$ を積分するときは，この**グラフを見ながら積分する**とわかりやすい。

← $|ax^2+bx+c|$ の絶対値記号をはずすためには，2次不等式 $ax^2+bx+c\geqq0$ を解けばよい。

解答例 $x^2+x-2=(x-1)(x+2)$ だから，$x^2+x-2\geqq0$ となるのは $x\leqq-2$，$1\leqq x$ のときである。

したがって，$f(x)$ は

$$f(x)=\begin{cases} x^2+x-2 & (x\leqq-2,\ 1\leqq x \text{ のとき}) \\ -x^2-x+2 & (-2<x<1 \text{ のとき}) \end{cases}$$

これより，グラフは**右の図のようになる。** …答

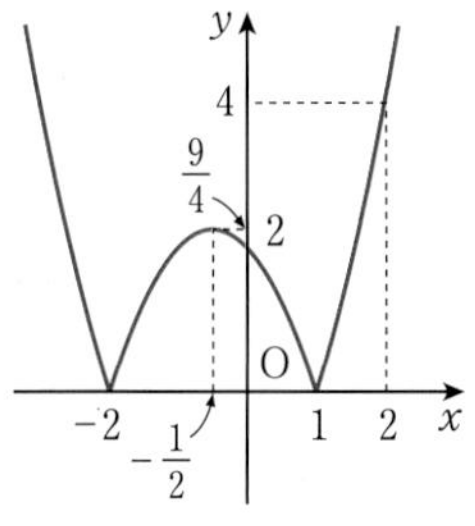

次に，$0\leqq x\leqq2$ における定積分は，

$$\begin{cases} 0\leqq x\leqq1 \text{ で } & f(x)=-x^2-x+2 \\ 1\leqq x\leqq2 \text{ で } & f(x)=x^2+x-2 \end{cases}$$

よって $\int_0^2 f(x)\,dx$

$$=\int_0^1(-x^2-x+2)\,dx+\int_1^2(x^2+x-2)\,dx$$

$$=-\int_0^1(x^2+x-2)\,dx+\int_1^2(x^2+x-2)\,dx$$

$$=-\left[\frac{x^3}{3}+\frac{x^2}{2}-2x\right]_0^1+\left[\frac{x^3}{3}+\frac{x^2}{2}-2x\right]_1^2$$

$$=-\left(\frac{1}{3}+\frac{1}{2}-2\right)+\left(\frac{8}{3}+\frac{4}{2}-4\right)-\left(\frac{1}{3}+\frac{1}{2}-2\right)$$

$$=3$$ …答

← 絶対値記号のついた関数の定積分を求めるときには，絶対値記号の中を0にする点で積分区間を分け，$\int_a^b=\int_a^c+\int_c^b$ を使うのが鉄則。

類題 187 次の定積分を求めよ。

(1) $\int_{-2}^1|x^2-2x-3|\,dx$　　(2) $\int_0^4(|x^2-3x|-x)\,dx$

これも知っ得　定積分の図形的意味

下の図の A，A_1，A_2 は面積を表し，正とする。

(i)　区間 $[a,\ b]$ において
$f(x) \geqq 0$ のとき
$\displaystyle\int_a^b f(x)\,dx = A$

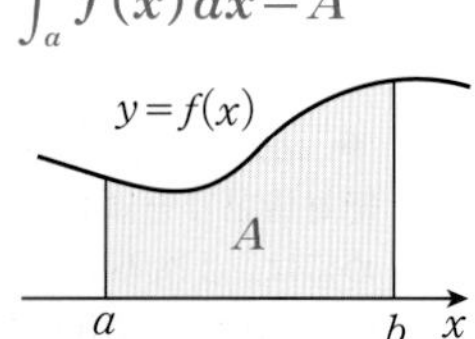

(ii)　区間 $[a,\ b]$ において
$f(x) \leqq 0$ のとき
$\displaystyle\int_a^b f(x)\,dx = -A$

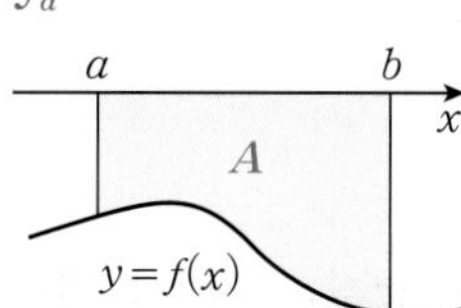

(iii)　区間 $[a,\ b]$ において
$f(x)$ が x 軸と交わるとき
$\displaystyle\int_a^b f(x)\,dx = -A_1 + A_2$

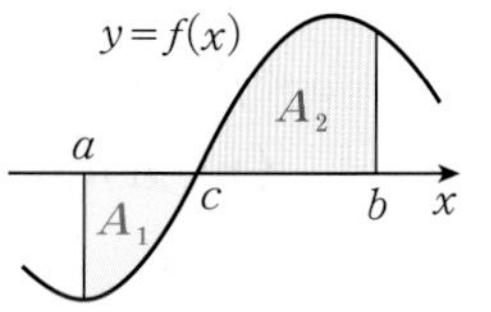

(i)の場合　$a \leqq x \leqq b$ において $y=f(x)$ のグラフは x 軸の上側にある。区間 $[a,\ b]$ 内に任意の x をとり，a から x までの間で，この曲線と x 軸との間にある部分の面積を $S(x)$ とする。

まず，この $S(x)$ が $S'(x)=f(x)$　……①　を満たすことを示す。

右の図において，x と $x+h$ の間の図形 ABCD と等しい面積をもつ長方形 ABC′D′ をつくる。

長方形の上辺 C′D′ と曲線との交点の x 座標を x_1 とすると，この長方形の面積は $hf(x_1)$ である。

ピンクの部分の面積と，長方形の面積は同じ。

すなわち　$S(x+h)-S(x)=$図形 ABCD$=$長方形 ABC′D′$=hf(x_1)$

ここで $h \to 0$ とすると $x_1 \to x$ となるから

$$S'(x)=\lim_{h\to 0}\frac{S(x+h)-S(x)}{h}=\lim_{h\to 0}f(x_1)=f(x)$$

したがって，①が成り立つことがわかる。

ゆえに，$\displaystyle\int f(x)\,dx=F(x)+C$ とすると　$S(x)=F(x)+C$

ところが，$x=a$ のとき $S(x)=0$ となるので，$S(a)=F(a)+C=0$　　よって　$C=-F(a)$

したがって　$S(x)=F(x)-F(a)$　……②

$x=a$ から $x=b$ までの面積を A とすると，$A=S(b)$ だから，②より

$$A=S(b)=F(b)-F(a)=\int_a^b f(x)\,dx$$

(ii)の場合　$y=f(x)$ のグラフは x 軸の下側にある。

$y=f(x)$ のグラフを x 軸に関して対称移動すると，式は $y=-f(x)$ となる。これと x 軸との間の面積を求めればよい。

$y=-f(x)$ は x 軸の上側にあるので，(i)の結果を用いると

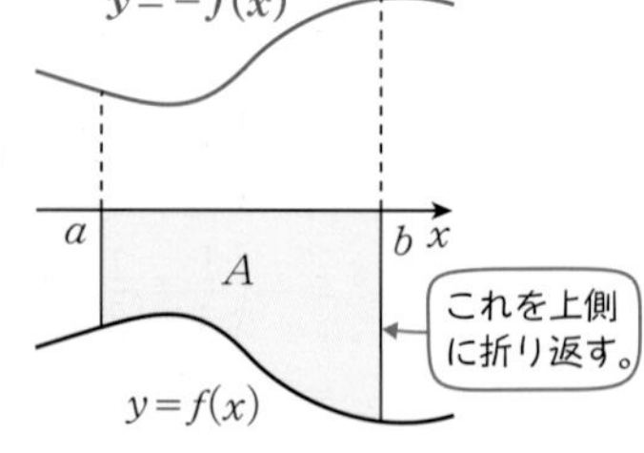

$$A=\int_a^b\{-f(x)\}\,dx=-\int_a^b f(x)\,dx$$　すなわち

$$\int_a^b f(x)\,dx=-A$$

(iii)の場合　$[a,\ c]$ においては(ii)のパターン。$[c,\ b]$ においては(i)のパターン。したがって

$$\int_a^b f(x)\,dx=\int_a^c f(x)\,dx+\int_c^b f(x)\,dx=-A_1+A_2$$

10 定積分で表された関数

$F(x)=\int_1^x(4t-3)\,dt$ を微分する問題を考えよう。これは x の値を定めるとそれに応じて値が1つ定まるので，x の関数だ。そこでこの導関数を求めてみよう。

⬅ たとえば，$\int_1^2(4t-3)\,dt$ は定数だから，微分すれば0になる。これと上端を x にした場合の区別をしっかりつけること。

それでは，まず積分して

$$F(x)=\int_1^x(4t-3)\,dt=\Big[2t^2-3t\Big]_1^x=(2x^2-3x)-(2-3)$$

$$=2x^2-3x+1$$

これを x で微分して　$F'(x)=4x-3$

あれっ？$4t-3$ の t を x に変えた式になったぞ。

$$\frac{d}{dx}\int_a^x f(t)\,dt=f(x)$$

t を x に変える

そうなんだ。積分してから微分するので，$4t-3$ の t を x に変えた式にもどるんだ。一般に，$f(t)$ の不定積分を $F(t)$ とすると

$$\frac{d}{dx}\int_a^x f(t)\,dt=\frac{d}{dx}\{F(x)-F(a)\}=F'(x)=f(x)$$

となる。

こんどは $G(x)=\int_x^1(4t-3)\,dt$ の導関数を考えてごらん。

x が下端にきているので，上端と下端を入れかえると

$$G(x)=-\int_1^x(4t-3)\,dt=-F(x)$$

したがって，$G'(x)=-F'(x)=-4x+3$ となります。

⬅ 上端と下端を入れかえた公式 $\int_a^b=-\int_b^a$ を使う。

$G'(x)$ は $4t-3$ の t を x に変えて，全体に − の符号をつけたものになるんだ。しかし，下端に変数を含む場合は，きちんと積分してから微分した方がまちがいが少ない。

ポイント [定積分で表された関数の性質]

① $\int_a^x f(t)\,dt$ は x の関数

② $F(x)=\int_a^x f(t)\,dt$ とすると　$F(a)=0$　←明らかな性質だが，必要となることが多いので覚えておく。

③ $F'(x)=\frac{d}{dx}\int_a^x f(t)\,dt=f(x)$

基本例題 188　定積分で表された関数(1)

関数 $F(x)=\int_0^x (t-2)(3t+2)\,dt$ の極値を求め，そのグラフをかけ。

積分形で与えられた関数について，極値を求めてグラフをかくこと。
極値を求めたり，グラフをかいたりすることは微分法のところで学んでいる。

解法ルール　x の関数 $F(x)$ が，$F(x)=\int_a^x f(t)\,dt$ で与えられたとき，極値を与える x は

$$F'(x)=\frac{d}{dx}\int_a^x f(t)\,dt=f(x)$$

よりわかるが，極値を求めたりグラフをかくときは実際に積分しなければならない。

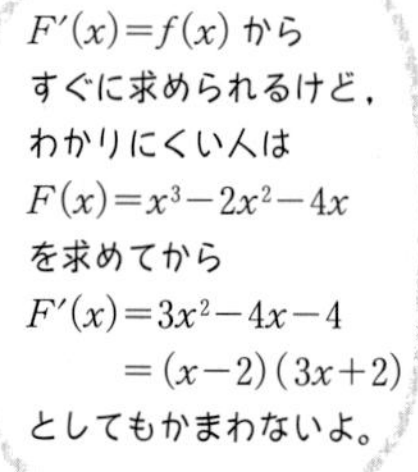

$F'(x)=f(x)$ から
すぐに求められるけど，
わかりにくい人は
$F(x)=x^3-2x^2-4x$
を求めてから
$F'(x)=3x^2-4x-4$
$=(x-2)(3x+2)$
としてもかまわないよ。

解答例　与式から　$F'(x)=(x-2)(3x+2)$

これより増減表は次のようになる。

x	$\cdots$	$-\frac{2}{3}$	$\cdots$	2	$\cdots$
$F'(x)$	$+$	0	$-$	0	$+$
$F(x)$	↗	極大	↘	極小	↗

また　$F(x)=\int_0^x (t-2)(3t+2)\,dt$

$$=\int_0^x (3t^2-4t-4)\,dt$$

$$=\Big[t^3-2t^2-4t\Big]_0^x$$

$$=x^3-2x^2-4x$$

ゆえに　**極大値は**　$F\left(-\frac{2}{3}\right)=-\frac{8}{27}-\frac{8}{9}+\frac{8}{3}=\mathbf{\frac{40}{27}}$　…答

極小値は　$F(2)=8-8-8=\mathbf{-8}$　…答

したがって，**グラフは右の図**のようになる。　…答

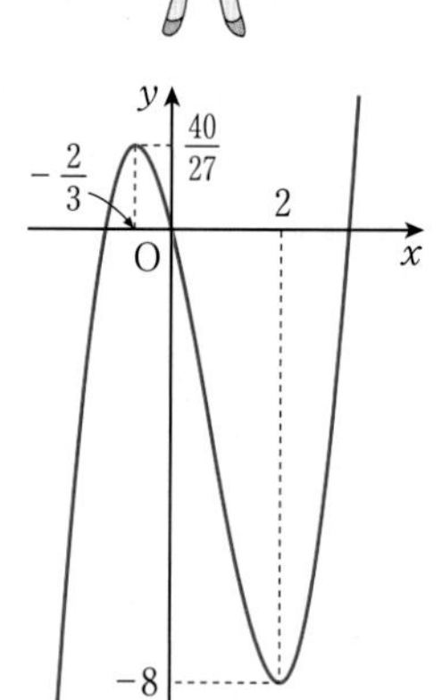

類題 188　次の関数の極値を求め，そのグラフをかけ。

(1) $f(x)=\int_0^x t(t-1)\,dt$

(2) $f(x)=\int_{-1}^x (3t^2-6t-9)\,dt$

基本例題 189

定積分で表された関数(2)

関数 $F(x)=\int_{-1}^{2}(4t^3+3xt^2-x^2)dt$ を x の式で表せ。

ねらい

被積分関数に2つの変数 x, t を含む場合は，x で積分するか t で積分するかによって，それぞれ t の関数，x の関数になると理解すること。

解法ルール x, t を含んだ関数 $f(x,\ t)$ を積分すると，$\int_a^b f(x,\ t)dx$ は t の関数，$\int_a^b f(x,\ t)dt$ は x の関数となる。

それぞれ**どの文字について積分するか**を考え，**その文字以外は定数**とみなせばよい。

解答例 $F(x)=\int_{-1}^{2}(4t^3+3xt^2-x^2)dt=\left[t^4+xt^3-x^2t\right]_{-1}^{2}$

$=(16+8x-2x^2)-(1-x+x^2)$

$=\boldsymbol{-3x^2+9x+15}$ …答

⬅ 2, −1を代入するのは t の方である。x の方に代入したらまちがい！

類題 189 次の関数 $f(x)$ を x の式で表せ。

(1) $f(x)=\int_0^1(x^2t+xt^2)dt$　　(2) $f(x)=\int_{-2}^{2}(2t-x)^3dt$

応用例題 190

定積分で表された関数(3)

関数 $f(x)$ が等式 $\int_1^x f(t)dt=x^3+ax-3$ を満たすとき，関数 $f(x)$ と定数 a の値をそれぞれ求めよ。

ねらい

定積分の形で定義された関数の形を決定すること。これは積分方程式の1つで，微分すれば解ける型の問題である。

解法ルール 与えられた等式の両辺を x で微分すると，$f(x)$ が得られる。

$$\frac{d}{dx}\int_a^x f(t)dt=f(x)$$

与式は x の恒等式だから，x のどんな値についても成立。

⬅ 一般に，未知の関数を含む等式を関数方程式という。この問題は積分形で与えられているので，**積分方程式**という。

解答例 $x=1$ とおくと，$\int_1^1 f(t)dt=0$ だから

$1+a-3=0$　　よって　$a=2$

これより，与式は　$\int_1^x f(t)dt=x^3+2x-3$

この両辺を x で微分して　$f(x)=3x^2+2$

答　$\boldsymbol{f(x)=3x^2+2,\ a=2}$

⬅ 先に x で微分して $f(x)=3x^2+a$ 次に，$x=1$ として $a=2$ としても同じである。

類題 190 関数 $f(x)$ が次の式を満たすとき，関数 $f(x)$ と定数 a の値をそれぞれ求めよ。

(1) $\int_a^x f(t)dt=x^3-3x^2+x+1$　　(2) $\int_2^x f(t)dt=x^3-2ax+5a$

11 面　積

● 曲線と x 軸の間の面積はどうなる？

定積分を用いて面積を求める問題を分類してみよう。区間 $[a,\ b]$ で $f(x) \geqq 0$ のとき，曲線 $y=f(x)$ と x 軸および 2 直線 $x=a,\ x=b$ で囲まれた部分の面積は

$$S=\int_a^b f(x)dx$$

だったね。$f(x) \leqq 0$ のときはどうだったかな？

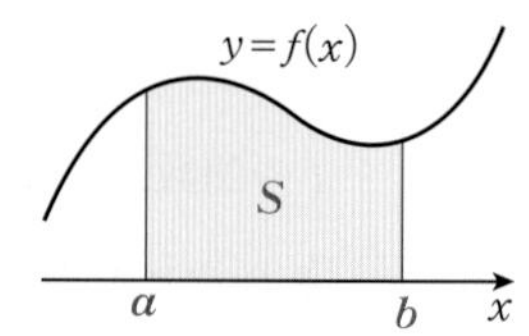

区間 $[a,\ b]$ で $f(x) \leqq 0$ のときは，$y=f(x)$ のかわりに，x 軸について対称移動した $y=-f(x)(\geqq 0)$ について求めればよいから，次のようになります。

$$S=\int_a^b \{-f(x)\}dx=-\int_a^b f(x)dx$$

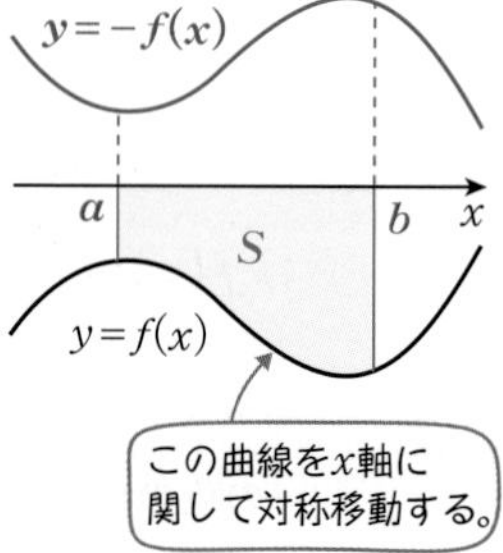

区間 $[a,\ b]$ で $f(x)>0$ にも $f(x)<0$ にもなる場合は，たとえば $[a,\ c]$ で $f(x) \geqq 0$，$[c,\ b]$ で $f(x) \leqq 0$ とすると，曲線 $y=f(x)$ と x 軸，2 直線 $x=a,\ x=b$ で囲まれた部分の面積は，区間 $[a,\ c]$ の部分と区間 $[c,\ b]$ の部分を加えて

$$S=\int_a^c f(x)\,dx+\int_c^b \{-f(x)\}\,dx=\int_a^b |f(x)|\,dx$$

← p. 212 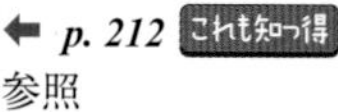 参照

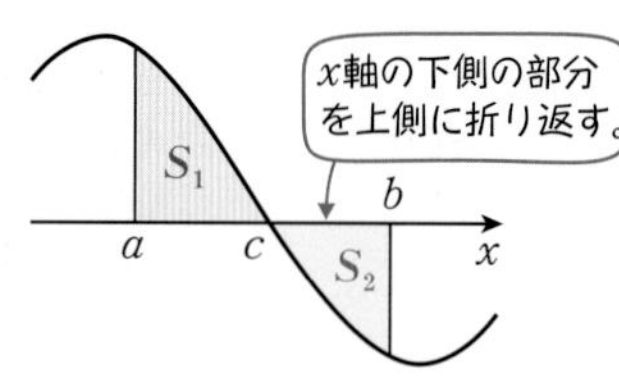

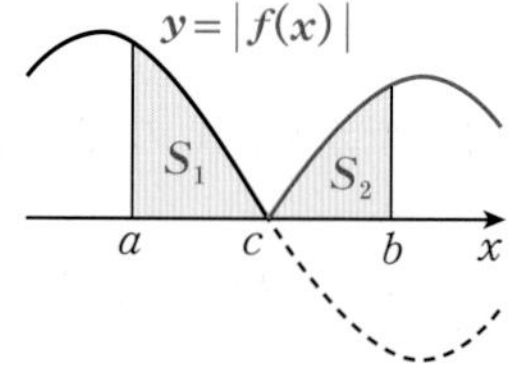

ポイント [x 軸との間の面積]

曲線 $y=f(x)$ と x 軸および $x=a,\ x=b\,(a<b)$ で囲まれた部分の面積は $S=\int_a^b |f(x)|\,dx$

覚え得

基本例題 191　曲線と x 軸との間の面積

次の曲線と直線で囲まれた図形の面積を求めよ。

(1) 放物線 $y=x^2-2x+3$ と直線 $x=0$, $x=2$ と x 軸

(2) 放物線 $y=2x^2+x-3$ と x 軸

ねらい
求める図形が x 軸の一方の側にある場合の面積の求め方を学ぶこと。

解法ルール　まず，グラフをかく。←だいたいでよい。形から x 軸との位置関係をつかむことが重要。

求める部分が x 軸の上にあるときは　$S=\int_a^b f(x)\,dx$

下にあるときは　$S=-\int_a^b f(x)\,dx$

解答例　(1)　$y=x^2-2x+3=(x-1)^2+2$ より，求める部分は右の図の色の部分である。これは x 軸より上側だから，面積 S は

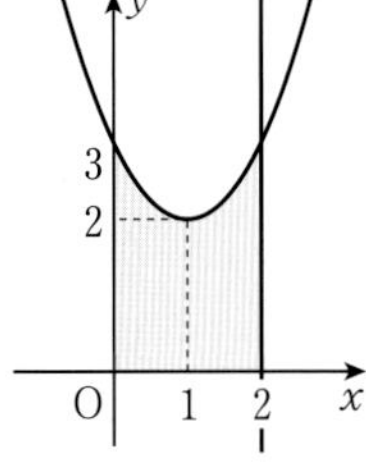

$$S=\int_0^2(x^2-2x+3)\,dx$$
$$=\left[\frac{x^3}{3}-x^2+3x\right]_0^2$$
$$=\frac{8}{3}-4+6=\mathbf{\frac{14}{3}}\quad\cdots\text{答}$$

(2)　$y=2x^2+x-3=(x-1)(2x+3)$ より，求める部分は右の図の色の部分である。これは x 軸より下側だから，面積 S は

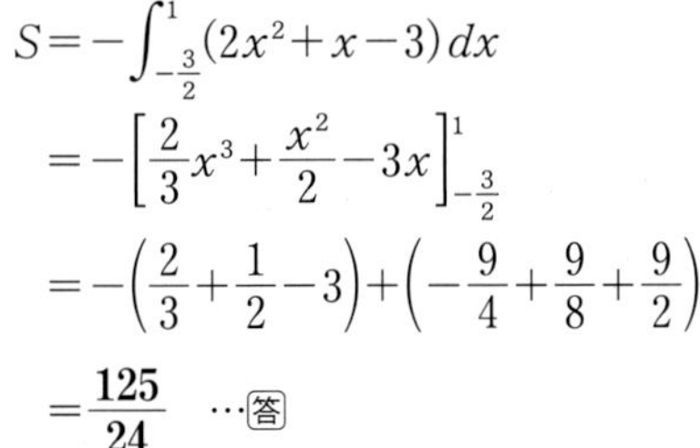

$$S=-\int_{-\frac{3}{2}}^{1}(2x^2+x-3)\,dx$$
$$=-\left[\frac{2}{3}x^3+\frac{x^2}{2}-3x\right]_{-\frac{3}{2}}^{1}$$
$$=-\left(\frac{2}{3}+\frac{1}{2}-3\right)+\left(-\frac{9}{4}+\frac{9}{8}+\frac{9}{2}\right)$$
$$=\mathbf{\frac{125}{24}}\quad\cdots\text{答}$$

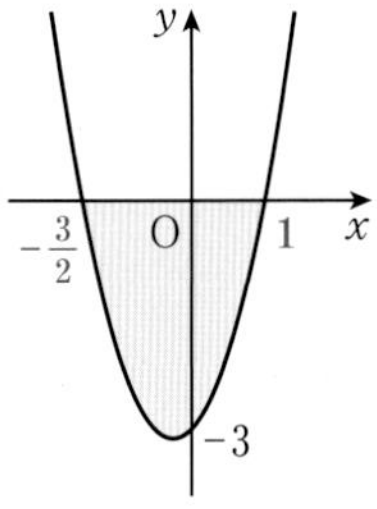

類題 191　次の曲線や直線によって囲まれた部分の面積を求めよ。

(1) $y=(2x-1)^2$, x 軸, y 軸　　(2) $y=4x^2-4x-3$, x 軸

簡単なグラフをかいて，求める部分と x 軸との位置関係を調べよう。

2曲線の間の面積はどうなる？

こんどは2曲線 $y=f(x)$ と $y=g(x)$ および2直線 $x=a$, $x=b$ で囲まれた図形の面積の求め方を調べましょう。

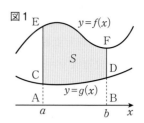

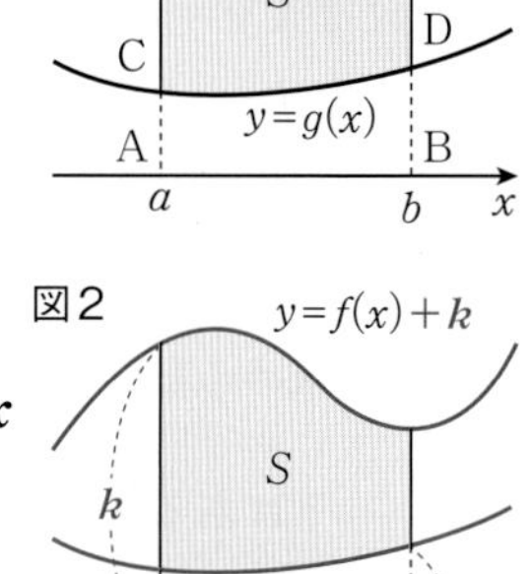

まず，区間 $[a,\ b]$ で $0 \leqq g(x) \leqq f(x)$（図1）のときは，S＝図形ABFE－図形ABDCより

$$\boldsymbol{S=\int_a^b f(x)\,dx-\int_a^b g(x)\,dx=\int_a^b\{f(x)-g(x)\}\,dx}$$

となります。それでは，求める部分が x 軸の下側にもある場合（図2下の水色の部分）はどうしたらいいでしょう。

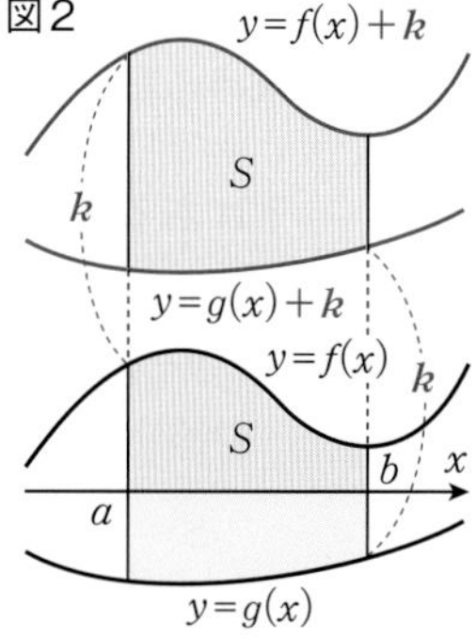

区間 $[a,\ b]$ で，$g(x) \leqq f(x)$ だけれど $g(x)$ や $f(x)$ が負の値もとる場合ですね。この場合は2曲線 $y=f(x)$ と $y=g(x)$ が x 軸の上側にくるように，y 軸方向に k だけ平行移動しても面積は変わらない（図2上）ので，

$$S=\int_a^b\{f(x)+k\}\,dx-\int_a^b\{g(x)+k\}\,dx$$

$$=\int_a^b\{f(x)-g(x)\}\,dx$$

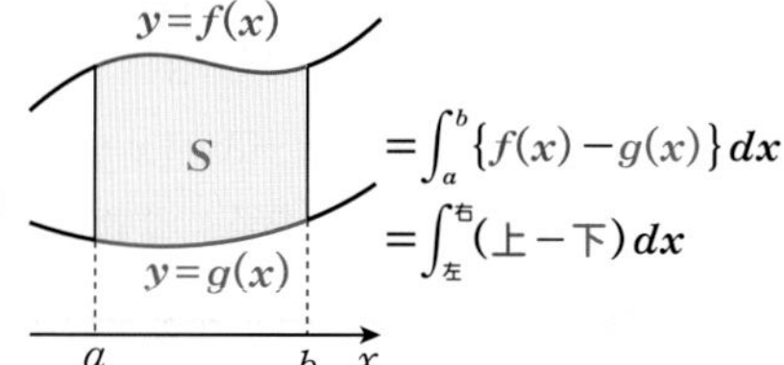

$$\boldsymbol{=\int_a^b\{f(x)-g(x)\}\,dx}$$

$$\boldsymbol{=\int_{左}^{右}(上-下)\,dx}$$

では，区間 $[a,\ b]$ で2曲線 $y=f(x)$ と $y=g(x)$ が交わって，上下が入れかわる場合はどうなるでしょう。

右の図のような場合，$S=S_1+S_2$ だから

$$S=\int_a^c\{f(x)-g(x)\}\,dx+\int_c^b\{g(x)-f(x)\}\,dx$$

$$=\int_a^c|f(x)-g(x)|\,dx+\int_c^b|f(x)-g(x)|\,dx$$

$$=\int_a^b|f(x)-g(x)|\,dx$$

です。

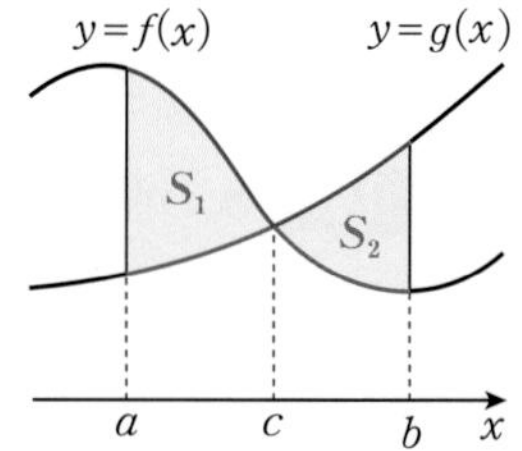

ポイント ［2曲線間の面積］ 覚え得

曲線 $y=f(x)$ と $y=g(x)$，直線 $x=a$，$x=b$ $(a<b)$ で囲まれた部分の面積は

$$\boldsymbol{S=\int_a^b|f(x)-g(x)|\,dx}$$

基本例題 192　曲線と直線で囲まれた図形の面積

放物線 $y=x^2+2x$ と直線 $y=x+2$ とで囲まれた部分の面積を求めよ。

ねらい
曲線と直線で囲まれた部分の面積の求め方をマスターすること。この場合には，曲線と直線の上下関係をはっきりつかむことが重要である。

解法ルール
1 囲まれた部分がどういう形になるかをつかむ。
2 面積 S を，$\boldsymbol{S=\int_{左}^{右}\{(上の式)-(下の式)\}dx}$ で求める。

解答例 放物線と直線のグラフをかくと，右の図のようになる。
交点の x 座標は　$x^2+2x=x+2$
すなわち $x^2+x-2=0$ を解いて　$x=-2,\ 1$
したがって，求める面積 S は

$$S=\int_{-2}^{1}\{x+2-(x^2+2x)\}dx=\int_{-2}^{1}(-x^2-x+2)dx$$
$$=\left[-\frac{x^3}{3}-\frac{x^2}{2}+2x\right]_{-2}^{1}=\boldsymbol{\frac{9}{2}}\quad\cdots答$$

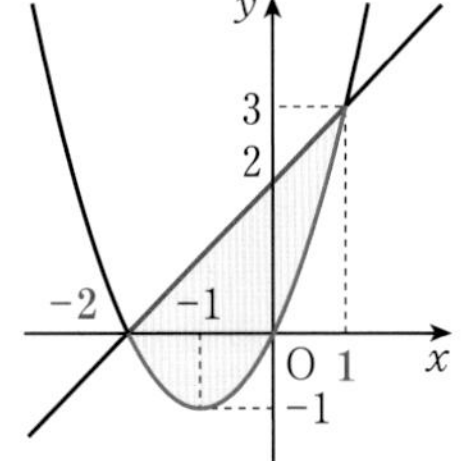

⬅ $\int_{\alpha}^{\beta}(x-\alpha)(x-\beta)dx=-\frac{(\beta-\alpha)^3}{6}$ を用いて求めてもよい。

類題 192 次の放物線と直線とで囲まれた部分の面積を求めよ。

(1) $y=x^2+3x,\ y=x+3$　　(2) $y=4-x^2,\ y=3x$

応用例題 193　2つの放物線で囲まれた図形の面積

放物線 $y=x^2-4$ と $y=-x^2+2x$ で囲まれた部分の面積を求めよ。

ねらい
2つの放物線によって囲まれた図形の面積の求め方になれること。

解法ルール 2つの放物線で囲まれた部分が，どんな形になるかをまず確かめる。次に，2つの放物線の交点を求めて積分する。

解答例 2つの放物線の交点の x 座標は　$x^2-4=-x^2+2x$
$2x^2-2x-4=0$　　$2(x-2)(x+1)=0$　　よって　$x=2,\ -1$
求める部分は右の図の色の部分のようになるので，面積 S は

$$S=\int_{-1}^{2}\{(-x^2+2x)-(x^2-4)\}dx=\int_{-1}^{2}(-2x^2+2x+4)dx$$
$$=\left[-\frac{2}{3}x^3+x^2+4x\right]_{-1}^{2}=\boldsymbol{9}\quad\cdots答$$

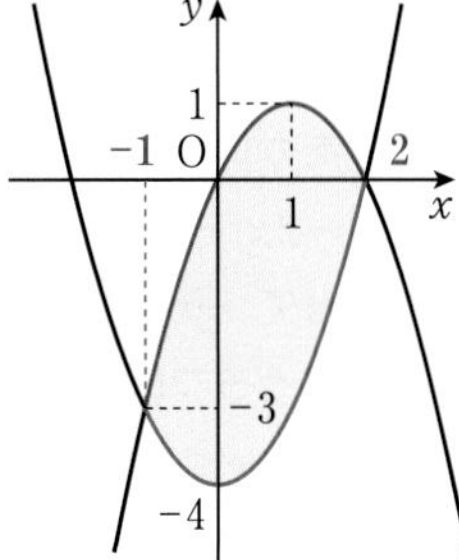

類題 193 次の図形の面積を求めよ。

(1) 放物線 $y=(x-1)^2$ と $y=-(x-1)^2+2$ で囲まれた図形
(2) 放物線 $y=(x+2)^2$ と $y=10-x^2$ で囲まれた図形

応用例題 194　面積を2等分する直線

放物線 $y=4x-x^2$ と直線 $y=x$ とで囲まれた部分の面積が，直線 $y=ax$ で2等分されるとき，a の値を求めよ。

ねらい
面積を2等分する直線の方程式の求め方を理解する。面積を2等分するという条件の使い方をマスターすること。

解法ルール　まず，放物線 $y=4x-x^2$ と直線 $y=x$ で囲まれた図形がどうなるかを考える。この図を見ながら，直線 $y=ax$ と放物線 $y=4x-x^2$ で囲まれた部分の面積を a で表す。

解答例　図のように，直線 $y=ax$ と放物線 $y=4x-x^2$ で囲まれた部分の面積を S，2直線 $y=ax$，$y=x$，放物線 $y=4x-x^2$ で囲まれた部分の面積を T とする。

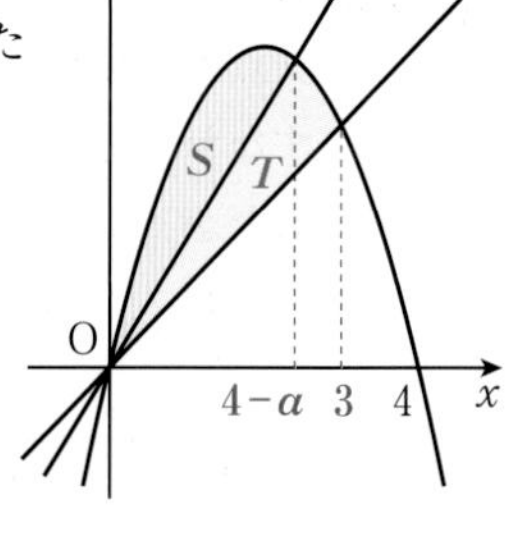

直線 $y=ax$ と放物線 $y=4x-x^2$ より　$4x-x^2=ax$

$x(x-4+a)=0$　　交点の x 座標は　$x=0,\ 4-a$

$$S=\int_0^{4-a}(4x-x^2-ax)\,dx=\int_0^{4-a}\{(4-a)x-x^2\}\,dx$$

$$=\left[\frac{4-a}{2}x^2-\frac{x^3}{3}\right]_0^{4-a}=\frac{(4-a)^3}{6}$$

とくに，$a=1$ の場合は直線 $y=x$ となるので　$S+T=\dfrac{3^3}{6}$

← $S+T$ を求めるときに $\displaystyle\int_0^3(4x-x^2-x)\,dx$ を計算しないですませている。

2等分するためには $2S=S+T$ であればよいので

$\dfrac{(4-a)^3}{6}\times 2=\dfrac{3^3}{6}$　　これより　$\boldsymbol{a=4-\dfrac{3\sqrt[3]{4}}{2}}$　…答

類題 194　放物線 $y=2x-x^2$ と x 軸とで囲まれた部分の面積が，原点を通る直線で2等分されるとき，その方程式を求めよ。

これも知っ得　3次関数のグラフと面積

曲線 $y=x^3-2x^2-x+2$ と x 軸で囲まれた部分の面積を求めよう。
グラフをかいて，x 軸より上にある部分と，下にある部分に分けて考える。

$y=x^3-2x^2-x+2=x^2(x-2)-(x-2)=(x^2-1)(x-2)$

したがって　$y=(x+1)(x-1)(x-2)$

よって，グラフは右の図のようになる。これより，$-1\leqq x\leqq 1$ のとき $y\geqq 0$，$1\leqq x\leqq 2$ のとき $y\leqq 0$ だから，求める面積は

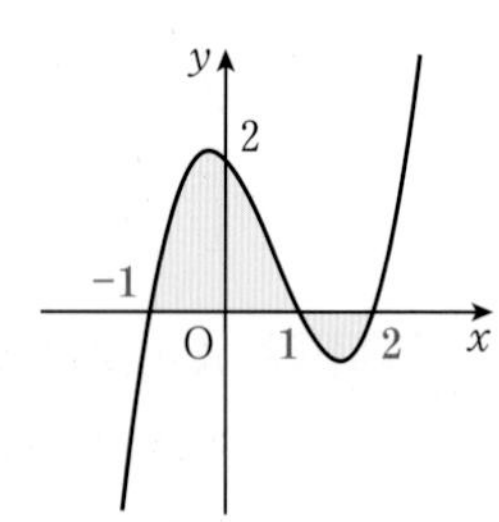

$$S=\int_{-1}^{1}(x^3-2x^2-x+2)\,dx-\int_1^2(x^3-2x^2-x+2)\,dx$$

$$=2\left[-\frac{2}{3}x^3+2x\right]_0^1-\left[\frac{x^4}{4}-\frac{2}{3}x^3-\frac{x^2}{2}+2x\right]_1^2$$

$$=2\left(-\frac{2}{3}+2\right)-\left\{\left(4-\frac{16}{3}-2+4\right)-\left(\frac{1}{4}-\frac{2}{3}-\frac{1}{2}+2\right)\right\}$$

$$=\frac{8}{3}+\frac{5}{12}=\boldsymbol{\frac{37}{12}}$$　…答

定期テスト予想問題

解答→p. 49~52

1 次の等式が成り立つように定数 a, b の値を定めよ。

$$\lim_{x\to 2}\frac{x^2-ax+b}{x-2}=3$$

2 関数 $f(x)=x^2+px+q$ において，次の問いに答えよ。

(1) x が a から b まで変化するときの平均変化率を求めよ。

(2) $f'(c)$ が(1)の平均変化率と等しいとき，c を a, b で表せ。

このことは，関数 $y=f(x)$ のグラフ上では，どのようなことを表しているか。

3 $f(x)=\{f'(x)\}^2$ を満足する多項式 $f(x)$ について，次の問いに答えよ。ただし，$f(x)$ は定数でないものとする。

(1) $f(x)$ は何次式か。

(2) $f(0)=4$ であるとき，$f(x)$ を求めよ。

4 3次関数 $y=ax^3+bx^2+cx$ のグラフ上の2点 $(1,\ 3)$, $(2,\ 0)$ における接線の傾きが等しいとき，定数 a, b, c の値を求めよ。

5 関数 $f(x)=x^3-3a^2x$ の極大値と極小値の差が32となるように定数 a の値を定めよ。

6 関数 $f(x)=x^3+kx^2+3kx+2$ が極値をもたないような k の値の範囲を求めよ。

7 $y=2(\sin^3 x+\cos^3 x)+6\sin x\cos x(\sin x+\cos x-1)$

$(0\leqq x\leqq \pi)$ に対して，次の問いに答えよ。

(1) $t=\sin x+\cos x$ とおくとき，t の値の範囲を求めよ。

(2) y を t で表せ。

(3) y の最大値および最小値と，それらを与える x の値を求めよ。

8 $a>0$ とする。関数 $f(x)=x^3-3a^2x+2a^3$ の区間 $0\leqq x\leqq 1$ における最小値を求めよ。

HINT

1 $x\to 2$ のとき，分母 $\to 0$ だから，分子 $\to 0$ であることが必要。

2 (1) $\dfrac{f(b)-f(a)}{b-a}$ を用いる。

3 (1) $f(x)$ を x の n 次式と考えると，$\{f'(x)\}^2$ は $2(n-1)$ 次式。

4 グラフが点 $(1,\ 3)$, $(2,\ 0)$ を通ることに注意。

5 a の正負によって極大値と極小値が変わる。

6 $f'(x)=0$ の判別式 $D\leqq 0$

7 (1) 三角関数の合成である。

8 $y=f(x)$ の増減表をかいて考える。a の値により場合分けが必要。

9 関数 $f(x)=2x^3-3x^2-36x$ について，次の問いに答えよ。

(1) $f(x)$ の増減を調べ，$y=f(x)$ のグラフをかけ。

(2) 3次方程式 $2x^3-3x^2-36x-a=0$ が異なる2つの正の解と1つの負の解をもつように，実数 a の値の範囲を定めよ。

9 (2)は(1)のグラフを利用。

10 次の条件を満たす2次関数 $f(x)$ を求めよ。

$$f(1)=4,\ f(-1)=-6,\ \int_{-1}^{1}f(x)\,dx=-10$$

10 $f(x)=ax^2+bx+c\,(a\neq0)$ とおいて，a，b，c の値を求める。

11 関数 $f(x)=\int_{x-2}^{x}(t^2+t-1)\,dt$ の最小値とそのときの x の値を求めよ。

11 まず定積分を計算して $f(x)$ を求める。

12 関数 $f(x)=\int_{0}^{x}3(t-1)(t+3)\,dt$ の極値を求めよ。

12 $f(x)=\int_{a}^{x}g(t)\,dt$ のとき $f'(x)=g(x)$

13 次の等式を満たす関数 $f(x)$ を求めよ。(1)では定数 a の値も求めよ。

(1) $\int_{a}^{x}f(t)\,dt=x^3-2x^2+a$

(2) $f(x)=2x-\int_{0}^{1}f(t)\,dt$

13 (1) $\dfrac{d}{dx}\int_{a}^{x}f(t)\,dt=f(x)$
$x=a$ を両辺に代入。
(2) $\int_{0}^{1}f(t)\,dt=p$（定数）とおく。

14 次の関数で表される2つのグラフで囲まれた部分の面積を求めよ。

(1) $y=-x^2+3x$，$y=x$

(2) $y=|x^2-x-2|$，$y=x+1$

14 2曲線の交点と上下関係に注意して正確なグラフをかいてから面積を求める。

15 放物線 $y=x^2+x-a^2+a\ (a>1)$ と x 軸および直線 $x=a$ とで囲まれた2つの部分の面積が等しくなるときの a の値を求めよ。また，このとき1つ分の面積はいくらか。

15

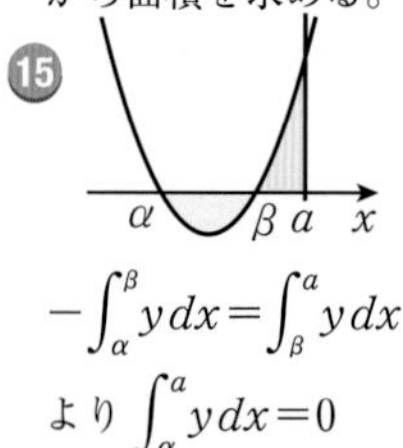

$-\int_{\alpha}^{\beta}y\,dx=\int_{\beta}^{a}y\,dx$ より $\int_{\alpha}^{a}y\,dx=0$

16 放物線 $y=x^2-x$ ……①に点 $(1,\ -1)$ を通る2本の接線を引く。その接点をそれぞれA，Bとするとき，次の問いに答えよ。

(1) 2本の接線と放物線①で囲まれる部分の面積 S_1 を求めよ。

(2) 直線ABと放物線①で囲まれる部分の面積を S_2 とするとき，$S_1:S_2$ を求めよ。

16 (1) S_1 は $0\leqq x\leqq1$ と $1\leqq x\leqq2$ に分けて計算する。

6章

数列 数学B

1節 等差数列

1 数　列

● 数列とは何か？

2, 5, 8, 11, …のように，ある規則によって並べられた数の列を**数列**という。

この数列の規則は，「前の数に 3 を加えると次の数になる」

一般に，数列を表すには

a_1, a_2, a_3, …, a_n, …

のように書く。また，簡単に数列 $\{a_n\}$ と書くこともある。

●数列の各数を数列の**項**といい，最初の項を**初項（第 1 項）**，順に**第 2 項**，**第 3 項**，…，といい，n 番目の項を**第 n 項**と呼ぶ。

数列 $\{a_n\}$ の第 n 項 a_n が n の式で表されたとき，たとえば

$a_n=5n-4$ のとき，n に 1, 2, 3, …を代入すると，

$a_1=5\times1-4=1$

$a_2=5\times2-4=6$

$a_3=5\times3-4=11$

…

となる。このように，$a_n=5n-4$ によって，数列のすべての項が求められる。そこで，第 n 項を表す n の式を，その数列の**一般項**という。

一般項というのは，数列の規則を表す式といえるね。

基本例題 195　数列の規則を見つける

次の数列は，それぞれどのような規則でつくられていると考えられるか。また，各数列の第 6 項と第 7 項を求めよ。

(1) 2, 6, 10, 14, 18, …

(2) 1, −2, 4, −8, 16, …

(3) 1, 3, 8, 16, 27, …

ねらい
数列が，どのような規則でつくられているかを見つけること。

解法ルール ある項をつくるのに，

1 すぐ前の項に**一定の数を加えているか**どうかをみる。

2 すぐ前の項に**一定の数を掛けているか**どうかをみる。

加えるといっても正の数とは限らない。負の数の場合もある。

解答例 (1) すぐ前の項に，4を加えて次の項がつくられている。

したがって，**第6項**は　$18+4=\mathbf{22}$　…答

第7項は　$22+4=\mathbf{26}$　…答

← このような数列を等差数列（*p. 226*）という。

(2) すぐ前の項に，-2 を掛けて次の項がつくられている。

したがって，**第6項**は　$16\times(-2)=\mathbf{-32}$　…答

第7項は　$-32\times(-2)=\mathbf{64}$　…答

← このような数列を等比数列（*p. 236*）という。

(3) 1　3　8　16　27　…

+2　+5　+8　+11

+3　+3　+3

27と16の差が11であることを表している。

← 2，5，8，…を1，3，8，…の階差数列（*p. 250*）という。

隣り合った2項の差をとると，差が3ずつふえている。

したがって，**第6項**は　$27+(11+3)=\mathbf{41}$　…答

第7項は　$41+(11+3+3)=\mathbf{58}$　…答

類題 195 次の数列は，どのような規則でつくられているか。その規則にしたがって，第5項と第7項を求めよ。

(1) 4，7，10，13，…　　(2) -2，-6，-18，-54，…

(3) $\frac{1}{4}$，$\frac{1}{2}$，$\frac{3}{4}$，1，…　　(4) -1，$\frac{1}{2}$，$-\frac{1}{4}$，$\frac{1}{8}$，…

基本例題 196　一般項から項を求める

次の数列の初項から第5項までを書け。

(1) $\left\{\frac{1}{n}\right\}$　　(2) $\{(-1)^n\}$　　(3) $\left\{\frac{n}{2^n}\right\}$

ねらい
一般項から具体的に項を書き出す練習を行い，一般項の意味を考えること。

解法ルール n に1，2，3，4，5を代入する。

(2) **n が奇数**のとき　$\mathbf{(-1)^n=-1}$

n が偶数のとき　$\mathbf{(-1)^n=1}$

(3) **分子**は1，2，3，4，5と**1ずつふえ**，

分母は2，4，8，16，32と**2倍になっていく**。

解答例 n に1，2，3，4，5を代入して，

(1) $\mathbf{1}$，$\mathbf{\frac{1}{2}}$，$\mathbf{\frac{1}{3}}$，$\mathbf{\frac{1}{4}}$，$\mathbf{\frac{1}{5}}$　…答

(2) $\mathbf{-1}$，$\mathbf{1}$，$\mathbf{-1}$，$\mathbf{1}$，$\mathbf{-1}$　…答

(3) $\mathbf{\frac{1}{2}}$，$\mathbf{\frac{1}{2}}$，$\mathbf{\frac{3}{8}}$，$\mathbf{\frac{1}{4}}$，$\mathbf{\frac{5}{32}}$　…答

約分しないで $\frac{1}{2}$，$\frac{2}{4}$，$\frac{3}{8}$，$\frac{4}{16}$，$\frac{5}{32}$ のように書いてもよい。（数列の規則がわかりやすい。）

類題 196 数列の第 n 項 a_n が次の式で書かれているとき，その数列の初項から第5項までを書け。

(1) $a_n=3n-2$　　(2) $a_n=2\cdot3^{n-1}$　　(3) $a_n=n^2+n+1$

2 等差数列

a_1, a_2, a_3, a_4, …, a_n, a_{n+1}, …

−6　−4　−2　0

+2　+2　+2　　　+2

この例では，隣り合う2項には $a_{n+1}=a_n+2$ という関係があり，差は $a_{n+1}-a_n=2$ となる。一般に，$a_{n+1}-a_n=d$（隣り合う2項の差が一定）となる数列を，**等差数列**といい，**一定の差 d** を**公差**というよ。

次に，等差数列の一般項（第 n 項）を n の式で表してみよう。

等差数列 $\{a_n\}$ の初項を a，公差を d とすれば，

$a_1=a$，$a_2=a+d$，$a_3=a+2d$，$a_4=a+3d$，…

のように，どの項も初項に**項の番号より1小さい数だけ d を**加えたものになるね。

したがって，一般項は　$a_n=a+(n-1)d$ と表される。

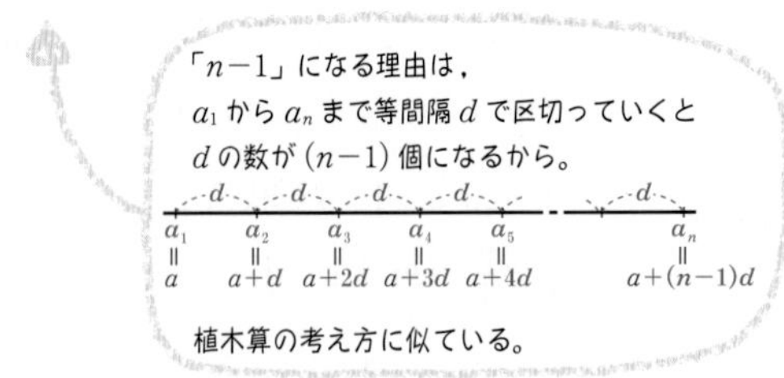

「$n-1$」になる理由は，
a_1 から a_n まで等間隔 d で区切っていくと
d の数が $(n-1)$ 個になるから。
d　d　d　d　d
a_1 = a
a_2 = $a+d$
a_3 = $a+2d$
a_4 = $a+3d$
a_5 = $a+4d$
a_n = $a+(n-1)d$
植木算の考え方に似ている。

ポイント　［等差数列］

Ⅰ　$a_{n+1}-a_n=d$（公差が一定）

Ⅱ　初項 a，公差 d の等差数列の一般項 a_n は

$a_n=a+(n-1)d$

基本例題 197　等差数列の一般項を求める

次の等差数列 $\{a_n\}$ の一般項を求めよ。また，第 10 項はいくらか。

(1) 1，5，9，13，…

(2) 8，2，-4，-10，…

ねらい
等差数列の一般項の公式を用いて，一般項のつくり方を学ぶこと。

解法ルール 初項 a，公差 d を求めて

$$a_n=a+(n-1)d$$

に代入すればよい。

後ろの項から前の項を引いて求める。

(2) 公差 d は負の値もとりうる。

解答例 (1) 初項が 1，公差が $5-1=4$ であるから

$a_n=1+(n-1)\cdot4=4n-3$　答 $\boldsymbol{a_n=4n-3}$

この式に $n=10$ を代入すると

$a_{10}=4\times10-3=37$　答 $\boldsymbol{a_{10}=37}$

(2) 初項が 8，公差が $2-8=-6$ であるから

$a_n=8+(n-1)\cdot(-6)=-6n+14$　答 $\boldsymbol{a_n=-6n+14}$

この式に $n=10$ を代入すると

$a_{10}=-6\times10+14=-46$　答 $\boldsymbol{a_{10}=-46}$

●1，5，9，13 は等差数列である。（公差は 4）
この数列を逆に並べた数列　13，9，5，1 も等差数列になる。（公差は -4）
一般に，等差数列を逆に並べてできる数列もまた，等差数列になる。

類題 197 次の等差数列 $\{a_n\}$ の一般項と第 10 項を求めよ。

(1) 初項 3，公差 2　(2) 初項 -5，公差 -4　(3) 18，15，12，9，…

基本例題 198　等差数列の初項と公差を求める

第 3 項が 13，第 15 項が 73 であるような等差数列の初項と公差を求めよ。

ねらい
等差数列の 2 つの項がわかっているとき，初項と公差の求め方を学ぶこと。

解法ルール 1 一般項の公式 $\boldsymbol{a_n=a+(n-1)d}$ を用いる。

2 第 3 項が 13，第 15 項が 73 であるから，

$a_3=13$，$a_{15}=73$ となる。

解答例 この等差数列を $\{a_n\}$ とし，初項を a，公差を d とすると

$a_3=a+(3-1)d$，$a_{15}=a+(15-1)d$

よって　$a+2d=13$，$a+14d=73$

これを解いて　$a=3$，$d=5$　答 **初項 3，公差 5**

← $a=3$，$d=5$ より，一般項は
$a_n=3+(n-1)\times5$
$=5n-2$
である。一般項が求められれば，他の項はすぐに求めることができる。

類題 198 第 8 項が 46，第 20 項が 142 となる等差数列がある。

(1) 初項と公差を求めよ。　(2) 第 30 項を求めよ。

基本例題 199 　初項と公差

一般項が $a_n=pn+q$ で表される数列 $\{a_n\}$ は，等差数列であることを示し，初項と公差を求めよ。

ねらい
一般項が n の1次式で表された数列 $\{a_n\}$ が等差数列であると示すこと。

解法ルール **等差数列であることを示すには，隣り合う2項の差が一定であることを言えばよい。** $\boldsymbol{a_{n+1}-a_n=d}$ **(一定)**

等差数列の一般項は，1次式で表すことができるよ。

解答例 $a_n=pn+q$ だから

$a_{n+1}-a_n=\{p(n+1)+q\}-(pn+q)$ ←a_{n+1} は，$a_n=pn+q$ の n に $n+1$ を代入する。

$=p$（一定）

よって，隣り合う2項の差が一定だから，**数列 $\{a_n\}$ は，等差数列である。** 終

初項は　$\boldsymbol{a_1}=p\cdot1+q=\boldsymbol{p+q}$ …答

公差は　$\boldsymbol{p}$ …答

類題 199 一般項が $a_n=2n+3$ で表される数列 $\{a_n\}$ は，等差数列であることを示し，初項と公差を求めよ。

● 等差中項

a，b，c がこの順に等差数列となるとき，b を**等差中項**という。このとき，

$\boldsymbol{a}$ 　$\boldsymbol{b}$ 　$\boldsymbol{c}$

公差→d 　d←公差

であるから　$b-a=d$，$c-b=d$

よって　$b-a=c-b$

これより　$\boldsymbol{2b=a+c}$

という関係が導かれる。

$b=\dfrac{a+c}{2}$ であるから，a，c の等差中項は，a，c の相加平均と同じ。

基本例題 200 　等差中項

数列2，x，10，… がこの順に等差数列をなすとき，x の値を求めよ。

ねらい
等差中項を求めること。

解法ルール a, b, c がこの順に等差数列 $\Longleftrightarrow b-a=c-b$（公差は等しい）

解答例 2，x，10 が等差数列だから

$x-2=10-x$ より　$2x=12$ 　したがって　$\boldsymbol{x=6}$ …答

類題 200 数列 -1，x，-7，…がこの順に等差数列をなすとき，x の値を求めよ。

調和数列

a_1, a_2, a_3, …, a_n, … があって，その逆数でできる数列

$\frac{1}{a_1}$, $\frac{1}{a_2}$, $\frac{1}{a_3}$, …, $\frac{1}{a_n}$, …

が等差数列であるとき，もとの数列を**調和数列**という。

基本例題 201 調和数列の項を求める

調和数列 6, 3, 2, …の第 4 項と一般項を求めよ。

ねらい
調和数列の項を求めるには，等差数列になおして考えればよいと理解すること。

解法ルール 調和数列の各項の逆数は，等差数列になる。

解答例 6, 3, 2, … ……① が調和数列であるから

$\frac{1}{6}$, $\frac{1}{3}$, $\frac{1}{2}$, … ……② は等差数列である。

②の初項は $\frac{1}{6}$，公差は $\frac{1}{3}-\frac{1}{6}=\frac{1}{6}$ であるから，②の一般項 a_n は $a_n=\frac{1}{6}+(n-1)\cdot\frac{1}{6}=\frac{n}{6}$ ゆえに，①の一般項は $\frac{1}{a_n}=\frac{6}{n}$

よって，①の第 4 項は $\frac{6}{4}=\frac{3}{2}$ 　答 **第 4 項 $\frac{3}{2}$，一般項 $\frac{6}{n}$**

●a, b, c がこの順に調和数列になるとき，b を a, c の**調和中項**という。

類題 201 調和数列 3, $\frac{3}{2}$, 1, … の第 4 項と第 n 項を求めよ。

課題学習　ピタゴラス音階

まず，ある長さの弦を張って音を出します。次にこの弦の長さを $\frac{2}{3}$ にすると元の音より五度高い音が出るのです。また，もとの長さを $\frac{1}{2}$ にすると 1 オクターブ高い音が出るのです。つまり，弦の長さを 1，音の高さをドとすると，$\frac{2}{3}$ の弦はソ，$\frac{1}{2}$ の弦では 1 オクターブ高いドの音が出るというわけです。この 3 つの音は大変よく調和します。

ところで，この弦の長さの割合 1, $\frac{2}{3}$, $\frac{1}{2}$ の逆数，つまり弦の出す音の振動数の割合について注目すると，1, $\frac{3}{2}$, 2 になっていますね。これは公差が $\frac{1}{2}$ の等差数列とも見ることができます。このことからピタゴラスは「逆数にすると等差数列をなす数列」のことを調和数列と呼んだのです。

基本例題 202　共通な数列

次のような2つの等差数列 $\{a_n\}$, $\{b_n\}$ がある。

$\{a_n\}$: 2, 5, 8, …

$\{b_n\}$: 9, 16, 23, …

このとき，次の問いに答えよ。

(1) $\{a_n\}$ と $\{b_n\}$ に共通に含まれる数のうち，最小のものを求めよ。

(2) $\{a_n\}$ と $\{b_n\}$ に共通に含まれる数はどのような数列をなすか。
また，その一般項 c_n を求めよ。

ねらい
2つの数列に共通な項の数列を求めること。

解法ルール (1) 数列 $\{a_n\}$ の第 k 項 a_k と数列 $\{b_n\}$ の第 l 項 b_l が一致するものの中で最小のものを求める。

(2) $a_n=a+(n-1)d$, $b_n=b+(n-1)e$ とするとき，**共通な数列 $\{c_n\}$ の公差は d と e の最小公倍数**になる。

解答例 (1) 数列 $\{a_n\}$ は，初項2，公差3の等差数列だから

$a_n=2+(n-1)\cdot3=3n-1$

数列 $\{b_n\}$ は，初項9，公差7の等差数列だから

$b_n=9+(n-1)\cdot7=7n+2$

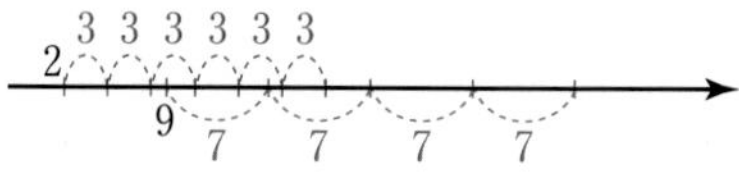

$a_k=b_l$ を満たすとすると

$3k-1=7l+2$　　$3(k-1)=7l$ ……①

3と7は互いに素だから①を満たす最小の k, l は

$k-1=7$, $l=3$ のときで　$a_8=23$, $b_3=23$

したがって，共通に含まれる数のうち最小のものは **23** …答

(2) 数列 $\{c_n\}$ は，初項23，公差21(3と7の最小公倍数)の等差数列をなすから

$c_n=23+(n-1)\cdot21=\mathbf{21n+2}$ …答

⬅(別解)
①より l は3の倍数だから，$l=3s$ とおくと
$3(k-1)=7\cdot3s$
$k=7s+1$
よって
$a_{7s+1}=b_{3s}=21s+2$
だから，最小のものは $s=1$ のときで
$a_8=b_3=\mathbf{23}$

類題 202 次のような2つの等差数列 $\{a_n\}$, $\{b_n\}$ がある。

$\{a_n\}$: 3, 8, 13, …

$\{b_n\}$: 11, 19, 27, …

このとき，$\{a_n\}$ と $\{b_n\}$ に共通に含まれる数列 $\{c_n\}$ の一般項を求めよ。

3 等差数列の和

1から40までの自然数の和を求める方法を考えてみよう。

$S_{40}=1+2+3+\cdots+39+40$ ……Ⓐ

❶ Ⓐと加える順番を逆にしたものを用意する。

$S_{40}=40+39+\cdots+3+2+1$ ……Ⓑ

❷ ⒶとⒷを上下に並べて加える。

$$
\begin{array}{rl}
S_{40}= & 1+\ 2+\ 3+\cdots+39+40 \\
+)\ S_{40}= & 40+39+\cdots\ +3+\ 2+\ 1 \\
\hline
2S_{40}= & 41+41+41+\cdots+41+41 \\
= & 41\times 40
\end{array}
$$

すべて41になる。

←項数(項の数)は40

❸ 結果の両辺を2で割って，S_{40}を求める。

初項＋末項　項数

$$S_{40}=\frac{41\times 40}{2}=820$$

2で割る。

次に，このことを一般的に説明する。

初項a，公差dの等差数列の初項から第n項までの和をS_nとして，S_nを求めてみよう。

末項(第n項)をlとすると，和S_nは

$S_n=a+(a+d)+(a+2d)+\cdots+(l-d)+l$ ……①

$S_n=l+(l-d)+(l-2d)+\cdots+(a+d)+a$ ……②

(②は①の加える順序を逆にして書いてある。)

①＋②をつくると，色をつけた各組の項の和がどれも$a+l$となるから

項数はn

$$2S_n=n(a+l)$$

ゆえに　$S_n=\dfrac{1}{2}n(a+l)$ ……③

ここで，末項$l=a+(n-1)d$を③に代入すると

$$S_n=\frac{1}{2}n\{2a+(n-1)d\}\quad \cdots\cdots④$$

③と④，公式として覚えておこう。

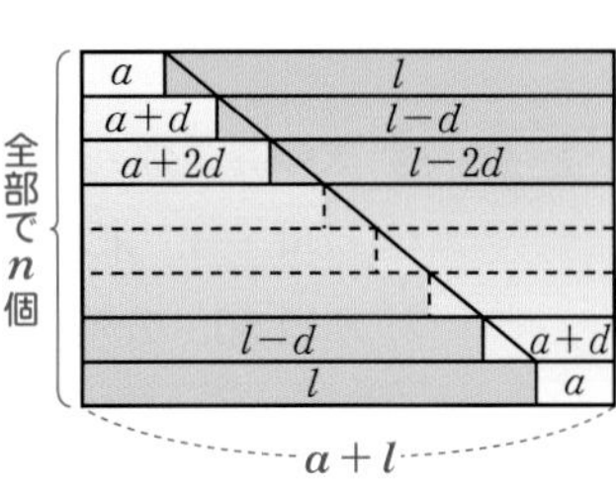

ポイント [等差数列の和]　覚え得

初項 a，公差 d，末項 l，項数 n の等差数列の和 S_n は

$$S_n=\frac{1}{2}n(a+l)$$ ←末項がわかっているとき

$$S_n=\frac{1}{2}n\{2a+(n-1)d\}$$ ←$\frac{1}{2}n\{a+a+(n-1)d\}$（$a$：$a_1$(初項)，$a+(n-1)d$：$a_n$(末項)）

落としやすい。

基本例題 203　等差数列の和を求める(1)

テストに出るぞ！

次の等差数列の和を求めよ。

(1) 初項 12，末項 −36，項数 20

(2) 初項 2，公差 $\frac{1}{2}$，項数 10

ねらい

等差数列の和の公式の使い方を学ぶこと。

解法ルール 等差数列の和

$$S_n=\frac{1}{2}n(a+l)$$ ←末項がわかっている場合

$$S_n=\frac{1}{2}n\{2a+(n-1)d\}$$ ←公差がわかっている場合

●初項 a，公差 d，末項 l，項数 n，和 S_n のうち，3 つがわかれば，残りは公式を使って求めることができる。

解答例

(1) $a=12$，$l=-36$，$n=20$ を $S_n=\frac{1}{2}n(a+l)$ に代入して

$$S_{20}=\frac{1}{2}\times20\times\{12+(-36)\}=10\times(-24)=\mathbf{-240}$$ …答

(2) $a=2$，$d=\frac{1}{2}$，$n=10$ を $S_n=\frac{1}{2}n\{2a+(n-1)d\}$ に代入して

$$S_{10}=\frac{1}{2}\times10\times\left\{2\times2+(10-1)\times\frac{1}{2}\right\}=5\times\frac{17}{2}=\mathbf{\frac{85}{2}}$$ …答

類題 203 次の等差数列の和を求めよ。

(1) 初項 −4，末項 32，項数 13

(2) 初項 50，公差 −3，項数 10

基本例題 204

等差数列の和を求める(2)

初項から第5項までの和が55，第20項までの和が670である等差数列の，初項から第n項までの和を求めよ。

ねらい

等差数列の和から初項と公差を求め，さらに第n項までの和を求めること。

解法ルール まず，

$$S_n=\frac{1}{2}n\{2a+(n-1)d\}$$

を使って，初項a，公差dについての連立方程式から，a，dを求める。

さらに，もう一度等差数列の和の公式を適用する。

解答例 初項をa，公差をd，初項から第n項までの和をS_nとすると，

$S_5=55$，$S_{20}=670$であるから

$$\frac{1}{2}\times5\times(2a+4d)=55$$

（$\frac{1}{2}\cdot5\cdot(a+\underline{a+4d})$　第5項）

$$\frac{1}{2}\times20\times(2a+19d)=670$$

（$\frac{1}{2}\cdot20\cdot(a+\underline{a+19d})$　第20項）

すなわち　$2a+4d=22$　……①

$2a+19d=67$　……②

②－①より　$15d=45$

$d=3$　……③

③を①に代入して　$2a+12=22$

$a=5$　……④

③，④より

$$S_n=\frac{1}{2}\times n\times\{2\times5+(n-1)\times3\}$$

（$\frac{1}{2}\cdot n\{5+\underline{5+(n-1)\times3}\}$　$5=a_1$，$5+(n-1)\times3=a_n$）

$$=\frac{1}{2}n(3n+7)$$ …答

●ギリシャ時代には，自然数の和は三角数として，奇数の和は四角数として知られていた。

【三角数】

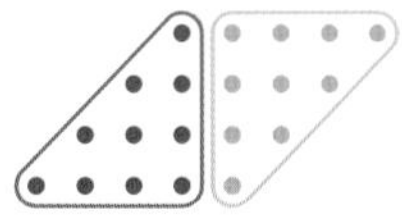

平行四辺形の面積の半分として求めると

$1+2+3+4$

$=\frac{1}{2}\times4\times(4+1)$

【四角数】

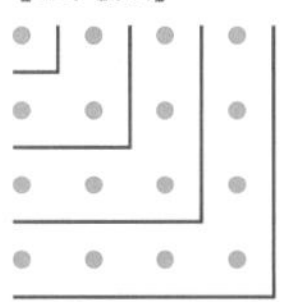

正方形の面積として求めると

$1+3+5+7=4^2$

類題 204 等差数列において，初項から第6項までの和が42，第7項から第12項までの和が114であるとき，第13項から第18項までの和Sを求めよ。

基本例題 205 等差数列の和を求める (3)

2 桁の自然数のうち，7 で割ると 1 余る数の総和を求めよ。

ねらい
7 で割ると 1 余る自然数は $7k+1$ の形で表され，これらの数を小さい順に並べると，等差数列になると学ぶこと。

解法ルール 2 桁の自然数は，10，11，12，…，99 である。また，
7 で割ると 1 余る数は $7k+1$（k は整数）で表される。

解答例 7 で割ると 1 余る数は，k を整数として $7k+1$ で表される。
これが 2 桁の自然数であるから　$10 \leqq 7k+1 < 100$
よって　$1.2\cdots \leqq k < 14.1\cdots$
k は整数だから　$k=2,\ 3,\ \cdots,\ 14$
よって，題意の数は，初項 $7\times2+1=15$，末項 $7\times14+1=99$，
項数 $14-2+1=13$ の等差数列をなす。
よって，求める総和は　$\dfrac{1}{2}\times13\times(15+99)=\mathbf{741}$　…答

●整数 k の個数
$2 \leqq k \leqq 14$
$\Longrightarrow 14-2+1=13$
で 13 個

類題 205 100 と 200 の間にある 7 の倍数の和を求めよ。

応用例題 206 等差数列の和の最大値を求める

初項が 23，公差が整数である等差数列 $\{a_n\}$ があり，初項から第 6 項までは正の数で，第 7 項から負の数に変わるという。（テストに出るぞ！）
(1) この等差数列の公差 d を求めよ。
(2) 初項から第 n 項までの和を S_n とするとき，S_n の最大値を求めよ。

ねらい
項の符号に注意して，等差数列の和の最大値を求めること。

解法ルール (1)　$a_6>0$，$a_7<0$ を公差 d の連立不等式で表し，整数条件から d を定めればよい。
(2)　**第 7 項から負になるから，S_n の最大値は S_6 である。**

解答例 (1)　初項 23 で，第 6 項が正だから　$23+5d>0$　……①
第 7 項が負だから　$23+6d<0$　……②
①，②より　$-\dfrac{23}{5}<d<-\dfrac{23}{6}$
よって　$-4.6<d<-3.8\cdots$
この不等式を満足する整数 d の値は　$\boldsymbol{d=-4}$　…答

(2)　第 6 項までは正で，第 7 項から負になるから，S_6 が最大で
$S_6=\dfrac{1}{2}\times6\times\{2\times23+(6-1)\times(-4)\}=\mathbf{78}$　…答

●(2)は，(1)で求めた d と初項 23 から，S_n を n の 2 次式として表し，その最大値を求めてもよいが，この解答例の方がはるかに楽。

類題 206 初項200, 公差 -7 の等差数列の初項から第 n 項までの和を S_n とするとき, S_n の最大値を求めよ。

● 和から一般項を求める方法は

数列 $\{a_n\}$ の初項から第 n 項までの和 S_n がわかっているとき, 一般項 a_n を求めることによって, どのような数列かを知ることができる。

$$\begin{array}{rl} S_n & = a_1 + a_2 + \cdots + a_{n-1} + a_n \\ -)\ S_{n-1} & = a_1 + a_2 + \cdots + a_{n-1} \end{array}$$

引き算でここは全部消える。

S_n は n 項までの和。
S_{n-1} は $(n-1)$ 項までの和。
その差は a_n

$$S_n - S_{n-1} = \qquad a_n$$

つまり, $n \geqq 2$ のときは $a_n = S_n - S_{n-1}$
$n=1$ のときは $a_1 = S_1$
で求められる。

ポイント [和から一般項の求め方]

$n \geqq 2$ のとき　$a_n = S_n - S_{n-1}$

$n=1$ のとき　$a_1 = S_1$

覚え得

応用例題 207　和から一般項を求める

初項から第 n 項までの和 S_n が $S_n = n^2 + n$ で表される数列 $\{a_n\}$ の一般項を求めよ。

ねらい
S_n が与えられているとき, a_n を求める方法を学ぶこと。

解法ルール
1. **$n \geqq 2$ のとき**, $a_n = S_n - S_{n-1}$ で求める。
2. **$n=1$ のとき**, $a_1 = S_1$ として求める。
3. $n \geqq 2$ で求めた a_n が, $n=1$ の場合にも成り立つかどうか調べる。

解答例 $n \geqq 2$ のとき

$$\begin{array}{rl} S_n & = n^2 + n \\ -)\ S_{n-1} & = (n-1)^2 + (n-1) \\ \hline a_n & = 2n \quad \cdots\cdots ① \end{array}$$

$n=1$ のとき　$a_1 = S_1 = 1^2 + 1 = 2$

これは①を満たす。

したがって　$\boldsymbol{a_n = 2n}$　…[答]

a_n が, 1次式
$a_n = pn + q$ のときは,
$a_n = (p+q) + (n-1)p$
と変形できるから,
初項 $p+q$
公差 p
の等差数列
を表すよ。

類題 207 初項から第 n 項までの和が $S_n = n^2 - 8n + 1$ で表される数列 $\{a_n\}$ の一般項を求めよ。

2節 等比数列

4 等比数列

一定の数(下の場合は 2)を次々と掛けてできる数列を**等比数列**といい，その一定の数を**公比**という。

a_1　a_2　a_3　a_4　…　a_{n-1}　a_n

1　2　4　8　…
（2倍　2倍　2倍　2倍）

2^0　2^1　2^2　2^3　…　2^{n-2}　2^{n-1}

a　ar　ar^2　ar^3　…　ar^{n-2}　ar^{n-1}
（r倍　r倍　r倍　r倍　r倍　r倍）

添字より1小さい。

⬅ 等比数列の各項が0でないとき

$\dfrac{a_{n+1}}{a_n}=r$ (一定)

(隣り合う2項の比が一定)

柱が n 本あるときその間の数は $n-1$ となることと同じだよ。

ポイント [等比数列]　覚え得

Ⅰ　$\dfrac{a_{n+1}}{a_n}=r$ (公比一定)

Ⅱ　**初項 a，公比 r の等比数列の一般項は**

$$a_n=ar^{n-1}$$

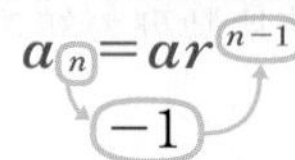

基本例題 208　等比数列の項を求める

初項 2，公比 4 の等比数列 $\{a_n\}$ の第 10 項と一般項を求めよ。

ねらい
等比数列の一般項の公式の使い方を学ぶこと。

解法ルール $a=2$，$r=4$ を $a_n=ar^{n-1}$ に代入して，まず一般項を求める。
第 10 項 a_{10} は，一般項で $n=10$ とすればよい。
なお，$r=4=2^2$ と変形できることに注意。

解答例 この数列の一般項 a_n は

$$a_n=2\cdot4^{n-1}=2\cdot(2^2)^{n-1}=2^{1+2n-2}=2^{2n-1}\quad\cdots\cdots①$$

第 10 項 a_{10} は，①で $n=10$ とおいて

$$a_{10}=2^{2\times10-1}=2^{19}=524288$$

答 $\boldsymbol{a_{10}=524288}$，$\boldsymbol{a_n=2^{2n-1}}$

⬅ 指数法則をもう一度確認しておこう。

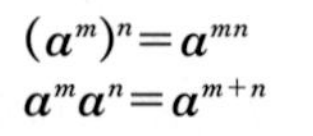

$(a^m)^n=a^{mn}$
$a^ma^n=a^{m+n}$

類題 208 次の等比数列 $\{a_n\}$ の第5項と一般項を求めよ。

(1) 初項8，公比 $\dfrac{1}{2}$　　(2) 初項 $\dfrac{1}{3}$，公比 -3

基本例題 209　等比数列の初項と公比

第4項が24，第7項が192である等比数列がある。各項が実数であるとき，この等比数列の初項と公比を求めよ。

ねらい
等比数列の2つの項から初項と公比を求めること。

解法ルール 初項 a，公比 r とすると
第4項は ar^3，第7項は ar^6 で表せる。
a を消去して，まず r を求める。

解答例 初項を a，公比を r とすると
第4項が24だから　$ar^3=24$　……①
第7項が192だから　$ar^6=192$　……②
②÷①より　$r^3=8$
$(r-2)(r^2+2r+4)=0$
r は実数だから　$r=2$
①より　$8a=24$　　よって　$a=3$
答　**初項3，公比2**

②÷①で a が簡単に消去できるよ。

類題 209 第3項が12，第6項が -96 となる等比数列の初項と公比を求めよ。

基本例題 210　等比中項

2，x，8がこの順で等比数列をなすとき，x の値を求めよ。

ねらい
3数が等比数列をなすときの3数の関係を知ること。

解法ルール a，b，c が等比数列をなす条件は

$$\frac{b}{a}=\frac{c}{b}$$　公比一定

解答例 2，x，8がこの順で等比数列をなすから

$$\frac{x}{2}=\frac{8}{x}$$

ゆえに　$x^2=16$
よって　$\boldsymbol{x=\pm 4}$　…答

●a，b，c がこの順で等比数列をなすとき，b を a，c の等比中項といい，
$b^2=ac$
が成り立つ。

類題 210 8，m，n がこの順で等差数列をなし，m，n，36がこの順で等比数列をなすとき，m，n の値を求めよ。

5 等比数列の和

等比数列の和の公式を導く前に，まず具体的な数列で，等比数列の和の求め方を考えてみよう。

等比数列の初項を 1，公比を 3 とすると，初項から第 10 項までの和 S_{10} は

$$\begin{array}{l} \quad\quad\ \ ① \quad ② \ ③ \quad ④ \quad \cdots \quad ⑨ \quad ⑩ \\ S_{10}=1+3+3^2+3^3+\cdots+3^8+3^9 \qquad Ⓐ \end{array}$$

Ⓐの両辺に 3 を掛けて

$$3S_{10}=\quad 3+3^2+3^3+\cdots+3^8+3^9+3^{10} \qquad Ⓑ$$

← 3 の同じ累乗が縦に並ぶように，項を 1 つずつずらした。

Ⓐから Ⓑを辺々引くと

引き算で，この部分は全部消えてしまう！

$$-2S_{10}=1-3^{10}$$

したがって $S_{10}=\dfrac{1-3^{10}}{-2}=\dfrac{1}{2}\cdot3^{10}-\dfrac{1}{2}$

と第 10 項までの和が求められる。

Ⓐの両辺に 3 を掛けⒶから引くと，ほとんどの項が消えてしまうんだ。うまい方法ですね。

← このような和の求め方を，$S-rS$ 法ということがある。

こんどは，**等比数列の和の公式**を求めてみよう。

まず，初項を a，公比を r として，初項から第 n 項までの和 S_n を書くと

$$\begin{array}{l} \quad\quad\ \ ① \quad\ ② \quad\ ③ \quad \cdots \quad n \\ S_n=a+ar+ar^2+\cdots+ar^{n-1} \qquad Ⓐ \end{array}$$

← 初項 a，公比 r の等比数列の第 n 項は $a_n=ar^{n-1}$

Ⓐの両辺に r を掛けて

$$rS_n=\quad ar+ar^2+\cdots+ar^{n-1}+ar^n \qquad Ⓑ$$

Ⓐから Ⓑを辺々引くと $S_n-rS_n=a-ar^n$

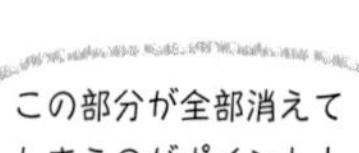

この部分が全部消えて
しまうのがポイント！

よって $(1-r)S_n=a(1-r^n)$

したがって

$r\neq1$ のとき $S_n=\dfrac{a(1-r^n)}{1-r}=\dfrac{a(r^n-1)}{r-1}$ 　分母，分子に -1 を掛ける。

$r=1$ のとき $S_n=a+a+a+\cdots+a=na$

となるんだ。

ポイント [等比数列の和]　覚え得

初項 a，公比 r，項数 n の等比数列の和 S_n は

$r\neq1$ のとき $S_n=\dfrac{a(1-r^n)}{1-r}=\dfrac{a(r^n-1)}{r-1}$ 　　$r=1$ のとき $S_n=na$

基本例題 211　等比数列の和を求める

次の等比数列の，初項から第 n 項までの和を求めよ。

(1) 1，-3，9，…　　(2) 3，1，$\frac{1}{3}$，…

ねらい
等比数列の和の公式の使い方を学ぶこと。

初項と公比を求めて，等比数列の和の公式に代入する。　●$S_n=\frac{a(1-r^n)}{1-r}$

(1)　初項 $a=1$，公比 $r=-3$ である。

(2)　初項 $a=3$，公比 $r=\frac{1}{3}$ である。

解答例

(1)　$S_n=\frac{1\cdot\{1-(-3)^n\}}{1-(-3)}=\frac{1}{4}\{1-(-3)^n\}$　…答

(2)　$S_n=\frac{3\left\{1-\left(\frac{1}{3}\right)^n\right\}}{1-\frac{1}{3}}=\frac{9}{2}\left(1-\frac{1}{3^n}\right)$　…答

一般項の公式は $n-1$ だったが和の公式では n だ。まちがえやすいので注意！

類題 211　次の等比数列の初項から第 6 項までの和を求めよ。

(1) 初項 1，公比 2 の等比数列

(2) 16，8，4，…

基本例題 212　和から初項と公比を求める

各項が実数である等比数列の，初項から第 3 項までの和が 21，初項から第 6 項までの和が 189 であるとき，この数列の初項 a と公比 r を求めよ。

ねらい
等比数列の和が与えられたとき，初項と公比の求め方を学ぶこと。

解法ルール　等比数列の和の公式を用いて，**初項 a と公比 r についての連立方程式**をつくって解く。a の消去のしかたがポイント。　●$S_n=\frac{a(1-r^n)}{1-r}$

解答例　初項から第 3 項までの和が 21 だから　$\frac{a(r^3-1)}{r-1}=21$　……①

初項から第 6 項までの和が 189 だから　$\frac{a(r^6-1)}{r-1}=189$　……②

②÷①より　$\frac{r^6-1}{r^3-1}=9$（$r^6-1=(r^3+1)(r^3-1)$）　よって　$r^3+1=9$

②÷①をつくると a が消去できる！

$r^3-8=0$　　$(r-2)(r^2+2r+4)=0$　　ゆえに　$r=2$

これと①から　$a=3$　　答　$a=3$，$r=2$

類題 212　公比が -2，初項から第 5 項までの和が 55 の等比数列の初項を求めよ。

3節 いろいろな数列

6 記号 Σ の意味

Σは「**シグマ**」と読むんだ。
数学では，Σという文字は，**数列の和を表す記号**として使われているよ。英語で和のことを Sum というけど，Σは S に相当するギリシャ文字だよ。

$$S_n=1+3+5+\cdots+(2n-1)$$ ←1 から $2n-1$ までの奇数の和

$$1+3+5+\cdots+(2n-1)=\sum_{k=1}^{n}(2k-1)$$ ←その和をΣを使って表す

$$\sum_{k=1}^{n}(2k-1)=1+3+5+\cdots+(2n-1)$$ ←Σで表された式の意味

数列 a_1，a_2，a_3，…，a_n の初項から第 n 項までの和
$a_1+a_2+a_3+\cdots+a_n$ をΣを用いて表すには，
$\sum_{k=1}^{n}a_k$ と書くよ。

● $\sum_{k=1}^{n}a_k$ の k は，他のどんな文字でおき換えてもよい。つまり，
$\sum_{k=1}^{n}a_k=\sum_{s=1}^{n}a_s=\sum_{t=1}^{n}a_t=\cdots$
a_k の k は，出席番号のようなもので，特に k を用いると決まっているわけではない。

$\sum_{k=1}^{n}(\quad)$

＋の記号を何回も書かなくてすみますね。それに，数列がきまっているとき，何回も同じ数列の項を書く必要がないんですね。

同じ数の列，たとえば

$3+3+3+\cdots+3$ （n 個の 3 の和）

のようなものもΣで表せるんですか？

もちろん！$a_k=3$ となるので次のようになるね。

$$\underbrace{3+3+3+\cdots+3}_{n\text{ 個}}=\sum_{k=1}^{n}a_k=\sum_{k=1}^{n}3$$

結果は $3n$ になる。

基本例題 213

Σの意味(1)

次の式を，和の形で表せ。

(1) $\sum_{k=1}^{4}(3k+1)$　(2) $\sum_{k=3}^{10}2^{k-1}$　(3) $\sum_{k=5}^{n}k(k+1)$

ねらい

$\sum_{k=1}^{n}a_k$ を $a_1+a_2+\cdots+a_n$ の形に表すことにより，Σの扱いに慣れること。

解法ルール

1 Σの後ろの k の式の k に，k の値を順次代入して，＋でつないでいく。

2 Σの下の添字，$k=$□ がスタートの値である。

← いつも $k=1$ から始まるとは限らない。たとえば，(2)では $k=3$ から，(3)では $k=5$ から始まる。

解答例

(1) $\sum_{k=1}^{4}(3k+1)=(3\times1+1)+(3\times2+1)+(3\times3+1)+(3\times4+1)$

$=\mathbf{4+7+10+13}$ …答

(2) $\sum_{k=3}^{10}2^{k-1}=2^{3-1}+2^{4-1}+2^{5-1}+2^{6-1}+2^{7-1}+2^{8-1}+2^{9-1}+2^{10-1}$

$=\mathbf{2^2+2^3+2^4+2^5+2^6+2^7+2^8+2^9}$ …答

(3) $\sum_{k=5}^{n}k(k+1)=\mathbf{5\cdot6+6\cdot7+7\cdot8+\cdots+n(n+1)}$ …答

類題 213 次の式を，和の形で表せ。

(1) $\sum_{k=2}^{5}(k-6)$　(2) $\sum_{k=4}^{10}3^{k-2}$　(3) $\sum_{k=1}^{n}\frac{1}{k}$

基本例題 214

Σの意味(2)

次の式をΣを用いて表せ。

(1) $3+6+9+\cdots+300$　(2) $1+2+4+8+\cdots+2^{n-1}$

ねらい

各項の和で表された数列の和を，Σを用いて表すことにより，Σの意味を理解すること。

解法ルール

1 まず，**第 k 項を k の式で表す**。

2 次に，**第何項までの和であるか**，と考える。

$\sum_{k=1}^{n}a_k$

この文字は同じでなければならない。たとえば，(2)の結果を $\sum_{k=1}^{n}2^{n-1}$ としてはいけない。

解答例

(1) 初項から順に 3×1，3×2，3×3，…であるから，第 k 項は $3k$ で，$300=3\times100$ だから，第100項までの和である。

したがって　$\sum_{k=1}^{100}\mathbf{3k}$ …答

(2) 第 k 項は 2^{k-1} で，第 n 項までの和である。

したがって　$\sum_{k=1}^{n}\mathbf{2^{k-1}}$ …答

類題 214 次の式をΣを用いて表せ。

$\frac{1}{1\cdot4}+\frac{1}{2\cdot5}+\frac{1}{3\cdot6}+\cdots+\frac{1}{n(n+3)}$

7 記号 Σ の性質

2つの数列 $\{a_n\}$, $\{b_n\}$ について，和を考えると

$$(a_1+b_1)+(a_2+b_2)+(a_3+b_3)+\cdots+(a_n+b_n)$$
$$=(a_1+a_2+a_3+\cdots+a_n)+(b_1+b_2+b_3+\cdots+b_n)$$

したがって，次の等式が成り立つ。

$$\sum_{k=1}^{n}(a_k+b_k)=\sum_{k=1}^{n}a_k+\sum_{k=1}^{n}b_k \quad \cdots\cdots①$$

また，定数 c と数列 $\{a_n\}$ において

$$ca_1+ca_2+ca_3+\cdots+ca_n=c(a_1+a_2+a_3+\cdots+a_n)$$

したがって，次の等式が成り立つ。

$$\sum_{k=1}^{n}ca_k=c\sum_{k=1}^{n}a_k \quad (c\text{ は定数}) \quad \cdots\cdots②$$

①，②は Σ の重要な性質であるから，覚えておこう。

ポイント ［記号 Σ の性質］

$$\sum_{k=1}^{n}(a_k+b_k)=\sum_{k=1}^{n}a_k+\sum_{k=1}^{n}b_k$$

$$\sum_{k=1}^{n}ca_k=c\sum_{k=1}^{n}a_k \quad (c\text{ は定数})$$

● 自然数の累乗の和の公式はどうなる？

Σを使った計算では

$$\sum_{k=1}^{n}k=1+2+3+\cdots+n \quad \cdots\cdots①$$

$$\sum_{k=1}^{n}k^2=1^2+2^2+3^2+\cdots+n^2 \quad \cdots\cdots②$$

$$\sum_{k=1}^{n}k^3=1^3+2^3+3^3+\cdots+n^3 \quad \cdots\cdots③$$

がよく使われる。そこで，①，②，③の結果を求めて，それを公式として覚えておくと便利である。

①は，初項1，末項 n，項数 n の等差数列の和であるから，

$$\sum_{k=1}^{n}k=\frac{n(n+1)}{2} \quad \cdots\cdots④$$

● $\displaystyle\sum_{k=1}^{n}c=\overbrace{c+c+\cdots+c}^{n\text{ 個}}$ であるから $\displaystyle\sum_{k=1}^{n}c=nc$（$c$ は定数）

← 初項 a，末項 l，項数 n の等差数列の和は

$$S_n=\frac{n}{2}(a+l)$$

②は，恒等式　$(k+1)^3-k^3=3k^2+3k+1$　……⑤

を使って，次のように求める。

$$\left.\begin{array}{llllll}
⑤に\ k=1\ を代入して & 2^3 & -1^3 & =3\cdot1^2 & +3\cdot1 & +1\\
⑤に\ k=2\ を代入して & 3^3 & -2^3 & =3\cdot2^2 & +3\cdot2 & +1\\
⑤に\ k=3\ を代入して & 4^3 & -3^3 & =3\cdot3^2 & +3\cdot3 & +1\\
\quad\cdots & & & \cdots & & \\
⑤に\ k=n-1\ を代入して & n^3 & -(n-1)^3 & =3(n-1)^2 & +3(n-1) & +1\\
⑤に\ k=n\ を代入して & (n+1)^3 & -n^3 & =3n^2 & +3n & +1
\end{array}\right\}$$

累乗の指数が縦にそろうように書いてある。

これら n 個の等式を辺々加えると

$$(n+1)^3-1^3=3(1^2+2^2+3^2+\cdots+n^2)+3(1+2+3+\cdots+n)+1\times n$$

$\sum$ を使うと　$(n+1)^3-1=3\sum_{k=1}^{n}k^2+3\sum_{k=1}^{n}k+n$

④より　$(n+1)^3-1=3\sum_{k=1}^{n}k^2+3\cdot\dfrac{n(n+1)}{2}+n$

よって　$\sum_{k=1}^{n}k^2=\dfrac{1}{3}\left\{(n+1)^3-\dfrac{3n(n+1)}{2}-(n+1)\right\}$

$$=\frac{1}{6}(n+1)\{2(n+1)^2-3n-2\}$$

$$=\frac{n(n+1)(2n+1)}{6}$$

← たとえば $1^2+2^2+\cdots+10^2$ に $\sum_{k=1}^{n}k^2=\dfrac{n(n+1)(2n+1)}{6}$ の公式を適用すると $1^2+2^2+\cdots+10^2$ $=\sum_{k=1}^{10}k^2=\dfrac{10\times11\times21}{6}$ $=385$

③は，恒等式　$(k+1)^4-k^4=4k^3+6k^2+4k+1$

を使って，上と同様の方法で計算すると

$$(n+1)^4-1=4\sum_{k=1}^{n}k^3+6\sum_{k=1}^{n}k^2+4\sum_{k=1}^{n}k+1\times n$$

$$\sum_{k=1}^{n}k^3=\frac{1}{4}\left\{(n+1)^4-n(n+1)(2n+1)-2n(n+1)-(n+1)\right\}$$

$$=\frac{1}{4}(n+1)\left\{(n^3+3n^2+3n+1)-(2n^2+n)-2n-1\right\}$$

$$=\frac{n^2(n+1)^2}{4}=\left\{\frac{n(n+1)}{2}\right\}^2$$

ポイント　[自然数の累乗の和]

$$1+2+3+\cdots+n=\sum_{k=1}^{n}k=\frac{n(n+1)}{2}$$

$$1^2+2^2+3^2+\cdots+n^2=\sum_{k=1}^{n}k^2=\frac{n(n+1)(2n+1)}{6}$$

$$1^3+2^3+3^3+\cdots+n^3=\sum_{k=1}^{n}k^3=\left\{\frac{n(n+1)}{2}\right\}^2$$

基本例題 215

$\displaystyle\sum_{k=1}^{n} k(2k+1)^2$ を求めよ。

ねらい

$\displaystyle\sum_{k=1}^{n} a_k$ で，a_k が k の3次以下の多項式である場合に，$\displaystyle\sum_{k=1}^{n} k$，$\displaystyle\sum_{k=1}^{n} k^2$，$\displaystyle\sum_{k=1}^{n} k^3$ の公式を使って計算すること。

解法ルール

1. まず，$k(2k+1)^2$ を展開する。
2. 次に，展開した各項で $\displaystyle\sum_{k=1}^{n} k$，$\displaystyle\sum_{k=1}^{n} k^2$，$\displaystyle\sum_{k=1}^{n} k^3$ の公式を使う。

解答例

$$\sum_{k=1}^{n} k(2k+1)^2=\sum_{k=1}^{n}(4k^3+4k^2+k)=4\sum_{k=1}^{n} k^3+4\sum_{k=1}^{n} k^2+\sum_{k=1}^{n} k$$

$$=4\times\left\{\frac{n(n+1)}{2}\right\}^2+4\times\frac{n(n+1)(2n+1)}{6}+\frac{n(n+1)}{2}$$

$$=\frac{n(n+1)}{6}\{6n(n+1)+4(2n+1)+3\}$$

$$=\boldsymbol{\frac{1}{6}n(n+1)(6n^2+14n+7)}\quad\cdots\text{答}$$

⬅ $\displaystyle\sum_{k=1}^{n}(a_k+b_k)=\sum_{k=1}^{n} a_k+\sum_{k=1}^{n} b_k$

および

$\displaystyle\sum_{k=1}^{n} ca_k=c\sum_{k=1}^{n} a_k$

（c は定数）

を利用した。

$\sum_{k=1}^{n} k$，$\sum_{k=1}^{n} k^2$，$\sum_{k=1}^{n} k^3$ の
公式を用いるときは
あわてて展開しない
こと。
理由は 〰 部分に注目！

類題 215 次の和を求めよ。

(1) $\displaystyle\sum_{k=1}^{n}(k+1)(k+3)$　　(2) $\displaystyle\sum_{k=1}^{n} k^2(k-1)$

応用例題 216

Σの計算を利用して数列の和を求める

次の数列の初項から第 n 項までの和を求めよ。

1・2，2・3，3・4，4・5，…

ねらい

一般項 a_k が k の多項式として求められるとき，$\displaystyle\sum_{k=1}^{n} a_k$ を計算することにより，数列の和を計算すること。

解法ルール

1. まず，一般項 a_k を求める。
2. 次に，$\displaystyle\sum_{k=1}^{n} a_k$ を $\displaystyle\sum_{k=1}^{n} k$，$\displaystyle\sum_{k=1}^{n} k^2$，$\displaystyle\sum_{k=1}^{n} k^3$ の公式を用いて計算。

解答例 与えられた数列の一般項は $k(k+1)$ であるから，求める和は

$$\sum_{k=1}^{n} k(k+1)=\sum_{k=1}^{n}(k^2+k)=\sum_{k=1}^{n} k^2+\sum_{k=1}^{n} k$$

$$=\frac{n(n+1)(2n+1)}{6}+\frac{n(n+1)}{2}$$

$$=\frac{n(n+1)}{6}\{(2n+1)+3\}$$

$$=\boldsymbol{\frac{1}{3}n(n+1)(n+2)}\quad\cdots\text{答}$$

全体を $\dfrac{n(n+1)}{6}$ でくくると，計算が楽。

各項の，
左の数は　1，2，3，4，…
右の数は　2，3，4，5，…
と並んでいるね。

類題 216 次の数列の初項から第 n 項までの和を求めよ。

1・2・3＋2・3・4＋3・4・5＋…

応用例題 217　各項が等比数列の和の形の数列

次の数列の初項から第 n 項までの和 S_n を求めよ。

$1,\ 1+2,\ 1+2+2^2,\ 1+2+2^2+2^3,\ 1+2+2^2+2^3+2^4,\ \cdots$

ねらい
各項が等比数列の和の形で表された数列の第 n 項までの和を求めること。

解法ルール 第 n 項を a_n とすると

$$a_n=1+2+2^2+\cdots+2^{n-1}$$

よって，**第 n 項は初項 1，公比 2 の等比数列の和**となっている。

1 a_n を n の式で表す。

2 S_n を求める。

解答例 $a_n=1+2+2^2+\cdots+2^{n-1}=\dfrac{1\cdot(2^n-1)}{2-1}=2^n-1$

← a_n は初項 1，公比 2，項数 n の等比数列の和。

$$\begin{aligned}S_n&=a_1+a_2+\cdots+a_n\\&=(2^1-1)+(2^2-1)+(2^3-1)+\cdots+(2^n-1)\\&=\sum_{k=1}^{n}(2^k-1)=\sum_{k=1}^{n}2^k-\sum_{k=1}^{n}1\\&=\frac{2(2^n-1)}{2-1}-n=\boldsymbol{2^{n+1}-n-2}\end{aligned}$$ …答

これは初項 2，公比 2，項数 n の等比数列の和。つまり，$\sum_{k=1}^{n}2\cdot2^{k-1}$

いくら $\sum_{k=1}^{n}○$ の形をしていても，等比数列の和はやっぱり等比数列の和の公式で！

類題 217 次の数列について，各問いに答えよ。

$9,\ 99,\ 999,\ 9999,\ 99999,\ \cdots$

(1) 第 n 項 a_n を n の式で表せ。

(2) 初項から第 n 項までの和を求めよ。

紙の大きさと等比数列

みなさんがよく使うノートのサイズは JIS 規格の B5 判（182 mm×257 mm）です。規格判の紙の形は，**2 辺の比が $\sqrt{2}:1$ の長方形**で，半分に切ると，もとの長方形と相似になっています。B 判では，0 番の半分の大きさが 1 番，1 番の半分の大きさが 2 番，…となっているので，B0 番の面積を 1 とすると，B0，B1，B2，B3，B4，…の紙の面積は

$$1,\ \frac{1}{2},\ \frac{1}{4},\ \frac{1}{8},\ \frac{1}{16},\ \cdots$$

という等比数列になります。

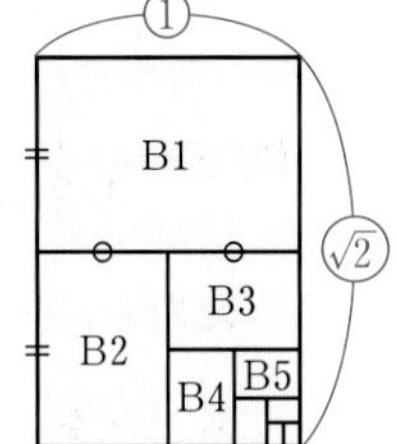

応用例題 218　部分分数に分解して和を求める

次の和を求めよ。

$$\frac{1}{1\cdot3}+\frac{1}{3\cdot5}+\frac{1}{5\cdot7}+\cdots+\frac{1}{(2n-1)(2n+1)}$$

ねらい
一般項が分数式の場合は，部分分数に分解することによって数列の和を求めることができる場合があると学ぶこと。

解法ルール $\frac{1}{1\cdot3}=\frac{1}{2}\left(\frac{1}{1}-\frac{1}{3}\right)$，$\frac{1}{3\cdot5}=\frac{1}{2}\left(\frac{1}{3}-\frac{1}{5}\right)$，$\cdots$

のように，**部分分数に分解**する。

分数式の一般項
⇓
2つの分数の差

解答例 第 k 項 a_k は

$$a_k=\frac{1}{(2k-1)(2k+1)}=\frac{1}{2}\left(\frac{1}{2k-1}-\frac{1}{2k+1}\right)$$

と変形できるから，求める和を S_n とすると

$$S_n=\sum_{k=1}^{n}\frac{1}{(2k-1)(2k+1)}$$
$$=\frac{1}{2}\sum_{k=1}^{n}\left(\frac{1}{2k-1}-\frac{1}{2k+1}\right)$$
$$=\frac{1}{2}\left\{\left(\frac{1}{1}-\frac{1}{3}\right)+\left(\frac{1}{3}-\frac{1}{5}\right)+\left(\frac{1}{5}-\frac{1}{7}\right)+\cdots+\left(\frac{1}{2n-1}-\frac{1}{2n+1}\right)\right\}$$
$$=\frac{1}{2}\left(1-\frac{1}{2n+1}\right)$$
$$=\frac{1}{2}\cdot\frac{2n}{2n+1}$$
$$=\boldsymbol{\frac{n}{2n+1}}\quad\cdots\text{答}$$

前の（　）の後ろの項と後ろの（　）の前の項を組み合わせると，次々と消えていく。

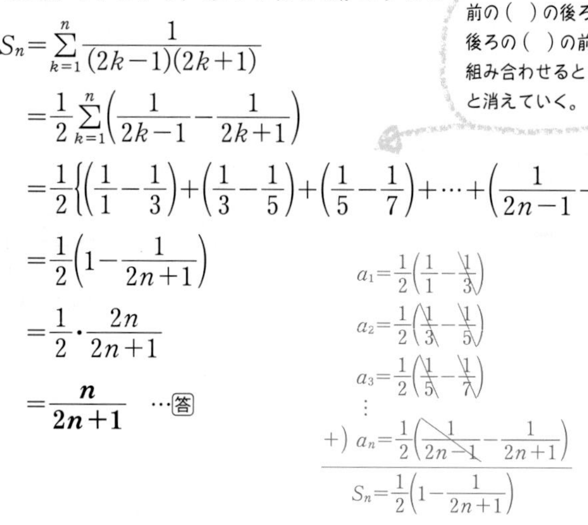

● 一般項が $\frac{1}{n(n+1)}$ の場合は，

$\frac{1}{n(n+1)}$
$=\frac{1}{n}-\frac{1}{n+1}$

と**部分分数に分解**できる。

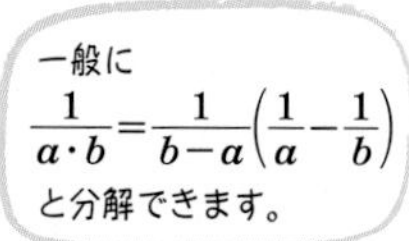

一般に
$\frac{1}{a\cdot b}=\frac{1}{b-a}\left(\frac{1}{a}-\frac{1}{b}\right)$
と分解できます。

類題 218 次の和を求めよ。

(1) $\frac{1}{1\cdot2}+\frac{1}{2\cdot3}+\frac{1}{3\cdot4}+\frac{1}{4\cdot5}+\cdots+\frac{1}{n(n+1)}$

(2) $S=\frac{1}{1\cdot2\cdot3}+\frac{1}{2\cdot3\cdot4}+\frac{1}{3\cdot4\cdot5}+\cdots+\frac{1}{n(n+1)(n+2)}$

ただし，(2)は $a_n=\frac{1}{n(n+1)(n+2)}=\frac{1}{2}\left\{\frac{1}{n(n+1)}-\frac{1}{(n+1)(n+2)}\right\}$ で表されることを利用せよ。

基本例題 219　差の形を利用

次の和を求めよ。

$$S_n=\frac{1}{\sqrt{1}+\sqrt{3}}+\frac{1}{\sqrt{3}+\sqrt{5}}+\frac{1}{\sqrt{5}+\sqrt{7}}+\cdots+\frac{1}{\sqrt{2n-1}+\sqrt{2n+1}}$$

ねらい
一般項が無理式で与えられた数列の和を求めること。

解法ルール $\frac{1}{\sqrt{1}+\sqrt{3}}=\frac{1}{2}(\sqrt{3}-\sqrt{1})$，$\frac{1}{\sqrt{3}+\sqrt{5}}=\frac{1}{2}(\sqrt{5}-\sqrt{3})$ のように

分母を有理化して差の形にする。

解答例 第 k 項 a_k は

$$a_k=\frac{1}{\sqrt{2k-1}+\sqrt{2k+1}}=\frac{1}{2}(\sqrt{2k+1}-\sqrt{2k-1})$$ ←分母の有理化

と変形できるから

$$S_n=\sum_{k=1}^{n}\frac{1}{\sqrt{2k-1}+\sqrt{2k+1}}=\frac{1}{2}\sum_{k=1}^{n}(\sqrt{2k+1}-\sqrt{2k-1})$$

$$=\frac{1}{2}\{(\sqrt{3}-\sqrt{1})+(\sqrt{5}-\sqrt{3})+(\sqrt{7}-\sqrt{5})+\cdots+(\sqrt{2n+1}-\sqrt{2n-1})\}$$

$$=\boldsymbol{\frac{1}{2}(\sqrt{2n+1}-1)}$$ …答

← 一般項が分数式や無理式で与えられた数列の和は，次のように縦に並べて和をとるとわかりやすい。

$$a_1=\frac{1}{2}(\sqrt{3}-\sqrt{1})$$
$$a_2=\frac{1}{2}(\sqrt{5}-\sqrt{3})$$
$$a_3=\frac{1}{2}(\sqrt{7}-\sqrt{5})$$
$$\cdots$$
$$+)\ a_n=\frac{1}{2}(\sqrt{2n+1}-\sqrt{2n-1})$$
$$S_n=\frac{1}{2}(\sqrt{2n+1}-\sqrt{1})$$

類題 219 次の和を求めよ。

$$S_n=\frac{1}{\sqrt{1}+\sqrt{2}}+\frac{1}{\sqrt{2}+\sqrt{3}}+\frac{1}{\sqrt{3}+\sqrt{4}}+\cdots+\frac{1}{\sqrt{n}+\sqrt{n+1}}$$

これも知っ得　積立預金

銀行に，毎年年頭に a 円ずつ積み立てると，n 年後には預金の合計はいくらになっているのだろうか？

年利率を r とすると

1 年目の初めに預けた a 円は　n　年後には $a(1+r)^n$（円）になっている。
2 年目の初めに預けた a 円は $(n-1)$ 年後には $a(1+r)^{n-1}$（円）になっている。
3 年目の初めに預けた a 円は $(n-2)$ 年後には $a(1+r)^{n-2}$（円）になっている。
…
n 年目の初めに預けた a 円は　1　年後には $a(1+r)$（円）になっている。
（1：その年の終わりとみなす）

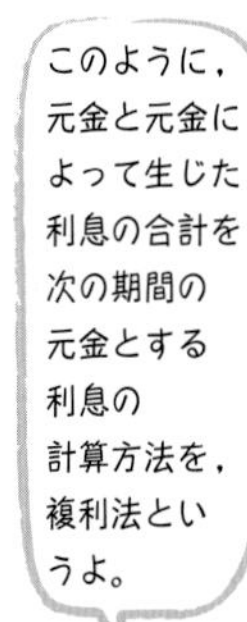

このように，
元金と元金に
よって生じた
利息の合計を，
次の期間の
元金とする
利息の
計算方法を，
複利法とい
うよ。

したがって，合計額は

$$S_n=a(1+r)+a(1+r)^2+a(1+r)^3+\cdots+a(1+r)^n \text{（円）}$$

となる。これは，初項 $a(1+r)$，公比 $1+r$，項数 n の等比数列の和だから

$$S_n=\frac{a(1+r)\{(1+r)^n-1\}}{(1+r)-1}=\frac{a(1+r)\{(1+r)^n-1\}}{r} \text{（円）}$$

となる。

応用例題 220 （等差数列）×（等比数列）型の数列の和を求める

次の和を求めよ。

$S_n=1+2x+3x^2+4x^3+\cdots+nx^{n-1}$

ねらい
（等差数列）×（等比数列）でつくられる数列の和の求め方を学ぶこと。

解法ルール このままでは，$\sum$ を使ってもウマくいきそうにない。

係数を除いてみると

$\boldsymbol{1,\ x,\ x^2,\ x^3,\ \cdots,\ x^{n-1}}$

と**等比数列の形をしている**ので，等比数列の和の公式を導いた要領で，S_n-xS_n をつくってみよう。

解答例

$S_n=1+2x+3x^2+4x^3+\cdots+nx^{n-1}$ ……①

①の両辺に x を掛けると

$xS_n=x+2x^2+3x^3+\cdots+(n-1)x^{n-1}+nx^n$ ……②

①−②を計算すると

$S_n-xS_n=(1+x+x^2+\cdots+x^{n-1})-nx^n$

右辺の（　）の中は，初項 1，公比 x，項数 n の等比数列の和であるから

$x\neq1$ のとき

$$(1-x)S_n=\frac{1-x^n}{1-x}-nx^n=\frac{1-(n+1)x^n+nx^{n+1}}{1-x}$$

よって　$S_n=\dfrac{1-(n+1)x^n+nx^{n+1}}{(1-x)^2}$

$x=1$ のとき

①で，$S_n=1+2+3+4+\cdots+n=\dfrac{n(n+1)}{2}$

答　$S_n=\begin{cases}\dfrac{1-(n+1)x^n+nx^{n+1}}{(1-x)^2} & (x\neq1)\\ \dfrac{n(n+1)}{2} & (x=1)\end{cases}$

← 初項 a，公比 $r(\neq1)$，項数 n の等比数列の和は
$\displaystyle\sum_{k=1}^{n}ar^{k-1}=\frac{a(1-r^n)}{1-r}$
$\displaystyle\sum_{k=1}^{n}ar^{k-1}$ は，$a_k=ar^{k-1}$ で表される数列，すなわち初項 a，公比 r の等比数列の初項から第 n 項までの和を表す。等比数列の和は，$\sum$ を使っていても，等比数列の和の公式を使って求めることになる。

← $\displaystyle\sum_{k=1}^{n}k=\frac{1}{2}n(n+1)$

類題 220 次の和を求めよ。

$S_n=1+3\cdot2+5\cdot2^2+\cdots+(2n-1)\cdot2^{n-1}$

応用例題 221　　群数列の問題

右のように自然数を順に並べていく。

(1) n 行目の左端の数を n の式で表せ。

(2) 50 は何行目の左から何番目に入っているか。

(3) 10 行目に入るすべての自然数の和を求めよ。

```
        1
      2   3
    4   5   6
  7   8   9  10
11  12  13  14  15
16  …
```

ねらい
群数列の扱い方を学ぶこと。

解法ルール　**1 各行に何個の自然数が入っているか。**

2 n 行目の左端は 1 から数えて何番目の自然数か。

といった手順で解いていけばよい。

(1)　k 行目には k 個の自然数が入っている。

よって，n 行目の左端の自然数は，

$[\{1+2+3+\cdots+(n-1)\}+1]$ 番目の自然数

すなわち　$\{1+2+\cdots+(n-1)\}+1=\dfrac{(n-1)\{(n-1)+1\}}{2}+1$

$=\boldsymbol{\dfrac{n^2-n+2}{2}}$ …答

← { }の中は，初項 1，末項 $n-1$，項数 $n-1$ の等差数列の和。

(2)　50 が n 行目に入っているとすると

$$\underset{n\text{ 行目の左端の数}}{\underline{\dfrac{n^2-n+2}{2}}}\leqq 50<\underset{(n+1)\text{ 行目の左端の数}}{\underline{\dfrac{(n+1)^2-(n+1)+2}{2}}}$$

(1)の結果の n を $n+1$ にかえればよい

$n^2-n\leqq 98<n^2+n$　　$(n-1)n\leqq 98<n(n+1)$

この不等式を満たす n は　$n=10$

そこで 10 行目の最初の数を調べると　$\dfrac{10^2-10+2}{2}=46$

よって，**10 行目の左から 5 番目の場所に入っている。** …答

← n に関する 2 次不等式を解くのではなく $n=8,\ 9,\ 10,\ \cdots$ と適当に数値を代入して調べればよい。

(3)　第 10 行は，初項が 46，公差 1，項数が 10 だから

$\dfrac{10\{2\times46+(10-1)\cdot1\}}{2}=\dfrac{10\cdot(92+9)}{2}=\boldsymbol{505}$ …答

← n 行目の n 個の自然数は等差数列をなしている。

類題 221　奇数を小さい数から順に並べ，第 n 群が n 個の数を含むように分ける。すなわち (1)，(3，5)，(7，9，11)，(13，15，17，19)，…となる。このとき，次の問いに答えよ。

(1) 第 n 群の最初の数を求めよ。　　(2) 51 は第何群の何番目か。

(3) 第 n 群の数の和を求めよ。

8 階差数列

数列 $\{a_n\}$ があるとき，

$\boldsymbol{b_n = a_{n+1} - a_n}$ $(n=1,\ 2,\ 3,\ \cdots)$

として得られる**数列 $\{b_n\}$ を，もとの数列 $\{a_n\}$ の階差数列**という。ここでは，階差数列 $\{b_n\}$ から $\{a_n\}$ の一般項を求める方法について考えてみよう。

⬅ 階差数列とは数列 $\{a_n\}$ が次々にどれだけ変わっていくかを表す数列といえる。
$a_2=a_1+b_1$
$a_3=(a_1+b_1)+b_2$
$a_4=\{(a_1+b_1)+b_2\}+b_3$

たとえば，数列 1，2，5，10，17，26，…を $\{a_n\}$ として，その**階差数列** $\{b_n\}$ をつくってみると，次のようになる。

①	②	③	④	⑤	⑥	…	$(n-1)$	(n)
1	2	5	10	17	26	…	a_{n-1}	a_n
1	3	5	7	9		…	b_{n-1}	
①	②	③	④	⑤			$(n-1)$	

数列 $\{b_n\}$ は，初項が 1，公差が 2 の等差数列になっている。そこで，$a_1=1$ と数列 $\{b_n\}$ をもとにして，数列 $\{a_n\}$ を考えると，

$a_2=a_1+b_1=1+1=2$

$a_3=a_2+b_2=(\underline{a_1+b_1})+b_2=1+1+3=5$　（$a_1+b_1=a_2$）

$a_4=a_3+b_3=\{(\underline{a_1+b_1})+b_2\}+b_3=1+1+3+5=10$　（$a_1+b_1=a_2$，$a_2+b_2=a_3$）

…

このようにして，$n \geqq 2$ のとき，一般項 a_n は

$$a_n=a_1+(1+3+5+\cdots+b_{n-1})$$
$$=a_1+\sum_{k=1}^{n-1} b_k=1+\sum_{k=1}^{n-1}(2k-1)=1+2\sum_{k=1}^{n-1}k-\sum_{k=1}^{n-1}1$$
$$=1+2\cdot\frac{(n-1)n}{2}-(n-1)=n^2-2n+2\ (n \geqq 2)$$

これは，$n=1$ のときも成り立っているので，

一般項 $\{a_n\}$ は $a_n=n^2-2n+2$ で表すことができる。

●階差数列をつくっても規則がみつからない場合は，もう一度階差数列をつくると，うまくいく場合がある。
たとえば，
1，3，6，11，19，31，…
は，階差数列をつくると
2，3，5，8，12，…
となる。さらに，この階差数列をつくると
1，2，3，4，…
となり，規則がみつかる。

「a_1 の位置から b_1，b_2，…，b_{n-1} の間隔で a_2，a_3，…，a_n の位置に植木をして n 本目の a_n の位置を求める」という植木算とも考えられる。

ポイント ［階差数列と一般項］ 覚え得

数列 $\{a_n\}$ の階差数列を $\{b_n\}$ とすると

$$\boldsymbol{a_n=a_1+\sum_{k=1}^{n-1} b_k}\ (n \geqq 2)$$

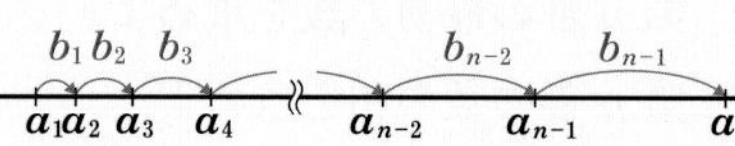

基本例題 222

階差数列から一般項を求める

次の数列の一般項 a_n を求めよ。

(1) 3, 5, 9, 15, 23, 33, …

(2) 1, 2, 6, 15, 31, 56, …

ねらい

階差数列から一般項を求める公式

$$a_n=a_1+\sum_{k=1}^{n-1}b_k$$

が使えるようにすること。

解法ルール

1 階差数列の一般項を求める。

2 $a_n=a_1+\sum_{k=1}^{n-1}b_k$ $(n \geqq 2)$ で計算する。

($n=1$ の場合に成り立つかどうか確かめる必要がある。)

解答例 与えられた数列 $\{a_n\}$ の階差数列を $\{b_n\}$ とする。

(1) $\{b_n\}$ は 2, 4, 6, 8, 10, …

となる。これは,初項 2,公差 2 の等差数列であるから

$$b_n=2+(n-1)\times2=2n$$

したがって,$n \geqq 2$ のとき

$$a_n=a_1+\sum_{k=1}^{n-1}b_k=3+\sum_{k=1}^{n-1}2k=3+2\sum_{k=1}^{n-1}k$$

$$=3+2\times\frac{(n-1)n}{2}=n^2-n+3$$

この行,忘れやすいので注意!

この式で,$n=1$ とすると 3 となり,a_1 に一致する。

したがって　$\boldsymbol{a_n=n^2-n+3}$ …答

(2) $\{b_n\}$ は 1, 4, 9, 16, 25, …

すなわち　1^2, 2^2, 3^2, 4^2, 5^2, …

となる。

よって　$b_n=n^2$

したがって,$n \geqq 2$ のとき

$$a_n=a_1+\sum_{k=1}^{n-1}b_k=1+\sum_{k=1}^{n-1}k^2$$

$$=1+\frac{(n-1)n\{2(n-1)+1\}}{6}=\frac{1}{3}n^3-\frac{1}{2}n^2+\frac{1}{6}n+1$$

この式で,$n=1$ とすると 1 となり,$a_1=1$ に一致する。

したがって　$\boldsymbol{a_n=\frac{1}{3}n^3-\frac{1}{2}n^2+\frac{1}{6}n+1}$ …答

● $\sum_{k=1}^{n-1}c$, $\sum_{k=1}^{n-1}k$, $\sum_{k=1}^{n-1}k^2$ の求め方

$\sum_{k=1}^{○}c=c\times○$

$\sum_{k=1}^{□}k=\frac{□(□+1)}{2}$

$\sum_{k=1}^{△}k^2=\frac{△(△+1)(2△+1)}{6}$

で,$○=n-1$, $□=n-1$, $△=n-1$ とすればよい。

類題 222 次の数列の一般項を求めよ。

(1) 1, 3, 7, 13, 21, …

(2) 2, 4, 0, 8, -8, …

4節 数学的帰納法

9 漸化式

数列 $\{a_n\}$ において，一般項 a_n がわかっていなくても

① 初項 a_1 の値
② a_n と a_{n+1} の間の関係式

が与えられれば，$\{a_n\}$ の各項が順に定まっていくね。
このような定義のしかたを，**帰納的定義**というんだ。
また，②の関係式を，**数列 $\{a_n\}$ の漸化式**(ぜんかしき)というよ。

← たとえば，
$a_1=1$，$a_{n+1}=2+3a_n$
で定義される数列
$\{a_n\}$ では
$a_2=2+3a_1$
$=2+3\times1=5$，
$a_3=2+3a_2$
$=2+3\times5=17$，
…
と項が定まっていく。

基本例題 223 漸化式から項を求める

次の式で定義された数列 $\{a_n\}$ の初項から第4項までを書け。

(1) $a_1=1$，$a_{n+1}=a_n+3$ $(n\geqq1)$

(2) $a_1=1$，$a_n=2a_{n-1}$ $(n\geqq2)$

(3) $a_1=a_2=1$，$a_n=a_{n-2}+a_{n-1}$ $(n\geqq3)$

ねらい
漸化式を使って，項を順次求め，漸化式の意味を理解すること。

 **a_1 の値から a_2 の値，a_2 の値から a_3 の値，…と順に求める。**
たとえば，(1)の漸化式で $n=1$ とおけば $a_2=a_1+3$，ここで a_1 の値を代入すれば，a_2 の値が求められる。

解答例

(1) $a_1=1$，$a_2=a_1+3=1+3=4$
$a_3=a_2+3=4+3=7$，$a_4=a_3+3=7+3=10$
よって $\boldsymbol{a_1=1,\ a_2=4,\ a_3=7,\ a_4=10}$ …答

(2) $a_1=1$，$a_2=2a_1=2\times1=2$，$a_3=2a_2=2\times2=4$，
$a_4=2a_3=2\times4=8$
よって $\boldsymbol{a_1=1,\ a_2=2,\ a_3=4,\ a_4=8}$ …答

(3) $a_1=a_2=1$，$a_3=a_1+a_2=1+1=2$
$a_4=a_2+a_3=1+2=3$
よって $\boldsymbol{a_1=1,\ a_2=1,\ a_3=2,\ a_4=3}$ …答

●等差数列の帰納的定義(初項 a，公差 d)
$a_1=a$，$a_{n+1}=a_n+d$
((1)は初項1，公差3の等差数列)
●等比数列の帰納的定義(初項 a，公比 r)
$a_1=a$，$a_{n+1}=ra_n$
((2)は初項1，公比2の等比数列)

← **フィボナッチの数列**とよばれる。

類題 223 次のように帰納的に定義された数列の第5項を求めよ。
$a_1=1$，$a_{n+1}=2a_n+1$ $(n\geqq1)$

基本例題 224

隣接 2 項間の漸化式(1)

次の漸化式で表される数列 $\{a_n\}$ の一般項を求めよ。

(1) $a_1=2,\ a_{n+1}=a_n+3$

(2) $a_1=3,\ a_{n+1}=2a_n$

(3) $a_1=1,\ a_{n+1}=a_n+2n$

ねらい

漸化式の特徴を見きわめること。

解法ルール (1) $a_{n+1}=a_n+d$ の形は**等差数列**。

(2) $a_{n+1}=ra_n$ の形は**等比数列**。

(3) $a_{n+1}=a_n+f(n)$ の形は，$f(n)$ が**階差数列**になる。

解答例 (1) $a_1=2,\ a_{n+1}=a_n+3$ で表される数列は，初項 2，公差 3 の等差数列だから

$\boldsymbol{a_n}=2+(n-1)\cdot 3=\boldsymbol{3n-1}$ …答

(2) $a_1=3,\ a_{n+1}=2a_n$ で表される数列は，初項 3，公比 2 の等比数列だから

$\boldsymbol{a_n=3\cdot 2^{n-1}}$ …答

(3) $a_{n+1}=a_n+2n$ より，$a_{n+1}-a_n=2n$ だから

数列 $\{a_n\}$ の階差数列 $\{b_n\}$ の一般項は　$b_n=2n$

したがって，$n\geqq 2$ のとき

$$a_n=a_1+\sum_{k=1}^{n-1}b_k=1+\sum_{k=1}^{n-1}2k$$

$$=1+2\cdot\frac{1}{2}(n-1)\cdot n=n^2-n+1$$

この式で，$n=1$ とすると 1 となり，$a_1=1$ と一致する。

したがって　$\boldsymbol{a_n=n^2-n+1}$ …答

類題 224 次の漸化式で表される数列 $\{a_n\}$ の一般項を求めよ。

(1) $a_1=3,\ a_{n+1}=a_n+2$

(2) $a_1=2,\ a_{n+1}=3a_n$

(3) $a_1=1,\ a_{n+1}=a_n+2^n$

ポイント [隣接 2 項間の漸化式]

① $a_{n+1}=a_n+d$ の形は等差数列。

② $a_{n+1}=ra_n$ の形は等比数列。

③ $a_{n+1}=a_n+f(n)$ の形は，$f(n)$ が階差数列になる。

基本例題 225　隣接 2 項間の漸化式 (2)

次の漸化式で定義される数列 $\{a_n\}$ の一般項を求めよ。

$a_1=1,\ a_{n+1}=3a_n+1$

ねらい

$a_{n+1}=pa_n+q$ の形の漸化式から一般項を求めること。

解法ルール

$$\begin{array}{rl} a_{n+1}=&pa_n+q \\ -)\quad \alpha=&p\alpha+q \\ \hline a_{n+1}-\alpha=&p(a_n-\alpha) \end{array}$$

（a_{n+1}, a_n を α におき換えた式。）

$\longrightarrow$ **数列 $\{a_n-\alpha\}$ は公比 p の等比数列**

解答例

$$\begin{array}{rl} a_{n+1}=&3a_n+1 \\ -)\quad \alpha=&3\alpha+1 \\ \hline a_{n+1}-\alpha=&3(a_n-\alpha) \end{array}$$

←この式を解いて　$\alpha=-\dfrac{1}{2}$

この解き方を等比数列法というんだよ。

$\alpha=-\dfrac{1}{2}$ を代入して　$a_{n+1}+\dfrac{1}{2}=3\left(a_n+\dfrac{1}{2}\right)$

数列 $\left\{a_n+\dfrac{1}{2}\right\}$ は，初項 $a_1+\dfrac{1}{2}=\dfrac{3}{2}$，公比 3 の等比数列。

よって　$a_n+\dfrac{1}{2}=\dfrac{3}{2}\cdot3^{n-1}$

したがって　$\boldsymbol{a_n=\dfrac{1}{2}(3^n-1)}$　…答

（別解）（$n\to n+1$ におき換えて。）

$$\begin{array}{rl} a_{n+2}=&3a_{n+1}+1 \\ -)\quad a_{n+1}=&3a_n\quad+1 \\ \hline a_{n+2}-a_{n+1}=&3(a_{n+1}-a_n) \end{array}$$

（$a_1=1$，$a_2=3a_1+1=4$）

$a_{n+1}-a_n=b_n$ とおくと

$b_{n+1}=3b_n$

数列 $\{b_n\}$ は，初項 $b_1=a_2-a_1=4-1=3$，公比 3 の等比数列。

よって　$b_n=3\cdot3^{n-1}=3^n$

$a_{n+1}-a_n=3^n$ だから，数列 $\{a_n\}$ の階差数列は等比数列になる。

したがって，$n\geqq2$ のとき

$$a_n=a_1+\sum_{k=1}^{n-1}b_k=1+\sum_{k=1}^{n-1}3^k$$

$$=1+\frac{3(3^{n-1}-1)}{3-1}=\frac{1}{2}(3^n-1)$$

$n=1$ のときも適するから　$\boldsymbol{a_n=\dfrac{1}{2}(3^n-1)}$

この解き方は階差数列法というよ。自分の得意な方を身につけてね。

ポイント [隣接 2 項間の漸化式 $a_{n+1}=pa_n+q$]

$p \neq 1$, $q \neq 0$ のとき

$$\begin{array}{rrl} & a_{n+1} & =pa_n+q \\ -) & \alpha & =p\alpha+q \\ \hline & a_{n+1}-\alpha & =p(a_n-\alpha) \end{array}$$

数列 $\{a_n-\alpha\}$ は，初項 $a_1-\alpha$，公比 p の等比数列

類題 225 次の漸化式で定義される数列 $\{a_n\}$ の一般項を求めよ。

(1) $\begin{cases} a_1=1 \\ a_{n+1}=3a_n+2 \end{cases}$　　(2) $\begin{cases} a_1=1 \\ 2a_{n+1}=a_n+3 \end{cases}$

応用例題 226　隣接 2 項間の漸化式(3)

$a_1=2$，$a_{n+1}=3a_n+2^n$ で定義される数列 $\{a_n\}$ の一般項を求めよ。

ねらい
$a_{n+1}=pa_n+q^n$ の形の漸化式から一般項を求めること。

解法ルール $a_{n+1}=pa_n+q^n$ の両辺を q^{n+1} で割る。

$$\frac{a_{n+1}}{q^{n+1}}=\frac{p}{q}\cdot\frac{a_n}{q^n}+\frac{1}{q}$$

$\boldsymbol{\frac{a_n}{q^n}=b_n}$ **とおく**と 基本例題 225 と同じ形の漸化式になる。

「$\frac{a_n}{2^n}=b_n$ とおいて解きなさい」などヒントが与えられている場合が多いから安心して。

解答例 $a_{n+1}=3a_n+2^n$ の両辺を 2^{n+1} で割ると　$\frac{a_{n+1}}{2^{n+1}}=\frac{3}{2}\cdot\frac{a_n}{2^n}+\frac{1}{2}$

$\frac{a_n}{2^n}=b_n$ とおくと

$$\begin{array}{rrl} & b_{n+1} & =\frac{3}{2}b_n+\frac{1}{2} \\ -) & \alpha & =\frac{3}{2}\alpha+\frac{1}{2} \\ \hline & b_{n+1}-\alpha & =\frac{3}{2}(b_n-\alpha) \end{array}$$

この式を解いて $\alpha=-1$

$\alpha=-1$ を代入して　$b_{n+1}+1=\frac{3}{2}(b_n+1)$

数列 $\{b_n+1\}$ は，初項　$b_1+1=\frac{a_1}{2}+1=2$，公比　$\frac{3}{2}$ の等比数列。

$b_{n+1}=\frac{3}{2}b_n+\frac{1}{2}$ の形になれば上のポイントの方法で解けるよ。

よって　$b_n+1=2\cdot\left(\frac{3}{2}\right)^{n-1}$　　$b_n=2\cdot\left(\frac{3}{2}\right)^{n-1}-1$

$\frac{a_n}{2^n}=2\cdot\left(\frac{3}{2}\right)^{n-1}-1$　　したがって　$\boldsymbol{a_n=4\cdot3^{n-1}-2^n}$　…答

類題 226 $a_1=6$，$a_{n+1}=2a_n+3^n$ で定義される数列 $\{a_n\}$ の一般項を求めよ。

応用例題 227 隣接3項間の漸化式

次の漸化式で定義される数列 $\{a_n\}$ の一般項を求めよ。

$a_1=1,\ a_2=2,\ a_{n+2}=4a_{n+1}-3a_n$

ねらい
$a_{n+2}=pa_{n+1}+qa_n$ の形の漸化式から一般項を求めること。

解法ルール $a_{n+2}-\alpha a_{n+1}=\beta(a_{n+1}-\alpha a_n)$ への変形を目指す。
問題と係数比較して $\alpha+\beta=4,\ \alpha\beta=3$ を満たす $\alpha,\ \beta$ を求める。

数列 $\{a_{n+1}-\alpha a_n\}$ は，公比 β の等比数列

解答例 $a_{n+2}-\alpha a_{n+1}=\beta(a_{n+1}-\alpha a_n)$ より

$a_{n+2}=(\alpha+\beta)a_{n+1}-\alpha\beta a_n$

$a_{n+2}=4a_{n+1}-3a_n$ と係数を比較して

$\alpha+\beta=4,\ \alpha\beta=3$ だから，

$\alpha,\ \beta$ は $t^2-4t+3=0$ の解で　$t=1,\ 3$

(i) $\alpha=1,\ \beta=3$ のとき

$a_{n+2}-a_{n+1}=3(a_{n+1}-a_n)$

数列 $\{a_{n+1}-a_n\}$ は，初項　$a_2-a_1=1$，公比　3 の等比数列。

よって　$a_{n+1}-a_n=3^{n-1}$　……①

(ii) $\alpha=3,\ \beta=1$ のとき

$a_{n+2}-3a_{n+1}=1(a_{n+1}-3a_n)$

数列 $\{a_{n+1}-3a_n\}$ は，初項　$a_2-3a_1=-1$，公比　1 の等比数列。

よって　$a_{n+1}-3a_n=-1$　……②

①−②より　$2a_n=3^{n-1}+1$

したがって　$\boldsymbol{a_n=\dfrac{3^{n-1}+1}{2}}$　…答

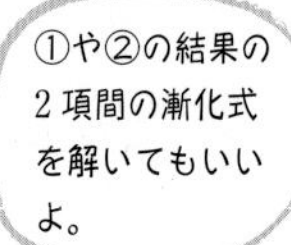

①や②の結果の2項間の漸化式を解いてもいいよ。

ポイント [隣接3項間の漸化式 $a_{n+2}=pa_{n+1}+qa_n$]

$a_{n+2}-\alpha a_{n+1}=\beta(a_{n+1}-\alpha a_n)$ と変形し，

数列 $\{a_{n+1}-\alpha a_n\}$ が公比 β の等比数列として2項間の漸化式を導く。

類題 227 次の漸化式で定義される数列 $\{a_n\}$ の一般項を求めよ。

$a_1=1,\ a_2=3,\ a_{n+2}=3a_{n+1}-2a_n$

10 数学的帰納法

ここでは，**数学的帰納法を使った証明**のしかたを，説明しよう。たとえば，

$2^n \geqq n^2-n+2$ （$n=1, 2, 3, \cdots$） ……①

はどのように証明したらいいと思う？

n が1か5ぐらいまでなら，簡単に示せるよ。

$n=1$ のとき　左辺 $=2^1=2$，右辺 $=1^2-1+2=2$

左辺 = 右辺 で ① が成り立つ。

$n=2$ のとき　左辺 $=2^2=4$，右辺 $=2^2-2+2=4$

これも，左辺 = 右辺で成り立つ。

$n=3$ のとき　…

そんな方法じゃ，いくらやってもキリがないよ。n はいくらでも大きくなるんだし，数列の項を示すみたいに，この調子で，なんてわけにはいかない。

●数学的帰納法の原理は，「ドミノ倒し」の原理と同じである。
(i)最初のドミノが必ず倒れる。
(ii)n 番目のドミノが倒れれば，$(n+1)$ 番目のドミノも必ず倒れる。
これらのことが確かめられれば，すべてのドミノが倒れることが証明できるのである。

その通りだね。そこで，次のように考える。

まず，最初の **$n=1$ で①が成り立つ**ことを示しておく。

これは，上で実際にやっているね。

次に，**①がある自然数について成り立ったなら，その次の自然数についても成り立つ**ことを示してやればいい。

ようするに，連続する2つの自然数について①が成り立つことを示しているわけですね。

えーと，最初の $n=1$ で正しいことが示されているから，

$n=1+1=2$ のときも正しい。

$n=2$ のときが正しいから，$n=2+1$ のときも正しい。…

なるほど，**これなら n がどんなに大きくなっても大丈夫**ね。

ポイント　**[数学的帰納法による証明]**

自然数 n についての命題Pが，任意の自然数 n について成り立つことを示すには，次の(I)，(II)を証明すればよい。

(I)　$n=1$ のとき，命題Pが成り立つ。

(II)　$n=k$ のとき，命題Pが成り立つと仮定すると，$n=k+1$ のときも，命題Pが成り立つ。

応用例題 228 数学的帰納法による証明(1)

nが自然数のとき，数学的帰納法によって，次の等式が成り立つことを証明せよ。

$$1\cdot2+2\cdot3+3\cdot4+\cdots+n(n+1)=\frac{1}{3}n(n+1)(n+2) \quad \cdots\cdots①$$

ねらい
数学的帰納法を使って等式を証明する方法を学ぶこと。

解法ルール
1 $n=1$ のとき，左辺 = 右辺が成り立つことを示す。
2 $n=k$ のとき，①が成り立つと仮定して
$n=k+1$ のとき，左辺 = 右辺が成り立つことを示す。

つまり，$n=k+1$ としたときの
$1\cdot2+2\cdot3+\cdots+(k+1)(k+2)=\frac{1}{3}(k+1)(k+2)(k+3)$
を示せばよい。

解答例 (I) $n=1$ のとき

左辺 $=1\cdot2=2$，右辺 $=\frac{1}{3}\cdot1\cdot2\cdot3=2$

よって，$n=1$ のとき，①は成り立つ。

(II) $n=k$ のとき，①が成り立つと仮定すると

$$1\cdot2+2\cdot3+3\cdot4+\cdots+k(k+1)=\frac{1}{3}k(k+1)(k+2) \quad \cdots\cdots②$$

$n=k+1$ のとき

$$\begin{aligned}左辺&=1\cdot2+2\cdot3+3\cdot4+\cdots+k(k+1)+(k+1)(k+2)\\&=\frac{1}{3}k(k+1)(k+2)+(k+1)(k+2)\\&=(k+1)(k+2)\left(\frac{1}{3}k+1\right)\\&=\frac{1}{3}(k+1)(k+2)(k+3)=右辺\end{aligned}$$

↓②より

よって，$n=k+1$ のときも①は成り立つ。

(I)，(II)から，すべての自然数 n について，等式①は成り立つ。 終

（II）の部分は，
「①の等式がある自然数 k について成立すれば，必ずその次の自然数についても連続して成立する」
ことを示そうとしている。

●数学的帰納法による説明で，(I)を第1段(II)を第2段という。（第2段の証明がむずかしい。）

類題 228

nが自然数のとき，数学的帰納法によって，次の等式が成り立つことを証明せよ。

(1) $1+2+2^2+\cdots+2^{n-1}=2^n-1$

(2) $\frac{1}{2}+\frac{2}{4}+\frac{3}{8}+\cdots+\frac{n}{2^n}=2-\frac{n+2}{2^n}$

応用例題 229　数学的帰納法による証明(2)

n が5以上の自然数のとき，次の不等式が成り立つことを示せ。

$2^n > n^2$ ……①

ねらい
数学的帰納法を使って不等式を証明する方法を学ぶこと。

解法ルール
1 $n=5$ のとき，①が成り立つことを示す。
2 $n=k$ $(k \geqq 5)$ のとき①が成り立つと仮定して，$n=k+1$ のとき，①が成り立つことを示す。

解答例 (I) $n=5$ のとき

左辺 $=2^5=32$

右辺 $=5^2=25$

ゆえに　左辺 > 右辺

よって，$n=5$ のとき，①は成り立つ。

← n はいつも1から始まるとは限らない。問題文に「n が5以上の…」とあるから，(I)は $n=5$ のときを考えればよい。

(II) $n=k$ $(k \geqq 5)$ のとき，①が成り立つと仮定すると

$2^k > k^2$ ……②

$n=k+1$ のとき

$$\begin{aligned}左辺-右辺&=2^{k+1}-(k+1)^2\\&=2\cdot 2^k-(k^2+2k+1)\\&>2k^2-k^2-2k-1\\&=k^2-2k-1\\&=(k-1)^2-2\end{aligned}$$

② $2^k>k^2$ を利用。

$k \geqq 5$ だから　$(k-1)^2-2>0$

ゆえに　$2^{k+1}>(k+1)^2$

よって，$n=k+1$ のときも，①は成り立つ。

← **$2^k>k^2$ を使って $2^{k+1}>(k+1)^2$ つまり $2^{k+1}-(k+1)^2>0$ を証明している。**
$n=k$ の場合の仮定を使って証明するところがポイント。

(I)，(II)から，5以上のすべての自然数 n について，①の不等式は成り立つ。 終

類題 229 n が2以上の自然数のとき，次の不等式が成り立つことを証明せよ。

$$1+\frac{1}{2}+\frac{1}{3}+\cdots+\frac{1}{n}>\frac{2n}{n+1}$$

$A>B$，$B>C \Leftrightarrow A>C$ を使うと，不等式の帰納法もわかりやすいね。

応用例題 230　数学的帰納法による証明(3)

漸化式 $a_1=3$, $a_n=3a_{n-1}+3^n$ $(n=2,\ 3,\ \cdots)$ によって定められる数列について，次の問いに答えよ。

(1) a_2, a_3, a_4 を求めて，a_n を推測せよ。

(2) 数学的帰納法により，推測した a_n が正しいことを示せ。

ねらい
漸化式から推定した一般項を，数学的帰納法を使って証明する方法を学ぶこと。

解法ルール (1) a_1 から a_2, a_2 から a_3 と順次求めていく。

(2) 推測した a_n の式を証明するのに，**当然 $\boldsymbol{a_n=3a_{n-1}+3^n}$ は利用してもよい。**

解答例 (1) $a_1=3$, $a_n=3a_{n-1}+3^n$ ……① から

$a_2=3a_1+3^2=3^2+3^2=\boldsymbol{2\cdot 3^2}$ …答

$a_3=3a_2+3^3=2\cdot 3^3+3^3=\boldsymbol{3\cdot 3^3}$ …答

$a_4=3a_3+3^4=3\cdot 3^4+3^4=\boldsymbol{4\cdot 3^4}$ …答

以上から，$\boldsymbol{a_n=n\cdot 3^n}$ と推測できる。 …答

$3^2+3^2=18$ と計算しないで，類推しやすいように累乗の形のままにしておくのがよい。

(2) $a_n=n\cdot 3^n$ ……②

(I) $n=1$ のとき，$a_1=1\cdot 3^1=3$ で成り立つ。

(II) $n=k$ のとき，②が成り立つと仮定すると $a_k=k\cdot 3^k$

①で $n=k+1$ とおくと，

$a_{k+1}=3a_k+3^{k+1}=3k\cdot 3^k+3^{k+1}$

$=k\cdot 3^{k+1}+3^{k+1}=(k+1)\cdot 3^{k+1}$

与えられた漸化式 $a_n=3a_{n-1}+3^n$ を使った。

これは，$n=k+1$ のときも②が成り立つことを示している。

(I), (II)**から，すべての自然数 $\boldsymbol{n}$ について，②は成り立つ。** 終

類題 230 $a_1=2$, $a_{n+1}=\dfrac{a_n}{a_n+1}$ で定義される数列 $\{a_n\}$ について，次の問いに答えよ。

(1) a_2, a_3, a_4 を求めて，一般項 a_n を推測せよ。

(2) 数学的帰納法を用いて，推測した a_n が正しいことを示せ。

定期テスト予想問題

解答→p. 59~61

HINT

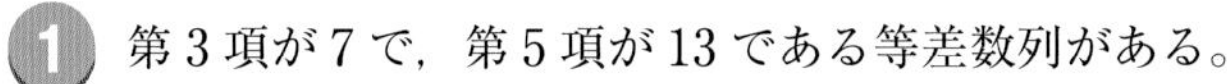

1 第 3 項が 7 で，第 5 項が 13 である等差数列がある。

(1) 一般項 a_n を求めよ。

(2) 初項から第 20 項までの和を求めよ。

> **1** (1) 初項を a，公差を d として，連立方程式を解く。

2 2000 以下の自然数で，7 の倍数でかつ奇数であるものの和を求めよ。

> **2** 小さい順に並べると 7，21，35，…

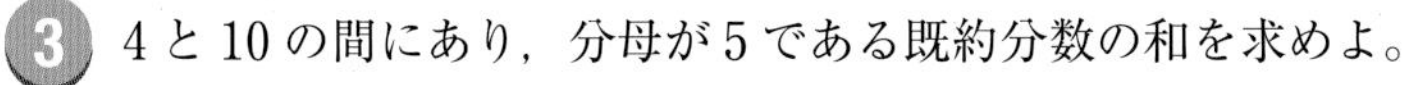

3 4 と 10 の間にあり，分母が 5 である既約分数の和を求めよ。

> **3** $\left(\frac{20}{5}+\frac{21}{5}+\cdots+\frac{50}{5}\right)-(4+5+\cdots+10)$

4 初項から第 n 項までの和が $S_n=n^3+2$ で表される数列の一般項 a_n を求めよ。

> **4** $a_n=S_n-S_{n-1}$ $(n\geqq2)$，$a_1=S_1$

5 3 数 6，a，b がこの順で等差数列をなし，a，b，16 がこの順で等比数列をなすという。a，b の値を求めよ。

> **5** 等差中項，等比中項の公式を利用する。

6 第 10 項が 6，第 15 項が 192 の等比数列がある。

(1) 初項と公比を求めよ。

(2) 第 9 項から第 16 項までの和を求めよ。

> **6** (1) $a_n=ar^{n-1}$ を使う。
> (2) 第 9 項を初項として項数 8 の和を考える。

7 1 日目に 1 円，2 日目に 2 円，3 日目に 4 円，…というように，毎日，前日の 2 倍の金額を積み立てていくとき，この積立額の総和が 1 億円をこえるのは何日目か。(電卓を用いて計算せよ。)

> **7** 1 億 $=10^8$
> $S_n=\frac{a(r^n-1)}{r-1}$ を利用する。

8 次の計算をせよ。

(1) $\displaystyle\sum_{k=1}^{n}(3^k+2)$　　(2) $\displaystyle\sum_{k=1}^{n}(n+k)^2$

(3) $\displaystyle\sum_{k=0}^{n}(4^k+2^{k+1})$

> **8** $\displaystyle\sum_{k=1}^{n}ar^{k-1}=\frac{a(1-r^n)}{1-r}\ (r\neq1)$
> $\displaystyle\sum_{k=1}^{n}nk=n\sum_{k=1}^{n}k$
> を利用する。

9 次の数列の一般項 a_n，および初項から第 n 項までの和 S_n を求めよ。

(1) 1^2，3^2，5^2，7^2，…

(2) $1\cdot3$，$2\cdot7$，$3\cdot11$，$4\cdot15$，…

(3) 1，$1+5$，$1+5+9$，$1+5+9+13$，…

(4) $\dfrac{1}{1}$，$\dfrac{1}{1+2}$，$\dfrac{1}{1+2+3}$，$\dfrac{1}{1+2+3+4}$，…

9 (3) 一般項は，初項 1，公差 4，項数 n の等差数列の和である。

10 自然数の列を次のような群に分ける。

(1，2)，(3，4，5，6)，(7，8，9，10，11，12)，…

このとき，次の問いに答えよ。

(1) 第 n 群の最初の数を n の式で表せ。

(2) 第 n 群に属している項の和を求めよ。

10 まず，各群にいくつの数が含まれているか。そして，第 n 群の最初の数がどのような数になるかを考える。

11 $a_1=2$，$a_{n+1}=\dfrac{1}{3}a_n+2$ $(n=1,\ 2,\ 3,\ \cdots)$ で定義される数列 $\{a_n\}$ について，次の問いに答えよ。

(1) 第 2 項 a_2，第 3 項 a_3 をそれぞれ求めよ。

(2) 一般項 a_n を求めよ。

(3) 初項から第 n 項までの和 S_n を求めよ。

11 (2) 与えられた漸化式から

$a_{n+1}-3$

$=\dfrac{1}{3}(a_n-3)$

を導く。

12 $a_1=\dfrac{1}{2}$，$\dfrac{1}{a_{n+1}}-\dfrac{1}{a_n}=2n$ $(n=1,\ 2,\ 3,\ \cdots)$ で表される数列 $\{a_n\}$ の一般項を求めよ。

12 $b_n=\dfrac{1}{a_n}$ とおく。

13 $a_1=1$，$a_{n+1}=a_n+(n+1)$ $(n=1,\ 2,\ 3,\ \cdots)$ で表される数列 $\{a_n\}$ がある。次の問いに答えよ。

(1) 一般項 a_n を求めよ。

(2) $\displaystyle\sum_{k=1}^{n}\frac{1}{a_k}$ を求めよ。

13 (1) 階差数列を利用する。
(2) 部分分数に分解する。

14 次の不等式が成り立つことを証明せよ。

$2^n \geqq n^2-n+2$ $(n=1,\ 2,\ 3,\ \cdots)$

14 第 2 段で

$2k^2-2k+4$

$\geqq (k+1)^2-(k+1)+2$

を示す。

7章

統計的な推測 数学B

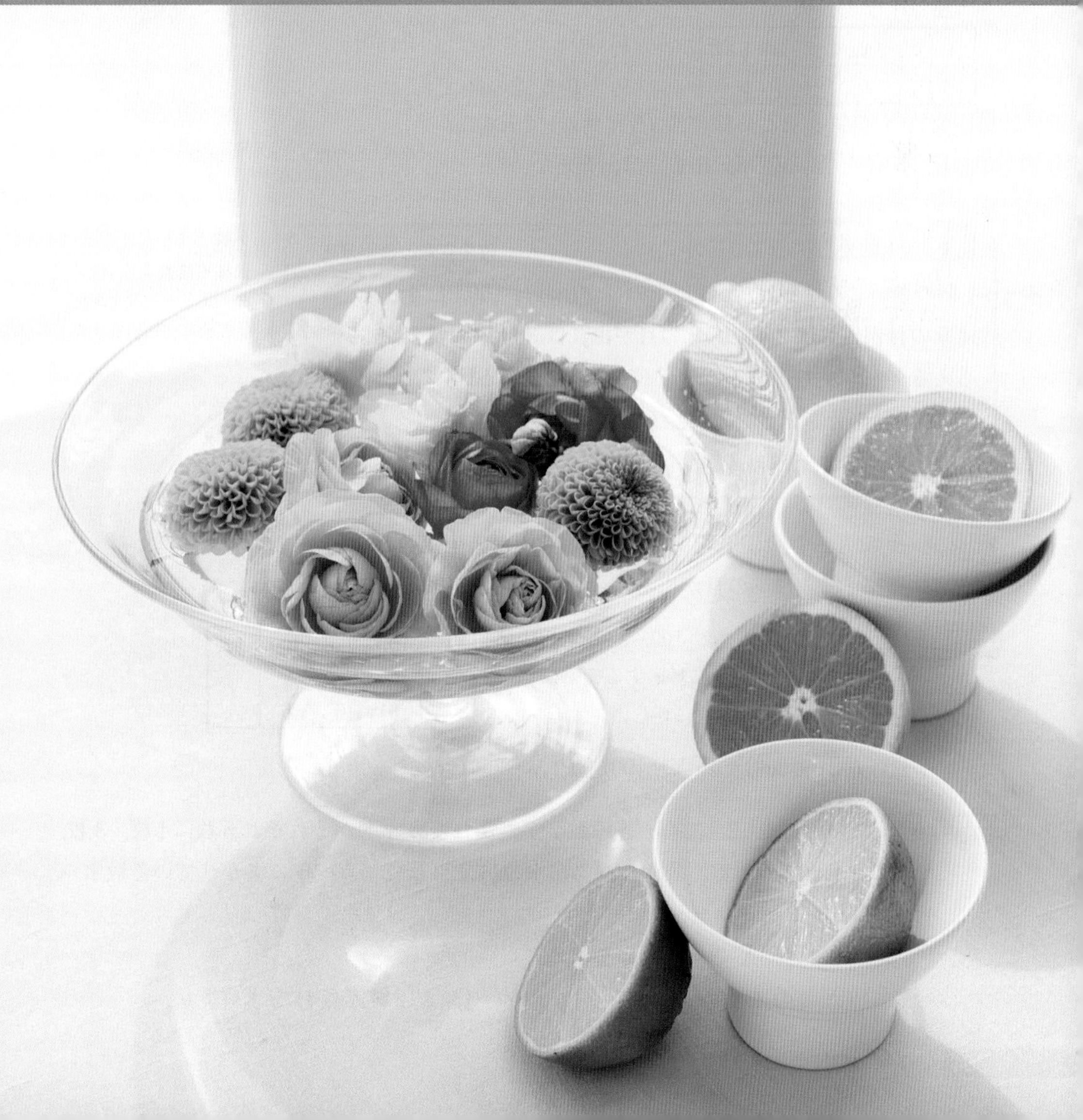

1節 確率分布

1 確率変数と確率分布

● 確率変数と確率分布

試行の結果によってその値 x_1, x_2, …, x_n が定まり，各値 x_n に対して確率 p_n が定まるような変数を**確率変数**という。

X	x_1	x_2	…	x_n	計
P	p_1	p_2	…	p_n	1

・$p_1 \geqq 0$, $p_2 \geqq 0$, …, $p_n \geqq 0$

・$p_1+p_2+\cdots+p_n=1$

確率変数 X が値 a をとる確率を $P(X=a)$ で表す。

この対応関係を X の**確率分布**または**分布**という。

X の値が a 以上である確率を $P(X \geqq a)$，a 以上 b 以下である確率を $P(a \leqq X \leqq b)$ と表す。

基本例題 232 確率変数と確率分布

1 個のさいころを投げて，3 以下の目が出れば 100 円，4 または 5 の目が出れば 200 円，6 の目が出れば 300 円の賞金がもらえるゲームがある。このゲームの賞金を X 円とするとき，

(1) X の確率分布を求めよ。

(2) $P(X \leqq 200)$ を求めよ。

テストに出るぞ！

ねらい
確率変数を理解し，対応する確率を求めて確率分布表を作ること。

変数 X…賞金 100 円，200 円，300 円が確率変数となる。
確率 P…3 以下の目が出る → 1，2，3 の目が出るので 3 通り

解答例 (1) X のとり得る値は 100，200，300 のいずれかで，X に対応する確率はそれぞれの相対度数に等しい。

答

X	100	200	300	計
P	$\frac{3}{6}$	$\frac{2}{6}$	$\frac{1}{6}$	1

(2) $P(X \leqq 200)=P(X=100)+P(X=200)=\frac{3}{6}+\frac{2}{6}=\frac{5}{6}$ …答

類題 232 袋の中に 1，2，3，4，5 の数字が書かれたカードがそれぞれ 5 枚，4 枚，3 枚，2 枚，1 枚ずつある。袋から適当に 1 枚取り出して，カードに書かれている数字 X を確認する。

(1) このとき，X の確率分布を求めよ。

(2) $P(X \geqq 4)$ を求めよ。　(3) $P(2 \leqq X \leqq 4)$ を求めよ。

2 確率変数の平均と分散

● 確率変数の平均(期待値)

500 本からなるくじがある。当たりくじの賞金とその本数は，1 等 1000 円が 1 本，2 等 700 円が 2 本，3 等 400 円が 16 本，4 等 200 円が 20 本，それ以外は外れくじである。このとき，くじを 1 本引いたときの賞金の平均は，賞金総額をくじの総数で割ったものだから，

$$\frac{1000\times1+700\times2+400\times16+200\times20}{500}=\frac{12800}{500}=25.6\ (円)$$

これは，次のように考えることができる。

$$1000\cdot\frac{1}{500}+700\cdot\frac{2}{500}+400\cdot\frac{16}{500}+200\cdot\frac{20}{500}=\frac{12800}{500}=25.6\ (円)$$

$P(X=1000)=\dfrac{1}{500}$, $P(X=700)=\dfrac{2}{500}$, $P(X=400)=\dfrac{16}{500}$, $P(X=200)=\dfrac{20}{500}$ だから

$$1000\cdot P(X=1000)+700\cdot P(X=700)+400\cdot P(X=400)+200\cdot P(X=200)=25.6$$

一般に，確率変数 X が，x_1, x_2, x_3, …, x_n で，その確率が p_1, p_2, p_3, …, p_n であるとき，

$$\sum_{k=1}^{n} x_k p_k = x_1p_1+x_2p_2+\cdots+x_np_n$$

X	x_1	x_2	…	x_n	計
P	p_1	p_2	…	p_n	1

を X の**平均**または**期待値**といい，$E(X)$ または m で表す。

基本例題 233 平均(期待値)

基本例題 232 のゲームにおいて，1 回のゲームで得られる賞金の平均(期待値)を求めよ。

ねらい
確率分布を理解し，平均(期待値)を求めること。

解法ルール 1 確率分布の表を作る。
2 平均(期待値)＝(確率変数の値×確率)の和

確率分布表の上と下をかけてたす。

解答例 賞金の平均(期待値)は

$$100\cdot\frac{3}{6}+200\cdot\frac{2}{6}+300\cdot\frac{1}{6}$$
$$=\frac{1000}{6}=\frac{\mathbf{500}}{\mathbf{3}}\ \textbf{(円)}$$ …答

X	100	200	300	計
P	$\frac{3}{6}$	$\frac{2}{6}$	$\frac{1}{6}$	1

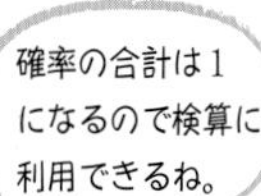

確率の合計は 1 になるので検算に利用できるね。

類題 233 類題 232 において，X の平均(期待値)を求めよ。

● 確率変数の分散・標準偏差

同じ平均(期待値)をもつ確率変数であっても，その確率分布は同じであるとは限らない。

次の2つの確率分布を見てみよう。

X	1	2	3	4	5	計
P	$\frac{1}{15}$	$\frac{3}{15}$	$\frac{7}{15}$	$\frac{3}{15}$	$\frac{1}{15}$	1

Y	1	2	3	4	5	計
P	$\frac{3}{15}$	$\frac{3}{15}$	$\frac{3}{15}$	$\frac{3}{15}$	$\frac{3}{15}$	1

どちらも平均(期待値)は3であるが，その分布は異なっている。変数 X の確率分布は平均(期待値)の近くに集中しているが，変数 Y の分布はばらついている。

平均(期待値)からの散らばりの大きさを表す量を考えよう。

確率変数 X が次の確率分布に従い，**平均(期待値)を $m=E(X)$** とするとき

X	x_1	x_2	$\cdots$	x_n	計
P	p_1	p_2	$\cdots$	p_n	1

変数 X と平均(期待値)との差(**偏差**という)**$X-m$ の2乗の平均**を考える。これを確率変数 X の**分散**といい，$V(X)$ で表す。

$$\boldsymbol{V(X)=E((X-m)^2)=(x_1-m)^2p_1+(x_2-m)^2p_2+\cdots+(x_n-m)^2p_n}$$

$$\boldsymbol{=\sum_{k=1}^{n}(x_k-m)^2p_k}$$

はじめの2つの例で考えてみよう。

$$V(X)=(1-3)^2\cdot\frac{1}{15}+(2-3)^2\cdot\frac{3}{15}+(3-3)^2\cdot\frac{7}{15}+(4-3)^2\cdot\frac{3}{15}+(5-3)^2\cdot\frac{1}{15}=\frac{14}{15}$$

$$V(Y)=(1-3)^2\cdot\frac{3}{15}+(2-3)^2\cdot\frac{3}{15}+(3-3)^2\cdot\frac{3}{15}+(4-3)^2\cdot\frac{3}{15}+(5-3)^2\cdot\frac{3}{15}=2$$

分散の単位は確率変数 X の単位の2乗になるので，X と単位をそろえるため，分散の正の平方根をとって $\sqrt{V(X)}$ **を散らばりの度合いを表す数値として用いることがある**。この $\sqrt{V(X)}$ を X の**標準偏差**といい，$\sigma(X)$ で表す。**標準偏差は散らばりの度合いを表す数値で，値が小さいほど確率変数 X のとる値は平均近くに集中している。**

同様に，はじめの2つの例で考えると

$$\sigma(X)=\sqrt{V(X)}=\sqrt{\frac{14}{15}}=\frac{\sqrt{210}}{15},\ \sigma(Y)=\sqrt{V(Y)}=\sqrt{2}$$

ポイント [平均・分散・標準偏差]　覚え得

平均(期待値)：$E(X)=x_1p_1+x_2p_2+\cdots+x_np_n$

分散　　　　：$V(X)=E((X-m)^2)=\sum_{k=1}^{n}(x_k-m)^2p_k$ (ただし $m=E(X)$)

標準偏差　　：$\sigma(X)=\sqrt{V(X)}$

基本例題 234　平均・分散・標準偏差を求める

テストに出るぞ！

X の確率分布が次の表のようになるとき，平均(期待値) $E(X)$，分散 $V(X)$，標準偏差 $\sigma(X)$ を求めよ。

X	1	2	3	4	5	計
P	$\frac{6}{50}$	$\frac{14}{50}$	$\frac{16}{50}$	$\frac{12}{50}$	$\frac{2}{50}$	1

ねらい
確率分布から，平均・分散・標準偏差を求めること。

解法ルール

1. $E(X)=\sum_{k=1}^{5} x_k p_k$
2. $V(X)=\sum_{k=1}^{5}(x_k-m)^2 p_k$　(ただし，$m=E(X)$)
3. $\sigma(X)=\sqrt{V(X)}$

解答例

$$\boldsymbol{E(X)}=1\cdot\frac{6}{50}+2\cdot\frac{14}{50}+3\cdot\frac{16}{50}+4\cdot\frac{12}{50}+5\cdot\frac{2}{50}=\frac{140}{50}=\boldsymbol{\frac{14}{5}}\quad\cdots\text{答}$$

$$\boldsymbol{V(X)}=\left(1-\frac{14}{5}\right)^2\cdot\frac{6}{50}+\left(2-\frac{14}{5}\right)^2\cdot\frac{14}{50}+\left(3-\frac{14}{5}\right)^2\cdot\frac{16}{50}$$
$$+\left(4-\frac{14}{5}\right)^2\cdot\frac{12}{50}+\left(5-\frac{14}{5}\right)^2\cdot\frac{2}{50}=\frac{1400}{1250}=\boldsymbol{\frac{28}{25}}\quad\cdots\text{答}$$

$$\boldsymbol{\sigma(X)}=\sqrt{V(X)}=\sqrt{\frac{28}{25}}=\boldsymbol{\frac{2\sqrt{7}}{5}}\quad\cdots\text{答}$$

分散の計算が大変になる。もう少し楽な計算方法がないか，考えてみよう。

$$V(X)=\sum_{k=1}^{n}(x_k-m)^2p_k=\sum_{k=1}^{n}(x_k{}^2-2mx_k+m^2)p_k$$
$$=\sum_{k=1}^{n}x_k{}^2p_k-2m\sum_{k=1}^{n}x_kp_k+m^2\sum_{k=1}^{n}p_k$$
($\sum_{k=1}^{n}x_kp_k$ → m，$\sum_{k=1}^{n}p_k$ → 1)
$$=\sum_{k=1}^{n}x_k{}^2p_k-2m\cdot m+m^2\cdot 1$$
$$=\sum_{k=1}^{n}x_k{}^2p_k-m^2$$

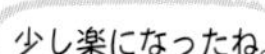

分散の公式(その2)
$$\boldsymbol{V(X)=E(X^2)-\{E(X)\}^2=E(X^2)-m^2}$$

この方法で上の基本例題を解いてみると

$$V(X)=1^2\cdot\frac{6}{50}+2^2\cdot\frac{14}{50}+3^2\cdot\frac{16}{50}+4^2\cdot\frac{12}{50}+5^2\cdot\frac{2}{50}-\left(\frac{14}{5}\right)^2=\frac{56}{50}=\boldsymbol{\frac{28}{25}}$$

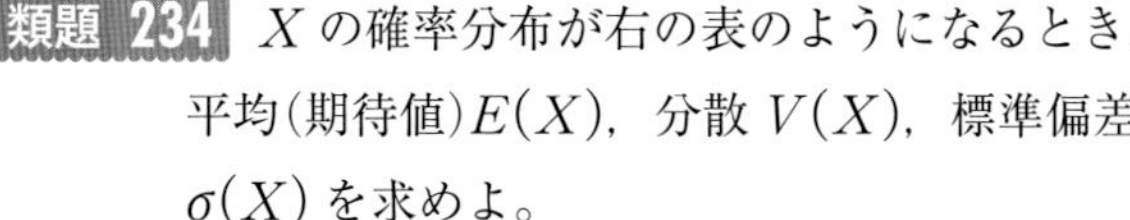

類題 234　X の確率分布が右の表のようになるとき，平均(期待値) $E(X)$，分散 $V(X)$，標準偏差 $\sigma(X)$ を求めよ。

X	1	2	3	4	5	計
P	$\frac{2}{40}$	$\frac{10}{40}$	$\frac{10}{40}$	$\frac{12}{40}$	$\frac{6}{40}$	1

● 確率変数の変換

確率変数 X に対して，定数 a，b を用いて，X の1次式 $\boldsymbol{Y=aX+b}$ で定めた確率変数 Y について考えよう。X の平均(期待値)を m とする。

$$E(Y)=\sum_{k=1}^{n}y_kp_k=\sum_{k=1}^{n}(ax_k+b)p_k=a\sum_{k=1}^{n}x_kp_k+b\sum_{k=1}^{n}p_k=\boldsymbol{aE(X)+b}$$

$$V(Y)=E((Y-E(Y))^2)=E(((aX+b)-(am+b))^2)=E((aX-am)^2)$$
$$=E(a^2(X-m)^2)=a^2E((X-m)^2)=\boldsymbol{a^2V(X)}$$
$$\sigma(Y)=\sqrt{V(Y)}=\sqrt{a^2V(X)}=|a|\sqrt{V(X)}=\boldsymbol{|a|\sigma(X)}$$

X に対して上のような Y を考えることを，**確率変数の変換**という。

> $E(Y)=aE(X)+b$
> $V(Y)=a^2V(X)$
> $\sigma(Y)=|a|\sigma(X)$

ポイント [確率変数の変換]

確率変数 X と定数 a，b に対して，$Y=aX+b$ とすると，Y も確率変数となり

$$\boldsymbol{E(Y)=aE(X)+b} \qquad \boldsymbol{V(Y)=a^2V(X)} \qquad \boldsymbol{\sigma(Y)=|a|\sigma(X)}$$

覚え得

基本例題 235　確率変数の変換

テストに出るぞ！

100円硬貨を2枚投げて表の出た枚数を X とするとき，次の問いに答えよ。

(1) X の平均と分散を求めよ。

(2) 表が出た金額に50円を加えた金額の平均と分散を求めよ。

ねらい
確率変数 $aX+b$ の平均，分散が求められること。

解法ルール 1 確率変数 X の確率分布表を作成し，平均と分散を求める。
2 $Y=100X+50$ の平均と分散を求める。

解答例 (1) 硬貨の出方は
(裏，裏)，(裏，表)，(表，裏)，(表，表) の4通り。

X	0	1	2	計
P	$\frac{1}{4}$	$\frac{2}{4}$	$\frac{1}{4}$	1

$$\boldsymbol{E(X)}=0\cdot\frac{1}{4}+1\cdot\frac{2}{4}+2\cdot\frac{1}{4}\boldsymbol{=1} \quad \cdots 答$$

$$\boldsymbol{V(X)}=0^2\cdot\frac{1}{4}+1^2\cdot\frac{2}{4}+2^2\cdot\frac{1}{4}-1^2\boldsymbol{=\frac{1}{2}} \quad \cdots 答$$

[公式の覚え方]

変化	平均	分散	標準偏差
$+a$	$+a$	変化なし	変化なし
$\times a$	$\times a$	$\times a^2$	$\times\lvert a\rvert$

(2) $$\boldsymbol{E(Y)}=E(100X+50)=100E(X)+50=100\cdot1+50\boldsymbol{=150} \quad \cdots 答$$

$$\boldsymbol{V(Y)}=V(100X+50)=100^2V(X)=100^2\cdot\frac{1}{2}\boldsymbol{=5000} \quad \cdots 答$$

類題 235 確率変数 X の確率分布が次の表で与えられているとき，次の平均と分散を求めよ。

(1) $3X$　　(2) $8X+5$

X	1	2	3	4	計
P	$\frac{1}{6}$	$\frac{1}{6}$	$\frac{2}{6}$	$\frac{2}{6}$	1

3 確率変数の和と積

同時分布

確率変数 X の値が，x_1，x_2，x_3，…，x_n，確率変数 Y の値が，y_1，y_2，y_3，…，y_n をとるとき，$\boldsymbol{X=x_i}$ **かつ** $\boldsymbol{Y=y_j}$ をとる確率を $\boldsymbol{P(X=x_i,\ Y=y_j)}$ のように表す。

$P(X=x_i,\ Y=y_j)=p_{ij}$ とすると，確率変数 X，Y について，次の表のようにすべての x_i，y_j に対して，p_{ij} との対応が得られる。この対応を X と Y の**同時分布**という。

	y_1	y_2	$\cdots$	y_n	計
x_1	p_{11}	p_{12}	$\cdots$	p_{1n}	p_1
x_2	p_{21}	p_{22}	$\cdots$	p_{2n}	p_2
$\vdots$	$\vdots$	$\vdots$	$\ddots$	$\vdots$	$\vdots$
x_n	p_{n1}	p_{n2}	$\cdots$	p_{nn}	p_n
計	q_1	q_2	$\cdots$	q_n	1

$p_{i1}+p_{i2}+\cdots+p_{in}=p_i$
$p_{1j}+p_{2j}+\cdots+p_{nj}=q_j$
$p_1+p_2+\cdots+p_n=1$
$q_1+q_2+\cdots+q_n=1$

同様に，3つの確率変数 X，Y，Z についても
$\boldsymbol{X=x_i}$ **かつ** $\boldsymbol{Y=y_j}$ **かつ** $\boldsymbol{Z=z_k}$ となる確率を $\boldsymbol{P(X=x_i,\ Y=y_j,\ Z=z_k)}$ のように表す。

基本例題 236 同時分布

10本中4本の当たりがあるくじをA，Bの順に1本ずつ引く。ただし，引いたくじは元に戻さないとする。このとき，Aが引いた当たりくじの本数を X，Bが引いた当たりくじの本数を Y とする。X，Y の同時分布を求めよ。

ねらい
同時分布の表が作れるようになること。

解法ルール
1 X，Y のとり得る値は0，1である。
2 $(X,\ Y)=(0,\ 0)$，$(0,\ 1)$，$(1,\ 0)$，$(1,\ 1)$ の4通りである。
3 各場合の確率，$P(X=0,\ Y=0)$ 等を求めて表にする。

解答例 各場合の確率は，

$P(X=0,\ Y=0)=\dfrac{6}{10}\cdot\dfrac{5}{9}=\dfrac{5}{15}$

$P(X=0,\ Y=1)=\dfrac{6}{10}\cdot\dfrac{4}{9}=\dfrac{4}{15}$

$P(X=1,\ Y=0)=\dfrac{4}{10}\cdot\dfrac{6}{9}=\dfrac{4}{15}$

$P(X=1,\ Y=1)=\dfrac{4}{10}\cdot\dfrac{3}{9}=\dfrac{2}{15}$ となる。

答

X \ Y	0	1	計
0	$\dfrac{5}{15}$	$\dfrac{4}{15}$	$\dfrac{9}{15}$
1	$\dfrac{4}{15}$	$\dfrac{2}{15}$	$\dfrac{6}{15}$
計	$\dfrac{9}{15}$	$\dfrac{6}{15}$	1

← $P(X=0,\ Y=0)$ は A も B もはずれを引く場合。
A がはずれを引く確率…$\dfrac{6}{10}$
次に，B がはずれを引く確率…$\dfrac{5}{9}$
よって
$P(X=0,\ Y=0)$
$=\dfrac{6}{10}\cdot\dfrac{5}{9}$

類題 236 さいころを2個投げて，偶数が出たさいころの個数を X，3の倍数が出たさいころの個数を Y とする。X と Y の同時分布を求めよ。

● 確率変数の和の平均(期待値)

	y_1	y_2	$\cdots$	y_n	計
x_1	p_{11}	p_{12}	$\cdots$	p_{1n}	p_1
x_2	p_{21}	p_{22}	$\cdots$	p_{2n}	p_2
$\vdots$	$\vdots$	$\vdots$	$\ddots$	$\vdots$	$\vdots$
x_n	p_{n1}	p_{n2}	$\cdots$	p_{nn}	p_n
計	q_1	q_2	$\cdots$	q_n	1

前ページのように，確率変数 X，Y の同時分布が右の表のようなとき，$Z=X+Y$ とすると，Z も確率変数であり，Z の取り得る値は，x_1+y_1，x_1+y_2，$\cdots$，x_1+y_n，x_2+y_1，x_2+y_2，$\cdots$，x_2+y_n，$\cdots$，x_n+y_1，$\cdots$，x_n+y_n である。

$X=x_i$ かつ $Y=y_j$ のとき $Z=x_i+y_j$ であり，その確率は **p_{ij}** である。

Z の平均(期待値)は，次のように計算できる。

$$\begin{aligned}E(Z)=&(x_1+y_1)p_{11}+(x_1+y_2)p_{12}+\cdots+(x_1+y_n)p_{1n}\\&+(x_2+y_1)p_{21}+(x_2+y_2)p_{22}+\cdots+(x_2+y_n)p_{2n}\\&+\cdots\\&+(x_n+y_1)p_{n1}+(x_n+y_2)p_{n2}+\cdots+(x_n+y_n)p_{nn}\\=&x_1(p_{11}+p_{12}+\cdots+p_{1n})+x_2(p_{21}+p_{22}+\cdots+p_{2n})\\&+\cdots+x_n(p_{n1}+p_{n2}+\cdots+p_{nn})\\&+y_1(p_{11}+p_{21}+\cdots+p_{n1})+y_2(p_{12}+p_{22}+\cdots+p_{n2})\\&+\cdots+y_n(p_{1n}+p_{2n}+\cdots+p_{nn})\\=&x_1p_1+x_2p_2+\cdots+x_np_n+y_1q_1+y_2q_2+\cdots+y_nq_n\\=&E(X)+E(Y)\end{aligned}$$

左の計算が理解しにくければ，$n=4$ のときなどを計算するとわかりやすいですね。

基本例題 237　確率変数の和の平均

確率変数 X，Y の平均(期待値)がそれぞれ 1，2 であるとき，次の確率変数の平均(期待値)を求めよ。

(1) $X+Y$　　(2) $3X+2Y$　　(3) $2X-Y$

ねらい
確率変数の和の平均について理解すること。

1 $E(X+Y)=E(X)+E(Y)$

2 $E(aX)=aE(X)$

$E(aX+bY)$
$=aE(X)+bE(Y)$

(1) $E(X+Y)=E(X)+E(Y)=1+2=\mathbf{3}$ …答

(2) $E(3X+2Y)=E(3X)+E(2Y)$
$=3E(X)+2E(Y)=3\cdot1+2\cdot2=\mathbf{7}$ …答

(3) $E(2X-Y)=2E(X)-E(Y)=2\cdot1-2=\mathbf{0}$ …答

10 円硬貨 1 枚と 100 円硬貨 1 枚を投げる。表が出た硬貨の金額の和の平均(期待値)を求めよ。

独立な2つの確率変数の積の平均(期待値)

確率変数 X, Y について，変数 X の任意の値 a と変数 Y の任意の値 b について

$$P(X=a,\ Y=b)=P(X=a)P(Y=b)$$

が成立するとき，確率変数 X と Y は**互いに独立**であるという。

独立な確率変数 X と Y の積 XY の平均(期待値)について考えよう。

$P(X=x_i,\ Y=y_j)=P(X=x_i)P(Y=y_j)=p_iq_j$ だから

	y_1	y_2	$\cdots$	y_n	計
x_1	p_1q_1	p_1q_2	$\cdots$	p_1q_n	p_1
x_2	p_2q_1	p_2q_2	$\cdots$	p_2q_n	p_2
$\vdots$	$\vdots$	$\vdots$	$\ddots$	$\vdots$	$\vdots$
x_n	p_nq_1	p_nq_2	$\cdots$	p_nq_n	p_n
計	q_1	q_2	$\cdots$	q_n	1

簡単な例として，2個のさいころを投げたときの出る目の積の平均を求めてみれば，左の計算がわかりやすくなるよ。

$$\begin{aligned}
E(XY)&=(x_1y_1)(p_1q_1)+(x_1y_2)(p_1q_2)+\cdots+(x_1y_n)(p_1q_n)\\
&\quad+(x_2y_1)(p_2q_1)+(x_2y_2)(p_2q_2)+\cdots+(x_2y_n)(p_2q_n)\\
&\quad+\cdots\\
&\quad+(x_ny_1)(p_nq_1)+(x_ny_2)(p_nq_2)+\cdots+(x_ny_n)(p_nq_n)\\
&=x_1p_1y_1q_1+x_1p_1y_2q_2+\cdots+x_1p_1y_nq_n\\
&\quad+x_2p_2y_1q_1+x_2p_2y_2q_2+\cdots+x_2p_2y_nq_n\\
&\quad+\cdots\\
&\quad+x_np_ny_1q_1+x_np_ny_2q_2+\cdots+x_np_ny_nq_n\\
&=x_1p_1(y_1q_1+y_2q_2+\cdots+y_nq_n)\\
&\quad+x_2p_2(y_1q_1+y_2q_2+\cdots+y_nq_n)\\
&\quad+\cdots\\
&\quad+x_np_n(y_1q_1+y_2q_2+\cdots+y_nq_n)\\
&=(x_1p_1+x_2p_2+\cdots+x_np_n)(y_1q_1+y_2q_2+\cdots+y_nq_n)\\
&=E(X)E(Y)
\end{aligned}$$

[独立な2つの確率変数の積の平均]

2つの確率変数 X と Y が互いに独立のとき

$$E(XY)=E(X)E(Y)$$

基本例題 238　　独立な確率変数

基本例題 236 の確率変数 X と Y は互いに独立であるかどうかを確認せよ。
また，この問題で引いたくじを元に戻すとき，X と Y は独立であるかどうかを確認せよ。

ねらい
確率変数の独立について理解すること。

解法ルール　確率変数 X，Y が独立
$\Longleftrightarrow P(X=a,\ Y=b)=P(X=a)P(Y=b)$ がすべての a，b について成立

解答例　引いたくじを元に戻さない場合の同時分布の表は右の通り。

X＼Y	0	1	計
0	$\frac{5}{15}$	$\frac{4}{15}$	$\frac{9}{15}$
1	$\frac{4}{15}$	$\frac{2}{15}$	$\frac{6}{15}$
計	$\frac{9}{15}$	$\frac{6}{15}$	1

このとき，$P(X=0,\ Y=0)=\dfrac{5}{15}$ であるが，

$P(X=0)\times P(Y=0)=\dfrac{9}{15}\times\dfrac{9}{15}=\dfrac{9}{25}$

なので，$P(X=0,\ Y=0)\neq P(X=0)P(Y=0)$

よって，X と Y は独立でない。終

また，引いたくじを元に戻す場合の同時分布の表は右のようになる。このとき，どのような a，b についても $P(X=a,\ Y=b)=P(X=a)P(Y=b)$ だから，X と Y は独立である。終

X＼Y	0	1	計
0	$\frac{9}{25}$	$\frac{6}{25}$	$\frac{3}{5}$
1	$\frac{6}{25}$	$\frac{4}{25}$	$\frac{2}{5}$
計	$\frac{3}{5}$	$\frac{2}{5}$	1

データサイエンスとデータサイエンティスト

よく耳にする「データサイエンス」とは何でしょうか。多くの大学でデータサイエンス関連の学部や学科が設置されています。社会や時代が「データサイエンス」を必要としていることが分かりますね。

データサイエンスとは，数学・統計，科学，情報工学など様々な分野の知識や手法を組み合わせて，社会にあふれているデータから価値を引き出す学問です。ビジネス，教育，医療，環境，行政など，あらゆる分野において，高度なデータ処理・データ分析が必要とされています。ビジネス組織では，データサイエンスを利用して製品や顧客サービスを改善し，ビジネスチャンスを創出して組織運営に活かしています。

データサイエンスに取り組む人をデータサイエンティストと呼びます。データサイエンティストは，さまざまなスキルを組み合わせて，社会にあふれる様々なデータを分析します。組織の進む道を指し示すデータサイエンティストは，夢のある職業のひとつでしょう。

● 独立な２つの確率変数の和の分散

さらに，分散の公式を利用して，和 $X+Y$ の分散について考えると，

$$\begin{aligned} V(X+Y) &= E((X+Y)^2)-\{E(X+Y)\}^2 \\ &= E(X^2+2XY+Y^2)-\{E(X)+E(Y)\}^2 \\ &= \{E(X^2)+2E(XY)+E(Y^2)\}-[\{E(X)\}^2+2E(X)E(Y)+\{E(Y)\}^2] \\ &= E(X^2)+2E(X)E(Y)+E(Y^2)-\{E(X)\}^2-2E(X)E(Y)-\{E(Y)\}^2 \\ &= [E(X^2)-\{E(X)\}^2]+[E(Y^2)-\{E(Y)\}^2] \\ &= V(X)+V(Y) \end{aligned}$$

ポイント　[独立な２つの確率変数の和の分散]

２つの確率変数 X と Y が互いに独立のとき

$$V(X+Y)=V(X)+V(Y)$$

（参考）***p. 268*** の $V(aX+b)=a^2V(X)$ で $b=0$ とした次の関係も思い出しておこう。

$$V(aX)=a^2V(X)$$

基本例題 239　独立な２つの確率変数の和の分散

確率変数 X の平均（期待値）が２で分散が５，確率変数 Y の平均（期待値）が１で分散が４である。X と Y が互いに独立であるとき，確率変数 $3X+2Y$ の平均（期待値）と分散を求めよ。

ねらい

独立な確率変数 X，Y の和の分散が求められること。

解法ルール　X と Y が互いに独立のとき，

1. $V(X+Y)=V(X)+V(Y)$
2. $V(aX)=a^2V(X)$

条件より $E(X)=2$，$V(X)=5$，$E(Y)=1$，$V(Y)=4$ である。

また，X と Y は互いに独立であるから

$\boldsymbol{E(3X+2Y)}=3E(X)+2E(Y)=3\cdot2+2\cdot1=\mathbf{8}$ …答

$\boldsymbol{V(3X+2Y)}=3^2V(X)+2^2V(Y)=9\cdot5+4\cdot4=\mathbf{61}$ …答

類題 239　さいころ１個とコイン１枚を投げて，さいころの目の数を X とし，コインの表が出れば $Y=1$，裏が出れば $Y=2$ とする。このとき，確率変数 $X+Y$ の平均（期待値），分散，標準偏差を求めよ。

4 二項分布(binomial distribution)

1個のさいころを4回投げたとき，3の倍数の目がX回出る確率を求めよう。

3の倍数(3と6)が出る事象をAとすると確率$P(A)$は$\frac{2}{6}=\frac{1}{3}$であり，3の倍数以外の目が出る事象をBとすると確率$P(B)$は$1-\frac{1}{3}=\frac{2}{3}$である。

Aが1個，Bが3個の並べ方だから，${}_4\mathrm{C}_1$で求められるね。

$X=1$のとき，Aが1回，Bが3回起こるので
$ABBB$，$BABB$，$BBAB$，$BBBA$の4パターンある。

したがって，求める確率は　$P(X=1)={}_4\mathrm{C}_1\left(\frac{1}{3}\right)^1\left(\frac{2}{3}\right)^3=\frac{32}{81}$

今度は，Aが2個，
Bが2個の並べ方だから，
${}_4\mathrm{C}_2$でいいんだね。

$X=2$のとき，Aが2回，Bが2回起こるので
$AABB$，$ABAB$，$ABBA$，$BAAB$，$BABA$，$BBAA$
の6パターンある。したがって，求める確率は　$P(X=2)={}_4\mathrm{C}_2\left(\frac{1}{3}\right)^2\left(\frac{2}{3}\right)^2=\frac{24}{81}$

同様にして計算すると　$P(X=0)={}_4\mathrm{C}_0\left(\frac{1}{3}\right)^0\left(\frac{2}{3}\right)^4=\frac{16}{81}$，$P(X=3)={}_4\mathrm{C}_3\left(\frac{1}{3}\right)^3\left(\frac{2}{3}\right)^1=\frac{8}{81}$，

$P(X=4)={}_4\mathrm{C}_4\left(\frac{1}{3}\right)^4\left(\frac{2}{3}\right)^0=\frac{1}{81}$

したがって，Xの確率分布は，次の表のようになる。

X	0	1	2	3	4	計
P	$\frac{16}{81}$	$\frac{32}{81}$	$\frac{24}{81}$	$\frac{8}{81}$	$\frac{1}{81}$	1

一般に，1回の試行で事象Aが起こる確率をpとするとき，この試行をn回繰り返す反復試行で，Aがr回起こる確率$P(X=r)$は　$\boldsymbol{P(X=r)={}_n\mathrm{C}_r p^r(1-p)^{n-r}}$

したがって，$1-p=q$とすると，Xの確率分布は次の表のようになる。

X	0	1	…	r	…	n	計
P	${}_n\mathrm{C}_0 p^0 q^n$	${}_n\mathrm{C}_1 p^1 q^{n-1}$	…	${}_n\mathrm{C}_r p^r q^{n-r}$	…	${}_n\mathrm{C}_n p^n q^0$	1

$B(n,\ p)$のBは
Binomial distribution
の頭文字である。

確率変数Xの確率分布が上の表のようになるとき，この確率分布を**二項分布**といい，$\boldsymbol{B(n,\ p)}$で表す。「確率変数Xは二項分布$B(n,\ p)$に従う」という表現をする。

ポイント [二項分布]　覚え得

1回の試行で事象Aが起こる確率：p

n回の試行で事象Aがr回起こる確率：$\boldsymbol{P(X=r)={}_n\mathrm{C}_r p^r(1-p)^{n-r}}$

このとき，確率変数Xは**二項分布**$\boldsymbol{B(n,\ p)}$に従うという。

基本例題 240　　二項分布の計算

1枚のコインを5回投げて，表の出る回数を X とする。

(1) 確率変数 X は，どのような二項分布に従うか。

(2) 確率 $P(X=2)$ を求めよ。

テストに出るぞ！

ねらい
どのような二項分布に従うのか判断できるようになること。

1回の試行で事象 A が起こる確率を p，試行を n 回行う反復試行において，A が起こる回数を X とすれば，
確率変数 X は，二項分布 $B(n,\ p)$ に従う。
また　$P(X=r)={}_n\mathrm{C}_r p^r(1-p)^{n-r}$

同じ試行を繰り返すときは二項分布になるんだ。

解答例 (1)　試行回数は5回，コインの表の出る確率は $\frac{1}{2}$ だから

$n=5,\ p=\frac{1}{2}$　　よって，**二項分布 $B\left(5,\ \frac{1}{2}\right)$ に従う。**…答

(2)　$P(X=2)={}_5\mathrm{C}_2\left(\frac{1}{2}\right)^2\left(1-\frac{1}{2}\right)^{5-2}=10\cdot\left(\frac{1}{2}\right)^2\left(\frac{1}{2}\right)^3=\mathbf{\frac{5}{16}}$　…答

← 表が2回，裏が3回の並べ方は ${}_5\mathrm{C}_2$ で求めることができる。

類題 240　さいころを5回投げて，1の目が出る回数を X とする。

(1) 確率変数 X は，どのような二項分布に従うか。

(2) 確率 $P(X\leqq 2)$ を求めよ。

● 二項分布に従う確率変数の平均と分散

二項分布 $B(n,\ p)$ の平均(期待値)，分散を求めてみよう。

1回の試行で事象 A が起こる確率が p である試行を3回行う反復試行を考えよう。X_1，X_2，X_3 はそれぞれ1回目，2回目，3回目に事象 A が起これば1，起こらなければ0という値をとる確率変数である。A が起こる回数 X は右の表の通りで $X=X_1+X_2+X_3$ となる。この確率変数 X は，3回の反復試行において事象 A が起こる回数を表しているので，$B(3,\ p)$ に従う。確率分布は右の表のようになり，X_k の平均と分散は

X_1	0	1	0	0	1	1	0	1
X_2	0	0	1	0	1	0	1	1
X_3	0	0	0	1	0	1	1	1
X	0	1	1	1	2	2	2	3

X_k	0	1	計
P	q	p	1

$(q=1-p)$

$$E(X_k)=0\cdot q+1\cdot p=p$$
$$V(X_k)=E(X_k{}^2)-\{E(X_k)\}^2=(0^2\cdot q+1^2\cdot p)-p^2=p(1-p)=pq$$

したがって

$$E(X)=E(X_1)+E(X_2)+E(X_3)=3p$$
$$V(X)=V(X_1)+V(X_2)+V(X_3)=3pq$$

以上より，一般に n 回の試行では

$$\boldsymbol{E(X)}=E(X_1)+E(X_2)+\cdots+E(X_n)=\boldsymbol{np}$$
$$\boldsymbol{V(X)}=V(X_1)+V(X_2)+\cdots+V(X_n)=\boldsymbol{npq}$$

基本例題 241　二項分布の平均(期待値)と分散(1)

確率変数 X が二項分布 $B\left(20,\ \frac{2}{5}\right)$ に従うとき，

(1) X の平均(期待値)を求めよ。

(2) X の分散を求めよ。

(3) X の標準偏差を求めよ。

ねらい
二項分布の平均，分散，標準偏差が計算できるようになること。

解法ルール $E(X)=np$，$V(X)=npq$，$\sigma(X)=\sqrt{V(X)}$（ただし $p+q=1$）

解答例 (1) $\boldsymbol{E(X)}=20\cdot\frac{2}{5}=\mathbf{8}$ …答

(2) $\boldsymbol{V(X)}=20\cdot\frac{2}{5}\cdot\left(1-\frac{2}{5}\right)=\mathbf{\frac{24}{5}}$ …答

(3) $\boldsymbol{\sigma(X)}=\sqrt{\frac{24}{5}}=\frac{\sqrt{120}}{5}=\mathbf{\frac{2\sqrt{30}}{5}}$ …答

類題 241 確率変数 X が次の二項分布に従うとき，X の平均(期待値)，分散，標準偏差を求めよ。

(1) $B\left(32,\ \frac{1}{4}\right)$　　(2) $B\left(100,\ \frac{1}{5}\right)$

基本例題 242　二項分布の平均(期待値)と分散(2)

A 君と B 君があるゲームを 20 回行う。1 回のゲームで A 君が B 君に勝つ確率が $\frac{3}{4}$ のとき，A 君が勝つ回数 X の平均(期待値)，分散，標準偏差を求めよ。

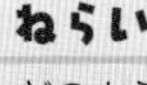

ねらい
どのような二項分布に従うか判断し，その平均，分散，標準偏差が計算できるようになること。

解法ルール 二項分布は，試行の回数 n，確率 p を用いて $B(n,\ p)$ と表される。

解答例 $E(X)=np$，$V(X)=npq$，$\sigma(X)=\sqrt{V(X)}$（ただし $p+q=1$）

X は二項分布 $B\left(20,\ \frac{3}{4}\right)$ に従うので

$\boldsymbol{E(X)}=20\cdot\frac{3}{4}=\mathbf{15}$ …答

$\boldsymbol{V(X)}=20\cdot\frac{3}{4}\cdot\left(1-\frac{3}{4}\right)=15\cdot\frac{1}{4}=\mathbf{\frac{15}{4}}$ …答

$\boldsymbol{\sigma(X)}=\sqrt{V(X)}=\sqrt{\frac{15}{4}}=\mathbf{\frac{\sqrt{15}}{2}}$ …答

類題 242 ある作物の規格外品である割合は 0.01 であるという。この作物 500 個の中の規格外品の個数を X とするとき，X の平均(期待値)，分散，標準偏差を求めよ。

連続型確率変数

これまで学んできた確率変数は，さいころの目や賞金額など「とびとびの値」だった。ここでは，身長，体重，温度など連続的な値をとる確率変数について考えよう。

右の表は，ある地区の高校生の身長の度数分布表である。この地区の高校生から1人を選んで，高校生の身長(変数 X)の属する階級値が162.5である確率は，相対度数0.2060と考えるのが妥当である。

同様に，$165 \leqq X < 170$ である確率は，0.2602である。図1は，この確率分布を図示したもので，各階級の上の棒の面積が，その階級の相対度数を表すようなヒストグラムである。

階級	度数	相対度数
150 以上 155 未満	1045	0.0379
155 以上 160 未満	3211	0.1165
160 以上 165 未満	5679	0.2060
165 以上 170 未満	7174	0.2602
170 以上 175 未満	5122	0.1858
175 以上 180 未満	3956	0.1435
180 以上 185 未満	1385	0.0502
計	27572	1.000

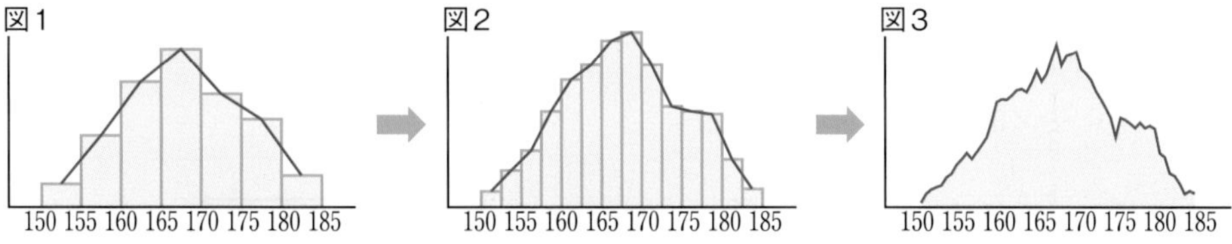

ここで，階級幅を小さくしていくと，図1→図2→図3のようになり，ヒストグラムの形は，1つの曲線 $y=f(x)$ に近づいていく。

一般に，連続的な値をとる確率変数を**連続型確率変数**といい，関数 $f(x)$ を X の**確率密度関数**という。また，とびとびの値をとる確率変数を離散型確率変数という。

確率密度関数 $f(x)$ は次のような性質を持つ。

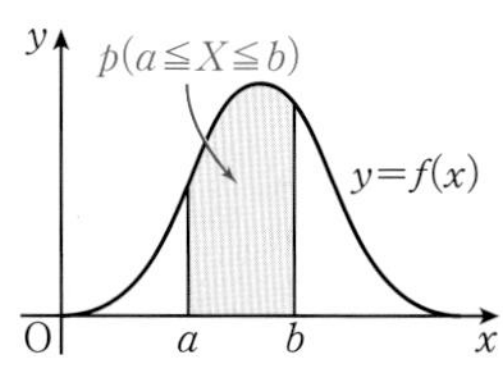

① $f(x) \geqq 0$

② 確率 $P(a \leqq X \leqq b)$ は，曲線 $y=f(x)$ と x 軸および2直線 $x=a$，$x=b$ で囲まれた部分の面積に等しい。

③ 曲線 $y=f(x)$ と x 軸の間の面積は1である。

これも知っ得　連続型確率変数の平均(期待値)と分散

確率変数 X のとり得る値の範囲が $a \leqq X \leqq b$，その確率密度関数を $f(x)$ とする。

このとき，X の平均(期待値)や分散は次のように定義される。

$$E(X)=\int_a^b xf(x)dx,\quad V(X)=\int_a^b (x-m)^2 f(x)dx$$

ただし，$m=E(X)$ である。

また，標準偏差を $\sigma(X)=\sqrt{V(X)}$ と定める。

基本例題 243

確率密度関数

確率変数 X の確率密度関数 $f(x)$ が次の式で表されるとき，それぞれの確率を求めよ。

(1) $f(x)=\dfrac{1}{3}$ $(0\leqq x\leqq 3)$

① $P(0\leqq X\leqq 0.5)$　② $P(1\leqq X\leqq 1.4)$

(2) $f(x)=\dfrac{2}{3}-\dfrac{2}{9}x$ $(0\leqq x\leqq 3)$

① $P(0.4\leqq X\leqq 0.8)$　② $P(1\leqq X\leqq 2.1)$

ねらい
確率密度関数を用いて確率を求めること。

解法ルール 確率密度関数のグラフをかいて，求める確率はどの部分の面積を求めれば良いかを考える。

解答例 求める確率の値は，それぞれの図で色がついた部分の面積に等しい。

(1) ① $\dfrac{1}{3}\times 0.5=\mathbf{\dfrac{1}{6}}$ …答

② $\dfrac{1}{3}\times(1.4-1)=\mathbf{\dfrac{2}{15}}$ …答

(2) ① $\left(\dfrac{26}{45}+\dfrac{22}{45}\right)\times\dfrac{2}{5}\times\dfrac{1}{2}=\mathbf{\dfrac{16}{75}}$ …答

② $\left(\dfrac{4}{9}+\dfrac{1}{5}\right)\times\dfrac{11}{10}\times\dfrac{1}{2}=\mathbf{\dfrac{319}{900}}$ …答

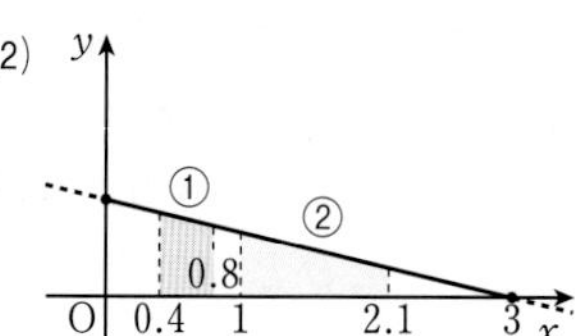

(2)
y
①
②
O
0.4
0.8
1
2.1
3
x

類題 243 確率変数 X の確率密度関数 $f(x)$ が $f(x)=\dfrac{1}{2}x$ $(0\leqq x\leqq 2)$ で表されるとき，次の確率を求めよ。

(1) $P(0\leqq X\leqq 2)$　(2) $P(1\leqq X\leqq 1.5)$

5 正規分布(normal distribution)

連続型確率分布の中でも特に代表的なものに，正規分布と呼ばれる分布がある。

連続型確率変数 X の確率密度関数 $f(x)$ が，m を実数，σ を正の実数として

$$f(x)=\frac{1}{\sqrt{2\pi}\sigma}e^{-\frac{(x-m)^2}{2\sigma^2}} \quad \cdots\cdots ①$$

で表されるとき，X は正規分布 $N(m,\ \sigma^2)$ に従うといい，$y=f(x)$ のグラフを正規分布曲線という。ただし，e は自然対数の底(数学Ⅲで詳しく学ぶ)という無理数で，$e=2.7182818\cdots$ である。

[正規分布の平均(期待値)と標準偏差]

確率変数 X が正規分布 $N(m,\ \sigma^2)$ に従うとき

$E(X)=m \qquad \sigma(X)=\sigma$

①の正規分布曲線は，以下の性質をもつ。

❶ 平均値と最頻値と中央値が一致する。

❷ 平均値を中心にして左右対称である。

❸ x 軸が漸近線である。

❹ 分散(標準偏差)が大きくなると，曲線の山は低くなり，左右に広がって平らになる。分散(標準偏差)が小さくなると，山は高くなり，とがった形になる。

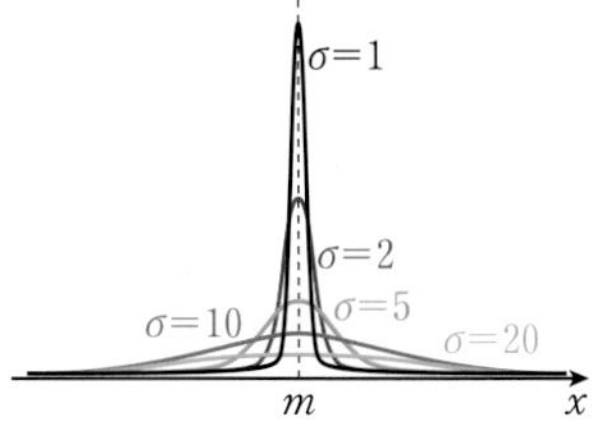

正規分布は，多くの自然現象や社会現象によく当てはまる。

ジュースの量や袋詰めのお菓子の重さの分布，身長の分布などは正規分布に近い曲線を示す。

確率変数 X が正規分布 $N(m,\ \sigma^2)$ に従うとき，$Z=\frac{X-m}{\sigma}$ とおくと

$$E(Z)=\frac{1}{\sigma}\{E(X)-m\}=\frac{1}{\sigma}(m-m)=0$$

$$V(Z)=\frac{1}{\sigma^2}\{V(X-m)\}=\frac{1}{\sigma^2}V(X)=\frac{1}{\sigma^2}\cdot\sigma^2=1 \text{ より}$$

$$\sigma(Z)=\sqrt{V(X)}=1$$

$Z=\frac{X-m}{\sigma}$ を用いて，平均が 0，標準偏差が 1 となる確率変数 Z に変数変換することを，標準化するという。

よって，Z は平均 0，標準偏差 1 の正規分布 $N(0,\ 1)$ に従う。

正規分布 $N(0,\ 1)$ を**標準正規分布**という。標準正規分布の確率密度関数は

$$f(x)=\frac{1}{\sqrt{2\pi}}e^{-\frac{x^2}{2}} \text{ である。}$$

確率変数 Z が標準正規分布 $N(0,\ 1)$ に従うとする。確率 $P(0 \leqq Z \leqq u)$ を $p(u)$ で表すとき，u と $p(u)$ の対応を表にまとめた正規分布表が巻末に掲載されている。

たとえば，$P(0 \leqq Z \leqq 1.32) = p(1.32) = 0.40658$ である。

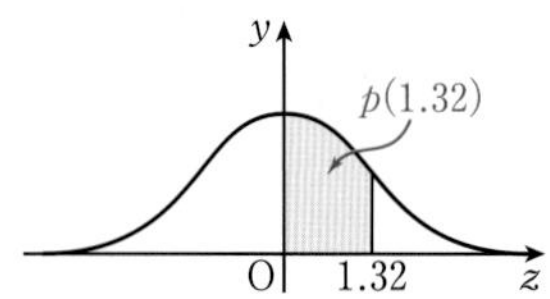

u	…	0.02	
⋮		↓	
1.3	→	0.40658	
⋮			

基本例題 244　正規分布表を用いる

確率変数 Z が標準正規分布 $N(0,\ 1)$ に従うとき，巻末の正規分布表を用いて次の確率を求めよ。

(1) $P(0 \leqq Z \leqq 2.06)$　　(2) $P(Z \geqq 1.32)$

(3) $P(-1.32 \leqq Z \leqq 1.32)$　　(4) $P(-1.5 \leqq Z \leqq 1.32)$

テストに出るぞ！

ねらい

正規分布表を用いて確率を求めること。

解法ルール　**1** 正規分布表からは，右の図の色の部分の面積，つまり確率 $P(0 \leqq Z \leqq u)$ がわかる。

2 正規分布表は y 軸に関して対称である。したがって y 軸の左側全体や，y 軸の右側全体の確率は 0.5 である。

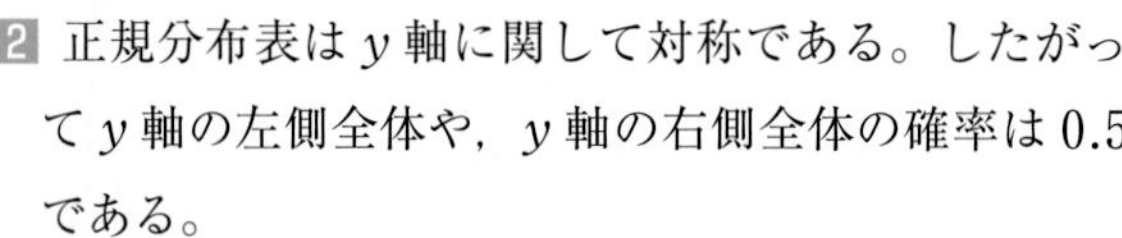

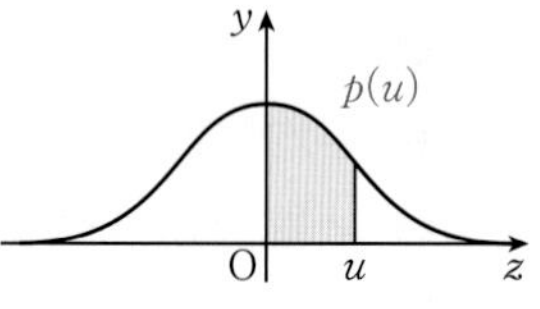

解答例　(1)　$P(0 \leqq Z \leqq 2.06) = p(2.06)$

$= \mathbf{0.48030}$ …答

(2)　$P(Z \geqq 1.32)$

$= P(Z > 0) - P(0 \leqq Z \leqq 1.32)$

$= 0.5 - p(1.32) = 0.5 - 0.40658$

$= \mathbf{0.09342}$ …答

(3)　$P(-1.32 \leqq Z \leqq 1.32)$

$= P(0 \leqq Z \leqq 1.32) \times 2$

$= 0.40658 \times 2 = \mathbf{0.81316}$ …答

(4)　$P(-1.5 \leqq Z \leqq 1.32) = P(-1.5 \leqq Z \leqq 0) + P(0 \leqq Z \leqq 1.32)$

$= P(0 \leqq Z \leqq 1.5) + P(0 \leqq Z \leqq 1.32)$

$= 0.43319 + 0.40658 = \mathbf{0.83977}$ …答

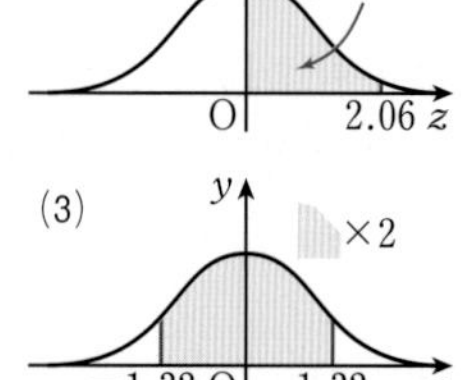

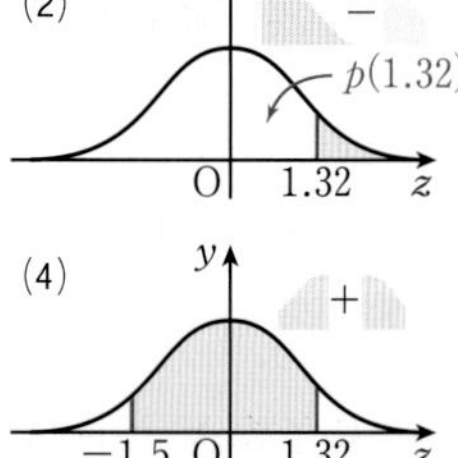

類題 244　確率変数 Z が標準正規分布 $N(0,\ 1)$ に従うとき，巻末の正規分布表を用いて次の確率を求めよ。

(1) $P(0 \leqq Z \leqq 1.96)$　　(2) $P(Z \geqq 1.5)$

(3) $P(-1.96 \leqq Z \leqq 1.96)$　　(4) $P(-1.5 \leqq Z \leqq 2)$

● 正規分布の活用

応用例題 245　正規分布の活用

ある学校の高校2年生の平日の睡眠時間の分布は，平均は6時間50分，標準偏差は60分の正規分布と見なすことができる。睡眠時間が7時間以上の生徒はおよそ何%いるか。小数第1位まで求めよ。

テストに出るぞ！

ねらい
正規分布を活用する方法を学ぶこと。

解法ルール
1 確率変数 X の正規分布を求める。
2 1で求めた正規分布を標準正規分布に変換する。
3 正規分布表から確率を読み取る。

解答例 確率変数 X は，正規分布 $N(410,\ 60^2)$ に従う。
求める割合は，確率 $P(X \geqq 420)$ である。

$Z=\dfrac{X-410}{60}$ とすると，Z は標準正規分布 $N(0,\ 1)$ に従う。

$Z=\dfrac{X-\text{平均}}{\text{標準偏差}}$

$X=420$ のとき　$Z=\dfrac{420-410}{60}\fallingdotseq 0.17$

よって　$P(X \geqq 420)=P(Z \geqq 0.17)=0.5-0.06749=0.43251$

およそ 43.3%　…答

類題 245 上の 応用例題 245 において，

(1) 睡眠時間が5時間以上6時間以下の生徒はおよそ何%いるか。小数第1位まで求めよ。

(2) 睡眠時間が5時間以上の生徒は，およそ何%いるか。小数第1位まで求めよ。

(3) この学校の高校2年生は398人である。睡眠時間が4時間以下の生徒はおよそ何人か。

● 二項分布の正規分布による近似

$B(n,\ p)$ に従う確率変数 X は，n が十分に大きいとき，$1-p=q$ とおくと，近似的に正規分布 $N(np,\ npq)$ に従うことが知られている。

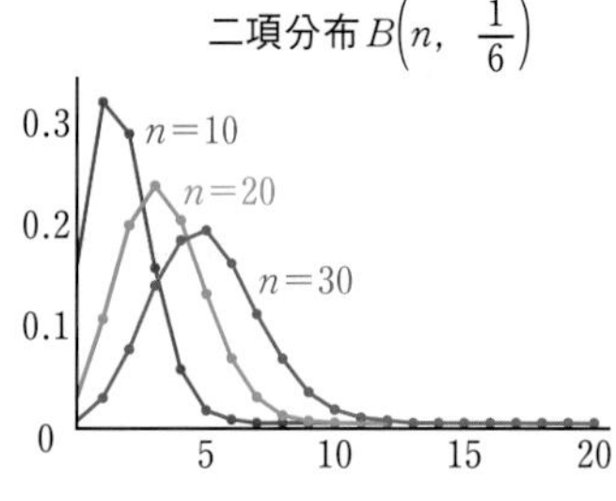

左のグラフからも，
n を大きくしていくと
正規分布のグラフに近づいていくことがわかる。

応用例題 246　二項分布の正規分布による近似

1個のさいころを720回投げて，3の目が出る回数が130回以上である確率を求めよ。

ねらい
二項分布を正規分布で近似して，確率を求めること。

解法ルール
1. 平均(期待値)と分散を求める。
2. 正規分布で近似する。標準化して，正規分布表を使う。

解答例
3の目が出る回数を X とすると，

X は二項分布 $B\left(720,\ \frac{1}{6}\right)$ に従う。

$E(X)=720\cdot\frac{1}{6}=120$　　$V(X)=720\cdot\frac{1}{6}\cdot\left(1-\frac{1}{6}\right)=10^2$

720は十分に大きい数だから，X は正規分布 $N(120,\ 10^2)$ に近似的に従う。

変数変換 $Z=\frac{X-120}{10}$ によって，Z は近似的に標準正規分布 $N(1,\ 0)$ に従う。$X=130$ のとき，$Z=1$ だから

$$P(X\geqq 130)=P(Z\geqq 1)=0.5-P(0\leqq Z\leqq 1)$$
$$=0.5-0.34134=\mathbf{0.15866}\quad \cdots 答$$

← $B(n,\ p)$ の
平均：$E(X)=np$
分散：$V(X)=npq$

← n が十分大きな数であることを確認する。(一般には30以上)

類題 246　1個のさいころを360回投げて，3の目が出る回数が70回以上80回以下である確率を求めよ。ただし，$\sqrt{2}=1.414$ とする。

2節 統計的な推測

6 母集団と標本

全数調査と標本調査

統計調査には，全数調査と標本調査の 2 つの方法がある。

全数調査…調査対象全体からデータをもれなく集めて調べる。

標本調査…調査対象全体から一部のデータを抜き出して調べる。

標本調査では，対象とする集団全体を**母集団**という。母集団から選び出された一部を**標本**といい，母集団から標本を選び出すことを**抽出**という。母集団，標本に属する要素の個数を，それぞれ**母集団の大きさ**，**標本の大きさ**という。

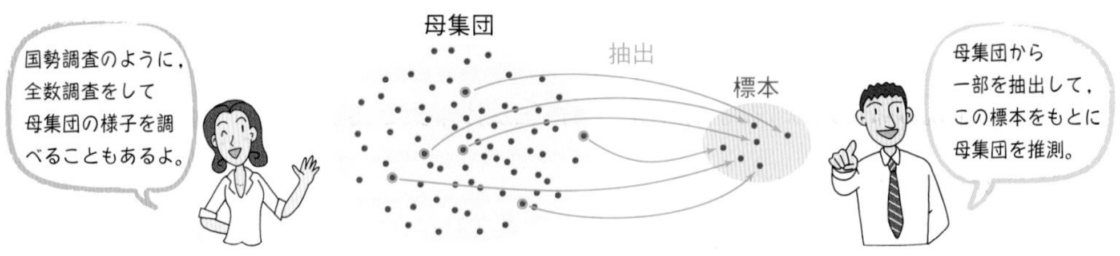

国勢調査のように，
全数調査をして
母集団の様子を調
べることもあるよ。
母集団
抽出
標本
母集団から
一部を抽出して，
この標本をもとに
母集団を推測。

商品・製品の品質調査や寿命の調査をすると，その商品・製品を売ることができなくなったり，調査費用が多くかかったり，調査データの処理などに時間や経費が多くかかることがある。このように，対象が大きくなると，全数調査は困難になり標本調査が行われることが多い。

標本調査を行う目的は母集団の性質を知ることである。標本で知ることのできる特徴は，偶然に選ばれたデータの平均なので，母集団の平均と等しいとは限らない。たくさんの標本抽出を繰り返して，標本平均の分布を調べて，母集団の特徴をつかむことが大切である。

無作為抽出

母集団に属するどの要素も，等しい確率で標本に含まれるように標本を抽出することを**無作為抽出**といい，母集団から無作為に抽出された標本を**無作為標本**という。

復元抽出，非復元抽出

母集団から標本を抽出するとき，標本を抽出して変量の値を記録した後，取り出した要素を母集団に戻してから，次の要素を取り出す方法を**復元抽出**といい，一度取り出した要素は元に戻さないで次の要素を取り出す方法を**非復元抽出**という。

❖ 母集団分布

大きさ N の母集団において，変量 X が x_1，x_2，…，x_k という値をとり，それぞれの値をとる要素の個数を f_1，f_2，…，f_k とする。いま，この母集団から1個の要素を無作為に抽出するとき，X が x_i という値をとる確率は，

$P(X=x_i)=\dfrac{f_i}{N}$ $(i=1,\ 2,\ 3,\ \cdots,\ f_k)$ である。

この確率分布を**母集団分布**といい，母集団分布の平均，標準偏差をそれぞれ**母平均**，**母分散**，**母標準偏差**という。

階級値	x_1	x_2	…	x_k	計
度数	f_1	f_2	…	f_k	N

X	x_1	x_2	…	x_k	計
P	$\dfrac{f_1}{N}$	$\dfrac{f_2}{N}$	…	$\dfrac{f_k}{N}$	1

（この確率分布は，相対度数の分布と同じ。）

● 標本平均の分布

母集団から大きさ n の標本を無作為に抽出する。この標本の変量を x_1，x_2，…，x_n とするとき，$\overline{X}=\dfrac{X_1+X_2+\cdots+X_n}{n}$ を**標本平均**という。

また，$s=\sqrt{\dfrac{1}{n}\sum_{k=1}^{n}(X_n-\overline{X})^2}$ を**標本標準偏差**という。

標本平均を具体的に考えてみよう。

数字の1が書かれたカードが2枚，数字の2が書かれたカードが3枚，数字の3が書かれたカードが5枚袋に入っている。

袋から，大きさ3の標本を復元抽出すると

和が3 (1，1，1)，和が4 (1，1，2)，和が5 (1，1，3)，(1，2，2)，
和が6 (1，2，3)，(2，2，2)，和が7 (1，3，3)，(2，2，3)，和が8 (2，3，3)
和が9 (3，3，3) という標本の抽出パターンがある。

例えば，(1，1，2) と抽出された標本平均は $\dfrac{4}{3}$ であり，$P\left(\overline{X}=\dfrac{4}{3}\right)=\dfrac{36}{1000}$ である。

$\overline{X}$ のとり得る値は，1，$\dfrac{4}{3}$，$\dfrac{5}{3}$，2，$\dfrac{7}{3}$，$\dfrac{8}{3}$，3 である。

この確率分布は

$\overline{X}$	1	$\dfrac{4}{3}$	$\dfrac{5}{3}$	2	$\dfrac{7}{3}$	$\dfrac{8}{3}$	3	計
P	$\dfrac{8}{1000}$	$\dfrac{36}{1000}$	$\dfrac{114}{1000}$	$\dfrac{207}{1000}$	$\dfrac{285}{1000}$	$\dfrac{225}{1000}$	$\dfrac{125}{1000}$	1

母平均は　$m=\frac{1}{10}(1\cdot 2+2\cdot 3+3\cdot 5)=2.3$

母標準偏差は　$\sigma=\sqrt{\frac{1}{10}(1^2\cdot 2+2^2\cdot 3+3^2\cdot 5)-2.3^2}=\sqrt{0.61}$

標本平均の平均(期待値)と分散を求めると,

$$E(\overline{X})=1\cdot\frac{8}{1000}+\frac{4}{3}\cdot\frac{36}{1000}+\frac{5}{3}\cdot\frac{114}{1000}+2\cdot\frac{207}{1000}+\frac{7}{3}\cdot\frac{285}{1000}+\frac{8}{3}\cdot\frac{225}{1000}+3\cdot\frac{125}{1000}$$

$$=\frac{6900}{3000}=2.3$$

母平均と同じ

$$V(\overline{X})=1\cdot\frac{8}{1000}+\frac{16}{9}\cdot\frac{36}{1000}+\frac{25}{9}\cdot\frac{114}{1000}+4\cdot\frac{207}{1000}+\frac{49}{9}\cdot\frac{285}{1000}+\frac{64}{9}\cdot\frac{225}{1000}$$

$$+9\cdot\frac{125}{1000}-2.3^2$$

$$=\frac{8}{1000}+\frac{192}{3000}+\frac{950}{3000}+\frac{828}{1000}+\frac{4655}{3000}+\frac{4800}{3000}+\frac{1125}{1000}-5.29$$

$$=\frac{16480}{3000}-5.29=0.20333\cdots$$

$\frac{0.61}{3}=0.20333\cdots$

一般の場合を考えてみよう。

$$E(\overline{X})=E\left(\frac{X_1+X_2+\cdots+X_n}{n}\right)$$

$$=\frac{1}{n}\{E(X_1)+E(X_2)+\cdots+E(X_n)\}$$

$$=\frac{1}{n}(m+m+\cdots+m)=\frac{1}{n}\cdot nm=m$$

$$V(\overline{X})=V\left(\frac{X_1+X_2+\cdots+X_n}{n}\right)$$

$$=\frac{1}{n^2}\{V(X_1)+V(X_2)+\cdots+V(X_n)\}$$

$$=\frac{1}{n^2}\cdot\sigma^2\cdot n=\frac{\sigma^2}{n}$$

$$\sigma(\overline{X})=\frac{\sigma}{\sqrt{n}}$$

X_1, X_2, …, X_n は母集団から１個を抽出したものとみなせる。それぞれ母集団分布に従うので
$E(X_1)=E(X_2)=\cdots=E(X_n)=m$
$V(X_1)=V(X_2)=\cdots=V(X_n)=\sigma^2$

母平均 m, 母分散 σ^2 の母集団から大きさ n の標本を無作為に抽出するとき, **標本平均 $\overline{X}$ は, n が大きい場合近似的に $N\left(m,\ \frac{\sigma^2}{n}\right)$ に従う。**

正規分布は, 統計学を理解する上で非常に大事な分布であるが, その大きな理由がこの性質である。この性質を**中心極限定理**という。

抽出元の母集団の分布がどのように偏った分布であっても, n が大きければ, その標本平均の分布は正規分布に従う。

基本例題 247

標本平均の平均と分散

母平均 40，母標準偏差 3 の母集団から，大きさ 36 の無作為標本を抽出するとき，その標本平均 $\overline{X}$ の平均(期待値)と標準偏差を求めよ。

ねらい
抽出した標本の平均や標準偏差を求めること。

解法ルール 母平均 m，母標準偏差 σ の母集団から大きさ n の標本を抽出するとき

$$E(\overline{X})=m,\ \sigma(\overline{X})=\frac{\sigma}{\sqrt{n}}$$

解答例 $\boldsymbol{E(\overline{X})=40,\ \sigma(\overline{X})=\frac{3}{\sqrt{36}}=\frac{3}{6}=0.5}$ …答

類題 247 母平均 120，母標準偏差 5 の母集団から，大きさ 100 の無作為標本を抽出するとき，その標本平均 $\overline{X}$ の平均(期待値)と標準偏差を求めよ。

基本例題 248

標本平均の分布

母平均 70，母標準偏差 12 の母集団から，大きさ 100 の無作為標本を抽出するとき，その標本平均 $\overline{X}$ が 68 以上 74 以下の値をとる確率を求めよ。

テストに出るぞ！

ねらい
標本平均の分布について理解すること。

解法ルール
1 標本平均 $\overline{X}$ の平均(期待値)と標準偏差を求める。
2 $\overline{X}$ の分布は，正規分布$N\left(m,\ \frac{\sigma^2}{n}\right)$で近似できる。
3 $Z=\frac{\overline{X}-平均}{標準偏差}$ で標準化すれば，標準正規分布になり，正規分布表が使える。

解答例 $E(\overline{X})=70,\ V(\overline{X})=\frac{12^2}{100}$ だから，$\overline{X}$ の分布は $N\left(70,\ \frac{12^2}{100}\right)$ で近似できる。ここで，$Z=\frac{\overline{X}-70}{\frac{12}{10}}$ とおいて標準化すると，Z は $N(0,\ 1)$ に従う。

$68\leqq\overline{X}\leqq74$ のとき $68\leqq1.2Z+70\leqq74$ だから

$-2\leqq1.2Z\leqq4$　　よって　$-1.67\leqq Z\leqq3.33$

$P(-1.67\leqq Z\leqq3.33)=P(0\leqq Z\leqq1.67)+P(0\leqq Z\leqq3.33)$

$=0.45254+0.49957=\boldsymbol{0.95211}$ …答

$p(1.67)$　$p(3.33)$
-1.67　3.33

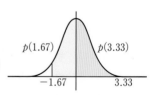

類題 248 母平均 100，母標準偏差 20 の母集団から，大きさ 144 の無作為標本を抽出するとき，その標本平均 $\overline{X}$ が 99 以上 102 以下となる確率を求めよ。

7 母比率と標本比率

ある政党の支持率のように，**母集団全体の中である性質 A をもつ要素の割合を，性質 A の母比率**という。そして，**標本の中で性質 A をもつ要素の割合を，性質 A の標本比率**という。

大きさ N の母集団において，A であるものの個数を a 個とすると，母集団における母比率は $\dfrac{a}{N}$ となる。また，大きさ n の標本において，A であるものの個数を b とすると，標本比率は $\dfrac{b}{n}$ である。

性質 A である母比率を p とおくと，この母集団から 1 個を抽出するとき，A である確率は p である。これを復元抽出で n 個抽出すると，A であるという事象が，ちょうど k 回起こる確率は

$${}_n\mathrm{C}_k \cdot p^k \cdot q^{n-k} \quad (\text{ただし，} q=1-p)$$

A であるものの個数を確率変数 X とすると，X は二項分布 $B(n,\ p)$ に従う。

性質 A の標本比率を R とすると，$R=\dfrac{X}{n}$ だから

$$E(R)=E\left(\frac{X}{n}\right)=\frac{1}{n}E(X)=\frac{1}{n}np=p$$

$$V(R)=V\left(\frac{X}{n}\right)=\frac{1}{n^2}V(X)=\frac{npq}{n^2}=\frac{pq}{n}$$

二項分布の平均(期待値)と分散は
$E(X)=np$，$V(X)=npq$

よって，標本比率 R は近似的に $N\left(p,\ \dfrac{pq}{n}\right)$ に従う。

ポイント [標本比率と正規分布]

性質 A の母比率が p の母集団から抽出された，大きさ n の無作為標本において，n が十分大きいとき，標本比率 R は近似的に**正規分布 $N\left(p,\ \dfrac{p(1-p)}{n}\right)$ に従う。**

基本例題 249

母比率と標本比率

鉱物 A を 36 % 含む石が大量にある採石場がある。ここから無作為に 400 個の石を抽出するとき，鉱物 A を含む石の標本比率を R とする。

(1) 標本比率 R は，どのような正規分布に従うか。

(2) $0.34 \leqq R \leqq 0.40$ となる確率を求めよ。

ねらい

母比率から標本比率の分布を調べること。

解法ルール

1 $E(R)=p$，$V(R)=\dfrac{pq}{n}$ なので $N\left(p,\ \dfrac{pq}{n}\right)$ に従う。

2 $Z=\dfrac{R-p}{\sqrt{\dfrac{p(1-p)}{n}}}$ として標準化する。

解答例

(1) 母比率 0.36，標本の大きさ 400 だから，**正規分布**

$\boldsymbol{N\left(0.36,\ \dfrac{0.36\times0.64}{400}\right)}$ **に近似的に従う。** …答

(2) 母比率 0.36，標本の大きさ 400 であるから

$E(R)=0.36$

$\sigma(R)=\sqrt{\dfrac{0.36(1-0.36)}{400}}=\dfrac{0.48}{20}=0.024$

よって，標本比率 R は近似的に正規分布 $N(0.36,\ 0.024^2)$ に従い，$Z=\dfrac{R-0.36}{0.024}$ は近似的に標準正規分布 $N(0,\ 1)$ に従う。

したがって，求める確率は

$P(0.34\leqq R\leqq0.40)=P(-0.83\leqq Z\leqq1.67)$

$=p(0.83)+p(1.67)$

$=0.29673+0.45254=\mathbf{0.74927}$ …答

← $Z=\dfrac{R-0.36}{0.024}$ より
$R=0.34$ のとき
$Z=-0.833\cdots$
$R=0.40$ のとき
$Z=1.666\cdots$

類題 249 多数の製品 A がある。その中には不良品が 1 % 含まれているという。この製品の中から無作為に 50 個の製品 A を抽出するとき，その中に含まれる不良品の比率 R の平均(期待値)と標準偏差を求めよ。ただし，標準偏差は小数第 3 位まで求めるものとする。

大数の法則

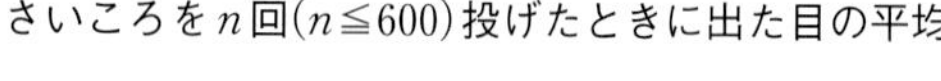

さいころをn回($n \leqq 600$)投げたときに出た目の平均

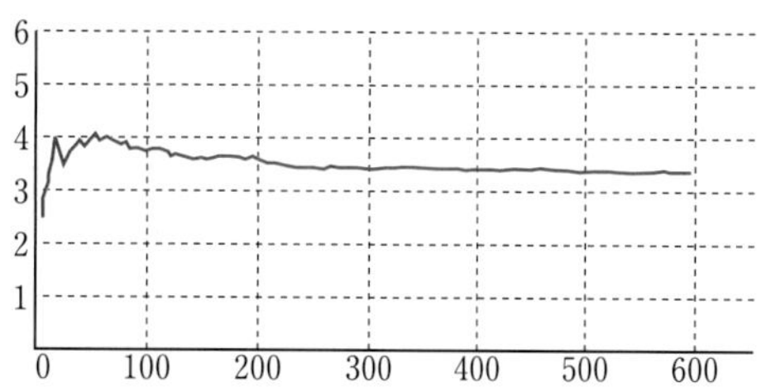

母平均 m の母集団から大きさ n の標本を抽出するとき，その標本平均 $\overline{X}$ は，n が大きくなるに従って母平均 m に近づく。

これを**大数**（たいすう）**の法則**という。

具体的な数値で確認してみよう。母平均が 0，母標準偏差が 1 である母集団から無作為抽出した，大きさ n の標本の標本平均 $\overline{X}$ が -0.05 以上 0.05 以下である確率 $R(-0.05 \leqq \overline{X} \leqq 0.05)$ について，

(1) $n=400$

(2) $n=900$

(3) $n=1600$

の各場合を確かめる。

$\overline{X}$ は近似的に $N\left(0,\ \dfrac{1^2}{n}\right)$ に従う。

$Z=\dfrac{\overline{X}-0}{\sqrt{\dfrac{1}{n}}}$ とおくと，Z は近似的に標準正規分布に従う。

(1) $n=400$ のとき

$Z=\dfrac{\overline{X}}{\dfrac{1}{20}}$ とおく。つまり　$\overline{X}=\dfrac{1}{20}Z$

$-0.05 \leqq \dfrac{1}{20}Z \leqq 0.05$　　変形して　$-1.0 \leqq Z \leqq 1.0$

$P(-1.0 \leqq Z \leqq 1.0)=2\times p(1.0)=2\times 0.34134=\mathbf{0.68268}$

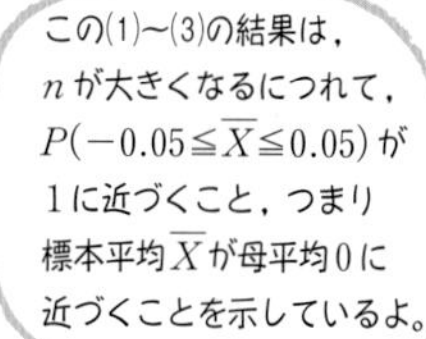

この(1)～(3)の結果は，
n が大きくなるにつれて，
$P(-0.05 \leqq \overline{X} \leqq 0.05)$ が
1 に近づくこと，つまり
標本平均 $\overline{X}$ が母平均 0 に
近づくことを示しているよ。

(2) $n=900$ のとき

$Z=\dfrac{\overline{X}}{\dfrac{1}{30}}$ とおく。つまり　$\overline{X}=\dfrac{1}{30}Z$

(1)と同様にして　$P(-1.5 \leqq Z \leqq 1.5)=2\times p(1.5)=2\times 0.43319=\mathbf{0.86638}$

(3) $n=1600$ のとき

$Z=\dfrac{\overline{X}}{\dfrac{1}{40}}$ とおく。つまり　$\overline{X}=\dfrac{1}{40}Z$

(1)と同様にして　$P(-2.0 \leqq Z \leqq 2.0)=2\times p(2.0)=2\times 0.47725=\mathbf{0.95450}$

8 推　定

標本調査の目的は，得られた標本から母集団の性質を推測することだ。

学校の全生徒の身体測定や国の国勢調査のように，母集団すべてを調査するものを全数調査という。数が多ければかなりの時間がかかるが正確なデータを示すことができる。一方，対象全体を調査しなくても傾向がつかめるような調査，例えば，テレビの視聴率調査や世論調査などは，母集団から一部分の標本を取り出し，その平均，分散，標準偏差などを調べ，その結果から，母集団の平均，分散，標準偏差の推定をし，母集団の性質を推測するんだ。

母平均の推定

母平均 m，母標準偏差 σ の母集団から大きさ n の標本を抽出したとき，n の値が十分大きければ，標本平均 $\overline{X}$ は正規分布 $N\left(m,\ \dfrac{\sigma^2}{n}\right)$ に従う。

ここで，$Z=\dfrac{\overline{X}-m}{\dfrac{\sigma}{\sqrt{n}}}$ とおくと，Z は標準正規分布 $N(0,\ 1)$ に従う。

巻末の正規分布表から

$P(-1.96\leqq Z\leqq 1.96)=2\times P(0\leqq Z\leqq 1.96)\fallingdotseq 0.95$

これを $\overline{X}$ を用いて書き換えると

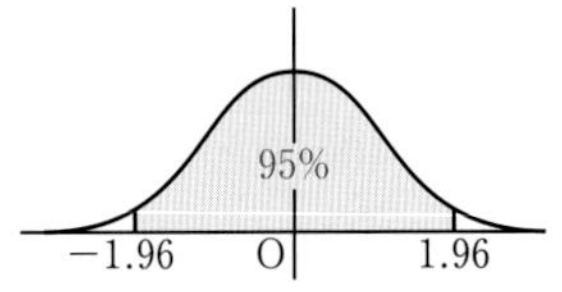

$P\left(\overline{X}-1.96\cdot\dfrac{\sigma}{\sqrt{n}}\leqq m\leqq \overline{X}+1.96\cdot\dfrac{\sigma}{\sqrt{n}}\right)\fallingdotseq 0.95$

この式は，区間 $\left[\overline{X}-1.96\cdot\dfrac{\sigma}{\sqrt{n}},\ \overline{X}+1.96\cdot\dfrac{\sigma}{\sqrt{n}}\right]$ が **m を含む確率が，約 95 % の確からしさで期待できる**ことを示している。

この区間を**信頼度 95 % の信頼区間**という。

95 % の信頼区間を求めることを，「母平均 m を信頼度 95 % で推定する」というよ。

ポイント [信頼区間]

母標準偏差を σ とする。標本の大きさ n が十分大きいとき，母平均 m に対する信頼度 95 % の信頼区間は

$$\overline{X}-1.96\cdot\frac{\sigma}{\sqrt{n}}\leqq m\leqq \overline{X}+1.96\cdot\frac{\sigma}{\sqrt{n}}$$

同様に考えて，信頼度 99 % の信頼区間は

$$\overline{X}-2.58\cdot\frac{\sigma}{\sqrt{n}}\leqq m\leqq \overline{X}+2.58\cdot\frac{\sigma}{\sqrt{n}}$$

基本例題 250

母平均の推定(1)

血圧を 10 回測定したところ，次のような最高血圧の測定値を得た。最高血圧の分布は正規分布に従うとして，母平均 m を信頼度 95 % で推定せよ。

128，105，118，110，103，110，102，111，120，117

ねらい
95 % の信頼度で母平均を推定すること。

解法ルール
1 標本平均と標本分散を求める。
2 95 % の信頼区間は　$\overline{X}-1.96\cdot\dfrac{\sigma}{\sqrt{n}}\leqq m\leqq\overline{X}+1.96\cdot\dfrac{\sigma}{\sqrt{n}}$

解答例 標本平均は

$$E(X)=\frac{1}{10}(128+105+118+110+103+110+102+111+120+117)=112.4$$

標本分散は

$$V(X)=\frac{1}{10}(128^2+105^2+118^2+110^2+103^2+110^2+102^2+111^2+120^2+117^2)-112.4^2=61.84$$

よって，95 % の信頼区間は

$$112.4-1.96\cdot\frac{\sqrt{61.84}}{\sqrt{10}}\leqq m\leqq112.4+1.96\cdot\frac{\sqrt{61.84}}{\sqrt{10}}$$

$$112.4-4.87\leqq m\leqq112.4+4.87$$

$$\mathbf{107.53\leqq m\leqq117.27}$$ …答

← 標本の大きさが十分大きいときは，母標準偏差の代わりに標本標準偏差を用いてもよい。

類題 250 倉庫にある多くの同じ製品の中から，100 個を無作為に抽出して重さを測ったところ，100 個の平均値は 150.2 g であった。重さの母標準偏差を 2.4 g として，製品 1 個あたりの重さの平均値を信頼度 95 % で推定せよ。

応用例題 251

母平均の推定(2)

ある都市 N で高校 2 年生の男子 400 人の身長を測ったところ，平均値が 169.2 cm，標準偏差が 5.6 cm であった。都市 N 全体の高校 2 年生男子の身長の平均値を，信頼度 95 % で推定せよ。また，信頼区間の幅を 0.5 cm 以下にするには，何人の身長を測ればよいか。

ねらい
95 % の信頼度で母平均を推定すること。

解法ルール
1 $\overline{X}$ は近似的に正規分布 $N\left(m,\ \dfrac{\sigma^2}{n}\right)$ に従う。
2 95 % の信頼区間は $\left[\overline{X}-1.96\cdot\dfrac{\sigma}{\sqrt{n}},\ \overline{X}+1.96\cdot\dfrac{\sigma}{\sqrt{n}}\right]$
3 信頼区間の幅は $2\times1.96\cdot\dfrac{\sigma}{\sqrt{n}}$ である。

解答例　標本の大きさは $n=400$，標本平均は $\overline{X}=169.2$，標本標準偏差は $\sigma=5.6$ で，n は十分大きいから，$\overline{X}$ は近似的に正規分布 $N\left(m,\ \dfrac{\sigma^2}{n}\right)$ に従う。

よって，母平均に対する信頼度 95 % の信頼区間は

$$\left[169.2-1.96\cdot\frac{5.6}{\sqrt{400}},\ 169.2+1.96\cdot\frac{5.6}{\sqrt{400}}\right]$$

ゆえに　$[168.6512,\ 169.7488]$

すなわち　**[168.7, 169.7]（ただし，単位は cm）**　…答

信頼度 95 % の信頼区間の幅は $2\times1.96\cdot\dfrac{\sigma}{\sqrt{n}}$ である。

$2\times1.96\cdot\dfrac{5.6}{\sqrt{n}}\leqq0.5$ より　$\sqrt{n}\geqq43.904$

したがって　$n\geqq1927.5612$

答　**1928 人以上の身長を測ればよい。**

類題 251　大量にある製品の中から無作為に抽出した 900 個について重さを測ったところ，平均値が 731 g で，標準偏差が 25 g であった。この製品の母平均 m g について信頼度 95 % の信頼区間を推定せよ。

標本調査の注意点は？

統計調査には全数調査と標本調査があることは学びましたね。それぞれに，メリットとデメリットがあるので，調査内容によってどちらの調査方法が適しているかを判断します。

全数調査は，対象集団すべてを調査するので，確実に対象集団の特徴を捉えることができます。しかし，多くの時間，労力，費用がかかります。また，製品を壊さなければ調査することができない場合もあります。

対象集団からサンプルを抽出して調査するのが標本調査です。数を絞って調査するので，時間も労力も調査にかかる費用も少なくてすみます。しかし，標本数や抽出方法には注意が必要です。性別の影響がある問題に対して，抽出した標本がすべて男性であれば，女性の意見は反映されません。地域や年齢など影響を受ける要素はたくさんあります。これらを考慮して，できるだけ母集団の特徴を反映した抽出方法が考えられているので紹介しましょう。

層化抽出法…調査に影響する性質によって母集団をいくつかの組に分ける。その後，それぞれの組について無作為抽出を行う。

クラスター抽出法…母集団の規模が大きい場合，まずいくつかの組に分け，その中から複数の組を無作為抽出し，その組において全数調査を行う。

多段抽出法…母集団からいくつかの組を無作為抽出し，さらに選んだ組から無作為抽出する。

母比率の推定

性質Aの母比率 p である母集団から抽出された大きさ n の無作為標本において，性質Aの標本比率 R は，n が十分大きいとき，近似的に正規分布 $N\left(p,\ \dfrac{p(1-p)}{n}\right)$ に従う。

n が十分大きいとき，標準化した確率変数 $Z=\dfrac{R-p}{\sqrt{\dfrac{p(1-p)}{n}}}$ は近似的に標準正規分布に従う。

巻末の正規分布表より，Z の 95 % の信頼区間は

$$-1.96 \leqq Z \leqq 1.96 \qquad -1.96 \leqq \frac{R-p}{\sqrt{\dfrac{p(1-p)}{n}}} \leqq 1.96$$

$$p-1.96\sqrt{\frac{p(1-p)}{n}} \leqq R \leqq p+1.96\sqrt{\frac{p(1-p)}{n}}$$

n が十分大きいとき，R は p にほぼ等しいと考えてよいので，母比率 p に対する信頼度 95 % の信頼区間は

$$P\left(R-1.96\sqrt{\frac{R(1-R)}{n}} \leqq p \leqq R+1.96\sqrt{\frac{R(1-R)}{n}}\right)=0.95$$

だから　$R-1.96\sqrt{\dfrac{R(1-R)}{n}} \leqq p \leqq R+1.96\sqrt{\dfrac{R(1-R)}{n}}$ である。

基本例題 252　母比率の推定

A高校2年生200人を調べたところ，電車通学生は84人であった。A高校2年生全体の電車通学生の割合を，信頼度 95 % で推定せよ。

テストに出るぞ！

ねらい
母比率を信頼度 95 % で推定すること。

解法ルール 95 % の信頼区間は

$$\left[R-1.96\sqrt{\frac{R(1-R)}{n}},\ R+1.96\sqrt{\frac{R(1-R)}{n}}\right]$$

解答例 標本比率 R は，$R=\dfrac{84}{200}=0.42$ だから，

$$\sqrt{\frac{R(1-R)}{n}}=\sqrt{\frac{0.42\times0.58}{200}}=0.035$$

よって，信頼度 95 % の信頼区間は

$[0.42-1.96\times0.035,\ 0.42+1.96\times0.035]$

つまり　**[0.351，0.489]**　…答

類題 252 製品Aから300個を無作為に抽出して調べたところ，6個が不良品であった。製品A全体に対して不良品の含まれる比率を，信頼度 95 % で推定せよ。

9 仮説検定

● 仮説検定

検定は，「最初に仮説を立て，実際に起こった結果を確率的に検証し，結論を導く」という手順で行うよ。結論を導くには「背理法」を用いるんだ。背理法とは「最初に仮説を設定し，仮説が正しいとした条件で考えて矛盾が起こった場合に仮説が間違っていると判断する」方法のことだったね。具体的な例を用いて検定の流れを見てみよう。

かつて，タコのパウル君やラビオ君，猫のアキレス君など，サッカーや野球の勝敗を予想できると有名になった動物が数多くいた。仮に次のような問題を考えてみよう。

> 犬のシグマ君は，サッカーの試合の勝敗を5回連続で当てることができた。
> さて，シグマ君には予知能力があると判断してよいのだろうか？

この問いに統計の手法を使って判断する方法が**仮説検定**である。

検証したい仮説(対立仮説)を考え，それとは反対の仮説(帰無仮説)を立てる。

「予知能力がない」ことは「勝敗予想が当たる確率 p が $\dfrac{1}{2}$ である」とみることができるから，**対立仮説：予知能力がある → $p \neq \dfrac{1}{2}$**　　**帰無仮説：予知能力がない → $p = \dfrac{1}{2}$**

予知能力のない私たちが5回連続で勝敗を当てる確率は　$\left(\dfrac{1}{2}\right)^5 = \dfrac{1}{32} = 0.03125$

私たちが予想すると，約3％の確率で偶然5回連続で当てることができる。

「めったに起こらないことが起こったかどうか」を判断する基準を定めておかなければならない。この基準を**有意水準**という。有意水準は5％を設定することが多い。確率が5％より小さければ，めったに起こらないことが起こったと判断する。帰無仮説を偽と判断することを，**「帰無仮説を棄却する」**という。**3.125％＜5％なので**，起こりえないことが起こったと考えて，**帰無仮説を棄却し対立仮説を採用する**。

有意水準 α に対して，帰無仮説が棄却されるような確率変数の値の範囲を**棄却域**という。

ポイント

[仮説検定の手順]

① 正しいかどうかを判定したい仮説を考える(対立仮説)
② ①を否定した仮説を立てる(帰無仮説)
③ 有意水準を定め，帰無仮説の下での棄却域を設定する。
④ 得られた標本平均の値を標準化して Z を求める。
⑤ 有意水準が5％の場合の判定は，
　$-1.96 \leqq Z \leqq 1.96$ ならば，帰無仮説は棄却されない。
　$Z < -1.96$，$1.96 < Z$ ならば，帰無仮説は棄却される。

基本例題 253 仮説検定(1)

コインを 100 回投げたところ，表が 65 回出た。このコインが公平なコインかどうかを有意水準 5 % で検定せよ。

テストに出るぞ！

ねらい
仮説を立てて，検定すること。

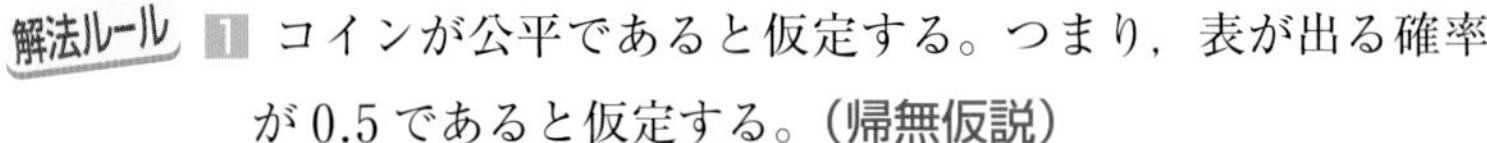

解法ルール 1 コインが公平であると仮定する。つまり，表が出る確率が 0.5 であると仮定する。(帰無仮説)

2 この仮定のもとで，表が 65 回以上出る確率を求める。

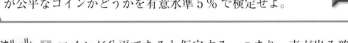

3 2で求めた確率から「滅多に起こらないことが起こっていて」，棄却するのか，それとも採用するのかを判断する。

解答例 表が出る回数 X は二項分布 $B(100,\ 0.5)$ に従うので，平均は $m=100\cdot0.5=50$，分散は $\sigma^2=100\cdot0.5\cdot0.5=25$ となる。

$m=np$
$\sigma^2=npq$

$Z=\dfrac{X-m}{\sigma}=\dfrac{X-50}{5}$ は標準正規分布 $N(0,\ 1)$ に従うと見なしてよい。

また，表が 65 回出る確率は，標準正規分布に従う確率変数が

$\dfrac{65-50}{5}=3$ である。これは，棄却域 $Z<-1.96$，$1.96<Z$ に含まれるので，帰無仮説は棄却される。

よって，**このコインは公平なコインではない。** …答

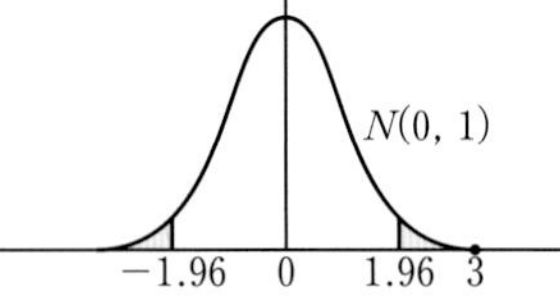

この例題では，対立仮説を「コインが公平でない」と言いたいので「$p\neq0.5$」とした。表が出る確率を知らない状況の中で，$p=0.5$ かどうかを検定する。このような検定を**両側検定**と言う。

対立仮説を「コインは表が出やすい」と言いたいのなら「$p>0.5$」とする。表が出る確率が 0.5 以上であることが分かっている中で，$p=0.5$ かどうかを検定する。このような検定を**片側検定**と言う。

片側検定の有意水準 5 % の棄却域は，正規分布表から $p(u)=0.45$ となる u を見つければよいので，$u>1.64$ である。

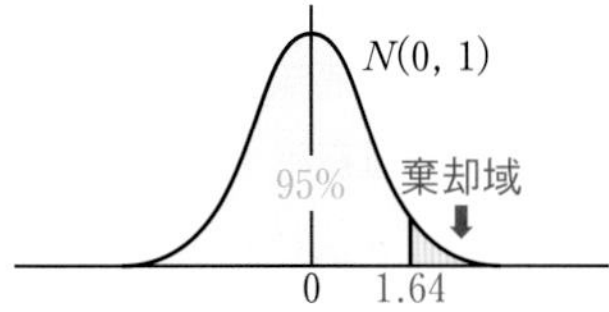

類題 253 袋詰めをした製品 A の重さは，平均が 300 g，標準偏差が 12 g であることが分かっている。新しい工場で製造した製品 A を無作為に 100 個抽出したところ，その平均値は 307 g であった。新工場で製造された製品 A の重さの平均は，従来の工場で製造される製品 A の重さの平均と異なるといえるか。有意水準 5 % で検定せよ。

応用例題 254

仮説検定(2)

1 個のさいころを 400 回投げたところ，3 の目が 70 回出た。このさいころの 3 の目の出方は偏りがあるといえるか。有意水準 5 % で検定せよ。

ねらい
仮説を立てて，検定すること。

解法ルール
1 帰無仮説，対立仮説を設定する。
2 帰無仮説が成立していると仮定したもとで，棄却域を考える。
3 帰無仮説が棄却されるかどうかを判断する。

解答例 母比率 p は「3 の目が出る割合」
帰無仮説は「3 の目の出方には偏りがない」
対立仮説は「3 の目の出方には偏りがある」とする。

← つまり
帰無仮説は　$p=\dfrac{1}{6}$
対立仮説は　$p\neq\dfrac{1}{6}$
を意味する。

X を 3 の目が出た回数とすると，X は二項分布 $B\left(400,\ \dfrac{1}{6}\right)$ に従う。このとき，

$E(X)=400\times\dfrac{1}{6}=\dfrac{200}{3}$，$V(X)=400\times\dfrac{1}{6}\times\dfrac{5}{6}=\dfrac{500}{9}$ であり，

$Z=\dfrac{X-\dfrac{200}{3}}{\sqrt{\dfrac{500}{9}}}=\dfrac{1}{10\sqrt{5}}(3X-200)$ とおくと，Z は標準正規分布に従い，有意水準 5 % の棄却域は $|Z|>1.96$ である。

3 の目が出た回数が 70 回だから，

$Z=\dfrac{1}{10\sqrt{5}}(3\times70-200)=\dfrac{\sqrt{5}}{5}=0.447$

$0.447<1.96$ なので，帰無仮説は棄却されない。

よって，**3 の目の出方に偏りがあるとはいえない。** …答

帰無仮説を棄却しなかったということは，帰無仮説が正しいということではないよ。証拠不十分で，棄却の判断ができなかっただけなんだ。

類題 254 生徒会の会長選挙で，A 君と B 君の 2 人が立候補した。会長選挙では，A 君か B 君のどちらかに投票し，棄権や白票はないものとする。投票した人の中から，100 人を無作為抽出して出口調査をしたところ，A 君に投票した人は 59 人だった。この調査の結果から，生徒の過半数が A 君に投票したと判断できるか。有意水準 5 % で仮説検定せよ。

定期テスト予想問題 解答→p. 66~69

1 1個のさいころを2回投げるとき，出た目の最大値を X とする。

(1) 確率変数 X の確率分布を求めよ。

(2) $P(2 \leqq X \leqq 4)$ を求めよ。

2 白玉2個と赤玉4個が入った袋から2個の玉を同時に取り出すときの白玉の個数を X とする。次の値を求めよ。

(1) $E(X)$　(2) $V(X)$　(3) $\sigma(X)$

3 数直線上の原点に点Pがある。1個のさいころを投げて，2，4の目が出ると $+2$ だけ，2，4以外の目が出ると $+1$ だけ進む。この試行を3回繰り返すとき，点Pの座標Xの平均(期待値)と分散を求めよ。

4 赤玉が4個，白玉が3個入っている袋から，同時に3個の玉を取り出すとき，赤玉の個数を X とする。確率変数 $Y=-2X+2$ の平均(期待値)，分散，標準偏差を求めよ。

5 袋Aには赤玉1個，白玉3個，袋Bには赤玉3個，白玉1個が入っている。それぞれの袋から2個の玉を同時に取り出すとき，取り出した計4個の中の赤玉の個数を Z とする。確率変数 Z の平均(期待値)と分散を求めよ。

6 白玉3個と赤玉6個が入った袋から1個の玉を取り出してもとに戻す。この試行を10回繰り返すとき，白玉が出る回数 X の平均(期待値)と標準偏差を求めよ。

7 確率変数 X が正規分布 $N(4,\ 5^2)$ に従うとき，次の確率を求めよ。

(1) $P(X \geqq 9)$　(2) $P(1 \leqq X \leqq 9)$

8 ある製品の不良率は0.04である。この製品1600個中の不良品が次の個数である確率を求めよ。ただし，二項分布は正規分布で近似せよ。

(1) 64個以上　(2) 36個以下　(3) 36個以上64個以下

9 ある政党に対する支持率は約50%と予想されている。この政党に対する支持率を信頼度95%で信頼区間の幅が10%以下になるように推定したい。何人以上の人にアンケート調査すればよいか。

HINT

1 X のとり得る値を考えて確率分布を考える。

2 分散 $V(X)=E(X^2)-\{E(X)\}^2$ を利用する。

3 X のとり得る値は3，4，5，6

4 $E(Y)=aE(X)+b$
$V(Y)=a^2V(X)$
$\sigma(Y)=|a|\sigma(X)$

5 X，Y が独立のとき
$E(X+Y)=E(X)+E(Y)$
$V(X+Y)=V(X)+V(Y)$

6 $E(X)=np$
$V(X)=npq$
$\sigma(X)=\sqrt{V(X)}$

7 $Z=\dfrac{X-m}{\sigma}$ とおけば Z は標準正規分布に従う。

8 二項分布を正規分布で近似して，確率を求める。

9 $R-1.96\sqrt{\dfrac{R(1-R)}{n}} \leqq p \leqq R+1.96\sqrt{\dfrac{R(1-R)}{n}}$

10 T 高校の生徒会が出した提案に対して，賛否を調べる事前調査を，無作為抽出した400 人の生徒に対して実施したところ，提案の支持者は 184 人であった。全校生徒 1600 人のうち，この提案の支持者は何人ぐらいいると推定されるか。
95% の信頼度で推定せよ。

10 母比率の信頼区間を考えよう。

11 400 人の生徒の試験の成績が平均 60 点，標準偏差 8 点の正規分布に従うものとする。
(1) 56 点以上 70 点以下の生徒は約何 % いるか。
(2) ある生徒が 78 点以上である確率を求めよ。

11 標準正規分布になおしてから，確率を求める。

12 N 県の高校生を母集団とするとき，その身長は平均 166.8 cm，標準偏差 8 cm の正規分布をなしていた。この母集団から無作為に 100 人の標本を抽出したとき，その標本平均が 165 cm 以上 168 cm 以下である確率を求めよ。

12 ① 標本平均の分布を考えよう。
② 標準化して標準正規分布を用いて確率を計算しよう。

13 500 g 入りと表示されたある缶ジュースについて，無作為抽出した 25 本の内容量を調べたところ，標本平均が 501 g，標本標準偏差が 3 g であった。このとき，内容量の母平均を信頼度 95 % で推定せよ。

13 信頼度 95% の信頼区間を求める。

14 ある農園で生産しているミカンの中から 625 個を無作為抽出して検査したところ，不良品が 20 個あった。この農園でとれるミカンの不良率を信頼度 95 % で推定せよ。

14 標本の不良率から，母比率を求める。

15 M 県で，ある政策に対する賛否を調べる世論調査を，任意に提出した有権者 400 人に対して行ったところ，政策支持者は 208 人であった。M 県の有権者 80 万人のうち，この政策の支持者は何人くらいいると推定できるか。95% の信頼度で推定せよ。

15 母比率に関する信頼区間の求め方をまとめよう。

16 500 g 入りと表示されたある缶ジュースについて，無作為抽出した 100 本の内容量を調べたところ，標本平均が 504 g，標本標準偏差が 30 g であった。このとき，内容量の母平均は 500 g でないと判断してよいか。有意水準 5 % で検定せよ。

16 帰無仮説は「内容量の母平均は 500 g である」となる。

17 Q 高校の校長先生は，ある日，新聞で高校生の読書に関する記事を読んだ。そこで，Q 高校の生徒全員を対象に，直前の 1 週間の読書時間に関して，100 人の生徒を無作為に抽出して調査を行った。その結果，100 人の生徒のうち，この 1 週間に全く読書をしなかった生徒が 36 人であり，100 人の生徒のこの 1 週間の読書時間(分)の平均値は 204 であった。Q 高校の生徒全員のこの 1 週間の読書時間の母平均を m，母標準偏差を 150 とする。　(共通テスト・改)

(1) 全く読書をしなかった生徒の母比率を 0.5 とする。このとき，100 人の無作為標本のうちで全く読書をしなかった生徒の数を表す確率変数を X とする。

① X はどのような分布に従うか。

② X の平均(期待値)を求めよ。

③ X の標準偏差を求めよ。

(2) 標本の大きさ 100 は十分に大きいので，100 人のうち全く読書をしなかった生徒の数は近似的に正規分布に従う。全く読書をしなかった生徒の母比率を 0.5 とするとき，全く読書をしなかった生徒が 36 人以下となる確率を p_5 とおく。p_5 の近似値を小数第 3 位まで求めよ。

(3) 全く読書をしなかった生徒の母比率を 0.4 とするとき，全く読書をしなかった生徒が 36 人以下となる確率を p_4 とおく。p_4 と p_5 の大小を答えよ。

(4) 1 週間の読書時間の母平均 m に対する信頼度 95 % の信頼区間を $C_1 \leqq m \leqq C_2$ とする。標本の大きさ 100 は十分大きいことと，1 週間の読書時間の標本平均が 204，母標準偏差が 150 であることを用いて，$C_1 + C_2$ と $C_2 - C_1$ の値を求めよ。

17 (1) $E(X) = np$, $\sigma(X) = \sqrt{np(1-p)}$ を用いる。

(2) $Z = \dfrac{X-m}{\sigma}$ として標準化する。

(4) 信頼度 95 % の信頼区間は

$\overline{X} - 1.96 \cdot \dfrac{\sigma}{\sqrt{n}} \leqq m \leqq \overline{X} + 1.96 \cdot \dfrac{\sigma}{\sqrt{n}}$

(5) Q 高校の図書委員長も，校長先生と同じ新聞記事を読んだため，校長先生が調査をしていることを知らずに，図書委員会として校長先生と同様の調査を独自に行った。ただし，調査期間は校長先生による調査と同じ直前の 1 週間であり，対象を Q 高校の生徒全員として 100 人の生徒を無作為に抽出した。

図書委員会が行った調査結果による母平均 m に対する信頼度 95 % の信頼区間を $D_1 \leqq m \leqq D_2$，校長先生が行った調査結果による母平均 m に対する信頼度 95 % の信頼区間を(4)の $C_1 \leqq m \leqq C_2$ とする。ただし，母集団は同一であり，1 週間の読書時間の母標準偏差は 150 とする。

このとき，次の⓪～⑤のうち，正しいものを 2 つ選べ。

⓪ $C_1 = D_1$ と $C_2 = D_2$ が必ず成り立つ。
① $C_1 < D_2$ または $D_1 < C_2$ のどちらか一方のみが必ず成り立つ。
② $D_2 < C_1$ または $C_2 < D_1$ となる場合もある。
③ $C_2 - C_1 > D_2 - D_1$ が必ず成り立つ。
④ $C_2 - C_1 = D_2 - D_1$ が必ず成り立つ。
⑤ $C_2 - C_1 < D_2 - D_1$ が必ず成り立つ。

(5) 校長先生のデータと図書委員会のデータからわかる母平均の信頼区間の幅は同じである。

正規分布表

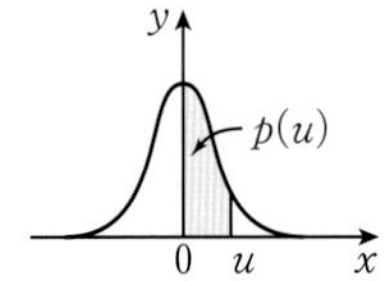

u	0.00	0.01	0.02	0.03	0.04	0.05	0.06	0.07	0.08	0.09
0.0	0.00000	0.00399	0.00798	0.01197	0.01595	0.01994	0.02392	0.02790	0.03188	0.03586
0.1	0.03983	0.04380	0.04776	0.05172	0.05567	0.05962	0.06356	0.06749	0.07142	0.07535
0.2	0.07926	0.08317	0.08706	0.09095	0.09483	0.09871	0.10257	0.10642	0.11026	0.11409
0.3	0.11791	0.12172	0.12552	0.12930	0.13307	0.13683	0.14058	0.14431	0.14803	0.15173
0.4	0.15542	0.15910	0.16276	0.16640	0.17003	0.17364	0.17724	0.18082	0.18439	0.18793
0.5	0.19146	0.19497	0.19847	0.20194	0.20540	0.20884	0.21226	0.21566	0.21904	0.22240
0.6	0.22575	0.22907	0.23237	0.23565	0.23891	0.24215	0.24537	0.24857	0.25175	0.25490
0.7	0.25804	0.26115	0.26424	0.26730	0.27035	0.27337	0.27637	0.27935	0.28230	0.28524
0.8	0.28814	0.29103	0.29389	0.29673	0.29955	0.30234	0.30511	0.30785	0.31057	0.31327
0.9	0.31594	0.31859	0.32121	0.32381	0.32639	0.32894	0.33147	0.33398	0.33646	0.33891
1.0	0.34134	0.34375	0.34614	0.34849	0.35083	0.35314	0.35543	0.35769	0.35993	0.36214
1.1	0.36433	0.36650	0.36864	0.37076	0.37286	0.37493	0.37698	0.37900	0.38100	0.38298
1.2	0.38493	0.38686	0.38877	0.39065	0.39251	0.39435	0.39617	0.39796	0.39973	0.40147
1.3	0.40320	0.40490	0.40658	0.40824	0.40988	0.41149	0.41309	0.41466	0.41621	0.41774
1.4	0.41924	0.42073	0.42220	0.42364	0.42507	0.42647	0.42785	0.42922	0.43056	0.43189
1.5	0.43319	0.43448	0.43574	0.43699	0.43822	0.43943	0.44062	0.44179	0.44295	0.44408
1.6	0.44520	0.44630	0.44738	0.44845	0.44950	0.45053	0.45154	0.45254	0.45352	0.45449
1.7	0.45543	0.45637	0.45728	0.45818	0.45907	0.45994	0.46080	0.46164	0.46246	0.46327
1.8	0.46407	0.46485	0.46562	0.46638	0.46712	0.46784	0.46856	0.46926	0.46995	0.47062
1.9	0.47128	0.47193	0.47257	0.47320	0.47381	0.47441	0.47500	0.47558	0.47615	0.47670
2.0	0.47725	0.47778	0.47831	0.47882	0.47932	0.47982	0.48030	0.48077	0.48124	0.48169
2.1	0.48214	0.48257	0.48300	0.48341	0.48382	0.48422	0.48461	0.48500	0.48537	0.48574
2.2	0.48610	0.48645	0.48679	0.48713	0.48745	0.48778	0.48809	0.48840	0.48870	0.48899
2.3	0.48928	0.48956	0.48983	0.49010	0.49036	0.49061	0.49086	0.49111	0.49134	0.49158
2.4	0.49180	0.49202	0.49224	0.49245	0.49266	0.49286	0.49305	0.49324	0.49343	0.49361
2.5	0.49379	0.49396	0.49413	0.49430	0.49446	0.49461	0.49477	0.49492	0.49506	0.49520
2.6	0.49534	0.49547	0.49560	0.49573	0.49585	0.49598	0.49609	0.49621	0.49632	0.49643
2.7	0.49653	0.49664	0.49674	0.49683	0.49693	0.49702	0.49711	0.49720	0.49728	0.49736
2.8	0.49744	0.49752	0.49760	0.49767	0.49774	0.49781	0.49788	0.49795	0.49801	0.49807
2.9	0.49813	0.49819	0.49825	0.49831	0.49836	0.49841	0.49846	0.49851	0.49856	0.49861
3.0	0.49865	0.49869	0.49874	0.49878	0.49882	0.49886	0.49889	0.49893	0.49896	0.49900
3.1	0.49903	0.49906	0.49910	0.49913	0.49916	0.49918	0.49921	0.49924	0.49926	0.49929
3.2	0.49931	0.49934	0.49936	0.49938	0.49940	0.49942	0.49944	0.49946	0.49948	0.49950
3.3	0.49952	0.49953	0.49955	0.49957	0.49958	0.49960	0.49961	0.49962	0.49964	0.49965
3.4	0.49966	0.49968	0.49969	0.49970	0.49971	0.49972	0.49973	0.49974	0.49975	0.49976
3.5	0.49977	0.49978	0.49978	0.49979	0.49980	0.49981	0.49981	0.49982	0.49983	0.49983
3.6	0.49984	0.49985	0.49985	0.49986	0.49986	0.49987	0.49987	0.49988	0.49988	0.49989
3.7	0.49989	0.49990	0.49990	0.49990	0.49991	0.49991	0.49992	0.49992	0.49992	0.49992
3.8	0.49993	0.49993	0.49993	0.49994	0.49994	0.49994	0.49994	0.49995	0.49995	0.49995
3.9	0.49995	0.49995	0.49996	0.49996	0.49996	0.49996	0.49996	0.49996	0.49997	0.49997

さくいん

あ

か

さ

<著者紹介>

●**松田親典**(まつだ・ちかのり)

神戸大学教育学部卒業後，奈良県の高等学校で長年にわたり数学の教諭として勤務。教頭，校長を経て退職。

奈良県数学教育会においては，教諭時代に役員を10年間，さらに校長時代には副会長，会長を務めた。

その後，奈良文化女子短期大学衛生看護学科で統計学を教える。この間，別の看護専門学校で数学の入試問題を作成。

のちに，同学の教授，学長，学校法人奈良学園常勤監事を経て，現在同学園の評議員。

趣味は，スキー，囲碁，水墨画。

著書に，

『高校これでわかる数学』シリーズ

『高校これでわかる問題集数学』シリーズ

『高校やさしくわかりやすい問題集数学』シリーズ

『看護医療系の数学Ⅰ＋A』

(いずれも文英堂)がある。

□ 執筆協力　飯田俊雄　木南俊亮　堀内秀紀

□ 編集協力　坂下仁也　関根政雄

□ 図版作成　(有) Y-Yard

□ イラスト　ふるはしひろみ　よしのぶもとこ

シグマベスト

高校これでわかる 数学Ⅱ＋B

著　者　松田親典

発行者　益井英郎

印刷所　中村印刷株式会社

発行所　株式会社文英堂

〒601-8121　京都市南区上鳥羽大物町28

〒162-0832　東京都新宿区岩戸町17

(代表)03-3269-4231

●落丁・乱丁はおとりかえします。

ΣBEST シグマベスト

高校 これでわかる 数学Ⅱ+B

正解答集

文英堂

☆類題番号のデザインの区別は下記の通りです。

…対応する本冊の例題が，基本例題のもの。

…対応する本冊の例題が，応用例題のもの。

…対応する本冊の例題が，発展例題のもの。

1章 式と証明・方程式

類題の解答 本冊→p. 6～51

1 (1) $(a-b)^3=(a-b)(a-b)^2$
$=(a-b)(a^2-2ab+b^2)$
$=a^3-2a^2b+ab^2-a^2b+2ab^2-b^3$
$=a^3-3a^2b+3ab^2-b^3$

(2) $(a-b)(a^2+ab+b^2)$
$=a^3+a^2b+ab^2-a^2b-ab^2-b^3$
$=a^3-b^3$

2 (1) $27x^3+27x^2y+9xy^2+y^3$
(2) $27x^3-54x^2y+36xy^2-8y^3$
(3) x^3+27　　(4) $8x^3-27y^3$

解き方 (1) $(3x+y)^3$
$=(3x)^3+3\cdot(3x)^2\cdot y+3\cdot 3x\cdot y^2+y^3$
$=27x^3+27x^2y+9xy^2+y^3$
(2) $(3x-2y)^3$
$=(3x)^3-3\cdot(3x)^2\cdot 2y+3\cdot 3x\cdot(2y)^2-(2y)^3$
$=27x^3-54x^2y+36xy^2-8y^3$
(3) $(x+3)(x^2-3x+3^2)=x^3+3^3$
$=x^3+27$
(4) $(2x-3y)\{(2x)^2+2x\cdot 3y+(3y)^2\}$
$=(2x)^3-(3y)^3=8x^3-27y^3$

3 (1) $(x-1)^3$　　(2) $(2x+y)^3$
(3) $(x+3)(x^2-3x+9)$
(4) $(x-4)(x^2+4x+16)$

解き方 (1) x^3-3x^2+3x-1
$=x^3-3\cdot x^2\cdot 1+3\cdot x\cdot 1^2-1^3=(x-1)^3$
(2) $8x^3+12x^2y+6xy^2+y^3$
$=(2x)^3+3\cdot(2x)^2\cdot y+3\cdot(2x)\cdot y^2+y^3$
$=(2x+y)^3$
(3) $x^3+27=x^3+3^3$
$=(x+3)(x^2-3x+9)$
(4) $x^3-64=x^3-4^3$
$=(x-4)(x^2+4x+16)$

4 (1) $xy(x-y)(x^2+xy+y^2)$
(2) $(x+2y)(x-2y)(x^2-2xy+4y^2)$
$\times(x^2+2xy+4y^2)$

解き方 (1) $x^4y-xy^4=xy(x^3-y^3)$
$=xy(x-y)(x^2+xy+y^2)$
(2) $x^6-64y^6=(x^3+8y^3)(x^3-8y^3)$
$=(x+2y)(x^2-2xy+4y^2)(x-2y)$
$\times(x^2+2xy+4y^2)$

5 (1) $16a^4+32a^3+24a^2+8a+1$
(2) $x^6-6x^5+15x^4-20x^3+15x^2-6x+1$
(3) $32x^5-80x^4y+80x^3y^2-40x^2y^3$
$+10xy^4-y^5$

解き方 (1) $(2a+1)^4$
$={}_4C_0(2a)^4+{}_4C_1(2a)^3+{}_4C_2(2a)^2+{}_4C_3(2a)+{}_4C_4$
$=16a^4+32a^3+24a^2+8a+1$
(2) $(x-1)^6={}_6C_0x^6+{}_6C_1x^5(-1)+{}_6C_2x^4(-1)^2$
$+{}_6C_3x^3(-1)^3+{}_6C_4x^2(-1)^4$
$+{}_6C_5x(-1)^5+{}_6C_6(-1)^6$
$=x^6-6x^5+15x^4-20x^3+15x^2-6x+1$
(3) $(2x-y)^5={}_5C_0(2x)^5+{}_5C_1(2x)^4(-y)$
$+{}_5C_2(2x)^3(-y)^2+{}_5C_3(2x)^2(-y)^3$
$+{}_5C_4(2x)(-y)^4+{}_5C_5(-y)^5$
$=32x^5-80x^4y+80x^3y^2-40x^2y^3+10xy^4-y^5$

6 $\dfrac{20}{27}$

解き方 $\left(2x^2+\dfrac{1}{3x}\right)^6$ の展開式の一般項は

${}_6C_r(2x^2)^{6-r}\left(\dfrac{1}{3x}\right)^r={}_6C_r2^{6-r}\left(\dfrac{1}{3}\right)^rx^{12-2r}\dfrac{1}{x^r}$
$={}_6C_r\dfrac{2^{6-r}}{3^r}\times\dfrac{x^{12-2r}}{x^r}$

定数項であることから　$\dfrac{x^{12-2r}}{x^r}=1$

よって　$x^{12-2r}=x^r$　　$12-2r=r$ より　$r=4$

一般項の式に $r=4$ を代入して　${}_6C_4\dfrac{2^2}{3^4}=\dfrac{20}{27}$

7-1 (1) **420**　　(2) **−3240**

解き方 (1) $(a+b+c)^8=\{(a+b)+c\}^8$ の展開式で，

c^2 の項は　${}_8C_2(a+b)^6c^2$

$(a+b)^6$ の展開式で，a^4b^2 の項は　${}_6C_2a^4b^2$

よって，$a^4b^2c^2$ の係数は　${}_8C_2\times{}_6C_2=420$

(2) $(x+3y-2z)^6=\{(x+3y)+(-2z)\}^6$ の展開式で，z の項は　${}_6C_1(x+3y)^5(-2z)$

$(x+3y)^5$ の展開式で，x^2y^3 の項は　${}_5C_3x^2(3y)^3$

よって，x^2y^3z の項は

${}_6C_1\{{}_5C_3x^2(3y)^3\}(-2z)$

$={}_6C_1\times{}_5C_3\times3^3\times(-2)\times x^2y^3z$

よって，x^2y^3z の係数は　-3240

7-2 (1) **420**　　(2) **−3240**

解き方 (1) $\dfrac{8!}{4!2!2!}=\dfrac{8\cdot7\cdot6\cdot5}{2\cdot2}=420$

(2) $\dfrac{6!}{2!3!1!}x^2\times(3y)^3\times(-2z)^1$

$=\dfrac{6!}{2!3!}\times3^3\times(-2)x^2y^3z$

$=-\dfrac{6\cdot5\cdot4\cdot3\cdot2\cdot3^3\cdot2}{2\cdot3\cdot2}x^2y^3z=-3240x^2y^3z$

8 (1) $\boldsymbol{3x^3-2x^2+1}$

$\boldsymbol{=(x+1)(3x^2-5x+5)-4}$

(2) $\boldsymbol{4x^3-3x+2=(2x+3)(2x^2-3x+3)-7}$

解き方 (1)

$$\begin{array}{r|l} & 3x^2-5x+5 \quad \leftarrow\text{商}\\ x+1 & 3x^3-2x^2\qquad\quad +1\\ & 3x^3+3x^2\\ \hline & \quad -5x^2\\ & \quad -5x^2-5x\\ \hline & \qquad\quad 5x+1\\ & \qquad\quad 5x+5\\ \hline & \qquad\qquad -4 \quad \leftarrow\text{余り}\end{array}$$

(2)

$$\begin{array}{r|l} & 2x^2-3x+3 \quad \leftarrow\text{商}\\ 2x+3 & 4x^3\qquad\quad -3x+2\\ & 4x^3+6x^2\\ \hline & \quad -6x^2-3x\\ & \quad -6x^2-9x\\ \hline & \qquad\quad 6x+2\\ & \qquad\quad 6x+9\\ \hline & \qquad\qquad -7 \quad \leftarrow\text{余り}\end{array}$$

9 (1) **商…$\boldsymbol{3x+y+4}$，余り…0**

(2) **商…$\boldsymbol{2x+y+3}$，余り…$\boldsymbol{y+1}$**

解き方 (1)

$$\begin{array}{r|l} & 3x\ +(y+4)\\ x-(2y+3) & 3x^2-\ 5(y+1)x-(2y^2+11y+12)\\ & 3x^2-3(2y+3)x\\ \hline & \qquad (y+4)x-(2y^2+11y+12)\\ & \qquad (y+4)x-(2y^2+11y+12)\\ \hline & \qquad\qquad\qquad 0\end{array}$$

(2)

$$\begin{array}{r|l} & 2x\ +(y+3)\\ 2x-(3y-1) & 4x^2-\ 4(y-2)x-(3y^2+7y-4)\\ & 4x^2-2(3y-1)x\\ \hline & \qquad 2(y+3)x-(3y^2+7y-4)\\ & \qquad 2(y+3)x-(3y^2+8y-3)\\ \hline & \qquad\qquad\qquad y+1\end{array}$$

10 $\boldsymbol{a=-5,\ b=4}$

解き方 $(x^3-3x^2+ax+b)\div(x^2+x-1)$ の割り算を実行すると

$$\begin{array}{r|l} & x-4\\ x^2+x-1 & x^3-3x^2+\qquad ax+b\\ & x^3+\ x^2-\qquad x\\ \hline & \ -4x^2+(a+1)x+b\\ & \ -4x^2-\qquad 4x+4\\ \hline & \qquad (a+5)x+(b-4)\end{array}$$

余りは　$(a+5)x+(b-4)$

割り切れる条件は，余り$=0$ より

$a+5=0,\ b-4=0$

よって　$a=-5,\ b=4$

13 (1) $\boldsymbol{\dfrac{x^2+x+1}{x-2}}$　　(2) $\boldsymbol{\dfrac{2x+1}{x^2+3x+9}}$

解き方 (1) $\dfrac{x+2}{x-1}\times\dfrac{x^3-1}{x^2-4}$

$=\dfrac{(x+2)(x-1)(x^2+x+1)}{(x-1)(x+2)(x-2)}$

$=\dfrac{x^2+x+1}{x-2}$

(2) $\dfrac{x^2-2x-3}{x^2+3x+2}\times\dfrac{2x^2+5x+2}{x^3-27}$

$=\dfrac{(x-3)(x+1)(x+2)(2x+1)}{(x+1)(x+2)(x-3)(x^2+3x+9)}$

$=\dfrac{2x+1}{x^2+3x+9}$

14 (1) $\dfrac{(x+2)(x+4)}{x^2+x+1}$

(2) $\dfrac{(x-3y)(x^2-xy+y^2)}{x-y}$

解き方 (1) $\dfrac{2x^2+7x-4}{x^3-1}\div\dfrac{2x-1}{x^2+x-2}$

$=\dfrac{(2x-1)(x+4)}{(x-1)(x^2+x+1)}\times\dfrac{(x+2)(x-1)}{2x-1}$

$=\dfrac{(x+4)(x+2)}{x^2+x+1}$

(2) まず $x^4+x^2y^2+y^4$ を因数分解すると

$x^4+x^2y^2+y^4=(x^2+y^2)^2-x^2y^2$

$=\{(x^2+y^2)+xy\}\{(x^2+y^2)-xy\}$

$=(x^2+xy+y^2)(x^2-xy+y^2)$

よって

$\dfrac{x^2-2xy-3y^2}{x^3-y^3}\div\dfrac{x+y}{x^4+x^2y^2+y^4}$

$=\dfrac{(x-3y)(x+y)}{(x-y)(x^2+xy+y^2)}$

$\times\dfrac{(x^2+xy+y^2)(x^2-xy+y^2)}{x+y}$

$=\dfrac{(x-3y)(x^2-xy+y^2)}{x-y}$

15 (1) $\dfrac{4x}{(x-3)(x+3)}$　(2) $\dfrac{x-2}{x(x-1)}$

解き方 (1) 与式

$=\dfrac{x+1}{(x-1)(x-3)}+\dfrac{3x+1}{(x+3)(x-1)}$

$=\dfrac{(x+1)(x+3)+(3x+1)(x-3)}{(x-1)(x-3)(x+3)}$

$=\dfrac{(x^2+4x+3)+(3x^2-8x-3)}{(x-1)(x-3)(x+3)}$

$=\dfrac{4x(x-1)}{(x-1)(x-3)(x+3)}$

$=\dfrac{4x}{(x-3)(x+3)}$

(2) 与式$=\dfrac{2x-1}{(x-1)(x-2)}-\dfrac{x+4}{x(x-2)}$

$=\dfrac{(2x^2-x)-(x^2+3x-4)}{x(x-1)(x-2)}$

$=\dfrac{(x-2)^2}{x(x-1)(x-2)}$

$=\dfrac{x-2}{x(x-1)}$

16 (1) $\dfrac{6x}{(x-1)(x-2)(x+1)(x+2)}$

(2) $-\dfrac{1}{x-1}$

解き方 (1) 各項は (分子の次数)≧(分母の次数) なので，それぞれ割り算をする。

与式

$=\left(1+\dfrac{1}{x-2}\right)-\left(2+\dfrac{1}{x-1}\right)$

$-\left(2+\dfrac{1}{x+1}\right)+\left(3+\dfrac{1}{x+2}\right)$

$=\dfrac{1}{x-2}-\dfrac{1}{x-1}-\dfrac{1}{x+1}+\dfrac{1}{x+2}$

$=\dfrac{1}{(x-1)(x-2)}-\dfrac{1}{(x+1)(x+2)}$

$=\dfrac{6x}{(x-1)(x-2)(x+1)(x+2)}$

(2) より小さい分母から消していく。

与式$=1-\dfrac{1}{\dfrac{x-1}{x}}=1-\dfrac{x}{x-1}=\dfrac{-1}{x-1}$

分母，分子に x を掛ける。

18 (1) $a=1,\ b=-1,\ c=2$

(2) $a=1,\ b=3,\ c=3,\ d=1$

(3) $a=1,\ b=2,\ c=0$

解き方 (1) 左辺

$=(a+b+c)x^2-(a+3b+2c)x+2b$

右辺の式と係数を比較して

$a+b+c=2,\ a+3b+2c=2,\ 2b=-2$

これを解いて　$a=1,\ b=-1,\ c=2$

(2) 右辺$=ax^3+(-3a+b)x^2+(3a-2b+c)x$

$-a+b-c+d$

左辺の式と係数を比較して

$a=1,\ -3a+b=0,\ 3a-2b+c=0,$

$-a+b-c+d=0$

これを解いて　$a=1,\ b=3,\ c=3,\ d=1$

(3) 右辺を展開して，式を整理すると

右辺$=x^2+2xy+(b+1)y^2+ax+(a+c)y$

左辺の式と係数を比較して

$b+1=3,\ a=1,\ a+c=1$

これを解いて　$a=1,\ b=2,\ c=0$

この解き方を，係数比較法という。

19 $a=1,\ b=3,\ c=7,\ d=8$

解き方　3次の恒等式なので，xに4つの異なる値を代入して，4つの等式をつくる。この解き方を数値代入法という。

$x=0$ を代入して　$2b-2c+d=0$

$x=1$ を代入して　$-c+d=1$

$x=2$ を代入して　$d=8$

$x=-1$ を代入して　$-6a+6b-3c+d=-1$

これを解いて　$a=1,\ b=3,\ c=7,\ d=8$

このとき

右辺

$=x(x-1)(x-2)+3(x-1)(x-2)+7(x-2)+8$

$=x^3-3x^2+2x+3x^2-9x+6+7x-14+8$

$=x^3=$左辺

$a,\ b,\ c,\ d$ を求めたあと，それらを代入して，恒等式となることを確かめておくこと。

20 $a=1,\ b=2$

解き方　右辺を通分すると，等式は

$$\frac{3x+4}{(x+1)(x+2)}=\frac{a}{x+1}+\frac{b}{x+2}$$
$$=\frac{a(x+2)+b(x+1)}{(x+1)(x+2)}$$
$$=\frac{(a+b)x+(2a+b)}{(x+1)(x+2)}$$

両辺の係数を比較して

$a+b=3,\ 2a+b=4$

これを解いて　$a=1,\ b=2$

21 $a=\frac{1}{3},\ b=-\frac{1}{3},\ c=-\frac{2}{3}$

解き方　右辺を通分すると，等式は

$$\frac{1}{x^3-1}=\frac{a}{x-1}+\frac{bx+c}{x^2+x+1}$$
$$=\frac{a(x^2+x+1)+(bx+c)(x-1)}{x^3-1}$$
$$=\frac{(a+b)x^2+(a-b+c)x+a-c}{x^3-1}$$

両辺の分子の係数を比較して

$a+b=0,\ a-b+c=0,\ a-c=1$

これを解いて　$a=\frac{1}{3},\ b=-\frac{1}{3},\ c=-\frac{2}{3}$

22 $x=1,\ y=2$

解き方　どのような a に対しても等式が成立するから，a についての恒等式である。a について整理すると

$(2x-y)a+x+2y-5=0$

よって　$2x-y=0,\ x+2y-5=0$

これを解くと　$x=1,\ y=2$

23 左辺$=(x+y)^3+(x-y)^3$

$=x^3+3x^2y+3xy^2+y^3$
$\quad+x^3-3x^2y+3xy^2-y^3$

$=2x^3+6xy^2$

右辺$=2x\{(x+y)^2+(x-y)^2-(x^2-y^2)\}$

$=2x(x^2+2xy+y^2+x^2-2xy+y^2-x^2+y^2)$

$=2x(x^2+3y^2)$

$=2x^3+6xy^2$

よって　$(x+y)^3+(x-y)^3$

$=2x\{(x+y)^2+(x-y)^2-(x^2-y^2)\}$

24 $c=-a-b$ を等式の左辺に代入して

左辺$=a^2\{b+(-a-b)\}+b^2\{(-a-b)+a\}$
$\quad+(-a-b)^2(a+b)+3ab(-a-b)$

$=-a^3-b^3+(a+b)^3-3a^2b-3ab^2$

$=-a^3-b^3+a^3+3a^2b+3ab^2+b^3$
$\quad-3a^2b-3ab^2$

$=0$

よって　左辺$=$右辺

25 $a:b=c:d$ より，$\frac{a}{b}=\frac{c}{d}=k$ とおくと

$a=bk,\ c=dk$

左辺$=\frac{a+c}{b+d}=\frac{bk+dk}{b+d}=\frac{(b+d)k}{b+d}=k$

右辺$=\frac{a+2c}{b+2d}=\frac{bk+2dk}{b+2d}=\frac{(b+2d)k}{b+2d}=k$

よって　左辺$=$右辺

27 左辺－右辺$=xy+1-(x+y)$

$=x(y-1)-(y-1)$

$=(x-1)(y-1)$

一方，$|x|<1$ より　$-1<x<1$

ゆえに　$x-1<0$

$|y|<1$ より　$-1<y<1$

ゆえに　$y-1<0$

したがって　$(x-1)(y-1)>0$　←負×負＝正

よって　$xy+1>x+y$

28 (1) 左辺$=x^2+4x+4=(x+2)^2\geqq 0$

よって，$x^2+4x+4\geqq 0$ が成り立つ。

等号は $x=-2$ のとき成り立つ。

(2) 左辺$=a^2+ab+b^2$

$$=\left\{a^2+2\times a\times\frac{b}{2}+\left(\frac{b}{2}\right)^2\right\}-\left(\frac{b}{2}\right)^2+b^2$$

$$=\left(a+\frac{b}{2}\right)^2+\frac{3b^2}{4}\geqq 0$$

よって，$a^2+ab+b^2\geqq 0$ が成り立つ。

等号は，$a+\dfrac{b}{2}=0$，$b=0$ のとき，つまり $a=b=0$ のとき成り立つ。

(3) 左辺－右辺$=x^2+y^2-xy=x^2-xy+y^2$

$$=\left(x-\frac{y}{2}\right)^2+\frac{3y^2}{4}\geqq 0$$

よって　左辺≧右辺

等号は，$x-\dfrac{y}{2}=0$，$y=0$ のとき，つまり $x=y=0$ のとき成り立つ。

(4) 左辺－右辺

$=x^2+y^2+z^2-xy-yz-zx$

$$=\frac{1}{2}\{(x^2-2xy+y^2)+(y^2-2yz+z^2)+(z^2-2zx+x^2)\}$$

$$=\frac{1}{2}\{(x-y)^2+(y-z)^2+(z-x)^2\}\geqq 0$$

よって　左辺≧右辺

等号は $x=y=z$ のとき成り立つ。

29 $a\geqq b\geqq 0$ より　$\sqrt{a}-\sqrt{b}\geqq 0$，$\sqrt{a-b}\geqq 0$

$(右辺)^2-(左辺)^2=(\sqrt{a-b})^2-(\sqrt{a}-\sqrt{b})^2$

$=a-b-(a-2\sqrt{a}\sqrt{b}+b)$

$=2\sqrt{a}\sqrt{b}-2b=2\sqrt{b}(\sqrt{a}-\sqrt{b})$

$\sqrt{b}\geqq 0$，$\sqrt{a}-\sqrt{b}\geqq 0$ より

$2\sqrt{b}(\sqrt{a}-\sqrt{b})\geqq 0$

よって　$(\sqrt{a-b})^2\geqq(\sqrt{a}-\sqrt{b})^2$

$\sqrt{a-b}\geqq 0$，$\sqrt{a}-\sqrt{b}\geqq 0$ だから

$\sqrt{a-b}\geqq\sqrt{a}-\sqrt{b}$

すなわち　$\sqrt{a}-\sqrt{b}\leqq\sqrt{a-b}$

等号は，$\sqrt{b}=0$ または $\sqrt{a}-\sqrt{b}=0$ のとき，つまり $b=0$ または $a=b$ のとき成り立つ。

31 (1) $a>0$，$\dfrac{1}{a}>0$ なので，相加平均と相乗平均の関係により　$a+\dfrac{1}{a}\geqq 2\sqrt{a\times\dfrac{1}{a}}=2$

等号が成り立つのは $a=\dfrac{1}{a}$ のときで，$a>0$ より $a=1$ のとき。

(2) $ab>0$，$\dfrac{4}{ab}>0$ なので，相加平均と相乗平均の関係により　$ab+\dfrac{4}{ab}\geqq 2\sqrt{ab\times\dfrac{4}{ab}}=4$

等号が成り立つのは $ab=\dfrac{4}{ab}$ のときで，

$ab>0$ より $ab=2$ のとき。

(3) 左辺$=\left(\dfrac{b}{a}+\dfrac{d}{c}\right)\left(\dfrac{a}{b}+\dfrac{c}{d}\right)$

$$=1+\frac{bc}{ad}+\frac{ad}{bc}+1=\frac{bc}{ad}+\frac{ad}{bc}+2$$

$\dfrac{bc}{ad}>0$，$\dfrac{ad}{bc}>0$ なので，相加平均と相乗平均の関係により　左辺$\geqq 2\sqrt{\dfrac{bc}{ad}\times\dfrac{ad}{bc}}+2=4$

等号が成り立つのは $\dfrac{bc}{ad}=\dfrac{ad}{bc}$ のときで，

$\dfrac{bc}{ad}>0$，$\dfrac{ad}{bc}>0$ より $ad=bc$ のとき。

(4) $a>0,\ b>0,\ c>0$ なので，相加平均と相乗平均の関係により

$a+b \geqq 2\sqrt{ab},\ b+c \geqq 2\sqrt{bc},\ c+a \geqq 2\sqrt{ca}$

よって　$(a+b)(b+c)(c+a)$

$\geqq 2\sqrt{ab}\times 2\sqrt{bc}\times 2\sqrt{ca}=8abc$

等号は，$a=b=c$ のとき成り立つ。

32 (1) $|a+b| \leqq |a|+|b|$ の a に $a-b$ を代入すると

$|a-b+b| \leqq |a-b|+|b|$

$|a| \leqq |a-b|+|b|$

よって　$|a|-|b| \leqq |a-b|$

$(左辺)^2-(右辺)^2=-2(|ab|-ab)$ より

$ab=|ab| \geqq 0$

等号が成り立つのは $ab \geqq 0$ のとき

(2) $(右辺)^2-(左辺)^2=|1+xy|^2-|x+y|^2$

$=(1+xy)^2-(x+y)^2=x^2y^2-x^2-y^2+1$

$=x^2(y^2-1)-(y^2-1)=(x^2-1)(y^2-1)$

$0 \leqq |x|<1$ より

$|x|^2<1 \quad x^2<1 \quad x^2-1<0$

同様に，$0 \leqq |y|<1$ より　$y^2-1<0$

したがって　$(x^2-1)(y^2-1)>0$

ゆえに　$|1+xy|^2>|x+y|^2$

$|x+y| \geqq 0,\ |1+xy| \geqq 0$ なので

$|1+xy|>|x+y|$

すなわち　$|x+y|<|1+xy|$

33-1 (1) -1　(2) $-12i$

(3) 74　(4) $-\dfrac{13}{25}+\dfrac{9}{25}i$

解き方 (1) 与式$=(-5+4)+(3-3)i=-1$

(2) 与式$=(2-2)-(7+5)i=-12i$

(3) 与式$=49-25i^2=49+25=74$

└ $i^2=-1$

(4) 与式$=\dfrac{(-1+3i)(4+3i)}{(4-3i)(4+3i)}=\dfrac{-4+9i+9i^2}{16-9i^2}$

$=\dfrac{-13+9i}{16+9}=-\dfrac{13}{25}+\dfrac{9}{25}i$

33-2 (1) 2　(2) $-9+46i$

(3) $1-i$　(4) $\dfrac{2}{13}$

解き方 (1) $(a+b)^2+(a-b)^2=2(a^2+b^2)$ を使う。

与式$=2\{2^2+(\sqrt{3}i)^2\}=2(4-3)=2$

(2) $(a+b)^3=a^3+3a^2b+3ab^2+b^3$ を使う。

与式$=3^3+3\times 3^2\times 2i+3\times 3\times(2i)^2+(2i)^3$

$=27+54i+36i^2+8i^3$

$=27+54i-36-8i$

$=-9+46i$

(3) $i^4=(i^2)^2=(-1)^2=1,\ i^3=i^2\times i=-i$

$\dfrac{1}{i}=\dfrac{i}{i^2}=\dfrac{i}{-1}=-i$

与式$=1-i-1+i+1-i=1-i$

(4) 与式$=\dfrac{(1+i)(3+2i)+(1-i)(3-2i)}{(3-2i)(3+2i)}$

$=\dfrac{(3+5i+2i^2)+(3-5i+2i^2)}{9-4i^2}$

$=\dfrac{3+5i-2+3-5i-2}{9+4}=\dfrac{2}{13}$

34-1 (1) $2\sqrt{3}i$　(2) $\dfrac{\sqrt{21}}{3}i$

(3) 3　(4) $-\dfrac{1}{3}-\dfrac{2\sqrt{2}}{3}i$

解き方 (1) 与式$=\sqrt{3}\times 2i=2\sqrt{3}i$

(2) 与式$=\sqrt{7}i\div\sqrt{3}=\dfrac{\sqrt{7}i}{\sqrt{3}}=\dfrac{\sqrt{21}}{3}i$

(3) 与式$=3\sqrt{2}i\div\sqrt{2}i=\dfrac{3\sqrt{2}i}{\sqrt{2}i}=3$

(4) 与式$=\dfrac{(1-\sqrt{2}i)^2}{(1+\sqrt{2}i)(1-\sqrt{2}i)}$

$=\dfrac{1-2\sqrt{2}i+2i^2}{1-2i^2}=\dfrac{1-2\sqrt{2}i-2}{1+2}$

$=\dfrac{-1-2\sqrt{2}i}{3}=-\dfrac{1}{3}-\dfrac{2\sqrt{2}}{3}i$

34-2 (1) 成り立つ　(2) 成り立たない

(3) 成り立たない　(4) 成り立つ

(5) 成り立つ

解き方 左辺と右辺を別々に計算して比較する。

(1) 左辺$=\sqrt{2}\times\sqrt{3}i=\sqrt{6}i$　右辺$=\sqrt{-6}=\sqrt{6}i$

(2) 左辺$=\sqrt{2}i\times\sqrt{3}i=\sqrt{6}i^2=-\sqrt{6}$　右辺$=\sqrt{6}$

(3) 左辺$=\dfrac{\sqrt{2}}{\sqrt{3}i}=\dfrac{\sqrt{6}i}{3i^2}=-\dfrac{\sqrt{6}}{3}i$

右辺$=\sqrt{\dfrac{2}{3}}i=\dfrac{\sqrt{2}}{\sqrt{3}}i=\dfrac{\sqrt{6}}{3}i$

(4) 左辺$=\dfrac{\sqrt{2}i}{\sqrt{3}}=\dfrac{\sqrt{6}}{3}i$　右辺$=\sqrt{\dfrac{2}{3}}i=\dfrac{\sqrt{6}}{3}i$

(5) 左辺$=\dfrac{\sqrt{2}i}{\sqrt{3}i}=\dfrac{\sqrt{6}}{3}$　右辺$=\sqrt{\dfrac{2}{3}}=\dfrac{\sqrt{6}}{3}$

35 (1) $\boldsymbol{x=1,\ y=0}$　(2) $\boldsymbol{x=1,\ y=0}$

(3) $\boldsymbol{x=-\dfrac{3}{5},\ y=\dfrac{4}{5}}$

解き方 (1) $x+y-1=0,\ x+2y-1=0$

これを解いて　$x=1,\ y=0$

(2) 左辺$=x(1+2i-1)+y(1-i)=y+(2x-y)i$

だから　$y=0,\ 2x-y=2$

これを解いて　$x=1,\ y=0$

(3) 左辺$=x+yi-2xi-2yi^2$

$=(x+2y)+(y-2x)i$

だから　$x+2y=1,\ -2x+y=2$

これを解いて　$x=-\dfrac{3}{5},\ y=\dfrac{4}{5}$

36 (1) $\boldsymbol{x=-\dfrac{1}{2},\ 1}$　(2) $\boldsymbol{x=0,\ \dfrac{3}{4}}$

(3) $\boldsymbol{x=-1\pm\sqrt{5}}$　(4) $\boldsymbol{x=1,\ \dfrac{5}{3}}$

(5) $\boldsymbol{x=\dfrac{1\pm\sqrt{14}i}{3}}$　(6) $\boldsymbol{x=\pm2\sqrt{2}i}$

(7) $\boldsymbol{x=\dfrac{3\pm\sqrt{7}i}{4}}$　(8) $\boldsymbol{x=\dfrac{-5\pm\sqrt{3}i}{2}}$

解き方 **(1), (2), (4)は因数分解。(6)は平方根。その他は解の公式利用。**

(1) $(2x+1)(x-1)=0$　$x=-\dfrac{1}{2},\ 1$

(2) $x(4x-3)=0$　$x=0,\ \dfrac{3}{4}$

(3) 両辺を10倍して　$x^2+2x-4=0$

解の公式より　$x=-1\pm\sqrt{1-(-4)}=-1\pm\sqrt{5}$

(4) 両辺を3倍して　$3x^2-8x+5=0$

$(3x-5)(x-1)=0$　$x=\dfrac{5}{3},\ 1$

(5) 分母を払って　$3x^2+3=2x-2$

└両辺を6倍する

$3x^2-2x+5=0$

解の公式より　$x=\dfrac{1\pm\sqrt{1-15}}{3}=\dfrac{1\pm\sqrt{14}i}{3}$

(6) $x^2=-8$　$x=\pm\sqrt{-8}=\pm2\sqrt{2}i$

(7) 展開して整理すると　$2x^2-3x+2=0$

解の公式より　$x=\dfrac{3\pm\sqrt{9-16}}{4}=\dfrac{3\pm\sqrt{7}i}{4}$

(8) 展開して整理すると　$x^2+5x+7=0$

解の公式より　$x=\dfrac{-5\pm\sqrt{25-28}}{2}=\dfrac{-5\pm\sqrt{3}i}{2}$

37 (1) **異なる2つの実数解**　(2) **重解(実数解)**

(3) **異なる2つの虚数解**

解き方 **判別式の正負を調べる。**

2次方程式の判別式をDとする。

(1) $\dfrac{D}{4}=(-2)^2-3\times1=4-3=1>0$

(2) $\dfrac{D}{4}=(\sqrt{5})^2-1\times5=5-5=0$

(3) $\dfrac{D}{4}=(-3)^2-1\times10=9-10=-1<0$

38 $\boldsymbol{a=2}$ **のとき**　$\boldsymbol{x=1,}$

$\boldsymbol{a=3}$ **のとき**　$\boldsymbol{x=2}$

解き方 2次方程式の判別式をDとする。

$\dfrac{D}{4}=(a-1)^2-(3a-5)$

$=a^2-5a+6$

$=(a-2)(a-3)$

$\dfrac{D}{4}=0$ より　$a=2,\ 3$

└重解をもつ条件

重解は$x=-\dfrac{-2(a-1)}{2\times1}=a-1$だから

$a=2$のとき　$x=1,\ a=3$のとき　$x=2$

39 (1) **和…2，積…**$\boldsymbol{\dfrac{3}{5}}$　(2) **和…−5，積…0**

(3) **和…−6，積…−15**

解き方 **解と係数の関係を利用する。2つの解を$\alpha,\ \beta$とすると**

(1) $\alpha+\beta=-\dfrac{-10}{5}=2,\ \alpha\beta=\dfrac{3}{5}$

(2) $\alpha+\beta=-5,\ \alpha\beta=0$

(3) 両辺を3倍して　$x^2+6x-15=0$

$\alpha+\beta=-6,\ \alpha\beta=-15$

40 (1) -2　(2) $-\dfrac{1}{3}$　(3) $\pm\dfrac{4\sqrt{3}}{3}$

(4) $\dfrac{2}{3}$　(5) -10　(6) $\pm\dfrac{52\sqrt{3}}{9}$

(7) 30　(8) $\dfrac{26}{23}$

解き方 (1) $\alpha+\beta=-\dfrac{6}{3}=-2$

(2) $\alpha\beta=-\dfrac{1}{3}$

(3) $(\alpha-\beta)^2=(\alpha+\beta)^2-4\alpha\beta=(-2)^2-4\left(-\dfrac{1}{3}\right)$

$=\dfrac{16}{3}$

$\alpha-\beta=\pm\sqrt{\dfrac{16}{3}}=\pm\dfrac{4\sqrt{3}}{3}$

(4) $\alpha^2\beta+\alpha\beta^2=\alpha\beta(\alpha+\beta)=-\dfrac{1}{3}(-2)=\dfrac{2}{3}$

(5) $\alpha^3+\beta^3=(\alpha+\beta)(\alpha^2-\alpha\beta+\beta^2)$

$=(\alpha+\beta)\{(\alpha+\beta)^2-3\alpha\beta\}$

$=-2\left\{(-2)^2-3\left(-\dfrac{1}{3}\right)\right\}=-10$

(6) $\alpha^3-\beta^3=(\alpha-\beta)(\alpha^2+\alpha\beta+\beta^2)$

$=(\alpha-\beta)\{(\alpha+\beta)^2-\alpha\beta\}$

└(3)利用

$=\pm\dfrac{4\sqrt{3}}{3}\left\{(-2)^2-\left(-\dfrac{1}{3}\right)\right\}=\pm\dfrac{52\sqrt{3}}{9}$

(7) $\dfrac{\beta^2}{\alpha}+\dfrac{\alpha^2}{\beta}=\dfrac{\beta^3+\alpha^3}{\alpha\beta}=\dfrac{\alpha^3+\beta^3}{\alpha\beta}$ ←(5)利用

$=\dfrac{-10}{-\dfrac{1}{3}}=30$

(8) $\dfrac{\beta}{\alpha-2}+\dfrac{\alpha}{\beta-2}=\dfrac{\beta(\beta-2)+\alpha(\alpha-2)}{(\alpha-2)(\beta-2)}$

$=\dfrac{\alpha^2+\beta^2-2(\alpha+\beta)}{\alpha\beta-2(\alpha+\beta)+4}$

$=\dfrac{(\alpha+\beta)^2-2\alpha\beta-2(\alpha+\beta)}{\alpha\beta-2(\alpha+\beta)+4}$

$=\dfrac{(-2)^2-2\left(-\dfrac{1}{3}\right)-2(-2)}{\left(-\dfrac{1}{3}\right)-2(-2)+4}=\dfrac{26}{23}$

41 (1) $3\left(x+\dfrac{2+\sqrt{7}}{3}\right)\left(x+\dfrac{2-\sqrt{7}}{3}\right)$

(2) $2\left(x-\dfrac{1+\sqrt{5}i}{2}\right)\left(x-\dfrac{1-\sqrt{5}i}{2}\right)$

解き方 (1) $x=\dfrac{-2\pm\sqrt{4+3}}{3}=\dfrac{-2\pm\sqrt{7}}{3}$

(2) $x=\dfrac{1\pm\sqrt{1-6}}{2}=\dfrac{1\pm\sqrt{5}i}{2}$

42-1 (1) $x^2+4x+13=0$

(2) $\dfrac{5+\sqrt{13}}{2}$ と $\dfrac{5-\sqrt{13}}{2}$

解き方 (1) 2 数の和は　-4，2 数の積は　13

よって　$x^2-(-4)x+13=0$

(2) $x^2-5x+3=0$ を解く。

$x=\dfrac{5\pm\sqrt{25-12}}{2}=\dfrac{5\pm\sqrt{13}}{2}$

42-2 $x^2-x-2=0$

解き方 解と係数の関係より

$\alpha+\beta=-1$，$\alpha\beta=2$

和：$\alpha+\beta+\alpha\beta=-1+2=1$

積：$(\alpha+\beta)\alpha\beta=(-1)\times2=-2$

よって　$x^2-x-2=0$

43 (1) $-2<a<-1$　(2) $a<-2$

解き方 $x^2-2ax+a+2=0$ の解を α，β とし，判別式を D とする。

(1) α，β は相異なる実数解だから

$\dfrac{D}{4}=a^2-(a+2)=a^2-a-2>0$

$(a-2)(a+1)>0$ を解いて

$a<-1$，$a>2$　…①

$\alpha<0$，$\beta<0$ より

$\alpha+\beta=2a<0$　　$a<0$　…②

$\alpha\beta=a+2>0$　　$a>-2$　…③

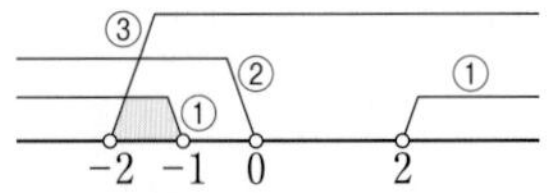

①，②，③を同時に満たす a の値の範囲は

$-2<a<-1$

(2) α，β は異符号だから

$\alpha\beta=a+2<0$　　$a<-2$

45 (1) **0**　(2) **24**　(3) **0**　(4) $\boldsymbol{\frac{45}{4}}$

解き方 (1) $P(3)=3^2-4\cdot3+3=0$

(2) $P(-3)=(-3)^2-4(-3)+3=24$

(3) $P(1)=1^2-4\cdot1+3=0$

(4) $P\left(-\frac{3}{2}\right)=\left(-\frac{3}{2}\right)^2-4\left(-\frac{3}{2}\right)+3=\frac{45}{4}$

46 $\boldsymbol{a=1,\ b=1}$

解き方 $P(x)=3x^3+ax^2+bx-2$ とおく。

$x+1$ で割ると -5 余るから　$P(-1)=-5$

よって　$P(-1)=-3+a-b-2=-5$　…①

$3x-2$ で割ると割り切れるから　$P\left(\frac{2}{3}\right)=0$

よって　$P\left(\frac{2}{3}\right)=\frac{8}{9}+\frac{4a}{9}+\frac{2b}{3}-2=0$　…②

①，②を a，b について解くと　$a=1$，$b=1$

47 $\boldsymbol{2x+3}$

解き方 $P(x)$ を $x-1$，$x+2$ で割った余りがそれぞれ 5，-1 だから

$P(1)=5$　…①

$P(-2)=-1$　…②

一方，$P(x)$ を 2 次式 x^2+x-2 で割った商を $Q(x)$，余りを $ax+b$ とすると

$P(x)=(x^2+x-2)Q(x)+ax+b$

$=(x-1)(x+2)Q(x)+ax+b$

①の関係より　$P(1)=a+b=5$　…③

②の関係より　$P(-2)=-2a+b=-1$　…④

③，④を a，b について解くと　$a=2$，$b=3$

よって，余りは　$2x+3$

48 **因数であるもの…(1)，(2)，(4)**

因数でないもの…(3)

解き方 $P(x)=3x^3+x^2-3x-1$ とおき，

(1)は $P(-1)$，(2)は $P(1)$，(3)は $P(2)$，(4)は $P\left(-\frac{1}{3}\right)$

が 0 になるかどうか調べる。0 になれば因数。

つまり，$P(x)=(x+1)(x-1)(3x+1)$ と因数分解できる。

50 (1) $\boldsymbol{x=1,\ \frac{-1\pm\sqrt{3}i}{2}}$

(2) $\boldsymbol{x=\pm1,\ \pm i}$

(3) $\boldsymbol{x=\pm\sqrt{6},\ \pm i}$

(4) $\boldsymbol{x=\frac{-1\pm\sqrt{3}i}{2},\ \frac{1\pm\sqrt{3}i}{2}}$

(5) $\boldsymbol{x=1,\ -1}$ **(2 重解)**

解き方 各項を左辺に集めて因数分解する。

(1) $x^3-1=(x-1)(x^2+x+1)$

(2) $x^4-1=(x^2+1)(x+1)(x-1)$

(3) $(x^2)^2-5x^2-6=(x^2-6)(x^2+1)$

(4) $x^4+x^2+1=(x^4+2x^2+1)-x^2$

$=(x^2+1)^2-x^2=(x^2+x+1)(x^2-x+1)$

(5) $x^3+x^2-x-1=x^2(x+1)-(x+1)$

$=(x+1)(x^2-1)=(x-1)(x+1)^2$

(参考) (1)の $x^3=1$ の解を 1 の 3 乗根という。その虚数解の 1 つを ω（オメガ）とすると，もう 1 つの虚数解は ω^2 で表される。3 つの解 1，ω，ω^2 について，$\omega^3=1$，$\omega^2+\omega+1=0$ が成り立つ。←本冊 p. 51 参照

51 (1) $\boldsymbol{x=-1,\ \frac{-3\pm\sqrt{17}}{4}}$

(2) $\boldsymbol{x=-2,\ 3,\ \pm i}$

解き方 (1) $P(x)=2x^3+5x^2+2x-1$ とおくと

$P(-1)=0$ ←$P(x)$ は $x+1$ を因数にもつ

$P(x)=(x+1)(2x^2+3x-1)$

(2) $P(x)=x^4-x^3-5x^2-x-6$ とおくと

$P(-2)=0$ ←$P(x)$ は $x+2$ を因数にもつ

$P(x)=(x+2)(x^3-3x^2+x-3)$

$Q(x)=x^3-3x^2+x-3$ とおくと

$Q(3)=0$ ←$Q(x)$ は $x-3$ を因数にもつ

$Q(x)=(x-3)(x^2+1)$

よって　$P(x)=(x+2)(x-3)(x^2+1)$

52 $a=0,\ b=2$　　他の解…$x=-1,\ 1-i$

解き方 1つの解が$1+i$だから，方程式のxに$1+i$を代入したとき等式が成り立つ。代入して整理すると

$(a+b-2)+ai=0$

$a,\ b$が実数だから，$a+b-2$も実数。

よって　$a+b-2=0,\ a=0$

これを解くと　$a=0,\ b=2$

ゆえに，方程式は　$x^3-x^2+2=0$

$P(x)=x^3-x^2+2$とおくと　$P(-1)=0$

よって　$P(x)=(x+1)(x^2-2x+2)$

$P(x)=0$の解は　$x=-1,\ 1\pm i$

(別解) 実数係数の方程式で$1+i$が解のとき，これと共役な$1-i$も解である。したがって，

因数　$\{x-(1+i)\}\{x-(1-i)\}$

$=\{(x-1)-i\}\{(x-1)+i\}=(x-1)^2+1$

$=x^2-2x+2$

をもつ。x^3-x^2+ax+bはx^2-2x+2で割り切れるとして，$a,\ b$および実数解を求めると

$$\begin{array}{r|l} & x+1 \\ \hline x^2-2x+2 & x^3-\ x^2+\quad ax+b \\ & x^3-2x^2+\quad 2x \\ \hline & \quad x^2+(a-2)x+b \\ & \quad x^2-\quad 2x+2 \\ \hline & \quad\quad ax+(b-2) \end{array}$$

よって，余りは　$ax+(b-2)$

割り切れるためには，余り$=0$だから

$a=0,\ b-2=0$より

$a=0,\ b=2$

このとき

$P(x)=(x^2-2x+2)(x+1)$となり

$P(x)=0$の解は　$x=-1,\ 1\pm i$

53 (1) **0**　　(2) **-1**

解き方 $\omega^3=1,\ \omega^2+\omega+1=0$を活用する。

(1) $\omega^6+\omega^7+\omega^8=(\omega^3)^2+(\omega^3)^2\cdot\omega+(\omega^3)^2\cdot\omega^2$

$=1+\omega+\omega^2=0$

(2) $\dfrac{1}{\omega}-\dfrac{1}{\omega+1}=\dfrac{\omega+1-\omega}{\omega(\omega+1)}$

$=\dfrac{1}{\omega^2+\omega}=\dfrac{1}{-1}=-1$

定期テスト予想問題の解答 —— 本冊→p. 52〜54

1 (1) $8x^3-12x^2y+6xy^2-y^3$

(2) x^3+8　　(3) $8x^3-y^3$

解き方 (1) $(2x-y)^3$

$=(2x)^3-3\cdot(2x)^2\cdot y+3\cdot 2x\cdot y^2-y^3$

$=8x^3-12x^2y+6xy^2-y^3$

(2) $(x+2)(x^2-2x+4)$

$=(x+2)(x^2-x\cdot 2+2^2)=x^3+8$

(3) $(2x-y)(4x^2+2xy+y^2)$

$=(2x-y)\{(2x)^2+(2x)\cdot y+y^2\}=8x^3-y^3$

2 (1) $(x-3)^3$　(2) $(x+2y)(x^2-2xy+4y^2)$

(3) $(2x+y)(2x-y)(4x^2-2xy+y^2)$
$\times(4x^2+2xy+y^2)$

解き方 (1) $x^3-9x^2+27x-27$

$=x^3-3\cdot x^2\cdot 3+3\cdot x\cdot 3^2-3^3=(x-3)^3$

(2) $x^3+8y^3=x^3+(2y)^3$

$=(x+2y)\{x^2-x\cdot 2y+(2y)^2\}$

$=(x+2y)(x^2-2xy+4y^2)$

(3) $64x^6-y^6=(8x^3)^2-(y^3)^2=(8x^3+y^3)(8x^3-y^3)$

$=(2x+y)(4x^2-2xy+y^2)$
$\times(2x-y)(4x^2+2xy+y^2)$

$=(2x+y)(2x-y)(4x^2-2xy+y^2)$
$\times(4x^2+2xy+y^2)$

3 (1) **720**　(2) **945**　(3) **-6720**

解き方 (1) x^3y^2の項は　${}_5\mathrm{C}_2(2x)^3(-3y)^2$

$=\dfrac{5\cdot 4}{2\cdot 1}\cdot 8\cdot 9x^3y^2=720x^3y^2$　　係数は　720

(2) 一般項は　${}_7\mathrm{C}_r(x^2)^{7-r}\left(\dfrac{3}{x}\right)^r={}_7\mathrm{C}_r\cdot 3^r\cdot\dfrac{x^{14-2r}}{x^r}$

$\dfrac{x^{14-2r}}{x^r}=x^5$のとき　$x^{14-2r}=x^5\times x^r$

すなわち　$x^{14-2r}=x^{5+r}$

$14-2r=5+r$より　$r=3$

よって，係数は　${}_7\mathrm{C}_3\cdot 3^3=\dfrac{7\cdot 6\cdot 5}{3\cdot 2\cdot 1}\times 27=945$

(3) 多項定理を使って，x^4y^3zの項は

$\dfrac{8!}{4!3!1!}(x)^4(-2y)^3(3z)^1$

よって，係数は　$(-2)^3\cdot 3\cdot\dfrac{8!}{4!3!1!}=-6720$

4 (1) $\boldsymbol{4x^3+6x^2+3x+2}$

$$\boldsymbol{=(2x+1)\left(2x^2+2x+\frac{1}{2}\right)+\frac{3}{2}}$$

(2) $\boldsymbol{4x^3-x+7=(x^2-x+2)(4x+4)-5x-1}$

解き方

(1)

$$
\begin{array}{r l}
 & 2x^2+2x+\frac{1}{2} \quad \leftarrow \text{商} \\
2x+1 \,\big) & 4x^3+6x^2+3x+2 \\
 & \underline{4x^3+2x^2} \\
 & \quad 4x^2+3x \\
 & \quad \underline{4x^2+2x} \\
 & \qquad x+2 \\
 & \qquad \underline{x+\frac{1}{2}} \\
 & \qquad\quad \frac{3}{2} \quad \leftarrow \text{余り}
\end{array}
$$

(2)

$$
\begin{array}{r l}
 & 4x+4 \\
x^2-x+2 \,\big) & 4x^3 \quad\;\; -x+7 \\
 & \underline{4x^3-4x^2+8x} \\
 & \quad 4x^2-9x+7 \\
 & \quad \underline{4x^2-4x+8} \\
 & \qquad -5x-1
\end{array}
$$

← x^2 の項をあけて書く

5 $\boldsymbol{x^2-2x-2}$

解き方 $A=BQ+R$ より，$A-R=BQ$ だから

$A-R=x^3-4x^2+3x+1-(x-3)$

（A：与えられた多項式，R：余り）

$=x^3-4x^2+2x+4$

$=B(x-2)$

よって　$B=(x^3-4x^2+2x+4)\div(x-2)$

$$
\begin{array}{r l}
 & x^2-2x-2 \\
x-2 \,\big) & x^3-4x^2+2x+4 \\
 & \underline{x^3-2x^2} \\
 & \quad -2x^2+2x \\
 & \quad \underline{-2x^2+4x} \\
 & \qquad -2x+4 \\
 & \qquad \underline{-2x+4} \\
 & \qquad\qquad 0
\end{array}
$$

6 $\boldsymbol{a=4,\ b=-1}$

解き方 割り算すると

$$
\begin{array}{r l}
 & 3x^2-x+1 \\
2x^2+3x-1 \,\big) & 6x^4+7x^3-4x^2+ax+b \\
 & \underline{6x^4+9x^3-3x^2} \\
 & \quad -2x^3-x^2+ax \\
 & \quad \underline{-2x^3-3x^2+x} \\
 & \qquad 2x^2+(a-1)x+b \\
 & \qquad \underline{2x^2+3x-1} \\
 & \qquad\quad (a-4)x+(b+1)
\end{array}
$$

余り $(a-4)x+(b+1)$

余り$=0$ より　$a-4=0$，$b+1=0$

よって　$a=4$，$b=-1$

7 (1) **1**　(2) $\boldsymbol{\dfrac{3}{x-4}}$

(3) $\boldsymbol{-\dfrac{2}{x+1}}$　(4) $\boldsymbol{-x+1}$

解き方 (1) 与式$=\dfrac{(x-2)(x-3)}{(x-1)(x-3)}\times\dfrac{(x-1)(x+1)}{(x-2)(x+1)}$

$=1$

(2) 与式$=\dfrac{2x+4+x-1}{(x-1)(x+2)}\div\dfrac{x^2-x-2x-4}{(x+2)(x-1)}$

$=\dfrac{3x+3}{(x-1)(x+2)}\times\dfrac{(x+2)(x-1)}{x^2-3x-4}$

$=\dfrac{3(x+1)}{(x-1)(x+2)}\times\dfrac{(x+2)(x-1)}{(x-4)(x+1)}=\dfrac{3}{x-4}$

(3) 与式

$=\left(x+1+\dfrac{1}{x-1}\right)-\left(x+\dfrac{1}{x+1}\right)-\left(1+\dfrac{2x}{x^2-1}\right)$

$=\dfrac{1}{x-1}-\dfrac{1}{x+1}-\dfrac{2x}{x^2-1}=\dfrac{x+1-x+1-2x}{x^2-1}$

$=\dfrac{2-2x}{x^2-1}=\dfrac{-2(x-1)}{(x-1)(x+1)}$

$=-\dfrac{2}{x+1}$

(4) 与式 $=\dfrac{\left(x-\dfrac{2}{x+1}\right)\times(x+1)}{\left(\dfrac{x}{x+1}-2\right)\times(x+1)}=\dfrac{x(x+1)-2}{x-2(x+1)}$

$=\dfrac{x^2+x-2}{-x-2}=\dfrac{(x+2)(x-1)}{-(x+2)}$

$=-x+1$

8 (1) $a=-7$, $b=15$, $c=-13$

(2) $a=-1$, $b=2$, $c=3$

解き方 (1) x^3+2x^2-4

$=x^3+(9+a)x^2+(27+6a+b)x+(27+9a+3b+c)$

係数を比較して

$9+a=2$ …①

$27+6a+b=0$ …②

$27+9a+3b+c=-4$ …③

①，②，③を解いて

$a=-7$，$b=15$，$c=-13$

(別解) $x+3=t$ とおくと

右辺 $=t^3+at^2+bt+c$

$x=t-3$ を左辺に代入して

$(t-3)^3+2(t-3)^2-4$

$=t^3-7t^2+15t-13$

よって，係数を比較して

$a=-7$，$b=15$，$c=-13$

(2) $\dfrac{x^2+3x-1}{x(x+1)^2}=\dfrac{(a+b)x^2+(2a+b+c)x+a}{x(x+1)^2}$

分子の係数を比較して

$a+b=1$ …①

$2a+b+c=3$ …②

$a=-1$ …③

①，②，③を解いて

$a=-1$，$b=2$，$c=3$

9 $a+b+c=0$ より

$b+c=-a$，$c+a=-b$，$a+b=-c$

これを左辺に代入する。

左辺$=\dfrac{b+c}{a}+\dfrac{c+a}{b}+\dfrac{a+b}{c}$

$=\dfrac{-a}{a}+\dfrac{-b}{b}+\dfrac{-c}{c}$

$=-1+(-1)+(-1)=-3$

$=$右辺

10 (1) $a+b=1$ より　$b=1-a$

左辺－右辺$=a^3+b^3-\dfrac{1}{4}=a^3+(1-a)^3-\dfrac{1}{4}$

$=1-3a+3a^2-\dfrac{1}{4}=3\left(a^2-a+\dfrac{1}{4}\right)$

$=3\left(a-\dfrac{1}{2}\right)^2\geqq 0$　　よって　$a^3+b^3\geqq\dfrac{1}{4}$

等号は，$a=b=\dfrac{1}{2}$ のとき成り立つ。

(2) (右辺)^2－(左辺)^2

$=(\sqrt{a^2p+b^2q})^2-|ap+bq|^2$

$=a^2p+b^2q-(a^2p^2+2abpq+b^2q^2)$

$=a^2p(1-p)-2abpq+b^2q(1-q)$

$=a^2pq-2abpq+b^2qp$

($1-p=q$，$1-q=p$ より)

$=pq(a^2-2ab+b^2)=pq(a-b)^2\geqq 0$

よって　$(\sqrt{a^2p+b^2q})^2\geqq|ap+bq|^2$

$|ap+bq|\geqq 0$，$\sqrt{a^2p+b^2q}\geqq 0$ だから

$\sqrt{a^2p+b^2q}\geqq|ap+bq|$

すなわち　$|ap+bq|\leqq\sqrt{a^2p+b^2q}$

等号は，$p=0$ または $q=0$ または $a=b$ のとき成り立つ。

(3) $\left(a+\dfrac{1}{b}\right)\left(b+\dfrac{4}{a}\right)=ab+4+1+\dfrac{4}{ab}$

$=ab+\dfrac{4}{ab}+5$

$ab>0$，$\dfrac{4}{ab}>0$ より　与式$\geqq 2\sqrt{ab\cdot\dfrac{4}{ab}}+5=9$
└相加平均≧相乗平均

等号は，$ab=\dfrac{4}{ab}$ より $ab=2$ のとき成り立つ。

(注意) 相加平均と相乗平均の関係により

$a+\dfrac{1}{b}\geqq 2\sqrt{a\cdot\dfrac{1}{b}}$ …①　$b+\dfrac{4}{a}\geqq 2\sqrt{b\cdot\dfrac{4}{a}}$ …②

①，②の辺々を掛けて

$\left(a+\dfrac{1}{b}\right)\left(b+\dfrac{4}{a}\right)\geqq 4\sqrt{\dfrac{a}{b}\cdot\dfrac{4b}{a}}=8$

としないこと。等号成立条件が，①は $a=\dfrac{1}{b}$，

②は $b=\dfrac{4}{a}$ で異なるから成り立たない。

11 (1) $\mathbf{13}$　　(2) $-\dfrac{\sqrt{6}}{2}i$

(3) $\dfrac{3i-1}{2}$　　(4) $\dfrac{4}{13}$

解き方 (1) $(3+2i)(3-2i)=3^2-(2i)^2$

$=9-4i^2=9-4(-1)=13$

(2) $\dfrac{\sqrt{3}}{\sqrt{-2}}=\dfrac{\sqrt{3}}{\sqrt{2}i}=\dfrac{\sqrt{3}\cdot\sqrt{2}i}{(\sqrt{2}i)^2}=\dfrac{\sqrt{6}i}{2i^2}=-\dfrac{\sqrt{6}}{2}i$

(3) $\dfrac{i}{1+i}-\dfrac{1+i}{i}=\dfrac{i(1-i)}{(1+i)(1-i)}-\dfrac{(1+i)i}{i^2}$

$=\dfrac{i-i^2}{1-i^2}-\dfrac{i+i^2}{i^2}=\dfrac{i+1}{1+1}-\dfrac{i-1}{-1}$

$=\dfrac{i+1}{2}+\dfrac{2i-2}{2}=\dfrac{3i-1}{2}$

(4) $\dfrac{1}{2+3i}+\dfrac{1}{2-3i}=\dfrac{2-3i+2+3i}{(2+3i)(2-3i)}=\dfrac{4}{4-9i^2}$

$=\dfrac{4}{4+9}=\dfrac{4}{13}$

12 $\mathbf{3+i}$

解き方 $x^2=(1+i)^2=1+2i-1=2i$

$x^3=x^2\times x=2i(1+i)=2(i-1)$

$P(1+i)=3\times2(i-1)-5(2i)+5(1+i)+4=3+i$

(別解) $x=1+i$ より　$x-1=i$

両辺を 2 乗して整理すると　$x^2-2x+2=0$

$P(x)$ を x^2-2x+2 で割ると

商　$3x+1$，余り　$x+2$

よって　$P(x)=(3x+1)(x^2-2x+2)+x+2$

$P(1+i)=(1+i)+2=3+i$

13 (1) $x=\dfrac{\sqrt{2}}{2}$，-1　　(2) $x=-1$，$1-a$

(3) $x=-1$，2，$-\dfrac{1}{2}$

解き方 (1) $(\sqrt{2}x-1)(x+1)=0$

(2) $(x+1)(x-1+a)=0$

(3) $P(x)=2x^3-x^2-5x-2$ とおくと　$P(-1)=0$

$2x^3-x^2-5x-2$ を $x+1$ で割ると，商は

$2x^2-3x-2$

よって　$(x+1)(x-2)(2x+1)=0$

14 $p=5$，$-\dfrac{5}{16}$

解き方 解の比が 1：4 だから，2 つの解を α，4α とおくと，解と係数の関係より

$\alpha+4\alpha=2p$　…①　　$\alpha\cdot4\alpha=3p+1$　…②

①，②より α を消去すると　$4\left(\dfrac{2}{5}p\right)^2=3p+1$

整理して　$16p^2-75p-25=0$

$(p-5)(16p+5)=0$

よって　$p=5$，$-\dfrac{5}{16}$

15 $a=1$，$b=1$，$\alpha^3=-1$，$\beta^3=-1$

解き方 $x^2-ax+b=0$ の解が α，β だから

$\alpha+\beta=a$　…①　　$\alpha\beta=b$　…②

$x^2+bx+a=0$ の解が $\alpha-1$，$\beta-1$ だから

$(\alpha-1)+(\beta-1)=-b$　…③

$(\alpha-1)(\beta-1)=a$　…④

①を③に代入して　$a+b=2$　…⑤

①，②を④に代入して　$2a-b=1$　…⑥

⑤，⑥を解いて　$a=1$，$b=1$

①，②に代入して　$\alpha+\beta=1$，$\alpha\beta=1$

よって，α，β は $x^2-x+1=0$ の解である。

$x^2-x+1=0$ より　$x^2-x=-1$

また，$x^2=x-1$ だから

$x^3=(x^2)x=(x-1)x=x^2-x=-1$

よって　$x^3=-1$

α，β は $x^3=-1$ の解だから　$\alpha^3=-1$，$\beta^3=-1$

16 $a=3$，$b=2$，$c=1$

解き方 $P(x)$ を $x+2$ で割ると 38 余るから

剰余の定理より　$P(-2)=38$

よって　$8a-4b+3c=19$　…①

$P(x)$ を $(x+1)^2=x^2+2x+1$ で割ると，余りは

$-(4a-3b+2c)x-(3a-2b)$ となる。

余りは $-8x-5$ だから

$4a-3b+2c=8$　…②　　$3a-2b=5$　…③

①，②，③の連立方程式を解くと

$a=3$，$b=2$，$c=1$

17 $1-\sqrt{7}<s<1+\sqrt{7}$

解き方 2 次方程式が実数解をもたない，つまり虚数解をもつ条件は　判別式 $D<0$

$\dfrac{D}{4}=s^2-(2s+6)=s^2-2s-6<0$ を解く。

18 **$k=2$ のとき　$(x+1)^2$**

解き方　$x^2+kx+(k-1)=(x-p)^2$ となればよいので，$x^2+kx+(k-1)=0$ が重解をもてばよい。
$x^2+kx+(k-1)=0$ の判別式を D とすると
$D=k^2-4(k-1)=(k-2)^2=0$　　$k=2$
$k=2$ のとき　$x^2+2x+1=(x+1)^2$

19 (1) $\boldsymbol{(x^2-5)(x^2+2)}$
(2) $\boldsymbol{(x+\sqrt{5})(x-\sqrt{5})(x^2+2)}$
(3) $\boldsymbol{(x+\sqrt{5})(x-\sqrt{5})(x+\sqrt{2}i)(x-\sqrt{2}i)}$

解き方　(1) $x^4-3x^2-10=(x^2-5)(x^2+2)$
(2) $x^2-5=x^2-(\sqrt{5})^2=(x+\sqrt{5})(x-\sqrt{5})$
(3) $x^2+2=x^2-(\sqrt{2}i)^2=(x+\sqrt{2}i)(x-\sqrt{2}i)$

20 **$3x-1$**

解き方　$P(x)$ を $(x+1)(x-2)$ で割ったときの商を $Q(x)$，余りを $ax+b$ とおくと
$P(x)=(x+1)(x-2)Q(x)+ax+b$　…①
また，$(x-1)(x-2)$ で割ったときの商を $R(x)$，$(x+1)(x-3)$ で割ったときの商を $S(x)$ とおくと
$P(x)=(x-1)(x-2)R(x)+2x+1$　…②
$P(x)=(x+1)(x-3)S(x)+x-3$　…③
①=②とし，$x=2$ を代入すると
$P(2)=2a+b=5$　…④
①=③とし，$x=-1$ を代入すると
$P(-1)=-a+b=-4$　…⑤
④，⑤を解いて　$a=3$，$b=-1$
よって，余りは　$3x-1$

21 (1) $\boldsymbol{x=1,\ \dfrac{1\pm\sqrt{3}i}{2}}$　(2) $\boldsymbol{x=-2,\ -1\pm\sqrt{2}}$

解き方　(1) $P(x)=x^3-2x^2+2x-1$ とおくと
$P(1)=1-2+2-1=0$ より，$P(x)$ は $x-1$ で割り切れる。

$$\begin{array}{r|rrrr} 1 & 1 & -2 & 2 & -1 \\ & & 1 & -1 & 1 \\ \hline & 1 & -1 & 1 & 0 \end{array}$$

$P(x)=(x-1)(x^2-x+1)=0$
$x^2-x+1=0$ より　$x=\dfrac{1\pm\sqrt{1-4}}{2}=\dfrac{1\pm\sqrt{3}i}{2}$
よって，$P(x)=0$ の解は　$x=1,\ \dfrac{1\pm\sqrt{3}i}{2}$

(2) $P(x)=x^3+4x^2+3x-2$ とおくと
$P(-2)=-8+16-6-2=0$ より，$P(x)$ は $x+2$ で割り切れる。

$$\begin{array}{r|rrrr} -2 & 1 & 4 & 3 & -2 \\ & & -2 & -4 & 2 \\ \hline & 1 & 2 & -1 & 0 \end{array}$$

$P(x)=(x+2)(x^2+2x-1)=0$
$x^2+2x-1=0$ より
$x=-1\pm\sqrt{1+1}=-1\pm\sqrt{2}$
よって，$P(x)=0$ の解は　$x=-2,\ -1\pm\sqrt{2}$

22 **$a=1$，$b=5$，他の解…$x=-1$，$2-i$**

解き方　$x^3-3x^2+ax+b=0$ の解が $x=2+i$ だから
$(2+i)^3-3(2+i)^2+a(2+i)+b=0$
$8+12i+6i^2+i^3-3(4+4i+i^2)+2a+ai+b=0$
$8+12i-6-i-12-12i+3+2a+ai+b=0$
$(2a+b-7)+(a-1)i=0$
a，b は実数だから
$2a+b-7=0$　…①
$a-1=0$　…②
①，②より　$a=1$，$b=5$
$P(x)=x^3-3x^2+x+5$ とおく。
$P(-1)=-1-3-1+5=0$ より，$P(x)$ は $x+1$ で割り切れる。

$$\begin{array}{r|rrrr} -1 & 1 & -3 & 1 & 5 \\ & & -1 & 4 & -5 \\ \hline & 1 & -4 & 5 & 0 \end{array}$$

$P(x)=(x+1)(x^2-4x+5)$
$x^2-4x+5=0$ より　$x=2\pm\sqrt{4-5}=2\pm i$
$P(x)=0$ の解は　$x=-1,\ 2\pm i$

(別解) 実数係数の方程式では $2+i$ が解であれば $2-i$ も解である。
$2\pm i$ を解とする 2 次方程式は
$x^2-\{(2+i)+(2-i)\}x+(2+i)(2-i)=0$
すなわち　$x^2-4x+5=0$

$$\begin{array}{r}
x+1 \\
x^2-4x+5\,\overline{)\,x^3-3x^2+ax+b} \\
\underline{x^3-4x^2+5x} \\
x^2+(a-5)x+b \\
\underline{x^2-4x+5} \\
(a-1)x+(b-5)
\end{array}$$

割り切れるためには　$a=1$，$b=5$

2章 図形と方程式

類題 の解答 本冊→p. 57～92

54 (1) **6**　(2) **C(1)**

解き方 (1) $AB=4-(-2)=6$

(2) $C(x)$ とすると　$AC=|x+2|$, $BC=|x-4|$

$AC=BC$ より $AC^2=BC^2$ だから

$|x+2|^2=|x-4|^2$　← $|a|^2=a^2$ を使う

$(x+2)^2=(x-4)^2$ を解いて　$x=1$

55 (1) $\mathbf{P\left(-\dfrac{1}{3}\right)}$　(2) **Q(−11)**

解き方 (1) $\dfrac{2\times(-3)+1\times5}{1+2}=-\dfrac{1}{3}$

(2) $\dfrac{(-2)\times(-3)+1\times5}{1-2}=-11$

56-1 **P(−2, −1)**

解き方 点Pは直線 $y=2x+3$ 上の点だから，

$P(t,\ 2t+3)$ とおける。

$AP=BP$ より $AP^2=BP^2$ だから

$(t-1)^2+(2t+3+2)^2=(t+1)^2+(2t+3-2)^2$

これを解くと　$t=-2$　　よって　$P(-2,\ -1)$

56-2 (1) **A(1, −1), B(3, 2), C(6, 0) とすると**

$\mathbf{AB=\sqrt{2^2+3^2}=\sqrt{13},\ AC=\sqrt{5^2+1^2}=\sqrt{26},}$

$\mathbf{BC=\sqrt{3^2+(-2)^2}=\sqrt{13}}$

$\mathbf{AB^2+BC^2=13+13=26}$　　$\mathbf{AC^2=26}$ **より**

$\mathbf{AB^2+BC^2=AC^2}$ **が成り立つから，△ABC は ∠B=90° の直角二等辺三角形である。**

(2) **直角二等辺三角形**

解き方 (2) $P(-1,\ 0)$, $Q(1,\ 2)$, $R(-1,\ 4)$ とする。

$PQ=\sqrt{2^2+2^2}=2\sqrt{2}$, $PR=4$,

$QR=\sqrt{(-2)^2+2^2}=2\sqrt{2}$　　ゆえに　$PQ=QR$

$PQ^2+QR^2=8+8=16$　　$PR^2=16$ より

$PQ^2+QR^2=PR^2$ が成り立つから　$\angle Q=90°$

よって，△PQR は直角二等辺三角形である。

57-1 **C(−5, 0)**

解き方 $P(1,\ 2)$ が，3点 $A(0,\ 0)$, $B(8,\ 6)$, $C(\alpha,\ \beta)$ を頂点とする三角形の重心だから，

x 座標：$1=\dfrac{0+8+\alpha}{3}$,　y 座標：$2=\dfrac{0+6+\beta}{3}$

よって　$\alpha=-5$, $\beta=0$

57-2 $\mathbf{D\left(\dfrac{19}{2},\ 9\right),\ E\left(\dfrac{9}{2},\ 2\right)}$

解き方 E は対角線 AC の中点だから

E の x 座標：$\dfrac{0+9}{2}=\dfrac{9}{2}$,　y 座標：$\dfrac{0+4}{2}=2$

$D(x,\ y)$ とすると，対角線 BD の中点が E だから

x 座標：$\dfrac{-\frac{1}{2}+x}{2}=\dfrac{9}{2}$,　y 座標：$\dfrac{-5+y}{2}=2$

これより x, y を求めると　$x=\dfrac{19}{2}$, $y=9$

58 **図のように，座標平面上に △ABC の 3 点を**

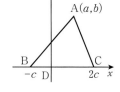

A(a, b)

B(−c, 0)

C(2c, 0)

ととると

D(0, 0) となる。

ここで

$$\text{左辺}=2AB^2+AC^2$$
$$=2\{(a+c)^2+b^2\}+\{(a-2c)^2+b^2\}$$
$$=2(a^2+2ac+c^2+b^2)+(a^2-4ac+4c^2+b^2)$$
$$=3a^2+3b^2+6c^2$$
$$=3(a^2+b^2+2c^2)$$
$$\text{右辺}=3(AD^2+2BD^2)$$
$$=3\{(a^2+b^2)+2c^2\}$$
$$=3(a^2+b^2+2c^2)$$

したがって

$$2AB^2+AC^2=3(AD^2+2BD^2)$$

59 (1) $y=2x-7$　　(2) $x=-2$

解き方 (1) $y+3=2(x-2)$ より　$y=2x-7$

(2) x 座標が2点とも -2 だから　$x=-2$

60 $y=-\dfrac{3}{2}x+3$

解き方 $\dfrac{x}{2}+\dfrac{y}{3}=1$ より　$y=-\dfrac{3}{2}x+3$

└x 切片と y 切片がわかっているとき

61 平行…$m=-\dfrac{12}{5}$，垂直…$m=-4,\ 1$

解き方 $y=\dfrac{m}{4}x-\dfrac{1}{2}$，$y=-(m+3)x-1$

└$y=ax+b$ の形にする

平行 $\Longleftrightarrow \dfrac{m}{4}=-(m+3)$　よって　$m=-\dfrac{12}{5}$

└傾きが等しい

垂直 $\Longleftrightarrow \dfrac{m}{4}\times\{-(m+3)\}=-1$ より

└傾きの積は -1

$m(m+3)=4$　　$m^2+3m-4=0$

$(m+4)(m-1)=0$　　よって　$m=-4,\ 1$

62 (1) $y=\dfrac{1}{2}x-\dfrac{1}{2}$　　(2) $(1,\ 0)$

解き方 (1) 線分 AB の中点は　$M(3,\ 1)$ ←$\left(\dfrac{5+1}{2},\ \dfrac{-3+5}{2}\right)$

直線 AB の傾きは　$\dfrac{5+3}{1-5}=-2$

線分 AB の垂直二等分線は，$M(3,\ 1)$ を通る傾き $\dfrac{1}{2}$ の直線より　$y-1=\dfrac{1}{2}(x-3)$

よって　$y=\dfrac{1}{2}x-\dfrac{1}{2}$

(2) 辺 BC の中点は　$N(-1,\ 4)$ ←$\left(\dfrac{1-3}{2},\ \dfrac{5+3}{2}\right)$

直線 BC の傾きは　$\dfrac{3-5}{-3-1}=\dfrac{1}{2}$

辺 BC の垂直二等分線は，$N(-1,\ 4)$ を通る傾き -2 の直線より　$y-4=-2(x+1)$

ゆえに　$y=-2x+2$

これと(1)で求めた直線 $y=\dfrac{1}{2}x-\dfrac{1}{2}$ の交点が外心。

$-2x+2=\dfrac{1}{2}x-\dfrac{1}{2}$

よって　$x=1$，$y=-2+2=0$

(参考) 辺 AC の中点は $(1,\ 0)$ で外心と一致する。この △ABC は ∠B が直角の直角三角形で，外心は斜辺 AC の中点である。

63 正三角形 ABC で，BC の垂直二等分線は A を通るから，直線 BC を x 軸，辺 BC の垂直二等分線を y 軸と決め，

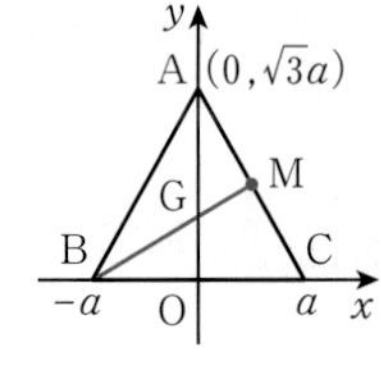

$B(-a,\ 0)$，$C(a,\ 0)$，$A(0,\ \sqrt{3}a)$ とする。

辺 AC の中点は　$M\left(\dfrac{a}{2},\ \dfrac{\sqrt{3}a}{2}\right)$

直線 BM の傾きは　$\dfrac{\dfrac{\sqrt{3}a}{2}}{\dfrac{a}{2}+a}=\dfrac{\sqrt{3}}{3}=\dfrac{1}{\sqrt{3}}$

直線 AC の傾きは　$\dfrac{0-\sqrt{3}a}{a-0}=-\sqrt{3}$

ゆえに　$BM\perp AC$

よって，直線 BM は線分 AC の垂直二等分線である。

したがって，BM と y 軸の交点 G は，垂線の交点だから垂心，垂直二等分線の交点だから外心，中線の交点だから重心である。

(内心でもある。)

64 (1) $(-4,\ 4)$

(2) $P(b,\ a)$，$Q(-b,\ -a)$

解き方 (1) $P(5,\ 1)$ とし，点 P の対称点を $Q(a,\ b)$ とする。線分 PQ の中点 $H\left(\dfrac{a+5}{2},\ \dfrac{b+1}{2}\right)$ は直線 $y=3x+1$ 上にあるから　$\dfrac{b+1}{2}=3\times\dfrac{a+5}{2}+1$

ゆえに　$-3a+b=16$　…①

直線 PQ は直線 $y=3x+1$ と垂直だから

$\dfrac{b-1}{a-5}\times 3=-1$　　ゆえに　$a+3b=8$　…②

①，②を連立方程式として解くと　$a=-4$，$b=4$

(2) 直線 $y=x$ に垂直で $A(a,\ b)$ を通る直線の方程式は　$y-b=-(x-a)$

ゆえに　$y=-x+a+b$

この直線と直線 $y=x$ の交点は，

$x=-x+a+b$ を解いて　$x=y=\dfrac{a+b}{2}$

$P(x,\ y)$ とすると，線分 AP の中点が 2 直線の交点より $\dfrac{x+a}{2}=\dfrac{a+b}{2}$，$\dfrac{y+b}{2}=\dfrac{a+b}{2}$

ゆえに　$x=b$，$y=a$　　よって　$P(b,\ a)$

点 Q も同様に求められる。

直線 $y=-x$ に垂直で $A(a,\ b)$ を通る直線の方程式は　$y=x-a+b$

この直線と直線 $y=-x$ の交点は

$x=\dfrac{a-b}{2}$，$y=-\dfrac{a-b}{2}$

$Q(x,\ y)$ とすると，線分 AQ の中点が 2 直線の交点より　$\dfrac{x+a}{2}=\dfrac{a-b}{2}$，$\dfrac{y+b}{2}=-\dfrac{a-b}{2}$

ゆえに　$x=-b$，$y=-a$

65 $\dfrac{6}{5}$

解き方　点 $(1,\ 2)$ から直線 $3x+4y-5=0$ までの距離は　$\dfrac{|3\times1+4\times2-5|}{\sqrt{3^2+4^2}}=\dfrac{|6|}{5}=\dfrac{6}{5}$

└点と直線の距離の公式にあてはめる

66 (1) **4**　　(2) $\dfrac{15}{2}$

解き方　**O(0, 0)，A(x_1, y_1)，B(x_2, y_2) のとき**

△OAB の面積$=\dfrac{1}{2}|x_1y_2-x_2y_1|$

(1) $S=\dfrac{1}{2}|8\times1-1\times0|=\dfrac{|8|}{2}=4$

(2) 点 $(1,\ 2)$ を原点に移すには，x 軸方向に -1，y 軸方向に -2 平行移動すればよい。この平行移動で，点 $(2,\ 6)\to(1,\ 4)$，点 $(5,\ 3)\to(4,\ 1)$ に移る。

$S=\dfrac{1}{2}|1\times1-4\times4|=\dfrac{|-15|}{2}=\dfrac{15}{2}$

67 (1) **順に $(-2,\ -2)$，$(4,\ 2)$**

(2) $\boldsymbol{15x-19y+27=0}$

解き方　(1) $(2k-3)x+(k+4)y+6k+2=0$ より

$(2x+y+6)k-3x+4y+2=0$

k についての恒等式とみると

$2x+y+6=0$ かつ $-3x+4y+2=0$

よって　$x=-2$，$y=-2$

$(2k+1)x+(k-2)y-10k=0$ より

$(2x+y-10)k+x-2y=0$

k についての恒等式とみると

$2x+y-10=0$ かつ $x-2y=0$

よって　$x=4$，$y=2$

(2) 交点を通る直線の方程式は

$x+2y-1+k(2x-3y+4)=0$　…①

これが点 $(2,\ 3)$ を通るから

$2+2\times3-1+k(2\times2-3\times3+4)=0$

よって　$k=7$

$k=7$ を①に代入すると

$x+2y-1+7(2x-3y+4)=0$

よって　$15x-19y+27=0$

68 (1) $\boldsymbol{(x-1)^2+(y-2)^2=9}$

(2) $\boldsymbol{(x-2)^2+y^2=5}$

(3) $\boldsymbol{(x-1)^2+(y-2)^2=10}$

(4) $\boldsymbol{(x+2)^2+(y+\sqrt{3})^2=4}$

(5) $\boldsymbol{(x-\sqrt{3})^2+(y-2)^2=4}$

解き方　(1) $(x-1)^2+(y-2)^2=3^2$ ←公式にあてはめる

(2) 中心は $\left(\dfrac{1+3}{2},\ \dfrac{2-2}{2}\right)$ より　$(2,\ 0)$

半径は　$\sqrt{(1-2)^2+(2-0)^2}=\sqrt{5}$

したがって　$(x-2)^2+y^2=(\sqrt{5})^2$

(3) 半径は　$\sqrt{(2-1)^2+(-1-2)^2}=\sqrt{10}$

したがって　$(x-1)^2+(y-2)^2=(\sqrt{10})^2$

(4) 半径は　$|-2|=2$

したがって　$(x+2)^2+(y+\sqrt{3})^2=2^2$

(5) 半径は　2

したがって　$(x-\sqrt{3})^2+(y-2)^2=2^2$

69 **順に 1，2，-5，$\sqrt{2}$**

解き方　$x^2-2x+y^2-4y=-8-c$

$(x-1)^2+(y-2)^2=-3-c$　…①

中心は $(1,\ 2)$ である。

また①は点 $(2,\ 1)$ を通るから

$(2-1)^2+(1-2)^2=-3-c$

ゆえに　$c=-5$

①より $(\text{半径})^2$ は　$-3-c=2$

よって　半径は　$\sqrt{2}$

70-1 $\boldsymbol{x^2+y^2-7x-y+4=0}$

解き方 求める方程式は，3 点を通る円の方程式のこと。

円の方程式を $x^2+y^2+lx+my+n=0$ とおく。

A(1, 2) を通るから　$5+l+2m+n=0$　…①

B(2, 3) を通るから　$13+2l+3m+n=0$　…②

C(5, 3) を通るから　$34+5l+3m+n=0$　…③

①，②，③の連立方程式を解くと

$l=-7,\ m=-1,\ n=4$

70-2 (1) $\boldsymbol{a=\pm1}$

(2) **$a=1$ のとき，中心 $\left(\frac{1}{2},\ -2\right)$，半径 $\frac{1}{2}$**

$a=-1$ のとき，中心 $\left(-\frac{1}{2},\ -2\right)$，半径 $\frac{1}{2}$

解き方 (1) $x^2-ax+y^2+4y=-3-a^2$ ←一般形

よって　$\left(x-\frac{a}{2}\right)^2+(y+2)^2=\frac{4-3a^2}{4}$ ←標準形

y 軸に接するから　$\left|\frac{a}{2}\right|=\sqrt{\frac{4-3a^2}{4}}$

→中心の x 座標の絶対値は半径に等しい

両辺を 2 乗して整理すると　$a^2=4-3a^2$

$a^2=1$　　よって　$a=\pm1$

(2) 中心 $\left(\frac{a}{2},\ -2\right)$，半径 $\left|\frac{a}{2}\right|$ に $a=\pm1$ を代入。

71 $\boldsymbol{-5\sqrt{10}<k<5\sqrt{10}}$

解き方 円の中心は (0, 0)，半径は 5

(0, 0) から直線 $3x-y+k=0$ までの距離が 5 より小さいとき，円と直線は異なる 2 点で交わるから

$\frac{|k|}{\sqrt{3^2+(-1)^2}}<5$　　ゆえに　$|k|<5\sqrt{10}$

(別解) $y=3x+k$ を $x^2+y^2=25$ に代入すると

$x^2+(3x+k)^2=25$

整理して　$10x^2+6kx+k^2-25=0$

異なる 2 点で交わる条件は　判別式 $D>0$

$\frac{D}{4}=9k^2-10(k^2-25)=-k^2+250>0$

$k^2-250<0$　　$(k+5\sqrt{10})(k-5\sqrt{10})<0$

よって　$-5\sqrt{10}<k<5\sqrt{10}$

72 (1) **(1, 2)，(−2, −1)**

(2) $\boldsymbol{-5<k<5}$

(3) **$k=5$，接点 (2, −1)**

$k=-5$，接点 (−2, 1)

解き方 (1) $y=x+1$ を $x^2+y^2=5$ に代入すると

$x^2+(x+1)^2=5$

これを解くと　$x=-2,\ 1$

$y=x+1$ に代入し

$x=-2,\ y=-1\ ;\ x=1,\ y=2$

(2) $y=2x-k$ を $x^2+y^2=5$ に代入して整理すると

$5x^2-4kx+k^2-5=0$　…①

異なる 2 点で交わるための条件は　判別式 $D>0$

$\frac{D}{4}=4k^2-5(k^2-5)=-k^2+25$　…②

$-k^2+25>0$　　$k^2-25<0$

よって　$-5<k<5$

(3) 接するための条件は　判別式 $D=0$

よって，②より　$-k^2+25=0$　　$k=\pm5$

①の重解は　$x=-\frac{-4k}{2\times5}=\frac{2k}{5}$ ←重解は　$x=-\frac{b}{2a}$

$y=2x-k=\frac{4k}{5}-k=-\frac{k}{5}$

これに，$k=5$，$k=-5$ を代入して接点を求める。

73 (1) $\boldsymbol{x-\sqrt{3}y=2}$

(2) $\boldsymbol{y=1}$

解き方 円上の点における接線の方程式にあてはめる。

(1) 点 $\left(\frac{1}{2},\ -\frac{\sqrt{3}}{2}\right)$ における接線だから，

$\frac{1}{2}x-\frac{\sqrt{3}}{2}y=1$ より　$x-\sqrt{3}y=2$

(2) 点 (0, 1) における接線だから

$0\cdot x+1\cdot y=1$ より　$y=1$

74 **接線 $x=1$，接点 (1, 0)**

接線 $-3x+4y=5$，接点 $\left(-\frac{3}{5},\ \frac{4}{5}\right)$

解き方 接点を (x_1, y_1) とおくと，この点は円周上にあるから　$x_1^2+y_1^2=1$　…①

接線の方程式は　$x_1x+y_1y=1$

この直線が $(1, 2)$ を通るから　$x_1+2y_1=1$　…②

②より　$x_1=1-2y_1$　　これを①に代入して

$(1-2y_1)^2+y_1^2=1$　　$5y_1^2-4y_1=0$

$y_1(5y_1-4)=0$　　$y_1=0, \dfrac{4}{5}$

これを②に代入して

$x_1=1, y_1=0 ; x_1=-\dfrac{3}{5}, y_1=\dfrac{4}{5}$

接点 $(1, 0)$ のとき，接線の方程式は　$x=1$

接点 $\left(-\dfrac{3}{5}, \dfrac{4}{5}\right)$ のとき，接線の方程式は，

$-\dfrac{3}{5}x+\dfrac{4}{5}y=1$ より　$-3x+4y=5$

75 $\boldsymbol{m=\pm1}$

解き方 円 $x^2+y^2=1$ の中心は　原点 $O(0, 0)$

O から直線 $y=mx-m$ に引いた垂線と直線の交点を H とすると，H は弦 PQ を 2 等分するから，

△OPH は直角三角形で，三平方の定理により

$OH=\sqrt{OP^2-PH^2}=\sqrt{1^2-\left(\dfrac{\sqrt{2}}{2}\right)^2}=\dfrac{\sqrt{2}}{2}$

また，$O(0, 0)$ から $mx-y-m=0$ までの距離は

$OH=\dfrac{|m|}{\sqrt{m^2+1}}=\dfrac{\sqrt{2}}{2}$　　両辺を 2 乗して整理し

$m^2=1$　　よって　$m=\pm1$

(注意) $y=mx-m=m(x-1)$ だから，この直線は点 $(1, 0)$ を通り傾きが m の直線。

76 (1) $\boldsymbol{0<a\leqq\dfrac{3\sqrt{5}}{10}}$

(2) $\boldsymbol{a=\dfrac{3\sqrt{5}}{10}}$，**接点の座標** $\boldsymbol{\left(\dfrac{3\sqrt{5}}{5}, -\dfrac{6\sqrt{5}}{5}\right)}$

解き方 (1) 円 O′ : $(x-a)^2+(y+2a)^2=5a^2$ より，

中心　$(a, -2a)$，半径　$\sqrt{5}a$ $(a>0$ より$)$

円 O は　中心 $(0, 0)$，半径 3

中心間の距離　$OO'=\sqrt{a^2+(-2a)^2}=\sqrt{5}a$

よって，円 O′ が円 O に含まれる条件は

$OO'=\sqrt{5}a\leqq3-\sqrt{5}a$

よって　$a\leqq\dfrac{3}{2\sqrt{5}}=\dfrac{3\sqrt{5}}{10}$

(2) 内接するのは $a=\dfrac{3\sqrt{5}}{10}$ のとき。

よって，円 O′ の中心　$O'\left(\dfrac{3\sqrt{5}}{10}, -\dfrac{3\sqrt{5}}{5}\right)$

直線 OO′　$y=-2x$　…①

円 O　　$x^2+y^2=9$　…②

①，②の共有点が 2 円の接点となる。

①，②を解いて　$x=\pm\dfrac{3\sqrt{5}}{5}$

$a>0$ より，$x>0$ だから　$x=\dfrac{3\sqrt{5}}{5}, y=-\dfrac{6\sqrt{5}}{5}$

77 (1) $\boldsymbol{(3, 1), \left(\dfrac{17}{5}, \dfrac{1}{5}\right)}$

(2) $\boldsymbol{2x+y-7=0}$

(3) **中心** $\boldsymbol{\left(\dfrac{12}{7}, -\dfrac{1}{7}\right)}$，**半径** $\boldsymbol{\dfrac{\sqrt{145}}{7}}$

解き方 (1) $x^2+y^2-4x+2=0$　…①

$x^2+y^2+2y-12=0$　…②

①−②より　$-4x-2y+14=0$

ゆえに　$y=-2x+7$　…③

③を①に代入して整理すると

$5x^2-32x+51=0$　　$(x-3)(5x-17)=0$

よって　$x=3, \dfrac{17}{5}$

③に代入して　$x=3, y=1 ; x=\dfrac{17}{5}, y=\dfrac{1}{5}$

(2) 2 円の交点を通る図形の方程式は

$k(x^2+y^2-4x+2)+x^2+y^2+2y-12=0$ で，

$k=-1$ のときこの図形は直線を表す。

よって

$-(x^2+y^2-4x+2)+x^2+y^2+2y-12=0$

ゆえに　$2x+y-7=0$

(3) 2 円の交点を通る円は

$k(x^2+y^2-4x+2)+x^2+y^2+2y-12=0$,

$k\neq-1$ とおける。

原点を通るから　$2k-12=0$

ゆえに　$k=6$

よって $6(x^2+y^2-4x+2)+x^2+y^2+2y-12=0$

$7x^2+7y^2-24x+2y=0$

$x^2-\dfrac{24}{7}x+y^2+\dfrac{2}{7}y=0$

よって　$\left(x-\dfrac{12}{7}\right)^2+\left(y+\dfrac{1}{7}\right)^2=\dfrac{145}{7^2}$

78-1 中心 $(-3,\ -2)$，半径 $2\sqrt{5}$ の円

解き方　P$(x,\ y)$ とする。AP : BP$=1:2$ だから
$2\mathrm{AP}=\mathrm{BP}$ より　$4\mathrm{AP}^2=\mathrm{BP}^2$
よって　$4\{(x+1)^2+(y+1)^2\}=(x-5)^2+(y-2)^2$
展開して整理すると　$(x+3)^2+(y+2)^2=20$

78-2 直線 $4x-5y-2=0$

解き方　P$(x,\ y)$ とする。$\mathrm{AP}^2-\mathrm{BP}^2=7$ だから
$(x+3)^2+(y-2)^2-\{(x-1)^2+(y+3)^2\}=7$
これを展開して整理すると　$4x-5y-2=0$

79-1 中心 $\left(\dfrac{3}{2},\ 0\right)$，半径 1 の円

解き方　Q$(s,\ t)$ は円 $x^2+y^2=4$ 上にあるから
$s^2+t^2=4$　…①
R$(x,\ y)$ とすると，R は PQ の中点だから
$x=\dfrac{s+3}{2}$，$y=\dfrac{t}{2}$ より　$s=2x-3$，$t=2y$
これらを①に代入して　$(2x-3)^2+(2y)^2=4$
したがって　$\left(x-\dfrac{3}{2}\right)^2+y^2=1$

79-2 放物線 $y=\dfrac{3}{2}x^2-3x-\dfrac{1}{6}$

解き方　Q$(s,\ t)$ は $y=x^2-4x+3$ 上にあるから
$t=s^2-4s+3$　…①
R$(x,\ y)$ とすると，R は PQ を 2 : 1 に内分する点だから

$x=\dfrac{1\times(-1)+2\times s}{2+1}=\dfrac{2s-1}{3}$，

$y=\dfrac{1\times(-3)+2\times t}{2+1}=\dfrac{2t-3}{3}$ より

$s=\dfrac{3x+1}{2}$，$t=\dfrac{3y+3}{2}$

これらを①に代入して

$\dfrac{3y+3}{2}=\left(\dfrac{3x+1}{2}\right)^2-4\cdot\dfrac{3x+1}{2}+3$

両辺を 4 倍して
$6y+6=9x^2+6x+1-24x-8+12$
$6y=9x^2-18x-1$
ゆえに　$y=\dfrac{3}{2}x^2-3x-\dfrac{1}{6}$

（注意）「軌跡の方程式を求めよ」…方程式を答える。
「軌跡を求めよ」…形状を答える。

80-1 $y=x^2-2x$ $(0\leqq x\leqq 1)$
右の図

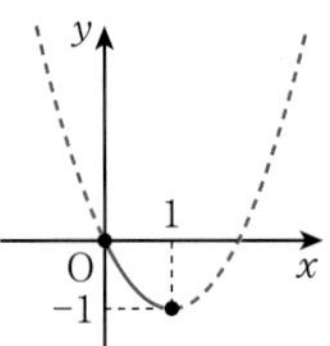

解き方　$y=x^2-2ax+2a^2-2a$
$=(x-a)^2+a^2-2a$
頂点の座標を $(x,\ y)$ とすると
$x=a$，$y=a^2-2a$
$a=x$ を代入して　$y=x^2-2x$
また，$0\leqq a\leqq 1$ より　$0\leqq x\leqq 1$

80-2 放物線 $y=x^2$

解き方　2 直線の交点は $tx=(t+1)x-t$ より
$x=t$，$y=t^2$　交点を P$(x,\ y)$ とすると，
$x=t$，$y=t^2$ より　$y=x^2$

81 下の図

(1)
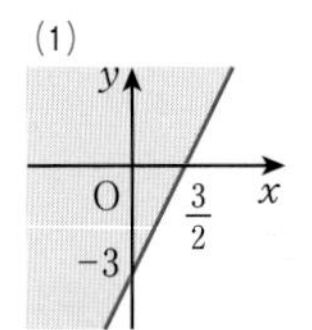

境界線を含む

(2)

境界線は含まない

(3)
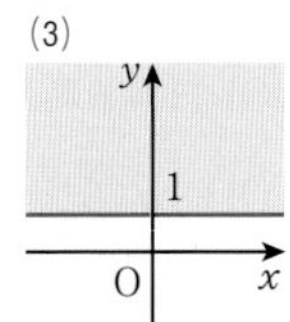

境界線を含む

(4)
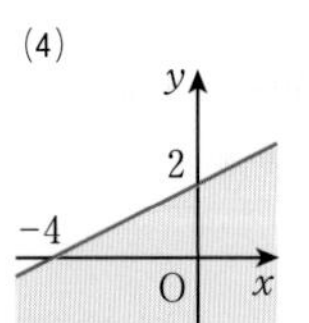

境界線は含まない

(5)
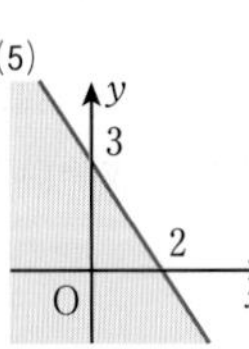

境界線を含む

(6)
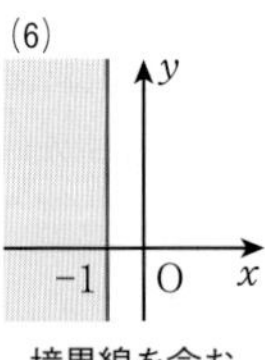

境界線を含む

解き方　(1) $y=2x-3$ とその上側

(2) $y=-\dfrac{1}{4}x+3$ の下側

(3) $y=1$ とその上側

(4) $y=\dfrac{1}{2}x+2$ の下側

(5) $y=-\dfrac{3}{2}x+3$ とその下側

(6) $x=-1$ とその左側

82 下の図

(1)
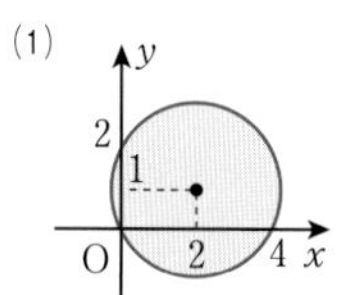

境界線は含まない

(2)
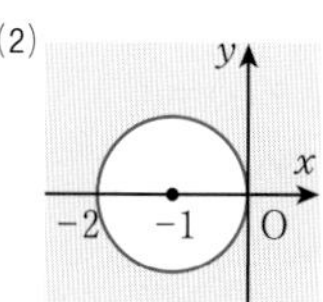

境界線は含まない

(3)
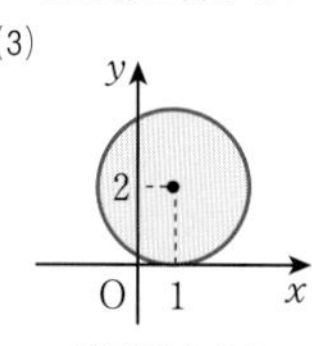

境界線を含む

(4)
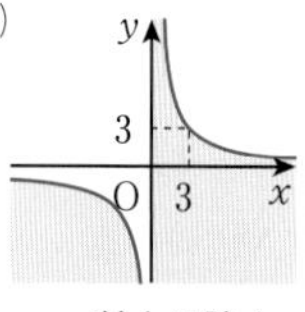

y 軸上は除く
境界線は含まない

解き方 (1) $(x-2)^2+(y-1)^2=5$ の内部
(2) $(x+1)^2+y^2=1$ の外部
(3) $(x-1)^2+(y-2)^2=4$ とその内部
(4) $y=\dfrac{9}{x}$ の下側

83 下の図

(1)
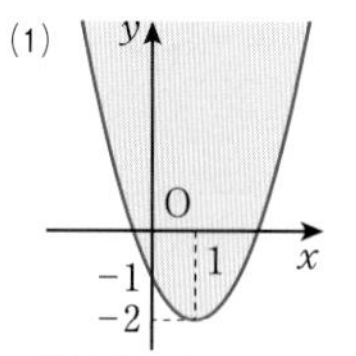

境界線は含まない

(2)
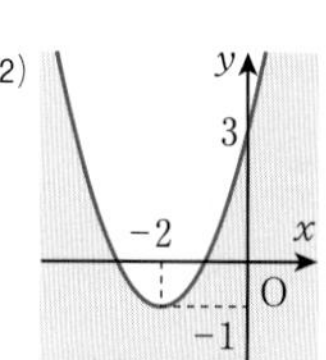

境界線を含む

解き方 (1) $y>(x-1)^2-2$ だから放物線の上側
(2) $y\leqq(x+2)^2-1$ だから放物線の下側

84-1 右の図
境界線を含む。

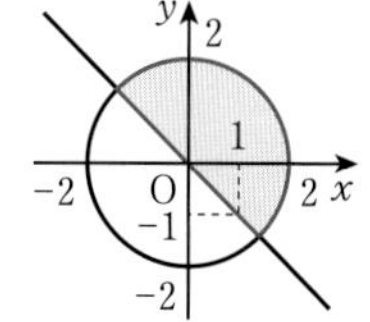

84-2 右の図
境界線は，実線は含み，
点線は含まない。

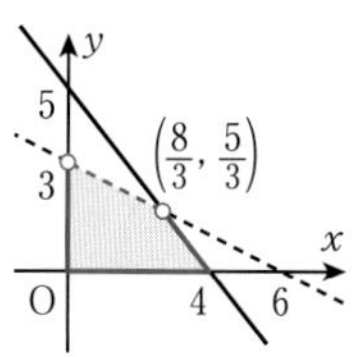

85 下の図

(1)
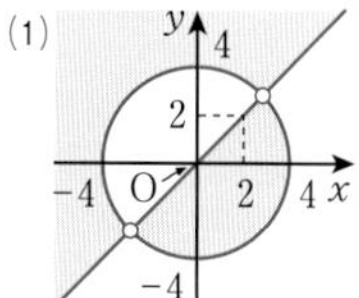

境界線は含まない

(2)
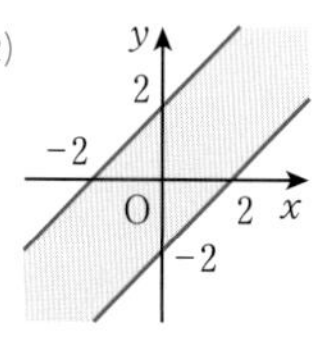

境界線を含む

解き方 (1) $x-y>0$ かつ $x^2+y^2-16<0$
または　$x-y<0$ かつ $x^2+y^2-16>0$
(2) $|x-y|\leqq 2 \Longleftrightarrow -2\leqq x-y\leqq 2$
$\Longleftrightarrow y\leqq x+2,\ y\geqq x-2$

86 $\boldsymbol{x^2+(y-1)^2<1}$ **の表す領域を** $\boldsymbol{A}$**，**
$\boldsymbol{x^2+y^2<4}$ **の表す領域を** $\boldsymbol{B}$ **とすると，右の図より**
$\boldsymbol{A\subset B}$

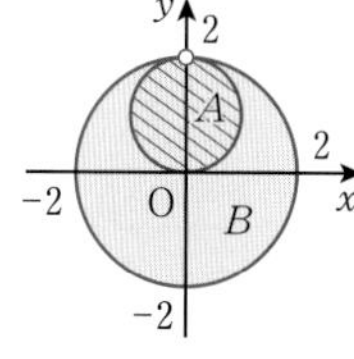

よって，$\boldsymbol{x^2+(y-1)^2<1}$ **ならば** $\boldsymbol{x^2+y^2<4}$ **である。**

87 $\boldsymbol{x=y=4}$ **のとき，最大値 28，**
$\boldsymbol{x=y=0}$ **のとき，最小値 0**

解き方 $3x+4y=k$ とおく。
直線 $y=-\dfrac{3}{4}x+\dfrac{k}{4}$
を，領域 D と共有点をもつように平行移動すると，
点 $(4,\ 4)$ を通るとき k は最大 $(3\times4+4\times4=28)$，
点 $(0,\ 0)$ を通るとき k は最小 $(0+0=0)$ となる。

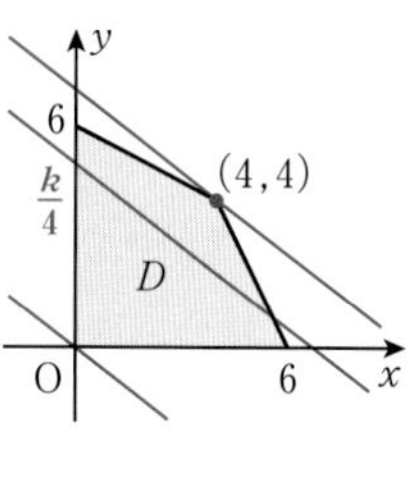

88 **A 3 g，B 10 g**

解き方 A を x g，B を y g 服用するとすると　$x\geqq0,\ y\geqq0$
成分 α：$5x+3y\geqq45$
成分 β：$2x+3y\geqq36$
費用 $20x+15y=k$

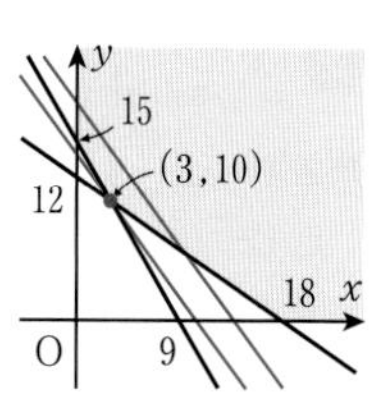

不等式の表す領域と共有点をもちながら，直線 $y=-\dfrac{4}{3}x+\dfrac{k}{15}$ を平行移動させる。
k を最小にするのは境界の交点 $(3,\ 10)$ を通るとき。

定期テスト予想問題 の解答 本冊→p. 93～94

1 $\left(\frac{5}{2},\ 0\right)$

解き方 求める点を $(a,\ 0)$ とする。

与えられた2点から等距離にあるので

$(-1-a)^2+2^2=(3-a)^2+4^2$

これを解いて $a=\frac{5}{2}$

2 $P\left(-\frac{1}{3},\ 2\right)$, $Q(-7,\ 14)$

解き方 $P:\left(\frac{1\times3+2\times(-2)}{2+1},\ \frac{1\times(-4)+2\times5}{2+1}\right)$

$=\left(-\frac{1}{3},\ 2\right)$

$Q:\left(\frac{-1\times3+2\times(-2)}{2-1},\ \frac{-1\times(-4)+2\times5}{2-1}\right)$

$=(-7,\ 14)$

3 $B(5,\ -2)$, $\triangle OAB=6$

解き方 $B(x,\ y)$ とすると，重心が $(2,\ 0)$ だから

$\frac{x+0+1}{3}=2,\ \frac{y+0+2}{3}=0$

これを解くと $x=5,\ y=-2$

$A(1,\ 2)$, $B(5,\ -2)$ だから

$\triangle OAB=\frac{1}{2}|1\times(-2)-5\times2|=\frac{|-12|}{2}=6$

4 $y=2x$

解き方 線分ABの中点をMとすると，線分OMは△OABの面積を2等分する。$\left(\frac{3+1}{2},\ \frac{7+1}{2}\right)=(2,\ 4)$

直線OMの傾きは $\frac{4}{2}=2$

5 $y=-\frac{5}{3}x+3$

解き方 $5x+3y=10$ で $y=0$ とすると $x=2$

点 $(2,\ 0)$ を，x 軸方向に -2，y 軸方向に3平行移動すると $(0,\ 3)$

└$(2-2,\ 0+3)$

求める直線は点 $(0,\ 3)$ を通り，傾き $-\frac{5}{3}$ の直線。

よって $y-3=-\frac{5}{3}x$

（別解）曲線 $f(x,\ y)=0$ を，x 軸方向に p，y 軸方向に q だけ平行移動した曲線は

$f(x-p,\ y-q)=0$

したがって，求める直線は $5(x+2)+3(y-3)=10$

よって $5x+3y=9$

6 (1) $y=-3x+1$

(2) 中心 $\left(-\frac{1}{4},\ \frac{7}{4}\right)$，半径 $\frac{5\sqrt{2}}{4}$

解き方 (1) 線分ABの中点

$\left(\frac{1-2}{2},\ \frac{3+2}{2}\right)=\left(-\frac{1}{2},\ \frac{5}{2}\right)$

直線ABの傾き $\frac{2-3}{-2-1}=\frac{1}{3}$

よって，垂直二等分線の傾きは -3 で，

$\left(-\frac{1}{2},\ \frac{5}{2}\right)$ を通るから $y-\frac{5}{2}=-3\left(x+\frac{1}{2}\right)$

(2) 直線OBの傾きは $\frac{0-2}{0-(-2)}=-1$

よって，線分OBの垂直二等分線は，

線分OBの中点 $\left(\frac{0-2}{2},\ \frac{0+2}{2}\right)=(-1,\ 1)$ を通る，

傾き $-\frac{1}{-1}=1$ の直線。

$y-1=x-(-1)$ より $y=x+2$

これと $y=-3x+1$ の交点Pが外接円の中心。

半径はOPの長さに等しい。

$x+2=-3x+1$ $x=-\frac{1}{4}$

$y=-\frac{1}{4}+2=\frac{7}{4}$ よって $P\left(-\frac{1}{4},\ \frac{7}{4}\right)$

$OP=\sqrt{\left(-\frac{1}{4}\right)^2+\left(\frac{7}{4}\right)^2}=\frac{5\sqrt{2}}{4}$

7 $(x+1)^2+\left(y-\frac{5}{2}\right)^2=\frac{25}{4}$

解き方 中心は線分ABの中点より $\left(-1,\ \frac{k+1}{2}\right)$

円が x 軸に接するから 半径＝|中心の y 座標|

よって $\sqrt{(1+1)^2+\left(1-\frac{k+1}{2}\right)^2}=\left|\frac{k+1}{2}\right|$

両辺を2乗して整理すると $4k=16$ $k=4$

よって，中心は $\left(-1,\ \frac{5}{2}\right)$，半径は $\frac{5}{2}$

8 $y=-3x+10$, $y=\frac{1}{3}x$

解き方 $(x-1)^2+(y+3)^2=10$

点 $(3,\ 1)$ を通る直線を $y-1=m(x-3)$ とする。

中心 $(1,\ -3)$ から直線 $mx-y-3m+1=0$ までの距離が，半径 $\sqrt{10}$ に等しいとき円に接するから

$$\frac{|m-(-3)-3m+1|}{\sqrt{m^2+(-1)^2}}=\sqrt{10}$$

この両辺を 2 乗して整理すると

$3m^2+8m-3=0$　　ゆえに　$m=-3,\ \frac{1}{3}$

よって　$y-1=-3(x-3)$，$y-1=\frac{1}{3}(x-3)$

9 $(-1,\ 1)$，$4\sqrt{2}$

解き方 2 交点を求める方法では計算が複雑になる。「解き方」のような解法を覚えておこう。

円の中心は原点。原点を通り，直線 $y=x+2$ に垂直な直線は　$y=-x$

この 2 直線の交点は　$(-1,\ 1)$

また，中心からこの点までの距離は　$\sqrt{2}$

三平方の定理より，弦の長さは

$2\sqrt{(\sqrt{10})^2-(\sqrt{2})^2}=4\sqrt{2}$

10 $a=11+6\sqrt{2}$　または　$a=11-6\sqrt{2}$

解き方 円 $(x-1)^2+(y-2)^2=9$ の中心を A とすると

$A(1,\ 2)$，半径 3

円 $x^2+(y-1)^2=a$ の中心を B とすると

$B(0,\ 1)$，半径 $\sqrt{a}$（$a>0$ より）

点 B が円 A の中にあるから，2 円は内接する。

中心間の距離は　$\sqrt{1^2+(2-1)^2}=\sqrt{2}$

これが円 A と B の半径の差に一致する。

$|3-\sqrt{a}|=\sqrt{2}$　　よって　$3-\sqrt{a}=\pm\sqrt{2}$

$\sqrt{a}=3\pm\sqrt{2}$ を 2 乗して　$a=11\pm6\sqrt{2}$

11 $x^2+y^2+7x+9y=0$

解き方 円と直線の交点を通る円は

$x^2+y^2+2x+4y-20+k(x+y+4)=0$ を満たす。

原点を通るから　$-20+4k=0$　　ゆえに　$k=5$

よって　$x^2+y^2+2x+4y-20+5(x+y+4)=0$

したがって　$x^2+y^2+7x+9y=0$

12 直線 $y=(-1\pm\sqrt{2})x$

解き方 円の中心を $P(X,\ Y)$ とする。

P から x 軸までの距離は　$|Y|$

P から直線 $x-y=0$ までの距離は

$\frac{|X-Y|}{\sqrt{1^2+(-1)^2}}$　　ゆえに　$\frac{|X-Y|}{\sqrt{2}}=|Y|$

$|X-Y|=\sqrt{2}|Y|$　　$X-Y=\pm\sqrt{2}Y$

よって　$(1\pm\sqrt{2})Y=X$

両辺に $(1\mp\sqrt{2})$ を掛け，X を x，Y を y におき換えると　$y=-(1\mp\sqrt{2})x$

13 放物線 $y=\frac{1}{6}x^2+\frac{1}{2}$

解き方 $P(X,\ Y)$ とする。

点 P が第 3，4 象限のとき，条件に適さないから $Y\geqq0$ としてよい。

円の中心は　$(0,\ 2)$，

半径は　1

Q は，円の中心と P を結ぶ直線と円の交点。

よって　$Y=\sqrt{X^2+(Y-2)^2}-1$

$(Y+1)^2=X^2+(Y-2)^2$

整理して，X を x，Y を y におき換えると

$y=\frac{1}{6}x^2+\frac{1}{2}$

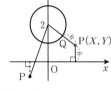

14 $-5\leqq y-3x\leqq-1$

解き方 $y-3x=k$ とおく。

直線 $y=3x+k$ は，k が増加すると上方に動く。

点 $B(3,\ 4)$ を通るとき，

$k=4-3\times3=-5$ は最小となり，

点 $A(1,\ 2)$ を通るとき，

$k=2-3\times1=-1$ は最大となる。

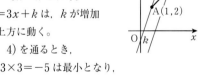

15 (1) 右の図

(2) $0\leqq k\leqq5$

境界線を含む

解き方 (2) 直線 $y=-2x+k$ は，k が増加すれば上方に動く。

点 $(0,\ 0)$ を通るとき k は最小（$y=2x$ と $y=\frac{1}{2}x$ との交点）となり，

点 $(2,\ 1)$ を通るとき k は最大となる。（$y=\frac{1}{2}x$ と $x+y=3$ との交点）

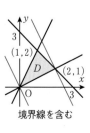

⑯ 最大値 5，最小値 $8-4\sqrt{2}$

解き方　領域 D は右の図のようになる。

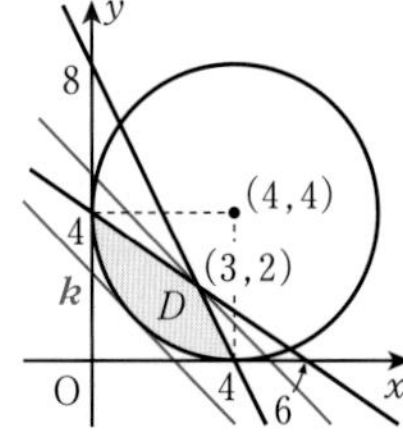

$x+y=k$ とおく。

直線 $y=-x+k$ が $(3,\ 2)$ を通るとき k は最大となり

$k=3+2=5$

直線 $y=-x+k$ が領域 D で円に接するとき k は最小となる。このとき円の中心 $(4,\ 4)$ から直線 $x+y-k=0$ までの距離は，半径 4 に等しいから

$\dfrac{|4+4-k|}{\sqrt{1^2+1^2}}=4$　　よって　$|8-k|=4\sqrt{2}$

$8-k=\pm4\sqrt{2}$　　$k=8\pm4\sqrt{2}$

図より　$k=8-4\sqrt{2}$

⑰ 右の図

$a\geqq9+4\sqrt{5}$

解き方　変形すると $(x-1)^2+(y-2)^2<4$ は，中心 $(1,\ 2)$，半径 2 の円の内部。

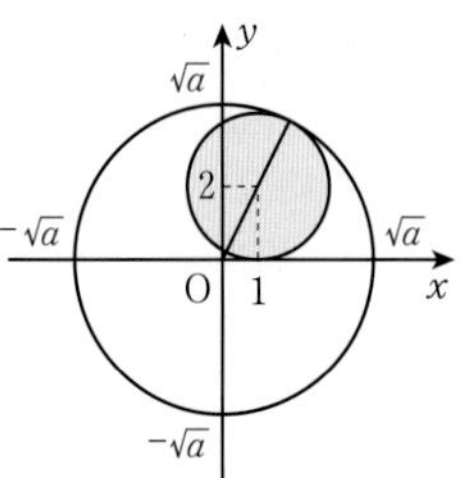

境界線は含まない

$x^2+y^2<a$ は，原点中心，半径 $\sqrt{a}$ の円の内部。

内接するとき，a は最小となる。

中心間の距離は　$\sqrt{1^2+2^2}=\sqrt{5}$

$\sqrt{5}\leqq\sqrt{a}-2$　　$\sqrt{a}\geqq\sqrt{5}+2$

よって　$a\geqq9+4\sqrt{5}$

⑱ 飼料 X を 1 g，飼料 Y を 3 g 与えるとよい。

解き方　X を x g，Y を y g 与えるとすると

$x\geqq0,\ y\geqq0$

栄養素 A：$x+y\geqq4$，栄養素 B：$x+3y\geqq6$，栄養素 C：$6x+y\geqq9$　　これらを満たす領域で，$3x+2y=k$ を最小にする $x,\ y$ を求める。

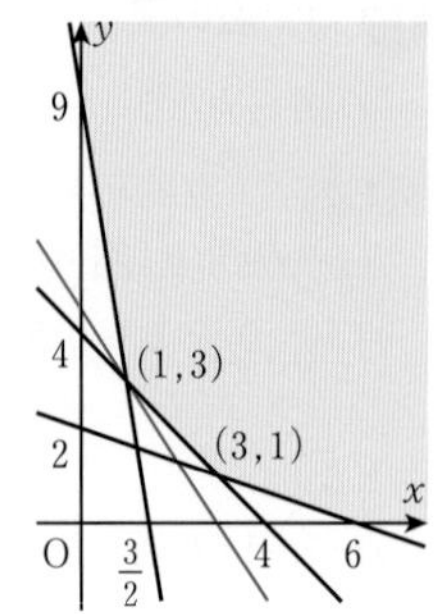

直線 $y=-\dfrac{3}{2}x+\dfrac{k}{2}$ は傾き $-\dfrac{3}{2}$ で，k が減少すると y 切片 $\dfrac{k}{2}$ が下方に動くから，図より点 $(1,\ 3)$ を通るとき，k は最小となる。

3章 三角関数

類題の解答

本冊→p. 97〜134

89　(1)　　　(2)

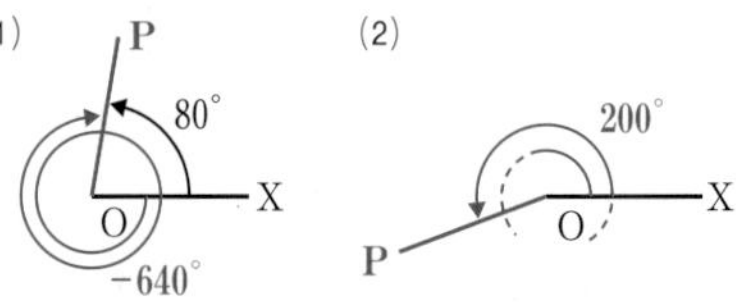

解き方　(1) $-640°=80°+360°\times(-2)$

(2) 正の向きに n 回転と，さらに $200°$

90　(1) **$140°+360°\times n$**　　(2) **$225°+360°\times n$**

(3) **$320°+360°\times n$**

解き方　(1) $360°-220°=140°$

(2) $180°+\dfrac{90°}{2}=225°$　　(3) $360°-40°=320°$

91　(1) **$90°$**　　(2) **$330°$**　　(3) **$\dfrac{\pi}{6}$**　　(4) **$\dfrac{3}{4}\pi$**

解き方　(1) $\dfrac{1}{2}\pi\times\dfrac{180°}{\pi}=90°$

(2) $\dfrac{11}{6}\pi\times\dfrac{180°}{\pi}=330°$

(3) $30°\times\dfrac{\pi}{180°}=\dfrac{\pi}{6}$

(4) $135°\times\dfrac{\pi}{180°}=\dfrac{3}{4}\pi$

92　(1) **$l=\dfrac{2}{3}\pi r,\ S=\dfrac{\pi}{3}r^2$**

(2) **$l=\dfrac{3}{2}\pi,\ S=\dfrac{9}{4}\pi$**

解き方　**扇形の弧の長さ$=r\theta$**

扇形の面積$=\dfrac{r^2\theta}{2}$

(1) $l=\dfrac{2}{3}\pi r,\ S=\dfrac{1}{2}\cdot r^2\cdot\dfrac{2}{3}\pi=\dfrac{\pi}{3}r^2$

(2) $l=3\cdot\dfrac{\pi}{2}=\dfrac{3}{2}\pi,\ S=\dfrac{1}{2}\cdot3^2\cdot\dfrac{\pi}{2}=\dfrac{9}{4}\pi$

93 (1) $\sin\frac{5}{4}\pi=-\frac{\sqrt{2}}{2}$, $\cos\frac{5}{4}\pi=-\frac{\sqrt{2}}{2}$, $\tan\frac{5}{4}\pi=1$

(2) $\sin\frac{5}{6}\pi=\frac{1}{2}$, $\cos\frac{5}{6}\pi=-\frac{\sqrt{3}}{2}$, $\tan\frac{5}{6}\pi=-\frac{\sqrt{3}}{3}$

(3) $\sin\left(-\frac{1}{3}\pi\right)=-\frac{\sqrt{3}}{2}$, $\cos\left(-\frac{1}{3}\pi\right)=\frac{1}{2}$, $\tan\left(-\frac{1}{3}\pi\right)=-\sqrt{3}$

解き方 本冊 p. 102 の図から座標を読む。

(1) 第 3 象限の 4 等分線
(2) 第 2 象限の 6 等分線
(3) 第 4 象限の 3 等分線

94 (1) $\theta=\frac{5}{4}\pi$, $\frac{7}{4}\pi$

(2) $\theta=\frac{1}{6}\pi$, $\frac{11}{6}\pi$　　(3) $\theta=\frac{2}{3}\pi$, $\frac{5}{3}\pi$

解き方 本冊 p. 102 の図から角を読む。

(1) 第 3, 4 象限の 4 等分線
(2) 第 1, 4 象限の 6 等分線
(3) 第 2, 4 象限の 3 等分線

95 $\sin\theta=\frac{2}{\sqrt{5}}$, $\cos\theta=-\frac{1}{\sqrt{5}}$

解き方 $1+\tan^2\theta=\frac{1}{\cos^2\theta}$ より

$\cos^2\theta=\frac{1}{1+(-2)^2}=\frac{1}{5}$

θ は第 2 象限の角だから　$\cos\theta<0$

よって　$\cos\theta=-\frac{1}{\sqrt{5}}$

$\frac{\sin\theta}{\cos\theta}=\tan\theta$ より　$\sin\theta=(-2)\left(-\frac{1}{\sqrt{5}}\right)=\frac{2}{\sqrt{5}}$

(別解) θ は第 2 象限の角だから,

$\tan\theta=\frac{2}{-1}$ で

$r=\sqrt{(-1)^2+2^2}=\sqrt{5}$

図より

$\sin\theta=\frac{2}{\sqrt{5}}$, $\cos\theta=-\frac{1}{\sqrt{5}}$

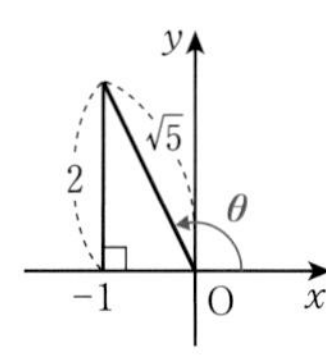

96 $\frac{1}{\cos\theta}$

解き方 与式$=\frac{\cos\theta}{1-\sin\theta}-\frac{\sin\theta}{\cos\theta}$

$=\frac{\cos^2\theta-\sin\theta+\sin^2\theta}{(1-\sin\theta)\cos\theta}$

$=\frac{1-\sin\theta}{(1-\sin\theta)\cos\theta}$

$=\frac{1}{\cos\theta}$

97 左辺

$=\frac{(1+\cos\theta)(1+\sin\theta)-(1-\cos\theta)(1-\sin\theta)}{(1-\sin\theta)(1+\sin\theta)}$

$=\frac{1+\sin\theta+\cos\theta+\cos\theta\sin\theta-(1-\sin\theta-\cos\theta+\cos\theta\sin\theta)}{1-\sin^2\theta}$

$=\frac{2(\sin\theta+\cos\theta)}{\cos^2\theta}$

$=\frac{2(\tan\theta+1)}{\cos\theta}$

=右辺

98 (1) $\frac{-t^3+3t}{2}$　　(2) $\pm\sqrt{1+2s}$

解き方 (1) $(\sin\theta+\cos\theta)^2=1+2\sin\theta\cos\theta$

$t^2=1+2\sin\theta\cos\theta$

$\sin\theta\cos\theta=\frac{t^2-1}{2}$

$\sin^3\theta+\cos^3\theta$

└$a^3+b^3=(a+b)(a^2-ab+b^2)$ を使う

$=(\sin\theta+\cos\theta)(\sin^2\theta-\sin\theta\cos\theta+\cos^2\theta)$

└$1-\sin\theta\cos\theta$

$=t\left(1-\frac{t^2-1}{2}\right)=\frac{t(-t^2+3)}{2}$

$=\frac{-t^3+3t}{2}$

(2) $A=\sin\theta+\cos\theta$ とおく。

$A^2=1+2\sin\theta\cos\theta=1+2s$

よって　$A=\pm\sqrt{1+2s}$

99 $k=\dfrac{7}{8}$，$\sin^3\theta+\cos^3\theta=-\dfrac{117}{128}$

解き方 解と係数の関係より ←$\alpha+\beta=-\dfrac{b}{a}$，$\alpha\beta=\dfrac{c}{a}$

$\sin\theta+\cos\theta=-\dfrac{3}{4}$ …① $\sin\theta\cos\theta=-\dfrac{k}{4}$

①の両辺を 2 乗して $1+2\left(-\dfrac{k}{4}\right)=\dfrac{9}{16}$

よって $k=\dfrac{7}{8}$

$\sin^3\theta+\cos^3\theta=(\sin\theta+\cos\theta)(1-\sin\theta\cos\theta)$

└類題 98(1) 参照

$=-\dfrac{3}{4}\left(1+\dfrac{7}{32}\right)=-\dfrac{117}{128}$

100 $\sin\theta$

解き方 与式$=\cos\theta+\sin\theta-\cos\theta=\sin\theta$

$\sin\left\{\pi+\left(\dfrac{\pi}{2}-\theta\right)\right\}=-\sin\left(\dfrac{\pi}{2}-\theta\right)=-\cos\theta$

101 (1) $-\dfrac{1}{2}$ (2) $\dfrac{\sqrt{3}}{2}$ (3) 値なし

解き方 (1) 与式$=\sin\left(-4\pi+\dfrac{11}{6}\pi\right)=\sin\dfrac{11}{6}\pi$

$=-\dfrac{1}{2}$

(2) 与式$=\cos\left(2\pi+\dfrac{\pi}{6}\right)=\cos\dfrac{\pi}{6}=\dfrac{\sqrt{3}}{2}$

(3) 与式$=\tan\left(3\pi+\dfrac{\pi}{2}\right)=\tan\dfrac{\pi}{2}$

102 下の図

(1)

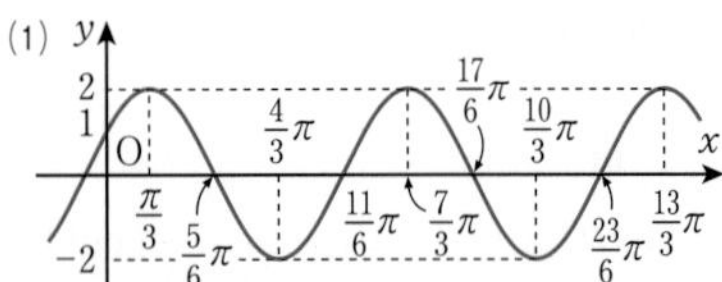

(2)

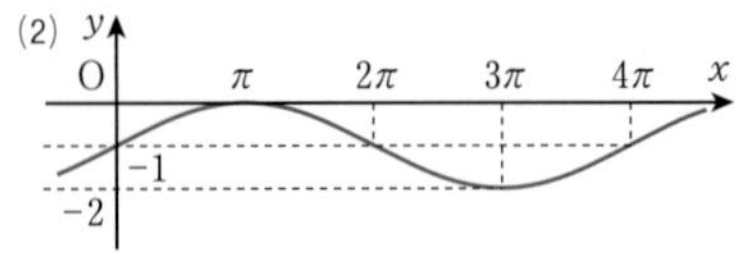

解き方 (1) $y=\sin x$ のグラフを，y 軸方向に 2 倍に拡大し，x 軸方向に $-\dfrac{\pi}{6}$ だけ平行移動したもの。

(2) $y+1=\sin\dfrac{x}{2}$

$y=\sin x$ のグラフを，x 軸方向に 2 倍(周期 4π)に拡大し，y 軸方向に -1 だけ平行移動したもの。

103 下の図

(1)

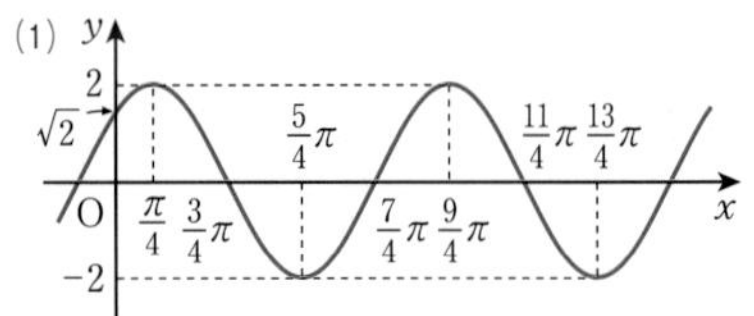

(2)

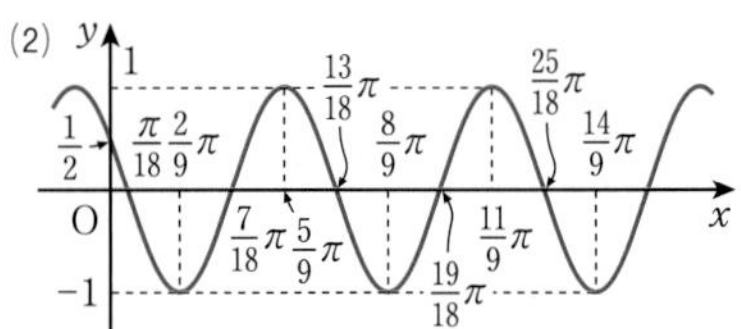

解き方 (1) $y=\cos x$ のグラフを，y 軸方向に 2 倍に拡大し，x 軸方向に $\dfrac{\pi}{4}$ だけ平行移動したもの。

(2) $y=\cos x$ のグラフを，x 軸方向に$\dfrac{1}{3}$ 倍$\left(周期 \dfrac{2\pi}{3}\right)$に縮小し，$x$ 軸方向に $-\dfrac{\pi}{9}$ だけ平行移動したもの。

104 下の図

(1)

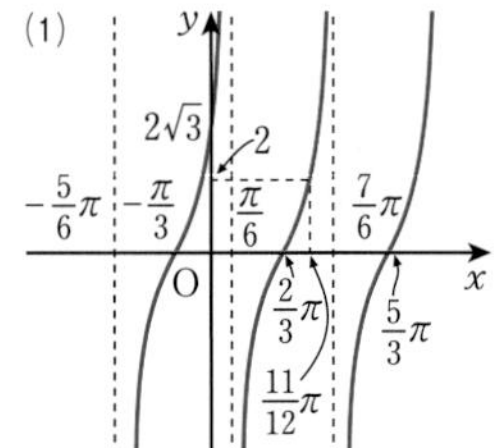

(2)

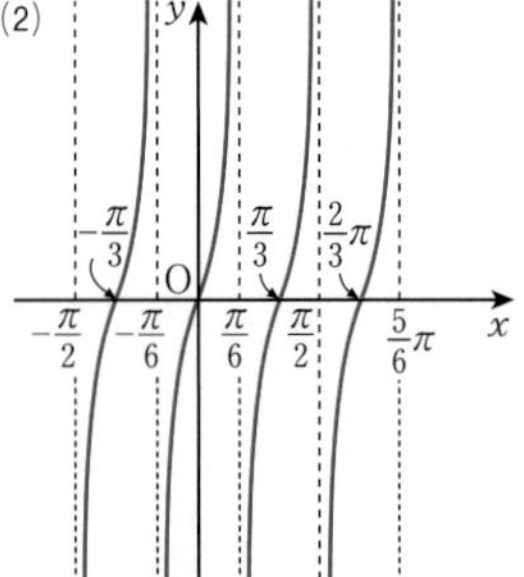

解き方 (1) $y=\tan x$ のグラフを，y 軸方向に 2 倍に拡大し，x 軸方向に $-\dfrac{\pi}{3}$ だけ平行移動したもの。

(2) $y=\tan 3\left(x+\dfrac{\pi}{3}\right)$

$y=\tan x$ のグラフを，x 軸方向に $\dfrac{1}{3}$ 倍$\left(周期 \dfrac{\pi}{3}\right)$

に縮小し，x 軸方向に $-\dfrac{\pi}{3}$ だけ平行移動したもの。

105 (1) $\boldsymbol{x=\dfrac{5}{4}\pi,\ \dfrac{7}{4}\pi}$　(2) $\boldsymbol{x=\dfrac{3}{4}\pi,\ \dfrac{7}{4}\pi}$

解き方 (1) 第 3，4 象限の 4 等分線。
(2) 第 2，4 象限の 4 等分線。

106 (1) $\boldsymbol{x=\dfrac{17}{24}\pi,\ \dfrac{23}{24}\pi,\ \dfrac{41}{24}\pi,\ \dfrac{47}{24}\pi}$

(2) $\boldsymbol{x=\dfrac{4}{3}\pi}$

解き方 (1) $2x+\dfrac{\pi}{3}=\theta$ …①とおくと

$\cos\theta=\dfrac{\sqrt{2}}{2}$ …②

$0\leqq x<2\pi$ だから $\dfrac{\pi}{3}\leqq\theta<\dfrac{13}{3}\pi$ …③

③の範囲で②を解くと

$\theta=\dfrac{7}{4}\pi,\ \dfrac{9}{4}\pi,\ \dfrac{15}{4}\pi,\ \dfrac{17}{4}\pi$

①より $x=\dfrac{1}{2}\left(\theta-\dfrac{\pi}{3}\right)$

x の解を求めると

$x=\dfrac{17}{24}\pi,\ \dfrac{23}{24}\pi,\ \dfrac{41}{24}\pi,\ \dfrac{47}{24}\pi$

(2) $\dfrac{x}{2}-\pi=\theta$ とおくと $\tan\theta=-\sqrt{3}$

$0\leqq x<2\pi$ だから $-\pi\leqq\theta<0$

この範囲で解くと $\theta=-\dfrac{\pi}{3}$

$x=2(\pi+\theta)$ だから $x=\dfrac{4}{3}\pi$

107 (1) $\boldsymbol{0\leqq x<\dfrac{\pi}{6},\ \dfrac{5}{6}\pi<x<2\pi}$

(2) $\boldsymbol{\dfrac{\pi}{3}<x<\dfrac{5}{3}\pi}$

解き方 (1) $0\leqq x<2\pi$ で

$\sin x=\dfrac{1}{2}$ を解くと

$x=\dfrac{\pi}{6},\ \dfrac{5}{6}\pi$

└第 1，2 象限の 6 等分線

求める解は $0\leqq x<\dfrac{\pi}{6},\ \dfrac{5}{6}\pi<x<2\pi$

(2) $0\leqq x<2\pi$ で

$\cos x=\dfrac{1}{2}$ を解くと

$x=\dfrac{\pi}{3},\ \dfrac{5}{3}\pi$

└第 1，4 象限の 3 等分線

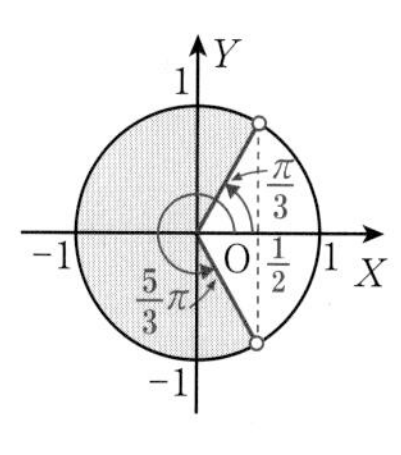

求める解は $\dfrac{\pi}{3}<x<\dfrac{5}{3}\pi$

108 (1) $\boldsymbol{\dfrac{\pi}{24}\leqq x<\dfrac{\pi}{6},\ \dfrac{13}{24}\pi\leqq x<\dfrac{2}{3}\pi}$

(2) $\boldsymbol{\dfrac{\pi}{2}\leqq x\leqq\dfrac{3}{2}\pi}$

解き方 (1) $2x+\dfrac{\pi}{6}=\theta$ とおくと $\tan\theta\geqq1$

$0\leqq x<\pi$ だから $\dfrac{\pi}{6}\leqq\theta<\dfrac{13}{6}\pi$

この範囲で解くと $\dfrac{\pi}{4}\leqq\theta<\dfrac{\pi}{2},\ \dfrac{5}{4}\pi\leqq\theta<\dfrac{3}{2}\pi$

$\dfrac{\pi}{4}\leqq2x+\dfrac{\pi}{6}<\dfrac{\pi}{2},\ \dfrac{5}{4}\pi\leqq2x+\dfrac{\pi}{6}<\dfrac{3}{2}\pi$ だから

$\dfrac{\pi}{24}\leqq x<\dfrac{\pi}{6},\ \dfrac{13}{24}\pi\leqq x<\dfrac{2}{3}\pi$

(2) $\sin^2x=1-\cos^2x$ だから，
与えられた不等式は $1-\cos^2x\geqq1+\cos x$
$\cos x(\cos x+1)\leqq0$ より $-1\leqq\cos x\leqq0$
$0\leqq x<2\pi$ で，$-1\leqq\cos x\leqq1$ だから

$-1\leqq\cos x\leqq0$ を解くと $\dfrac{\pi}{2}\leqq x\leqq\dfrac{3}{2}\pi$

109 $\boldsymbol{x=\dfrac{3}{4}\pi}$ **のとき，最大値 3**

$\boldsymbol{x=0}$ **のとき，最小値 $\boldsymbol{1-\sqrt{2}}$**

解き方 $x-\dfrac{\pi}{4}=\theta$ とおくと $y=2\sin\theta+1$

$0\leqq x\leqq\pi$ より $-\dfrac{\pi}{4}\leqq\theta\leqq\dfrac{3}{4}\pi$

したがって，$-\dfrac{\sqrt{2}}{2}\leqq\sin\theta\leqq1$ より

$\sin\theta$ が最小　　$\sin\theta$ が最大

最大値：$y=2\cdot1+1=3$

$\theta=\dfrac{\pi}{2}$ のとき $x=\dfrac{3}{4}\pi$

最小値：$y=2\left(-\dfrac{\sqrt{2}}{2}\right)+1=-\sqrt{2}+1$

$\theta=-\dfrac{\pi}{4}$ のとき $x=0$

110 $x=\frac{7}{6}\pi,\ \frac{11}{6}\pi$ のとき，最大値 $\frac{11}{2}$

$x=\frac{\pi}{2}$ のとき，最小値 1

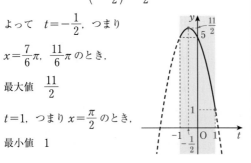

解き方 $y=2(1-\sin^2x)-2\sin x+3$
$=-2\sin^2x-2\sin x+5$

$\sin x=t$ とおくと，$0\leqq x<2\pi$ だから　$-1\leqq t\leqq 1$

このとき　$y=-2t^2-2t+5$
$=-2\left(t+\frac{1}{2}\right)^2+\frac{11}{2}$

よって　$t=-\frac{1}{2}$，つまり

$x=\frac{7}{6}\pi,\ \frac{11}{6}\pi$ のとき，

最大値　$\frac{11}{2}$

$t=1$，つまり $x=\frac{\pi}{2}$ のとき，

最小値　1

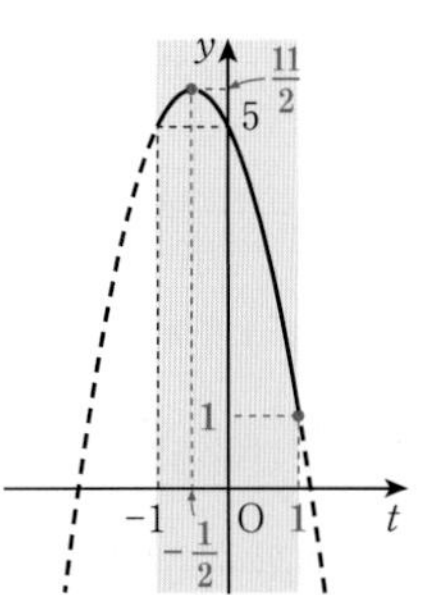

111 (1) $\frac{\sqrt{6}-\sqrt{2}}{4}$　(2) $-\frac{\sqrt{6}+\sqrt{2}}{4}$

(3) $2+\sqrt{3}$

解き方 (1) 与式 $=\sin(45°-30°)$
└60°−45° でもよい

$=\sin 45°\cos 30°-\cos 45°\sin 30°$

$=\frac{1}{\sqrt{2}}\times\frac{\sqrt{3}}{2}-\frac{1}{\sqrt{2}}\times\frac{1}{2}=\frac{\sqrt{6}-\sqrt{2}}{4}$

(2) 与式 $=\cos(135°+30°)$
└120°+45° でもよい

$=\cos 135°\cos 30°-\sin 135°\sin 30°$

$=-\frac{\sqrt{2}}{2}\times\frac{\sqrt{3}}{2}-\frac{\sqrt{2}}{2}\times\frac{1}{2}=-\frac{\sqrt{6}+\sqrt{2}}{4}$

(3) 与式 $=\tan(45°+30°)$
└120°−45° でもよい

$=\frac{\tan 45°+\tan 30°}{1-\tan 45°\tan 30°}=\frac{1+\frac{1}{\sqrt{3}}}{1-1\times\frac{1}{\sqrt{3}}}$

$=\frac{\sqrt{3}+1}{\sqrt{3}-1}=2+\sqrt{3}$
└$\frac{(\sqrt{3}+1)^2}{(\sqrt{3}-1)(\sqrt{3}+1)}=\frac{4+2\sqrt{3}}{3-1}=2+\sqrt{3}$

112 順に $-\frac{2\sqrt{2}+\sqrt{15}}{12}$，$\frac{32\sqrt{2}-9\sqrt{15}}{7}$

解き方 α は鈍角なので　$\cos\alpha<0$

$\cos\alpha=-\sqrt{1-\left(\frac{1}{4}\right)^2}=-\frac{\sqrt{15}}{4}$

β は鋭角なので　$\sin\beta>0$

$\sin\beta=\sqrt{1-\left(\frac{1}{3}\right)^2}=\frac{2\sqrt{2}}{3}$

$\cos(\alpha+\beta)=\cos\alpha\cos\beta-\sin\alpha\sin\beta$

$=-\frac{\sqrt{15}}{4}\times\frac{1}{3}-\frac{1}{4}\times\frac{2\sqrt{2}}{3}=-\frac{2\sqrt{2}+\sqrt{15}}{12}$

$\tan(\alpha+\beta)=\frac{\sin(\alpha+\beta)}{\cos(\alpha+\beta)}$ より求める。

$\sin(\alpha+\beta)=\sin\alpha\cos\beta+\cos\alpha\sin\beta$

$=\frac{1}{4}\times\frac{1}{3}+\left(-\frac{\sqrt{15}}{4}\right)\times\frac{2\sqrt{2}}{3}$

$=\frac{1-2\sqrt{30}}{12}$

$\tan(\alpha+\beta)=\frac{\frac{1-2\sqrt{30}}{12}}{-\frac{2\sqrt{2}+\sqrt{15}}{12}}=\frac{2\sqrt{30}-1}{2\sqrt{2}+\sqrt{15}}$

$=\frac{(2\sqrt{30}-1)(2\sqrt{2}-\sqrt{15})}{8-15}$　…(＊)

$=\frac{32\sqrt{2}-9\sqrt{15}}{7}$

$\tan(\alpha+\beta)$ については，$\tan\alpha$，$\tan\beta$ を用いる公式から求めてもよいが，式を整理するときの計算が複雑になる。ちなみに(＊)の分子の計算は

$4\sqrt{30\times 2}-2\sqrt{30\times 15}-2\sqrt{2}+\sqrt{15}$
$=8\sqrt{15}-30\sqrt{2}-2\sqrt{2}+\sqrt{15}$

となる。

113 左辺 $=(\cos\alpha\cos\beta-\sin\alpha\sin\beta)$
$\times(\cos\alpha\cos\beta+\sin\alpha\sin\beta)$

$=\cos^2\alpha\cos^2\beta-\sin^2\alpha\sin^2\beta=P$

とおくと

$P=\cos^2\alpha(1-\sin^2\beta)-(1-\cos^2\alpha)\sin^2\beta$

$=\cos^2\alpha-\sin^2\beta$　←真ん中の辺

$P=(1-\sin^2\alpha)\cos^2\beta-\sin^2\alpha(1-\cos^2\beta)$

$=\cos^2\beta-\sin^2\alpha$　←右辺

114 $45°$

解き方 直線の傾き$=\tan$(直線が x 軸となす角)

$\tan\theta_1=3$, $\tan\theta_2=-2$ とすると
└あとの直線の傾き
└はじめの直線の傾き

$$\tan(\theta_2-\theta_1)=\frac{-2-3}{1+(-2)\times 3}=\frac{-5}{-5}=1$$

115 $-\dfrac{3}{8}$

解き方 $(\sin x+\sin y)^2+(\cos x+\cos y)^2$

$=(\sin^2 x+\cos^2 x)+(\sin^2 y+\cos^2 y)$
$\quad+2(\sin x\sin y+\cos x\cos y)$

$=1^2+\left(\dfrac{1}{2}\right)^2$ より $2+2\cos(x-y)=\dfrac{5}{4}$

$$\cos(x-y)=\frac{1}{2}\left(\frac{5}{4}-2\right)=-\frac{3}{8}$$

116 $\tan 2\theta=-\dfrac{3}{4}$, $\cos 2\theta=-\dfrac{4}{5}$, $\sin 2\theta=\dfrac{3}{5}$

解き方 $1+\tan^2\theta=\dfrac{1}{\cos^2\theta}$ より

$1+9=\dfrac{1}{\cos^2\theta}$ $\quad\cos^2\theta=\dfrac{1}{10}$

θ は第3象限の角だから $\cos\theta=-\dfrac{1}{\sqrt{10}}$

このとき $\sin\theta=\tan\theta\cdot\cos\theta=-\dfrac{3}{\sqrt{10}}$

$$\tan 2\theta=\frac{2\times 3}{1-3^2}=-\frac{3}{4}$$

$$\cos 2\theta=2\cos^2\theta-1=2\times\left(-\frac{1}{\sqrt{10}}\right)^2-1=-\frac{4}{5}$$

$$\sin 2\theta=2\sin\theta\cos\theta=2\times\left(-\frac{3}{\sqrt{10}}\right)\times\left(-\frac{1}{\sqrt{10}}\right)=\frac{3}{5}$$

117 $\sin\dfrac{\alpha}{2}=\dfrac{\sqrt{30}\pm 2\sqrt{5}}{10}$, $\tan\dfrac{\alpha}{2}=5\pm 2\sqrt{6}$

(複号同順)

解き方 $\cos^2\alpha=1-\left(\dfrac{1}{5}\right)^2=\dfrac{24}{25}$ より $\cos\alpha=\pm\dfrac{2\sqrt{6}}{5}$

$$\sin^2\frac{\alpha}{2}=\frac{1-\cos\alpha}{2}=\frac{5\mp 2\sqrt{6}}{10}=\frac{(\sqrt{3}\mp\sqrt{2})^2}{10}$$

$0\leqq\dfrac{\alpha}{2}<\dfrac{\pi}{2}$ だから $\sin\dfrac{\alpha}{2}>0$

$$\sin\frac{\alpha}{2}=\frac{\sqrt{3}\pm\sqrt{2}}{\sqrt{10}}=\frac{\sqrt{30}\pm 2\sqrt{5}}{10}$$

$$\tan^2\frac{\alpha}{2}=\frac{1-\cos\alpha}{1+\cos\alpha}=\frac{1\mp\frac{2\sqrt{6}}{5}}{1\pm\frac{2\sqrt{6}}{5}}=\frac{5\mp 2\sqrt{6}}{5\pm 2\sqrt{6}}=(5\mp 2\sqrt{6})^2$$

$\tan\dfrac{\alpha}{2}>0$ だから $\tan\dfrac{\alpha}{2}=5\pm 2\sqrt{6}$

118 $\dfrac{\sqrt{2+\sqrt{2}}}{2}$

解き方 $\cos^2 22.5°=\cos^2\dfrac{45°}{2}=\dfrac{1+\cos 45°}{2}=\dfrac{2+\sqrt{2}}{4}$

$\cos 22.5°>0$ だから $\cos 22.5°=\dfrac{\sqrt{2+\sqrt{2}}}{2}$

この2重根号ははずれない

119 左辺 $=\dfrac{1+2\sin\frac{\theta}{2}\cos\frac{\theta}{2}-\left(1-2\sin^2\frac{\theta}{2}\right)}{1+2\sin\frac{\theta}{2}\cos\frac{\theta}{2}+\left(2\cos^2\frac{\theta}{2}-1\right)}$

$$=\frac{2\sin\frac{\theta}{2}\left(\cos\frac{\theta}{2}+\sin\frac{\theta}{2}\right)}{2\cos\frac{\theta}{2}\left(\sin\frac{\theta}{2}+\cos\frac{\theta}{2}\right)}=\frac{\sin\frac{\theta}{2}}{\cos\frac{\theta}{2}}=\tan\frac{\theta}{2}$$

$=$ 右辺

120 (1) $x=\dfrac{\pi}{4}$, $\dfrac{3}{4}\pi$

(2) $0\leqq x\leqq\dfrac{\pi}{6}$, $x=\dfrac{\pi}{2}$, $\dfrac{5}{6}\pi\leqq x<\pi$

解き方 (1) $2\sin^2 x-(1-2\sin^2 x)=1$

$\sin^2 x=\dfrac{1}{2}$ $\quad 0\leqq x<\pi$ より $\sin x=\dfrac{1}{\sqrt{2}}$

(2) $1-2\sin^2 x\leqq 2-3\sin x$

$(2\sin x-1)(\sin x-1)\geqq 0$

よって $\sin x\leqq\dfrac{1}{2}$, $\sin x\geqq 1$

$0\leqq x<\pi$ で $0\leqq\sin x\leqq 1$ だから

$0\leqq\sin x\leqq\dfrac{1}{2}$ または $\sin x=1$

121 (1) $\sqrt{2}\sin\left(x-\frac{3}{4}\pi\right)$ (2) $\sin\left(x-\frac{\pi}{6}\right)$

解き方 (1) 図より

与式$=\sqrt{2}\sin\left(x-\frac{3}{4}\pi\right)$

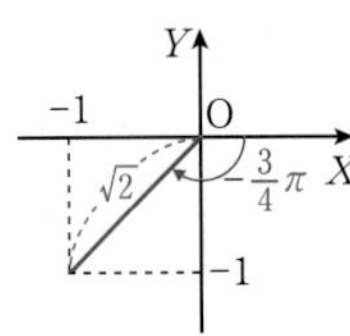

(2) 与式 $=\sin x\cos\frac{\pi}{6}+\cos x\sin\frac{\pi}{6}-\cos x$

$=\frac{\sqrt{3}}{2}\sin x-\frac{1}{2}\cos x$

よって，図より

与式$=\sin\left(x-\frac{\pi}{6}\right)$

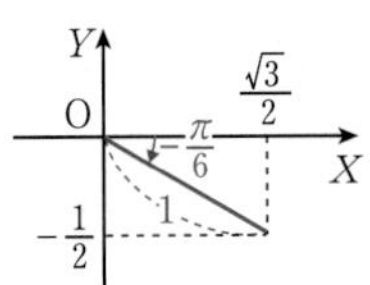

122 (1) $x=0,\ \frac{4}{3}\pi$

(2) $0\leqq x\leqq\frac{\pi}{6},\ \frac{7}{6}\pi\leqq x<2\pi$

解き方 (1) 図より

$2\sin\left(x+\frac{5}{6}\pi\right)=1$

$x+\frac{5}{6}\pi=\frac{5}{6}\pi,\ \frac{13}{6}\pi$

よって　$x=0,\ \frac{4}{3}\pi$

(2) $\sqrt{3}\sin x-\cos x\leqq0$

図より

$2\sin\left(x-\frac{\pi}{6}\right)\leqq0$　よって

$-\frac{\pi}{6}\leqq x-\frac{\pi}{6}\leqq0\longrightarrow0\leqq x\leqq\frac{\pi}{6}$

$\pi\leqq x-\frac{\pi}{6}<\frac{11}{6}\pi\longrightarrow\frac{7}{6}\pi\leqq x<2\pi$

123 $\theta=\frac{\pi}{2}$ のとき，最大値 3

$\theta=\frac{\pi}{6}$ のとき，最小値 0

解き方 $f(\theta)$

$=\frac{3}{2}(1-\cos2\theta)-\sqrt{3}\sin2\theta+\frac{1+\cos2\theta}{2}$

$=-\sqrt{3}\sin2\theta-\cos2\theta+2$

$=2\sin\left(2\theta-\frac{5}{6}\pi\right)+2$

$-\frac{5}{6}\pi\leqq2\theta-\frac{5}{6}\pi\leqq\frac{\pi}{6}$ だから

$2\theta-\frac{5}{6}\pi=\frac{\pi}{6}$　つまり，$\theta=\frac{\pi}{2}$ のとき最大値　3

$2\theta-\frac{5}{6}\pi=-\frac{\pi}{2}$　つまり，$\theta=\frac{\pi}{6}$ のとき最小値　0

定期テスト予想問題 の解答 ― 本冊→p. 135～136

1 順に $\dfrac{33}{65}$, $-\dfrac{56}{65}$

解き方 $\cos^2\alpha=1-\sin^2\alpha=1-\left(\dfrac{3}{5}\right)^2=\dfrac{16}{25}$

α は第1象限の角だから　$\cos\alpha>0$

ゆえに　$\cos\alpha=\dfrac{4}{5}$

$\sin^2\beta=1-\cos^2\beta=1-\left(-\dfrac{5}{13}\right)^2=\dfrac{144}{169}$

β は第3象限の角だから　$\sin\beta<0$

ゆえに　$\sin\beta=-\dfrac{12}{13}$

よって　$\sin(\alpha-\beta)=\sin\alpha\cos\beta-\cos\alpha\sin\beta$

$=\dfrac{3}{5}\cdot\left(-\dfrac{5}{13}\right)-\dfrac{4}{5}\cdot\left(-\dfrac{12}{13}\right)=\dfrac{33}{65}$

$\cos(\alpha-\beta)=\cos\alpha\cos\beta+\sin\alpha\sin\beta$

$=\dfrac{4}{5}\cdot\left(-\dfrac{5}{13}\right)+\dfrac{3}{5}\cdot\left(-\dfrac{12}{13}\right)=-\dfrac{56}{65}$

2 (1) **0**　　(2) **1**

解き方 (1) 与式　（分母と分子に $\cos\theta$ を掛ける）

$=\dfrac{\cos^2\theta-\sin^2\theta}{(\sin\theta+\cos\theta)^2}-\dfrac{\cos\theta-\sin\theta}{\cos\theta+\sin\theta}$　（$1=\sin^2\theta+\cos^2\theta$）

$=\dfrac{\cos\theta-\sin\theta}{\sin\theta+\cos\theta}-\dfrac{\cos\theta-\sin\theta}{\cos\theta+\sin\theta}=0$

(2) 与式 $=\tan^2\theta+(1-\tan^2\theta)(1+\tan^2\theta)\cos^2\theta$

$=\tan^2\theta+(1-\tan^2\theta)\times\dfrac{1}{\cos^2\theta}\times\cos^2\theta$

$=1$

3 $\pm\dfrac{\sqrt{6}}{4}$

解き方 $\cos\theta=0$ は適さないので，左辺の分母と分子を $\cos\theta$ で割る。

$\dfrac{\tan\theta+1}{\tan\theta-1}=4+\sqrt{15}$ より

$\tan\theta+1=(4+\sqrt{15})(\tan\theta-1)$

これを解いて　$\tan\theta=\dfrac{\sqrt{15}}{3}$

$\cos^2\theta=\dfrac{1}{1+\tan^2\theta}=\dfrac{3}{8}$

よって　$\cos\theta=\pm\dfrac{\sqrt{6}}{4}$

4 $a=\dfrac{3}{2}$, $b=\dfrac{\pi}{2}$, $A=3$, $B=-3$, $C=\dfrac{5}{3}\pi$

解き方 $-3\leqq y\leqq 3$ より　$A=3$, $B=-3$

また，周期は $2\left(\pi-\dfrac{\pi}{3}\right)=\dfrac{4}{3}\pi$ だから，

$\dfrac{2\pi}{a}=\dfrac{4}{3}\pi$ より　$a=\dfrac{3}{2}$

図より　$C=\dfrac{\pi}{3}+\dfrac{4}{3}\pi=\dfrac{5}{3}\pi$

グラフが $\left(\dfrac{\pi}{3},\ 0\right)$ を通り符号が正→負となるので，

$3\sin\left(\dfrac{3}{2}\times\dfrac{\pi}{3}+b\right)=0$ より　$\sin\left(\dfrac{\pi}{2}+b\right)=0$

よって　$\cos b=0$　　$b=\dfrac{\pi}{2}$

5 $-\dfrac{\pi}{3}<\theta<\dfrac{\pi}{3}$

解き方 $x^2+2(\sin\theta)x+\cos\theta+\cos^2\theta=0$ の判別式を D とすると，

$\dfrac{D}{4}=\sin^2\theta-(\cos\theta+\cos^2\theta)<0$ となればよい。（$\sin^2\theta=1-\cos^2\theta$）

$1-\cos^2\theta-\cos\theta-\cos^2\theta<0$

$(2\cos\theta-1)(\cos\theta+1)>0$

$\cos\theta<-1$, $\cos\theta>\dfrac{1}{2}$

また　$-1\leqq\cos\theta\leqq 1$

これより　$\dfrac{1}{2}<\cos\theta\leqq 1$

したがって　$-\dfrac{\pi}{3}<\theta<\dfrac{\pi}{3}$

6 $-2\leqq a\leqq\dfrac{25}{12}$

解き方 $\sin\theta=t$ とおくと，

$t^2+t-2(1-t^2)+a=0$ より

$a=-3t^2-t+2$

よって

$y=-3t^2-t+2$

$=-3\left(t+\dfrac{1}{6}\right)^2+\dfrac{25}{12}$

と $y=a$ が $-1\leqq t\leqq 1$ で共有点をもてばよいので，

図より　$-2\leqq a\leqq\dfrac{25}{12}$

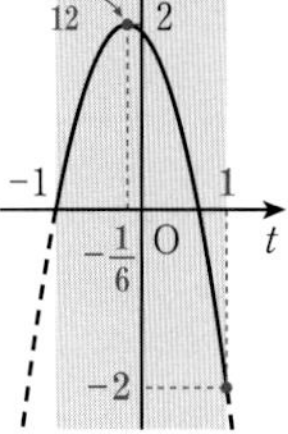

7 (1) $\boldsymbol{y=\frac{1}{2}t^2-t+\frac{1}{2}}$

(2) $\boldsymbol{x=\frac{5}{4}\pi}$ **のとき，最大値** $\boldsymbol{\frac{3}{2}+\sqrt{2}}$

$\boldsymbol{x=0,\ \frac{\pi}{2}}$ **のとき，最小値 0**

解き方 (1) $t^2=(\sin x+\cos x)^2=1+2\sin x\cos x$

より　$\sin x\cos x=\frac{t^2-1}{2}$

$y=\sin x\cos x-(\sin x+\cos x)+1$

$=\frac{t^2-1}{2}-t+1=\frac{1}{2}t^2-t+\frac{1}{2}$

(2) $t=\sqrt{2}\sin\left(x+\frac{\pi}{4}\right)$ より　$-\sqrt{2}\leqq t\leqq\sqrt{2}$

$y=\frac{1}{2}(t-1)^2$ のグラフから，

$t=-\sqrt{2}$　つまり $x=\frac{5}{4}\pi$ の

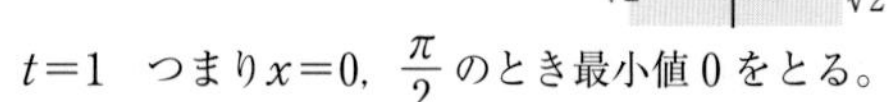

とき最大値 $\frac{3}{2}+\sqrt{2}$ をとり，

$t=1$　つまり $x=0,\ \frac{\pi}{2}$ のとき最小値 0 をとる。

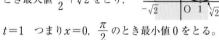

8 $\boldsymbol{x=0,\ \frac{\pi}{2},\ \pi,\ \frac{3}{2}\pi}$ **のとき，最大値 1**

$\boldsymbol{x=\frac{\pi}{4},\ \frac{3}{4}\pi,\ \frac{5}{4}\pi,\ \frac{7}{4}\pi}$ **のとき，最小値** $\boldsymbol{\frac{1}{4}}$

解き方 $y=(\sin^2 x+\cos^2 x)^3$

$-3\sin^2 x\cos^2 x(\sin^2 x+\cos^2 x)$

$=1-3\sin^2 x\cos^2 x$

$\sin^2 x=t$ とおくと，$0\leqq t\leqq 1$ で

$y=1-3t(1-t)=3\left(t-\frac{1}{2}\right)^2+\frac{1}{4}$

よって，$t=0,\ 1$ のとき，

最大値　1

このとき，$\sin x=0,\ \pm 1$ より

$x=0,\ \frac{\pi}{2},\ \pi,\ \frac{3}{2}\pi$

$t=\frac{1}{2}$ のとき最小値 $\frac{1}{4}$　　このとき，$\sin x=\pm\frac{1}{\sqrt{2}}$

より　$x=\frac{\pi}{4},\ \frac{3}{4}\pi,\ \frac{5}{4}\pi,\ \frac{7}{4}\pi$

(別解) $\sin 2x=t$ とおくと，$-1\leqq t\leqq 1$ で

$y=1-\frac{3}{4}t^2$ となるから

$t=0$ のとき，最大値　1

$t=\pm 1$ のとき，最小値　$\frac{1}{4}$

9 **下の図**

(1)

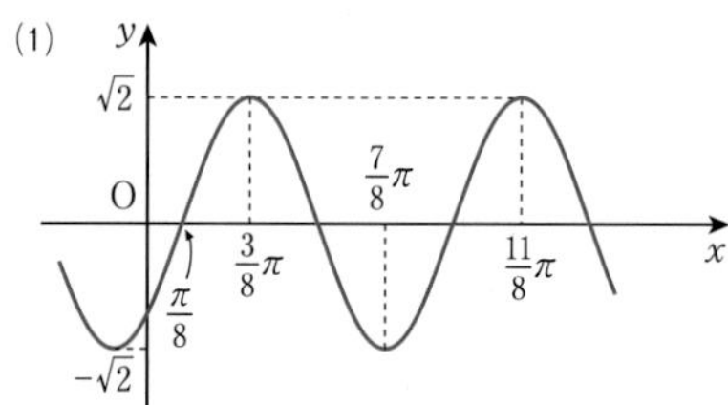

(2)

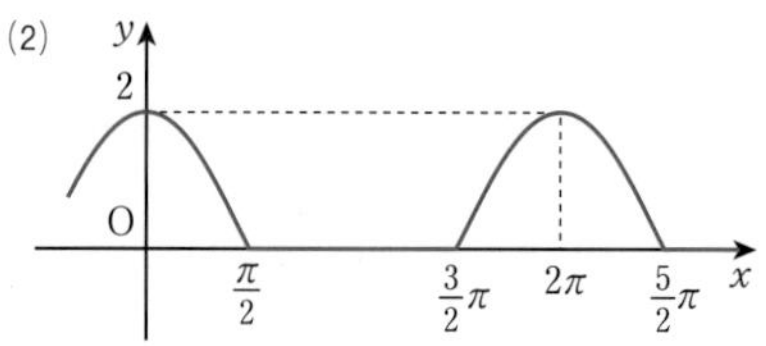

解き方 (1) $y=1-\cos 2x+\sin 2x-1$

$=\sqrt{2}\sin\left(2x-\frac{\pi}{4}\right)=\sqrt{2}\sin\left\{2\left(x-\frac{\pi}{8}\right)\right\}$

$y=\sin x$ のグラフを，x 軸方向に $\frac{1}{2}$ 倍に縮小し，

y 軸方向に $\sqrt{2}$ 倍に拡大したものを，x 軸方向に $\frac{\pi}{8}$

だけ平行移動する。

(2) $\cos x\geqq 0$ のとき，$|\cos x|=\cos x$ だから

$y=\cos x+\cos x=2\cos x$

$\cos x<0$ のとき，$|\cos x|=-\cos x$ だから

$y=\cos x-\cos x=0$

10 (1) $\boldsymbol{x=\frac{\pi}{3},\ \frac{\pi}{2}}$　　(2) $\boldsymbol{x=\frac{\pi}{2},\ \frac{3}{4}\pi}$

解き方 (1) $\cos x-(2\cos^2 x-1)=1$

$2\cos^2 x-\cos x=0$　　$\cos x(2\cos x-1)=0$

よって　$\cos x=0$ または $2\cos x-1=0$

$0\leqq x\leqq\pi$ だから，$\cos x=0$ より　$x=\frac{\pi}{2}$

$\cos x=\frac{1}{2}$ より　$x=\frac{\pi}{3}$

(2) $\frac{3(1-\cos 2x)}{2}-\sin 2x+\frac{1+\cos 2x}{2}=3$

$\sin 2x+\cos 2x=-1$

$\sqrt{2}\sin\left(2x+\frac{\pi}{4}\right)=-1$

$\sin\left(2x+\frac{\pi}{4}\right)=-\frac{1}{\sqrt{2}}$

$\frac{\pi}{4}\leqq 2x+\frac{\pi}{4}\leqq\frac{9}{4}\pi$ より　$2x+\frac{\pi}{4}=\frac{5}{4}\pi,\ \frac{7}{4}\pi$

$x=\frac{\pi}{2},\ \frac{3}{4}\pi$

11 **1**

解き方　解と係数の関係より

$\tan\alpha+\tan\beta=\frac{3}{2},\ \tan\alpha\tan\beta=\frac{1}{2}$

よって　$\tan(\alpha+\beta)=\dfrac{\frac{3}{2}}{1-\frac{1}{2}}=3$

$1+\tan^2(\alpha+\beta)=\frac{1}{\cos^2(\alpha+\beta)}$ より

$\cos^2(\alpha+\beta)=\frac{1}{1+9}=\frac{1}{10}$

与式

$=\cos^2(\alpha+\beta)\{3\tan^2(\alpha+\beta)-5\tan(\alpha+\beta)-2\}$

$=\frac{1}{10}(3\times3^2-5\times3-2)=1$

12 (1) $\boldsymbol{y=2\sin\left(2x-\frac{\pi}{6}\right)+1}$

(2) **$x=\frac{\pi}{3},\ \frac{4}{3}\pi$ のとき，最大値 3**

$x=\frac{5}{6}\pi,\ \frac{11}{6}\pi$ のとき，最小値 −1

解き方 (1) $y=2\sin^2x+2\sqrt{3}\sin x\cos x$

$=2\cdot\frac{1-\cos 2x}{2}+\sqrt{3}\sin 2x$

$=\sqrt{3}\sin 2x-\cos 2x+1$

$=2\sin\left(2x-\frac{\pi}{6}\right)+1$

(2) $2x-\frac{\pi}{6}=\theta$ とおくと　$-\frac{\pi}{6}\leqq\theta<\frac{23}{6}\pi$

$-1\leqq\sin\theta\leqq1$ より　$-1\leqq2\sin\theta+1\leqq3$

$\theta=\frac{\pi}{2},\ \frac{5}{2}\pi$，すなわち $x=\frac{\pi}{3},\ \frac{4}{3}\pi$ のとき

最大値 3 をとり，

$\theta=\frac{3}{2}\pi,\ \frac{7}{2}\pi$，すなわち $x=\frac{5}{6}\pi,\ \frac{11}{6}\pi$ のとき

最小値 −1 をとる。

4章 指数関数・対数関数

類題の解答

本冊→p. 139～163

124 (1) **6**　(2) **0.5**　(3) **−4**

(4) **5**　(5) **10**　(6) **−2**

解き方 (1) 与式$=\sqrt[3]{6^3}=6$

(2) 与式$=\sqrt[4]{0.5^4}=0.5$

(3) 与式$=-\sqrt[5]{1024}=-\sqrt[5]{4^5}=-4$

(4) 与式$=\sqrt[3]{\frac{375}{3}}=\sqrt[3]{5^3}=5$

(5) 与式$=\sqrt[8]{100^4}=\sqrt[8]{10^8}=10$

(6) 与式$=\sqrt[9]{-512}=-\sqrt[9]{2^9}=-2$

125 (1) $\boldsymbol{\frac{1}{a^8}}$　(2) $\boldsymbol{ab}$　(3) $\boldsymbol{\frac{a^5}{b}}$

(4) **27**　(5) **256**　(6) **400000**

解き方 (1) 与式$=a^{-3-5}=a^{-8}$

(2) 与式$=(a^{-1})^3b^3\times(a^{-2})^{-2}b^{-2}=a^{-3}b^3\times a^4b^{-2}$

$=a^{-3+4}b^{3-2}=ab$

(3) 与式$=a^{15}b^{-6}\div a^{10}b^{-5}=a^{15-10}b^{-6+5}=a^5b^{-1}$

(4) 与式$=3^{-5}\div3^{-8}=3^{-5+8}=3^3$

(5) 与式$=(2\cdot3)^3\div2^{-5}\times3^{-3}=2^3\times3^3\div2^{-5}\times3^{-3}$

$=2^{3-(-5)}\cdot3^{3-3}=2^8$

(6) 与式$=2\times10^6\div5=2\times2\times10^5=2^2\cdot10^5$

126 (1) $\boldsymbol{\sqrt[3]{a^8}}$　(2) $\boldsymbol{\sqrt[4]{a^3}}$　(3) $\boldsymbol{\frac{1}{\sqrt{a^7}}}$

解き方 (2) 与式$=a^{\frac{3}{4}}=\sqrt[4]{a^3}$

(3) 与式$=\frac{1}{a^{\frac{7}{2}}}=\frac{1}{\sqrt{a^7}}$

127 (1) **4**　(2) **4**

解き方 (1) 与式$=\{(2^6)^{\frac{2}{3}}\}^{\frac{1}{2}}=2^{6\times\frac{2}{3}\times\frac{1}{2}}=2^2=4$

(2) 与式$=(2^2)^{\frac{2}{3}}\div(2\cdot3^2)^{\frac{1}{3}}\times(2^3\cdot3^2)^{\frac{1}{3}}$

$=2^{\frac{4}{3}-\frac{1}{3}+1}\times3^{-\frac{2}{3}+\frac{2}{3}}=2^2=4$

128 (1) **49**　(2) $\boldsymbol{a}$

解き方 (1) 与式$=7^{\frac{4}{3}}\times7^{\frac{1}{2}}\times7^{\frac{1}{6}}=7^2=49$

(2) 与式$=\{a(a\cdot a^{\frac{1}{2}})^{\frac{1}{2}}\}^{\frac{1}{2}}\times\{(a^{\frac{1}{2}})^{\frac{1}{2}}\}^{\frac{1}{2}}=a^{\frac{7}{8}}\times a^{\frac{1}{8}}$

$=a$

129 (1) **6**　(2) **34**　(3) $\boldsymbol{2\sqrt{2}}$

解き方　$a^{\frac{1}{2}}=x$, $a^{-\frac{1}{2}}=y$ とおくと　$x-y=2$,
$xy=a^{\frac{1}{2}}\times a^{-\frac{1}{2}}=a^{\frac{1}{2}-\frac{1}{2}}=a^0=1$
(1) 与式$=x^2+y^2=(x-y)^2+2xy=4+2=6$
(2) 与式$=x^4+y^4=(x^2+y^2)^2-2x^2y^2=36-2=34$
(3) $x>0$, $y>0$ より　$x+y>0$ だから
$x+y=\sqrt{(x+y)^2}=\sqrt{(x-y)^2+4xy}=2\sqrt{2}$

130

x	-4	-3	-2	-1	0	1	2
(1)	$\frac{1}{4}$	$\frac{1}{2}$	1	2	4	8	16
(2)	4	2	1	$\frac{1}{2}$	$\frac{1}{4}$	$\frac{1}{8}$	$\frac{1}{16}$
(3)	$-\frac{7}{4}$	$-\frac{3}{2}$	-1	0	2	6	14

グラフは右の図

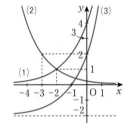

解き方　(1) $y=2^x$ のグラフを x 軸方向に -2 だけ平行移動したもの。
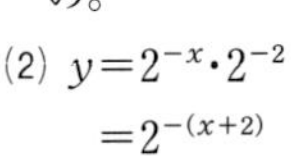
(2) $y=2^{-x}\cdot2^{-2}$
$=2^{-(x+2)}$
となる。
$y=2^{-x}$ のグラフを x 軸方向に -2 だけ平行移動したもの。
(3) $y=2^x$ のグラフを x 軸方向に -2, y 軸方向に -2 だけ平行移動したもの。

131 **右の図**

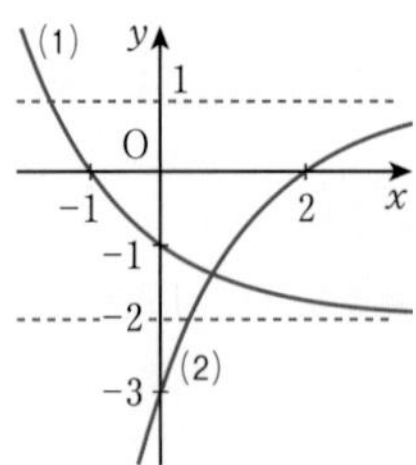

解き方　(1) $y=2^x$ のグラフを，y 軸に関して対称移動してから y 軸方向に -2 だけ平行移動する。
(2) $y=2^x$ のグラフを，原点に関して対称移動し，
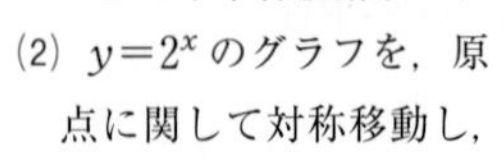
x 軸方向に 2, y 軸方向に 1 だけ平行移動する。

132 (1) $\boldsymbol{4^{-\frac{3}{2}}<8^{-\frac{1}{6}}<0.5^{\frac{1}{3}}<2^{0.3}}$
(2) $\boldsymbol{\sqrt[4]{35}<\sqrt{6}<\sqrt[3]{15}}$

解き方　(1) $4^{-\frac{3}{2}}=2^{-3}$, $0.5^{\frac{1}{3}}=2^{-\frac{1}{3}}$, $8^{-\frac{1}{6}}=2^{-\frac{1}{2}}$
(2) $\sqrt{6}=(6^2)^{\frac{1}{4}}=\sqrt[4]{36}>\sqrt[4]{35}$
$\sqrt{6}=(6^3)^{\frac{1}{6}}=\sqrt[6]{216}<\sqrt[6]{15^2}=\sqrt[3]{15}$

133 **$x=2$ のとき，最大値 0,**
$x=-2$ のとき，最小値 -80

解き方　$2-x=t$ とおく。
$-2\leqq x\leqq 2$ より　$0\leqq t\leqq 4$
関数は　$y=1-3^t$ $(0\leqq t\leqq 4)$
よって，$t=0$ のとき，最大値　0, このとき　$x=2$
$t=4$ のとき，最小値　-80, このとき　$x=-2$
(別解) $y=3^{-x}$ のグラフを，x 軸に関して対称移動し，x 軸方向に 2, y 軸方向に 1 だけ平行移動すればグラフがかける。

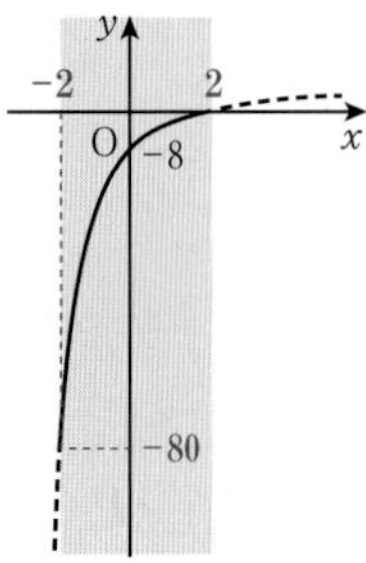

最大値は，$x=2$ のとき　0
最小値は，$x=-2$ のとき
-80

134 **最大値はない，$x=0$ のとき，最小値 -3**

解き方　$2^x=t$ とおくと，
$t>0$ で　$y=t^2-2t-2=(t-1)^2-3$
したがって，最大値はない。
$t=1$ すなわち $x=0$ のとき，最小値　-3

135 (1) $\boldsymbol{x=4}$　(2) $\boldsymbol{x=-\frac{5}{11}}$

解き方　(1) $3^{-x}=3^{-4}$ より　$x=4$
(2) $2^{3(1-3x)}=2^{2(x+4)}$ より　$3(1-3x)=2(x+4)$
よって　$x=-\frac{5}{11}$

136 (1) $x=1,\ 2$　　(2) $x=-1$

解き方 (1) $2^x=t$ とおくと　$t^2-6t+8=0$

$t=2,\ 4$ より　$x=1,\ 2$

(2) $3^x=t$ とおくと　$3t^2+5t-2=0$

$t>0$ より　$t=\dfrac{1}{3}=3^{-1}$　　よって　$x=-1$

137 (1) $x<\dfrac{1}{6}$　　(2) $-\dfrac{7}{2}<x<-\dfrac{3}{4}$

解き方 (1) $3^{1-3x}>3^{\frac{1}{2}}$，底 $3>1$ より　$1-3x>\dfrac{1}{2}$

$3x<1-\dfrac{1}{2}$　　$x<\dfrac{1}{6}$

(2) $3^{-(x+2)}<3\cdot3^{\frac{1}{2}}<3^{-2x}$

$3^{-x-2}<3^{\frac{3}{2}}<3^{-2x}$，底 $3>1$ より

$-x-2<\dfrac{3}{2}<-2x$

$-x-2<\dfrac{3}{2}$ より　$x>-\dfrac{7}{2}$

$\dfrac{3}{2}<-2x$ より　$x<-\dfrac{3}{4}$

138 $x>-1$

解き方 $2^x=t$ とおくと，$2t^2+3t-2>0$ より

$(2t-1)(t+2)>0$

$t>0$ だから　$t+2>0$

したがって　$2t-1>0$　　$t>\dfrac{1}{2}$　　$2^x>2^{-1}$

底 $2>1$ より　$x>-1$

139 (1) $4=\log_3 81$　　(2) $3^{\frac{3}{2}}=\sqrt{27}$

140 (1) 0　　(2) $-\dfrac{1}{2}$

解き方 (1) 与式$=\log_{10}\left(\sqrt[3]{\dfrac{27}{8}}\times\dfrac{5}{6}\times\sqrt{\dfrac{16}{25}}\right)$

$\sqrt[3]{\left(\dfrac{3}{2}\right)^3}$　　$\sqrt{\left(\dfrac{4}{5}\right)^2}$

$=\log_{10}\left(\dfrac{3}{2}\times\dfrac{5}{6}\times\dfrac{4}{5}\right)$

$=\log_{10}1=0$

(2) 与式$=\dfrac{1}{2}\log_2\dfrac{7}{48}+\dfrac{1}{2}\log_2 12^2-\dfrac{1}{2}\log_2 42$

$=\dfrac{1}{2}\log_2\dfrac{7\cdot12^2}{48\cdot42}=\dfrac{1}{2}\log_2\left(\dfrac{1}{2}\right)=-\dfrac{1}{2}$

$\to 2^{-1}$

141 (1) $2a+3b+1$　　(2) $a+2b-2$

(3) $2-2a$

解き方 (1) 与式$=\log_{10}(2^2\cdot3^3\cdot10)$

$=2\log_{10}2+3\log_{10}3+1$

(2) 与式$=\log_{10}\dfrac{2\cdot3^2}{10^2}$

$=\log_{10}2+2\log_{10}3-2$

(3) 与式$=\log_{10}5^2$

$=2\log_{10}\dfrac{10}{2}$

$=2(\log_{10}10-\log_{10}2)$

$=2(1-\log_{10}2)$

$=2-2\log_{10}2$

142 (1) 2　　(2) $\dfrac{3a+b+1}{6b}$

解き方 (1) 底を 2 にそろえる。

与式$=\dfrac{\log_2 3}{\log_2 4}\times\dfrac{\log_2 25}{\log_2 9}\times\dfrac{\log_2 16}{\log_2 5}$

$=\dfrac{\log_2 3\times2\log_2 5\times4}{2\times2\log_2 3\times\log_2 5}$

$=2$

(2) 底が 10 の対数を用いて表す。

与式$=\dfrac{\log_{10}240}{3\log_{10}9}$

$=\dfrac{\log_{10}2^3+\log_{10}3+1}{6\log_{10}3}$

$=\dfrac{3a+b+1}{6b}$

143 $\log_4 17<\log_2 5<\log_{\frac{1}{2}}\dfrac{1}{7}$

解き方　底を 2 にそろえて，真数の大小を比較する。

$\log_4 17=\dfrac{\log_2 17}{\log_2 4}=\dfrac{\log_2 17}{2}=\log_2\sqrt{17}$

$\log_{\frac{1}{2}}\dfrac{1}{7}=\dfrac{\log_2\dfrac{1}{7}}{\log_2\dfrac{1}{2}}=\dfrac{-\log_2 7}{-1}=\log_2 7$

$\sqrt{17}<5<7$ より　$\log_4 17<\log_2 5<\log_{\frac{1}{2}}\dfrac{1}{7}$

144 $x=4$ のとき，最大値　5，

$x=2$ のとき，最小値　4

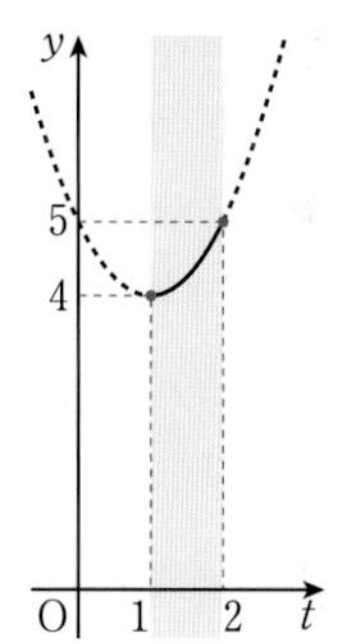

解き方　$\log_2 x=t$ とおくと，

$2\leqq x\leqq 4$ より，$1\leqq t\leqq 2$ で

$f(x)=t^2-2t+5=(t-1)^2+4$

$t=2$ のとき，最大値　5

$t=2$ より　$\log_2 x=2$　　$x=4$

$t=1$ のとき，最小値　4

$t=1$ より　$\log_2 x=1$　　$x=2$

145 (1) $x=2$　　(2) $\dfrac{1}{2}<x<1$

解き方　(1) 真数は正だから　$x>-2$　…①

$x+2=\left(\dfrac{1}{2}\right)^{-2}=4$　　よって　$x=2$

これは①を満たす。

(2) 真数は正だから，$2x-1>0$，$5-4x>0$ より

$\dfrac{1}{2}<x<\dfrac{5}{4}$　…①

また，底は $3>1$ だから　$2x-1<5-4x$

$6x<6$ より　$x<1$　…②

①，②より　$\dfrac{1}{2}<x<1$

146 (1) $x=6$　　(2) $0<x\leqq 2$，$4\leqq x<6$

解き方　(1) 真数は正だから，$x-5>0$，$x-2>0$ より

$x>5$

$\log_4(x-5)(x-2)=1$

$(x-5)(x-2)=4$ より　$x^2-7x+6=0$

$(x-6)(x-1)=0$　　$x>5$ より　$x=6$

(2) 真数は正だから，$x>0$，$6-x>0$ より

$0<x<6$　…①

$\log_{\frac{1}{2}}x+\log_{\frac{1}{2}}(6-x)\geqq -3$

$\log_{\frac{1}{2}}x(6-x)\geqq -3$

また，底は $\dfrac{1}{2}$ で，$0<\dfrac{1}{2}<1$ だから，

$x(6-x)\leqq\left(\dfrac{1}{2}\right)^{-3}$ より

$x^2-6x+8\geqq 0$　　$(x-2)(x-4)\geqq 0$

よって　$x\leqq 2$，$x\geqq 4$　…②

①，②より　$0<x\leqq 2$，$4\leqq x<6$

147 $x=3$，27

解き方　$\log_3 x=t$ とおくと　$t^2-4t+3=0$

$(t-3)(t-1)=0$　　よって　$t=1$，3

$t=1$ より　$x=3$，$t=3$ より　$x=27$

148 順に，10 桁，小数第 10 位

解き方　$x=3^{20}$ とおく。

$\log_{10}3^{20}=20\times 0.4771=9.542$ より

$x=10^{9.542}$　　$10^9<x<10^{10}$

よって，x は 10 桁の数。

$y=\left(\dfrac{1}{3}\right)^{20}$ とおく。

$\log_{10}\left(\dfrac{1}{3}\right)^{20}=\log_{10}3^{-20}=-20\times 0.4771$

$=-9.542$ より

$y=10^{-9.542}$　　$10^{-10}<y<10^{-9}$

よって，y は小数第 10 位に初めて 0 でない数が現れる。

149 $n=46$

解き方　各辺の 10 を底とする対数をとる。

$n\log_{10}2<20\log_{10}5<(n+1)\log_{10}2$

$n\log_{10}2<20\left(\log_{10}\dfrac{10}{2}\right)<(n+1)\log_{10}2$

$n\log_{10}2<20(1-\log_{10}2)<(n+1)\log_{10}2$

$\log_{10}2=0.3010$ より

$0.3010n<13.98<0.3010(n+1)$

$\dfrac{13.98}{0.3010}-1<n<\dfrac{13.98}{0.3010}$ より

$45.44\cdots<n<46.44\cdots$

定期テスト予想問題 の解答 — 本冊→p. 165〜166

1 (1) $2^{50}>6^{19}>5^{20}$

(2) $\log_{\frac{1}{2}}\frac{1}{3}>\log_{\frac{1}{3}}\frac{1}{2}>\log_{\frac{1}{3}}2>\log_{\frac{1}{2}}3$

解き方 (1) $\log_{10}6^{19}=19(\log_{10}2+\log_{10}3)=14.7839$

$\log_{10}5^{20}=20(1-\log_{10}2)=13.98$

$\log_{10}2^{50}=50\log_{10}2=15.05$ より

$\log_{10}2^{50}>\log_{10}6^{19}>\log_{10}5^{20}$

(2) $\log_{\frac{1}{3}}2=\dfrac{\log_2 2}{\log_2\frac{1}{3}}=-\dfrac{1}{\log_2 3}$

同様に $\log_{\frac{1}{3}}\dfrac{1}{2}=\dfrac{1}{\log_2 3}$, $\log_{\frac{1}{2}}3=-\log_2 3$,

$\log_{\frac{1}{2}}\dfrac{1}{3}=\log_2 3$ $\log_2 3>1$ よりわかる。

2 (1) $\dfrac{1}{192}$ (2) $\sqrt[12]{a}$ (3) 0 (4) 5

解き方 (1) 与式$=(2^2)^{\frac{3}{2}}\times(3^3)^{-\frac{1}{3}}\div\{(2^6)^3\}^{\frac{1}{2}}$

$=2^3\times3^{-1}\div2^9=\dfrac{2^3}{3\times2^9}=\dfrac{1}{3\times2^6}=\dfrac{1}{192}$

(2) 与式$=\{a(a^3)^{\frac{1}{2}}\}^{\frac{1}{2}}\div(a^2\times a^{\frac{1}{3}})^{\frac{1}{2}}$

$=a^{\frac{1}{2}}\times a^{\frac{3}{4}}\div(a\times a^{\frac{1}{6}})=a^{\frac{1}{2}+\frac{3}{4}-1-\frac{1}{6}}=a^{\frac{1}{12}}=\sqrt[12]{a}$

(3) 与式$=\dfrac{1}{2}\left(3\log_3 2+\log_3\dfrac{1}{6}-2\log_3\dfrac{2\sqrt{3}}{3}\right)$

$=\dfrac{1}{2}\left\{\log_3 2^3+\log_3\dfrac{1}{6}-\log_3\left(\dfrac{2\sqrt{3}}{3}\right)^2\right\}$

$=\dfrac{1}{2}\log_3\dfrac{2^3\times1\times3^2}{6\times4\times3}=\dfrac{1}{2}\log_3 1=0$

(4) 与式$=\left(\log_2 3+\dfrac{2\log_2 3}{2}\right)\left(\dfrac{2}{\log_2 3}+\dfrac{1}{2\log_2 3}\right)$ （$\log_2 9$, $\log_2 4$, $\log_2 2$）

$=2\log_2 3\times\dfrac{5}{2\log_2 3}=5$

3 順に, $\dfrac{4\sqrt{3}}{3}$, $\dfrac{7}{3}$

解き方 $a^x=t$ とおくと, $t^2=3$ より $t=\sqrt{3}$

$a^x+a^{-x}=t+\dfrac{1}{t}=\sqrt{3}+\dfrac{1}{\sqrt{3}}=\sqrt{3}+\dfrac{\sqrt{3}}{3}=\dfrac{4\sqrt{3}}{3}$

$\dfrac{a^{3x}+a^{-3x}}{a^x+a^{-x}}=\dfrac{(a^x)^3+(a^{-x})^3}{a^x+a^{-x}}$

$=\dfrac{(a^x+a^{-x})\{(a^x)^2-a^x\cdot a^{-x}+(a^{-x})^2\}}{a^x+a^{-x}}$

$=(a^x)^2-1+(a^{-x})^2=3-1+\dfrac{1}{3}=\dfrac{7}{3}$

4 5

解き方 $5^{\frac{1}{n}}=t$ とおくと $x=\dfrac{t-t^{-1}}{2}$

$x^2+1=\dfrac{(t-t^{-1})^2+4}{4}=\dfrac{(t+t^{-1})^2}{4}$ より

$(x+\sqrt{x^2+1})^n=\left(\dfrac{t-t^{-1}}{2}+\dfrac{t+t^{-1}}{2}\right)^n=t^n=5$

5 (1) $\dfrac{1+2a+ab}{3}$ (2) $\dfrac{2+a}{1+ab}$

解き方 $\log_3 5=\dfrac{\log_2 5}{\log_2 3}$ より $\log_2 5=ab$

(1) 与式$=\dfrac{1}{3}\log_2(2\cdot3^2\cdot5)$

$=\dfrac{1}{3}(1+2\log_2 3+\log_2 5)=\dfrac{1}{3}(1+2a+ab)$

(2) $\log_{10}12=\dfrac{\log_2 12}{\log_2 10}=\dfrac{2\log_2 2+\log_2 3}{\log_2 2+\log_2 5}=\dfrac{2+a}{1+ab}$

6 (1) 小数第 19 位 (2) $n=12$

解き方 (1) $\log_{10}0.25^{30}=\log_{10}(2^{-2})^{30}$

$=-60\log_{10}2=-18.06$

よって $10^{-19}<0.25^{30}<10^{-18}$

(2) 常用対数をとると $n\log_{10}1.5>2$

$n(\log_{10}3-\log_{10}2)>2$ $0.1761n>2$

$n>11.35\cdots$ よって $n=12$

7 (1) $x=3$ (2) $x=3$, $\dfrac{1}{9}$

解き方 (1) $2^x=t$ とおくと $t^2-2t-48=0$

$(t-8)(t+6)=0$ $t>0$ より $t=8$

$2^x=8$ より $2^x=2^3$ よって $x=3$

(2) 底, 真数の条件より $x>0$, $x\neq1$ …①

与式より $\dfrac{\log_3 9}{\log_3 x}-\log_3 x=1$

$\log_3 x=t$ とおいて分母を払うと

$t^2+t-2=0$ $(t+2)(t-1)=0$

$\log_3 x=1$, -2 より $x=3$, $\dfrac{1}{9}$ (①を満たす)

8 (1) $x\leqq\dfrac{6}{5}$ (2) $2<x<8$

解き方 (1) $3^{2x}\leqq3^{3(2-x)}$ で, 底 $3>1$ より

$2x\leqq3(2-x)$ $5x\leqq6$ よって $x\leqq\dfrac{6}{5}$

(2) 真数条件より　$x>0$, $10-x>0$

ゆえに　$0<x<10$　…①

$\log_2 x(10-x)>\log_2 2^4$ で，底 $2>1$ より

$x(10-x)>16$　　$x^2-10x+16<0$

$(x-8)(x-2)<0$

よって　$2<x<8$（①を満たす）

9 (1) $\boldsymbol{f(x)=t^2-2t+3}$

(2) **$x=0$ のとき，最小値　2**

解き方 (1) $f(x)=(2^2)^x-2\cdot 2^x+3$

$=(2^x)^2-2\cdot 2^x+3=t^2-2t+3$

(2) $f(x)=(t-1)^2+2$ で，$t>0$ だから，$t=1$，すなわち $x=0$ のとき最小値 2 をとる。

10 **$x=\dfrac{1}{3}$，$y=1$ のとき，最大値　-1**

解き方 真数条件より　$x>0$, $y>0$

$y=2-3x$ より　$0<x<\dfrac{2}{3}$　…①

このとき　$\log_3 x+\log_3 y=\log_3 x(2-3x)$

$=\log_3(-3x^2+2x)=\log_3\left\{-3\left(x-\dfrac{1}{3}\right)^2+\dfrac{1}{3}\right\}$ …②

$-3\left(x-\dfrac{1}{3}\right)^2+\dfrac{1}{3}$ は，①の範囲で $x=\dfrac{1}{3}$ のとき最大値 $\dfrac{1}{3}$ をとる。底 3 は 1 より大きいから，②は

$x=\dfrac{1}{3}$ のとき，最大値　$\log_3\dfrac{1}{3}=-1$

このとき，y は　$y=2-3\times\dfrac{1}{3}=1$

11 **(1) $2^{\log_{10}x}=t$ とおいて，10 を底とする両辺の対数をとると　$\log_{10}2^{\log_{10}x}=\log_{10}t$**

$\log_{10}x\cdot\log_{10}2=\log_{10}t$

ゆえに　$\log_{10}t=\log_{10}2\cdot\log_{10}x=\log_{10}x^{\log_{10}2}$

よって　$t=x^{\log_{10}2}$　　ゆえに　$2^{\log_{10}x}=x^{\log_{10}2}$

(2) **$x=100$ のとき，最小値　-16**

解き方 (2) $2^{\log_{10}x}=t$ とおくと，$t>0$ で，(1)より

$f(x)=t\cdot t-4(t+t)=t^2-8t=(t-4)^2-16$

よって，$t=4$ のとき最小値 -16 をとる。

$2^{\log_{10}x}=4=2^2$ より　$\log_{10}x=2$

よって　$x=10^2=100$

12 (1) $\boldsymbol{\dfrac{1}{2}}$　　(2) **1**

解き方 (1) 4 を底とする対数をとると

$\log_4 2^{\log_4 7}=\log_4 7^x$　　$x\log_4 7=\log_4 7\cdot\log_4 2$

よって　$x=\log_4 2=\dfrac{\log_2 2}{\log_2 4}=\dfrac{1}{2\log_2 2}=\dfrac{1}{2}$

(2) 4 を底とする対数をとると

$\log_4 2^{\log_4 x}=\log_4 x$　　$\log_4 2\cdot\log_4 x=\log_4 x$

$\dfrac{1}{2}\log_4 x=\log_4 x$　　$\log_4 x=0$

よって　$x=1$

13 (1) $\boldsymbol{x=\dfrac{z}{\log_{10}2}}$，$\boldsymbol{y=\dfrac{z}{1-\log_{10}2}}$　　(2) **0**

解き方 (1) $\log_{10}2^x=\log_{10}5^y=\log_{10}10^z$

$x\log_{10}2=y\log_{10}5=z$

よって　$x=\dfrac{z}{\log_{10}2}$，$y=\dfrac{z}{\log_{10}5}=\dfrac{z}{1-\log_{10}2}$

(2) $xy-yz-zx$

$=\dfrac{z^2}{\log_{10}2(1-\log_{10}2)}-\dfrac{z^2}{1-\log_{10}2}-\dfrac{z^2}{\log_{10}2}$

$=\dfrac{z^2(1-\log_{10}2-1+\log_{10}2)}{\log_{10}2(1-\log_{10}2)}=0$

14 (1) $\left(\dfrac{4}{5}\right)^3$　　(2) $\left(\dfrac{4}{5}\right)^n$　　(3) **14 回**

解き方 (1) もとのアルコールの量を 1 とすると，

1 回目の操作後のアルコールの量は　$\dfrac{8}{10}$

2 回目の操作後のアルコールの量は

$\dfrac{8}{10}\times\dfrac{8}{10}=\left(\dfrac{8}{10}\right)^2$

3 回目の操作後のアルコールの量は

$\dfrac{8}{10}\times\dfrac{8}{10}\times\dfrac{8}{10}=\left(\dfrac{8}{10}\right)^3$ となる。

(2) n 回操作を繰り返すと，濃度は $\left(\dfrac{8}{10}\right)^n$ になる。

(3) $\left(\dfrac{8}{10}\right)^n\leqq\dfrac{1}{20}$ を満たす最小の整数 n を求める。

常用対数をとると　$n(\log_{10}8-1)\leqq-\log_{10}20$

$n(3\log_{10}2-1)\leqq-(\log_{10}2+1)$ ← $3\log_{10}2-1=-0.097<0$

よって　$n\geqq\dfrac{\log_{10}2+1}{1-3\log_{10}2}=13.4\cdots$

これを満たす最小の整数は　$n=14$

5章 微分法・積分法

類題の解答 ―― 本冊→p. 169～220

150 (1) -10　(2) 0

解き方 (1) 与式$=(-2)^2+7(-2)=-10$

(2) 与式$=\dfrac{1^2-1}{1+2}=0$

151 (1) 4　(2) 12

解き方 (1) 与式$=\lim_{x\to 3}(x+1)=4$

(2) 与式$=\lim_{h\to 0}(12+6h+h^2)=12$

152 $a=-4$, $b=3$

解き方 $x\to 3$ のとき分母$\to 0$ だから，分子$\to 0$

ゆえに　$9+3a+b=0$　　$b=-3a-9$

$$\lim_{x\to 3}\frac{(x-3)(x+a+3)}{(x-3)(x+1)}=\lim_{x\to 3}\frac{x+a+3}{x+1}=\frac{a+6}{4}$$

$\dfrac{a+6}{4}=\dfrac{1}{2}$ から　$a=-4$

よって　$b=3$

逆に，$a=-4$，$b=3$ のとき条件を満たす。

153 (1) 1　(2) 60

解き方 (1) $f'(2)=\lim_{h\to 0}\dfrac{f(2+h)-f(2)}{h}$

$$=\lim_{h\to 0}\frac{(2+h)^2-3(2+h)-(2^2-3\cdot 2)}{h}$$

$$=\lim_{h\to 0}\frac{4+4h+h^2-6-3h+2}{h}$$

$$=\lim_{h\to 0}\frac{h(h+1)}{h}=\lim_{h\to 0}(h+1)=1$$

(2) $f'(-3)=\lim_{h\to 0}\dfrac{f(-3+h)-f(-3)}{h}$

$$=\lim_{h\to 0}\frac{2(-3+h)^3-(-3+h)^2-1-\{2(-3)^3-(-3)^2-1\}}{h}$$

$$=\lim_{h\to 0}\frac{2(-27+27h-9h^2+h^3)-(9-6h+h^2)-1-(-54-9-1)}{h}$$

$$=\lim_{h\to 0}\frac{h(2h^2-19h+60)}{h}$$

$$=\lim_{h\to 0}(2h^2-19h+60)=60$$

154 (1) $6a^2$　(2) $2(a+2)$

解き方 (1) $f'(a)=\lim_{h\to 0}\dfrac{2(a+h)^3-2a^3}{h}$

$$=\lim_{h\to 0}\frac{h(6a^2+6ah+2h^2)}{h}$$

$$=\lim_{h\to 0}(6a^2+6ah+2h^2)=6a^2$$

(2) $f'(a)=\lim_{h\to 0}\dfrac{(a+h+2)^2-(a+2)^2}{h}$

$$=\lim_{h\to 0}\frac{\{(a+2)+h\}^2-(a+2)^2}{h}$$

$$=\lim_{h\to 0}\frac{h\{2(a+2)+h\}}{h}=\lim_{h\to 0}\{2(a+2)+h\}$$

$$=2(a+2)$$

155 (1) 3　(2) 2

解き方 (1) $\lim_{h\to 0}\dfrac{(1+h)^3-1}{h}=\lim_{h\to 0}\dfrac{h^3+3h^2+3h}{h}$

$$=\lim_{h\to 0}(h^2+3h+3)=3$$

(2) $\lim_{h\to 0}\dfrac{\{(1+h)^3-(1+h)\}-(1^3-1)}{h}$

$$=\lim_{h\to 0}\frac{h^3+3h^2+2h}{h}=\lim_{h\to 0}(h^2+3h+2)=2$$

156 (1) $y'=15x^2$　(2) $y'=6x$

(3) $y'=3x^2-6x+3$　(4) $y'=-9x^2+5$

(5) $y'=3x^2+4x$　(6) $y'=2x-1$

(7) $y'=3x^2+6x+2$　(8) $y'=3x^2-8x+4$

解き方 (5) $y=x^3+2x^2$

(6) $y=x^2-x-2$　(7) $y=x^3+3x^2+2x$

(8) $y=x^3-4x^2+4x$

157 (1) $\dfrac{dV}{dr}=2\pi rh$　(2) $\dfrac{ds}{dt}=v_0-gt$

158 $f(x)=3x^2-6x+2$

解き方 $f(x)=ax^2+bx+c$ ($a\neq 0$) とおくと

$f'(x)=2ax+b$

$f(1)=-1$ より　$a+b+c=-1$

$f(2)=2$ より　$4a+2b+c=2$

$f'(1)=0$ より　$2a+b=0$

以上より　$a=3$，$b=-6$，$c=2$

159 $y=4x-12$

解き方 $f(x)=2x^3-5x^2$ とおく。

$f'(x)=6x^2-10x \qquad f'(2)=24-20=4$

よって，接線の方程式は，

$y-(-4)=4(x-2)$ より　$y=4x-12$

160 **接点…$(2,\ -2)$，接線…$y=-9x+16$**

接点…$(-2,\ 2)$，接線…$y=-9x-16$

解き方 $f(x)=-x^3+3x$ とおくと

$f'(x)=-3x^2+3$

接点の座標を $(a,\ -a^3+3a)$ とすると

接線の傾きは　$f'(a)=-3a^2+3$

傾きが -9 なので　$-3a^2+3=-9$

よって　$a=\pm2$

$a=2$ のとき，接点の座標は　$(2,\ -2)$

接線の方程式は　$y-(-2)=-9(x-2)$

$y=-9x+16$

$a=-2$ のとき，接点の座標は　$(-2,\ 2)$

接線の方程式は　$y-2=-9(x+2)$

$y=-9x-16$

161 **接点…$(0,\ 0)$，接線…$y=-2x$**

接点…$(2,\ 0)$，接線…$y=2x-4$

解き方 接点の座標を $(a,\ a^2-2a)$ とする。

$y'=2x-2$

$x=a$ における接線の傾きは $2a-2$ だから，

接線の方程式は　$y-(a^2-2a)=(2a-2)(x-a)$

これが点 $(1,\ -2)$ を通るから

$-2-(a^2-2a)=(2a-2)(1-a)$

$-2-a^2+2a=2a-2a^2-2+2a$

$a^2-2a=0 \qquad a(a-2)=0$ より　$a=0,\ 2$

$a=0$ のとき，接点の座標は　$(0,\ 0)$

傾きは -2 だから，接線の方程式は　$y=-2x$

$a=2$ のとき，接点の座標は　$(2,\ 0)$

傾きは2だから，接線の方程式は　$y=2(x-2)=2x-4$

162 (1) **$y'=3x^2+3>0$ から常に増加**

(2) **$y'=3x^2-6x+5=3(x-1)^2+2>0$ から常に増加**

(3) **$y'=-3x^2-1<0$ から常に減少**

(4) **$y'=-3x^2+12x-12=-3(x-2)^2\leqq0$ から常に減少** ←$x=2$ のときは $y'<0$ ではないが，その前後では $y'<0$ なので常に減少とみなす。

163 (1) **極大値…10 $(x=-1)$，極小値…-22 $(x=3)$**

(2) **極大値…20 $(x=2)$，極小値…-7 $(x=-1)$**

解き方 (1) $f'(x)=3x^2-6x-9=3(x+1)(x-3)$

増減は下の表の通り。

x	…	-1	…	3	…
$f'(x)$	$+$	0	$-$	0	$+$
$f(x)$	↗	極大 10	↘	極小 -22	↗

$f(-1)$　$f(3)$

(2) $f'(x)=-6x^2+6x+12=-6(x+1)(x-2)$

増減は下の表の通り。

x	…	-1	…	2	…
$f'(x)$	$-$	0	$+$	0	$-$
$f(x)$	↘	極小 -7	↗	極大 20	↘

$f(-1)$　$f(2)$

164 次の図

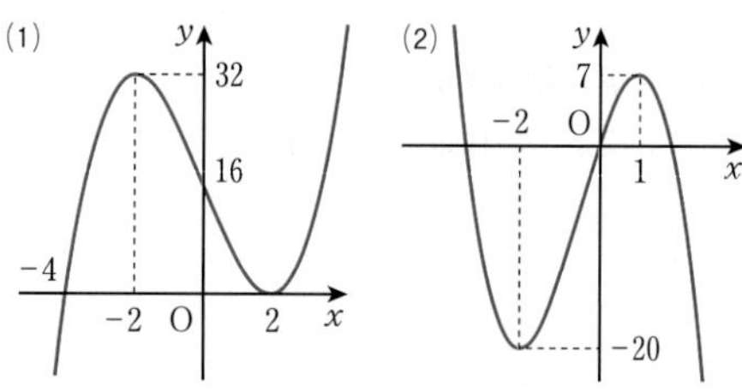

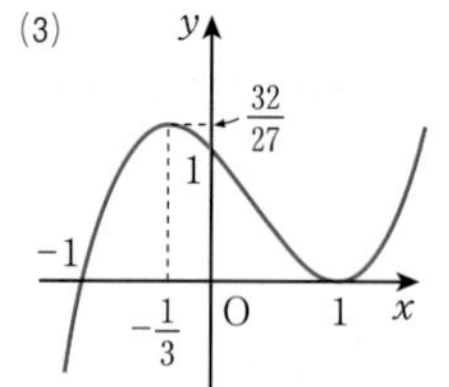

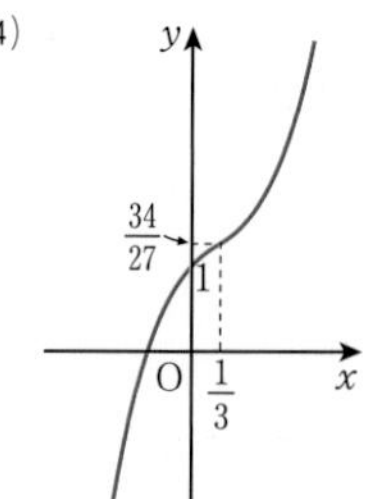

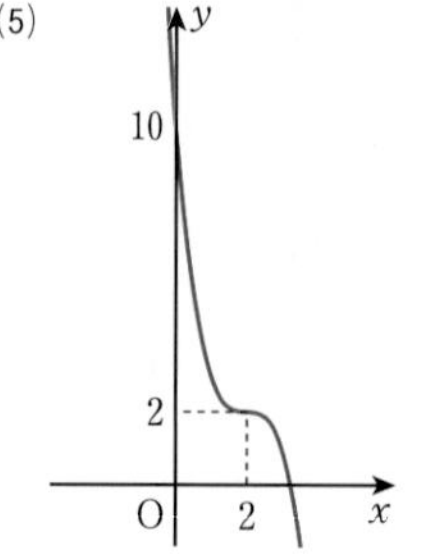

解き方 (1) $y=x^3-12x+16$

$y'=3x^2-12=3(x+2)(x-2)$

x	$\cdots$	-2	$\cdots$	2	$\cdots$
y'	$+$	0	$-$	0	$+$
y	↗	極大 32	↘	極小 0	↗

(2) $y'=-6x^2-6x+12=-6(x-1)(x+2)$

x	$\cdots$	-2	$\cdots$	1	$\cdots$
y'	$-$	0	$+$	0	$-$
y	↘	極小 -20	↗	極大 7	↘

(3) $y'=3x^2-2x-1=(x-1)(3x+1)$

x	$\cdots$	$-\frac{1}{3}$	$\cdots$	1	$\cdots$
y'	$+$	0	$-$	0	$+$
y	↗	極大 $\frac{32}{27}$	↘	極小 0	↗

(4) $y'=3x^2-2x+1=3\left(x-\frac{1}{3}\right)^2+\frac{2}{3}>0$

よって，常に増加する。

y 軸との交点の座標は　(0, 1)

$x=\frac{1}{3}$ のとき接線の傾きは最も小さい。

(5) $y'=-3x^2+12x-12=-3(x-2)^2\leqq 0$

よって，常に減少する。

y 軸との交点の座標は　(0, 10)

$x=2$ のとき接線の傾きは 0(x 軸に平行)になる。

165 $k=-\frac{5}{27}$

解き方 $y'=3x^2-2x-1=(x-1)(3x+1)$

x	$\cdots$	$-\frac{1}{3}$	$\cdots$	1	$\cdots$
y'	$+$	0	$-$	0	$+$
y	↗	極大	↘	極小	↗

よって，極大値は $x=-\frac{1}{3}$ のとき。

極大値は 0 だから　$-\frac{1}{27}-\frac{1}{9}+\frac{1}{3}+k=0$

よって　$k=-\frac{5}{27}$

166 $a=-3$, $b=-24$, $c=48$,

極大値…76 ($x=-2$)

解き方 $f'(x)=3x^2+2ax+b$

$f'(4)=f'(-2)=0$ から

$48+8a+b=0$, $12-4a+b=0$

これを解いて　$a=-3$, $b=-24$

x	$\cdots$	-2	$\cdots$	4	$\cdots$
$f'(x)$	$+$	0	$-$	0	$+$
$f(x)$	↗	極大	↘	極小	↗

$f(4)=-32$ から　$c=48$

よって　$f(x)=x^3-3x^2-24x+48$

極大値　$f(-2)=-8-12+48+48=76$

167 $a\leqq -1$

解き方 $f'(x)=3ax^2+6x+3a=3(ax^2+2x+a)\leqq 0$

が常に成り立てばよい。

$a=0$ のとき　題意に反する。

$a\neq 0$ のとき　$a<0$　…①　かつ

（$a<0$：$y=ax^2+2x+a$ のグラフは上に凸）

$D\leqq 0$　…②（D は $ax^2+2x+a=0$ の判別式）

（$D\leqq 0$：x 軸に接するか，交点をもたない。）

であればよい。

$D\leqq 0$ より　$1-a^2\leqq 0$　　$a^2-1\geqq 0$

$(a+1)(a-1)\geqq 0$ より　$a\leqq -1$, $a\geqq 1$　…③

①, ③より　$a\leqq -1$

168 最大値…4 ($x=1$, 4 のとき)

最小値…-16 ($x=-1$ のとき)

解き方 $f'(x)=3x^2-12x+9=3(x-1)(x-3)$

x	-1	$\cdots$	1	$\cdots$	3	$\cdots$	4
$f'(x)$		$+$	0	$-$	0	$+$	
$f(x)$	-16	↗	極大 4	↘	極小 0	↗	4

169 最大値…8（$x=0$，$y=2$ のとき）

最小値…$\dfrac{8}{9}$ $\left(x=y=\dfrac{2}{3}\text{ のとき}\right)$

解き方 $y=2-2x=2(1-x)$

$2-2x\geqq 0$ より　$x\leqq 1$

よって　$0\leqq x\leqq 1$

$2x^3+y^3=2x^3+8(1-x)^3=-6x^3+24x^2-24x+8$

$f(x)=-6x^3+24x^2-24x+8$ とおくと

$f'(x)=-18x^2+48x-24=-6(x-2)(3x-2)$

x	0	…	$\frac{2}{3}$	…	1
$f'(x)$		−	0	+	
$f(x)$	8	↘	極小 $\frac{8}{9}$	↗	2

170 $a=1$，$b=2$

解き方 $f'(x)=3a(x+1)(x-1)$

$a>0$ より，増減表は次のようになる。

x	−3	…	−1	…	1	…	2
$f'(x)$		+	0	−	0	+	
$f(x)$	$f(-3)$	↗	極大	↘	極小	↗	$f(2)$

$f(1)=b-2a$ ←極小値　$f(-3)=b-18a$ ←端点での値

└最小値の候補┘

$f(-1)=b+2a$ ←極大値　$f(2)=b+2a$ ←端点での値

└最大値の候補┘

最大値は　$b+2a=4$

$a>0$ より，最小値は　$b-18a=-16$

よって　$a=1$，$b=2$

171 容積の最大値…$\dfrac{16}{27}a^3$ cm³，

1 辺の長さ…$\dfrac{a}{3}$ cm

解き方 切り取る正方形の 1 辺の長さを x cm とすると

$0<x<a$　　容積 V は

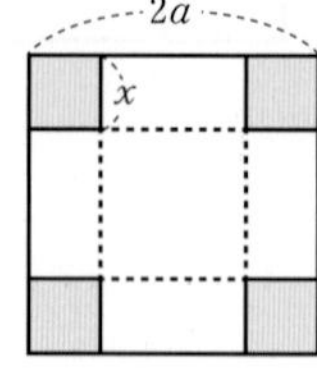

$V=(2a-2x)^2x$

$=4x(x-a)^2$

$=4x^3-8ax^2+4a^2x$ (cm³)

V を x で微分すると

$V'=12x^2-16ax+4a^2=4(x-a)(3x-a)$

x	0	…	$\frac{a}{3}$	…	a
V'		+	0	−	
V		↗	極大	↘	

$x=\dfrac{a}{3}$ のとき V は最大で，そのとき

$V=\dfrac{16}{27}a^3$ (cm³)

172 3 個

解き方 $f(x)=x^3-6x^2+9x-1$ とおくと

$f'(x)=3x^2-12x+9=3(x-1)(x-3)$

x	…	1	…	3	…
$f'(x)$	+	0	−	0	+
$f(x)$	↗	極大 3	↘	極小 −1	↗

極大値 $3>0$，極小値 $-1<0$ より，3 個。

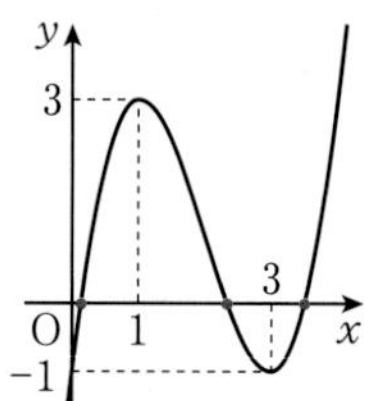

173 $a>3$

解き方 $f(x)=2x^3-3ax^2+27$ とおくと

$f'(x)=6x^2-6ax=6x(x-a)$

$a>0$ より，増減表は次のようになる。

x	…	0	…	a	…
$f'(x)$	+	0	−	0	+
$f(x)$	↗	極大	↘	極小	↗

極大値　$f(0)=27>0$

極小値　$f(a)=2a^3-3a^3+27=-a^3+27$

異なる 3 つの実数解をもつには　$-a^3+27<0$

$(a-3)(a^2+3a+9)>0$

$a^2+3a+9=\left(a+\dfrac{3}{2}\right)^2+\dfrac{27}{4}>0$ より　$a>3$

174 (1) $a=-15$　　(2) $a>12$

解き方　応用例題 **174** と同様，

$y=2x^3-3x^2-12x+5$ のグラフと直線 $y=a$ の共有点について考える。

$y'=6x^2-6x-12=6(x-2)(x+1)$

x	…	-1	…	2	…
y'	+	0	−	0	+
y	↗	12	↘	-15	↗

(1) グラフより

$a=-15$

(2) グラフより

$a>12$

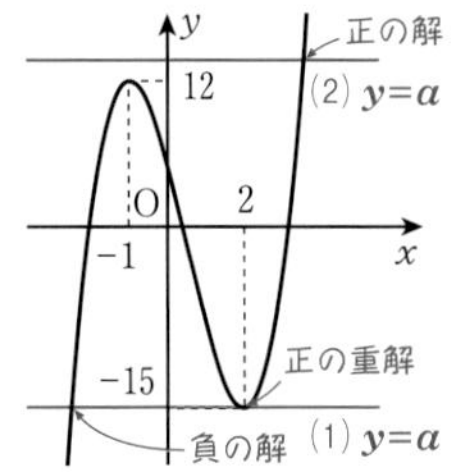

175 $-7<k<20$

解き方　$2x^3+x^2-12x=4x^2-k$ が異なる 3 つの実数解をもてばよい。

つまり，

$k=-2x^3+3x^2+12x$ とし

$$\begin{cases} y=-2x^3+3x^2+12x \\ y=k \end{cases}$$

の 2 つのグラフが異なる 3 つの共有点をもつような k のとり得る値の範囲を求める。

$y=-2x^3+3x^2+12x$ のグラフをかく。

$y'=-6x^2+6x+12$

$=-6(x^2-x-2)=-6(x-2)(x+1)$

x	…	-1	…	2	…
y'	−	0	+	0	−
y	↘	極小 -7	↗	極大 20	↘

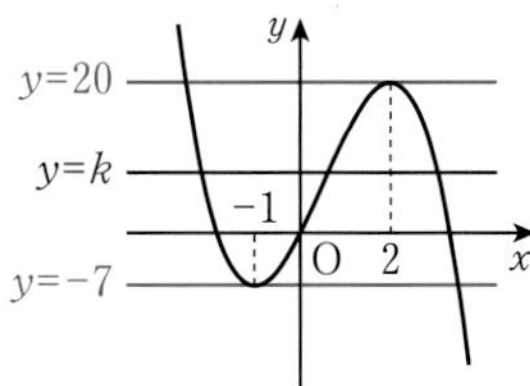

グラフより　$-7<k<20$

176 (1) $f(x)=x^3-2x^2-4x+9$ とおくと

$f'(x)=3x^2-4x-4=(x-2)(3x+2)$

x	-1	…	$-\frac{2}{3}$	…	2	…
$f'(x)$		+	0	−	0	+
$f(x)$	10	↗	極大	↘	極小 1	↗

$x>-1$ における最小値は $f(2)=1>0$ だから

$f(x)>0$

したがって，$x>-1$ のとき

$x^3+9>2x^2+4x$

(2) $f(x)=2x^3-3x^2+1$ とおくと

$f'(x)=6x^2-6x=6x(x-1)$

$x\geqq1$ より　$f'(x)\geqq0$

よって，$f(x)$ は $x\geqq1$ で常に増加。

x	1	…
$f'(x)$	0	+
$f(x)$	0	↗

また　$f(1)=0$

よって，$x\geqq1$ で $f(x)\geqq0$ がいえる。

したがって，$x\geqq1$ で　$2x^3\geqq3x^2-1$

等号成立は $x=1$ のとき

177 (1) $k>25$　　(2) $-1<k<1$

解き方　(1) 左辺$=f(x)$ とおくと

$f'(x)=3x^2-18x+15=3(x-1)(x-5)$

x	0	…	1	…	5	…
$f'(x)$		+	0	−	0	+
$f(x)$	k	↗	極大	↘	極小 $k-25$	↗

$k>k-25$ だから，

$x>0$ における最小値は　$f(5)=k-25$

よって　$k-25>0$　　$k>25$

(2) 左辺 $=f(x)$ とおくと

$f'(x)=3x^2+6kx-9k^2=3(x-k)(x+3k)$

(i) $k=0$ のとき　$x^3+16>0$ より題意を満たす。

(ii) $k>0$ のとき

$x>0$ における最小値 $f(k)=16-16k^3>0$

よって $0<k<1$

x	0	…	k	…
$f'(x)$		$-$	0	$+$
$f(x)$		↘	極小 $16-16k^3$	↗

(iii) $k<0$ のとき

$x>0$ における最小値 $f(-3k)=16k^3+16>0$

よって $-1<k<0$

x	0	…	$-3k$	…
$f'(x)$		$-$	0	$+$
$f(x)$		↘	極小 $16k^3+16$	↗

(i), (ii), (iii)より $-1<k<1$

178 (1) $\boldsymbol{\frac{1}{3}x^3-\frac{3}{2}x^2+2x+C}$

(2) $\boldsymbol{2x^3+\frac{1}{2}x^2-x+C}$

(3) $\boldsymbol{\frac{1}{3}x^3+3x^2+9x+C}$

(4) $\boldsymbol{\frac{16}{3}x^3-4x^2+x+C}$

解き方 (1) 与式$=2\int dx-3\int x\,dx+\int x^2dx$

$=2x-3\cdot\frac{1}{2}x^2+\frac{1}{3}x^3+C$

$=\frac{1}{3}x^3-\frac{3}{2}x^2+2x+C$

(2) $(2x+1)(3x-1)=6x^2+x-1$ より

与式$=6\int x^2dx+\int x\,dx-\int dx$

$=6\cdot\frac{1}{3}x^3+\frac{1}{2}x^2-x+C$

$=2x^3+\frac{1}{2}x^2-x+C$

(3) $(x+3)^2=x^2+6x+9$ より

与式$=\int x^2dx+6\int x\,dx+9\int dx$

$=\frac{1}{3}x^3+6\cdot\frac{1}{2}x^2+9x+C$

$=\frac{1}{3}x^3+3x^2+9x+C$

(4) $(1-4x)^2=1-8x+16x^2$ より

与式$=\int dx-8\int x\,dx+16\int x^2dx$

$=x-8\cdot\frac{1}{2}x^2+16\cdot\frac{1}{3}x^3+C$

$=\frac{16}{3}x^3-4x^2+x+C$

179 (1) $\boldsymbol{f(x)=-2x^3+5x+6}$

(2) $\boldsymbol{f(x)=\frac{1}{3}x^3-x^2+2}$

解き方 (1) $f(x)=\int(5-6x^2)dx=5x-2x^3+C$

$f(2)=10-16+C=0$ より $C=6$

よって $f(x)=-2x^3+5x+6$

(2) $f'(x)=x^2-2x$ だから

$f(x)=\int(x^2-2x)dx=\frac{1}{3}x^3-x^2+C$

$f(3)=2$ より $9-9+C=2$ ゆえに $C=2$

よって $f(x)=\frac{1}{3}x^3-x^2+2$

180 (1) **3** (2) $\boldsymbol{-\frac{39}{4}}$ (3) $\boldsymbol{\frac{1}{3}}$

解き方 (1) $\int_{-2}^{1}x^2dx=\left[\frac{x^3}{3}\right]_{-2}^{1}=\frac{1^3-(-2)^3}{3}=3$

(2) 与式$=\left[\frac{t^4}{4}+\frac{3}{2}t^2-6t\right]_{-1}^{2}$

$=(4+6-12)-\left(\frac{1}{4}+\frac{3}{2}+6\right)=-\frac{39}{4}$

(3) 与式$=\int_0^1(1-4t+4t^2)dt$

$=\left[t-2t^2+\frac{4}{3}t^3\right]_0^1=1-2+\frac{4}{3}=\frac{1}{3}$

181 **0**

解き方 与式 $=\int_{-2}^{2}\{(3x+2)^2-(3x-2)^2\}dx$

$=\int_{-2}^{2}24x\,dx=\left[12x^2\right]_{-2}^{2}=48-48=0$

182 $\boldsymbol{a=\frac{15}{2},\ b=1}$

解き方 $\int_{-1}^{1}f(x)dx=\int_{-1}^{1}(3x^2+ax+b)dx$

$=\left[x^3+\frac{a}{2}x^2+bx\right]_{-1}^{1}=2+2b$

$$\int_{-1}^{1} xf(x)\,dx=\int_{-1}^{1}(3x^3+ax^2+bx)\,dx$$

$$=\left[\frac{3}{4}x^4+\frac{a}{3}x^3+\frac{b}{2}x^2\right]_{-1}^{1}=\frac{2}{3}a$$

$2+2b=4$, $\frac{2}{3}a=5$ より　$a=\frac{15}{2}$, $b=1$

183 **0**

解き方　与式

$$=\int_0^2(4x^3-2x)\,dx+\int_{-2}^{0}(4x^3-2x)\,dx$$

$$=\int_{-2}^{2}(4x^3-2x)\,dx=0$$

$$\int_{-a}^{a}(\text{奇関数})\,dx=0$$

184 (1) **−44**　　(2) $\mathbf{\frac{20}{3}}$

解き方　(1) 与式$=2\int_0^2(-6x^2-3)\,dx$

$$=2\left[-2x^3-3x\right]_0^2=2(-16-6)=-44$$

(2) 与式$=2\int_0^1(t^2+3)\,dt$

$$=2\left[\frac{t^3}{3}+3t\right]_0^1=\frac{20}{3}$$

185 (1) $\mathbf{-\frac{125}{24}}$　　(2) $\mathbf{-\frac{8\sqrt{2}}{3}}$

解き方　(1) 与式$=\int_{-2}^{\frac{1}{2}}(2x^2+3x-2)\,dx$

$$=\left[\frac{2}{3}x^3+\frac{3}{2}x^2-2x\right]_{-2}^{\frac{1}{2}}$$

$$=\left(\frac{1}{12}+\frac{3}{8}-1\right)-\left(-\frac{16}{3}+6+4\right)=-\frac{125}{24}$$

(別解) $\int_{\alpha}^{\beta}(x-\alpha)(x-\beta)\,dx=-\frac{(\beta-\alpha)^3}{6}$ **を利用する。**

$$\text{与式}=2\int_{-2}^{\frac{1}{2}}(x+2)\left(x-\frac{1}{2}\right)dx$$

$$=2\left\{-\frac{1}{6}\left(\frac{1}{2}+2\right)^3\right\}=-\frac{125}{24}$$

(2) $\alpha=1-\sqrt{2}$, $\beta=1+\sqrt{2}$ とおくと

$$\text{与式}=\int_{\alpha}^{\beta}(x-\alpha)(x-\beta)\,dx=-\frac{(\beta-\alpha)^3}{6}$$

$$=-\frac{1}{6}\times(2\sqrt{2})^3=-\frac{8\sqrt{2}}{3}$$

186 (1) $\mathbf{\frac{5}{2}}$　　(2) $\mathbf{\frac{7}{2}}$

解き方　(1) 与式

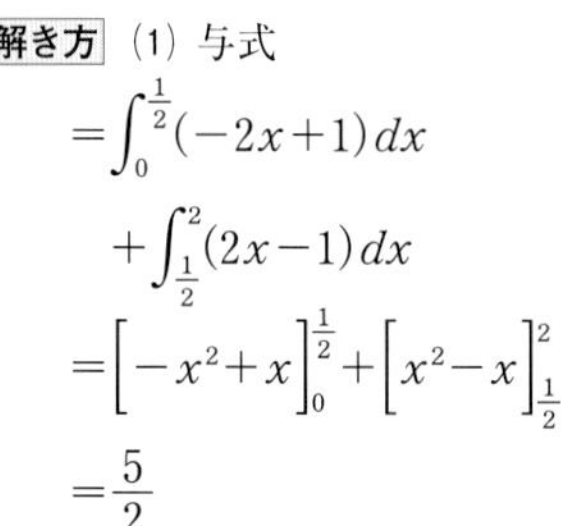

$$=\int_0^{\frac{1}{2}}(-2x+1)\,dx$$

$$+\int_{\frac{1}{2}}^{2}(2x-1)\,dx$$

$$=\left[-x^2+x\right]_0^{\frac{1}{2}}+\left[x^2-x\right]_{\frac{1}{2}}^{2}$$

$$=\frac{5}{2}$$

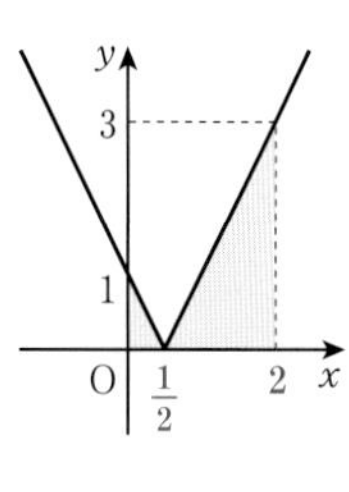

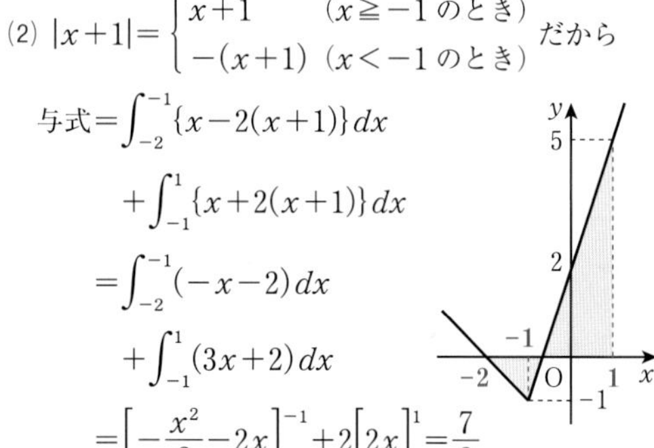

(2) $|x+1|=\begin{cases}x+1 & (x\geqq-1\text{ のとき})\\ -(x+1) & (x<-1\text{ のとき})\end{cases}$ だから

$$\text{与式}=\int_{-2}^{-1}\{x-2(x+1)\}\,dx$$

$$+\int_{-1}^{1}\{x+2(x+1)\}\,dx$$

$$=\int_{-2}^{-1}(-x-2)\,dx$$

$$+\int_{-1}^{1}(3x+2)\,dx$$

$$=\left[-\frac{x^2}{2}-2x\right]_{-2}^{-1}+2\left[2x\right]_0^1=\frac{7}{2}$$

187 (1) $\mathbf{\frac{23}{3}}$　　(2) $\mathbf{-\frac{5}{3}}$

解き方　(1) 与式

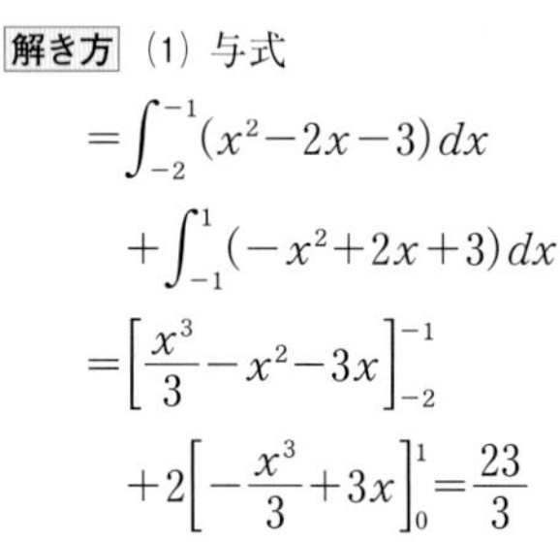

$$=\int_{-2}^{-1}(x^2-2x-3)\,dx$$

$$+\int_{-1}^{1}(-x^2+2x+3)\,dx$$

$$=\left[\frac{x^3}{3}-x^2-3x\right]_{-2}^{-1}$$

$$+2\left[-\frac{x^3}{3}+3x\right]_0^1=\frac{23}{3}$$

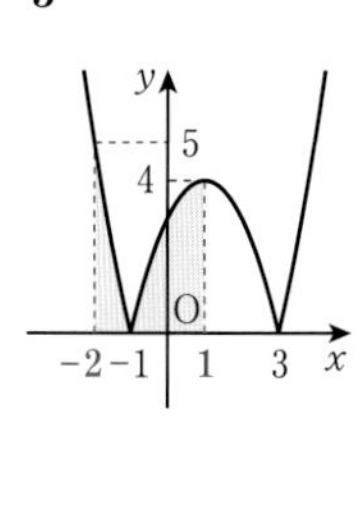

(2) $|x^2-3x|$

$=\begin{cases}x^2-3x & (x\leqq0,\ 3\leqq x\text{ のとき})\\ -(x^2-3x) & (0<x<3\text{ のとき})\end{cases}$ だから

$$\text{与式}=\int_0^3(-x^2+3x-x)\,dx$$

$$+\int_3^4(x^2-3x-x)\,dx$$

$$=\int_0^3(-x^2+2x)\,dx$$

$$+\int_3^4(x^2-4x)\,dx$$

$$=\left[-\frac{x^3}{3}+x^2\right]_0^3+\left[\frac{x^3}{3}-2x^2\right]_3^4=-\frac{5}{3}$$

188 (1) **極大値…0 ($x=0$)，極小値…$-\frac{1}{6}$ ($x=1$)**

(2) **極大値…0 ($x=-1$)，極小値…-32 ($x=3$)**

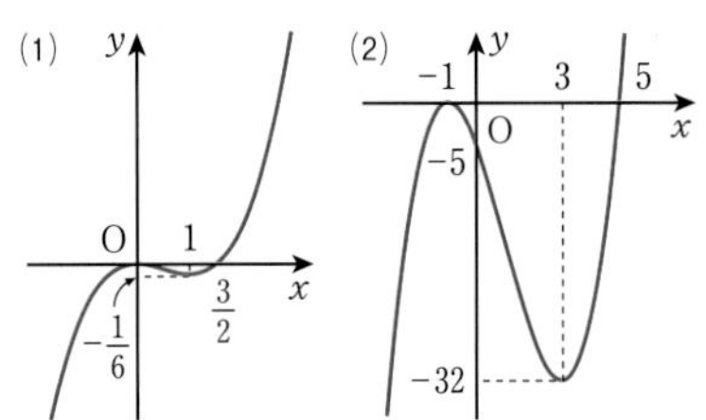

解き方 (1) $f'(x)=x(x-1)$

$$f(x)=\int_0^x (t^2-t)\,dt=\left[\frac{t^3}{3}-\frac{t^2}{2}\right]_0^x=\frac{x^3}{3}-\frac{x^2}{2}$$

よって　$f(0)=0$，$f(1)=-\frac{1}{6}$

x	…	0	…	1	…
$f'(x)$	+	0	−	0	+
$f(x)$	↗	極大 0	↘	極小 $-\frac{1}{6}$	↗

(2) $f'(x)=3x^2-6x-9=3(x-3)(x+1)$

$$f(x)=\left[t^3-3t^2-9t\right]_{-1}^x=x^3-3x^2-9x-5$$

よって　$f(3)=-32$，$f(-1)=0$

x	…	−1	…	3	…
$f'(x)$	+	0	−	0	+
$f(x)$	↗	極大 0	↘	極小 −32	↗

189 (1) $\boldsymbol{f(x)=\frac{x^2}{2}+\frac{x}{3}}$

(2) $\boldsymbol{f(x)=-4x^3-64x}$

解き方 (1) $f(x)=\left[\frac{x^2}{2}t^2+\frac{x}{3}t^3\right]_0^1=\frac{x^2}{2}+\frac{x}{3}$

(2) $(2t-x)^3=8t^3-12xt^2+6x^2t-x^3$ だから

$$f(x)=2\int_0^2(-12xt^2-x^3)\,dt=2\left[-4xt^3-x^3t\right]_0^2$$

$$=2(-32x-2x^3)=-4x^3-64x$$

190 (1) $\boldsymbol{a=1,\ 1\pm\sqrt{2},\ f(x)=3x^2-6x+1}$

(2) $\boldsymbol{a=-8,\ f(x)=3x^2+16}$

解き方 (1) $x=a$ とおくと　$0=a^3-3a^2+a+1$

$(a-1)(a^2-2a-1)=0$　よって　$a=1,\ 1\pm\sqrt{2}$

また，与えられた等式の両辺を x で微分して

$f(x)=3x^2-6x+1$

(2) $x=2$ とおくと　$0=8-4a+5a$　　$a=-8$

与えられた等式の両辺を x で微分して

$f(x)=3x^2-2a=3x^2+16$

191 (1) $\boldsymbol{\frac{1}{6}}$　　(2) $\boldsymbol{\frac{16}{3}}$

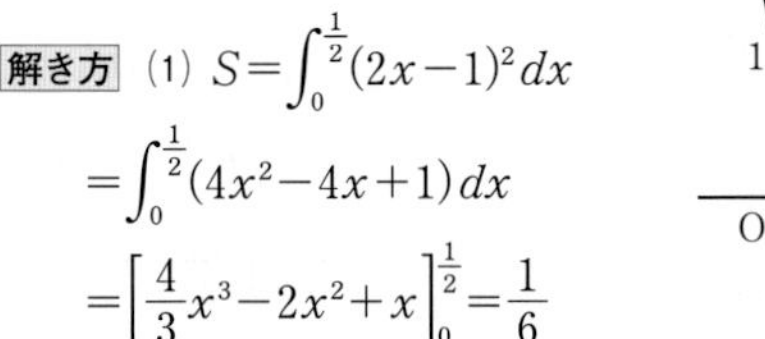

解き方 (1) $S=\int_0^{\frac{1}{2}}(2x-1)^2\,dx$

$$=\int_0^{\frac{1}{2}}(4x^2-4x+1)\,dx$$

$$=\left[\frac{4}{3}x^3-2x^2+x\right]_0^{\frac{1}{2}}=\frac{1}{6}$$

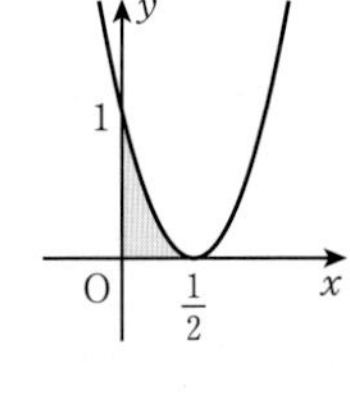

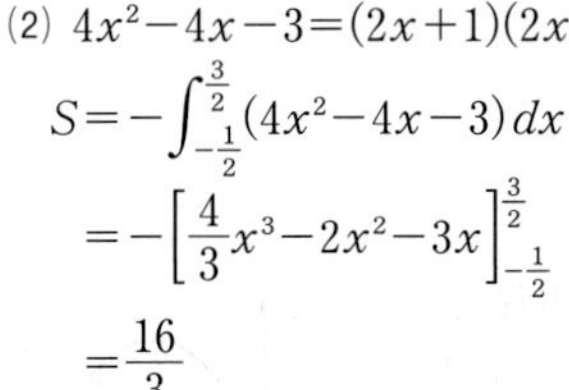

(2) $4x^2-4x-3=(2x+1)(2x-3)$

$$S=-\int_{-\frac{1}{2}}^{\frac{3}{2}}(4x^2-4x-3)\,dx$$

$$=-\left[\frac{4}{3}x^3-2x^2-3x\right]_{-\frac{1}{2}}^{\frac{3}{2}}$$

$$=\frac{16}{3}$$

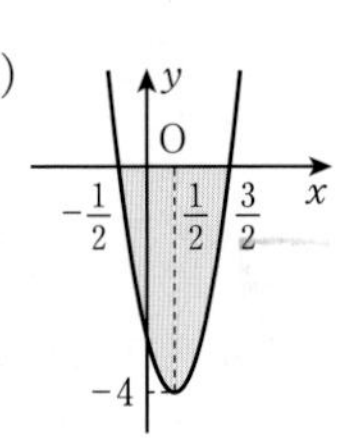

192 (1) $\boldsymbol{\frac{32}{3}}$　　　　(2) $\boldsymbol{\frac{125}{6}}$

解き方 (1) $x^2+3x=x+3$

より　$x=-3,\ 1$

$$S=\int_{-3}^1\{x+3-(x^2+3x)\}\,dx$$

$$=\int_{-3}^1(-x^2-2x+3)\,dx$$

$$=\left[-\frac{x^3}{3}-x^2+3x\right]_{-3}^1=\frac{32}{3}$$

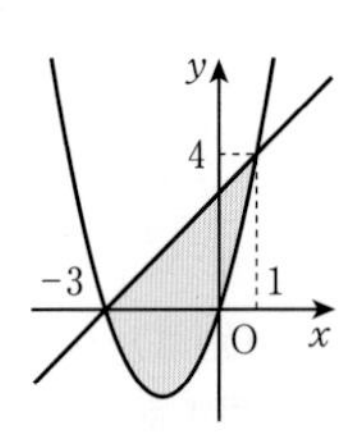

(2) $4-x^2=3x$ より

$x=-4,\ 1$

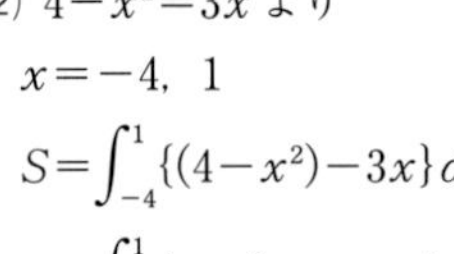

$$S=\int_{-4}^1\{(4-x^2)-3x\}\,dx$$

$$=\int_{-4}^1(-x^2-3x+4)\,dx$$

$$=\left[-\frac{x^3}{3}-\frac{3}{2}x^2+4x\right]_{-4}^1$$

$$=\frac{125}{6}$$

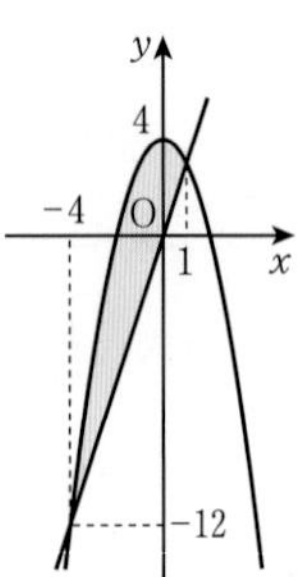

193 (1) $\frac{8}{3}$　　(2) $\frac{64}{3}$

解き方 (1) 求める部分は右の図の色の部分だから

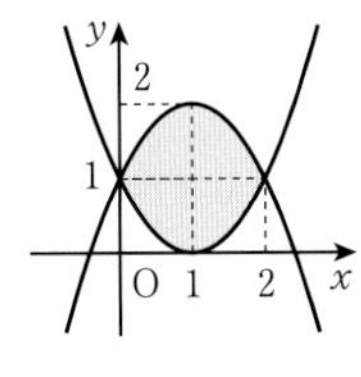

$S=\int_0^2\{-(x-1)^2+2-(x-1)^2\}dx$

$=\int_0^2(-2x^2+4x)dx$

$=\left[-\frac{2}{3}x^3+2x^2\right]_0^2=\frac{8}{3}$

(2) 求める部分は右の図の色の部分だから

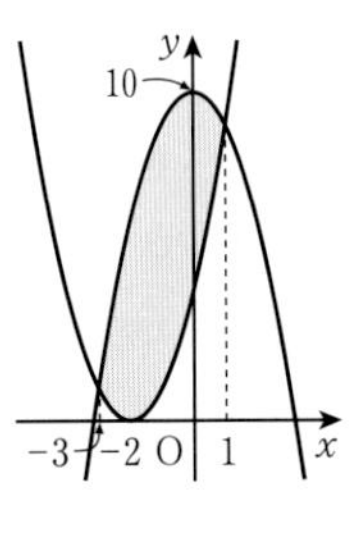

$S=\int_{-3}^1\{10-x^2-(x+2)^2\}dx$

$=\int_{-3}^1(-2x^2-4x+6)dx$

$=\left[-\frac{2}{3}x^3-2x^2+6x\right]_{-3}^1$

$=\frac{64}{3}$

194 $y=(2-\sqrt[3]{4})x$

解き方 求める直線の方程式を $y=ax$ $(a>0)$ …①とする。$2x-x^2=ax$ より

$x=0,\ 2-a$

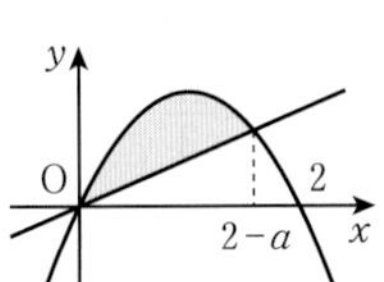

①と放物線で囲まれた部分の面積 S は

$S=\int_0^{2-a}(2x-x^2-ax)dx$

$=-\int_0^{2-a}x\{x-(2-a)\}dx$

$=-\left\{-\frac{1}{6}(2-a-0)^3\right\}$

$=\frac{(2-a)^3}{6}$ …②

x 軸と放物線で囲まれた部分の面積 T は，

②で $a=0$ とおいて　$T=\frac{8}{6}$

$2S=T$ だから

$\frac{2(2-a)^3}{6}=\frac{8}{6}$　　$(2-a)^3=4$

よって　$a=2-\sqrt[3]{4}$

定期テスト予想問題の解答 ― 本冊→p. 221～222

1 $a=1,\ b=-2$

解き方 $x\to2$ のとき，分母→0 だから分子→0 となるので　$4-2a+b=0$

$b=2a-4$ を分子に代入すると

分子$=x^2-ax+2a-4=(x-2)(x-a+2)$

与式$=\lim_{x\to2}\frac{(x-2)(x-a+2)}{x-2}=\lim_{x\to2}(x-a+2)$

$=-a+4$

$-a+4=3$ より　$a=1$　　よって　$b=-2$

この値に対して条件式は成立。

2 (1) $a+b+p$

(2) $c=\frac{a+b}{2}$，2点 A$(a,\ f(a))$，B$(b,\ f(b))$ を通る直線と平行な接線の接点の x 座標は，線分 AB の中点の x 座標となっている。

解き方 (1) $f(b)-f(a)=(b^2-a^2)+p(b-a)$

よって　$\frac{f(b)-f(a)}{b-a}=(b+a)+p$

(2) $f'(x)=2x+p$ より　$2c+p=(b+a)+p$

よって　$c=\frac{a+b}{2}$

3 (1) 2次式　　(2) $f(x)=\frac{1}{4}x^2\pm2x+4$

解き方 (1) $f(x)$ を x の n 次式($n\geqq1$ の自然数)とすると　$f'(x)$ は $(n-1)$ 次式

よって　$n=2(n-1)$　　$n=2$

(2) $f(0)=4$ だから，$f(x)=ax^2+bx+4\ (a\neq0)$ とおくと　$f'(x)=2ax+b$

よって　$ax^2+bx+4=(2ax+b)^2$

$ax^2+bx+4=4a^2x^2+4abx+b^2$

係数を比較して　$a=4a^2,\ b=4ab,\ 4=b^2$

$a\neq0$ より　$a=\frac{1}{4},\ b=\pm2$

4 $a=2,\ b=-9,\ c=10$

解き方 $f(x)=ax^3+bx^2+cx$ とおくと

$f'(x)=3ax^2+2bx+c$

$y=f(x)$ のグラフが2点 $(1,\ 3)$，$(2,\ 0)$ を通るから

$a+b+c=3$　　$8a+4b+2c=0$

$f'(1)=f'(2)$ より　$3a+2b+c=12a+4b+c$

以上より　$a=2,\ b=-9,\ c=10$

5 $a=\pm 2$

解き方 $f'(x)=3(x^2-a^2)=3(x+a)(x-a)$

(i) $a>0$ のとき

x	$\cdots$	$-a$	$\cdots$	a	$\cdots$
$f'(x)$	$+$	0	$-$	0	$+$
$f(x)$	↗	極大 $2a^3$	↘	極小 $-2a^3$	↗

よって，$2a^3-(-2a^3)=32$ より　$a=2$

(ii) $a<0$ のとき

x	$\cdots$	a	$\cdots$	$-a$	$\cdots$
$f'(x)$	$+$	0	$-$	0	$+$
$f(x)$	↗	極大 $-2a^3$	↘	極小 $2a^3$	↗

よって　$-2a^3-2a^3=32$ より　$a=-2$

6 $0\leqq k\leqq 9$

解き方 $f'(x)=3x^2+2kx+3k$

$f'(x)=0$ の判別式 $D\leqq 0$ より

$k(k-9)\leqq 0$　　よって　$0\leqq k\leqq 9$

7 (1) $-1\leqq t\leqq \sqrt{2}$　　(2) $y=2t^3-3t^2+3$

(3) $x=\dfrac{3}{4}\pi$ のとき　最大値 3,

$x=\pi$ のとき　最小値 -2

解き方 (1) $t=\sqrt{2}\sin\left(x+\dfrac{\pi}{4}\right)$

$0\leqq x\leqq \pi$ より　$\dfrac{\pi}{4}\leqq x+\dfrac{\pi}{4}\leqq \dfrac{5}{4}\pi$

このとき $-\dfrac{\sqrt{2}}{2}\leqq \sin\left(x+\dfrac{\pi}{4}\right)\leqq 1$ だから

$-1\leqq \sqrt{2}\sin\left(x+\dfrac{\pi}{4}\right)\leqq \sqrt{2}$

よって　$-1\leqq t\leqq \sqrt{2}$

(2) $t^2=1+2\sin x\cos x$ より　$\sin x\cos x=\dfrac{t^2-1}{2}$

$y=2(\sin x+\cos x)(\sin^2 x-\sin x\cos x+\cos^2 x)$
$\quad+6\sin x\cos x(\sin x+\cos x-1)$
$=2t\left(1-\dfrac{t^2-1}{2}\right)+3(t^2-1)(t-1)$
$=2t^3-3t^2+3$

(3) $y'=6t^2-6t=6t(t-1)$　　$y=f(t)$ とすると

$f(0)=3$, $f(1)=2$,

$f(-1)=-2$, $f(\sqrt{2})=4\sqrt{2}-3$

t	-1	$\cdots$	0	$\cdots$	1	$\cdots$	$\sqrt{2}$
y'		$+$	0	$-$	0	$+$	
y	-2	↗	3	↘	2	↗	$4\sqrt{2}-3$

よって，最大値 $f(0)=3$，最小値 $f(-1)=-2$

$0=\sqrt{2}\sin\left(x+\dfrac{\pi}{4}\right)$ より　$x=\dfrac{3}{4}\pi$

$-1=\sqrt{2}\sin\left(x+\dfrac{\pi}{4}\right)$ より　$x=\pi$

8 $0<a<1$ のとき　$x=a$ で，最小値　0

$1\leqq a$ のとき　$x=1$ で，最小値　$1-3a^2+2a^3$

解き方 $f(x)=x^3-3a^2x+2a^3$ $(0\leqq x\leqq 1)$

$f'(x)=3x^2-3a^2=3(x+a)(x-a)$

$0<a<1$ のとき

x	0	$\cdots$	a	$\cdots$	1
$f'(x)$		$-$	0	$+$	
$f(x)$	$2a^3$	↘	0	↗	$1-3a^2+2a^3$

$x=a$ のとき，

最小値 $f(a)=0$

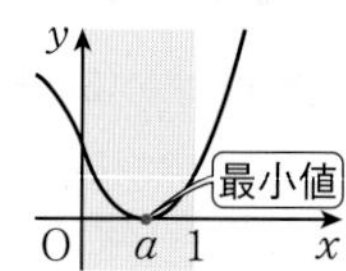

$1\leqq a$ のとき

x	0	$\cdots$	1
$f'(x)$		$-$	
$f(x)$	$2a^3$	↘	$1-3a^2+2a^3$

$x=1$ のとき，

最小値 $f(1)=1-3a^2+2a^3$

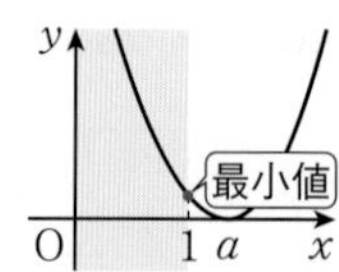

9 (1) 右の図

(2) $-81<a<0$

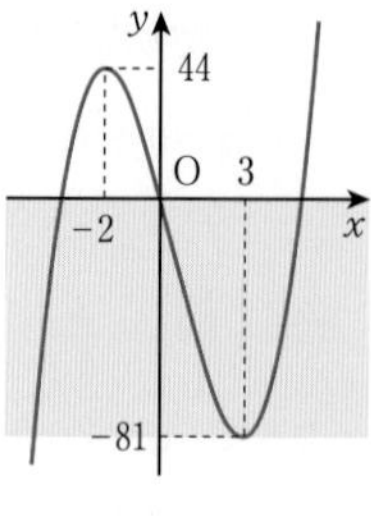

解き方 (1) $f'(x)=6x^2-6x-36$
$=6(x-3)(x+2)$

x	$\cdots$	-2	$\cdots$	3	$\cdots$
y'	$+$	0	$-$	0	$+$
y	↗	44	↘	-81	↗

$f(3)=-81$（極小値），$f(-2)=44$（極大値）

(2) 図の色の範囲に直線 $y=a$ があるとき。

❿ $f(x)=6x^2+5x-7$

解き方 $f(x)=ax^2+bx+c\ (a\neq 0)$ とすると

$f(1)=a+b+c=4$ …①

$f(-1)=a-b+c=-6$ …②

①－②より　$2b=10$　　よって　$b=5$

これを①に代入して　$a+c=-1$　…③

また　$\int_{-1}^{1} f(x)\,dx=2\int_{0}^{1}(ax^2+c)\,dx=\frac{2}{3}a+2c$

これが -10 に等しいので　$a+3c=-15$　…④

③，④より，$a=6$，$c=-7$

⓫ $x=\frac{1}{2}$ のとき，最小値 $-\frac{11}{6}$

解き方 $f(x)=\left[\frac{t^3}{3}+\frac{t^2}{2}-t\right]_{x-2}^{x}$

$=2x^2-2x-\frac{4}{3}=2\left(x-\frac{1}{2}\right)^2-\frac{11}{6}$

⓬ $x=-3$ のとき，極大値 27

$x=1$ のとき，極小値 -5

解き方 $f'(x)=3(x-1)(x+3)$

$f'(x)=0$ より　$x=-3,\ 1$

$f(x)=\int_{0}^{x}(3t^2+6t-9)\,dt=\left[t^3+3t^2-9t\right]_{0}^{x}$

$=x^3+3x^2-9x$

x	…	-3	…	1	…
$f'(x)$	$+$	0	$-$	0	$+$
$f(x)$	↗	極大 27	↘	極小 -5	↗

⓭ (1) $f(x)=3x^2-4x$，$a=0,\ 1$

(2) $f(x)=2x-\frac{1}{2}$

解き方 (1) 両辺を x で微分して　$f(x)=3x^2-4x$

また，両辺に $x=a$ を代入すると　$0=a^3-2a^2+a$

$a(a-1)^2=0$ より　$a=0,\ 1$

(2) $\int_{0}^{1} f(t)\,dt=p$ とおく

$f(x)=2x-p$ より　$f(t)=2t-p$

よって　$\int_{0}^{1}(2t-p)\,dt=\left[t^2-pt\right]_{0}^{1}=1-p$

したがって，$p=1-p$ より　$p=\frac{1}{2}$

よって　$f(x)=2x-\frac{1}{2}$

⓮ (1) $\frac{4}{3}$　　(2) $\frac{13}{3}$

解き方 (1) 交点の x 座標は

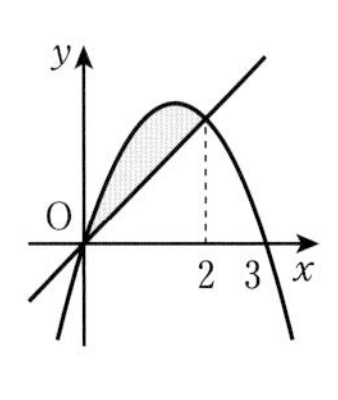

$-x^2+3x=x$ より

$x(x-2)=0$　　$x=0,\ 2$

$S=\int_{0}^{2}\{(-x^2+3x)-x\}\,dx$

$=-\int_{0}^{2}x(x-2)\,dx$

$=\frac{1}{6}(2-0)^3=\frac{4}{3}$

(2) 下の図の色の部分だから

$S=\int_{-1}^{1}\{-x^2+x+2-(x+1)\}\,dx$

$+\int_{1}^{2}\{x+1-(-x^2+x+2)\}\,dx$

$+\int_{2}^{3}\{x+1-(x^2-x-2)\}\,dx$

$=2\int_{0}^{1}(-x^2+1)\,dx$

$+\int_{1}^{2}(x^2-1)\,dx$

$+\int_{2}^{3}(-x^2+2x+3)\,dx$

$=\frac{4}{3}+\frac{4}{3}+\frac{5}{3}=\frac{13}{3}$

⓯ $a=\frac{3}{2}$，面積…$\frac{4}{3}$

解き方 放物線と x 軸の交点の x 座標は

$x^2+x-a^2+a=0$ より

$x^2+x-a(a-1)=0$

$(x+a)(x-a+1)=0$

$x=-a,\ a-1$

$a>1$ より　$-a<a-1$

$-\int_{-a}^{a-1}y\,dx=\int_{a-1}^{a}y\,dx$ より

$\int_{-a}^{a-1}y\,dx+\int_{a-1}^{a}y\,dx=0$　　$\int_{-a}^{a}y\,dx=0$

$\int_{-a}^{a}(x^2+x-a^2+a)\,dx=0$

$2\int_{0}^{a}(x^2-a^2+a)\,dx=0$　　$\left[\frac{1}{3}x^3-(a^2-a)x\right]_{0}^{a}=0$

$\frac{1}{3}a^3-(a^2-a)a=0$　　$a^2(2a-3)=0$

$a>1$ より　$a=\frac{3}{2}$

一方，面積は

$$-\int_{-a}^{a-1}(x^2+x-a^2+a)\,dx$$
$$=-\int_{-a}^{a-1}\{x-(-a)\}\{x-(a-1)\}\,dx$$
$$=\frac{\{a-1-(-a)\}^3}{6}$$
$$=\frac{(2a-1)^3}{6}=\frac{2^3}{6}=\frac{4}{3}$$

16 (1) $S_1=\frac{2}{3}$　　(2) $S_1:S_2=1:2$

解き方 (1) $y'=2x-1$

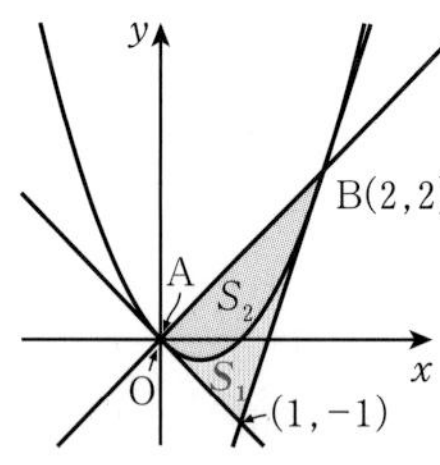

接点の座標を $(t,\ t^2-t)$ とおくと，接線の方程式は

$y-(t^2-t)$
$=(2t-1)(x-t)$

これが点 $(1,\ -1)$ を通るから

$-1-(t^2-t)=(2t-1)(1-t)$
$-1-t^2+t=2t-2t^2-1+t$
$t^2-2t=0$　　$t(t-2)=0$

よって　$t=0,\ 2$

接点 A$(0,\ 0)$　　接線 $y=-x$
接点 B$(2,\ 2)$　　接線 $y=3x-4$

$$S_1=\int_0^1\{(x^2-x)-(-x)\}\,dx+\int_1^2\{(x^2-x)-(3x-4)\}\,dx$$
$$=\int_0^1 x^2\,dx+\int_1^2(x^2-4x+4)\,dx$$
$$=\left[\frac{x^3}{3}\right]_0^1+\left[\frac{x^3}{3}-2x^2+4x\right]_1^2=\frac{2}{3}$$

(2) 直線 AB の方程式は　$y=x$

$$S_2=\int_0^2\{x-(x^2-x)\}\,dx=-\int_0^2 x(x-2)\,dx$$
$$=\frac{(2-0)^3}{6}=\frac{4}{3}$$

よって　$S_1:S_2=\frac{2}{3}:\frac{4}{3}=1:2$

6章 数　列

類題 の解答

本冊→p. 225～260

195 (1) すぐ前の項に 3 を加えると次の項になる。

第 5 項…16，第 7 項…22

(2) すぐ前の項に 3 を掛けると次の項になる。

第 5 項…−162，第 7 項…−1458

(3) すぐ前の項に $\frac{1}{4}$ を加えると次の項になる。

第 5 項…$\frac{5}{4}$，第 7 項…$\frac{7}{4}$

(4) すぐ前の項に $-\frac{1}{2}$ を掛けると次の項になる。

第 5 項…$-\frac{1}{16}$，第 7 項…$-\frac{1}{64}$

196 (1) $\boldsymbol{a_1=1,\ a_2=4,\ a_3=7,\ a_4=10,\ a_5=13}$

(2) $\boldsymbol{a_1=2,\ a_2=6,\ a_3=18,\ a_4=54,\ a_5=162}$

(3) $\boldsymbol{a_1=3,\ a_2=7,\ a_3=13,\ a_4=21,\ a_5=31}$

解き方 それぞれの式の n に 1 から 5 まで代入して求める。

197 (1) $\boldsymbol{a_n=2n+1,\ a_{10}=21}$

(2) $\boldsymbol{a_n=-4n-1,\ a_{10}=-41}$

(3) $\boldsymbol{a_n=-3n+21,\ a_{10}=-9}$

解き方 $a_n=a+(n-1)d$ に与えられた数を代入する。

(1) $a=3,\ d=2$ を代入して

$a_n=3+(n-1)\times2=2n+1$

$n=10$ とおいて　$a_{10}=2\times10+1=21$

(2) $a=-5,\ d=-4$ を代入して

$a_n=-5+(n-1)\times(-4)=-4n-1$

$n=10$ とおいて　$a_{10}=-4\times10-1=-41$

(3) $a=18,\ d=-3$ を代入して

$a_n=18+(n-1)\times(-3)=-3n+21$

$n=10$ とおいて　$a_{10}=-3\times10+21=-9$

198 (1) 初項…-10，公差…8　(2) 222

解き方　この等差数列を $\{a_n\}$ とし，初項を a，公差を d とする。

(1) $a_8=46$ より　$a+7d=46$

$a_{20}=142$ より　$a+19d=142$

この連立方程式を解くと　$a=-10$，$d=8$

(2) $a_n=-10+(n-1)\times 8=8n-18$

これに $n=30$ を代入する。

199 $a_{n+1}-a_n=\{2(n+1)+3\}-(2n+3)$

$=2$（一定）

隣り合う2項の差が一定なので，等差数列である。

初項…5，公差…2

解き方　初項　$a_1=2\times 1+3=5$　　公差　2

200 -4

解き方　x は等差中項なので

$2x=-1+(-7)$　　$x=-4$

201 第4項…$\dfrac{3}{4}$，第 n 項…$\dfrac{3}{n}$

解き方　逆数の数列 $\dfrac{1}{3}$，$\dfrac{2}{3}$，1，… の公差は $\dfrac{1}{3}$

だから，等差数列の第4項は　$1+\dfrac{1}{3}=\dfrac{4}{3}$

もとの数列の第4項は $\dfrac{3}{4}$

第 n 項は $\dfrac{1}{3}+\dfrac{1}{3}(n-1)=\dfrac{n}{3}$ となる。

もとの数列の第 n 項は $\dfrac{3}{n}$

202 $c_n=40n+3$

解き方　$a_n=3+(n-1)\cdot 5$ より　$a_n=5n-2$

$b_n=11+(n-1)\cdot 8$ より　$b_n=8n+3$

$a_k=b_l$ とすると　$5k-2=8l+3$　　$5(k-1)=8l$

5と8は互いに素だからこれを満たす最小の自然数 k，l は　$k-1=8$，$l=5$

$k=9$，$l=5$ より，一致する最小の数は　43

よって，初項43，公差は5と8の最小公倍数40

$c_n=43+(n-1)\cdot 40=40n+3$

(別解)（4行目以降）

5と8は互いに素だから，$k-1=8n$ とおくと

$k=8n+1$

よって　$c_n=a_{8n+1}=5(8n+1)-2=40n+3$

203 (1) 182　　(2) 365

解き方　(1) $S_n=\dfrac{1}{2}n(a+l)$ を利用

$S_{13}=\dfrac{1}{2}\times 13\times\{(-4)+32\}=182$

(2) $S_n=\dfrac{1}{2}n\{2a+(n-1)d\}$ を利用

$S_{10}=\dfrac{1}{2}\times 10\times\{2\times 50+(10-1)\times(-3)\}=365$

204 186

解き方　初項を a，公差を d，初項から第 n 項までの和を S_n とする。

$S_6=\dfrac{1}{2}\cdot 6(2a+5d)=42$　…①

$S_{12}=\dfrac{1}{2}\cdot 12(2a+11d)=42+114$　…②

①から　$2a+5d=14$　…①′

②から　$2a+11d=26$　…②′

①′と②′から　$a=2$，$d=2$

よって　$S=S_{18}-(42+114)$

（42：初項から第6項までの和，114：第7項から第12項までの和）

$=\dfrac{1}{2}\cdot 18(2\cdot 2+17\cdot 2)-156$

$=186$

205 2107

解き方　$100\div 7=14$ 余り 2

ゆえに，初項は　$7\times(14+1)=105$

$200\div 7=28$ 余り 4　　ゆえに，末項は　$7\times 28=196$

項数は　$28-14=14$

$S=\dfrac{1}{2}\times 14\times(105+196)=2107$

206 2958

解き方　$a_n=200+(n-1)\times(-7)=-7n+207$

$a_n>0$ となるのは　$n<\dfrac{207}{7}=29.5\cdots$

第29項までは正，第30項で負になる。

$a_{29}=-7\times 29+207=4$

よって，S_n の最大値は

$S_{29}=\dfrac{29\times(200+4)}{2}=2958$

207 **初項 −6，第 2 項以降は $a_n=2n-9$**

解き方 $n \geqq 2$ のとき

$a_n=S_n-S_{n-1}$

$=(n^2-8n+1)-\{(n-1)^2-8(n-1)+1\}$

$=2n-9$ …(＊)

$n=1$ のとき $a_1=S_1=-6$

(＊)は $n=1$ のとき適さない。

208 (1) $\boldsymbol{a_5=\frac{1}{2}}$，$\boldsymbol{a_n=2^{-n+4}}$

(2) $\boldsymbol{a_5=27}$，$\boldsymbol{a_n=-(-3)^{n-2}}$

解き方 (1) $a_n=8\times\left(\frac{1}{2}\right)^{n-1}=2^{3-(n-1)}=2^{-n+4}$

第 5 項は $a_5=2^{-5+4}=\frac{1}{2}$

(2) $a_n=\frac{1}{3}\times(-3)^{n-1}=-(-3)^{-1}\times(-3)^{n-1}$

$=-(-3)^{n-2}$

第 5 項は $a_5=-(-3)^{5-2}=27$

209 **初項…3，公比…−2**

解き方 この等比数列を $\{a_n\}$ とし，初項を a，公比を r とすると

$a_3=ar^2=12$ …①

$a_6=ar^5=-96$ …②

②÷①より $r^3=-8$ r は実数だから $r=-2$

①に代入して $a=3$

210 $\begin{cases} m=1 \\ n=-6 \end{cases}$ $\begin{cases} m=16 \\ n=24 \end{cases}$

解き方 8，m，n が等差数列をなすから
（m：等差中項）

$2m=8+n$ …①

m，n，36 が等比数列をなすから
（n：等比中項）

$n^2=36m$ …②

①を②に代入して $n^2=18(8+n)$

$n^2-18n-144=0$ $(n+6)(n-24)=0$

よって $n=-6$，24

それぞれ①に代入して，

$n=-6$ のとき $m=1$ $n=24$ のとき $m=16$

211 (1) **63** (2) $\boldsymbol{\frac{63}{2}}$

解き方 (1) $S_6=\frac{1\times(2^6-1)}{2-1}=63$

(2) 初項は 16，公比は $\frac{1}{2}$ であるから

$$S_6=\frac{16\times\left\{1-\left(\frac{1}{2}\right)^6\right\}}{1-\frac{1}{2}}=\frac{63}{2}$$

212 **5**

解き方 初項を a とすると $\frac{a\{1-(-2)^5\}}{1-(-2)}=55$

よって $11a=55$ $a=5$

213 (1) $\boldsymbol{(-4)+(-3)+(-2)+(-1)}$

(2) $\boldsymbol{3^2+3^3+3^4+3^5+3^6+3^7+3^8}$

(3) $\boldsymbol{1+\frac{1}{2}+\frac{1}{3}+\cdots+\frac{1}{n}}$

214 $\displaystyle\sum_{k=1}^{n}\frac{1}{k(k+3)}$

解き方 第 k 項は $\frac{1}{k(k+3)}$ で，初項から第 n 項までの和。

215 (1) $\boldsymbol{\frac{1}{6}n(2n^2+15n+31)}$

(2) $\boldsymbol{\frac{1}{12}(n-1)n(n+1)(3n+2)}$

解き方 (1) 与式$=\displaystyle\sum_{k=1}^{n}(k^2+4k+3)$

$=\displaystyle\sum_{k=1}^{n}k^2+4\sum_{k=1}^{n}k+\sum_{k=1}^{n}3$

$=\frac{n(n+1)(2n+1)}{6}+4\times\frac{n(n+1)}{2}+3n$

(2) 与式$=\displaystyle\sum_{k=1}^{n}(k^3-k^2)=\sum_{k=1}^{n}k^3-\sum_{k=1}^{n}k^2$

$=\frac{n^2(n+1)^2}{4}-\frac{n(n+1)(2n+1)}{6}$

$=\frac{n(n+1)}{12}\{3n(n+1)-2(2n+1)\}$

216 $\dfrac{1}{4}n(n+1)(n+2)(n+3)$

解き方　第 k 項は $k(k+1)(k+2)$ であるから

$$\sum_{k=1}^{n}k(k+1)(k+2)=\sum_{k=1}^{n}(k^3+3k^2+2k)$$
$$=\sum_{k=1}^{n}k^3+3\sum_{k=1}^{n}k^2+2\sum_{k=1}^{n}k$$
$$=\frac{n^2(n+1)^2}{4}+\frac{3n(n+1)(2n+1)}{6}+\frac{2n(n+1)}{2}$$
$$=\frac{n(n+1)}{4}\{n(n+1)+2(2n+1)+4\}$$

217 (1) $a_n=10^n-1$　(2) $\dfrac{10^{n+1}-9n-10}{9}$

解き方　(1) 初項は　$a_1=10-1=10^1-1$

第 2 項は　$a_2=100-1=10^2-1$

⋮

第 n 項は　$a_n=10^n-1$

(2) $\displaystyle\sum_{k=1}^{n}(10^k-1)$

$$=\frac{10\cdot(10^n-1)}{10-1}-n=\frac{10^{n+1}-9n-10}{9}$$

218 (1) $\dfrac{n}{n+1}$　(2) $\dfrac{n(n+3)}{4(n+1)(n+2)}$

解き方　(1) 第 k 項は $\dfrac{1}{k(k+1)}=\dfrac{1}{k}-\dfrac{1}{k+1}$ だから

$$\sum_{k=1}^{n}\left(\frac{1}{k}-\frac{1}{k+1}\right)=\left(\frac{1}{1}-\frac{1}{2}\right)+\left(\frac{1}{2}-\frac{1}{3}\right)+\cdots$$
$$+\left(\frac{1}{n}-\frac{1}{n+1}\right)=1-\frac{1}{n+1}=\frac{n}{n+1}$$

(2) $$S=\frac{1}{2}\left(\frac{1}{1\cdot2}-\frac{1}{2\cdot3}\right)+\frac{1}{2}\left(\frac{1}{2\cdot3}-\frac{1}{3\cdot4}\right)+\cdots$$
$$+\frac{1}{2}\left\{\frac{1}{(n-1)n}-\frac{1}{n(n+1)}\right\}$$
$$+\frac{1}{2}\left\{\frac{1}{n(n+1)}-\frac{1}{(n+1)(n+2)}\right\}$$
$$=\frac{1}{2}\left\{\frac{1}{2}-\frac{1}{(n+1)(n+2)}\right\}=\frac{n(n+3)}{4(n+1)(n+2)}$$

219 $S_n=\sqrt{n+1}-1$

解き方　第 k 項 a_k は

$a_k=\dfrac{1}{\sqrt{k}+\sqrt{k+1}}=\sqrt{k+1}-\sqrt{k}$ と変形できるから

└分母の有理化

$$S_n=\sum_{k=1}^{n}(\sqrt{k+1}-\sqrt{k})$$
$$=(\sqrt{2}-\sqrt{1})+(\sqrt{3}-\sqrt{2})+\cdots+(\sqrt{n+1}-\sqrt{n})$$
$$=\sqrt{n+1}-1$$

220 $S_n=3+(2n-3)\cdot2^n$

解き方　S_n-2S_n をつくる。

$$S_n=1+3\cdot2+5\cdot2^2+\cdots+(2n-1)\cdot2^{n-1}$$
$$-)\ 2S_n=\quad 2+3\cdot2^2+\cdots+(2n-3)\cdot2^{n-1}+(2n-1)\cdot2^n$$
$$-S_n=1+2\cdot2+2\cdot2^2+\cdots+\quad 2\cdot2^{n-1}-(2n-1)\cdot2^n$$
$$=2+2^2+2^3+\cdots+2^n-(2n-1)\cdot2^n-1$$

└初項 2，公比 2，項数 n の等比数列の和

$$=\frac{2(2^n-1)}{2-1}-(2n-1)\cdot2^n-1$$
$$=-3-(2n-3)\cdot2^n$$

よって　$S_n=3+(2n-3)\cdot2^n$

221 (1) n^2-n+1　(2) 第 7 群の 5 番目

(3) n^3

解き方　(1) 第 n 群の最初の数は

$\{1+2+\cdots+(n-1)\}+1$ 番目の奇数。

よって

$2\{1+2+\cdots+(n-1)+1\}-1$ ← k 番目の奇数は $2k-1$ と表せる

$$=2\times\frac{(n-1)(1+n-1)}{2}+1=n(n-1)+1$$
$$=n^2-n+1$$

(2) 51 が第 n 群に入っているとすると

$n^2-n+1\leqq51<(n+1)^2-(n+1)+1$

$n^2-n\leqq50<n^2+n$

$(n-1)n\leqq50<n(n+1)$

これを満たす n は　$n=7$

よって，第 7 群の最初の数は，(1)で求めた式に

$n=7$ を代入して　$7^2-7+1=43$

43，45，47，49，51，…となるから，51 は第 7 群の 5 番目であることがわかる。

(3) 第 n 群は，初項 n^2-n+1，公差 2，項数 n の等差数列であるから，その和は

$$\frac{n\{2(n^2-n+1)+(n-1)\cdot2\}}{2}=n^3$$

222 (1) n^2-n+1　(2) $\dfrac{1}{3}\{8+(-2)^n\}$

解き方　与えられた数列を $\{a_n\}$，その階差数列を $\{b_n\}$ とする。

(1) b_n は 2, 4, 6, 8, …となるから　$b_n=2n$

したがって，$n\geqq 2$ のとき

$$a_n=a_1+\sum_{k=1}^{n-1}b_k=1+\sum_{k=1}^{n-1}2k=1+2\times\frac{(n-1)n}{2}$$
$$=n^2-n+1$$

この式で，$n=1$ とすると 1 となり，a_1 に一致する。

(2) b_n は 2, -4, 8, -16, …となるから

$b_n=2\cdot(-2)^{n-1}$

したがって，$n\geqq 2$ のとき

$$a_n=a_1+\sum_{k=1}^{n-1}b_k=2+\sum_{k=1}^{n-1}2\cdot(-2)^{k-1}$$
$$=2+\frac{2\times\{1-(-2)^{n-1}\}}{1-(-2)}=\frac{1}{3}\{8+(-2)^n\}$$

この式で，$n=1$ とすると 2 となり，a_1 に一致する。

223 31

解き方　$a_2=2\times1+1=3$，$a_3=2\times3+1=7$，
$a_4=2\times7+1=15$，$a_5=2\times15+1=31$

224 (1) $a_n=2n+1$　(2) $a_n=2\cdot3^{n-1}$
(3) $a_n=2^n-1$

解き方　(1) $a_1=3$，$a_{n+1}=a_n+2$ で表される数列は，初項 3，公差 2 の等差数列だから

$a_n=3+(n-1)\cdot2=2n+1$

(2) $a_1=2$，$a_{n+1}=3a_n$ で表される数列は，初項 2，公比 3 の等比数列だから

$a_n=2\cdot3^{n-1}$

(3) $a_{n+1}=a_n+2^n$ より，$a_{n+1}-a_n=2^n$ だから

数列 $\{a_n\}$ の階差数列 $\{b_n\}$ の一般項は　$b_n=2^n$

したがって，$n\geqq 2$ のとき

$$a_n=a_1+\sum_{k=1}^{n-1}b_k=1+\sum_{k=1}^{n-1}2^k$$
$$=1+\frac{2(2^{n-1}-1)}{2-1}=2^n-1$$

この式で，$n=1$ とすると 1 となり，$a_1=1$ と一致する。

したがって　$a_n=2^n-1$

225 (1) $a_n=2\cdot3^{n-1}-1$　(2) $a_n=3-\dfrac{1}{2^{n-2}}$

解き方　(1)

$$\begin{array}{rl} & a_{n+1}=3a_n+2 \\ -) & \alpha=3\alpha+2 \\ \hline & a_{n+1}-\alpha=3(a_n-\alpha) \end{array}$$

← この方程式を特性方程式という。これを解いて $\alpha=-1$

よって　$a_{n+1}+1=3(a_n+1)$

数列 $\{a_n+1\}$ は，初項　$a_1+1=2$，公比　3 の等比数列である。

$a_n+1=2\cdot3^{n-1}$

したがって　$a_n=2\cdot3^{n-1}-1$

(別解) $a_{n+2}=3a_{n+1}+2$，$a_{n+1}=3a_n+2$ の辺々を引くと

$a_{n+2}-a_{n+1}=3(a_{n+1}-a_n)$

したがって，階差数列 $\{b_n\}$ は

初項 $a_2-a_1=(3a_1+2)-a_1=2a_1+2=4$，

公比 3 の等比数列である。

よって　$b_n=4\cdot3^{n-1}$

したがって，$n\geqq 2$ のとき

$$a_n=a_1+\sum_{k=1}^{n-1}b_k=1+\sum_{k=1}^{n-1}4\cdot3^{k-1}$$
$$=1+4\times\frac{3^{n-1}-1}{3-1}$$
$$=2\cdot3^{n-1}-1$$

この式で，$n=1$ とすると 1 となり，a_1 に一致する。

(2)

$$\begin{array}{rl} & a_{n+1}=\frac{1}{2}a_n+\frac{3}{2} \\ -) & \alpha=\frac{1}{2}\alpha+\frac{3}{2} \\ \hline & a_{n+1}-\alpha=\frac{1}{2}(a_n-\alpha) \end{array}$$

← この式を解いて $\alpha=3$

$a_{n+1}-3=\dfrac{1}{2}(a_n-3)$

数列 $\{a_n-3\}$ は，初項　$a_1-3=-2$，公比　$\dfrac{1}{2}$ の等比数列である。

$a_n-3=-2\left(\dfrac{1}{2}\right)^{n-1}$

$a_n=3-2\left(\dfrac{1}{2}\right)^{n-1}=3-\dfrac{1}{2^{n-2}}$

226 $a_n=3\cdot2^{n-1}+3^n$

解き方　$a_{n+1}=2a_n+3^n$ の両辺を 3^{n+1} で割る。

$$\frac{a_{n+1}}{3^{n+1}}=\frac{2}{3}\cdot\frac{a_n}{3^n}+\frac{1}{3}$$

$\frac{a_n}{3^n}=b_n$ とおくと

$$\begin{array}{rl} & b_{n+1}=\frac{2}{3}b_n+\frac{1}{3} \\ -) & \alpha=\frac{2}{3}\alpha+\frac{1}{3} \\ \hline & b_{n+1}-\alpha=\frac{2}{3}(b_n-\alpha)\end{array}$$

← この式を解いて $\alpha=1$

$$b_{n+1}-1=\frac{2}{3}(b_n-1)$$

数列 $\{b_n-1\}$ は，初項　$b_1-1=\frac{a_1}{3}-1=1$，公比　$\frac{2}{3}$ の等比数列。

$$b_n-1=\left(\frac{2}{3}\right)^{n-1}\qquad b_n=\left(\frac{2}{3}\right)^{n-1}+1$$

$$\frac{a_n}{3^n}=\frac{2^{n-1}}{3^{n-1}}+1$$

よって　$a_n=3\cdot2^{n-1}+3^n$

227 $a_n=2^n-1$

解き方　$a_{n+2}-\alpha a_{n+1}=\beta(a_{n+1}-\alpha a_n)$

$a_{n+2}=(\alpha+\beta)a_{n+1}-\alpha\beta a_n$　…①

$a_{n+2}=3a_{n+1}-2a_n$　…②

①，②を比較すると，

$\alpha+\beta=3$，$\alpha\beta=2$ だから

α，β は $t^2-3t+2=0$ の解で　$t=1,\ 2$

(i)　$\alpha=1$，$\beta=2$ のとき

$a_{n+2}-a_{n+1}=2(a_{n+1}-a_n)$

数列 $\{a_{n+1}-a_n\}$ は，初項　2，公比　2 の等比数列。

よって　$a_{n+1}-a_n=2^n$　…③

(ii)　$\alpha=2$，$\beta=1$ のとき

$a_{n+2}-2a_{n+1}=1\cdot(a_{n+1}-2a_n)$

数列 $\{a_{n+1}-2a_n\}$ は，初項　1，公比　1 の等比数列。

よって　$a_{n+1}-2a_n=1$　…④

③−④より　$a_n=2^n-1$

228 (1) (Ⅰ)　$n=1$ のとき　左辺$=1$，

右辺$=2-1=1$ で成り立つ。

(Ⅱ)　$n=k$ のとき

$$1+2+2^2+\cdots+2^{k-1}=2^k-1\quad\cdots①$$

が成り立つと仮定する。

$n=k+1$ のとき，

$$\text{左辺}=1+2+2^2+\cdots+2^{k-1}+2^k$$

↓①より

$$=2^k-1+2^k=2\cdot2^k-1=2^{k+1}-1$$

$$=\text{右辺}$$

よって，$n=k+1$ のときも与えられた等式は成り立つ。

(Ⅰ)，(Ⅱ)より，すべての自然数 n について，この等式は成り立つ。

(2) (Ⅰ)　$n=1$ のとき　左辺$=\frac{1}{2}$，

右辺$=2-\frac{3}{2}=\frac{1}{2}$ で成り立つ。

(Ⅱ)　$n=k$ のとき，

$$\frac{1}{2}+\frac{2}{4}+\cdots+\frac{k}{2^k}=2-\frac{k+2}{2^k}\quad\cdots①$$

が成り立つと仮定する。

$n=k+1$ のとき

$$\text{左辺}=\frac{1}{2}+\frac{2}{4}+\cdots+\frac{k}{2^k}+\frac{k+1}{2^{k+1}}$$

↓①より

$$=2-\frac{k+2}{2^k}+\frac{k+1}{2^{k+1}}$$

$$=2-\frac{2(k+2)-(k+1)}{2^{k+1}}$$

$$=2-\frac{(k+1)+2}{2^{k+1}}=\text{右辺}$$

よって，$n=k+1$ のときも与えられた等式は成り立つ。

(Ⅰ)，(Ⅱ)より，すべての自然数 n について，この等式は成り立つ。

229 (Ⅰ) $n=2$ のとき

左辺$=1+\frac{1}{2}=\frac{3}{2}$，右辺$=\frac{2\times2}{2+1}=\frac{4}{3}$

ゆえに，左辺＞右辺となり，与えられた不等式は成り立つ。

(Ⅱ) $n=k(k\geqq2)$ のとき

$$1+\frac{1}{2}+\frac{1}{3}+\cdots+\frac{1}{k}>\frac{2k}{k+1} \quad \cdots①$$

が成り立つと仮定する。

$n=k+1$ のときを考える。

左辺－右辺

$$=1+\frac{1}{2}+\frac{1}{3}+\cdots+\frac{1}{k}+\frac{1}{k+1}-\frac{2(k+1)}{(k+1)+1}$$

↓①より

$$>\frac{2k}{k+1}+\frac{1}{k+1}-\frac{2(k+1)}{(k+1)+1}$$

$$=\frac{k}{(k+1)(k+2)}>0$$

ゆえに

$$1+\frac{1}{2}+\frac{1}{3}+\cdots+\frac{1}{k+1}>\frac{2(k+1)}{(k+1)+1}$$

よって，$n=k+1$ のときも，与えられた不等式は成り立つ。

(Ⅰ)，(Ⅱ)より，2 以上のすべての自然数 n について，この不等式は成り立つ。

230 (1) $a_2=\frac{2}{3}$，$a_3=\frac{2}{5}$，$a_4=\frac{2}{7}$，

$a_n=\frac{2}{2n-1}$ …①と推測できる。

(2) (Ⅰ) $n=1$ のとき，①は $a_1=2$ で成り立つ。

(Ⅱ) $n=k$ のとき，①が成り立つと仮定すると

$$a_k=\frac{2}{2k-1}$$

$n=k+1$ のとき，与えられた漸化式から

$$a_{k+1}=\frac{a_k}{a_k+1}=\frac{\frac{2}{2k-1}}{\frac{2}{2k-1}+1}=\frac{2}{2(k+1)-1}$$

よって，①は $n=k+1$ のときも成り立つ。

(Ⅰ)，(Ⅱ)より，すべての自然数 n について，①は成り立つ。

解き方 (1) $a_2=\frac{2}{2+1}=\frac{2}{3}$

$$a_3=\frac{\frac{2}{3}}{\frac{2}{3}+1}=\frac{2}{5} \qquad a_4=\frac{\frac{2}{5}}{\frac{2}{5}+1}=\frac{2}{7}$$

一般項の分子は　2，分母は　$2n-1$

定期テスト予想問題 の解答 ── 本冊→p. 261～262

❶ (1) $\boldsymbol{a_n=3n-2}$　(2) **590**

解き方 (1) 初項を a，公差を d とすると

$a+2d=7$，$a+4d=13$　よって　$a=1$，$d=3$

一般項は　$a_n=1+(n-1)\times3=3n-2$

(2) $S_{20}=\dfrac{1}{2}\times20\times\{2\times1+(20-1)\times3\}=590$

❷ 143143

解き方 7 の倍数でかつ奇数であるものを小さい方から順に並べると　7，21，35，…

これは，初項 7，公差 14 の等差数列であるから，

第 n 項は　$7+(n-1)\times14=14n-7$

$14n-7\leqq2000$ とおくと　$n\leqq143.3\cdots$

n は自然数だから　$1\leqq n\leqq143$

よって，求める和は

$\dfrac{1}{2}\times143\times\{2\times7+(143-1)\times14\}=143143$

❸ 168

解き方 求める和は

$\left(\dfrac{20}{5}+\dfrac{21}{5}+\dfrac{22}{5}+\cdots+\dfrac{50}{5}\right)-(4+5+6+\cdots+10)$

$=\dfrac{50-20+1}{2}\times\left(\dfrac{20}{5}+\dfrac{50}{5}\right)-\dfrac{(10-4+1)}{2}\times(4+10)$

$=168$

❹ $\boldsymbol{a_1=3}$，$\boldsymbol{a_n=3n^2-3n+1\,(n\geqq2)}$

解き方 $n\geqq2$ のとき

$a_n=S_n-S_{n-1}=(n^3+2)-\{(n-1)^3+2\}$

$=3n^2-3n+1$

$n=1$ のとき　$a_1=S_1=1^3+2=3$

❺ $\begin{cases}a=1\\b=-4\end{cases}$ **または** $\begin{cases}a=9\\b=12\end{cases}$

解き方 $2a=6+b$，$b^2=16a$ から

$b^2-8b-48=0$　$(b+4)(b-12)=0$

よって　$b=-4$，12

$b=-4$ のとき　$a=\dfrac{1}{2}(6-4)=1$

$b=12$ のとき　$a=\dfrac{1}{2}(6+12)=9$

❻ (1) **初項…$\dfrac{3}{256}$，公比…2**　(2) **765**

解き方 (1) 初項を a，公比を r とおくと

$ar^9=6$　…①　　$ar^{14}=192$　…②

②÷①より　$r^5=32=2^5$　rは実数だから　$r=2$

これを①に代入して　$2^9a=6$　よって　$a=\dfrac{3}{256}$

(2) $a_9=\dfrac{a_{10}}{r}=\dfrac{6}{2}=3$，$r=2$，

項数 8 の等比数列の和より　$\dfrac{3(2^8-1)}{2-1}=765$

❼ 27 日目

解き方 積立額の総和は，初項 1，公比 2 の等比数列の和であるから，n 日目に積立額の総和が

1 億$(=10^8)$円をこえるとすると　$\dfrac{2^n-1}{2-1}>10^8$

よって　$2^n>10^8+1$

したがって，$2^{27}>10^8+1>2^{26}$ より 27 日目

❽ (1) $\boldsymbol{\dfrac{3^{n+1}+4n-3}{2}}$　(2) $\boldsymbol{\dfrac{1}{6}n(2n+1)(7n+1)}$

(3) $\boldsymbol{\dfrac{2^{2n+2}+3\cdot2^{n+2}-7}{3}}$

解き方 (1) $\displaystyle\sum_{k=1}^{n}(3^k+2)=\frac{3(3^n-1)}{3-1}+2n$

(2) $\displaystyle\sum_{k=1}^{n}(n+k)^2=\sum_{k=1}^{n}(n^2+2nk+k^2)$

$\displaystyle=\sum_{k=1}^{n}n^2+2n\sum_{k=1}^{n}k+\sum_{k=1}^{n}k^2$

$=n\cdot n^2+2n\cdot\dfrac{n(n+1)}{2}+\dfrac{n(n+1)(2n+1)}{6}$

$=\dfrac{n}{6}\{6n^2+6n(n+1)+(n+1)(2n+1)\}$

$=\dfrac{1}{6}n(2n+1)(7n+1)$

(3) $\displaystyle\sum_{k=0}^{n}(4^k+2^{k+1})=\sum_{k=0}^{n}4^k+\sum_{k=0}^{n}2^{k+1}$

$\displaystyle\sum_{k=0}^{n}4^k$ は，初項 $4^0=1$，公比 4，項数 $n+1$ の等比数列の和

$\displaystyle\sum_{k=0}^{n}2^{k+1}$ は，初項 $2^1=2$，公比 2，項数 $n+1$ の等比数列の和を表している。

よって　$\displaystyle\sum_{k=0}^{n}(4^k+2^{k+1})=\frac{4^{n+1}-1}{4-1}+\frac{2(2^{n+1}-1)}{2-1}$

$=\dfrac{2^{2n+2}+3\cdot2^{n+2}-7}{3}$

（4^{n+1} としてもよい）

9 (1) $\boldsymbol{a_n=(2n-1)^2}$,

$$\boldsymbol{S_n=\frac{1}{3}n(2n+1)(2n-1)}$$

(2) $\boldsymbol{a_n=n(4n-1)}$, $\boldsymbol{S_n=\frac{1}{6}n(n+1)(8n+1)}$

(3) $\boldsymbol{a_n=n(2n-1)}$, $\boldsymbol{S_n=\frac{1}{6}n(n+1)(4n-1)}$

(4) $\boldsymbol{a_n=\frac{2}{n(n+1)}}$, $\boldsymbol{S_n=\frac{2n}{n+1}}$

解き方 (1) $S_n=\sum_{k=1}^{n}(2k-1)^2$

$$=4\sum_{k=1}^{n}k^2-4\sum_{k=1}^{n}k+\sum_{k=1}^{n}1$$

$$=4\times\frac{n(n+1)(2n+1)}{6}-4\times\frac{n(n+1)}{2}+n$$

$$=\frac{n}{3}\{2(n+1)(2n+1)-6(n+1)+3\}$$

$$=\frac{n}{3}(4n^2-1)$$

(2) 3，7，11，15，…の第 n 項は

$3+(n-1)\times4=4n-1$

よって　$a_n=n(4n-1)$

$$S_n=\sum_{k=1}^{n}k(4k-1)=4\sum_{k=1}^{n}k^2-\sum_{k=1}^{n}k$$

$$=4\times\frac{n(n+1)(2n+1)}{6}-\frac{n(n+1)}{2}$$

$$=\frac{n(n+1)}{6}\{4(2n+1)-3\}$$

(3) 一般項 a_n は，初項 1，公差 4，項数 n の等差数列の和であるから

$$a_n=\frac{1}{2}\times n\times\{2\times1+(n-1)\times4\}=n(2n-1)$$

$$S_n=\sum_{k=1}^{n}k(2k-1)=2\sum_{k=1}^{n}k^2-\sum_{k=1}^{n}k$$

$$=2\times\frac{n(n+1)(2n+1)}{6}-\frac{n(n+1)}{2}$$

$$=\frac{1}{6}n(n+1)\{2(2n+1)-3\}$$

(4) $a_n=\dfrac{1}{1+2+3+\cdots+n}=\dfrac{1}{\frac{n(n+1)}{2}}$

$$=\frac{2}{n(n+1)}$$

$$S_n=\sum_{k=1}^{n}\frac{2}{k(k+1)}=2\sum_{k=1}^{n}\frac{1}{k(k+1)}$$

$$=2\sum_{k=1}^{n}\left(\frac{1}{k}-\frac{1}{k+1}\right)$$

$$=2\left\{\left(\frac{1}{1}-\frac{1}{2}\right)+\left(\frac{1}{2}-\frac{1}{3}\right)+\cdots+\left(\frac{1}{n}-\frac{1}{n+1}\right)\right\}$$

$$=2\left(1-\frac{1}{n+1}\right)=\frac{2n}{n+1}$$

10 (1) $\boldsymbol{n^2-n+1}$　　(2) $\boldsymbol{n(2n^2+1)}$

解き方 (1) 第 n 群の項数は $2n$ だから，第 n 群の最初の数は $2+4+6+\cdots+2(n-1)+1$ 番目の自然数ということになる。

$2+4+6+\cdots+2(n-1)+1$

$=2\{1+2+3+\cdots+(n-1)\}+1$

$=2\cdot\dfrac{(n-1)\cdot\{1+(n-1)\}}{2}+1$

$=n^2-n+1$

(2) 第 n 群は，初項 n^2-n+1，公差 1，項数 $2n$ の等差数列だから，その和は

$$\frac{2n\{2(n^2-n+1)+(2n-1)\cdot1\}}{2}=n(2n^2+1)$$

11 (1) $\boldsymbol{a_2=\frac{8}{3}}$, $\boldsymbol{a_3=\frac{26}{9}}$

(2) $\boldsymbol{a_n=3-\frac{1}{3^{n-1}}}$　(3) $\boldsymbol{S_n=3n-\frac{3}{2}+\frac{1}{2\cdot3^{n-1}}}$

解き方 (1) $a_2=\dfrac{1}{3}\times2+2=\dfrac{8}{3}$

$$a_3=\frac{1}{3}\times\frac{8}{3}+2=\frac{26}{9}$$

(2)　$a_{n+1}=\dfrac{1}{3}a_n+2$

$-)\quad\alpha=\dfrac{1}{3}\alpha+2$　← この式を解いて $\alpha=3$

$a_{n+1}-\alpha=\dfrac{1}{3}(a_n-\alpha)$

$a_{n+1}-3=\dfrac{1}{3}(a_n-3)$

数列 $\{a_n-3\}$ は，$\left.\begin{matrix} \text{初項} & a_1-3=-1 \\ \text{公比} & \dfrac{1}{3} \end{matrix}\right\}$ の等比数列。

$a_n-3=-\left(\dfrac{1}{3}\right)^{n-1}$

ゆえに　$a_n=3-\dfrac{1}{3^{n-1}}$

(別解) $a_{n+2}=\dfrac{1}{3}a_{n+1}+2$　…①

$a_{n+1}=\dfrac{1}{3}a_n+2$　…②

①−②より　$a_{n+2}-a_{n+1}=\dfrac{1}{3}(a_{n+1}-a_n)$

よって，$b_n=a_{n+1}-a_n$ とおくと，$\{b_n\}$ は初項

$a_2-a_1=\dfrac{8}{3}-2=\dfrac{2}{3}$，公比 $\dfrac{1}{3}$ の等比数列である。

よって　$b_n=\dfrac{2}{3}\left(\dfrac{1}{3}\right)^{n-1}$

したがって，$n\geqq 2$ のとき

$$a_n=a_1+\sum_{k=1}^{n-1}\frac{2}{3}\left(\frac{1}{3}\right)^{k-1}=2+\frac{2}{3}\times\frac{1-\left(\frac{1}{3}\right)^{n-1}}{1-\frac{1}{3}}$$

$$=2+1-\left(\frac{1}{3}\right)^{n-1}=3-\frac{1}{3^{n-1}}$$

この式で $n=1$ とおくと，2 となり，a_1 に一致する。

(3) $S_n=\displaystyle\sum_{k=1}^{n}\left\{3-\left(\frac{1}{3}\right)^{k-1}\right\}=3n-\frac{1-\left(\frac{1}{3}\right)^{n}}{1-\frac{1}{3}}$

$$=3n-\frac{3}{2}+\frac{1}{2}\cdot\left(\frac{1}{3}\right)^{n-1}$$

12 $\dfrac{1}{n^2-n+2}$

解き方 $b_n=\dfrac{1}{a_n}$ とおくと　$b_{n+1}-b_n=2n$

$n\geqq 2$ のとき　$b_n=b_1+\displaystyle\sum_{k=1}^{n-1}2k$

$$=2+2\times\frac{(n-1)n}{2}=n^2-n+2$$

この式で，$n=1$ とすると 2 となり，b_1 に一致する。

よって　$a_n=\dfrac{1}{b_n}=\dfrac{1}{n^2-n+2}$

13 (1) $a_n=\dfrac{1}{2}n(n+1)$　　(2) $\dfrac{2n}{n+1}$

解き方 (1) $a_{n+1}-a_n=n+1$

$n\geqq 2$ のとき

$$a_n=a_1+\sum_{k=1}^{n-1}(k+1)=1+\frac{1}{2}(n-1)n+(n-1)$$

$$=\frac{1}{2}(n^2+n)$$

この式で，$n=1$ とすると 1 となり，a_1 に一致する。

(2) $\displaystyle\sum_{k=1}^{n}\frac{1}{a_k}=\sum_{k=1}^{n}\frac{2}{k(k+1)}=2\sum_{k=1}^{n}\left(\frac{1}{k}-\frac{1}{k+1}\right)$

$$=2\left\{\left(1-\frac{1}{2}\right)+\left(\frac{1}{2}-\frac{1}{3}\right)+\cdots+\left(\frac{1}{n}-\frac{1}{n+1}\right)\right\}$$

$$=2\left(1-\frac{1}{n+1}\right)$$

14 $2^n\geqq n^2-n+2$　…①

(Ⅰ) $n=1$ のとき

左辺$=2^1=2$，右辺$=1^2-1+2=2$

よって，左辺＝右辺 で①は成り立つ。

(Ⅱ) $n=k$ のとき，①が成り立つと仮定すると

$2^k\geqq k^2-k+2$　…②

$n=k+1$ のとき

左辺−右辺

$$=2^{k+1}-\{(k+1)^2-(k+1)+2\}$$

$$=2\cdot 2^k-(k^2+k+2)$$

↓②より

$$\geqq 2(k^2-k+2)-(k^2+k+2)$$

$$=k^2-3k+2$$

$$=(k-1)(k-2)\geqq 0$$

ゆえに　$2^{k+1}\geqq(k+1)^2-(k+1)+2$

よって，$n=k+1$ のときも①は成り立つ。

(Ⅰ)，(Ⅱ)より，すべての自然数 n について①は成り立つ。

7章 統計的な推測

類題の解答 —— 本冊→p. 264〜296

232 (1) 下の表　(2) $\frac{1}{5}$　(3) $\frac{3}{5}$

解き方 (1) X のとり得る値は 1, 2, 3, 4, 5 のいずれかで，X に対応する確率はそれぞれの相対度数に等しい。

X	1	2	3	4	5	計
P	$\frac{5}{15}$	$\frac{4}{15}$	$\frac{3}{15}$	$\frac{2}{15}$	$\frac{1}{15}$	1

(2) $p(X\geqq 4)=P(X=4)+P(X=5)$

$$=\frac{2}{15}+\frac{1}{15}=\frac{3}{15}=\frac{1}{5}$$

(3) $p(2\leqq X\leqq 4)$

$$=P(X=2)+P(X=3)+P(X=4)$$

$$=\frac{4}{15}+\frac{3}{15}+\frac{2}{15}=\frac{9}{15}=\frac{3}{5}$$

233 $\frac{7}{3}$

解き方 $E(X)$

$$=1\cdot\frac{5}{15}+2\cdot\frac{4}{15}+3\cdot\frac{3}{15}+4\cdot\frac{2}{15}+5\cdot\frac{1}{15}$$

$$=\frac{1}{15}(5+8+9+8+5)=\frac{7}{3}$$

234 $E(X)=\frac{13}{4}$　$V(X)=\frac{103}{80}$　$\sigma(X)=\frac{\sqrt{515}}{20}$

解き方 $E(X)$

$$=1\cdot\frac{2}{40}+2\cdot\frac{10}{40}+3\cdot\frac{10}{40}+4\cdot\frac{12}{40}+5\cdot\frac{6}{40}$$

$$=\frac{130}{40}=\frac{13}{4}$$

$V(X)$

$$=1^2\cdot\frac{2}{40}+2^2\cdot\frac{10}{40}+3^2\cdot\frac{10}{40}+4^2\cdot\frac{12}{40}+5^2\cdot\frac{6}{40}-\left(\frac{13}{4}\right)^2$$

$$=\frac{103}{80}$$

$$\sigma(X)=\sqrt{V(X)}=\sqrt{\frac{103}{80}}=\frac{\sqrt{515}}{20}$$

235 (1) 平均…$\frac{17}{2}$　分散…$\frac{41}{4}$

(2) 平均…$\frac{83}{3}$　分散…$\frac{656}{9}$

解き方 $E(X)=1\cdot\frac{1}{6}+2\cdot\frac{1}{6}+3\cdot\frac{2}{6}+4\cdot\frac{2}{6}=\frac{17}{6}$

$$V(X)=1^2\cdot\frac{1}{6}+2^2\cdot\frac{1}{6}+3^2\cdot\frac{2}{6}+4^2\cdot\frac{2}{6}-\left(\frac{17}{6}\right)^2$$

$$=\frac{41}{36}$$

(1) $E(3X)=3E(X)=3\cdot\frac{17}{6}=\frac{17}{2}$

$V(3X)=3^2V(X)=3^2\cdot\frac{41}{36}=\frac{41}{4}$

(2) $E(8X+5)=8E(X)+5=8\cdot\frac{17}{6}+5=\frac{83}{3}$

$V(8X+5)=8^2V(X)=8^2\cdot\frac{41}{36}=\frac{656}{9}$

236 下の表

X ＼ Y	0	1	2	計
0	$\frac{4}{36}$	$\frac{4}{36}$	$\frac{1}{36}$	$\frac{9}{36}$
1	$\frac{8}{36}$	$\frac{8}{36}$	$\frac{2}{36}$	$\frac{18}{36}$
2	$\frac{4}{36}$	$\frac{4}{36}$	$\frac{1}{36}$	$\frac{9}{36}$
計	$\frac{16}{36}$	$\frac{16}{36}$	$\frac{4}{36}$	1

解き方 X, Y のとり得る値は，共に 0, 1, 2 である。

$X=0$, $Y=0$ となるのは，2 個とも 1 または 5 の目が出るときだから，4 通り。

$X=0$, $Y=1$ となるのは，1 または 5 の目と 3 の目が出るときだから，4 通り。

$X=0$, $Y=2$ となるのは，2 個とも 3 の目が出るときだから，1 通り。

$X=1$, $Y=0$ となるのは 2 または 4 の目と 1 または 5 の目が出るときだから，8 通り。

$X=1$, $Y=1$ となるのは 2 または 4 の目と 3 の目が出る，または 1 または 5 の目と 6 の目が出るときだから，8 通り。

$X=1$, $Y=2$ となるのは，3 と 6 の目が出るときだから，2 通り。

$X=2$, $Y=0$ となるのは，2 個とも 2 または 4 の目が出るときだから，4 通り。
$X=2$, $Y=1$ となるのは，2 または 4 の目と 6 の目が出るときだから，4 通り。
$X=2$, $Y=2$ となるのは，2 個とも 6 の目が出るときだから，1 通り。

237 **55 円**

解き方 10 円硬貨の表が出た金額を X，100 円硬貨の表が出た金額を Y とする。X のとり得る値は，$X=0$, 10, Y のとり得る値は，0，100 である。
X, Y の確率分布表は，次のようになる。

X	0	10	計
P	$\frac{1}{2}$	$\frac{1}{2}$	1

$E(X)=0\times\frac{1}{2}+10\times\frac{1}{2}=5$

Y	0	100	計
P	$\frac{1}{2}$	$\frac{1}{2}$	1

$E(Y)=0\times\frac{1}{2}+100\times\frac{1}{2}=50$

表が出た硬貨の金額の和を Z とすると，$Z=X+Y$ だから

$E(Z)=E(X+Y)=E(X)+E(Y)=5+50$
$=55$（円）

239 **平均…5**　**分散…$\frac{19}{6}$**　**標準偏差…$\frac{\sqrt{114}}{6}$**

解き方 X と Y は独立である。

$E(X)$
$=1\times\frac{1}{6}+2\times\frac{1}{6}+3\times\frac{1}{6}+4\times\frac{1}{6}+5\times\frac{1}{6}+6\times\frac{1}{6}$
$=\frac{7}{2}$

$E(Y)=1\times\frac{1}{2}+2\times\frac{1}{2}=\frac{3}{2}$

したがって

$V(X)=\frac{1}{6}(1^2+2^2+3^2+4^2+5^2+6^2)-\left(\frac{7}{2}\right)^2$
$=\frac{91}{6}-\frac{49}{4}=\frac{35}{12}$

$V(Y)=\frac{1}{2}(1^2+2^2)-\left(\frac{3}{2}\right)^2=\frac{5}{2}-\frac{9}{4}=\frac{1}{4}$

$E(X+Y)=E(X)+E(Y)=\frac{7}{2}+\frac{3}{2}=\frac{10}{2}=5$

$V(X+Y)=V(X)+V(Y)$
$=\frac{35}{12}+\frac{1}{4}=\frac{38}{12}=\frac{19}{6}$

$\sigma(X+Y)=\sqrt{V(X+Y)}=\sqrt{\frac{19}{6}}=\frac{\sqrt{114}}{6}$

240 (1) $\boldsymbol{B\left(5,\ \frac{1}{6}\right)}$　(2) $\boldsymbol{\frac{625}{648}}$

解き方 (1) 試行回数は 5 回，1 の目が出る確率は $\frac{1}{6}$ だから，$n=5$, $p=\frac{1}{6}$ なので，二項分布 $B\left(5,\ \frac{1}{6}\right)$ に従う。

(2) $P(X\leqq 2)=P(X=0)+P(X=1)+P(X=2)$
$={}_5C_0\left(\frac{1}{6}\right)^0\left(\frac{5}{6}\right)^5+{}_5C_1\left(\frac{1}{6}\right)^1\left(\frac{5}{6}\right)^4+{}_5C_2\left(\frac{1}{6}\right)^2\left(\frac{5}{6}\right)^3$
$=1\times\frac{5^5}{6^5}+5\times\frac{5^4}{6^5}+10\times\frac{5^3}{6^5}=\frac{7500}{7776}=\frac{625}{648}$

241 (1) **平均…8**　**分散…6**　**標準偏差…$\sqrt{6}$**
(2) **平均…20**　**分散…16**　**標準偏差…4**

解き方 (1) $E(X)=32\cdot\frac{1}{4}=8$

$V(X)=32\cdot\frac{1}{4}\cdot\left(1-\frac{1}{4}\right)=6$　$\sigma(X)=\sqrt{6}$

(2) $E(X)=100\cdot\frac{1}{5}=20$

$V(X)=100\cdot\frac{1}{5}\cdot\left(1-\frac{1}{5}\right)=16$

$\sigma(X)=\sqrt{16}=4$

242 **平均…5**　**分散…4.95**　**標準偏差…$\frac{3\sqrt{55}}{10}$**

解き方 $n=500$, $p=0.01$ だから X は二項分布 $B(500,\ 0.01)$ に従うので

$E(X)=500\times0.01=5$
$V(X)=500\times0.01\times(1-0.01)=4.95$
$\sigma(X)=\sqrt{4.95}=\frac{3\sqrt{55}}{10}$

243 (1) **1**　　(2) **0.3125**

解き方 (1) $P(0\leqq X\leqq 2)$ は全事象の確率だから　1

面積を考えると

$\frac{1}{2}\cdot 2\cdot 1=1$

(1)
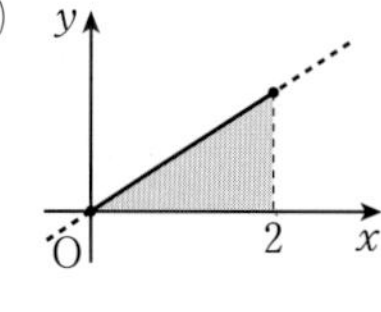

(2) 求める確率は，図の色の部分の面積だから

$(0.5+0.75)\times 0.5\times\frac{1}{2}$

$=0.3125$

(2)
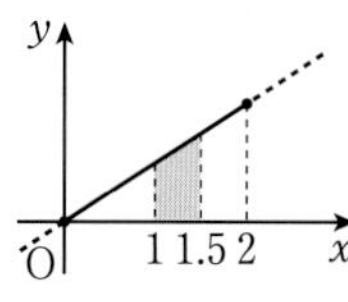

244 (1) **0.47500**　　(2) **0.06681**

(3) **0.95**　　(4) **0.91044**

解き方 (1) $P(0\leqq Z\leqq 1.96)=p(1.96)=0.47500$

(2) $P(Z\geqq 1.5)=0.5-p(1.5)$

$=0.5-0.43319=0.06681$

(3) $P(-1.96\leqq Z\leqq 1.96)=2\times p(1.96)$

$=2\times 0.47500=0.95$

(4) $P(-1.5\leqq Z\leqq 2)=p(1.5)+p(2)$

$=0.43319+0.47725$

$=0.91044$

245 (1) **およそ 17.0 %**　(2) **およそ 96.6 %**

(3) **およそ 1 人**

解き方 確率変数 X は，正規分布 $N(410,\ 60^2)$ に従う。

$Z=\frac{X-410}{60}$ とすると

Z は標準正規分布 $N(0,\ 1)$ に従う。

(1) $X=300$ のとき　$Z=\frac{300-410}{60}\fallingdotseq -1.83$

$X=360$ のとき　$Z=\frac{360-410}{60}\fallingdotseq -0.83$

$P(300\leqq X\leqq 360)=P(-1.83\leqq Z\leqq -0.83)$

$=p(1.83)-p(0.83)$

$=0.46638-0.29673$

$=0.16965$

およそ 17.0 %

(2) $P(X\geqq 300)=P(Z\geqq -1.83)$

$=p(1.83)+0.5$

$=0.46638+0.5=0.96638$

およそ 96.6 %

(3) $X=240$ のとき　$Z=\frac{240-410}{60}\fallingdotseq -2.83$

$P(X\leqq 240)=P(Z\leqq -2.83)=0.5-p(2.83)$

$=0.5-0.49767=0.00233$

$398\times 0.00233=0.92734$

およそ 1 人。

246 **0.07694**

解き方 3 の目が出る回数を X とすると，X は二項分布 $B\left(360,\ \frac{1}{6}\right)$ に従う。

このとき　$E(X)=360\cdot\frac{1}{6}=60$

$V(X)=360\cdot\frac{1}{6}\cdot\left(1-\frac{1}{6}\right)=50$

$Z=\frac{X-60}{\sqrt{50}}$ とすると，Z は標準正規分布 $N(0,\ 1)$ に従う。

$70\leqq X\leqq 80$ のとき，$1.414\leqq Z\leqq 2.828$ なので

$P(70\leqq X\leqq 80)=P(1.41\leqq Z\leqq 2.83)$

$=p(2.83)-p(1.41)$

$=0.49767-0.42073$

$=0.07694$

247 **平均…120　標準偏差…0.5**

解き方 $E(\overline{X})=120$　　$\sigma(\overline{X})=\frac{5}{\sqrt{100}}=0.5$

248 **0.61068**

解き方 $E(\overline{X})=100$，$V(\overline{X})=\frac{20^2}{144}$ だから

$Z=\frac{\overline{X}-100}{\frac{20}{12}}$ とすると，Z は標準正規分布に従う。

$99\leqq\overline{X}\leqq 102$ のとき，$-0.6\leqq Z\leqq 1.2$ だから

$P(-0.6\leqq Z\leqq 1.2)=p(0.6)+p(1.2)$

$=0.22575+0.38493$

$=0.61068$

249 **平均…0.01　標準偏差…0.014**

解き方 母比率 p は　$p=0.01$

標本の大きさ n は　$n=50$

よって，R の平均(期待値)は　$E(R)=p=0.01$

R の標準偏差は

$$\sigma(R)=\sqrt{\frac{p(1-p)}{n}}=\sqrt{\frac{0.01\times0.99}{50}}=0.0140\cdots$$

250 **[149.73，150.67]（単位は g）**

解き方　標本の大きさは　$n=100$

標本平均は　$\overline{X}=150.2$　　母標準偏差は　$\sigma=2.4$

n は十分大きいので，$\overline{X}$ は近似的に正規分布

$N\left(m,\ \frac{\sigma^2}{n}\right)$ に従う。

よって，母平均に対する信頼度 95 % の信頼区間は

$$\left[150.2-1.96\cdot\frac{2.4}{\sqrt{100}},\ 150.2+1.96\cdot\frac{2.4}{\sqrt{100}}\right]$$

ゆえに　[149.73，150.67]（単位は g）

251 **[729.37，732.63]（単位は g）**

解き方　標本平均は $\overline{X}=731$，標本標準偏差は $\sigma=25$，標本の大きさは $n=900$ である。

よって，求める信頼区間は

$$\left[731-1.96\cdot\frac{25}{\sqrt{900}},\ 731+1.96\cdot\frac{25}{\sqrt{900}}\right]$$

ゆえに　[729.37，732.63]（単位は g）

252 **[0.0041，0.0359]**

解き方　標本比率　$R=\frac{6}{300}=0.02$

$$\sqrt{\frac{R(1-R)}{300}}=\sqrt{\frac{0.02\times0.98}{300}}=0.0081$$

よって，不良品を含む比率の信頼度 95 % の信頼区間は　$[0.02-1.96\times0.0081,\ 0.02+1.96\times0.0081]$

つまり　[0.0041，0.0359]

253 **従来の工場で製造される重さの平均と異なるといえる。**

解き方　帰無仮説は「新工場で製造された製品 A の重さの平均は 300 g である。」

対立仮説は「新工場で製造された製品 A の重さの平均は 300 g でない。」

製品 A の重さの標本平均 $\overline{X}$ は，$N\left(300,\ \frac{12^2}{100}\right)$ に従うので，$Z=\frac{\overline{X}-300}{\sqrt{\frac{12^2}{100}}}$ は標準正規分布 $N(0,\ 1)$ に従う。

信頼度 95 % の棄却域は，$|Z|>1.96$ である。

標本平均は 307 g なので

$$Z=\frac{307-300}{1.2}=5.833>1.96$$

よって，Z は棄却域に含まれるので，帰無仮説は棄却され，対立仮説が採用される。

よって，新工場で生産された製品 A の重さの平均は，従来の工場の製品の重さの平均と異なるといえる。

254 **生徒の過半数は A 君に投票したといえる。**

解き方　A 君への投票率を p とすると

帰無仮説は「A 君への投票率は 0.5 である」

つまり　$p=0.5$

対立仮説は「A 君への投票率は 0.5 より大きい」

つまり　$p>0.5$

出口調査の結果から　$n=100$，$R=0.59$

$$Z=\frac{0.59-0.5}{\sqrt{\frac{0.5(1-0.5)}{100}}}=\frac{0.09}{0.05}=1.8$$

有意水準 5 % の片側検定の棄却域は $Z>1.64$ なので，帰無仮説は棄却され，A 君への投票率は 0.5 より大きいといえる。

定期テスト予想問題の解答 — 本冊→p. 297～300

1 (1) 下の表　(2) $\frac{5}{12}$

解き方 (1) X のとりうる値は　1, 2, 3, 4, 5, 6

$k=1,\ 2,\ 3,\ 4,\ 5,\ 6$ とするとき，2 回とも k 以下の目が出る場合の数は　k^2 通り

2 回とも $(k-1)$ 以下の目が出る場合の数は

$(k-1)^2$ 通り

よって，最大値が k である確率は

$$P(X=k)=\frac{k^2-(k-1)^2}{6^2}=\frac{2k-1}{36}$$

よって，求める確率分布は次の表のようになる。

X	1	2	3	4	5	6	計
P	$\frac{1}{36}$	$\frac{3}{36}$	$\frac{5}{36}$	$\frac{7}{36}$	$\frac{9}{36}$	$\frac{11}{36}$	1

(2) $P(2\leqq X\leqq 4)$

$=P(X=2)+P(X=3)+P(X=4)$

$=\frac{3}{36}+\frac{5}{36}+\frac{7}{36}=\frac{5}{12}$

2 (1) $\frac{2}{3}$　(2) $\frac{16}{45}$　(3) $\frac{4\sqrt{5}}{15}$

解き方 X のとりうる値は　0, 1, 2

X がそれぞれの値をとる確率は

$$P(X=0)=\frac{{}_2C_0\times{}_4C_2}{{}_6C_2}=\frac{6}{15}$$

$$P(X=1)=\frac{{}_2C_1\times{}_4C_1}{{}_6C_2}=\frac{8}{15}$$

$$P(X=2)=\frac{{}_2C_2\times{}_4C_0}{{}_6C_2}=\frac{1}{15}$$

確率分布表は次のようになる。

X	0	1	2	計
P	$\frac{6}{15}$	$\frac{8}{15}$	$\frac{1}{15}$	1

(1) X の平均(期待値) $E(X)$ は

$$E(X)=0\cdot\frac{6}{15}+1\cdot\frac{8}{15}+2\cdot\frac{1}{15}=\frac{2}{3}$$

(2) X の分散 $V(X)$ は

$$V(X)=0^2\cdot\frac{6}{15}+1^2\cdot\frac{8}{15}+2^2\cdot\frac{1}{15}-\left(\frac{2}{3}\right)^2=\frac{16}{45}$$

(3) X の標準偏差 $\sigma(X)$ は

$$\sigma(X)=\sqrt{\frac{16}{45}}=\frac{4\sqrt{5}}{15}$$

3 平均…4　分散…$\frac{2}{3}$

解き方 X のとりうる値は　3, 4, 5, 6

X がそれぞれの値をとる確率は

$$P(X=3)={}_3C_0\left(\frac{1}{3}\right)^0\left(\frac{2}{3}\right)^3=\frac{8}{27}$$

$$P(X=4)={}_3C_1\left(\frac{1}{3}\right)^1\left(\frac{2}{3}\right)^2=\frac{12}{27}$$

$$P(X=5)={}_3C_2\left(\frac{1}{3}\right)^2\left(\frac{2}{3}\right)^1=\frac{6}{27}$$

$$P(X=6)={}_3C_3\left(\frac{1}{3}\right)^3\left(\frac{2}{3}\right)^0=\frac{1}{27}$$

よって，X の平均(期待値) $E(X)$ は

$$E(X)=3\cdot\frac{8}{27}+4\cdot\frac{12}{27}+5\cdot\frac{6}{27}+6\cdot\frac{1}{27}$$

$$=\frac{1}{27}(24+48+30+6)=4$$

また　$E(X^2)=3^2\cdot\frac{8}{27}+4^2\cdot\frac{12}{27}+5^2\cdot\frac{6}{27}+6^2\cdot\frac{1}{27}$

$$=\frac{1}{27}(72+192+150+36)=\frac{50}{3}$$

したがって，X の分散 $V(X)$ は

$$V(X)=E(X^2)-\{E(X)\}^2=\frac{50}{3}-4^2=\frac{2}{3}$$

4 平均…$-\frac{10}{7}$　分散…$\frac{96}{49}$　標準偏差…$\frac{4\sqrt{6}}{7}$

解き方 X のとりうる値は　0, 1, 2, 3

X がそれぞれの値をとる確率は

$$P(X=0)=\frac{{}_4C_0\times{}_3C_3}{{}_7C_3}=\frac{1}{35}$$

$$P(X=1)=\frac{{}_4C_1\times{}_3C_2}{{}_7C_3}=\frac{12}{35}$$

$$P(X=2)=\frac{{}_4C_2\times{}_3C_1}{{}_7C_3}=\frac{18}{35}$$

$$P(X=3)=\frac{{}_4C_3\times{}_3C_0}{{}_7C_3}=\frac{4}{35}$$

よって，X の平均 $E(X)$ は

$$E(X)=0\cdot\frac{1}{35}+1\cdot\frac{12}{35}+2\cdot\frac{18}{35}+3\cdot\frac{4}{35}$$

$$=\frac{1}{35}(0+12+36+12)=\frac{12}{7}$$

また　$E(X^2)=0^2\cdot\frac{1}{35}+1^2\cdot\frac{12}{35}+2^2\cdot\frac{18}{35}+3^2\cdot\frac{4}{35}$

$$=\frac{1}{35}(0+12+72+36)=\frac{24}{7}$$

したがって，X の分散 $V(X)$ は

$$V(X)=E(X^2)-\{E(X)\}^2=\frac{24}{7}-\left(\frac{12}{7}\right)^2=\frac{24}{49}$$

$$E(Y)=E(-2X+2)=-2E(X)+2$$

$$=-2\cdot\frac{12}{7}+2=-\frac{10}{7}$$

$$V(Y)=V(-2X+2)=(-2)^2V(X)$$

$$=4\cdot\frac{24}{49}=\frac{96}{49}$$

$$\sigma(Y)=\sqrt{\frac{96}{49}}=\frac{4\sqrt{6}}{7}$$

5 **平均…2　分散…$\frac{1}{2}$**

解き方　袋 A，B から 2 個の玉を同時に取り出したときの赤玉の個数をそれぞれ X，Y とすると X，Y の確率分布は，右の表のようになる。

X	0	1	計
P	$\frac{3}{6}$	$\frac{3}{6}$	1

Y	1	2	計
P	$\frac{3}{6}$	$\frac{3}{6}$	1

よって　$E(X)=\frac{1}{2}$，$E(Y)=\frac{3}{2}$

$$V(X)=E(X^2)-\{E(X)\}^2$$

$$=\left(0^2\cdot\frac{3}{6}+1^2\cdot\frac{3}{6}\right)-\left(\frac{1}{2}\right)^2=\frac{1}{4}$$

$$V(Y)=E(Y^2)-\{E(Y)\}^2$$

$$=\left(1^2\cdot\frac{3}{6}+2^2\cdot\frac{3}{6}\right)-\left(\frac{3}{2}\right)^2=\frac{1}{4}$$

$Z=X+Y$ で，X と Y は互いに独立であるから

平均　$E(Z)=E(X+Y)=E(X)+E(Y)$

$$=\frac{1}{2}+\frac{3}{2}=2$$

分散　$V(Z)=V(X+Y)=V(X)+V(Y)$

$$=\frac{1}{4}+\frac{1}{4}=\frac{1}{2}$$

6 **平均…$\frac{10}{3}$　標準偏差…$\frac{2\sqrt{5}}{3}$**

解き方　1 回の試行で白玉を取り出す確率は　$\frac{1}{3}$

よって，X は二項分布 $B\left(10,\ \frac{1}{3}\right)$ に従う。

ゆえに，平均は　$E(X)=10\cdot\frac{1}{3}=\frac{10}{3}$

標準偏差は　$\sigma(X)=\sqrt{10\cdot\frac{1}{3}\cdot\left(1-\frac{1}{3}\right)}$

$$=\sqrt{10\cdot\frac{1}{3}\cdot\frac{2}{3}}$$

$$=\sqrt{\frac{20}{3^2}}=\frac{\sqrt{20}}{3}=\frac{2\sqrt{5}}{3}$$

7 (1) **0.15866**　(2) **0.56709**

解き方　$Z=\frac{X-4}{5}$ とおくと，Z は標準正規分布 $N(0,\ 1)$ に従うから

(1) $P(X\geqq 9)=P\left(Z\geqq\frac{9-4}{5}\right)=P(Z\geqq 1)$

$$=0.5-p(1.0)=0.5-0.34134$$

$$=0.15866$$

(2) $P(1\leqq X\leqq 9)=P\left(\frac{1-4}{5}\leqq Z\leqq\frac{9-4}{5}\right)$

$$=P(-0.6\leqq Z\leqq 1)$$

$$=p(0.6)+p(1)$$

$$=0.22575+0.34134$$

$$=0.56709$$

8 (1) **0.5**　(2) **0.00018**　(3) **0.49982**

解き方　不良品の個数 X は二項分布 $B(1600,\ 0.04)$ に従う。その平均 m と標準偏差 σ は

$$m=1600\times 0.04=64$$

$$\sigma=\sqrt{1600\times 0.04\times 0.96}=7.84$$

X は近似的に正規分布 $N(64,\ 7.84^2)$ に従い，

$Z=\frac{X-64}{7.84}$ とおくと，Z は近似的に標準正規分布 $N(0,\ 1)$ に従う。

(1) $P(X\geqq 64)=P(Z\geqq 0)=0.5$

(2) $P(X\leqq 36)=P(Z\leqq -3.57)=0.5-p(3.57)$

$$=0.5-0.49982=0.00018$$

(3) (1)と(2)の結果を利用して

$$P(36\leqq X\leqq 64)=1-P(X\leqq 36)-P(X\geqq 64)$$

$$=1-0.5-0.00018=0.49982$$

9 **385 人以上**

解き方　標本比率 R は支持率で，$R=0.50$ としてよい。n 人にアンケート調査するとすれば，信頼度 95 % の信頼区間の幅は

$$2\times1.96\sqrt{\frac{R(1-R)}{n}}=3.92\sqrt{\frac{0.5\times0.5}{n}}$$

よって，幅を 10 % 以下にするには，$3.92\cdot\frac{0.5}{\sqrt{n}}\leqq0.1$

より　$19.6\leqq\sqrt{n}$

よって　$n\geqq384.16$

385 人以上にアンケート調査をすればよい。

⑩ 658 人以上 814 人以下ぐらいいると推定される。

解き方　$R=\frac{184}{400}=0.46$，$n=400$ であるから

$$1.96\sqrt{\frac{R(1-R)}{n}}=1.96\sqrt{\frac{0.46\times0.54}{400}}\fallingdotseq0.049$$

よって，支持者の母比率 p に対する信頼度 95 % の信頼区間は　$0.46-0.049\leqq p\leqq0.46+0.049$

ゆえに　$0.411\leqq p\leqq0.509$

全校生徒 1600 人に含まれる支持者の人数は $1600p$ なので　$657.6\leqq1600p\leqq814.4$

よって，658 人以上 814 人以下ぐらいいると推定される。

⑪ (1) 約 58.6 %　　(2) 0.01222

解き方　成績を X 点とし，$Z=\frac{X-60}{8}$ とおくと，Z は標準正規分布 $N(0,\ 1)$ に従う。

(1) $$P(56\leqq X\leqq70)=P\left(\frac{56-60}{8}\leqq Z\leqq\frac{70-60}{8}\right)$$
$$=P(-0.5\leqq Z\leqq1.25)$$
$$=p(0.5)+p(1.25)$$
$$=0.19146+0.39435$$
$$=0.58581$$

よって，約 58.6 % いる。

(2) $$P(X\geqq78)=P\left(Z\geqq\frac{78-60}{8}\right)=P(Z\geqq2.25)$$
$$=0.5-p(2.25)=0.5-0.48778$$
$$=0.01222$$

⑫ 0.92097

解き方　身長 X(cm) は正規分布 $N(166.8,\ 8^2)$ に従うから，大きさ 100 の標本の標本平均 $\overline{X}$ は正規分布 $N\left(166.8,\ \frac{8^2}{100}\right)$ に従う。

よって，$Z=\frac{\overline{X}-166.8}{\frac{4}{5}}$ とおくと，Z は標準正規分布 $N(0,\ 1)$ に従う。

したがって，求める確率は

$$P(165\leqq\overline{X}\leqq168)=P(-2.25\leqq Z\leqq1.5)$$
$$=p(2.25)+p(1.5)$$
$$=0.48778+0.43319=0.92097$$

⑬ [499.824，502.176]（単位は g）

解き方　標本平均が $\overline{X}=501$，標本標準偏差は $\sigma=3$ である。

$$1.96\cdot\frac{\sigma}{\sqrt{n}}=1.96\cdot\frac{3}{\sqrt{25}}=1.176$$

よって，求める信頼区間は

[501−1.176，501+1.176]

すなわち　[499.824，502.176]　ただし，単位は g

⑭ [0.018，0.046]

解き方　標本の不良率を R とする。

$R=\frac{20}{625}=0.032$，$n=625$ であるから

$$1.96\sqrt{\frac{R(1-R)}{n}}=1.96\sqrt{\frac{0.032\times0.968}{625}}\fallingdotseq0.014$$

よって，p に対する信頼度 95 % の信頼区間は

[0.032−0.014，0.032+0.014]

すなわち　[0.018，0.046]

⑮ 376800 人以上 455200 人以下ぐらいと推定される。

解き方　政策支持者の標本比率を R とする。

$R=\frac{208}{400}=0.52$，$n=400$ であるから

$$1.96\sqrt{\frac{R(1-R)}{n}}=1.96\sqrt{\frac{0.52\times0.48}{400}}\fallingdotseq0.049$$

よって，政策支持者の母比率 p に対する信頼度 95 % の信頼区間は

$0.52-0.049\leqq p\leqq0.52+0.049$

ゆえに　$0.471\leqq p\leqq0.569$

有権者 80 万人に含まれる政策支持者の人数は $800000p$ なので

$376800\leqq800000p\leqq455200$

よって，376800 人以上 455200 人以下ぐらいいると推定される。

⑯ 内容量の母平均は500 gであると判断はできない。

解き方 帰無仮説は「内容量の平均は 500 g である」つまり，母平均 $m=500$
対立仮説は「内容量の平均は 500 g でない」つまり，$m\neq500$
この仮説のもとで，$\overline{X}$ は $N\left(500,\ \dfrac{30^2}{100}\right)$ に従う。
よって，$Z=\dfrac{\overline{X}-500}{\dfrac{30}{10}}$ は標準正規分布に従う。
有意水準 5 % の棄却域は，$Z\leqq-1.96,\ 1.96\leqq Z$
$\overline{X}=504$ のとき $Z=\dfrac{1}{3}(504-500)\fallingdotseq1.33$ であり，
これは棄却域に入らないから，帰無仮説は棄却できない。したがって，内容量の母平均は 500 g であると判断はできない。

⑰ (1) ① 二項分布 $B(100,\ 0.5)$ ② 50 ③ 5

(2) $\boldsymbol{p_5=0.003}$ (3) $\boldsymbol{p_4>p_5}$

(4) $\boldsymbol{C_1+C_2=408,\ C_2-C_1=58.8}$

(5) ②，④

解き方 母集団 Q 高校の生徒の読書時間の母平均は
m 母標準偏差は 150
標本は，大きさ 100 読書時間の標本平均は 204

(1) ① 読書をしなかった生徒の母比率が 0.5 だから，X は二項分布 $B(100,\ 0.5)$ に従う。

② $E(X)=100\times0.5=50$
　└ $E(X)=np$

③ $\sigma(X)=\sqrt{100\cdot0.5\cdot(1-0.5)}=\sqrt{25}=5$
　└ $\sigma(X)=\sqrt{np(1-p)}$

(2) $B(100,\ 0.5)$ は近似的に正規分布 $N(50,\ 5^2)$ に従う。
$Z=\dfrac{X-50}{5}$ とすると，Z は標準正規分布 $N(0,\ 1)$ に従う。
$X=36$ のとき，$Z=-2.8$ だから
$p_5=P(X\leqq36)=P(Z\leqq-2.8)=0.5-p(2.8)$
$=0.5-0.49744=0.00256\fallingdotseq0.003$

(3) この場合の，全く読書をしなかった生徒の数を表す確率変数を X' とすると
$E(X')=100\times0.4=40$
$\sigma(X')=\sqrt{100\times0.4\times0.6}=\sqrt{24}=2\sqrt{6}$
となる。
X' は二項分布 $B(100,\ 0.4)$ に従い，$B(100,\ 0.4)$ は近似的に正規分布 $N(40,\ (2\sqrt{6})^2)$ に従う。
$Z'=\dfrac{X'-40}{2\sqrt{6}}$ とすると，Z' は標準正規分布 $N(0,\ 1)$ に従う。
$p_4=P(X'\leqq36)=P\left(Z'\leqq-\dfrac{\sqrt{6}}{3}\right)$
$>P(Z'\leqq-0.9)\quad\left(-\dfrac{\sqrt{6}}{3}>-0.9\right)$
p_4 と p_5 の大小を比較するだけなので
$p_5=P(Z\leqq-2.8)<P(Z'\leqq-0.9)<p_4$

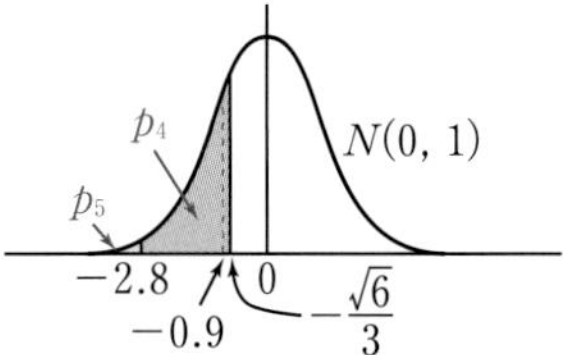

(4) $C_1=204-1.96\cdot\dfrac{150}{\sqrt{100}},\ C_2=204+1.96\cdot\dfrac{150}{\sqrt{100}}$
だから $C_1+C_2=2\times204=408$
$C_2-C_1=2\cdot1.96\cdot\dfrac{150}{\sqrt{100}}=58.8$

(5) 図書委員会のデータの標本平均を μ とすると
$D_1=\mu-1.96\cdot\dfrac{150}{\sqrt{100}},\ D_2=\mu+1.96\cdot\dfrac{150}{\sqrt{100}}$
$C_1=204-1.96\cdot\dfrac{150}{\sqrt{100}},\ C_2=204+1.96\cdot\dfrac{150}{\sqrt{100}}$
校長先生のデータと図書委員会のデータからわかる母平均の信頼区間の幅は同じである。
よって $C_2-C_1=D_2-D_1$

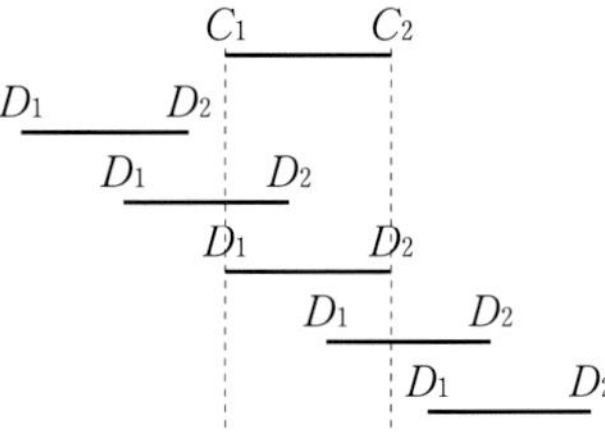

2 つのデータの信頼区間は上の図のようになる。これらから，②と④が正しいことがわかる。

②